Linow

Angewandte technische Thermodynamik

Sven Linow

Angewandte technische Thermodynamik

HANSER

Der Autor:
Sven Linow, Darmstadt

Bibliografische Information der deutschen Nationalbibliothek:
Die Deutsche Nationalbibliothek verzeichnet diese Publikation in der Deutschen Nationalbibliografie; detaillierte bibliografische Daten sind im Internet unter http://dnb.d-nb.de abrufbar.

www.hanser-fachbuch.de
Lektorat: Dipl.-Ing. Volker Herzberg
Herstellung: Melanie Zinsler
Titelmotiv: © gettyimages.de/weltreisendertj
Coverkonzept: Marc Müller-Bremer, www.rebranding.de, München
Coverrealisation: Max Kostopoulos
Satz: Eberl & Koesel Studio, Altusried-Krugzell
Druck und Bindung: CPI books GmbH, Leck
Printed in Germany

Print-ISBN: 978-3-446-47034-7
E-Book-ISBN: 978-3-446-47355-3

Inhaltsverzeichnis

Übersicht HanserPlus

Auf der Seite Hanser-plus *https://plus.hanser-fachbuch.de/* gibt es noch viele weitere Aufgaben und Beispiele, die Ihnen helfen mit thermodynamischen Problemstellungen besser zurecht zu kommen. Der Autor zeigt die Lösungswege und kommentiert die einzelnen Schritte.

1 Wie löse ich gut Aufgaben und Probleme?

In diesem Abschnitt finden Sie einiges an Ideen und Anregungen, die nicht nur speziell für die Thermodynamikklausur gelten, sondern eher für alle typischen Ingenieursaufgaben anwendbar sind, in denen Berechnungen relevant sind.

2 Anhang – mehr Beispiele zu den Grundlagen

Ein wichtiges Element für das Lernen ist, ganz früh mit dem Rechnen zu beginnen. Hier am Anfang sind es recht einfache Aufgaben zum idealen Gas und zur Energiebilanz, mit denen wir einsteigen, um grundlegende Zusammenhänge später sicher anwenden zu können.

3 Anhang – mehr Beispiele zum Teil II

In diesem Anhang befindet sich eine Aufgabe, die als einfache Übung den Umgang mit Zustandsänderungen des idealen Gases trainieren soll.

Als zweites wird hier der Unterschied zwischen Zustand und Zustandsgrößen auf der einen Seite und Prozessgrößen auf der anderen Seite dargestellt: Zustandsgrößen beschreiben einen Zustand. Prozessgrößen beschreiben den Prozess von einem Zustand in einen anderen und hängen daher vom Ablauf des Prozesses (seinem Pfad) ab.

4 Anhang – mehr Beispiele zu chemischen Reaktionen

4.1. Was macht einen Vergleichsprozess aus? Dieses Beispiel untersucht das Konzept „Kreisprozess“. Dafür sehen wir uns eine Anlage an, die eigentlich eine stationäre Gasturbine ist. Aber wir beschreiben sie nicht als solche, sondern wir sehen uns ihre Nutzung als Speicher für elektrische Energie an.

4.2 Vergleichsprozesse des idealen Gases: Ein typisches Konzept für die Gestaltung von Klausuraufgaben ist es, als Einstieg einen Vergleichsprozess rechnen zu lassen und diesen dann in weiteren Teilaufgaben zu variieren. Dann könnte die minimale Anforderung an das Bestehen der Klausur sein, dass dieser Vergleichsprozess richtig beschrieben wird. Alles Weitere dient dann dazu, eine Note festzulegen.

4.3 Vergleichsprozesse realer Gase: Im ersten Beispiel „Gasturbine mit Chiller“ geht es um technische Möglichkeiten, die Leistung einer Gasturbine in speziellen Situationen zu erhöhen. Im zweiten Beispiel „Wellnesshotel Zur Mühle“ legen wir eine Kompressionskältemaschine aus, um die Gäste vor sommerlicher Hitze zu bewahren.

5 Anhang – mehr Beispiele zu chemischen Reaktionen

Zwei Aufgaben mit unterschiedlichem Schwierigkeitsgrad: Tischkamin, Hochofen

6 Anhang – mehr Beispiele zur Wärmeübertragung

6.1 Wärmeleitung im Kleinplaneten Pluto - welche Formen von Wasser erwarten wir? Dieses Beispiel ist nicht-technisch, aber die dahinterliegenden Themen und Probleme lassen sich gut auf andere insbesondere kugelförmige Strukturen übertragen. Ein weiterer Aspekt dieses Beispiels ist die recht umfangreiche Vorarbeit, also die Beschreibung des Systems aus wenigen vorhandenen Daten.

6.2 Strahlung: Berechnungen zur Beheizung einer Fabrikhalle

7 Literaturverzeichnis

8 Anhang – mehr Stoffdaten

Der Autor

Sven Linow ist seit 2014 Professor für Thermodynamik und Umwelttechnik an der Hochschule Darmstadt. Er studierte Physik und Vegetationsökologie in Hamburg, promovierte 2000 an der TU Darmstadt in der Energie- und Kraftwerkstechnik und entwickelte danach Produkte für die Elektrowärme. Er ist in der internationalen Normung aktiv. Sein Forschungsinteresse sind technische und energetische Voraussetzungen einer gelingenden Energiewende und die Didaktik einer allgemeinen Energie-Bildung.

1 Einführung

NICHT GLEICH WEITERBLÄTTERN, HIER STEHEN VIELLEICHT EINIGE NÜTZLICHE INFORMATIONEN FÜRS LERNEN.

Die Thermodynamik ist kein einfaches Fach. Zumeist kommt sie erst in einem höheren Semester, scheint dann ganz neue Anforderungen und Konzepte einzuführen, benutzt viele neue Begriffe und verlangt ernsthaften Einsatz beim Lernen. Gerade beim Einstieg gibt es sehr viele Möglichkeiten, zu straucheln oder eines der vielen grundlegenden Konzepte erst einmal nicht verstanden zu haben.

Gleichzeitig verändern sich Studium und unser Lernverhalten gerade deutlich: Digitale und virtuelle Werkzeuge sind wichtige Elemente, die an vielen Stellen wie selbstverständlich ihren Platz gefunden haben und die daher hier eingebunden gehören. Die gesellschaftlichen Anforderungen an gute Lehre sind in Bewegung, und wir erwarten heute, dass Absolventinnen und Absolventen befähigt sind, direkt in inter- und transdisziplinären Teams und Projekten zu arbeiten. Damit verschiebt sich der Fokus von etabliertem Wissen hin zu fachlichen und überfachlichen Kompetenzen.

Dazu kommt die fühlbare schnelle Umgestaltung unserer Lebenswelt und unserer Energieinfrastruktur durch die gemeinsam wirkenden Kräfte von digitalen Wirtschaftsformen (die auch zukünftig Energie benötigen), dem absehbaren Ende oder freiwilligen Ausstieg aus fossilen Energieträgern und der damit verbundenen Energiewende, dem regionalen und globalen Klimawandel und seine Auswirkungen auf Lebenswelt und energetische Bedürfnisse sowie ablaufende Veränderungen in Produktionsprozessen und Lieferketten, Warenangeboten und Bedürfnissen. Diese Aspekte sollten sich in der Lehre im genutzten Kontext widerspiegeln.

Diese drei großen Aspekte sind die Leitplanken für die Entwicklung dieses Lernbuches[1].

---

1) Es ist ein Buch zum Lernen und für Sie kein Buch zum Belehren – davon haben wir oft mehr, als wir brauchen. Daher dieses stolperige Wort.

1.1 Lernziel

Dieses Lernbuch hat ein klares Lernziel und eine klare Nutzung vor Augen.

Bologna bedenken Inhalte und Umfang ergeben sich aus den Inhalten, die für eine 10-ECTS-Einführung in die Thermodynamik maximal möglich erscheinen und gleichzeitig eine gewisse Schwerpunktsetzung ermöglichen. Damit deckt es insbesondere auch die Inhalte von Einführungen ab, die einen geringeren Umfang haben. Im Fokus stehen die Kompetenzen, durch die die Thermodynamik als Methode angewendet werden kann[2].

Das Lernbuch nutzen Dieses Buch ist als Begleiter und Werkzeugkiste gedacht: Ich gehe davon aus, dass Sie es in der Prüfung nutzen (können). Sie sollen sich daher dieses Buch als ein Werkzeug aneignen, also es um Notizen oder Hinweise ergänzen, wichtige eigene Gedanken aufnehmen usw. Es soll Ihnen auch später im Job helfen: Dann haben Sie vermutlich viele Details erst einmal vergessen, aber ich hoffe, dass Sie sich dann schnell wieder erinnern und so schnell wieder ins Arbeiten kommen können.

Ich gehe davon aus, dass Sie den Stoff gerade erlernen. Daher enthält dieses Buch an vielen Stellen Wiederholungen, Hinweise, wo der Stoff bereits vorher eingeführt wurde, sowie detaillierte Erklärungen von Zusammenhängen, die für Experten klar sind. Dies basiert auf vielen Diskussionen und Fragen meiner Studentinnen und Studenten und meinem Versuch, wichtige schwierige Stellen noch zu erkennen. Unklarheiten und Fragen sind die wichtigsten Elemente in einer Lehrveranstaltung - als „Vorlerner" (also Dozentin oder Dozent) erfahre ich nur so, ob die Lernenden auch soweit sind wie gedacht. Solche Momente sind ideal für Wiederholung und Vertiefung. Drängen Sie als Lernende darauf, dass Ihre Fragen beantwortet und Ihre Unklarheiten beseitigt werden.

Fachliches Lernziel Das konkrete Lernziel und das Prüfungsziel Ihres Kurses gibt die Modulbeschreibung und ganz konkret Ihre Dozentin oder Ihr Dozent vor. Diese beiden Ziele (falls *constructive alignment* angestrebt ist, stimmen beide überein) müssen Sie für Ihren Kurs möglichst frühzeitig abklären. Eine Diskussion über Lern- und Prüfungsziel empfinde ich als sehr nützlich, da sie gut den Raum schafft, die Motivation für bestimmte Inhalte und Zusammenhänge zu erklären, und insbesondere ermöglicht, den *roten Faden* aufzuzeigen.

Das Lernziel dieses Buches richtet sich an Sie als Studentin oder Student und ist

Was?	Sie können Prozesse und Anlagen thermodynamisch analysieren (Anwenden), ...
Womit?	... indem Sie für jedes einzelne Problem ▪ das System, seine Systemgrenzen und relevante Zustandsgrößen festlegen, ▪ die Zustandsgrößen des Systems ermitteln, ▪ die Zustandsänderungen des Systems mit den relevanten Prozessgrößen und Zustandsgrößen berechnen ... ... sowie ggf. und je nach Problemstellung ▪ Verluste durch Dissipation und bei der Energiewandlung bestimmen und analysieren,

[2] Wenn ich weiß, wie eine Nut-und-Feder-Verbindung aussieht, dann habe ich noch nicht die Kompetenz, so eine Verbindung passgenau anzufertigen. Das Wissen ist eine Voraussetzung, das Machen die zweite.

	▪ Gemische als Zustand charakterisieren und ihre Zustandsänderung beschreiben - als ideales Gas, als allgemeines Gemisch oder speziell als feuchte Luft, ▪ reagierende Gemische beschreiben, ▪ für zyklisch arbeitende Wärme- und Arbeitsmaschinen die Vergleichsprozesse und realen Kreisprozesse beschreiben und analysieren, ▪ stationäre Wärmeübertragung in einfachen technischen Situationen analysieren können, ▪ eine solide Basis an Grundkompetenzen haben, um neue Probleme angehen zu können,...
Wozu?	... um später als Ingenieurin oder Ingenieur sicher mit der thermodynamischen Methode und diesen thermodynamischen Werkzeugen arbeiten zu können.

Formeln, Gleichungen, Diagramme Eine wichtige Entscheidung betrifft die Nutzung von Gleichungen und allgemeiner von Mathematik in der Darstellung. Hier bin ich davon ausgegangen, dass Sie Gleichungen lesen können. Mir ist bewusst, dass dies eine mutige Entscheidung ist und dass einige von Ihnen hier echte Hürden sehen. Aber da „Thermodynamik anwenden" als Kompetenz das Arbeiten mit eben diesen Gleichungen und Formeln ist, müssen Sie diese lesen, verstehen und verwenden - daran kommen wir nicht vorbei. Eigentlich haben Sie alles, was Sie hier für das Anwenden benötigen, auch schon einmal gelernt (und vielleicht wieder vergessen). Algebra bleibt eine schwierige Fremdsprache für uns, und wir müssen sie und ihre Vokabeln immer wieder neu auffrischen.

Sie finden zumeist ausführliche Erklärungen, worum es in den Gleichungen geht und was sie beschreiben. Viele wichtige Funktionen sind zudem in Diagrammen abgebildet, damit wir eine Vorstellung bekommen, wie diese Funktionen verlaufen.

Eine besondere Herausforderung stellen die Zustandsdiagramme dar, mit denen wir arbeiten werden. Dies sind spezielle Werkzeuge, mit denen wir umgehen, um Probleme zu lösen. Alle diese Diagramme habe ich für dieses Buch selber neu angefertigt - auch, um Ihnen erklären zu können, wie sie aufgebaut sind und wie wir sie gut lesen können.

Beispiele Einige Beispiele sind bewusst eher als Probleme gestaltet, d. h. oft gäbe es weitere Wege zu einem relevanten Ergebnis, und nicht immer erreichen wir ein exaktes Ergebnis. Die Motivation für diese Vorgehensweise ist, dass in der praktischen Arbeit selten Aufgaben und zumeist Probleme vorliegen.

Aufgaben sind gut für das erste Aneignen der Methoden und das Ausprobieren in einem sicheren Umfeld. Spannend und interessant wird eine Disziplin bzw. ein Fach erst durch seinen Kontext. Kontext meint hier die ganz konkreten weltlichen Rahmenbedingungen, innerhalb derer dann die eigentlichen Probleme angegangen werden. Aus diesem Grund basieren die Beispiele auf Kontext und zeigen, was mit den hier dargestellten Methoden gut angegangen werden kann.

Der Umgang mit Problemen benötigt zusätzliche Vorgehensweisen. Ein Problem wie eine Aufgabe anzugehen, kann schnell schiefgehen. Daher benötigen Sie früh die Auseinandersetzung mit Problemen. In den Beispielen wird jeweils deutlich gemacht, wann der Übergang zum Problem stattfindet und mit welchen zusätzlichen Annahmen dann gearbeitet werden kann. Da das Vorgehen nicht mehr eindeutig festgelegt ist, wird eine wichtige Kompetenz dabei, die eigenen Ergebnisse kritisch zu hinterfragen und soweit möglich selbst zu überprüfen - auch dies ist in den Beispielen diskutiert.

Insgesamt ist die Darstellung des Lösungsweges in den einzelnen Beispielen daher ausgesprochen umfangreich. Dazu enthalten die Beispiele viele wichtige Informationen (disziplinäres Wissen). Die Anwendung der Methoden wird dort diskutiert, und es wird Ihnen gezeigt, wie ich an die benötigten Informationen herangekommen bin und wie ich dabei mit fehlenden Informationen umgehe.

Diese Beispiele sollen Sie neugierig machen: auf den speziellen Kontext, darauf, dass Sie den Stoff selber anwenden, auf eine thermodynamische Betrachtung unserer Welt als eine eigene zusätzliche Möglichkeit der Wahrnehmung.

Aufgabe oder Problem?

Die VDI 2221-1 unterscheidet klar zwischen einer Aufgabe und einem Problem. Tabelle 1.1 arbeitet die grundlegenden Unterschiede heraus, sie basiert unter anderem auf der VDI 2221-1 und auf Rittel & Webber (1973). Diese Unterscheidung ist ausgesprochen hilfreich, wenn wir unser Vorgehen planen: Was ist das Ziel? Wie gehe ich das jetzt an? Wann bin ich fertig?

Aufgaben sind für Lernende und für Lehrende einfach im Umgang. Sie sind essenziell, wenn es um das erste Üben neuer Methoden geht - dafür stellen sie den definierten und abgegrenzten Raum zur Verfügung. Das Verharren auf Aufgaben begrenzt allerdings die Möglichkeiten guter Lehre. Insbesondere wird es schwierig, den Kontext des Faches gut zu vermitteln, und es bereitet nicht auf den später geforderten Umgang mit Problemen vor (Linow 2021).

Tabelle 1.1 Unterscheidung zwischen Aufgabe und Problem.

Aspekt	Aufgabe	Problem
Synonyme (en)	*Well-structured problem, Story problem, Word problem*	*Ill-structured problem*
Anforderung (Lastenheft)	Vollständig	Unvollständig, oft widersprüchlich Die Anforderungen festlegen ist Teil der Lösung
Komplexität	Gering, festgelegt	Hoch, zumeist nicht festgelegt, oft unbegrenzt
Systemgrenze	Vollständig, klar definiert, geschlossen	Unvollständig, widersprüchlich, offen Die Systemgrenze festlegen ist Teil der Lösung
Kontext	Kein Kontext oder irrelevant für die Aufgabe	Reale Welt, unvollständig, widersprüchlich enthält Zielkonflikte Den Kontext festlegen ist bereits Teil der Lösung
Zahl der Lösungen	Genau eine	Null, endlich oder unendlich viele

Aspekt	Aufgabe	Problem
Lösungsmethode	Eine (diese ist für Experten offensichtlich) Falls es mehr als eine gibt, dann sind diese mathematisch äquivalent	Nicht offensichtlich Es existiert keine Festlegen der Methode ist Teil der Lösung
Kriterien für den Lösungsweg	Offensichtlich (für Experten), Teil der Aufgabe	Nicht offensichtlich, unbekannt, unvollständig, widersprüchlich Festlegen des Lösungsweges ist Teil der Lösung
Qualität der Lösung	Die Abweichung von der exakten Lösung kann einfach gemessen oder berechnet werden	Unbekannt Festlegen von Kriterien zur Bewertung ist Teil der Lösung
Beteiligte Disziplinen	Genau eine (Silo)	Mehrere, abhängig von der Perspektive
Wechselwirkungen	Keine	Feedback in andere Systeme Feedbacks aus anderen Systemen beeinflusst und verändert das Betrachtete
Erklärung der Ursachen	Offensichtlich Teil der Aufgabenstellung (gegeben)	Viele, auch widersprüchliche Erklärungen sind möglich Angeben einer Erklärung ist Teil der Lösung

Fehler?!

Ja, ich habe wirklich viel Aufwand getrieben, damit das Buch keine Fehler enthält. Aber die Wahrscheinlichkeit ist hoch, dass ich nicht (ganz) erfolgreich war. Bitte teilen Sie uns (Verlag oder mir) mit, wenn Sie etwas finden!

Gerne möchte ich zudem die Inhalte aktuell halten und kann mir daher gut vorstellen - also falls es eine nächste Auflage gibt -, dann nicht nur zu korrigieren, sondern auch aktuelle Entwicklungen und Veränderungen in Beispielen und der Darstellung zu berücksichtigen.

1.2 Digitale Werkzeuge

Die zentrale Frage ist hier, welche digitalen Werkzeuge helfen uns/Ihnen beim Aneignen und Verstehen? Sie finden hier eine ganze Reihe von Links und Hinweisen zu Datenbanken, speziellen Internetseiten oder Lernvideos. Dies ist eine persönliche Auswahl, denn dies sind die Werkzeuge und Datenbanken, die ich im Laufe meiner Auseinandersetzung mit den Methoden kennengelernt habe und nutze. Es kann sehr gut sein, dass Sie andere Quellen finden, mit denen Sie viel besser arbeiten können. Zentral ist, dass Sie bei allen Quellen überprüfen, ob diese belastbar sind.

So lange wir uns im Bereich der Thermodynamik als Disziplin bewegen, ist es gut sichergestellt, dass Daten und Quellen belastbar, d.h. richtig sind - es sind oft Zahlenwerte und Stoffeigenschaften. Geht es aber darum, sich in den Kontext einer speziellen Fragestellung einzuarbeiten, dann ist von uns große Sorgfalt und die Bereitschaft geboten, nach wissenschaftlich belastbaren Quellen zu suchen, nicht nach solchen, die eine Erwartung bedienen. Mehr zu diesem Thema im parallelen Lernbuch zur Energiewende (Linow 2019).

Thermodynamik lernen

Ich war selber ein schlechter Student, und Thermodynamik (bzw. statistische Physik und Theorie der Wärme) war nicht meins. Daher darf ich mit ein klein wenig Erfahrung über die Frage sprechen, wie Sie jetzt dies hier lernen können.

Lernen ist eine aktive Tätigkeit, die ich selber für mich ausübe. Dies gilt insbesondere, wenn wir nicht mehr über das Vermitteln von abfragbarem Wissen, sondern insbesondere über Kompetenzen als konkrete Befähigung zum eigenen Handeln nachdenken:

Was ist mein Ziel? Seien Sie sich klar über Ihr Ziel. Es macht einen Unterschied, ob Sie gerade so bestehen wollen oder mit Freude tief eintauchen möchten:

Beim „gerade so" ist die Auseinandersetzung mit den Lernzielen ausgesprochen wichtig, denn schließlich müssen Sie zum Bestehen zeigen, dass Sie *„nahezu alle Lernziele zumindest in einer grundsätzlich akzeptablen Form angegangen sind"* (Biggs & Tang, 2011). Sie brauchen also ein klares Verständnis, was die *Lernziele* sind und was *eine grundsätzlich akzeptable Form* ausmacht. Punktezählen ist dafür deutlich zu wenig.

Ich bin selber verantwortlich Dinge erlernen müssen wir immer selber. Es langt nicht, in einer Vorlesung zu sitzen. Es kann ausgesprochen interessant oder amüsant sein, Vorlesungen von guten Dozentinnen oder Dozenten zu besuchen. Im Hinblick auf den Lernerfolg ist es aber egal, ob Ihr Prof. es nett macht oder nicht - Vorlesung bleibt Vorlesung (Biggs & Tang, 2011). Erst wenn ich selber aktiv werde, beginne ich zu lernen.

Oder umgekehrt: Es mag ja toll sein, was diese Professorin oder jener Dozent alles an Tricks und Methoden in der Vorlesung vorführt: Methodenwechsel alle 10 min usw. - das ist egal, solange ich einfach dasitze und es vorbeirauschen lasse. Ich mache in der Lernveranstaltung das Laptop zu (Sportwetten usw. können warten). Ich lege das Mobilphon für die gesamte Zeit beiseite, im Flugzeugmodus (oder besser noch: ich lasse es gleich daheim, dann ist auch die Versuchung geringer)[3].

[3] OK, dann muss der arme Showmaster - äh, also Dozentin oder Dozent - wieder zu Umfragen zurückkehren, statt Smartphone-Apps zur Aktivierung einzusetzen. Aber wenn ich eh aktiv dabei bin, dann kann ich mich auch einfach melden ...

Ich bin selber aktiv Im Zentrum steht hier das sichere Anwenden der Methoden, d. h. Lernen bedeutet, dass ich diese Methoden selber sicher anwenden kann. Die Möglichkeiten sind:

- Ich rechne selber! Dafür brauche ich eine Studi-Gruppe, in der ich dann alle meine Fragen besprechen kann (ohne meine Studi-Gruppe hätte ich mein Studium nicht geschafft - wofür ich Katja und Markus sehr dankbar bin).
- Ich lerne, meine Ergebnisse selber zu überprüfen: Das eigene Überprüfen (kann mein Ergebnis angehen?) ist eine zentrale Kompetenz guter Ingenieurinnen und Ingenieure.
- Ich diskutiere den Stoff, meine Fragen, die zentralen Punkte, wichtige Ideen mit meiner Lerngruppe.
- Ich rede darüber; ich erkläre, was mich gerade umtreibt oder bewegt. Dabei ist es hilfreich, dies in meiner Studi-Gruppe zu machen, aber es ist auch wichtig, dies Fachfremden erklären zu können: Kinder stellen tolle Fragen, die mich gerne direkt auf die fiesen Grundlagen bringen[4] ...
- Ich entwickle eigene Fragen, Probleme, Gedanken und ich versuche, diese selber zu lösen!
- Ich suche mir andere Perspektiven: Wie gehen das die Nachbardisziplinen an? Kann ich das auch auf Probleme anderer Disziplinen anwenden? Stimmt das, was da in diesem Text steht? Funktioniert das wirklich so, wie das hier beschrieben ist?

Ich baue mir ein Gerüst Ein spannendes Konzept ist *„scaffolding“*. Dies meint, dass wir nicht einfach draufloslernen können, sondern dass wir neues Wissen in unser Gerüst an Ideen und Konzepten einfügen müssen, um es für uns nutzbar zu machen. Ausgehend von einer Basis benötigen wir Stützen und Verbindungen hin zu den neuen Inhalten. Dieses Gerüst können wir dann verstärken und umbauen. Dafür ist die Basis zentral, also das Verstehen der grundlegenden Konzepte und Methoden. Aus diesem Grund stehen diese Grundlagen hier im Fokus und werden auch beherzt wiederholt.

- Wenn ich mich unsicher fühle, überprüfe ich meine Grundlagen. Dabei können mich diese Fragen leiten: Habe ich verstanden, worauf das hier aufsetzt? Sind mir die Begriffe klar? Kann ich diese Methode auch selber anwenden? Warum verwende ich hier diese Methode? Welche Annahmen stecken hier gerade drin?

Ich spreche ausreichend Algebra Erstaunlich vieles in der Thermodynamik wird durch Gleichungen und Formeln ausgedrückt (diese Zusammenhänge stattdessen in Sprache zu gießen, wäre auch nicht besser). Daher muss ich meine Algebra abstauben und auffrischen. Das ist eine (am Anfang unangenehme) Übungssache: Jede einzelne Gleichung ganz bewusst lesen und verstehen.

---

4) Wenn ich etwas so Kompliziertes wie ein Problem aus der Thermodynamik so erklären kann, dass Kinder es verstehen, dann habe ich es solide verstanden.

Lernhilfen in diesem Buch In diesem Lernbuch finden Sie viele Hinweise in unterschiedliche Richtungen; diese sollen Ihnen Möglichkeiten geben, selber aktiv zu sein:

- Lernvideos sind eine gute Möglichkeit, etwas zu verstehen: 10 min echte Aufmerksamkeit klappt viel besser als 90 min passives Zuschauen! Und Sie können das Video unterbrechen, noch mal abspielen, schneller laufen lassen, beschimpfen, teilen, dissen usw. Versuchen Sie das mal mit einem Prof.
- Das Internet ist eine tolle Quelle für echte Fachinformationen. Hier sind daher Hinweise für gute Datenbanken und Datenquellen, aber auch Werkzeuge enthalten.
- Nutzen Sie moderne Technik: Führen Sie Ihre Berechnungen in einem Tabellenkalkulationsprogramm oder mit Computeralgebra aus; machen Sie sich ihre eigenen Diagramme; beschaffen Sie sich eigene Daten ...
- Nutzen Sie alte und bewährte Technik: Machen Sie einfache Skizzen (wie ist das aufgebaut? Wie funktioniert das?); nutzen Sie ein Buch aus Papier und verwandeln dies in ein eigenes Werkzeug (durch Anmerkungen, Hinweise, Korrekturen) ...
- Thermodynamik ist sperrig, da die technischen Prozesse, um die es geht, oft versteckt oder unzugänglich sind: Wir können sie uns nicht einfach mal eben ansehen. Nutzen Sie daher alle Möglichkeiten, sich doch mit solchen Prozessen vertraut zu machen. Unabhängig davon habe ich einiges an Beispielen aus unserer Lebenswelt hier eingebaut[5].

Der Aufwand Dieses Lehrbuch ist für eine 10-ECTS-Einführung in die technische Thermodynamik dimensioniert. 10 ECTS entsprechen einem Netto-Lernaufwand von 300 h. Netto bedeutet einschließlich meiner aktiven Zeiten in der Vorlesung, aber nach Abzug der Wegezeiten und nach Abzug aller ablenkenden Aktivitäten, wie E-Mails checken (OK, ich bin schon etwas älter) oder auch WhatsApp, Insta, Telegram, YouTube, Sportwetten & Bundesliga, Shopping usw.

Schnappatmung

Diesen Aufwand benötigen Sie, um gut auf die Prüfung vorbereitet zu sein und um die hier erworbenen Kompetenzen später schnell wieder aktivieren zu können. Je nach Prüfungsgestaltung und persönlichem Anspruch kann es ggf. auch mit deutlich weniger gehen – dazu wenden Sie sich vertrauensvoll an Ihre Fachschaft. ■

■ 1.3 Kontext

Ihre Ausbildung soll Sie befähigen, viele relevante und grundlegende Kompetenzen zu erwerben. Auch Ihr Kurs in Thermodynamik hat dieses Ziel. Dabei findet Ihr Studium gerade in Zeiten großer Umbrüche und Veränderungen statt. Eine Hoffnung ist, dass gute technolo-

[5] Und ertrage dabei gerne den Vorwurf, dies sei ja nicht der wahren Thermodynamik als Disziplin entnommen.

gische Lösungen einen wesentlichen Teil dazu beitragen können, dass wir auch in Zukunft am Ort unserer Wahl ein angemessenes Leben führen können. Dafür wird Thermodynamik – oder vielleicht etwas konkreter *„energy literacy“* (also die Befähigung, energetische Fragen sinnvoll und konsistent auch innerhalb des Systems Erde zu verstehen und anzugehen) – eine wesentliche Grundlage bleiben. Erst aus dieser Perspektive heraus werden einige Schwerpunkte und Aspekte dieses Lernbuches klar.

Systemisch denken Die thermodynamische Methode und das systemische Denken sind sehr gut geeignet, um für die aktuellen und zukünftigen Fragen von Energiewende und Energienutzung Lösungsansätze zu finden und zu bewerten. Sie werden sich mit diesen Themen vermutlich später indirekt, vielleicht auch ganz konkret auseinandersetzen. Die Thermodynamik ist die Wissenschaft von der Energie und ihrer Verteilung in der Welt – in technischen Systemen genauso wie in natürlichen. Viele Beispiele diskutieren daher heute absehbare Elemente oder Aspekte auf einer technischen Ebene. Wenn Sie sich deutlich tiefer mit diesem Thema auseinandersetzen wollen oder müssen, dann gibt es dazu ein zweites Lernbuch (Linow 2019).

System Erde Unsere Technik – so viel ist inzwischen klar – existiert nicht einfach so, sondern innerhalb unseres Systems Erde. Beide sind intensiv miteinander verflochten und beeinflussen sich gegenseitig[6]. Gleichzeitig stellen viele Prozesse innerhalb des Systems Erde großartige und aufregende Beispiele für thermodynamische Prozesse dar. Aus diesem Grunde finden Sie hier an einigen Stellen Inhalte und Beispiele, die über eine klassische, rein technische Darstellung hinausgehen. Diese Inhalte stellen jeweils relevante thermodynamische Grundlagen für ein zukünftiges menschliches Wirtschaften im System Erde dar und haben daher ihre Berechtigung in einer Einführung in die Thermodynamik. Außerdem sind es einfach wunderbare Möglichkeiten, die Methoden anzuwenden. Gleichzeitig gibt dies die Möglichkeit, ggf. einfacher mit den Geowissenschaften interdisziplinär zu arbeiten.

Gesellschaftliche Erwartungen Hochschulen, Fachbereiche, Disziplinen bekommen gerade deutliche Impulse, ihre Lehre interdisziplinär und transdisziplinär auszurichten, damit zukünftige Absolventinnen und Absolventen so arbeiten können. Interdisziplinäre Arbeit meint, dass verschiedene Disziplinen (Fächer) gemeinsam an Problemen arbeiten und ihre Lösung deutlich erkennbar über eine Summe rein disziplinärer Lösungen hinausgeht[7]. Daher finden Sie hier in den Beispielen immer wieder den Blick aus dem Thermo-Silo hinaus.

---

6) Das zeigt uns gerade unsere aktuelle Pandemie, siehe auch Harper K (2021) *Plagues Upon the Earth. Disease and the Course of Human History.* Princeton University Press. In dieser Darstellung spielt Energie und ihre Verteilung zugleich eine prominente Rolle.

7) Wenn unterschiedliche Fächer jeweils nur ihren Teil abarbeiten, damit man dann am Ende alles zusammensteckt, dann ist das polydisziplinär, denn *„inter“* verlangt echten Austausch.

Thermodynamik dekarbonisieren?!

LÄSST SICH DIE TECHNISCHE THERMODYNAMIK ÜBERHAUPT DEKARBONISIEREN? UND LOHNT SICH DAS?

Die Frage entwickeln

Rückblick Der historische Auslöser für die Entwicklung der Thermodynamik ist Kohle: Diese wurde schon lange z. B. in China, aber in besonderem Maße im modernen England als Brennstoff verwendet. Dadurch befreite sie die verfügbare Biomasse für andere Nutzungen und erlaubte so große Städte mit mehr Industrie. Im Jahr 1713 nimmt die allererste Dampfmaschine ihre Arbeit auf (Newcomen): Das erste Mal gelingt es, aus Wärme in einer zyklisch arbeitenden Maschine nutzbare Arbeit zu erzeugen. Aus dieser Maschine entwickelt sich innerhalb von 120 Jahren durch die Beiträge vieler begnadeter Handwerker und Erfinder (z. B. James Watt), basierend auf robustem handwerklichem Geschick und technischer Kunstfertigkeit, die erste rein mechanische nutzbare Lokomotive (Stevenson). Damit kann Biomasse, die bisher für Zugtiere benötigt wurde, für andere Zwecke eingesetzt werden.

Mit Öl aus Walen steht im 19. Jahrhundert eine günstige Lichtquelle zur Verfügung (Moby Dick); die Rolle des Wal-Öls übernimmt mit der raschen Abnahme der Wale[8] dann Kerosin aus Erdöl. Nebenprodukte der mit Kohle und Eisenbahn stark anwachsenden Eisenverhüttung sind Gase, die als Lichtquelle und Wärmequelle zunehmend genutzt werden. Benz und Diesel gelingt es, Antriebsmaschinen zu bauen, die ganz ohne Dampf auskommen. Dies sind wichtige Startpunkte der Nutzung von Erdöl und Erdgas, siehe Smil (2017).

Theoriebildung Gleichzeitig werden Experimente und ihre Ergebnisse beschrieben (Boyle, Mariotte, Joule und sehr viele andere), die nach Erklärung und Einordnung verlangen. Eine der zentralen Ideen von Wissenschaft ist Konsistenz, also die Forderung, dass sich alle einzelnen Theorien nicht gegenseitig widersprechen. Langsam beginnt um 1800 eine geordnete Theoriebildung. Die Schrift von Carnot (1824) kann noch nicht gleich eingeordnet werden. Aber nur wenige Jahre später ist hier eine kritische Masse erreicht, der es gelingt, die Phänomene, Beobachtungen und die existierenden und funktionierenden Maschinen geordnet zu beschreiben (Clausius, Gibbs, Helmholtz, Kelvin und viele weitere).

Ausgehend von diesen Grundlagen explodieren dann die technischen Möglichkeiten, nutzbare Theorien und Anwendungen, nicht zuletzt mit der Nutzung der Elektrizität. Dieser Zeitraum schneller technologischer Fortschritte reicht bis zum Ende des Zweiten Weltkriegs. Letzte spannende und große Konzepte (Gasturbine, Mondflug) werden noch umgesetzt - danach sehen wir eher eine Evolution des Vorhandenen hin zum technologischen Optimum.

8) Das erste Peak-Oil.

Zustand Die technische Thermodynamik wird kanonisiert. Sie beschreibt robust und genau die Nutzung fossiler Energieformen. Es entsteht innerhalb dieser Disziplin der Eindruck der Alternativlosigkeit dieser Verbindung von fossil und Energie.

Ende des fossilen Zeitalters Dieses fossile Zeitalter geht jetzt zu Ende. Entweder freiwillig und mit Vernunft, um das System Erde in einem Zustand zu erhalten, der für unser menschliches Wirtschaften, Leben und Überleben geeignet ist, oder schlicht, weil die fossilen Reserven erschöpft sind. Auch im zweiten Falle eher noch in diesem Jahrhundert (McGlade & Ekins). Daher ist diese Frage berechtigt:

Was bleibt dann von der technischen Thermodynamik? Ist Thermodynamik ein Bestandteil der fossilen Welt und wird mit ihr verschwinden?

Und damit verbunden die Frage:

Lohnt es sich noch, Thermodynamik zu lernen? Habe ich dieses Buch umsonst gekauft?

Eine (persönliche) Antwort

Naturgesetze Thermodynamik ist heute eine in sich sehr konsistente Beschreibung von grundlegenden Naturgesetzen der Energie. Diese Beschreibung ist unabhängig vom konkreten Anwendungsfall, also insbesondere einer konkreten Technik oder ihren konkreten Maschinen und Anlagen (ihren Artefakten).

Naturgesetze sind nicht verhandelbar (denn mit wem wollte ich meinen Diskurs führen?).

Der fossile Mindset Die fossilen Energien haben einen seltsamen Mindset erzeugt: Fossile Energie ist (oder war) billige und immer verfügbare Energie. So billig, dass ihr spezieller Wert in Vergessenheit geraten ist. Heutige gesellschaftliche Diskurse ignorieren zumeist Grenzen der Verfügbarkeit von Energie. Manchmal gelangt der Diskurs noch bis zu seltsam anmutenden Forderungen nach billiger Energie (so, als ob dies ein Grundrecht wäre). Oft aber werden die beeindruckenden energetischen Rahmenbedingungen jeder wirtschaftlichen und materiellen Grundlage einfach ausgeblendet (z.B. Hall, Klitgaard 2019 oder bezogen auf Deutschland Holler et al. 2021).

Dies ist jedoch nie Teil der technischen Thermodynamik gewesen – in der Thermodynamik als Theorie ist der besondere Wert und die Begrenztheit von Energie genauso zentral angelegt wie die (unerwünschten) Umweltauswirkungen der Energiewandlung und -bereitstellung. Der fossile Mindset war immer eine Form von magischem Denken, losgelöst von irdischen Realitäten.

Die Zukunft der Thermodynamik Die Thermodynamik als Methode ist hochaktuell. Sie wird sich als Disziplin ein wenig anpassen und neu orientieren müssen. Nicht alle heutigen Inhalte, die ja z. T. spezielle Maschinen beschreiben, deren Zukunft ungewiss ist, werden in Zukunft noch so eine prominente Rolle einnehmen. Dafür werden andere Themen wichtiger werden (mehr Wärmepumpe und weniger Otto-Motor).

Die Thermodynamik bekommt neue Aufgaben. Insbesondere brauchen wir sie als Lotsensystem in eine Zukunft, in der Energie wertvoll ist, variabel und zumeist nur angebotsorientiert zur Verfügung steht. Auch deshalb hat dieses Lehrbuch einen Begleiter, der uns helfen soll, genau diese Fragen für uns zu klären (Linow 2019).

Um es deutlich zu sagen: Wir brauchen mehr Thermodynamik und mehr thermodynamischen Verstand, gerade auch mitten in unserer gesellschaftlichen Diskussion. Daher lernen Sie gerade genau das Richtige! ■

■ 1.4 Danke!

Dieses Buch startete als Idee im Jahr 2020. Die intensiven Diskussionen im (letzten) Fachprogramm Lehre^{n} dazu, wie wir unsere Hochschulen verändern können und wie nachhaltige Entwicklung ein integraler Teil von Studiengängen sein kann, hat mir sehr geholfen, meine Gedanken zu sortieren. Allen Teilnehmerinnen und Teilnehmern dieses disziplin- und statusgruppenübergreifenden Programms gilt daher mein erster Dank! Den relevanten Anstoß, das Projekt wirklich zu wagen, gab dann Nicole Saenger in mehreren langen Reisen zum Fachprogramm: Ohne ihre (interdisziplinäre) Ermutigung wäre ich nicht losgegangen!

Fachlich zehrt dieses Projekt auch von meiner langen Zeit in der Industrie und meinem Team und Umfeld dort, in dem wir viel und leidenschaftlich viele thermodynamische Probleme diskutiert haben – ihnen allen gilt mein herzlichster Dank für die großartige Zusammenarbeit und die Basis, mit der ich in die Lehre starten durfte.

Die fachlichen und didaktischen Diskussionen mit meinem Kollegen Bernhard Schetter hier an der Hochschule Darmstadt sind für mich wunderbar anregend und haben an sehr vielen Stellen in meiner Lehre und hier Eingang gefunden. Ich danke ihm für seine Begeisterung und seine Perspektiven, z. B. als erfahrener Didaktiker. Lukas Fischer hat aus studentischer Perspektive dieses Buch begleitet: Er hat unklare Stellen und unverständliche Sprünge gefunden, und er hat alle Aufgaben im Detail nachgerechnet. Seinem wachen Blick und seinen Anregungen verdanke ich auch hier viel.

Meinen Studentinnen und Studenten aus allen Thermodynamik-Kursen an der Hochschule Darmstadt gilt ein besonderer Dank; insbesondere allen, die Fragen gestellt haben! Viele ihrer Fragen sind hier eingegangen, und die Darstellung und die Struktur versucht, möglichst viele Antworten auf Ihre Fragen zu geben. Nachdem mich Antonia Wunderlich in einem Seminar zur kompetenzorientierte Lehre völlig neu verortet hatte, nehme ich studentischen Fragen als zentral für meine Lehre auf.

Von großem Wert sind die vielen Diskussionen und gemeinsamen Aktivitäten in der Initiative Nachhaltige Entwicklung an der h_da (i:ne) und innerhalb des Forschungsprojekts Systeminnovation Nachhaltige Entwicklung (s:ne). Silke Kleihauer hält dieses Netz zusammen, und sie ist für mich prägend über unsere vielen guten Diskussionen. Ihr und allen aus diesem Umfeld danke ich sehr herzlich!

Dem Hanser Verlag gilt Dank, dass er dieses Projekt wagt. Dem ganzen Verlagsteam um Volker Herzberg danke ich herzlich für die gute Unterstützung und Umsetzung.

So ein Projekt frisst beeindruckend viel Zeit und braucht Platz. Meine Familie hat mich jetzt viele Monate hinter meinem Rechner ertragen, sie kommt mit abwesendem Gebrumme zurecht, sie übersteht Bücherberge, die durch unser Wohnzimmer wandern, sie erträgt Papierdünen, die den Esstisch unter sich begraben wollen. Ohne euch klappt so etwas nicht, eure Unterstützung ist großartig – Danke!

Literatur

Biggs J & Tang C (2011) *Teaching for Quality Learning at University*. McGraw-Hill, Maidenhead.

Hall CAS, Klitgard K (2018) Energy and the Wealth of Nations. Springer, Cham.

Holler C, Gaukel J, Lesch H, Lesch F (2021) *Erneuerbare Energien. Zum Verstehen und Mitreden.* Bertelsmann, München.

Linow S (2019) *Energie – Klima – Ressourcen.* Hanser, München.

Linow S (2021) *Understanding Scale in Wicked Problems of Sustainable Development: Who Needs Dedicated Courses in Higher Education?* In Leal Filho W, Salvia AL, Brandli L, Azeiteiro UM, Pretorius R (eds) Universities, Sustainability and Society: Supporting the Implementation of the Sustainable Development Goals. Springer, Cham. *https://doi.org/10.1007/978-3-030-63399-8_4.*

McGlade C, Ekins P (2015) *The geographical distribution of fossil fuels unused when limiting global warming to 2 °C.* Nature 517: 187-190.

Rittel HWJ, Webber MM (1973) *Dilemmas in a General Theory of Planning.* Policy Sciences 4: 155–169.

Smil V (2017) *Energy and Civilization. A History.* MIT Press, Cambridge.

VDI 2221-1, *Entwicklung technischer Produkte und Systeme – Modell der Produktentwicklung*

Teil I – Grundlagen

In diesem ersten Teil geht es um die Grundlagen der technischen Thermodynamik. Diese Grundlagen sind im Kern der Begriff des Systems, die Beschreibung des Systems durch seinen Zustand, Zustandsänderungen durch das Verrichten von Arbeit und das Übertragen von Wärme sowie der thermodynamische Begriff der Energie einschließlich der Entropie als Maß für die Verstreuung der Energie. Diese Grundlagen sind die Voraussetzung für alle weiteren Teile dieses Buches.

Bereits diese Grundlagen können sehr unterschiedlich eingeführt und dargestellt werden. Hier ergibt sich die Anordnung aus dem Ziel, möglichst schnell ins Anwenden zu kommen. Eine theoretisch rigorose Entwicklung des Stoffes würde eine andere Reihenfolge benötigen.

Wenn man die Thermodynamik theoretisch sauber entwickelt, dann nennt man den Zustand eines Systems, der sich nicht mehr verändert, einen Gleichgewichtszustand. Die Zusammenhänge zwischen den Zustandsgrößen gelten nur im Gleichgewicht. Gestörte Systeme streben diesen Gleichgewichtszustand an. Wenn man ein System sehr langsam verändert, dann kann es sehr nahe am Gleichgewichtszustand bleiben, und man kann dann die Zusammenhänge der Zustandsgrößen weiterverwenden. Hier beschränken wir uns auf diese Gleichgewichts-Thermodynamik und quasistatische Prozesse, bei denen Zustandsgleichungen ihre Gültigkeit behalten.

In der technischen Thermodynamik wird Materie makroskopisch beschrieben, d. h. mikroskopische Begriffe werden nur soweit berücksichtigt, wie wir sie benötigen, um das makroskopische Verhalten der Materie thermodynamisch sicher zu beschreiben.

Die Darstellung hier fokussiert auf die Erklärung und Anwendung der zentralen Begriffe und Methoden. Die Thermodynamik wird als in sich schlüssiges und gültiges System eingeführt, sie wird nicht hergeleitet.

Ich möchte mehr wissen

Wenn Sie dann feststellen, dass Sie tiefer in die theoretischen Grundlagen eintauchen wollen, dann gibt es einige gute und wichtige weiterführende Darstellungen. Gleichzeitig ist dies mein Verweis auf von mir hier verwendete Quellen.

Theorie und Grundlagen Wenn es Ihnen dabei um die Herleitung geht, dann gibt es entweder die etablierten Wege über Carnot-Wirkungsgrade (Baehr 2016) oder aber eine ganz moderne und mathematisch befriedigende (Lieb & Yngvasson 1999). Elegant und ohne Carnot-Wirkungsgrade sind die Darstellungen in benachbarten Disziplinen von Anderson (2016) oder Franses (2014).

Weitergehende Erläuterungen Falls Ihnen das zu viel Mathematik und zu wenig Erklärung ist, dann gibt der Überblick von Barry (2019) eher die weite Sicht, während das Paper von Lieb & Yngvasson bei Thess (2007) verdaulich erklärt wird. Von großem Nutzen ist die speziell auf Entropie und Energie fokussierende Darstellung von Leff (2021).

Mikroskopische Thermodynamik Falls Sie eintauchen wollen in den Übergang zur statistischen Physik, bietet Goodstein (2015) einen einfach zugänglichen Einstieg - damit könnten Sie sogar auf einer Physiker-Party punkten.

Beeindruckend von Umfang und Tiefe ist Jaffe & Taylor (2018), hier geht es von den theoretischen Grundlagen bis hin zur konkreten Anwendung.

2 Das System und sein Zustand

Dieses erste Kapitel wirkt wie ein Vorgeplänkel; es werden einige Definitionen gegeben, die recht offensichtlich wirken und die wir schnell hinter uns lassen wollen. Das ist ein Missverständnis: Viele Anfängerinnen und Anfänger stolpern später gerade dadurch, dass ihnen diese Begriffe dann doch nicht ganz so klar sind, dass wichtige Unterschiede immer wieder durcheinandergeraten oder dass sie bei der Definition von Systemen ungenau bleiben. Es lohnt sich also, hier gründlich zu sein und später immer wieder nachzuschlagen, wenn etwas unklar ist.

Dieser Abschnitt legt die Grundlagen zur Definition der Begriffe System und Zustand des Systems. Das Konzept des Systems ist ausgesprochen wirkungsvoll, wenn es konsequent anwendet wird – dieses Konzept findet sich heute in einer wirklich erstaunlichen Vielfalt von Disziplinen und Problemen, wo es erfolgreich eingesetzt wird. Umgekehrt sind unsaubere Systeme oder Systemgrenzen gerne die Ursache von Problemen oder ein Kennzeichen von Bullshit[1].

Aus einer Ingenieurssicht ist es essenziell, ein System möglichst gut messbar festzulegen oder seinen Zustand mit eindeutig quantifizierbaren Eigenschaften zu beschreiben. Ausgehend von robusten Messdaten oder einer verlässlichen quantitativen Beschreibung kann dann die zeitliche Veränderung von Systemen gut beschrieben und vorhergesagt werden – das eigentliche Ziel der Thermodynamik.

2.1 System und Systemgrenze

Ein System ist durch eine definierte und geschlossene Systemgrenze von der Umgebung abgegrenzt, siehe Bild 2.1. Die Systemgrenze umhüllt das thermodynamische System in einer eindeutigen Weise. Die Systemgrenze ist eine geschlossene Fläche. Die Systemgrenze kann sich mit der Zeit verändern:

- Die Systemgrenze ist eine vollständig geschlossene Fläche, d. h. es gibt keine Hinterausgänge.

[1] Mehr zu Bullshit in Bergstrom C, West J (2021) *Calling Bullshit: The Art of Skepticism in a Data-Driven World.* Random House. *https://www.callingbullshit.org*.

- Oft werden die Oberflächen von Objekten als Systemgrenze gewählt - dabei gehören die Oberflächen zu Flüssigkeiten oder Festkörpern.
- Systeme können aber auch mit rein gedachten Systemgrenzen umgrenzt werden - dann sind die Systemgrenzen von uns festgelegte Flächen im Raum.
- Objekte können durch die Systemgrenze zerschnitten werden, es kann jedoch kein Objekt Teil der Systemgrenze sein: Ein Objekt ist innerhalb der Systemgrenze, es ist außerhalb der Systemgrenze oder es wird durch die Systemgrenze zerteilt in einen Teil, der innerhalb, und einen Teil, der außerhalb liegt.
- Die Systemgrenze ist eine Bilanzgrenze, d.h. wenn etwas über die Systemgrenze tritt (Masse eines Stoffes, Energie usw.), dann müssen wir diesen Fluss zählen - typisch als Massenbilanz, als Stoffbilanz, als Energiebilanz. Es müssen immer alle Flüsse vollständig erfasst werden - ohne Ausnahme.

Die hier verwendete Vorzeichenregel ist, dass jeder Fluss in das System hinein als positiv und jeder Fluss aus dem System heraus als negativ bilanziert wird[2].

Bei der Festlegung des Systems und der Systemgrenze ist Sorgfalt wichtig. Das System soll so einfach wie möglich sein, damit der Aufwand für seine Beschreibung möglichst gering bleibt und insbesondere die Gleichungen für eine Berechnung noch handhabbar sind. Gleichzeitig muss das System ausreichend umfangreich festgelegt werden, um die eigentliche Fragestellung sicher bearbeiten zu können.

Ein System kann in weitere Untersysteme zerlegt werden, d.h. ein komplexes System, das unangenehm schwierig für die Berechnung ist, lässt sich weiter in einzelne einfachere Untersysteme zerlegen.

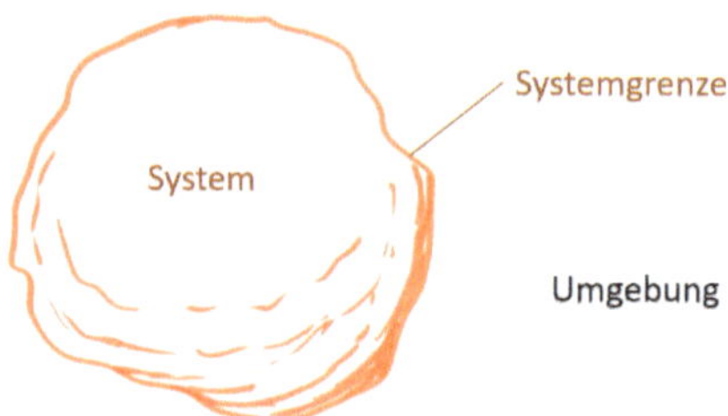

Bild 2.1
Jedes System ist durch eine geschlossene Systemgrenze eindeutig von seiner Umgebung getrennt.

2.1.1 Einfache Systeme klassifizieren

Sehr oft sind die Systeme, mit denen wir uns die Thermodynamik aneignen und mit denen viele zentrale Methoden und Ergebnisse der Thermodynamik dargestellt sind, auf einen homogenen Stoff beschränkt; dies ist verhältnismäßig einfach und genügt zugleich oft.

Die Festlegung des Systems erfolgt immer vom Ziel her (was wollen wir eigentlich beschreiben?) und mit dem Ansatz, das System so einfach wie möglich zu halten.

---

[2] Einige, insbesondere US-amerikanische Lehrbücher verwenden eine andere Konvention: Dort werden dann verrichteter Arbeit und übertragener Wärme jeweils unterschiedliche Vorzeichen zugeordnet.

Homogenes System Der einfachste Fall ist dabei das homogene System. Im homogenen System sind die chemische Zusammensetzung und die physikalischen Eigenschaften im gesamten System überall gleich. Das homogene System ist oft eine Idealisierung. So kann ein Luftvolumen in einem Gebäude als homogen angesehen werden, wenn die leichte Änderung des Druckes mit der Höhe vernachlässigt werden kann. Die Atmosphäre der Erde ist jedoch nicht homogen, da sich der Druck vom Erdboden aus mit der Höhe deutlich verändert.

Sehr oft besteht ein homogenes System aus genau einer Phase. Dabei ist die Phase eines Stoffes durch eine homogene chemische Zusammensetzung und einen festgelegten Aggregatzustand gekennzeichnet. Die Aggregatzustände, mit denen wir uns beschäftigen, sind insbesondere fest, flüssig und gasförmig. Aber auch das innere einer Wolke, wo offensichtlich gasförmige Luft und Wassertröpfchen als sehr feiner Nebel vorliegen, kann auf einer nächsten Ebene wieder als homogen angesehen werden.

Heterogenes System Demnach ist ein heterogenes System eines, in dem Bereiche mit unterschiedlichen Phasen, chemischen Zusammensetzungen oder anderen relevanten Variationen von Zustandsgrößen vorliegen. Insbesondere ist dies der Fall, wenn mehrere Phasen schlecht gemischt vorliegen wie Eis auf einem See.

2.1.2 Systemgrenzen klassifizieren

SPANNEND UND IM LERNPROZESS SCHWIERIG IST DIE BESCHREIBUNG VON SYSTEMGRENZEN.

Die folgenden Formen von Systemgrenzen werden häufig verwendet:

Offen	Über die Systemgrenze können Stoff und Energie transportiert werden. Beispiele sind der Abschnitt einer Rohrleitung, ein Tank mit Zu- und Abläufen.
Geschlossen	Über die Systemgrenze kann kein Stoff transportiert werden; Energie kann weiter über die Systemgrenze treten. Ein Beispiel ist ein Luftballon über einen kurzen Zeitraum (sodass noch keine Luft durch die Wand des Ballons diffundiert).
Isoliert, abgeschlossen	Über die Systemgrenzen können weder Stoff noch Wärme transportiert werden. Eine Thermoskanne kann für eine kurze Zeitdauer (bevor der Inhalt fühlbar seine Temperatur verändert) hier ein Beispiel sein.
Adiabat	Über die Systemgrenzen wird keine Wärme transportiert, jedoch Arbeit. Über die adiabate Systemgrenze wird keine Wärme transportiert. Oft hat das System dann weitere Systemgrenzen, über die Masse strömen kann.
Isotherm	Die Systemgrenze ist auf eine konstante Temperatur festgelegt, Energie und Stoff können über die Systemgrenze fließen. Durch diese Systemgrenze wird die Temperatur des Systems festgelegt. Ein Beispiel ist ein kleines Lebewesen (Einzeller) im Ozean.
Starr	Die Systemgrenzen sind mechanisch festgelegt und können sich nicht verschieben, Stoff und Energie kann über die Systemgrenze fließen. Beispiele sind ein Treibstofftank oder die Thermoskanne.

Verschiebbar	Ein geschlossenes System, bei dem Systemgrenzen verschiebbar sind. Das Verschieben geht mit dem Austausch von Energie zwischen System und Umgebung einher. Das typische Beispiel ist ein Zylinder: Der Kolben in einer Kolbenmaschine ist verschiebbar, es muss jedoch eine Kraft aufgewendet werden.
Adiabat und verschiebbar	Die Systemgrenze ist verschiebbar, aber es kann keine Wärme über die Grenze strömen.

Diese Definitionen sind ganz oft ideale Grenzfälle. Bringen wir nur genug Kraft auf, so können wir eine starre Systemgrenze doch verformen. Der Wert dieser Begriffe und ihrer Definitionen besteht darin, eine gemeinsame Sprache zu finden; zugleich werden Berechnungen besonders einfach (also für uns handhabbar), wenn wir diese Grenzfälle benutzen. Systeme sollen immer möglichst einfach sein, daher kann ein Objekt je nach Fragestellung ganz unterschiedlich beschrieben werden.

Ein System kann durch mehrere unterschiedliche Systemgrenzen umhüllt sein. Ein Beispiel ist eine isolierte Rohrleitung: Flüssigkeit fließt an den Stirnflächen zu und ab (offen), aber es wird keine Energie über die (adiabaten) Wände zu- oder abgeführt.

Systemgrenzen beschreiben

LERNZIELE SIND, SYSTEME FESTZULEGEN UND DIE SYSTEMGRENZEN ZU BESCHREIBEN.

System und Systemgrenzen einer Rohrleitung

Bild 2.2 zeigt das Rohrleitungsbündel, das in Darmstadt das Müllheizkraftwerk als Wärmequelle mit dem Einspeisepunkt für das Fernwärmenetz verbindet. Alle drei Leitungen sind isoliert, um Verluste gering zu halten; die Blechummantelung verhindert, dass die eigentliche Isolierung nass wird.

Die deutlich unterschiedlichen Durchmesser der Leitungen legen nahe, dass der Vorlauf Heißdampf ist und der Rücklauf flüssiges Wasser, denn Heißdampf hat ein deutlich größeres spezifisches Volumen als flüssiges Wasser.

KURZ NACHDENKEN, WAS BEDEUTET DAS? WAS GENAU BESCHREIBT DAS SPEZIFISCHE VOLUMEN?

Bild 2.2 Fernwärmenetz in Darmstadt

Was ist das System? Diese Frage können wir erst beantworten, wenn wir geklärt haben, was wir bewerten wollen. Mögliche Festlegungen sind:

- Wieviel Wasser ist in der Rohrleitung? Diese Frage ist relevant, wenn wir das System befüllen oder für Wartung entleeren. Da eine der Leitungen mit Dampf gefüllt ist, genügt dafür nicht das Volumen. In diesem Fall ist unser System das Wasser in der Rohrleitung, und die Systemgrenze ist die Innenseite der Rohrleitung. Falls sich aber Luft in der Rohrleitung befindet, wäre unsere Systemgrenze vielleicht besser die Oberfläche des Wassers? Die Systemgrenze ist in diesem Falle geschlossen.
- Welcher Massenstrom und damit Wärmestrom fließt durch die Rohrleitungen? Diese beiden Fragestellungen lassen sich nur gemeinsam bearbeiten. Der Wärmestrom ist durch die Temperaturdifferenz zwischen Vor- und Rücklauf und durch den Massenstrom des Wassers festgelegt. Für diese Berechnung genügt es, jeweils an einer Position der Rohrleitungen den Massenstrom und die Temperatur zu messen. Dort ist das System dann ein offenes System, denn Wasser strömt hindurch. Das System ist das fließende Wasser in einem Rohrabschnitt. Die Systemgrenzen sind offen dort, wo das Wasser in das System Rohrabschnitt einströmt, und dort, wo es wieder herausströmt. Das eigentliche Rohr ist als Systemgrenze nahezu adiabat.
- Was ist der Wärmeverlust der Rohrleitung im Betrieb? Diese Frage ist relevant, wenn wir den Wirkungsgrad des Fernwärmenetzes bewerten oder optimieren wollen. In diesem Fall ist unser System die Isolierung der Rohrleitung; die Temperatur an der Innenwand der Rohrleitung ist durch den Dampf und das Wasser (Vor- und Rücklauf) festgelegt; die Temperatur außen ist durch das Wetter festgelegt. Es ist ein starres und geschlossenes System. Mehr zu Wärmeübertragung in Teil V.

Tank und Zylinder

Bild 2.3 zeigt eine Druckluftlokomotive für die 600-mm-Spur, wie sie für den Einsatz in Bergwerken vorgesehen ist. Druckluft hat im Bergbau den großen Vorteil, dass sie keine Abgase erzeugt und keine Brennstoffe benötigt werden, sie ist also besonders sicher. Die in den vier Drucklufttanks gespeicherte Druckluft treibt über zwei doppeltwirkende Zylinder die Lokomotive an. Die gesamte Technik ist extrem einfach gehalten und nahezu vollständig sichtbar.

Bild 2.3 Druckluftlokomotive am Portal des Deutschen Bergbau-Museums in Bochum

Was ist das System Diese Frage können wir erst beantworten, wenn wir die Frage formulieren, die wir untersuchen. Mögliche Fragestellungen und ihre Systeme sind:

- Welche Energie ist maximal in den Druckluftflaschen gespeichert? Diese Frage ist wesentlich, um die Reichweite der Lokomotive zu kennen und ggf. Ladestationen zu planen. Das System ist dann die Luft in den vier Druckflaschen. Die Systemgrenze ist die innere Oberfläche der Druckflaschen. Dies ist ein starres und geschlossenes System.
- Wie schnell kann der Druckluftspeicher gefüllt werden? Wie lange muss die Lokomotive an der Ladestation stehen? Diese Frage hängt eher daran, wie schnell die Druckluft im Leitungssystem nachströmen kann und wie sich die Temperatur in den Tanks entwickelt, also ob Wärme abgeführt werden muss. Der erste Teil fokussiert auf die Zuleitung und die Strömungsgeschwindigkeit dort (offenes System Druckluftleitung mit Reibung), die zweite Frage benötigt das Verhalten der Druckluft im Tank bei zunehmendem Druck (offenes System mit starrer Systemgrenze). Da der Prozess schnell ablaufen soll, können wir die Systemgrenze als adiabat ansetzen, d.h. wir können den Wärmetransport durch die Wände der Tanks erst einmal vernachlässigen.

Soweit haben wir auf die Drucklufttanks geschaut; spannend ist auch der Druckluftmotor. Eingesetzt sind einfache doppeltwirkende Zylinder, wie sie ganz typisch sind für Dampflokomotiven:

- Wie funktioniert der Motor; welche Leistung kann der Motor erbringen? Auch hier ist das System die Druckluft. Im ersten Schritt lässt sich auch hier annehmen, dass die Systemgrenzen adiabat sind. Die Systemgrenzen sind verschiebbar, und je nach aktueller Position des Schiebers ist die im Zylinder befindliche Luft eingeschlossen oder es kann Luft zuströmen oder ausströmen.

Mehr zum Verhalten von Gasen in Kapitel 7.

■

■ 2.2 Zustand eines Systems

In der Thermodynamik geht es um das Berechnen von Eigenschaften von Systemen und um die quantitative Beschreibung von Veränderungen der betrachteten Systeme. Wesentlich sind daher Größen, die ein System zu einem bestimmten Zeitpunkt eindeutig beschreiben und die im besten Falle auch direkt messbar sind. Bild 2.4 illustriert dies exemplarisch für wichtige Eigenschaften eines Systems: Anders als in Bild 2.1, aus dem wir keine Information über das System entnehmen konnten, ist dieses System bzw. sein Zustand quantifizierbar.

Eine besonders einfache Situation liegt vor, wenn sich das System gerade nicht verändert oder wenn die messbaren physischen Eigenschaften sich so langsam ändern, dass sie gut und sicher zu messen sind. Dazu müssen wir annehmen, dass unsere Messung für das gesamte System eine relevante Aussage liefert – also z. B., dass die Temperatur oder der Druck überall im System gleich sind.

Die quantifizierbaren und grundsätzlich messbaren Eigenschaften eines Systems sind die Zustandsgrößen – diese Größen beschreiben den Zustand eines Systems und können sich ändern, wenn sich der Zustand des Systems verändert.

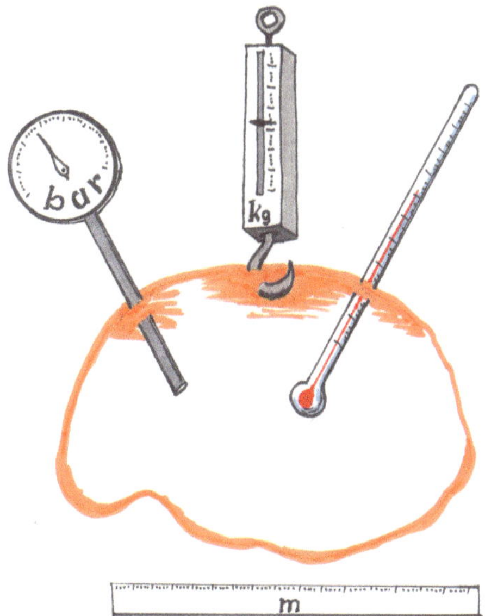

Bild 2.4
Der Zustand eines Systems soll quantifizierbar sein – dafür werden eine ganze Reihe von Zustandswerten benutzt wie z. B. Druck, Masse[3], Volumen oder Temperatur.

2.2.1 Mechanische Zustandsgrößen

Eine erste Gruppe von Zustandsgrößen beschreibt mechanische Eigenschaften. Diese Größen stellen die direkte Verbindung in die technische Mechanik her und haben dort wie hier dieselbe Bedeutung, auch wenn sich die Formelzeichen vielleicht unterscheiden. Dazu gelten alle mechanischen Gesetze auch hier.

Die äußeren Zustandsgrößen beschreiben die Lage und die Bewegung des Systems:

Position Die Position unseres Systems kann durch die aktuelle Lage des Schwerpunktes beschrieben werden. Von besonderer Bedeutung ist oft die relative Höhe z im Schwerefeld.

Geschwindigkeit Die Geschwindigkeit c des Systems im Raum gegenüber dem Beobachter oder einem Referenzsystem[4]. Oft ist dies die Geschwindigkeit des Schwerpunktes oder einer Systemgrenze.

Thermodynamisch und oft auch mechanisch relevant sind die inneren Zustandsgrößen. Dies ist die zweite Gruppe der Zustandsgrößen:

---

[3] Nein, die Waage hängt nicht an einem „Siemens-Lufthaken“!

[4] Die Geschwindigkeit hat aus gutem Grund das Symbol c, denn wir wollen nicht mit dem spezifischen Volumen v, der kinetischen Viskosität ν oder der Frequenz ν durcheinandergeraten.

Druck Der Druck p ist das Verhältnis aus der aus dem System heraus auf eine Fläche A der Systemgrenze wirkende Kraft F bezogen auf die Fläche des Flächenelements

$$p=\frac{F}{A} \tag{2.1}$$

Im Gleichgewicht, wenn sich das System nicht verändert, wirkt von außen eine gleich große Kraft entgegen – dies ist einer der Übergänge in die Mechanik. Der Druck ist in einem homogenen System über die gesamte Systemgrenze konstant.

In sehr großen Systemen muss ggf. die Gravitation berücksichtigt werden: Dann kann sich der Druck innerhalb des Systems mit der Höhe ändern. Wenn zwei Systeme miteinander Masse austauschen können, dann gleicht sich der Druck durch den Transport von Masse zwischen den Systemen aus.

Volumen Dies ist der von einem System eingenommene Raum bzw. der von der Systemgrenze umhüllte Raum. Das Volumen V eines Systems kann sich mit der Zeit ändern.

Masse Die Masse m eines Systems bleibt bei geschlossenen Systemgrenzen erhalten. Auch bei chemischen Reaktionen ändert sich die Masse nicht (Kapitel 13).

Dichte und spezifisches Volumen Die Dichte ist das Verhältnis aus Masse und Volumen

$$\rho(p,T)=\frac{m}{V(p,T)}, \tag{2.2}$$

wobei diese Dichte und auch das Volumen des Systems oft von Druck und Temperatur abhängen. Öfter als die Dichte verwenden wir jedoch das spezifische Volumen, dieses ist

$$v(p,T)=\frac{1}{\rho(p,T)}=\frac{V(p,T)}{m} \tag{2.3}$$

Dichte und spezifisches Volumen können sich auch innerhalb eines Systems von Ort zu Ort ändern, z.B. in heterogenen Systemen. Berücksichtigen wir die Schwerkraft in einem größeren System, kann sich die Dichte zusammen mit dem Druck innerhalb des Systems mit der Höhe ändern.

Stoffmenge Die Stoffmenge n ist die Anzahl der Teilchen in einem System. In einem Gas und einer Flüssigkeit sind diese Teilchen die Moleküle, aus denen sich das Gas oder die Flüssigkeit zusammensetzt. Bei Festkörpern ist dies auch die Zahl der Moleküle, wenn diese den Festkörper bilden (wie bei Eis aus Wasser). Es können jedoch auch die Atome sein wie z.B. in Metallen. Die Anzahl der Teilchen geben wir dabei in mol an. Ein mol sind $N_A = 6{,}022\ 140\ 76 \cdot 10^{23}$ Teilchen. Die Stoffmenge ist über die Molmasse M direkt mit der Masse verbunden

$$m=n\cdot M \tag{2.4}$$

Dabei ist die Molmasse die Masse, die ein mol eines Stoffes wiegt. Die Molmassen reiner Stoffe sind tabelliert und lassen sich auch über die chemische Formel und mit den Molmassen der Atome recht genau ermitteln.

In einer vollständig makroskopischen Darstellung der Thermodynamik ist diese Beschreibung über Mole sinnvoll; auch in der Chemie und Verfahrenstechnik ist die Verwendung von Molen gängig. In der Physik wird die Thermodynamik oft aus der mikroskopischen Welt heraus entwickelt, dann wird für die Stoffmenge die absolute Zahl der Teilchen verwendet.

Zustandsgrößen messen

Masse Die Masse kann bei nicht zu schweren Bauteilen gewogen werden. Allerdings muss das System für das Wiegen angehoben werden. Dies gelingt bei Festkörpern und wenn ggf. ein ausreichender Kran zur Verfügung steht.

Volumen Das Volumen kann bei einfachen geometrischen Formen ausgemessen und dann berechnet werden. Genauere Angaben bei etwas komplexeren Formen ergibt die Berechnung aus CAD-Daten. Diese Daten stellen genaue Volumina bereit, und aus diesen und einer Dichte lässt sich damit auch die Masse berechnen.

Bei Gasen wird die Masse eines Systems nahezu immer über Volumen und spezifisches Volumen mit Formel 2.3 bestimmt.

Flüssigkeiten und Schüttgüter können in Gefäßen mit bekannter Masse ausgewogen werden.

Stoffmenge Stoffmengen werden im technischen Zusammenhang zumeist über die Masse und die Molmasse ermittelt. Bei Gasen lässt sich die Stoffmenge gut aus dem Volumen bestimmen.

Druck In der Thermodynamik verwenden wir den absoluten Druck. Sehr oft wird aber der relative Druck gemessen. Ein relativer Druck beschreibt die Druckdifferenz zwischen einem geschlossenen System und seiner Umgebung; als typisches Beispiel zwischen einem Behälter und der Luft um ihn herum. Der absolute Druck ist die Druckdifferenz zwischen einem geschlossenen System und dem absoluten Vakuum.

In der technischen Anwendung unterscheiden wir zwischen:

- Allgemein sind Manometer alle Messgeräte, die eine Druckdifferenz zwischen einem System und seiner Umgebung messen. Relative Drücke zum Umgebungsdruck sind verhältnismäßig einfach zu messen, da eine wirkende Kraft aufgenommen und in ein Messsignal umgesetzt werden muss. Dies kann z. B. mechanisch über ein Federelement oder elektrisch über einen Piezo-Kristall erfolgen.
- Barometer sind spezielle Messgeräte, die den absoluten Druck messen. Die technische Herausforderung ist hier, ein Vakuum als Referenz bereitzustellen. Dies gelingt klassisch z. B. mit einer Säule aus Quecksilber in einem oben abgeschlossenen Glasrohr; dann sind etwa 760 mm Quecksilbersäule ein bar oder 760 Torr. Grundsätzlich lässt sich auch eine Wassersäule verwenden; dann sind etwa 10 m Wassersäule ein bar.

Gebräuchliche Einheiten des Drucks sind

- Pascal, oder Pa = N/m^2. Dies ist die SI-Einheit, die immer dann verwendet wird, wenn der absolute Druck benötigt wird.
- Bar - 1 bar = 100 000 Pa.
- Atmosphäre - Der mittlere Luftdruck auf Meereshöhe, daher 1 Atm = 1,013 bar.

2.2.2 Die Temperatur

Die Temperatur T ist eine besondere Zustandsgröße. Die Temperatur steht im engen Zusammenhang mit anderen Konzepten der Thermodynamik wie der Energie eines Systems. Sie ist eine intensive Größe (s. u.).

Wir haben den Eindruck, Temperatur leicht zu verstehen, sie ist jedoch thermodynamisch schwer zu fassen. Dazu kommt, dass wir oft die Temperatur und die übertragene Wärme durcheinanderbringen.

In der Thermodynamik ist die Temperatur eine Zustandsgröße, mit der wir Zustände ordnen können: von niedriger zu hoher Temperatur. Dies zeigt weiter unten das Beispiel Eisen - dort ist die Dichte von Eisen nach der Temperatur geordnet dargestellt.

Temperatur ist die Zustandsgröße, die sich angleicht, wenn zwei geschlossene Systeme in thermischen Kontakt kommen und so Energie übertragen werden kann, jedoch keine Masse. In diesem Fall werden sich die Temperaturen der beiden Systeme mit der Zeit angleichen. Andere Zustandsgrößen (Druck, Volumen, innere Energie) verändern sich durch den thermischen Kontakt auch - das ist keine Frage -, aber sie gleichen sich nicht an. Was Temperatur konkreter ist, das sehen wir uns erst später an, nachdem wir mit ihr schon viel gerechnet haben.

In der Thermodynamik verwenden wir zwei Systeme, um die Temperatur anzugeben: die auch sonst gebräuchliche Celsius-Temperatur [°C] und die absolute thermodynamische Temperatur mit der Maßeinheit Kelvin [K]. Diese absolute Temperatur ist festgelegt durch:

1. Es gibt einen absoluten Nullpunkt der Temperatur, dieser ist definiert als 0 K.
2. Die Temperatur des Tripelpunktes von reinem Wasser ist definiert als 273,16 K. Der Tripelpunkt wird mit den Stoffeigenschaften realer Gase in Kapitel 6 eingeführt.

Diese Forderung ist äquivalent zu der Festlegung der Skalierung bei °C: Bei einem Druck von 1 bar wird die Temperaturdifferenz zwischen dem Schmelzen und Sieden von reinem Wasser in 100 Teilschritte unterteilt. Temperaturangaben in °C haben ein eigenes Formelzeichen ϑ (kleines griechisches Theta[5], und es gilt

$$T = \vartheta + 273{,}15\,°\mathrm{C}.$$

Druck, Temperatur und Volumen werden auch thermische Zustandsgrößen genannt. Diese Zustandsgrößen haben die Eigenschaft, dass wir sie - anders als die Masse - grundsätzlich nicht von einem System in das nächste übertragen können.

Die beiden Konzepte, die gerne durcheinandergeraten, sind die Temperatur T und die Wärme Q (die im nächsten Kapitel eingeführt wird. Dieses kleine Video erklärt den Unterschied: *https://www.youtube.com/watch?v=RD-TE4gnvFg.*

[5] In einigen Textbüchern finden Sie, dass für die Temperatur in °C als Symbol t statt ϑ verwendet wird. Mir ist das t als Zeit heilig.

Die internationale Temperaturskala

Temperatur messen

Temperaturen ungefähr zu messen, ist keine technisch große Herausforderung - Thermometer für jeden Zweck sind einfach und günstig zu beschaffen.

Die Temperatur genau zu messen, wird schwierig, wenn der Messfehler gering sein soll oder wenn die zu messende Temperatur hoch ist. Auch das Messen in sich schnell verändernden Systemen oder von kleinen Systemen gestaltet sich ausgesprochen schwierig. So ist die nicht besonders gute Note meiner Diplomarbeit auch darauf zurückzuführen, dass mein Prof. bei seinem Diplom in einem 1000 m^3 Kernreaktor die Temperatur auf 1/100 K genau gemessen haben will (was nicht grundsätzlich unmöglich ist), während ich in einer LED mit einem Volumen von $1 \cdot 10^{-15}$ m^3 nur auf 1/10 K genau messen konnte. Aus der statistischen Physik lässt sich mitnehmen, dass die Größe eines Systems einen Einfluss auf die zu erwartende Fluktuation der Temperatur im System hat → in sehr kleinen Systemen fluktuiert die Temperatur erheblich.

Die Richtlinien der VDI 3511 Serie zur technischen Temperaturmessung beschreiben sehr gut den Stand der Technik und geben konkrete Hinweise, welche Methoden für welche Aufgabe geeignet sind und wie sicherstellt werden kann, dass die Messung belastbare Ergebnisse ergibt. Es ist erstaunlich, welche Fehler wir machen können und wie weit weg von der realen Temperatur angezeigte Messwerte liegen, auch wenn professionelle Thermometer verwendet werden.

Übliche Messgeräte für die Temperatur sind:

- Flüssigkeitsthermometer, bei denen der Unterschied der Wärmeausdehnung der Flüssigkeit und des Glaskolbens dafür sorgt, dass der Spiegel der Flüssigkeit die Temperatur anzeigt. Typisch sind dies Quecksilberthermometer, wie in Bild 2.4 angedeutet.
- Widerstandsthermometer, bei denen der temperaturabhängige spezifische Widerstand möglichst genau bestimmt wird. Ganz typisch sind hier Platinelemente, die entsprechend der DIN EN IEC 60751 in Genauigkeitsklassen eingeteilt sind, wobei diese zwischen etwa ±1 K und ±0,1 K liegen.
- Thermoelemente, bei denen der Spannungsabfall zwischen zwei unterschiedlichen Leitermaterialien verglichen wird. Hier ist die Messgenauigkeit etwa zwischen ±2,5 K und ±1 K, je nach Leiterpaar und Genauigkeitsklasse.
- Strahlungsthermometer, bzw. Pyrometer, bei denen die von einer Oberfläche ausgesendete infrarote Strahlung zur Messung der Temperatur verwendet wird. Hier ist die genaue Kenntnis der optischen Oberflächeneigenschaften der gemessenen Oberfläche (die Emissivität, siehe Kapitel 17) entscheidend.

Alle Thermometer werden kalibriert (auf ein Messnormal beim Hersteller zurückgeführt) oder geeicht (auf ein Messnormal bei der Physikalisch-Technischen Bundesanstalt, PTB, zurückgeführt). Die PTB kann in ihren Laboratorien die internationale Temperaturskala darstellen.

Die Internationale Temperaturskala ITS-90

Zur genauen Darstellung von Temperaturen bedienen wir uns sogenannter Fixpunkte. Dies sind festgelegte Phasenübergänge von reinen Stoffen, für die die Temperatur möglichst genau bekannt bzw. festgelegt ist. Die zentrale Festlegung ist der Tripelpunkt von reinem Wasser bei 273,1**6** K.

Zu niedriger Temperatur als 273 K hin werden Tripelpunkte verwendet. Tripelpunkte werden typisch in Kolben aus Quarzglas dargestellt, die mit dem reinen Stoff gefüllt sind. Liegen gleichzeitig fester und flüssiger Stoff vor und die Temperatur ist homogen im gesamten Kolben, so stellt sich automatisch auch der Druck am Tripelpunkt ein. Ein durchsichtiger Kolben ist vorteilhaft, da dann den Stoff direkt beobachtet werden kann. Eine verbindliche Temperaturskala unterhalb von 13,8 K existiert noch nicht.

Zu hoher Temperatur hin werden Erstarrungspunkte verwendet. Hierzu wird ein reines Metall in ein Gefäß aus Graphit (reinem Kohlenstoff) gefüllt, erst soweit erhitzt, dass das Metall schmilzt, um es dann langsam abkühlen zu lassen. Am Erstarrungspunkt ist der Temperaturabfall der Probe am langsamsten, da für den Phasenübergang viel Enthalpie als Wärme abfließen muss.

Es existiert heute kein verbindlicher Fixpunkt bei einer höheren Temperatur als 1358 K, da es keine Möglichkeit gibt, z. B. Platin bei 2.041 K als reinen Stoff zu verflüssigen; es kommt immer zu einer Lösung des Materials des Behälters im Platin und damit zu einer Beeinflussung des Schmelzpunktes während der Messung. Eine technische Lösung wäre, eutektische Schmelzpunkte als Fixpunkte zu etablieren.

Tabelle 2.1 Fixpunkte der ITS-90

Temperatur	Stoff	Bedingung	Druck	Darstellung
13,8033 K	Wasserstoff, H_2	Tripelpunkt	7.042 Pa	
24,5561 K	Neon, Ne	Tripelpunkt	43.370 Pa	
54,3584 K	Sauerstoff, O_2	Tripelpunkt	146 Pa	Zelle, Quarzglas
83,8058 K	Argon, Ar	Tripelpunkt	68.890 Pa	Zelle, Quarzglas
234,3156 K	Quecksilber, Hg	Tripelpunkt	0,164 µPa	Zelle, Quarzglas
273,1**6** K	Wasser, H_2O	Tripelpunkt	611 Pa	Zelle, Quarzglas
302,9146	Gallium, Ga	Schmelzpunkt	1 bar	
429,7485	Indium, In	Erstarrungspunkt	1 bar	
505,078 K	Zinn, Sn	Erstarrungspunkt	1 bar	
692,677 K	Zink, Zn	Erstarrungspunkt	1 bar	
933,473 K	Aluminium, Al	Erstarrungspunkt	1 bar	Grafit-Zelle, Schwarzer Strahler
1234,93 K	Silber, Ag	Erstarrungspunkt	1 bar	Grafit-Zelle, Schwarzer Strahler

Temperatur	Stoff	Bedingung	Druck	Darstellung
1337,33 K	Gold, Au	Erstarrungspunkt	1 bar	Grafit-Zelle, Schwarzer Strahler
1357,77 K	Kupfer, Cu	Erstarrungspunkt	1 bar	Grafit-Zelle, Schwarzer Strahler

Informationen zur internationalen Temperaturskala findet sich unter *http://www.its-90.com/index.html.*

Informationen zur Darstellung der ITS-90, der vorläufigen Tieftemperaturskala PLTS-2000 und der Weiterentwicklung der ITS-90 hin zu höherer Temperatur bietet die Physikalisch-Technische Bundesanstalt unter *https://www.ptb.de/cms/ptb/fachabteilungen/abt7/fb-74.html.*

2.2.3 Energetische Zustandsgrößen

Dem Zustand eines Systems wird eine Energie zugeordnet. Diese Energie setzt sich - je nach Betrachtung - aus einer ganzen Reihe von einzelnen Beiträgen zusammen. Nicht alle Beiträge sind für jede Berechnung von Bedeutung.

Die äußeren Zustandsgrößen Masse m, Position z und Geschwindigkeit c legen die äußeren energetischen Zustandsgrößen fest:

Kinetische Energie Die Energie, die ein System aufgrund der Bewegung seiner eine Masse m mit der Geschwindigkeit c gegenüber einem Referenzsystem hat

$$E_{kin} = m \cdot \frac{c^2}{2} \tag{2.5}$$

Die kinetische Energie bezieht sich also immer auf ein Referenzsystem.

Potenzielle Energie Die Energie, die ein System mit der Masse m allein aufgrund des Höhenunterschiedes Δz seines Schwerpunktes gegenüber einem Referenzsystem in einem Schwerefeld hat

$$E_{pot} = m \cdot g \cdot \Delta z \tag{2.6}$$

Das lokale Schwerefeld ist durch seine Beschleunigung g gekennzeichnet. Wir rechnen am Erdboden mit $g = 9{,}81\ \mathrm{m\ s^{-2}}$. Tatsächlich variiert g etwas mit dem Ort und nimmt leicht mit der Höhe ab. Auf anderen Planeten hat g deutlich andere Werte.

Beide Energieformen sind aus der Mechanik bekannt und werden auch weiter genauso verwendet. Sie werden hier relevant, wenn sie in andere Formen der Energie umgewandelt werden können.

Unabhängig davon gibt es Energieformen, die mit den inneren Zustandsgrößen Druck, Temperatur oder Zusammensetzung des Systems verbunden sind. Diese inneren energetischen Zustandsgrößen sind also Funktionen von Druck, Temperatur und weiteren anderen Zustandsgrößen, dies machen wir uns später bei der Darstellung zunutze.

Innere Energie Die innere Energie $U(T)$ eines Systems ist eine Funktion der Temperatur des Systems. Sie hängt von der Masse und von der Zusammensetzung des Systems ab;

wenn Masse und Stoff festgelegt sind, dann hängt u nur noch von der Temperatur und dadurch indirekt von der Phase des Systems ab.

Die Temperatur eines Systems ist damit ein leicht messbares Maß für die innere Energie des Systems. Die Zusammensetzung des Systems legt fest, wie viel innere Energie (bei gleicher Masse) im System bei einer bestimmten Temperatur enthalten ist. Unterschiedliche Stoffe können unterschiedlich viel innere Energie aufnehmen.

Enthalpie Die Enthalpie $H(T,p)$ ist eng mit der inneren Energie verbunden. Sie ist immer größer als die innere Energie. Die Enthalpie hat in vielen Anwendungen der Thermodynamik bei der konkreten Berechnung die wichtigere Rolle. Die Enthalpie wird ausführlich im nächsten Kapitel eingeführt.

Chemische Energie Im System vorhandene Energie, die durch chemische Reaktionen abgegeben oder aufgenommen werden kann. Diese Energieform benötigen wir insbesondere für die Beschreibung von Verbrennung. Diese chemische Energie kann entweder bereits vollständig im System vorhanden sein (Sprengstoff, Mischung aus Luft und Brennstoff) oder es muss zusätzlich noch Luft oder ein anderer Stoff zugeführt werden, damit die chemische Reaktion erst möglich ist. Mehr zur chemischen Energie in Kapitel 13 und Kapitel 14.

Nukleare Energie Die Energie eines Systems, die durch Reaktionen in den Atomkernen abgegeben oder aufgenommen werden kann.

Elektrische Energie Die Energie eines Systems, die als elektrisches Feld, als magnetisches Feld oder als Ladung gespeichert ist. Beispiel: Batterien, in denen Ladung als Ionen gespeichert wird.

Entropie Die Entropie S ist ein Maß dafür, wie weit die innere Energie des Systems verstreut ist. Auch die Entropie ist eine temperaturabhängige Zustandsgröße, d. h. eine bestimmte Masse eines Stoffes enthält bei einer bestimmten Temperatur eine bestimmte Entropie. Mehr zur Entropie in Kapitel 5.

Wärmekapazität Die Wärmekapazität ist eine temperaturabhängige Zustandsgröße, sie beschreibt die Änderung der inneren Energie oder der Enthalpie mit der Temperatur.

Die Bedeutung dieser energetischen Zustandsgrößen zu verstehen und sie richtig und zielführend anwenden zu können, das ist der Gegenstand dieses ersten Teils.

2.2.4 Extensive, intensive, molare Zustandsgrößen

Eine sehr wichtige Unterscheidung, die am Anfang sehr oft Probleme bereitet, ist die zwischen intensiven und extensiven Größen. Diese Unterscheidung zu verstehen, ist jedoch wesentlich, da Experten später fließend zwischen den einzelnen Darstellungen wechseln.

Extensiv Extensive Größen beinhalten die Größe des Systems (*its extent,* seine Ausdehnung). Teile ich das System in zwei Teilsysteme A und B, so verteilt sich der Wert der Zustandsgröße Z auf die Teile

$$Z = Z_A + Z_B \tag{2.7}$$

Mache ich aus zwei Systemen eins, dann addieren sich diese extensiven Zustandsgrößen auf. Extensive Zustandsgrößen beschreiben so die Größe des Systems. Wichtige Beispiele sind die Masse, die Stoffmenge und das Volumen.

Extensive Größen haben als Formelzeichen üblich große Buchstaben (großes System → großer Buchstabe); wichtige Ausnahmen von dieser Regel sind die Masse m und Stoffmenge n; hier hat die molare Masse M den Großbuchstaben.

Intensiv Intensive Zustandsgrößen bleiben gleich, wenn das System unterteilt wird; intensive Zustandsgrößen sind nicht von der Größe des Systems abhängig. Wichtige grundlegende Beispiele sind der Druck und die Temperatur. Viele weitere intensive Zustandsgrößen werden erzeugt, indem eine extensive durch eine zweite extensive Zustandsgröße geteilt wird. Wichtig für die Thermodynamik sind diese Varianten:

Intensiv, spezifisch Die spezifischen (intensiven) Zustandsgrößen sind der Quotient einer extensiven Zustandsgröße mit der Masse des Systems

$$z = \frac{Z}{m} \tag{2.8}$$

Wir kennen bisher das spezifische Volumen

$$v = \frac{V}{m} \tag{2.9}$$

und die spezifische Wärmekapazität.

Spezifische Größen haben als Formelzeichen (meist) kleine Buchstaben.

Spezifische Größen können wir uns sehr gut veranschaulichen als das Volumen, das ein Kilogramm des Stoffes einnimmt, oder als die innere Energie, die Enthalpie oder die Entropie, die ein Kilogramm des Stoffes jeweils bei vorgegebener Temperatur und ggf. Druck besitzt.

Intensiv, molar Die molaren (intensiven) Zustandsgrößen sind der Quotient einer extensiven Zustandsgröße mit der Stoffmenge des Systems; also allgemein

$$Z_M = \frac{Z}{n} \text{ und speziell } V_M = \frac{V}{n} \text{ oder } M = \frac{m}{n} \tag{2.10}$$

Molare Größen geben damit an, welches Volumen 1 mol (oft 1 kmol) einnimmt oder welche innere Energie, Enthalpie oder Entropie 1 mol des Stoffes jeweils bei vorgegebener Temperatur und ggf. Druck besitzt.

In vielen Bereichen der technischen Thermodynamik werden selten molare Zustandsgrößen verwendet. Gerade in der Chemie hingegen ist dies die übliche Darstellung. Viele verfügbare Datenbanken zu Stoffwerten benutzen durchgängig molare Zustandsgrößen, die dann ggf. in spezifische Größen umgerechnet werden müssen – oder umgekehrt.

Aus den Definitionen folgt für die Umrechnung einer molaren Zustandsgröße Z_M in eine spezifische

$$z = \frac{Z}{m} = \frac{Z}{n} \cdot \frac{n}{m} = Z_M \cdot \frac{1}{M} \tag{2.11}$$

und für die Umrechnung einer spezifischen in eine molare Zustandsgröße

$$Z_M = \frac{Z}{n} = \frac{Z}{m} \cdot \frac{m}{n} = z \cdot M \tag{2.12}$$

Intensiv, Dichte Eine intensive Zustandsgröße, gebildet als Quotient einer extensiven Zustandsgröße mit dem Volumen des Systems

$$\rho_Z = \frac{Z}{V} \tag{2.13}$$

Es gibt also neben der Massendichte $\rho = \rho_m$ weitere Dichten (auch wenn wir diese hier nicht verwenden). Aus den Definitionen folgt für die Umrechnung einer spezifischen molaren Zustandsgröße in eine Dichte

$$\rho_Z = \frac{Z}{V} = \frac{z \cdot m}{v \cdot m} = \frac{z}{v} \text{ und } \rho_Z = \frac{Z}{V} = \frac{z}{v} = \frac{1}{v} \cdot Z_M \cdot \frac{1}{M} = Z_M \cdot \frac{1}{v \cdot M} \tag{2.14}$$

und für die Umrechnung einer Dichte in eine spezifische oder molare Zustandsgröße

$$z = \frac{Z}{V} \cdot v = \rho_Z \cdot v \text{ und } Z_M = \frac{Z}{V} \cdot v \cdot M = \rho_Z \cdot v \cdot M \tag{2.15}$$

Diese Begriffe stellen am Anfang eine grosse Herausforderung dar. Vielen Studierenden bleiben die Unterschiede lange verborgen. Das ist ausgesprochen unglücklich, da es das Verstehen des weiteren Stoffes massiv verhindern kann.

Um das Lernen und Nachschlagen zu vereinfachen, fasst Tabelle 2.2 das Bisherige zusammen.

Tabelle 2.2 Zusammenhang zwischen extensiver, spezifischer und molarer Darstellung von Zustandsgrößen.

Zustandsgröße	Extensiv	Intensiv			
			Spezifisch	Molar	Dichte
Druck		p			
Temperatur		T			
Masse	$m = n \cdot M = V \cdot \rho$	-	$\frac{m}{m} = 1$	$\frac{m}{n} = M$	$\frac{m}{V} = \frac{1}{v} = \rho$
Stoffmenge	$n = \frac{m}{M} = \frac{V}{V_M} = d \cdot V$	-	$\frac{n}{m} = \frac{1}{M}$	$\frac{n}{n} = 1$	$\frac{n}{V} = \frac{\rho}{M} = \frac{1}{V_M} = d$
Volumen	$V = v \cdot m = \frac{m}{\rho} = V_M \cdot m = \frac{n}{d}$	-	$\frac{V}{m} = v = \frac{1}{\rho}$	$\frac{V}{n} = V_M = \frac{1}{d} = \frac{M}{\rho}$	$\frac{V}{V} = 1$
Innere Energie	$U = m \cdot u = U_M \cdot n$	-	$\frac{U}{m} = u$	$\frac{U}{n} = U_M$	$\frac{u}{v} = \rho_U$
Entropie	$S = m \cdot s = S_M \cdot n$	-	$\frac{S}{m} = s$	$\frac{S}{n} = S_M$	$\frac{s}{v} = \rho_S$

2.2.5 Zustandsgleichung eines homogenen Stoffes

Es wäre großartig, wenn diese ganzen Zustandsgrößen miteinander zusammenhängen. Beobachtungen zeigen, dass dies tatsächlich der Fall ist. Für reine Stoffe - also möglichst einfache Systeme - lassen sich Zustandsgleichungen aufstellen, die die Werte der einzelnen Zustandsgrößen miteinander verbinden. Konkret gibt es für jeden homogenen Stoff (in Abwesenheit von Gradienten aufgrund der Wirkung äußerer Felder) eine eindeutige Funktion mit der Eigenschaft

$$f(p,v,T)=0, \tag{2.16}$$

die wir Zustandsgleichung nennen. Als Folge können wir in homogenen stationären Systemen aus zwei dieser Größen immer die Dritte bestimmen mit

$$p=p(v,T) \text{ oder } v=v(p,T) \text{ oder } T=T(v,p) \tag{2.17}$$

An dieser Stelle führen wir zwei besonders einfache Zustandsgleichungen ein: das ideale Gas und die ideale Flüssigkeit. Beide sind Spezialfälle, die nur in bestimmten Bereichen gültig sind, die aber besonders einfache Berechnungen erlauben und daher oft eingesetzt werden. Später werden wir uns dann ansehen, wie die Zusammenhänge zwischen den Zustandsgrößen von realen Stoffen gut beschrieben werden können. Gleichzeitig wird in den Beispielen diskutiert, wann die Näherung ideales Gas und ideale Flüssigkeit gut verwendet werden können (Kapitel 6).

Zustandsgrößen von reinem Eisen

Das Lernziel dieses Beispiels ist es, die Temperatur als wichtige Variable zu sehen und zu erkennen, dass viele der hier eingeführten Zustandsgrössen auch temperaturabhängige Materialeigenschaften sind.

Im Folgenden werden Luft und Wasser eine große Rolle einnehmen. Viele Beispiele und Daten werden diese beiden Stoffe immer wieder benutzen.

Das erste Beispiel ist hier aber reines Eisen, denn Eisen und Stahl sind wichtige technische Stoffe, und sie werden in der Werkstofftechnik vertieft. Außerdem gibt dies die Möglichkeit, wichtige Missverständnisse gleich auszuräumen.

Reines Eisen weist alle typischen Eigenschaften reiner Stoffe auf wie einen Schmelzpunkt (der beim Druck der Erdatmosphäre bei 1811 K liegt) und einen Siedepunkt (beim Druck der Erdatmosphäre etwa bei 3133 K). D. h. zwischen 1538 °C und 2860 °C ist Eisen flüssig, und oberhalb seines Siedepunktes von 2860 °C liegt es bei 1 bar als Gas vor. Dazu zeigt Eisen als Festkörper mehrere unterschiedliche Kristallstrukturen mit definiertem Phasenübergang. Zusätzlich zeigt Eisen beim Übergang von ferromagnetisch zu paramagnetisch bei seiner Curie-Temperatur um 1042 °C spezielle Eigenschaften, die sich z. B. auf die spezifische Wärmekapazität c_p auswirkt: Die spezifische Wärmekapazität zeigt dort ein ungewöhnliches Maximum.

Bild 2.5 zeigt die Dichte ρ von Eisen bei 1 bar. Diese Dichte nimmt für festes Eisen mit der Temperatur ab, da sich Eisen thermisch ausdehnt. Die unterschiedlichen Kristallstrukturen von Eisen (α, γ und δ) haben leicht unterschiedliche Dichten. Flüssiges Eisen hat wie die meisten Stoffe eine deutlich niedrigere Dichte als die feste Phase, d. h. festes (gefrierendes) Eisen sinkt aufgrund seiner höheren Dichte auf den Grund - anders als bei Wasser.

Das spezifische Volumen v verhält sich gerade umgekehrt wie die Dichte, denn es ist ja das Inverse der Dichte.

Für gasförmiges Eisen kann die Dichte nur geschätzt werden: Hier wurde sie als die Dichte des idealen einatomigen Gases berechnet. Dann beträgt diese Dichte bei der Siedetemperatur von 3133 K etwa 0,2 kg m^{-3}. Für uns wichtig ist, dass Eisen als Gas existieren kann, wenn Druck und Temperatur stimmen und das Modell des idealen Gases dann auch für Eisen und alle anderen Metalle verwendet werden darf (auch wenn dies ausgesprochen selten von technischer Relevanz sein wird).

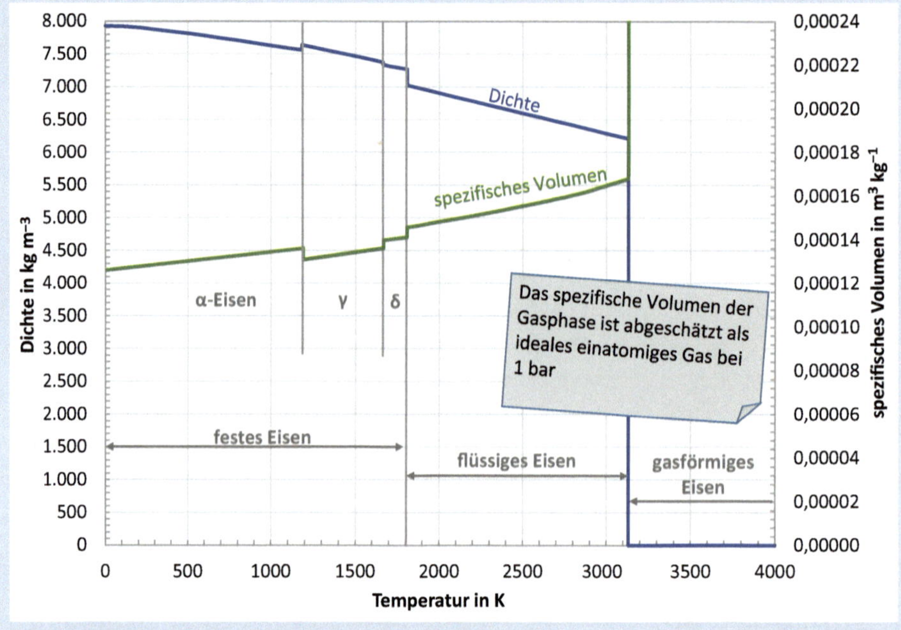

Bild 2.5 Dichte und spezifisches Volumen von reinem Eisen über einen weiten Temperaturbereich

Bild 2.6 stellt den Verlauf der spezifischen inneren Energie *u* zusammen mit weiteren Zustandsgrößen dar. Die spezifische innere Energie ist die innere Energie *u*(*T*), die 1 kg reines Eisen bei der Temperatur *T* als Zustandsgröße aufweist, es ist also eine temperaturabhängige Eigenschaft. Die spezifische innere Energie steigt innerhalb einzelner Phasen konvex an (d. h. die Steigung der inneren Energie nimmt mit der Temperatur zu). An Phasengrenzen steigt die innere Energie sprunghaft mit der Temperatur an, d. h. es muss jeweils eine gewisse Energie zugeführt werden, um den Phasenübergang zu ermöglichen.

Auch die drei anderen in Bild 2.6 dargestellten Zustandsgrößen spezifische Entropie *s*, spezifische Wärmekapazität c_p und spezifische Enthalpie *h* sind temperaturabhängige Stoffgrößen. Diese drei Zustandsgrößen werden in den nächsten Kapiteln tiefer diskutiert. In Vorwegnahme des dritten Hauptsatzes der Thermodynamik sind *u*(*T*), *h*(*T*) und *s*(*T*) am Nullpunkt der Temperatur zu Null gesetzt. Es gibt für diesen Nullpunkt auch andere Konventionen - in den dargestellten Daten aus der NIST-JANAF-Table ist der Nullpunkt eigentlich für Standardbedingung bei 1 bar und 25 °C angegeben.

Anders als für die innere Energie und die Enthalpie ist der Verlauf der Entropie mit der Temperatur konkav, d. h. die Steigung nimmt immer weiter ab.

Eisen ist hier ein spannendes Beispiel, da die spezifische Wärmekapazität bis zur Curie-Temperatur bei 1040 K zunimmt und dort ein scharfes Maximum zeigt.

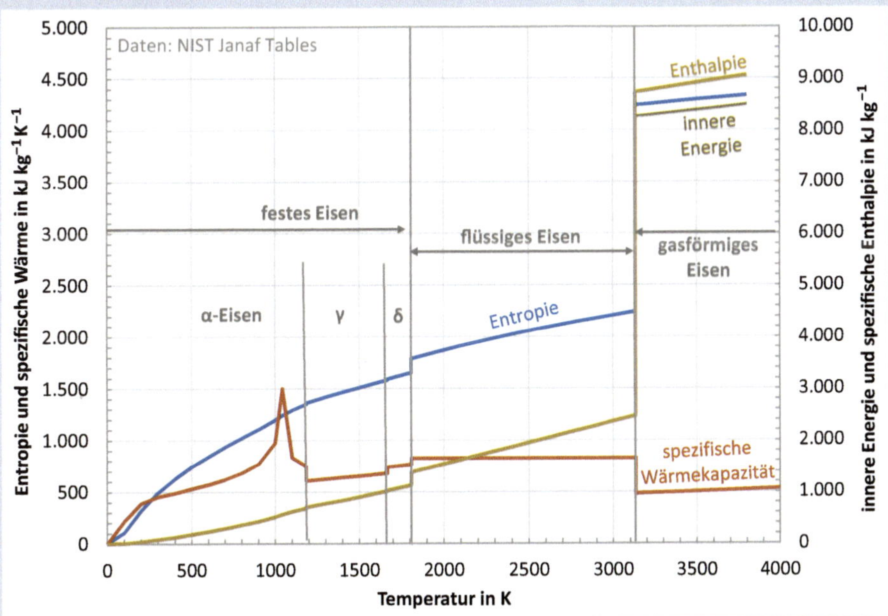

Bild 2.6 Spezifische innere Energie u und Enthalpie h (rechte y-Achse), Entropie s und Wärmekapazität cp von reinem Eisen (linke Achse)

2.3 Das ideale Gas

2.3.1 Was ist ein ideales Gas?

Für bestimmte Bedingungen wird eine sehr einfache Zustandsgleichung für Gase verwendet. Das sogenannte ideale Gas kann als Modell verwendet werden,

- wenn im System nur die gasförmige Phase vorliegt.
- wenn die Gasteilchen so klein sind, dass sie kein eigenes Volumen einnehmen, also der Abstand zwischen den Gasteilchen sehr viel größer ist als ihr Durchmesser. Da die Teilchen jedes Gases doch eine gewisse Ausdehnung haben, ist diese Forderung am besten bei niedrigem Druck erfüllt.
- wenn die Teilchen keine Wechselwirkung untereinander ausüben, die durch Feldkräfte vermittelt wird. Diesen Fall beschreibt allgemein gut eine hohe Temperatur. Weiter bedeutet es, dass zwischen den Teilchen keine elektrischen oder magnetischen Kräfte wirken, es z. B. kein Plasma ist, und keine Ionen enthält. Damit können wir kein Plasma oder Gasentladung, wie sie z. B. in einer Neonröhre stattfindet, beschreiben.
- wenn die Teilchen nur elastisch miteinander stoßen (etwa wie Billardkugeln) und wenn die Teilchen nur Bewegungsenergie haben können. Damit wären streng genommen nur Edelgase geeignet, so beschrieben zu werden, denn alle anderen Gasteilchen speichern Energie durch Vibration oder Rotation. Tatsächlich lässt sich das Modell jedoch auf alle Gase anwenden.
- Dazu soll das Gas reibungsfrei sein: Gemeint ist, dass es bei Strömungen nicht zu Reibung des Gases mit sich selber kommt.

Für diese Gase gilt die Zustandsgleichung des idealen Gases in spezifischer Schreibweise

$$\frac{p \cdot v}{T} = const = R_i \tag{2.18}$$

Dabei ist R_i die spezielle Gaskonstante des Gases i; ihr Wert hängt vom Gas ab. In extensiver Schreibweise lautet die Zustandsgleichung des idealen Gases

$$p \cdot V = m \cdot R_i \cdot T \tag{2.19}$$

oder in molaren Größen

$$p \cdot V = m \cdot R_i \cdot T = n \cdot \underbrace{M_i \cdot R_i}_{R} \cdot T = n \cdot R \cdot T \tag{2.20}$$

Hierbei benutzen wir die Beobachtung, dass für alle Gase gilt

$$M_i \cdot R_i = const = R = 8.314{,}46261815324 \frac{\mathrm{J}}{\mathrm{kmol} \cdot \mathrm{K}} \tag{2.21}$$

Hier ist der exakte Wert der allgemeinen Gaskonstante angegeben; wir rechnen natürlich nur mit etwa vier signifikanten Stellen - dies reicht aus, um bei anwendungsbezogenen Berechnungen eine gute Genauigkeit zu bekommen.

Diese Gleichung bedeutet, dass bei gleichem Druck und gleicher Temperatur jedes beliebige ideale Gas in einem vorgegebenen Volumen die gleiche Anzahl an Teilchen hat. Das spezifische Volumen und die Dichte des idealen Gases sind bei gegebener Temperatur und Druck nur durch die Molmasse des Gases festgelegt

$$v = \frac{1}{\rho} = \frac{1}{p} \cdot \frac{R}{M_i} \cdot T \tag{2.22}$$

Die allgemeine Gaskonstante R ist das Produkt zweier Naturkonstanten, der Avogadro-Konstante N_A, die die Zahl der Teilchen angibt, die 1 mol ergeben und der Boltzmann-Konstante k_B

$$R = N_A \cdot k_B = 6{,}022\,140\,76 \cdot 10^{23} \frac{1}{\text{mol}} \cdot 1{,}380\,649 \cdot 10^{-23} \frac{\text{J}}{\text{K}} \tag{2.23}$$

Diese beiden Konstanten verbinden die mikroskopische Beschreibung der Welt mit unserer makroskopischen Sicht. Daraus folgt eine weitere Schreibweise für die Zustandsgleichung des idealen Gases, bei der die absolute Zahl der Teilchen

$$N = n \cdot N_A = n \cdot 6{,}022\,140\,76 \cdot 10^{23} \cdot \frac{1}{\text{mol}}$$

im System verwendet wird - sie lautet

$$p \cdot V = N \cdot k_B \cdot T$$

Zusammenfassend: Ein ideales Gas ist jedes Gas, das durch die Zustandsgleichung des idealen Gases beschrieben werden kann, ganz unabhängig davon, wie es zusammengesetzt ist. Luft als Mischung vieler Gase wird z.B. sehr gut als ideales Gas beschrieben.

Mehr dazu, wie sich ein ideales Gas verhält, diskutieren wir später bei den Zustandsänderungen in Kapitel 7 und in sehr vielen Beispielen.

Mole und Gaskonstante

DAS WAR GERADE VIEL STOFF – WIE KANN ICH DAS VERSTEHEN?

Ideales Gas Hier soll ein anderer Weg genommen werden, um die Konzepte noch einmal darzustellen: Stellen wir uns ein Volumen mit festen Wänden vor. In dieses Volumen geben wir einige Teilchen (Atome oder Moleküle). Wenn diese Teilchen nur elastische Stöße ausführen, sehr klein sind und sich untereinander nicht zusätzlich beeinflussen, dann ist das ein ideales Gas.

Der Druck p in diesem Volumen V entsteht dadurch, dass diese Teilchen an die Wände stoßen: elastische Stöße, bei denen jeweils eine Kraft auf die Wand wirkt. Der Druck ist der zeitliche Mittelwert dieser einzelnen Ereignisse und bezogen auf die Fläche der Wand.

Je schneller die Teilchen sich bewegen und je öfter diese Teilchen an die Wand stoßen, desto größer ist die wirkende Kraft aller Stöße zusammen. Die Anzahl der Stöße hängt direkt von der Zahl der Teilchen N im Volumen ab. Die Anzahl der Stöße und die Geschwindigkeit der Teilchen hängen eng zusammen; gleichzeitig führt höhere Geschwindigkeit dazu, dass die Kraft der einzelnen

Stöße an der Wand zunimmt. Diesen Effekt beschreiben wir durch eine Eigenschaft des Gases, die wir Temperatur nennen. Dabei nimmt der Druck linear mit dieser Temperatur zu.

Wenn sich das Volumen des Systems vergrößert, dann nimmt die Zahl der Stöße ab, da die Teilchen länger brauchen, bis sie wieder an eine Wand stoßen und weil die Wand deutlich größer wird. Der Druck nimmt reziprok proportional mit zunehmendem Volumen ab.

Zusammengefasst ist für dieses ideale Gas

$$p = k_B \cdot \frac{N \cdot T}{V}$$

Die Proportionalitätskonstante dieser Gleichung nennen wir die Boltzmann-Konstante $k_B = 1{,}380\,649 \cdot 10^{-23}\ \mathrm{J\,K^{-1}}$.

Teilchenzahl In einer makroskopischen Thermodynamik macht es wenig Sinn, die Zahl der Teilchen, also der Moleküle oder Atome zu ermitteln, denn diese Zahl wird sehr schnell sehr groß. Gleichzeitig brauchen wir eine Größe, mit der diese Teilchenzahl sinnvoll beschrieben wird.

Diese Größe ist das Mol: Ein mol ist die Anzahl an Atomen von Kohlenstoff-12-Atomen, die zusammen gerade 12 g schwer sind. Kohlenstoffatome gibt es in mehreren Variationen, die sich in der Zahl der Neutronen unterscheiden; die häufigste ist ^{12}C, bei der 6 Protonen und 6 Neutronen zusammen den Atomkern bilden. Dieses Atom wird benutzt, um die atomare Masseneinheit (AMU) zu definieren: Ein ^{12}C wiegt genau 12 AMU. Damit ist eine AMU = $1{,}660\,539\,066 \cdot 10^{-27}$ kg - eine wirklich unhandliche Zahl.

Aber 1 mol ^{12}C Atome wiegt 12 g, damit ist ein mol = $N_A = 6{,}022\ 14 \cdot 10^{23}$ Teilchen. N_A trägt den Namen Avogadro-Zahl. Die Stoffmenge n ist jetzt die Anzahl an Teilchen, gezählt als Mole. Das Konzept können wir uns vorstellen wie Großpackungen - eine Großpackung Reis enthält ziemlich viele Reiskörner. Ein mol Kohlenstoff enthält ziemlich viele Kohlenstoffatome.

Gaskonstante Mit diesem Wissen können wir uns die Zustandsgleichung des idealen Gases neu ansehen

$$p = k_B \cdot \frac{N \cdot T}{V} = k_B \cdot \frac{N_A \cdot n \cdot T}{V} \tag{2.24}$$

Hier stehen jetzt zwei unhandliche Konstanten in der Gleichung, diese beiden können wir aber ausmultiplizieren und nennen das Ergebnis die allgemeine Gaskonstante

$$R = k_B \cdot N_A = 1{,}380649 \cdot 10^{-23} \frac{\mathrm{J}}{\mathrm{K}} \cdot 6{,}02214 \cdot 10^{23} \frac{1}{\mathrm{mol}} = 8{,}314462 \frac{\mathrm{J}}{\mathrm{mol} \cdot \mathrm{K}}$$

Masse Statt der Stoffmenge n interessiert uns aber oft die Masse. Die Masse eines Gases können wir aus der Anzahl der Atome berechnen, wenn wir die Masse der einzelnen Atome kennen

$$m = N \cdot tm_i = n \cdot M_i$$

Hier haben wir beherzt die Masse eines einzelnen Teilchens *tm* genannt und eine Masse für ein Mol eines Stoffes *M* eingeführt: Die Masse *tm* ist die Masse eines einzelnen Atoms oder Moleküls, und *N* war die Zahl aller dieser Teilchen. Diese Molmassen M_i sind für viele Stoffe tabelliert, und wir bekommen für die Zustandsgleichung des idealen Gases

$$p = k_B \cdot \frac{N \cdot T}{V} = k_B \cdot \frac{N_A \cdot n \cdot T}{V} = \frac{R \cdot n \cdot T}{V} = \frac{R \cdot \frac{m}{M_i} \cdot T}{V} = \frac{R_i \cdot m \cdot T}{V}$$

Damit wir nicht so viel schreiben müssen, haben wir nun noch die spezielle Gaskonstante des speziellen Gases eingeführt, für das wir diese Zustandsgleichung nutzen

$$R_i = \frac{R}{M_i}$$

Auch diese speziellen Gaskonstanten sind für viele Stoffe tabelliert; wir wissen jetzt aber, wie wir sie jederzeit selber berechnen können. ■

2.3.2 Warum wir die Zustandsgleichung des idealen Gases verwenden

WARUM VERWENDEN WIR NICHT EINFACH DIE DICHTE EINES GASES? SOLCHE DICHTEN FINDEN SICH SCHNELL. WARUM IMMER DIESE ZUSTANDSGLEICHUNG?

Die Dichte eines Gases hängt vom Druck ab und von der Temperatur,

$$\rho = \rho(p,T) = \frac{1}{v(p,T)} \tag{2.25}$$

d. h. wir brauchen immer den Druck und die Temperatur, um die Dichte abzulesen. Diese Zusammenhänge lassen sich für Gase über eine Tabelle abbilden - im VDI-Wärmeatlas, Teil D.2, finden Sie genau solche Tabellen für wenige wichtige Gase, jeweils für einige Temperaturen und Drücke. Aber dann braucht es eine umfangreiche Bibliothek an solchen Tabellen, wobei diese Daten für viele Gase nicht in der benötigten Qualität bereitstehen. Wir machen es uns daher ganz einfach: Gase verhalten sich über weite, insbesondere über weite technisch relevante Bereiche wie ein ideales Gas, d. h. wir verwenden stattdessen

$$\rho(p,T) = \frac{1}{v(p,T)} = \frac{p}{R_i \cdot T} \tag{2.26}$$

Unsere ganze umfangreiche Bibliothek an riesigen Tabellen schrumpft auf eine Liste mit Werten für die speziellen Gaskonstanten R_i zusammen bzw. können wir die speziellen Gaskonstanten auch noch über die allgemeine Gaskonstante aus der Molmasse berechnen mit

$$R_{fluid} = \frac{R}{M_{fluid}} = \frac{8.314 \frac{\mathrm{J}}{\mathrm{kmol \cdot K}}}{M_{fluid}} \tag{2.27}$$

Damit brauchen wir nur noch das Periodensystem der Elemente.

Wenn wir im nächsten Kapitel Zustandsänderungen beschreiben, dann brauchen wir entweder die in Kapitel 6 eingeführten Stoffwertdiagramme für jedes Gas, mit dem wir arbeiten. Und da gibt es Gase, für die das schnell nahezu unmöglich wird, da schlicht niemand bisher diese Daten ordentlich gemessen hat, oder wir stecken Annahmen hinein. Die Annahme, das Gas sei ein ideales Gas, ist die einfachste und für viele Probleme bereits ausreichend genau.

2.3.3 Normzustand

Wenn Gasmengen als Volumen angegeben werden, dann oft bei einem bestimmten Zustand.

Die DIN 1343:1990 legt speziell einen Normzustand fest. Dieser wird in vielen technischen Bereichen als Referenzzustand verwendet, an dem weitere Angaben zu treffen sind. Relevant ist für uns die Verwendung im Bundes-Immissionsschutzgesetz (BImSchG), der TA Luft und die BImSchV, wenn wir über Rauchgas reden. Auch im Bereich der Erdgasversorgung ist dies eine übliche Festlegung. Es gilt

$$p_N = 101.325\,\text{Pa und } T_N = 273{,}15\,\text{K oder } \vartheta_N = 0\,°\text{C} \tag{2.28}$$

Damit ist für einen festgelegten Stoff das spezifische Normvolumen festgelegt. Für ideale Gase lässt sich jedes Volumen auf Normbedingung umrechnen mit

$$V_N = V(p,T) \cdot \frac{T_N}{T} \cdot \frac{p}{p_N} \tag{2.29}$$

oder umgekehrt aus dem Volumen bei Normbedingung das Volumen bei anderem Druck und anderer Temperatur bestimmen

$$V(p,T) = V_N \cdot \frac{T}{T_N} \cdot \frac{p_N}{p} \tag{2.30}$$

Volumen im Normzustand werden hier als Nm^3 bezeichnet[6].

Aber Achtung: Zusätzlich gibt es den Standardzustand für chemische Eigenschaften von Stoffen, dieser ist mit 1 bar und 25 °C festgelegt; zusätzlich muss dann der Stoff in Reinform vorliegen. Er ist typisch durch den Index ^{0} gekennzeichnet. Diesen Zustand nennen wir Standardzustand.

2.3.4 Realgasfaktor und andere Zustandsgleichungen

Kein Gas ist ideal – wie beschreiben wir das?

Die Zustandsgleichung des idealen Gases gilt streng nur für niedrigen Druck und hohe Temperatur. Bei anderen Bedingungen weicht die tatsächliche Zustandsgleichung von der

[6] Leider ist es in der Literatur nicht immer üblich, Volumen bei Normbedingung klar auszuweisen. Manchmal wird einfach vorausgesetzt, dass alle Beteiligten dies wissen.

idealen Gleichung ab. Diese Abweichungen vom Fall des idealen Gases kann durch die Einführung eines Realgasfaktors Z beschrieben werden, der selber vom Druck und der Temperatur abhängt, mit

$$\frac{p \cdot v_{real}}{T \cdot R_i} = \frac{p \cdot V_{real}}{m \cdot R_i \cdot T} = \frac{p \cdot V_{real}}{n \cdot R \cdot T} = Z(p,T) \tag{2.31}$$

Der Realgasfaktor beschreibt damit, wie stark ein Zustand von dem des idealen Gases abweicht. Der Realgasfaktor Z nähert sich dabei dem Wert 1 an, je mehr ein Gas dem idealen Gas entspricht. Umgekehrt erkennen wir am Wert des Realgasfaktors den Fehler, den wir durch die Verwendung der Zustandsgleichung des idealen Gases machen. Realgasfaktoren für wichtige technische Gase finden Sie z.B. im VDI-Wärmeatlas in Abschnitt D.2. Bild 2.7 zeigt Linien konstanter Temperatur (Isothermen) für Ammoniak: Die durchgezogenen Linien sind reale Werte, die gestrichelten Linien stellen Verläufe für das ideale Gas dar. Bei 700 K ist der Realgasfaktor

$$Z = \frac{v_{real}(p,T)}{v_{ideal}(p,T)} = v_{real}(p,T) \cdot \frac{p}{R_i \cdot T} \tag{2.32}$$

eingetragen. Die Sättigungslinie bezeichnet die Bedingung, unterhalb der Ammoniak zu kondensieren beginnt. Je näher die Linien konstanter Temperatur an der Sättigungslinie liegen, desto größer ist die Abweichung zwischen den realen Stoffwerten und der Näherung des idealen Gases.

Besonders groß ist die Abweichung in Bild 2.7 bei 300 K, da Ammoniak bei 300 K und 10,6 bar kondensiert:

- Für Ammoniak machen wir bei 700 K weniger als 5 % Fehler, wenn wir mit der Näherung des idealen Gases im Bereich zwischen 10 bar und 100 bar rechnen.
- Für Ammoniak nimmt der Fehler schnell zu, wenn wir in diesem Druckbereich zu niedrigeren Temperaturen übergehen.

Ammoniak ist hier als Beispiel ausgewählt, da es besonders gut diesen Effekt zeigt.

In Kapitel 6 werden wir dann vertiefen, wie solide Zustandsgrößen in den Bereichen ermittelt werden, in denen die Näherung des idealen Gases nicht trägt.

Zum Thema ideales Gas und Realgasfaktor gibt es ein Lernvideo, das wichtige Punkte zusammenfasst und erklärt:
https://www.youtube.com/watch?v=78Pm3iCTy0Q

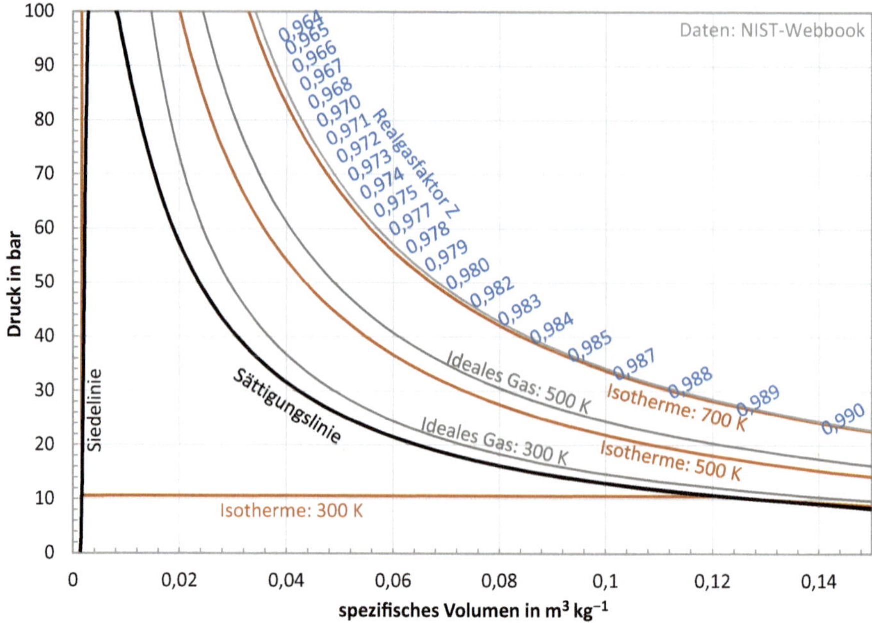

Bild 2.7 Linien konstanter Temperatur von Ammoniak im p-v Diagramm. Der Realgasfaktor Z ist an der 700-K-Linie angetragen.

Unabhängig davon gibt es Zustandsgleichungen, die weitere Effekte realer Stoffe aufnehmen. Diese speziellen Zustandsgleichungen haben oft nur einen begrenzten praktischen Wert, sind jedoch für die theoretische Arbeit von großer Bedeutung. Das bekannteste Beispiel ist die Van-der-Waals-Gleichung, die hier der Vollständigkeit halber in intensiver molarer Form angegeben ist

$$\left(p+\frac{a}{V_M^2}\right)\cdot\left(V_M-b\right)=R\cdot T$$

Aus technischer Sicht ist diese Gleichung mit ihrem molaren Volumen V_M eher schwer verdaulich. Sie lässt sich aber so umformen, dass eher übliche Zustandsgrößen darin auftauchen,

$$\left(p+\frac{a}{v^2\cdot M^2}\right)\cdot\left(v-\frac{b}{M}\right)=R_i\cdot T$$

Der Parameter a (der Kohäsionsdruck) beschreibt anziehende Kräfte zwischen den Teilchen des Gases, die bei hohem Druck oder geringem spezifischen Volumen wirken. Der Parameter b (das Kovolumen) beschreibt, dass die Teilchen des Gases selber ein endliches Volumen einnehmen. Diese Parameter sind für gängige Gase tabelliert. Allerdings erfordert der Umgang mit dieser Gleichung nahe Phasengrenzen eine große Sorgfalt, sodass wir sie hier nicht verwenden.

2.4 Die ideale Flüssigkeit

Die ideale Flüssigkeit ist dadurch gekennzeichnet, dass sie inkompressibel ist - dies beschreibt viele technische Flüssigkeiten ganz gut. Damit ändern sich weder Temperatur noch spezifisches Volumen mit dem Druck, es bleibt nur die Temperaturabhängigkeit des spezifischen Volumens bzw. der Dichte zu berücksichtigen

$$v = v(T) \text{ und } T = T(v) \tag{2.33}$$

Damit führt eine Druckveränderung der idealen Flüssigkeit nicht zu einer Änderung der Temperatur oder der Dichte. Insbesondere ändert sich damit die innere Energie U und die Enthalpie H nicht mit dem Druck. Dies ist relevant für das Verdichten von Flüssigkeiten.

Wie beim idealen Gas auch ist die ideale Flüssigkeit reibungslos, d. h. es wird keine Energie dissipiert, wenn sie strömt.

Weiter wird oft Schwerkraft vernachlässigt, d.h. der Druck in der idealen Flüssigkeit ist dann überall gleich und damit unabhängig von der potenziellen Energie. Diese letzte Annahme darf z.B. bei der Auslegung von Pumpen oder Turbinen natürlich nicht verwendet werden!

Beispiel Erdgasspeicher Kraak

Die beiden Lernziele sind einmal der Umgang mit der Zustandsgleichung des idealen Gases und zum zweiten ein erster Kontakt mit unterschiedlichen technischen Gasen.

Große Kavernenspeicher spielen eine wichtige Rolle in der heutigen Erdgasversorgung. Dies sind große künstliche unterirdische Hohlräume, die in Salzdomen Norddeutschlands angelegt wurden, siehe Bild 2.8. Der Erdgasspeicher Kraak liegt nahe des gleichnamigen Dorfes in Mecklenburg. Er verfügt in vier Kavernen zusammen über ein gesamtes Speichervolumen von 325 Millionen Nm^3, von denen 257 Nm^3 nutzbar sind und 68 Nm^3 als Puffer im Normalbetrieb im Speicher verbleiben. Dies entspricht ganz grob einem Druck von 200 bar bei vollständiger Füllung und ca. 60 bar als minimale Füllung. Das Gas kann maximal mit 35 °C in die Kaverne eingespeichert werden, um Schäden an den Kavernen zu vermeiden, daher muss es nach dem Komprimieren gekühlt werden.

Die Kavernen befinden sich in einer Tiefe von etwa 910 m bis 1440 m unter der Erdoberfläche in Zechstein (Steinsalz).

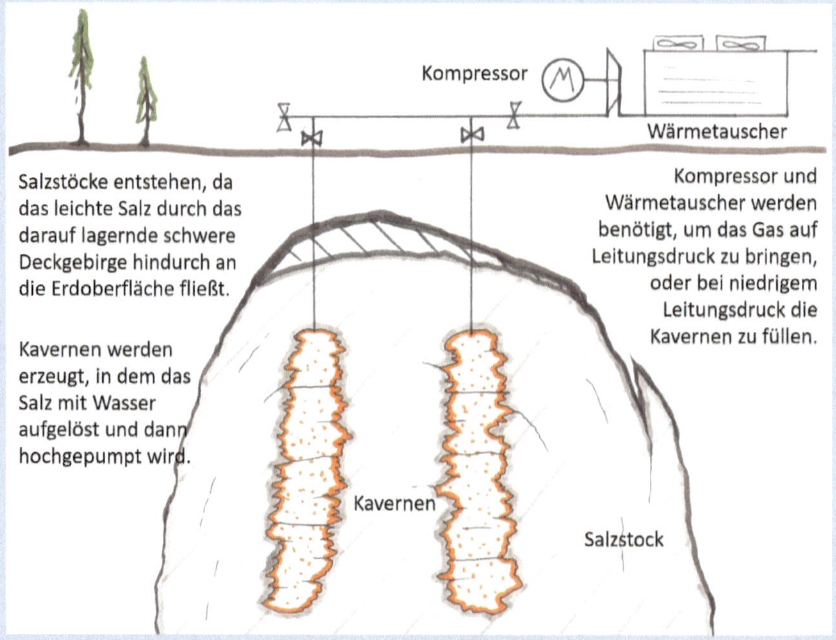

Bild 2.8 Gasspeicher in einem Salzstock

Was ist das tatsächliche Volumen der Gaskavernen in Kraak?

Gegeben ist ein Normvolumen, das sich in die Kavernen einspeichern lässt, dieses füllt bei Nenndruck die Kavernen. Die Temperatur ist nicht gegeben, wir können sie mit der maximalen Temperatur abschätzen. Mit diesen Daten können wir das Normvolumen umrechnen

$$V(200\,\text{bar}, 35\,°C) = V_N \cdot \frac{T}{T_N} \cdot \frac{p_N}{p} = 325 \cdot 10^6\,\text{Nm}^3 \cdot \frac{308\,\text{K}}{273\,\text{K}} \cdot \frac{1{,}013\,\text{bar}}{200\,\text{bar}}$$
$$= 1{,}86 \cdot 10^6\,\text{m}^3$$

Ein typischer Fehler ist das Verwenden der Temperatur in °C – die Zustandsgleichung des idealen Gases verlangt immer die absolute Temperatur in Kelvin!

Für den Lösungsweg müssen wir verstehen, was unser System ist und welche Zustandsgrößen dieses System gut beschreiben: Das System ist das gesamte im Kavernenspeicher vorhandene Gas z. B. bei einem Druck von 200 bar; bei diesem Druck ist der Speicher gefüllt mit dem Puffer, der im Normalbetrieb immer im Speicher verbleibt, plus der Nutzfüllung – dies sind zusammen die $325 \cdot 10^6\,\text{Nm}^3$.

Welche Masse an Erdgas H, an Kohlendioxid und an Wasserstoff könnte in den Kavernen gespeichert werden?

Entweder gehen wir vom Normvolumen aus oder vom Volumen der Kavernen bei maximalem Druck. Dazu benötigen wir die spezielle Gaskonstante vom Erdgas H – da dies fast reines Methan ist, können wir gut die von Methan verwenden. Damit bekommen wir

$$m_{Erdgas\,H} = \frac{p \cdot V}{R_{Erdgas\,H} \cdot T} = \frac{101.325\,\text{Pa} \cdot 325 \cdot 10^6\,\text{m}_N^3}{518{,}3\,\frac{\text{J}}{\text{kg} \cdot \text{K}} \cdot 273\,\text{K}}$$

$$= \frac{20.000.000\,\text{Pa} \cdot 1{,}86 \cdot 10^6\,\text{m}_N^3}{518{,}3\,\frac{\text{J}}{\text{kg} \cdot \text{K}} \cdot 308\,\text{K}}$$

$$m_{Erdgas\,H} = 233 \cdot 10^6\,\text{kg}$$

Unser Gas kann in zwei verschiedenen Zuständen beschrieben werden: entweder so, wie es in der Kaverne tatsächlich vorliegt, oder so, wie es gehandelt wird - wichtig ist, dass wir jeweils konsequent alle Werte eines Zustandes für die Berechnung verwenden.

Für Kohlendioxid ergibt sich entsprechend

$$m_{CO_2} = \frac{p \cdot V}{R_{CO_2} \cdot T} = \frac{101.325\,\text{Pa} \cdot 325 \cdot 10^6\,\text{m}_N^3}{188{,}9\,\frac{\text{J}}{\text{kg} \cdot \text{K}} \cdot 273\,\text{K}} = \frac{20.000.000\,\text{Pa} \cdot 1{,}86 \cdot 10^6\,\text{m}_N^3}{188{,}9\,\frac{\text{J}}{\text{kg} \cdot \text{K}} \cdot 308\,\text{K}}$$

$$= 638 \cdot 10^6\,\text{kg}$$

und für Wasserstoff

$$m_{H_2} = \frac{p \cdot V}{R_{H_2} \cdot T} = \frac{101.325\,\text{Pa} \cdot 325 \cdot 10^6\,\text{m}_N^3}{4125\,\frac{\text{J}}{\text{kg} \cdot \text{K}} \cdot 273\,\text{K}} = \frac{20.000.000\,\text{Pa} \cdot 1{,}86 \cdot 10^6\,\text{m}_N^3}{4125\,\frac{\text{J}}{\text{kg} \cdot \text{K}} \cdot 308\,\text{K}}$$

$$= 29{,}2 \cdot 10^6\,\text{kg}$$

Dies illustriert den großen Einfluss der speziellen Gaskonstante bzw. indirekt den Einfluss der Molmasse auf die Dichte von (idealen) Gasen: Die spezielle Gaskonstante hängt nur von der Molmasse des Gases ab.

Welchen Wert haben die beiden Brenngase Erdgas H und Wasserstoff?

Dazu können wir den aktuellen Preis für Erdgas H recherchieren, wobei der Preis vom Übergabepunkt abhängt (ab Kaverne, als regionaler Erdgasversorger oder am Hausanschluss vom Endkunden). Für Wasserstoff finden sich etablierte Preise für die Anlieferung mit LKW (im Tank oder in Flaschenbündeln) - dabei ist dies üblich „grauer“ Wasserstoff, also aus Methan erzeugter. Für elektrolytisch aus regenerativer Energie erzeugten Wasserstoff ist der Markt noch extrem klein. Dabei werden die Preise üblich in kWh oder MBTU (Millionen btu) angegeben. Der Wert des Gases folgt aus den auf die chemische Energie bezogenen spezifischen Kosten (in €/kWh) mal der Masse oder dem Normvolumen und mal dem Heizwert (bezogen auf die Masse oder das Normvolumen)

$$C_{Gas} = c_{Gas} \cdot m_{Gas} \cdot H_{I,Gas} = c_{Gas} \cdot V_{N,Gas} \cdot H_{I,Gas}$$

Der Heizwert wird im nächsten Kapitel eingeführt. Für Erdgas und den 2021 Endverbraucherpreis von 0,06 €/kWh ist dies z. B.

$$C_{Erdgas\,H} = c_{Erdgas\,H} \cdot V_{N,Erdgas\,H} \cdot H_{I,Erdgas\,H} = 0{,}06\frac{€}{\text{kWh}} \cdot 325 \cdot 10^6\,\text{m}_N^3 \cdot 10{,}36\frac{\text{kWh}}{\text{m}_N^3}$$
$$= 202\,\text{M€}$$

Jetzt, Ende 2021 steigen die Gaspreise gerade sehr deutlich, daher kann dieses Ergebnis schon bald ziemlich daneben liegen.

CO_2 einlagern: Wie lange kann ein Kohlekraftwerk laufen, bis die Kavernen voll sind?

Hinter dieser Frage steht die Idee, man könnte Kohlendioxid so langfristig speichern. Unabhängig davon, dass dies kein besonders stabiles Speichersystem für geologische Zeiträume ist (das Salz fließt), wollen wir dies einmal abschätzen.

Weiter oben hatten wir bereits ausgerechnet, dass wir 638 000 000 kg = 638 000 t einlagern können. Dies entspricht etwa der jährlichen $CO_{2,eq}$-Emission von 63 000 Bundesbürgern in 2020.

Wir benötigen hierfür die typischen Emissionen eines Kraftwerks: Mitten in Frankfurt, direkt am Gleisdreieck des Hauptbahnhofes, betreibt die Mainova mehrere Kraftwerksblöcke, die mit Kohle und Erdgas befeuert werden. Die beiden Kohleblöcke 2 und 3 haben jeweils eine elektrische Nennleistung von 62 MW, der Erdgasblock 4 von 111 MW. Das Kraftwerk genügt nicht, den Wärme- oder Elektrizitätsbedarf von Frankfurt zu decken. Für 2017 finden sich im Europäischen Emissionsregister errechnete Emissionsdaten von 930 000 000 kg für das gesamte Kraftwerk oder eine mittlere Emission von

$$\dot{m}_{CO_2} = \frac{\Delta V_{CO_2}}{\Delta t} = \frac{930 \cdot 10^6\,\text{kg}}{1\,\text{a}} = \frac{930 \cdot 10^6\,\text{kg}}{365 \cdot 24 \cdot 3600\,\text{s}} = 29{,}49\frac{\text{kg}}{\text{s}}$$

Damit erhalten wir als Speicherdauer

$$\Delta t = \frac{m_{speicher}}{\dot{m}_{CO_2}} = \frac{630 \cdot 10^6\,\text{kg}}{29{,}49\frac{\text{kg}}{\text{s}}} = 21{,}36 \cdot 10^6\,\text{s} = 5.934\,\text{h} = 247\,\text{d} = 0{,}677\,\text{a}$$

Dies scheint nicht als belastbare langfristige Lösung für die klimafreundliche Entsorgung von Kohlendioxid geeignet zu sein.

Welche Energie muss dem Erdgas zugeführt werden, um es aus der Kaverne auf das Niveau des Erdbodens zu heben?

Gesucht ist die die Änderung der potenziellen Energie. Wenn wir vereinfachend annehmen, dass sich der Schwerpunkt des Gases in der Mitte der Teufe des Speichers befindet, dann liegt er bei

$$z_{EG} = \frac{z_{\max} + z_{\min}}{2} = \frac{-1.450\,\text{m} - 910\,\text{m}}{2} = -1.180\,\text{m}$$

Dem Erdgas muss eine Energie von

$$E_{pot} = m_{EG} \cdot g \cdot \Delta z = 233 \cdot 10^6 \,\mathrm{kg} \cdot 9{,}81 \frac{\mathrm{m}}{\mathrm{s}^2} \cdot \big(0 - (-1.180\,\mathrm{m})\big) = 2{,}697 \cdot 10^{12}\,\mathrm{J}$$

zugeführt werden, um es an die Erdoberfläche zu heben. Diese Energie wird vom Erdgas selber durch seinen Druck aufgebracht: Es fließt von alleine, aber der Druck des Erdgases verringert sich dabei.

Beschreibung des Speichers nach Landesamt für Bergbau, Energie und Geologie, Referat Energieressource Erdöl und Erdgas (2019) *Erdöl und Erdgas in der Bundesrepublik Deutschland 2019. http://www.lbeg.niedersachsen.de.*

Emissionen von Kraftwerken, siehe *https://industry.eea.europa.eu/.*

Kommunale Treibhausgasbilanz - systemische Vorgehensweise?

Das Konzept des Systems und der Systemgrenze findet sich heute in sehr vielen Anwendungen; dieses Beispiel erläutert eine komplexe Anwendung, um das Konzept ‚System' weiter zu vertiefen.

Städte und Gemeinden wollen ihren Beitrag zum Klimaschutz leisten. Dazu müssen sie in einem ersten Schritt erheben, welche Emissionen sie heute verursachen, um dann geeignete Maßnahmen zu finden, um ihre Emissionen geeignet zu verringern. Dafür sollen insbesondere solche Emissionen bilanziert werden, die direkt in der Kommune beeinflusst werden können. Gleichzeitig sollen solche Daten es ermöglichen, sich mit anderen Gemeinden zu vergleichen - es sollte also eine möglichst einheitliche Methode verwendet werden.

Ein etabliertes Werkzeug ist die Bilanzierungs-Systematik Kommunal (BISKO). Dies ist eine Methodensammlung, die diese Ziele ermöglichen soll und gleichzeitig eine möglichst gute Übereinstimmung mit anderen Methoden bietet. Dabei basiert BISKO auf einer Abwägung zwischen vielen unterschiedlichen und teilweise widersprüchlichen Zielen und Anforderungen. Begründung, Verweise und Methoden werden in den Veröffentlichungen des IFEU als ursprünglicher Autor gegeben. Wesentliche Elemente sind:

System Das System ist die Kommune bzw. ihr Territorium - hier wie bei nationalen Bilanzen wird das Territorialprinzip verwendet. Allerdings legt dies nicht vollständig die Systemgrenze fest, s. u.

Stoffe Als wesentliches zu bilanzierendes Element zählen die Treibhausgase Kohlendioxid (CO_2), Lachgas (N_2O), und Methan (CH_4). Die weiteren wichtigen Treibhausgase Schwefelhexafluorid (SF_6), Kältemittel oder CF_4 und C_2F_6 werden explizit nicht betrachtet.

Bilanz Die Bilanz umfasst:

- Alle direkten Massenströme der Treibhausgase vom Territorium der Kommune (Scope 1). Dabei werden Emissionen bilanziert, aber ggf. auch die Bindung von Treibhausgasen auf dem Territorium.

- Alle mit Endenergieträgern verbundenen Emissionen, auch wenn sie außerhalb des Territoriums erfolgen (Scope 2): Dies sind die direkten Emissionen, die bei der Förderung, dem Transport und der Aufbereitung von in der Kommune genutzten fossilen Energieträgern entstehen. Außerdem sind dies die bei der Erzeugung der in der Kommune genutzten Elektrizität entstehenden Emissionen. Diese Emissionen werden über jährlich aktualisierte Faktoren (z. B. aus GEMIS) dem tatsächlichen Verbrauch an Endenergie zugerechnet.

Dies sind verhältnismäßig einfach zu erhebende Daten. Nicht in der Bilanz enthalten sind, da ungleich schwieriger zu erheben:

- Emissionen, die bei der Herstellung von Gütern und Dienstleistungen außerhalb der Kommune angefallen sind, die aber im Territorium der Kommune genutzt werden (Scope 3, alle versteckten Flüsse durch industrielle Prozesse, Landnutzung oder Transport). Diese Beiträge sind erheblich; sie können größer sein als die Beiträge aus Scope 1 und 2. Daher besteht hier die Gefahr der Verzerrung von Zielen und Maßnahmen.

Wie gute Kennzahlen für eine Energiewende aussehen müssten, dies geht weit über das Ziel der Thermodynamik hinaus und diskutiert z. B. ausführlich mein anderes Lehrbuch (Linow 2019).

Lebenswegbetrachtung Fragestellungen wie diese werden oft mit einer Lebenswegbetrachtung (Life Cycle Assessment, LCA, nach DIN EN ISO 14040) angegangen. Die LCA hat das Ziel, die gesamten Umweltauswirkungen eines Produktes zu erfassen. Auch bei der LCA muss ein System benannt und eine Systemgrenze festgelegt werden. Die große Herausforderung einer LCA ist dabei, geeignet mit den vielen Verästelungen umzugehen, die durch komplexe Produkte und internationale Lieferketten entstehen. Es ist heute akzeptiert, dass oft keine vollständige Betrachtung möglich ist und es wichtig wird, den Einfluss der einzelnen Festlegungen von Systemgrenzen abzuschätzen.

Systemgrenze Die BISKO-Methode verwendet damit kein System, wie es in der Thermodynamik definiert ist:

- Die Grenze der Kommune ist oft keine geeignete Systemgrenze, da erhebliche Teile der Prozesse und Aktivitäten der Kommune außerhalb stattfinden bzw. insbesondere Emissionen außerhalb verursachen. Wie bei einer LCA wäre eigentlich eine Systemgrenze notwendig, die alle Stoffströme und Prozesse umfasst.
- Die Systemgrenze ist nicht geschlossen - als Produkte und Dienstleistungen treten Emissionen über die Systemgrenze, ohne gezählt zu werden.
- Wichtige Treibhausgase werden ignoriert. Die Bilanz ist nicht vollständig.
- Es ist nicht ausgeschlossen, durch Zertifikate und „Treibhausgaskompensation“ sogenannte „negative Emissionen“ mit zu bilanzieren. Dies widerspricht direkt der Logik der Bilanz, da ansonsten nur direkt mit der Endenergie verbundene Emissionen außerhalb des Territoriums bilanziert werden. Durch diese „Hintertür“ kann die Bilanz beliebig angepasst werden, ohne real etwas an der Emission der Kommune zu verändern.

> Durch unser Verständnis des thermodynamischen Systems mit seinen strengen Forderungen können wir jetzt besser bewerten, wie gut eine Treibhausgasbilanz einer Organisation tatsächlich ist. ■

Literatur

Anderson G (2017) *Thermodynamics of Natural Systems. Theory and Applications in Geochemistry and Environmental Science.* Cambridge University Press.

Baehr HD (2016) *Thermodynamik: Grundlagen und technische Anwendungen.* Springer Vieweg, Berlin.

Barry RS (2019) *Three laws of nature. A little book on thermodynamics.* Yale University Press, New Haven.

BISKO: *https://www.ifeu.de/publikation/bisko-bilanzierungs-systematik-kommunal/*

Franses EI (2014) *Thermodynamics with Chemical Engineering Applications.* Cambridge University Press.

GEMIS: *http://iinas.org/gemis-de.html*

Goodstein D (2015) *Thermal Physics. Energy and Entropy.* Cambridge University Press.

Hertle H, Dünnebeil F, Gebauer C et al (2014) *Empfehlung zur Methodik der Kommunalen Treibhausbilanzierung für den Energie- und Verkehrssektor in Deutschland.* IFEU Heidelberg.

Jaffe RL & Taylor W (2018) *The Physics of Energy.* Cambridge University Press.

Landesamt für Bergbau, Energie und Geologie, Referat Energieressource Erdöl und Erdgas (2019) *Erdöl und Erdgas in der Bundesrepublik Deutschland 2019. http://www.lbeg.niedersachsen.de.*

Leff (2021) *Energy and Entropy. A Dynamic Duo.* CRC Press, Boca Raton.

Lieb EH & Yngvason J (1999) *The Physics and Mathematics of the Second Law of Thermodynamics.* Physics Reports 310: 1-96.

Linow S (2019) *Energie - Klima - Ressourcen.* Hanser, München.

NIST Webbook *https://webbook.nist.gov/chemistry/fluid/*

NIST Janaf Tables *https://janaf.nist.gov/*

Thess A (2007) *Das Entropieprinzip. Thermodynamik für Unzufriedene.* De Gruyter.

3 Zustandsänderungen

Unser nächstes Ziel ist es, die Veränderungen von Systemen quantitativ beschreiben zu können. In diesem Kapitel geht es dabei um die grundlegende Beschreibung. Details, konkrete Herangehensweisen und besondere Aspekte werden in vielen weiteren Kapiteln im Detail analysiert.

Das System können wir über seine Systemgrenze, seinen Zustand und die Zustandsgrößen beschreiben - dies ist das Lernziel von Kapitel 2. Das System wird in diesem Zustand verharren, außer etwas treibt das System aus dem Zustand heraus: Für uns wesentlich ist, dass wir verstehen, was unser System verändert. Dabei ist das eigentliche Ziel, diesen Antrieb und die Veränderung des Systems genau zu beschreiben und zu quantifizieren. Jede Veränderung des Zustandes des Systems nennen wir einen Prozess bzw. eine Zustandsänderung, wenn wir die Veränderung des Systems und seiner Zustandsgrößen dabei quantifizieren.

So ein Prozess kann ein System total aus dem Gleichgewichtszustand bringen; ein Prozess kann auch so ablaufen, dass sich das System während des Prozesses noch fast im Gleichgewicht befindet. Da die Zustandsgleichung eines Systems nur im Gleichgewicht gilt und wir berechnen können wollen, was bei einem Prozess geschieht, betrachten wir hier quasistationäre Zustandsänderungen: Dies sind die Prozesse, bei denen die Zustandsgleichung ihre Gültigkeit behält. Streng genommen sind dies nur unendlich langsam ablaufende Prozesse. Umgekehrt kann jeder reale Prozess nur ablaufen, wenn sich das System nicht im Gleichgewicht mit seiner Umgebung befindet - nur dann fließt Masse oder Wärme. Daher ignorieren wir diese Forderung oft bzw. gehen auch bei recht schnellen Zustandsänderungen noch davon aus, dass unser System ausreichend nahe am Gleichgewicht ist.

■ 3.1 Zustandsänderungen

Die Grundlage der Dynamik in der Thermodynamik sind die Zustandsänderungen von Systemen. Dabei können die Zustandsgrößen nicht über Zustandsgrenzen übertragen werden. Die einzige Ausnahme ist Masse, also Stoffmenge - diese kann über die Systemgrenze von offenen Systemen gelangen.

Geschlossene Systeme können nur dadurch verändert werden, dass Energie entweder als Wärme übertragen oder als Arbeit verrichtet wird und so über die Systemgrenze gelangt. In diesem Abschnitt geht es daher darum, die Begriffe Energie, Arbeit und Wärme einzuführen und nutzen zu können.

In einem offenen System können sich gleichzeitig Zustandsgrößen ändern, und Masse kann über die Systemgrenze fließen (allgemeiner Fall) oder speziell die Zustandsgrößen einschließlich Masse ändern sich nicht, während Stoff und Energie über die Systemgrenze fließt - diesen zweiten Fall nennen wir einen stationären Fließprozess.

Allgemein können Zustandsänderungen beliebig ablaufen. Es ist jedoch grundsätzlich einfacher, solche Zustandsänderungen zu analysieren oder zu verwenden, bei denen eine der relevanten Zustandsgrößen konstant bleibt. Wir werden uns dies immer wieder zunutze machen:

- Für reale Stoffe werden die Zusammenhänge zwischen den Zustandsgrößen in Diagrammen dargestellt, wobei dann Isolinien gerade den Verlauf von Zustandsänderungen darstellen, bei denen eine der zentralen Zustandsgrößen (wie Druck, spezifisches Volumen, Temperatur, spezifische Entropie oder spezifische Enthalpie) konstant gehalten ist. Dies beschreibt im Detail das Kapitel 6.
- Für das ideale Gas lassen sich Formeln für Zustandsänderungen herleiten, die eine verhältnismäßig einfache Berechnung ermöglichen. Diese Formeln sind in Kapitel 7 ausführlich erklärt und tabelliert.

Diese wesentlichen Zustandsänderungen beschreiben oft Idealfälle von Prozessen. Sie sind dadurch gekennzeichnet, dass eine der Zustandsgrößen (oder eine Funktion aus zwei Zustandsgrößen) konstant bleibt. Weiter gelten diese Beschreibungen oft für den Fall, dass die Masse m des Systems sich nicht ändert (geschlossenes System oder stationärer Fließprozess):

Isochor Bei der isochoren Zustandsänderung bleibt das Volumen V konstant. Diese Zustandsänderung beschreibt damit insbesondere Prozesse von Systemen, die in einem starren Behälter eingeschlossen sind. Das typische Beispiel ist ein Gas oder eine Flüssigkeit als System in einem geschlossenen Tank oder einer Gasflasche, wie in Bild 3.1 gezeigt.

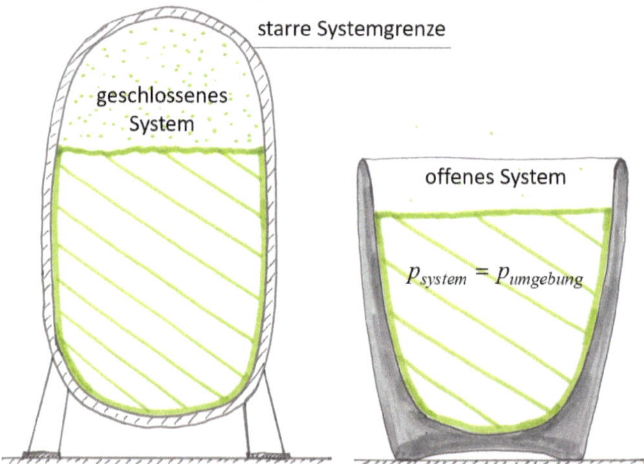

Bild 3.1 In einem System mit starren geschlossenen Systemgrenzen (links) laufe isochore Zustandsänderungen ab. In offenen Systemen (rechts) sind die Zustandsänderungen isobar, solange sich der Umgebungsdruck nicht ändert.

Isobar Bei der isobaren Zustandsänderung bleibt der Druck p konstant. Prozesse in offenen Systemen sind oft isobar, da das System im direkten Druckaustausch mit seiner Umgebung steht und dort in der Umgebung der Druck oft ausreichend konstant bleibt, siehe Bild 3.1. In technischen Anlagen werden Druckverluste in Rohrleitungen und Armaturen gezielt minimiert, sodass die isobare Zustandsänderung oft eine gute Beschreibung und zugleich den idealen reibungsfreien Fall darstellt.

Isotherm Die isotherme Zustandsänderung beschreibt Prozesse, bei denen die Temperatur T des Systems konstant bleibt. Damit bleibt auch die innere Energie des Systems $U(T)$ konstant. Isotherme Zustandsänderungen setzen oft voraus, dass das System im Kontakt mit einem zweiten, sehr großen System ist, das die Temperatur festlegt. Ein typisches Beispiel ist der kleine Fisch im großen Meer in Bild 3.2, denn der Fisch hat (fast) dieselbe Temperatur wie der Ozean. Viele technische Prozesse sollten im idealen Falle isotherm ablaufen (z. B. das Verdichten eines Gases, um es in einen Tank zu füllen). Dies gelingt jedoch oft nur, indem mehrere andere Prozesse nacheinander durchlaufen werden (hier zuerst die Verdichtung und dann eine Abkühlung).

Bild 3.2 Isotherme Zustandsänderungen sind gut vorstellbar, wenn es ein großes Reservoir konstanter Temperatur gibt – die Zustandsänderungen im Fisch sind isotherm, da Wärmeleitung und Wärmeübertragung im Meer ihn auf Umgebungstemperatur halten.

Isobar und isotherm Diese spezielle Zustandsänderung, bei der Druck p und Temperatur T durch äußere Bedingungen vorgegeben sind, begegnet uns bei chemischen Reaktionen: Gerade natürliche Prozesse (Geologie, Ozeanographie, Biologie …) laufen sehr oft unter diesen Bedingungen ab.

Isentrop Die isentrope Zustandsänderung beschreibt Prozesse, bei denen die Entropie S des Systems konstant bleibt. In Kapitel 5 wird die Entropie und ihre Bedeutung ausführlich erklärt, und als Vorgriff bedeutet dies, dass keine Wärme übertragen wird, keine Dissipation (also Reibung) stattfindet und keine Mischungsprozesse ablaufen. Nicht gemeint sind solche Zustandsänderungen, bei denen zufällig Entropieerzeugung und Entropieabgabe zusammen null ergeben.

Die isentrope Zustandsänderung ist definiert als die reversible und adiabate Zustandsänderung, d. h. es wird ausschließlich Arbeit verrichtet. In der Natur und in realen technischen Systemen laufen alle Zustandsänderungen irreversibel ab und sind selten wirklich adiabat, daher ist die isentrope Zustandsänderung ein Ideal, siehe Bild 3.3. Typisch beschreibt die isentrope Zustandsänderung ideale Verdichtungsprozesse, ideale Turbinen, aber auch Konvektion von Luft in der Atmosphäre. Die Abweichung vom idealen isentropen Fall ist dann ein Maß für die Güte der Anlage.

Polytrop Die polytrope Zustandsänderung ist dadurch gekennzeichnet, dass das Produkt $p \cdot v^n = const.$ Hier ist n der Polytropenexponent, der durch seinen speziellen Zahlenwert eine spezielle polytrope Zustandsänderung beschreibt. Die vier bisher eingeführten Zustandsänderungen sind jeweils Spezialfälle dieser allgemeinen Beschreibung. Diese so definierte polytrope Zustandsänderung wirkt erst einmal zufällig und abstrakt, sie ist aber besonders gut geeignet, um reale Abläufe in reibungsbehafteten Anlagen zu beschreiben; sie wird in Kapitel 7 ausführlich erläutert.

Bild 3.3 Die ideale Pumpe arbeitet isentrop, denn sie verrichtet Arbeit, ist reibungsfrei und überträgt keine Wärme. Die Zustandsänderung in realen Pumpen ist dann polytrop.

Isenthalp Diese Zustandsänderung beschreibt Prozesse, bei denen die Enthalpie des Systems H konstant bleibt. Anders als die anderen Zustandsänderungen kann diese auch in technischen Anlagen nur in eine Richtung hin ablaufen - bei der Zustandsänderung nimmt der Druck p ab, und die Entropie S nimmt zu. Typisch beschreibt dies die Abläufe in reibungsarmen Strömungswiderständen wie Ventilen oder Drosseln.

Zustandsänderungen verketten Wenn das Ziel eines Apparates sein soll, ein System von einem definierten Zustand 1 in einen definierten Zustand 2 zu bringen, dann kann dies oft nicht mit einer einzigen solchen Zustandsänderung gelingen: z. B. weil sich dabei gleichzeitig Druck, Volumen, Temperatur, Enthalpie und Entropie ändern müssen. Oder weil einzelne Aggregate spezielle Zustandsänderungen definieren. Oder weil diese Zustandsänderungen ideal sind und reale Prozesse oft nur näherungsweise so verlaufen.

Es gelingt jedoch sowohl theoretisch als auch praktisch immer, mit einer gewissen Anzahl von definierten Zustandsänderungen zwei beliebige Zustände zu verbinden. Theoretisch genügen oft zwei Zustandsänderungen, praktisch können mehr notwendig sein. Gleichzeitig existieren damit unendlich viele Möglichkeiten, zwei Zustände miteinander zu verbinden - also das System von einem Zustand in einen anderen zu bringen.

3.2 Prozessgröße oder Zustandsgröße

Grundsätzlich unterscheiden wir zwischen Zustandsgrößen, wie sie in Kapitel 2 eingeführt wurden, und Prozessgrößen: Die Prozessgrößen beschreiben die Änderungen des Systems im Verlauf von Zustandsänderungen. Prozessgrößen sind damit davon abhängig, über welchen Weg (also welche konkreten Zustandsänderungen) das System verändert wird. Zustandsgrößen hingegen sind grundsätzlich unabhängig vom Weg, denn sie beschreiben immer nur den (aktuellen) Zustand des Systems selber.

Beispiele für Prozessgrößen, die aus ihren zugehörigen thermischen Zustandsgrößen abgeleitet werden, sind:

Massenänderung Masse, die dem System zugeflossen ist oder abgeflossen ist und die damit die Masse des Systems ändert, also $\Delta m_{12} = m_2 - m_1$. In geschlossenen Systemen ist grundsätzlich immer $\Delta m_{12} = 0$.

Temperaturänderung Differenz der Temperatur des Systems zwischen dem Endzustand und dem Ausgangszustand, also $\Delta T_{12} = T_2 - T_1$. Die Temperatur ändert sich nicht bei einer isothermen Zustandsänderung.

Volumenänderung Differenz zwischen dem Volumen des Systems im Endzustand und im Ausgangszustand, also $\Delta V_{12} = V_2 - V_1$. Das Volumen ändert sich nicht bei einer isochoren Zustandsänderung.

Druckänderung Differenz zwischen dem Druck des Systems im Endzustand und im Ausgangszustand, also $\Delta p_{12} = p_2 - p_1$. Der Druck ändert sich nicht bei einer isobaren Zustandsänderung.

Änderung der inneren Energie Differenz zwischen der inneren Energie des Systems im Endzustand und im Ausgangszustand, also $\Delta U_{12} = U_2 - U_1$. Die innere Energie ändert sich nicht bei einer isothermen Zustandsänderung, denn die innere Energie ist nur eine Funktion der Temperatur des Systems.

Diese und weitere Größen sind Zustandsgrößen des Systems, daher können sie sich mit einer Zustandsänderung verändern. Für uns wichtig ist der Wert vor der Zustandsänderung (der hier meist den Index 1 bekommt) und der Wert nach Abschluss der Zustandsänderung (der hier meist den Index 2 bekommt) bzw. die Veränderung als Ergebnis der Zustandsänderung. Daher kennzeichnen wir diese Größen mit dem Delta (Δ).

Energetische Prozessgrößen Übertragene Wärme und verrichtete Arbeit verändern den Zustand eines Systems - wie machen die das? Um das sicher beschreiben zu können, benötigen wir eine Zustandsgröße des Systems, die die übertragene Wärme und die verrichtete Arbeit aus der Sicht des Systems bilanziert. Diese Zustandsgröße nennen wir die innere Energie U.

Bilanzgleichung Wir verwenden als Symbole für die übertragene Wärme Q und die verrichtete Arbeit W. Wir schreiben als Bilanz für eine Zustandsänderung von einem Zustand 1 zu einem Zustand 2, bei der Wärme übertragen und Arbeit verrichtet wird (und keine Masse über die Systemgrenze gelangt)

$$\Delta U_{12} = U_2 - U_1 = Q_{12} + W_{12} \tag{3.1}$$

Übertragene Wärme und verrichtete Arbeit sind die beiden einzigen energetischen Prozessgrößen, dabei gilt:

Übertragene Wärme Dies ist die Energie, die zwischen zwei Systemen alleine aufgrund des Temperaturunterschiedes zwischen den beiden System fließt. Dazu müssen die beiden Systeme dafür im thermischen Kontakt sein.

Verrichtete Arbeit Dies ist die Energie, die eine Änderung des Zustandes des Systems hervorruft und die keine Wärme ist – also alle anderen Formen von Energie, die über die Systemgrenze fließt, wie mechanische Arbeit über Hebel, Stangen und Wellen oder elektrische Energie.

Da übertragene Wärme und verrichtete Arbeit keine Eigenschaften des Systems sind, sondern Eigenschaften einer bestimmten Zustandsänderung, bekommen sie ausdrücklich kein Delta (Δ) vorangestellt.

Zustandsänderungen beschreiben – im Biergarten

Lernziel Begriffe in ganz einfachen Beispielen anwenden

Sie sitzen an einem schönen Sommertag im Biergarten. Und irgendwie haben Sie so viel zu erzählen, dass Sie nicht zum Trinken kommen: Währenddessen könnten Sie die Zustandsänderung Ihres Biers beobachten: Die Temperatur nimmt zu (außerdem verdunstet das Wasser/Bier außen am Glas, der Schaum fällt in sich zusammen, eine Fliege ertrinkt ...).

In unserer Beschreibung wird dem System (entweder das Bier im Glas oder das Bier im Glas + das Glas) Wärme zugeführt. Das geht, denn das frische Bier hatte eine deutlich niedrigere Temperatur als die Luft; außerdem haben wir Sonnenschein, sodass Wärme über die Strahlung der Sonne an Glas und Bier übertragen wird (Kapitel 17).

Diese zugeführte Wärme Q erhöht die innere Energie U des Systems. Dies merken wir daran, dass die Zustandsgröße Temperatur T sich verändert.

Das System ist offen, die ertrunkene Fliege macht dies direkt sichtbar, da sie die Masse verändert. Umgekehrt verdunstet etwas von dem Wasser an die Umgebung.

Das mag jetzt etwas gestelzt klingen, aber es ist die thermodynamisch richtige Beschreibung.

3.3 Arbeit verrichten

Der Begriff der Arbeit ist in der Mechanik eingeführt und behält hier grundsätzlich seine Bedeutung. Allerdings ergeben sich in der Thermodynamik einige zusätzliche Aspekte, die aus dem Systembegriff folgen: In der Mechanik geht es zuerst um potenzielle und kinetische Energie, während hier die Änderung der inneren Energie U im Fokus steht. Arbeit wird immer dann verrichtet, wenn eine Kraft F auf eine Masse über einen Weg wirkt, also ganz allgemein (x ist hier die Koordinate, die die Position im Kraftfeld beschreibt)

$$W_{12} = \int_{x=1}^{x=2} F(x) \cdot dx \tag{3.2}$$

Arbeit kann entweder vom System an seiner Umgebung verrichtet werden (dann ist es in unserer Vorzeichenkonvention negativ für das System, da das System innere Energie dafür aufwendet, also abgibt) oder von der Umgebung am System verrichtet werden (dann ist es positiv für das System, da die am System verrichtete Arbeit der inneren Energie zugeschlagen wird). In dieser Formel 3.2 sind 1 und 2 die Positionen zu Beginn und zum Ende der Zustandsänderung und x der Weg, entlang dessen die Kraft wirkt. Das System verändert durch das Verrichten der Arbeit seinen Zustand.

Arbeit verrichten ist eine Tätigkeit, es ist kein Zustand. Eine wirkende Kraft beschreibt einen Zustand, z. B. als Schwerkraft, die auf eine Masse wirkt, oder als Druckkraft, die auf eine Systemgrenze drückt. Wenn die Masse angehoben oder beschleunigt oder die Behälterwand verschoben wird, erst dann wird Arbeit verrichtet.

ES IST WICHTIG, SICH „ARBEIT“ IMMER ALS EIN VERB, ALSO ALS EINEN ABLAUFENDEN PROZESS, VORZUSTELLEN.

Verrichtete Arbeit verändert den Zustand eines Systems. Leicht vorstellbar ist die Änderung des äußeren oder des mechanischen Zustandes, z. B. durch Anheben oder Beschleunigen

$$W_{12} = \Delta E_{pot,12} + \Delta E_{kin,12} \tag{3.3}$$

Nicht ganz so leicht vorstellbar, aber von hoher Bedeutung ist, dass Arbeit auch die innere Energie U eines Systems ändern kann, indem das Ergebnis der verrichteten Arbeit eine Veränderung der Temperatur des Systems ist

$$W_{v,12} = \Delta U_{12} \tag{3.4}$$

Je nachdem, ob die Arbeit an einem geschlossenen oder an einem offenen System verrichtet wird, hat dies Auswirkungen auf die Änderungen der Zustandsgrößen. Hierzu verwenden wir für geschlossene Systeme die Volumenarbeit W_v, bei der die Änderung des Volumens des Systems als direkte Wirkung der verrichteten Arbeit die zentrale Zustandsänderung ist, von der alle anderen beeinflusst werden, und bei offenen Systemen die Druckarbeit W_p, bei der die Änderung des Drucks des Systems als direkte Wirkung der verrichteten Arbeit die zentrale Zustandsänderung ist.

3.3.1 Volumenarbeit verrichten

Verrichten wir Arbeit an einem geschlossenen System durch eine Zustandsänderung 1 → 2, so ist dies eine Arbeit, mit der das Volumen des Systems verändert wird – dadurch ändern sich weitere Zustandsgrößen des Systems (s. u.). Beispiel: Das Gas in einem Zylinder wird durch die Bewegung des Kolbens komprimiert.

Bild 3.4 illustriert die Geometrie. Das System ist das eingeschlossene Gas, die Systemgrenze ist die Oberfläche, mit der das Gas eingeschlossen wird.

Um das Gas zu komprimieren, wird gegen die Druckkraft des im System eingeschlossenen Gases gewirkt. Wenn sich der Kolben nicht bewegt, muss die außen wirkende Kraft gerade entgegengesetzt gleich der Druckkraft sein, die das Gas ausübt, also

$$F = -p_{sys} \cdot A_{Kolben} \tag{3.5}$$

Mechanische Arbeit ist (s.o.) als Produkt aus einer wirkender Kraft und einem Weg definiert. Mechanische Arbeit wird hier verrichtet, wenn es zu einer Wegänderung Δx senkrecht zur Richtung der wirkenden Kraft kommt. Da die dafür benötigte Kraft von der Position des Kolbens abhängt, müssen wir dies als Integral schreiben

$$W_{12} = \int_1^2 F(x) \cdot dx \tag{3.6}$$

Dieses Integral entspricht in einem geschlossenen System einer Änderung des Volumens, da die Druckkraft ja senkrecht zu der Wand des Volumens wirkt und wir die Wand des Volumens (also eine Systemgrenze) verschieben müssen.

Um in einem geschlossenen System Arbeit an das System zu übertragen - also die innere Energie des Systems zu erhöhen, muss das Volumen verkleinert werden: Dann erhöht sich der Druck und die Temperatur des Systems, und die innere Energie steigt an. Damit ergibt sich ganz allgemein für die Volumenarbeit

$$W_{v,12} = \int_1^2 F(x) \cdot dx = -\int_1^2 p(x) \cdot A \cdot dx = -\int_1^2 p(V) \cdot dV \tag{3.7}$$

Diese Gleichung ist extensiv, d.h. sie beschreibt die absolute Menge an Energie; in spezifischer Schreibweise, also bezogen auf die Masse des Systems, lautet sie

$$w_{v,12} = -\int_1^2 p(v) \cdot dv \tag{3.8}$$

Das Vorzeichen folgt aus der Vorzeichenkonvention - positive Volumenarbeit erhöht die innere Energie des Systems. Das Integral ist notwendig, da sich mit der Änderung des Volumens in einem geschlossenen System der Druck ändert.

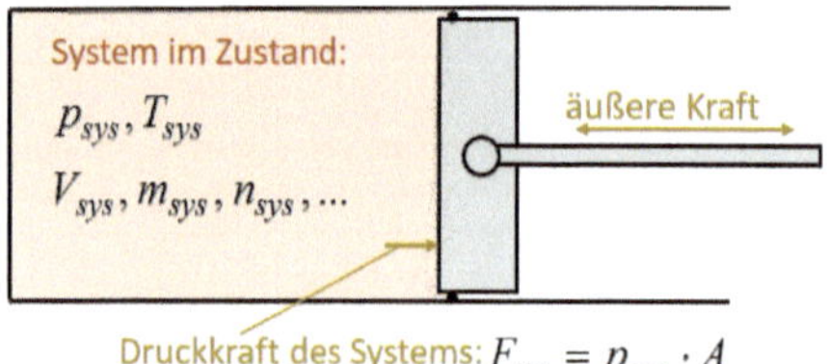

Bild 3.4
Ein geschlossenes System in einem Zylinder mit verschiebbarem Kolben, Zustandsgrößen und Kräften

3.3.2 Druckarbeit verrichten

In offenen Systemen kann Arbeit zwischen dem System und seiner Umgebung durch eine Zustandsänderung 1 → 2 ausgetauscht werden, wenn dabei Masse durch das System strömt. Diese Masse ist meist ein fließendes Gas oder eine fließende Flüssigkeit, beide fassen wir unter dem Begriff Fluid zusammen. Die grundlegende Geometrie eines offenen Systems ist in Bild 3.5 dargestellt.

Entweder verrichtet das Fluid im System Arbeit an einer Vorrichtung (z. B. einer Turbine) oder eine Vorrichtung verrichtet Arbeit an dem Fluid (eine Pumpe oder ein Verdichter). In beiden Fällen ändert sich der Druck des Fluides. Über einer Turbine nimmt der Druck ab, über einer Pumpe oder einem Verdichter nimmt der Druck zu: In einer idealen Flüssigkeit, also einem inkompressiblen Fluid ändern sich weder spezifisches Volumen noch Temperatur, sondern nur der Druck. In allen anderen Fällen, also in kompressiblen Medien wie Gasen ändern sich mit dem Druck alle weiteren Zustandsgrößen. In diesen Fällen ist die verrichtete spezifische Arbeit eine Druckarbeit

$$w_{p,12} = \int_1^2 v(p) \cdot dp \tag{3.9}$$

Diese Druckarbeit ist ein Kennzeichen offener Systeme, durch die ein Gas oder eine Flüssigkeit strömt. Diese Systeme sind dabei einmal durch die im System vorhandene Masse m charakterisiert. Zusätzlich und oft wesentlich wichtiger ist der Massenstrom, der durch das System - bzw. besser über eine Systemgrenze - fließt

$$\dot{m} = \frac{dm}{dt} \tag{3.10}$$

Auch andere Zustandsgrößen können strömen, wir markieren alle solchen strömenden Größen durch den Punkt als Kennzeichen der Ableitung nach der Zeit.

Im stationären Fall, wenn sich die Strömung nicht ändert, wird die Ableitung zu

$$\dot{m} = \frac{dm}{dt} = \frac{\Delta m}{\Delta t} \tag{3.11}$$

Setzen wir die Definition des Massenstromes in Formel 3.9 ein, so erhalten wir

$$\dot{m} \cdot w_{p,12} = \dot{m} \cdot \int_1^2 v(p) \cdot dp = \int_1^2 \dot{m} \cdot v(p) \cdot dp = \int_1^2 \dot{V}(p) \cdot dp \tag{3.12}$$

D. h. ein Massen- oder Volumenstrom, der durch ein offenes System strömt, verrichtet einen Strom an Arbeit, wenn sich durch das System der Druck verändert. Diesen Strom an Arbeit nennen wir die Leistung, die ein eigenes Symbol bekommt

$$P_{12} = \frac{dW_{p,12}}{dt} = \frac{d\left(m \cdot w_{p,12}\right)}{dt} \underbrace{=}_{stationär} \dot{m} \cdot w_{p,12} \tag{3.13}$$

Wenn sich der Druck eines Massenstroms beim Durchströmen eines Systems ändert, dann wird zwischen dem System und seiner Umgebung die damit verbundene Leistung übertragen. Das Vorzeichen folgt aus unserer Vorzeichenkonvention: Ist das Fluid unser System und wird dem Fluid Leistung zugefügt, so wird der Druck erhöht; verringert sich der Druck, so gibt das System Leistung ab. Das Integral ist notwendig, da sich mit der Änderung des Drucks meist auch das Volumen ändert.

Der Begriff der Leistung wird auch für viele andere Formen von Zustandsänderungen und Energieformen benutzt wie elektrische Leistung oder mechanische Leistung beim Beschleunigen oder Anheben einer Last.

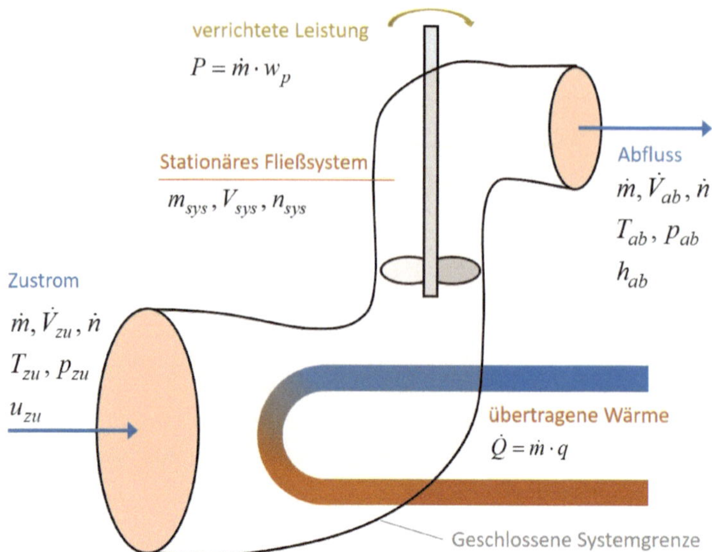

Bild 3.5 Ein offenes stationäres Fließsystem

3.3.3 Verschiebearbeit

Damit Masse durch ein offenes System strömen kann, muss auch im reibungsfreien Fall oft Arbeit verrichtet werden. Diese spezielle Form der Arbeit ist die Verschiebearbeit

$$W_{ein-aus} = \Delta m \cdot \left(p_{aus} \cdot v_{aus} - p_{ein} \cdot v_{ein}\right) = p_{aus} \cdot V_{aus} - p_{ein} \cdot V_{ein} \tag{3.14}$$

die benötigt wird, um ein Massenelement Δm am Einlass *ein* in das System hineinzuschieben und am Auslass *aus* dem System wieder herauszuschieben: Wenn ich ein Fluid aus einer Rohrleitung in die Atmosphäre schiebe, dann vergrößere ich damit das Volumen der Erdatmosphäre (ein gaanz winziges kleines bisschen). Die einzige Möglichkeit, das Volumen der Erdatmosphäre zu vergrößern, ist, sie etwas anzuheben. Und das ist hier diese Verschiebearbeit.

Wenn der Druck am Einlass und am Auslass identisch ist und sich auch das spezifische Volumen im offenen System nicht geändert hat, dann ist diese Verschiebearbeit gerade null. Dies ist der Fall, wenn $\Delta p_{12} = 0$ und $\Delta v_{12} = 0$. Dieser Fall beschreibt ein waagerechtes Rohr mit konstantem Querschnitt und reibungsfreier isothermer Strömung.

In allen anderen Fällen wird diese Verschiebearbeit verrichtet, wenn das Fluid strömt. Diese Arbeit kann technisch in einem offenen System nicht genutzt werden. Um nun diese Arbeit nicht weiter rechnerisch berücksichtigen zu müssen, wird als zusätzliche Zustandsgröße der Energie des offenen Systems die Enthalpie eingeführt, in der dieser Aufwand mit berücksichtigt ist

$$H = U + p \cdot V \tag{3.15}$$

Die Enthalpie setzt sich zusammen aus der inneren Energie, die Temperaturänderungen bilanziert, und der Verschiebarbeit, die die Energie bilanziert, die benötigt wird, damit das System seinen Platz in der Erdatmosphäre einnimmt.

3.3.4 Druck- und Volumenarbeit hängen zusammen

In den meisten Fällen wird die verrichtete Arbeit den Druck und das Volumen des Systems verändern, denn Druck und Volumen hängen voneinander ab; diesen Zusammenhang beschreibt die Zustandsgleichung des Systems. Damit sollte es auch einen quantifizierbaren Zusammenhang zwischen den beiden gerade definierten Formen von Arbeit geben.

Bild 3.6 stellt in einem *p-v* Diagramm eine Zustandsänderung 1 → 2 dar, bei der Volumen- und Druckarbeit verrichtet werden. Das p-v Diagramm ist besonders gut geeignet, um verrichtete Arbeit darzustellen, denn in beiden Gleichungen für die Arbeit steht ein Produkt aus Druck und Volumen. Damit ist insbesondere eine Fläche im *p-v* Diagramm eine spezifische verrichtete Arbeit.

Die spezifische Volumenarbeit in Bild 3.6 ist das Integral entlang der *v*-Achse des Diagramms, also gerade die CD12 genannte Fläche

$$w_{v,12} = -\int_1^2 p(v) \cdot dv = \mathrm{CD12} \tag{3.16}$$

Die spezifische Druckarbeit in Bild 3.6 ist das Integral entlang der *p*-Achse des Diagramms und damit die AB12 genannte Fläche

$$w_{p,12} = \int_1^2 v(p) \cdot dp = \mathrm{AB12} \tag{3.17}$$

Formel 3.16 und Formel 3.17 folgen so aus der Definition des Integrals. Wir können uns dies für die Formel 3.17 vielleicht besser vorstellen, wenn wir das Diagramm an der $p(v) = v$ Diagonalen spiegeln.

Die eine Fläche AB12 lässt sich durch die andere Fläche CD12 ausdrücken, wenn von CD12 eine rechteckige Fläche, die mit den Kantenlängen p_2 und v_2 aufgespannt wird, zur Fläche AB12 addiert wird und eine zweite, die mit den Kantenlängen p_1 und v_1 aufgespannt wird, abgezogen wird

$$w_{p,12} = \mathrm{AB12} = \mathrm{CD12} + p_2 \cdot v_2 - p_1 \cdot v_1 \tag{3.18}$$

Damit ist

$$w_{p,12} = \int_1^2 v(p) \cdot dp = -\int_1^2 p(v) \cdot dv + p_2 \cdot v_2 - p_1 \cdot v_1 = w_{v,12} + p_2 \cdot v_2 - p_1 \cdot v_1 \tag{3.19}$$

Diese Gleichung zeigt, dass sich die Druckarbeit aus der Summe von Volumenarbeit und Verschiebearbeit zusammensetzt. Die Volumenarbeit bildet die Vorgänge im geschlossenen System ab, bei der die Verschiebearbeit nicht dem System zugeordnet ist, während die Druckarbeit die Vorgänge im offenen System darstellt, da sie die Verschiebearbeit enthält.

Grundsätzlich würde es genügen, mit einer der beiden Arbeiten zu rechnen, da die andere jederzeit aus der ersten folgt - tatsächlich verwenden wir je nach Frage beide Arbeiten.

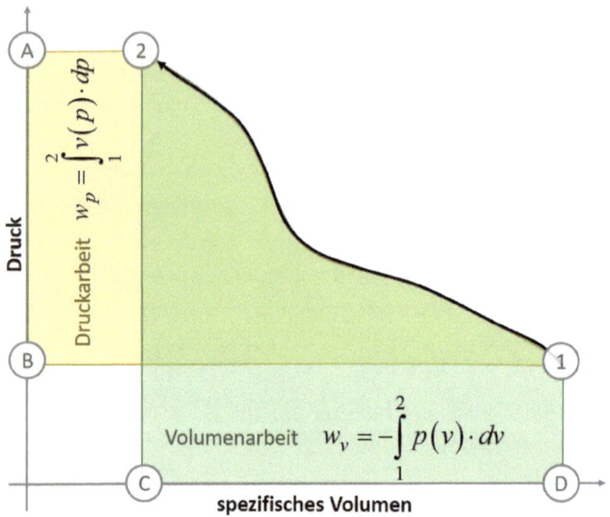

Bild 3.6 Verlauf einer Zustandsänderung 1 → 2 im p-v Diagramm (die spezifische Volumenarbeit (12CD) und spezifische Druckarbeit (12AB) als Flächen im Diagramm)

3.3.5 Arbeit verrichten verändert die Energie des Systems

Verrichtete Arbeit hat die Einheit einer Energie, und sie verändert die Energie des Systems. Die Volumenarbeit verändert die Energie eines geschlossenen Systems - konkret die innere Energie des Systems

$$W_{v,12} = U_2 - U_1 = \Delta U_{12} \tag{3.20}$$

Die Druckarbeit verändert auch die Energie des Systems

$$W_{p,12} = W_{v,12} + p_2 \cdot v_2 - p_1 \cdot v_1 = U_2 - U_1 + p_2 \cdot v_2 - p_1 \cdot v_1 = U_2 + p_2 \cdot v_2 - U_1 - p_1 \cdot v_1 \tag{3.21}$$

Allerdings verändert sie nicht nur die innere Energie, sondern es bleibt ein Rest an Energieänderung, der durch die innere Energie nicht bilanziert wird. Da dieser Rest - die oben bereits eingeführte Verschiebearbeit - in vielen Vorgängen nicht nutzbar ist und um uns viel mühselige Schreibarbeit zu vermeiden, benutzen wir die zweite schon eingeführte Zustandsgröße der Energie, die Enthalpie H, und damit ist

$$W_{p,12} = U_2 + p_2 \cdot v_2 - U_1 - p_1 \cdot v_1 = H_2 - H_1 = \Delta H_{12} \tag{3.22}$$

Diese Gleichungen werden wir immer wieder benötigen. In Kapitel 4 werden sie jedoch zuerst in einen formalen Zusammenhang gestellt.

Die verschiedenen Sorten von Arbeit werden in diesem kleinen Lernvideo diskutiert: *https://www.youtube.com/watch?v=elFvXLCMfUo*.

3.4 Wärme übertragen

Die in einer Zustandsänderung übertragene Wärme ist eine Prozessgröße und hat die Einheit einer Energie. Übertragene Wärme verändert in einer Zustandsänderung die innere Energie des Systems. Falls keine Arbeit verrichtet wird ($W_{v,12}$ = 0) und die Masse des Systems konstant bleibt, ist

$$Q_{12} = \Delta U_{12} \tag{3.23}$$

Wärme fließt zwischen zwei Systemen, wenn diese in einem thermischen Kontakt stehen; dabei fließt Wärme immer vom System höherer Temperatur zu dem System niedrigerer Temperatur. Die Vorzeichenregel besagt dabei, dass das System mit der höheren Temperatur Energie als Wärme abgibt - für dieses System ist die übertragene Wärme negativ. Das System mit der niedrigeren Temperatur nimmt Wärme auf, d. h. für dieses System ist die zufließende Wärme positiv. In einem offenen System mit einem Massenstrom $\dot{m}$ berechnet sich unter Nutzung der spezifischen Größen u und q

$$\dot{m} \cdot q_{12} = \dot{m} \cdot \Delta u_{12} = \dot{m} \cdot (u_2 - u_1) = \dot{Q}_{12} \tag{3.24}$$

Diese Größe nennen wir den Wärmestrom.

Wärme übertragen ist eine Tätigkeit, es ist kein Zustand. Ein existierender Temperaturunterschied zwischen zwei Systemen beschreibt einen Zustand. Erst wenn die beiden Systeme in einen thermodynamischen Kontakt gelangen, dann wird Wärme übertragen.

Es ist wichtig, sich „Wärme“ immer als ein Verb, also als einen ablaufenden Prozess, vorzustellen.

3.4.1 Spezifische Wärmekapazität

Tauscht ein System nur Wärme Q mit der Umgebung aus (also $w_{12} = 0$), und im System findet keine Phasenänderung statt, so gilt für die Zustandsänderung vom Zustand 1 zum Zustand 2

$$Q_{12} = c \cdot m \cdot (T_2 - T_1) = c \cdot m \cdot \Delta T_{12} \tag{3.25}$$

D.h. die aufgenommene oder abgegebene Wärme Q_{12} ist proportional zur Temperaturänderung ΔT_{12} des Systems im Prozess und proportional zur Masse m des Systems. Die Proportionalitätskonstante c ist eine Materialeigenschaft und zugleich eine Zustandsgröße des Systems. Sie ist die spezifische Wärmekapazität. Sie wird auch heute noch die spezifische Wärmekapazität genannt, da historisch auch die extensive Wärmekapazität $C = m \cdot c$ eines Systems verwendet wurde.

Diese Formel 3.25 illustriert sehr gut den Begriff Prozessgröße: Durch das Übertragen von Wärme kommt es zu einer Änderung des Zustandes, hier der Änderung der Zustandsgröße innere Energie und Temperatur, aus der dann die Veränderung weiterer Zustandsgrößen folgt.

Die spezifische Wärmekapazität c hängt vom Material, von dem Ablauf der Zustandsänderung und von der Temperatur ab und ist allgemein für nicht zu große Temperaturintervalle, in denen insbesondere keine Phasenübergänge stattfinden

$$c = \frac{Q_{12}}{m \cdot \Delta T_{12}} = \frac{q_{12}}{\Delta T_{12}} \tag{3.26}$$

Zustandsänderungen, bei denen der Druck p konstant bleibt, nennen wir isobare Zustandsänderung, und definieren die spezifische Wärmekapazität bei konstantem Druck

$$c_p = c\big|_{p=const} \tag{3.27}$$

Zustandsänderungen, bei denen das (spezifische) Volumen v konstant bleibt, nennen wir isochore Zustandsänderung, und definieren die spezifische Wärmekapazität bei konstantem Volumen

$$c_v = c\big|_{v=const} \tag{3.28}$$

Diese beiden Größen sind von technischer Bedeutung. Die Werte für c_p und c_v weichen für Gase deutlich voneinander ab. Dabei ist $c_{p,i}$ grundsätzlich immer größer als $c_{v,i}$, denn es ist in der Gasphase

$$c_{p,i} - c_{v,i} = R_i \tag{3.29}$$

mit der speziellen Gaskonstante R_i des Gases. Für inkompressible Stoffe, also Flüssigkeiten und Festkörper hingegen sind c_p und c_v nahezu identisch. Zahlenwerte für die spezifische Wärmekapazität finden sich in vielen Stoffwertetabellen und auch in Kapitel 21.

Damit wird deutlich, dass die Wirkung der Wärme auf die Temperatur des Systems von der speziellen Zustandsänderung abhängt, also von den Randbedingungen und davon, welche Zustandsgröße konstant gehalten wird.

3.4.2 Chemische Energie und Heizwert

Bei der Verbrennung von Brennstoffen oder der Verdauung von Nahrung wird chemische Energie freigesetzt. Diese freigesetzte Energie erhöht die Temperatur des Systems, d. h. sie wirkt als Wärme. Die Details dazu untersucht Kapitel 14, aber einen wichtigen Aspekt benötigen wir schon jetzt: die spezifische, von einem bestimmten Brennstoff bei vollständiger Verbrennung freigesetzte Wärme. Diese wird über den (spezifischen) Brenn- und Heizwert beschrieben.

Heizwert Der Heizwert H_I (engl. *inferior heating value*) oder veraltet unterer Heizwert H_u gibt die gesamte, bei einer chemischen Reaktion mit Luft freiwerdende und damit maximal nutzbare spezifische Wärmemenge an, wobei die Kondensation des Verbrennungsproduktes Wasserdampf explizit nicht enthalten ist.

Der Heizwert wird für alle Verbrennungsvorgänge verwendet, bei denen das Wasser im Abgas nicht kondensieren soll, wie Gasturbinen, Verbrennungsmotoren, Gasthermen, industrielle Öfen und die meisten Feuerungen.

Brennwert Der Brennwert H_S (engl. *superior heating value*) oder veraltet oberer Heizwert H_o oder kalorischer Brennwert umfasst die Standardverbrennungsenthalpie ΔH der chemischen Reaktion. Der Wert berechnet sich als die freiwerdende Wärme bei vollständiger Umsetzung des Brennstoffs bei 1 bar und 25 °C einschließlich der Kondensation des Wassers aus der chemischen Reaktion.

Der Brennwert wird für Brennwertkessel sowie für Nahrungs- und Futtermittel verwendet.

Heizwerte und Brennwerte können bezogen auf die Masse (spezifisch), das Volumen (Dichte) oder die Stoffmenge (molar) angegeben werden. Je nach Angabe des Heizwertes wird also zusätzlich eine Masse, ein Volumen oder eine Stoffmenge benötigt, um die maximal freiwerdende Wärmemenge bestimmen zu können

$$Q = m \cdot H_{I,m} = V \cdot H_{I,V} = n \cdot H_{I,n} \tag{3.30}$$

Der Heizwert ist immer geringer als der Brennwert.

Aus historischen Gründen haben Heiz- und Brennwert einen großen Buchstaben.

Bernie Bierfreund

„Das bisschen was ich esse, kann ich auch trinken“, sagt Bernie Bierfreund zu seinem Kumpel Diem. Und Diem erklärt: *„Wenn du das Bier eiskalt trinkst, brauchst du so viel Energie zum Warmmachen, da wirst du nicht dick“.* Helfen Sie den beiden!

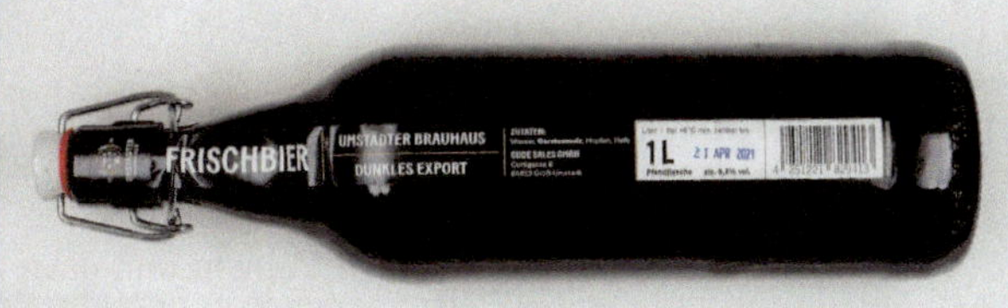

Bild 3.7 Eine Bierflasche aus der Region Darmstadt

Wie viel Bier muss Bernie trinken, um seinen Nahrungsbedarf zu decken?

Ein Erwachsener benötigt etwa 11 MJ am Tag, um gesund zu bleiben. Bier hat typisch einen Brennwert von 190 kJ je 100 ml (diese Angabe steht meist auf dem Etikett). Wir rechnen hier mit dem Brennwert, da das Wasser, das bei der chemischen Reaktion der Verdauung im Körper frei wird, dort kondensiert (und nicht über einen Schornstein an die Umgebung abgegeben wird). Das benötigte tägliche Biervolumen für Bernie beträgt damit

$$\dot{V}_{Bier} = \frac{\dot{Q}_{Bernie}}{H_{S,Bier}} = \frac{11\frac{\text{MJ}}{\text{d}}}{190\frac{\text{kJ}}{100\text{ ml}}} = \frac{11\frac{\text{MJ}}{\text{d}}}{1{,}90\frac{\text{kJ}}{\text{ml}}} = \frac{11\frac{\text{MJ}}{\text{d}}}{1{,}90\frac{\text{MJ}}{\text{l}}} = 5{,}789\frac{\text{l}}{\text{d}}$$

Bernie könnte sich also nur von Bier ernähren und bräuchte etwa sechs Flaschen wie in Bild 3.7. Diese Biermenge entspricht bei einem Alkohol-Volumen-Anteil $r_{Ethanol}$ = 5,2 % einer täglichen Ethanol-Dosis von

$$\dot{V}_{Ethanol} = \dot{V}_{Bier} \cdot r_{Ethanol} = 5{,}789\frac{\text{l}}{\text{d}} \cdot 0{,}052 = 0{,}301\frac{\text{l}}{\text{d}}$$

Ob dies langfristig gesund ist? Meine Ärztin rät ab.

Hilft kaltes Bier beim Abnehmen?

Dazu benötigen wir die Wärme, die dem eiskalten Bier ϑ_{Bier} = 1 °C im Körper zugeführt werden muss, um es auf Körpertemperatur $\vartheta_{Körper}$ = 36 °C zu bringen. Als spezifische Wärmekapazität kann für Getränke ganz gut die von flüssigem Wasser verwenden werden, diese beträgt etwa 4,2 kJ kg^{-1} K^{-1}. Der Alkohol hat eine deutlich geringere spezifische Wärmekapazität als Wasser, hat aber nur einen Anteil von etwa 5 % der Mischung (wie wir das berücksichtigen können, kommt in Kapitel 8). Bernies Tagesmenge an Bier entspricht ziemlich genau 5,79 kg, denn die Dichte von flüssigem Wasser ist $\rho_{Wasser,fl}$ = 1 kg l^{-1}. Der benötigte Wärmestrom, um diese Tagesration auf Körpertemperatur zu bringen, ist dann

$$\begin{aligned}\dot{Q}_{Bauch} &= \dot{m}_{Bier} \cdot c_{p,Bier} \cdot \left(\vartheta_{Körper} - \vartheta_{Bier}\right) = 5{,}79\text{ kg} \cdot 4{,}2\frac{\text{kJ}}{\text{kg} \cdot \text{K}} \cdot \left(36\text{ °C} - 1\text{ °C}\right) \\ &= 851\text{ kJ}\end{aligned}$$

OK, immerhin 7,7 % der im Bier enthaltenen chemischen Energie wird für das Erwärmen benötigt, aber ob das schon genügt, um abzunehmen? Meine Ärztin ist nicht überzeugt. ■

3.4.3 Temperatur einer Mischung

Ein häufiges Problem ist, die Temperatur einer Mischung zu bestimmen: Zwei Systeme 1 und 2 mit unterschiedlicher Temperatur, unterschiedlicher Masse und oft auch bestehend aus unterschiedlichen Stoffen kommen in thermischen Kontakt. Zwischen beiden Systemen wird so lange Wärme übertragen, bis die beiden Systeme ein neues Gleichgewicht erreichen – dieses Gleichgewicht ist dadurch gekennzeichnet, dass beide Komponenten der Mischung die gleiche Temperatur T_{Mi} einnehmen (wenn die beiden Systeme zusammen ein abgeschlossenes System darstellen, also keine Wärme an die Umgebung übertragen wird). Dann ist

$$T_{Mi} = \frac{m_1 \cdot c_1 \cdot T_1 + m_2 \cdot c_2 \cdot T_2}{m_1 \cdot c_1 + m_2 \cdot c_2} \text{ oder } \vartheta_{Mi} = \frac{m_1 \cdot c_1 \cdot \vartheta_1 + m_2 \cdot c_2 \cdot \vartheta_2}{m_1 \cdot c_1 + m_2 \cdot c_2} \tag{3.31}$$

Diese Gleichung folgt, wenn das eine Teilsystem genau so viel Wärme an das andere überträgt, wie das zweite aufnimmt. Hier ist die Masse der Mischung $m_{Mi} = m_1 + m_2$. Wir benötigen also die Massen, Temperaturen und spezifischen Wärmekapazitäten der beiden Systeme, die gemischt werden.

Allgemein gilt für die Mischung mit mehreren Systemen unterschiedlicher Temperatur und Zusammensetzung

$$T_{Mi} = \frac{\sum_i m_i \cdot c_i \cdot T_i}{\sum_i m_i \cdot c_i} \text{ oder } \vartheta_{Mi} = \frac{\sum_i m_i \cdot c_i \cdot \vartheta_i}{\sum_i m_i \cdot c_i} \tag{3.32}$$

wobei auch hier die Summe der Massen der einzelnen Teilsysteme zusammen die des gesamten Systems ergibt

$$m_{Mi} = \sum_i m_i$$

Ein typisches technisches Beispiel sind Gase oder Flüssigkeiten, die in einem Leitungssystem zusammenfließen.

Die Saarstahl AG mit Wasserstoff versorgen

LERNZIELE SIND WÄRME UND WÄRMESTROM, HEIZWERT ANZUWENDEN UND MIT GROSSEN ZAHLEN ZU RECHNEN.

Bild 3.8 Stahlwerk in Völklingen, Saarland

Die Eisen- und Stahlindustrie setzt heute Kohle als Reduktionsmittel und wesentlichen Energieträger für die Herstellung von Stahl aus Eisenerz über die Hochofenroute ein. In der Industrie findet Forschung und die Planung erster Anlagen statt, die Kohle und Erdgas in den Prozessen zukünftig durch „grünen“, also regenerativ erzeugten Wasserstoff ersetzen sollen (z. B. Thyssen-Krupp, SSAB, voestalpine). Erste Unternehmen haben Pläne, bis etwa 2050 ohne Kohlenstoff auszukommen (SSAB).

Die Stahl-Holding-Saar (SHS) verfügt heute über Hochöfen (Dillingen), Stahlwerke (Völklingen) und Weiterverarbeitung (Neunkirchen). Wir gehen davon aus, dass die SHS zukünftig ein vergleichbares Produktionsvolumen fährt und daher eine vergleichbare Prozesswärme wie heute benötigt. Im Nachhaltigkeitsbericht der SHS (Faktenblatt 2019) steht als Verbrauch der einzelnen Energieträger:

- Verbrauch Kohle 9674 GWh und dazu Koks 723 GWh
- Verbrauch Erdgas 530 GWh
- Verbrauch Elektrizität 555 GWh
- Lieferung von Energie an Externe 536 GWh

Für die weiteren Berechnungen werden nur die 10 927 GWh an fossilen Energieträgern verwendet; dabei haben wir die Elektrizität gegen die Abgabe nach außen verrechnet.

- Die Treibhausgasemissionen betrugen 8,270 10^9 kg, dies ist nahezu nur CO_2.
- Bei der Koksherstellung werden etwa 70 % der Kohle als Koks zur Verfügung gestellt, der Rest sind flüchtige Bestandteile, insbesondere Kohlenmonoxid und Wasserstoff.

Der Wasserstoff für das Saarland könnte z. B. aus der Nordsee oder aus Schottland kommen und mit einer Pipeline zugeleitet werden. Das Erdgasnetz hat heute an Land typisch 80 bar Druck, Unterseeleitungen können bis 200 bar haben. Die Geschwindigkeit in Leitungen ist das Ergebnis einer Abwägung zwischen dem Durchmesser (d möglichst klein, um Materialeinsatz gering zu halten, daher c möglichst hoch) und der Geschwindigkeit (c möglichst klein, um Reibung zu minimieren, daher d möglichst groß). Für Gase wie Luft oder Erdgas ist eine Geschwindigkeit c von ca. 10 m/s ein oft verwendeter Kompromiss. Der Druckverlust in Leitungen ist allgemein

$$\Delta p_{Diss} = \xi \cdot \rho(p,T) \cdot \frac{c^2}{2} = \xi \cdot \frac{1}{v(p,T)} \cdot \frac{c^2}{2}$$

Hier ist ξ der Druckverlustbeiwert, die Eigenschaften der konkreten Rohrleitung oder Armatur beschreibt - das Konzept Druckverlust wird in Kapitel 4 näher erklärt.

Was sind mittlerer Wärmestrom, Wasserstoffmasse und Massenstrom an Wasserstoff?

Also wenn Kohle, Koks und Erdgas künftig durch Wasserstoff ersetzt werden.

RECHNE ICH JETZT MIT DEM HEIZWERT ODER DEM BRENNWERT?

Metallurgische Kohle ist besonders hochwertige, oft sehr reine Kohle, die besondere mechanische Eigenschaften hat. Diese Kohle wird in Kokereien dann in reinen Kohlenstoff umgewandelt. Hier lässt sich gut mit reinem Kohlenstoff rechnen. Bei reinem Kohlenstoff gibt es keinen Unterschied zwischen Heiz- und Brennwert, da im Abgas kein Wasser enthalten ist. Im Zweifelsfall rechnen wir jedoch mit dem Heizwert, auch da Kondensation in der Nähe von Stahl vermieden werden soll (rostet sonst).

Der gesamte mittlere Wärmestrom aus allen Brennstoffen beträgt

$$\dot{Q}_{SHS} = \frac{\Delta Q_{Kohle} + \Delta Q_{Koks} + \Delta Q_{EG}}{\Delta t} = \frac{9.674\,\text{GWh} + 723\,\text{GWh} + 530\,\text{GWh}}{365 \cdot 24\,\text{h}}$$
$$= 1{,}247\,\text{GW}$$

Insbesondere beim Hochofen muss dieser Brennstoff kontinuierlich zugeführt werden, Hochöfen können nicht einfach abgeschaltet werden. Daher macht es Sinn, dies als stetigen Wärmestrom anzusehen. Um diesen Wärmestrom aus Wasserstoff zu erzeugen, wird ein Massenstrom benötigt von

$$\dot{m}_{H_2} = \frac{\dot{Q}_{SHS}}{H_{I,H_2}} = \frac{1{,}247\,\text{GW}}{120\,\frac{\text{MJ}}{\text{kg}}} = 10{,}39\,\frac{\text{kg}}{\text{s}}$$

bzw. über das gesamte Jahr

$$\Delta m_{H_2} = \dot{m}_{H_2} \cdot \Delta t = 10{,}39\,\frac{\text{kg}}{\text{s}} \cdot 365 \cdot 24 \cdot 3600\,\text{s} = 327{,}7 \cdot 10^6\,\text{kg} = Q_{SHS} \cdot H_{I,H_2}$$

Es gibt also zwei unterschiedliche Wege, wie diese Jahresmenge an Wasserstoff zu berechnen wäre.

Ein weiterer Punkt, der hier detailliert illustriert wird, ist die Umrechnung zwischen Fließgrößen (Massenstrom und Wärmestrom) und absoluten Mengen, die hier Prozessgrößen sind (Masse und Wärme).

Welche Abmessung muss die benötigte Wasserstoff-Pipeline mindestens haben?

Hier müssen wir zuerst einige Festlegungen treffen:

- Der Druck in der Pipeline beträgt heute am Festland typisch 80 bar. Dieser Wert wird verwendet, damit das zukünftige Wasserstoffnetz kompatibel zum bestehenden Gasnetz bleibt.
- Der Druckverlust in der Leitung sollte etwa vergleichbar mit dem von Methan als Gas sein.

Für die zweite Anforderung verwenden wir die Gleichung für den Druckverlust (s. o.) und setzen sie für die beiden Gase gleich

$$\Delta p_{Diss} = \xi \cdot \frac{1}{v_{EG}(p,T)} \cdot \frac{c_{EG}^2}{2} = \xi \cdot \frac{1}{v_{H_2}(p,T)} \cdot \frac{c_{H_2}^2}{2}$$

Der Druckverlustbeiwert der Leitung wird hier als unabhängig vom Gas angenommen und das Auflösen ergibt

$$c_{H_2} = \sqrt{\frac{v_{H_2}(p,T)}{v_{EG}(p,T)}} \cdot c_{EG} = \sqrt{\frac{\frac{R_{H_2} \cdot T}{p}}{\frac{R_{EG} \cdot T}{p}}} \cdot c_{EG} = \sqrt{\frac{R_{H_2}}{R_{EG}}} \cdot c_{EG} = \sqrt{\frac{4.125 \frac{\text{J}}{\text{kg} \cdot \text{K}}}{518{,}3 \frac{\text{J}}{\text{kg} \cdot \text{K}}}} \cdot 10 \frac{\text{m}}{\text{s}}$$

$$= 28{,}21 \frac{\text{m}}{\text{s}}$$

D. h. Wasserstoff kann allein aufgrund seiner geringeren Dichte als Erdgas bei gleicher Reibung mit deutlich höherer Geschwindigkeit durch Rohrleitungen transportiert werden.

In diesem Druckbereich ist Wasserstoff noch sehr gut als ideales Gas zu beschreiben. Damit haben wir alles, um die Querschnittsfläche der Rohrleitung berechnen zu können; zuerst der Volumenstrom bei Druck der Pipeline und mittlerer Temperatur in Deutschland (aktuell etwa 12 °C)

$$\dot{V}_{H_2} = \frac{\dot{m}_{H_2} \cdot R_{H_2} \cdot T}{p} = \frac{10{,}39 \frac{\text{kg}}{\text{s}} \cdot 4.125 \frac{\text{J}}{\text{kg} \cdot \text{K}} \cdot 285\,\text{K}}{8.000.000\,\text{Pa}} = 1{,}527 \frac{\text{m}^3}{\text{s}}$$

Daraus folgt die Querschnittsfläche der Rohrleitung

$$A = \frac{\dot{V}_{H_2}}{c_{H_2}} = \frac{1{,}527 \frac{\text{m}^3}{\text{s}}}{28{,}21 \frac{\text{m}}{\text{s}}} = 0{,}05413\,\text{m}^2$$

und daraus als Durchmesser

$$d = \sqrt{\frac{4}{\pi} \cdot A} = \sqrt{\frac{4}{\pi} \cdot 0{,}05413\,\text{m}^2} = 0{,}2625\,\text{m}$$

Wasserstoff kann schneller fließen als Erdgas – transportiert das auch mehr Energie in derselben Rohrleitung?

Um diese Frage zu beantworten, gehen wir den Rechenweg der vorherigen Aufgabe rückwärts durch. Der Massenstrom an Erdgas wäre

$$\dot{m}_{EG} = \frac{p \cdot \dot{V}_{EG}}{R_{CH_4} \cdot T} = \frac{p \cdot A \cdot c_{EG}}{R_{CH_4} \cdot T} = \frac{8.000.000\,\text{Pa} \cdot 0{,}05413\,\text{m}^2 \cdot 10 \frac{\text{m}}{\text{s}}}{518{,}3 \frac{\text{J}}{\text{kg} \cdot \text{K}} \cdot 285\,\text{K}} = 29{,}32 \frac{\text{kg}}{\text{s}}$$

und damit der Wärmestrom (der potenziellen chemischen Energie von Erdgas als Brennstoff)

$$\dot{Q}_{EG} = \dot{m}_{EG} \cdot H_{I,\mathrm{CH_4}} = 29{,}32\frac{\mathrm{kg}}{\mathrm{s}} \cdot 50\frac{\mathrm{MJ}}{\mathrm{kg}} = 1{,}466\,\mathrm{GW}$$

Damit würde sich aus dieser Berechnung die transportierbare chemische Energie in vorhandenen Leitungen des Gasnetzes um etwa 20 % reduzieren, wenn zukünftig von Erdgas H (fast reinem Methan) auf Wasserstoff umgestellt wird.

Saarstahl AG, *http://www.saarstahl.com*

Forschung zum Einsatz von Wasserstoff im Stahlsektor z. B.: Thyssen-Krupp, das HYBRIT-Konsortium um SSAB, voestalpine und Partner *(https://www.h2future-project.eu/)*

Zur Bedeutung von Eisen in unserer Zeit: Smil V (2016) *Still the Iron Age. Iron and Steel in the Modern World*. Elsevier.

3.5 Wegabhängigkeit

In Abschnitt 3.2 wurden Prozessgrößen eingeführt, und es wurde gleich zwischen den Änderungen von Zustandsgrößen (die wir mit einem Δ kennzeichnen) und den eigentlichen Prozessgrößen Arbeit w und Wärme q (ohne Δ) unterschieden.

Einen zweiten Unterschied zwischen Zustandsgrößen und Prozessgrößen illustriert Bild 3.9: Die Änderung einer Zustandsgröße hängt nur vom Ausgangszustand und vom Endzustand ab. Dies können wir direkt für die Zustandsänderung 1 → 2 unabhängig davon, welchen Weg wir gehen, und für $\Delta p_{12} = p_2 - p_1$ sowie $\Delta v_{12} = v_2 - v_1$ ablesen. Anders verhält es sich mit Arbeit und Wärme. Auf dem Weg 1 → 3 → 2 (isochor, dann isobar) wird eine Volumenarbeit

$$w_{v,12} = w_{v,13} + w_{v,32} = 0 - \int_3^2 p(v) \cdot dv \tag{3.33}$$

verrichtet ($w_{v,13} = 0$, da sich das spezifische Volumen nicht ändert). Die übertragene Wärme ist

$$q_{12} = q_{13} + q_{32} = c_v \cdot \Delta T_{13} + c_p \cdot \Delta T_{32} \tag{3.34}$$

Schon der Weg 1 → 4 → 2 (isobar, dann isochor), der eigentlich ähnlich aussieht wie 1 → 3 → 2 (isochor, dann isobar), benötigt eine andere verrichtete Arbeit und übertragene Wärme. Dies variiert noch stärker mit anderen möglichen Wegen.

Es sind unendlich viele unterschiedliche Wege (also Prozesse) zwischen 1 und 2 möglich. Dabei ist jeder durch seine eigenen Werte an verrichteter Arbeit und übertragener Wärme gekennzeichnet.

Bild 3.9 illustriert auch, dass theoretisch zwei von den in Abschnitt 3.1 definierten speziellen Zustandsänderungen genügen, um zwei beliebige Zustände miteinander zu verbinden.

In der Praxis kann es jedoch technisch nicht möglich sein. In diesem Bild könnte der Zustand 3 (Temperatur extrem hoch) oder 4 (Temperatur extrem niedrig) technisch nicht erreichbar sein.

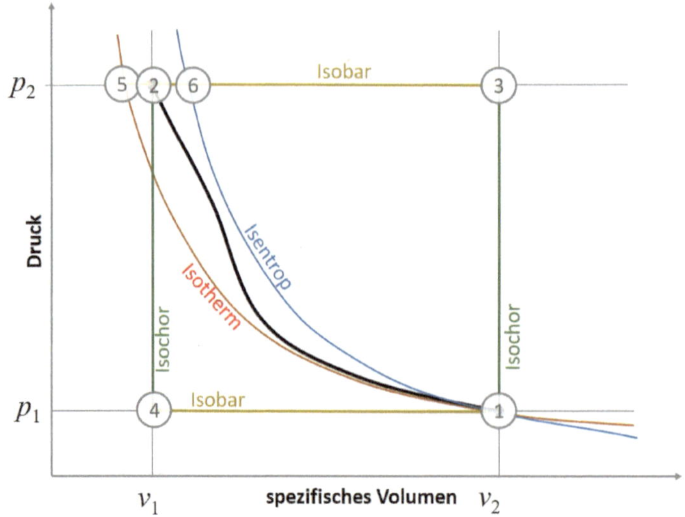

Bild 3.9 Einige mögliche Wege vom Zustand 1 zum Zustand 2, entweder direkt oder über einen Weg aus definierten Zustandsänderungen und damit die Zwischenzustände 3, 4, 5 oder 6

■ 3.6 Energie verteilen – Dissipation

In vielen Prozessen geht ein Teil der eigentlich eingesetzten Energie irr – sie erreicht nicht ihr eigentliches Ziel, sondern verliert sich auf dem Weg. Oder umgekehrt beschrieben: Ein Teil der aufgewendeten Arbeit kann nicht für den Zweck des Prozesses verwendet werden, sondern muss Reibung überwinden oder andere Hemmnisse beseitigen.

Speziell ist Dissipation die (zumeist ungewollte) Umwandlung von Arbeit in Wärme. Etwas allgemeiner formuliert ist es die Entwertung von Energie, wie die konkreten Beispiele von Dissipation zeigen:

Reibung Reibung gibt es in vielen Formen. Sie lässt sich zwar gut verringern, aber eigentlich nie ganz vermeiden. Dabei sind zu unterscheiden:

- Reibung in mechanischen Komponenten einer Maschine, aber außerhalb des Systems – ganz konkret die Reibung eines Kolbens an der Zylinderwand, die Reibung einer Welle im Lager
- Reibung im System selber – typisch die Reibung eines Fluides (das System) an einer Wand oder an den Schaufeln einer Turbine bzw. eigentlich die Reibung durch die Strömung im Fluid

Immer führt diese Reibung dazu, dass Arbeit aufgewendet werden muss, diese sich aber durch die Reibung in Wärme umwandelt. Diese Wärme verteilt sich dann entweder in der Umgebung und erreicht das System nicht oder sie gelangt in das System und erhöht damit die innere Energie des Systems.

Der zentrale Punkt ist hier, dass aus konzentriert vorliegender Energie, die z.B. mit einer rotierenden Welle oder einer Pleuelstange als Arbeit transportiert wird, ein Teil als Wärme abgezweigt wird. Diese Wärme fließt dann in Lager oder Dichtungen und von dort weiter über Gehäuse oder andere Teile, bis sie bei ein wenig erhöhter Temperatur an die Umgebung abgegeben wird. Die konzentrierte Energie wird verstreut - das bedeutet Dissipation.

Bei technischen Maschinen und Prozessen ist eine möglichst geringe Reibung das Ziel - außer bei Bremsen. Der ideale Fall wäre dann eine Maschine und ein Prozess ganz ohne jede Reibung und damit ohne Dissipation.

Elektrischer Widerstand Alle elektrischen Leiter bei Raumtemperatur weisen einen messbaren elektrischen Widerstand auf. Dabei kann dieser Wiederstand gut als eine Art von Reibung verstanden werden: Die Elektronen, die sich im elektrischen Feld im Leiter bewegen, stoßen auf ihrem Weg gegen Atome im Leiter. Sie geben dadurch Energie an den Leiter ab und müssen durch das elektrische Feld neu beschleunigt werden. Der messbare Effekt ist eine Temperaturerhöhung des Leiters: Aus elektrischer Arbeit wird Wärme.

In elektrischen Heizstäben und in der induktiven Erwärmung wird dieser Effekt bewusst genutzt, um Wärme bereitzustellen. In den meisten Fällen jedoch ist dies ein unerwünschter Effekt, der die Leistung von elektrischen Bauteilen begrenzt.

Es gibt viele weitere Formen von Dissipation, einige werden in den nächsten Kapiteln vorgestellt.

Gasometer in der Wintersonne

LERNZIELE DIESER ÜBUNG SIND DER UMGANG MIT DER ZUSTANDSGLEICHUNG DES IDEALEN GASES UND DIE BERECHNUNG VON ZUGEFÜHRTER WÄRME UND VERRICHTETER ARBEIT.

Ein Gasometer ist ein Niederdruckspeicher für Gas, bei dem der Druck im Behälter etwa konstant bleibt. Bild 3.10 zeigt den in Betrieb befindlichen Gasometer der Saarstahl am Standort Völklingen; auf dem Gelände der Völklinger Hütte befinden sich zwei weitere ältere Ausführungen.

In einem Scheibengasometer wird das Gas von oben durch eine frei auf dem Gas schwebende Scheibe gehalten. Das Gewicht der Scheibe definiert dabei den Druck des Gases. Die Scheibe wird mit Öl abgedichtet. Der Betriebsdruck beträgt typisch 5000 Pa.

UNBEDINGT ZU KLÄREN WÄRE, OB DIES EIN ABSOLUTDRUCK IST (WAS EIN BAROMETER MISST) ODER EIN RELATIVDRUCK (WAS EIN MANOMETER MISST).

Bild 3.10 Gasometer der Saarstahl in Völklingen

Da der Umgebungsdruck in Völklingen etwa bei 1 bar liegt und wir bei 0,05 bar alle tot wären, ist dies ein Relativdruck. Solche auf den ersten Blick groben Argumente sind nicht nur zulässig, sondern sehr wichtig - wir benötigen Informationen, um zu beurteilen, ob die aktuellen Berechnungen richtig sind und Sinn machen/ergeben.

Der Gasometer speichert Konvertergas aus dem Stahlwerk. Wir rechnen der Einfachheit halber mit Kohlenmonoxid (CO) als Modellgas. In Kapitel 21 finden sich alle notwendigen Daten zu CO, wie

$$c_{p,\mathrm{CO}} = 1{,}040 \frac{\mathrm{kJ}}{\mathrm{kg} \cdot \mathrm{K}}$$

Nehmen wir an, dass im Stahlwerk Völklingen gerade Revision ist, d. h. es wird gerade weder Gas in den Gasometer geleitet noch welches entnommen - dann haben wir ein geschlossenes System mit einer verschiebbaren Systemgrenze.

Früh morgens um 6:00 hat das Gas eine Temperatur von +2 °C, am frühen Nachmittag gegen 14:00 wird eine Gastemperatur von 9 °C gemessen. Dabei hat sich die Scheibe um 1,35 m gehoben. Den ganzen Tag lang war der Luftdruck bei 996 mbar. Das sagt Ihnen, dass sich über den Tag nichts ändert außer der Temperatur des Gases - alle Effekte sind darauf zurückzuführen.

Die Aufgabe legt nahe, dass das System das Gas im Gasometer ist. Es ist ein geschlossenes System. Der Zustand um 6:00 hat den Index 1, der Zustand um 14:00 hat den Index 2.

Die Funktionsweise eines Gasometers und ein wenig zu den Zustandsänderungen idealer Gase wird in diesem Lernvideo erklärt (6:49 min):
https://www.youtube.com/watch?v=pfCDOMmu_ns

Was ist das Volumen des Gases bzw. der Abstand zwischen dem Boden des Behälters und der Scheibe?

DIES IST TRICKY: SIE MÜSSEN ZWEI GLEICHUNGEN FÜR BEIDE UNBEKANNTE V_1 UND V_2 AUFSTELLEN; DIESE DANN NACH EINEM VOLUMEN AUFLÖSEN USW.

Das Volumen des Gases wird aus der allgemeinen Zustandsgleichung

$$p \cdot V = m \cdot R_i \cdot T$$

bestimmt. Das Gasvolumen ist in sehr guter Näherung durch einen Zylinder mit der Querschnittsfläche *A* und der Höhe *z* anzunähern. Da der Druck im Volumen konstant bleibt, ist

$$p \cdot A_{Scheibe} \cdot z_1 = m_{CO} \cdot R_{CO} \cdot T_1 \text{ und } p \cdot A_{Scheibe} \cdot z_2 = m_{CO} \cdot R_{CO} \cdot T_2$$

Wir formen beide Gleichungen so um, dass alle konstanten Variablen auf einer Seite stehen (dies sind die Masse, da es ein geschlossenes System ist, die spezielle Gaskonstante sowie hier der Druck), und können dann die beiden Gleichungen gleichsetzen

$$\frac{z_1}{T_1} = \frac{m_{CO} \cdot R_{CO}}{p \cdot A_{Scheibe}} = \frac{z_2}{T_2}$$

Als Nächstes setzen wir $\Delta z_{12} = z_2 - z_1$ ein und lösen nach z_1 auf

$$z_1 = \frac{\Delta z_{12}}{\frac{T_2}{T_1} - 1} = \frac{1{,}35\,\text{m}}{\frac{282{,}15\,\text{K}}{275{,}15\,\text{K}} - 1} = 53{,}06\,\text{m}$$

Weiteres Einsetzen ergibt dann für das Volumen zum Zustand 1

$$V_1 = A_{Scheibe} \cdot z_1 = \frac{\pi}{4} \cdot d^2 \cdot z_1 = \frac{\pi}{4} \cdot (44\,\text{m})^2 \cdot 53{,}06\,\text{m} = 80.679\,\text{m}^3,$$

im Zustand 2

$$V_2 = A_{Scheibe} \cdot (z_1 + \Delta z_{12}) = 82.732\,\text{m}^3$$

und für die Differenz

$$\Delta V_{12} = V_2 - V_1 = 2.053\,\text{m}^3$$

DIESER ERSTE SCHRITT WAR SCHWIERIG, DIE NÄCHSTEN SIND EHER GERADEAUS.

Welche Arbeit verrichtet das Gas über den Tag?

WIR HABEN ZWEI DEFINITIONEN VON ARBEIT: VOLUMENARBEIT UND DRUCKARBEIT; WELCHE PASST HIER?

Die Druckarbeit berechnet sich aus

$$W_{p,12} = \int_1^2 V \cdot dp$$

Dieses Integral hat den Wert 0, da sich der Druck nicht ändert und damit das Differential $dp = 0$ ist. Es wird keine Druckarbeit verrichtet.

Die Volumenänderungsarbeit müssen wir bei konstantem Druck berechnen (dies nennen wir eine isobare Zustandsänderung, da sich der Druck ja nicht ändern soll). Der absolute Druck im Gasometer beträgt

$$p = p_u + \Delta p_G = 996\,\text{mbar} + 50\,\text{mbar} = 1.046\,\text{mbar} = 104.600\,\text{Pa}$$

Die Volumenänderungsarbeit berechnet sich aus dem allgemeinen Integral. Allerdings kann man das Integral gut vereinfachen, da der Druck konstant ist und aus dem Integral herausgenommen werden kann. Danach kann man es auch einfach lösen

$$W_{v,12} = -\int_1^2 p \cdot dV = -p \int_1^2 dV = -p \cdot (V_2 - V_1)$$

Durch Einsetzen erhalten wir

$$W_{v,12} = -p \cdot (V_2 - V_1) = -104.600\,\text{Pa} \cdot \left(2.053\,\text{m}^3\right) = -214{,}7\,\text{MJ}$$

Diese Arbeit wird vom System (Gas) an seine Umgebung abgegeben (die Scheibe wird angehoben), daher steht hier ein negatives Vorzeichen. Die verrichtete Arbeit ist unabhängig vom eingeschlossenen Gas: Jedes ideale Gas, dass in diesem Gasbehälter eingeschlossen ist und diese Änderung der Temperatur erfährt, verrichtet dabei auch diese Arbeit.

Wie ändert sich die innere Energie des Gases über den Tag?

Für die Bestimmung der Änderung der inneren Energie verwenden wir

$$\Delta U_{12} = Q_{12} + W_{v,12}$$

Um dies zu berechnen, benötigen wir noch die Wärmemenge, die das Gas aufnimmt. Für diese ermitteln wir zuerst die Masse des Gases aus der allgemeinen Zustandsgleichung des idealen Gases für einen der beiden Zustände - beide Gleichungen

$$p \cdot V_1 = m_{\text{CO}} \cdot R_{\text{CO}} \cdot T_1 \text{ oder } p \cdot V_2 = m_{\text{CO}} \cdot R_{\text{CO}} \cdot T_2$$

gelten. Die Zustandsgleichung darf immer nur für einen definierten Zustand verwendet werden, es dürfen keine Daten gemischt werden. Umgeformt nach der Masse erhalten wir

$$m_{\text{CO}} = \frac{p \cdot V_1}{R_{\text{CO}} \cdot T_1} = \frac{104.600\,\text{Pa} \cdot 80.686\,\text{m}^3}{296{,}8\frac{\text{J}}{\text{kg} \cdot \text{K}} \cdot 275{,}15\,\text{K}} = 103.338\,\text{kg}$$

Die Wärmemenge, die das Gas im Gasometer aufnimmt, und bei isobarer Zustandsänderung ist dann

$$Q_{12} = m_{\text{CO}} \cdot c_{p,\text{CO}} \cdot (T_2 - T_1) = 103.332\,\text{kg} \cdot 1.040\frac{\text{J}}{\text{kg} \cdot \text{K}} \cdot (7{,}0\,\text{K}) = 752\,\text{MJ}$$

Diese dem Gas zugeführte Wärme erscheint auf den ersten Blick hoch. Der Gasometer wird aus 3 mm bis 6 mm starkem, außen lackiertem Stahlblech ausgeführt, sodass die Außenhaut die Einstrahlung der Sonne gut absorbiert und leicht nach innen weiterleitet. Nur ein geringer Anteil der eingestrahlten Wärme der Sonne wird benötigt, um die hier angenommene Temperaturänderung herbeizuführen.

Damit erhalten wir die Änderung der inneren Energie aus der Wärme und der Arbeit (innere Energie, da wir die Volumenänderungsarbeit und die Wärme berechnet haben)

$$\Delta U_{12} = Q_{12} + W_{v,12} = 752\ \text{MJ} - 215\ \text{MJ} = 537\ \text{MJ}$$

Die Änderung der Enthalpie wäre entsprechend

$$\Delta H_{12} = Q_{12} + W_{p,12} = 752\ \text{MJ} + 0\ \text{MJ} = 752\ \text{MJ}$$

Die Änderung der Enthalpie ist damit größer als die Änderung der inneren Energie - was sie auch sein muss, da sie ja noch die Verschiebearbeit des Systems enthält.

Was ist die Masse der vom Gas getragenen Stahlscheibe? Nutzen Sie hierzu die Gewichtskraft.

... UND DEN DRUCK ALS GEGENKRAFT (WIE BEIM FREISCHNEIDEN IN DER MECHANIK).

Die Masse der Scheibe kann aus dem Überdruck, den die Scheibe im Gas erzeugt, berechnet werden: Die Gewichtskraft der Scheibe wirkt nach unten

$$F_g = -m_{Scheibe} \cdot g$$

und die Kraft durch den Differenzdruck des Gases wirkt nach oben, denn der Umgebungsdruck wirkt wie die Gewichtskraft der Scheibe (wäre die Scheibe gewichtslos, dann wären der Druck im Gasometer und der Umgebungsdruck gerade gleich groß). Der Druck wirkt eigentlich auf alle Wände des Gasometers, aber alle anderen sind starr, sodass wir nur den Druck auf die verschiebbare Scheibe berücksichtigen

$$F_p = \Delta p \cdot A_{Scheibe}$$

Beide Kräfte sind im Gleichgewicht (denn sonst würde sich die Scheibe ja bewegen), und wir können sie gleichsetzen, wobei wir noch die Richtung der Kräfte berücksichtigen müssen

$$F_g + F_p = -m_{Scheibe} \cdot g + \Delta p_G \cdot A_{Scheibe} = 0$$

Damit erhalten wir nach Umformen als Masse der Scheibe

$$m_{Scheibe} = \frac{\Delta p_G \cdot \frac{\pi}{4} \cdot d^2}{g} = \frac{5.000\ \text{Pa} \cdot \frac{\pi}{4} \cdot (44\ \text{m})^2}{9{,}81\ \frac{\text{m}}{\text{s}^2}} = 774.990\ \text{kg}$$

Diese Masse erzeugt unabhängig vom eingeschlossenen Gas den Nenndruck von 5.000 Pa. Durch zusätzliche Gewichte auf der Scheibe lässt sich der Druck im Gasometer sehr fein einstellen.

Was ist die von dem Gas angehobene Masse?

ALSO WELCHE MASSE HEBT DIE VOLUMENÄNDERUNGSARBEIT TATSÄCHLICH AN?

Die Volumenänderungsarbeit hebt eine Masse an, d. h. es ändert sich eine potenzielle Energie

$$-W_{v,12} = E_{pot,12} = m_{W_{v,12}} \cdot g \cdot \Delta z_{12}$$

Das Vorzeichen ergibt sich, da wir vom System Gas auf das System Scheibe wechseln: Das Gas gibt die Arbeit ab (negativ), und die Scheibe nimmt die Arbeit auf (positiv). Damit ist die angehobene Masse

$$m_{W_{V,12}} = \frac{-W_V}{g \cdot \Delta z} = \frac{-214.700.000\ \mathrm{J}}{9{,}81\ \frac{\mathrm{m}}{\mathrm{s}^2} \cdot 1{,}35\ \mathrm{m}} = 16.212.000\ \mathrm{kg}$$

Diese Masse weicht sehr von der Masse ab, die wir über den Druck berechnet haben, daher die nächste Frage.

Warum unterscheiden sich die Ergebnisse für die Masse so deutlich?

Einmal wird die Masse über das Kräftegleichgewicht berechnet, die der Überdruck im Gas gegenüber der Gewichtskraft der Scheibe erzeugt. Dabei haben wir die Atmosphäre außen vor gelassen, und das Ergebnis ist unabhängig vom Druck der Atmosphäre.

Mit der Volumenänderungsarbeit wird die vom Gas an der Umgebung verrichtete Arbeit bestimmt, d. h. hier ist die Umgebung (Scheibe und Atmosphäre dahinter) zu berücksichtigen. Diese Arbeit muss also nicht nur den Deckel anheben, dies wäre ja die Änderung der potentiellen Energie der Scheibe. Zusätzlich muss sie auch die auf dem Deckel lastende Atmosphäre selber mit anheben. Und die Atmosphäre, die auf dem Deckel lastet, hat eine zusätzliche - nicht unerhebliche - Masse von

$$m_{Atm} = m_{W_{V,12}} - m_{Scheibe} = 16.213.000\ \mathrm{kg} - 774.990\ \mathrm{kg} = 15.437.000\ \mathrm{kg}$$

Diese Masse der Atmosphäre kann man wieder in eine Druckkraft umrechnen, die dieses Gewicht auf die Scheibe ausübt

$$p = \frac{F_{Atm}}{A_{Scheibe}} = \frac{g \cdot m_{Atm}}{A_{Scheibe}} = \frac{9{,}81\ \frac{\mathrm{m}}{\mathrm{s}^2} \cdot 15.438.000\ \mathrm{kg}}{\frac{\pi}{4} \cdot (44\ \mathrm{m})^2} = 99.600\ \mathrm{Pa}$$

Dies entspricht dem gegebenen Umgebungsdruck, d. h. jetzt haben wir die Situation richtig beschrieben.

Viele weitere Details zu solchen Gasspeichern findet man z. B. beim Hersteller Stahl- und Apparatebau Hans Leffer GmbH & Co. KG, *http://www.leffer.de/*.

■

Literatur

Saarstahl AG, *http://www.saarstahl.com*

Smil V (2016) *Still the Iron Age. Iron and Steel in the Modern World.* Elsevier.

4 Energie bleibt erhalten

Das letzte Kapitel hatte ganz implizit eines enthalten: Es war davon ausgegangen, dass Energie eine Erhaltungsgröße ist, die deshalb einfach summiert werden kann. Damit haben wir für die Energie das vorausgesetzt, was wir auch für die Masse kennen - auch Masse bleibt immer erhalten.

Diese Erhaltung der Energie ist der erste Hauptsatz der Thermodynamik. Der Begriff Hauptsatz bedeutet, dass dies ein Fundament ist, eine Annahme, die selber nicht überprüft werden kann; sie kann nur durch die damit verbundenen und auf ihr aufbauenden Theorien und Zusammenhänge geprüft werden.

Wichtige Formulierungen des ersten Hauptsatzes sind:

- In einem abgeschlossenen System ist die eingeschlossene Energie konstant.

  Ein abgeschlossenes System ist so definiert, dass keine Energie über die Systemgrenze fließt. In einem abgeschlossenen System bleibt die Energie konstant, sie kann sich aber innerhalb des Systems umverteilen.
- Energie kann nicht aus dem Nichts entstehen, und sie kann nicht in das Nichts hinein vernichtet werden. Energie kann von einer Form in eine andere umgewandelt werden.

Nicht-technische Beispiele

Das Universum ist ein abgeschlossenes System, daher ist sein Energieinhalt konstant (das ist eher wichtig für eine Physiker-Party).

Die Erde ist ein offenes System, d. h. Masse und Energie werden mit ihrer Umgebung ausgetauscht. Allerdings findet zurzeit kein nennenswerter Massenaustausch statt (nur etwa 1,3 kg s^{-1} oder 40 000 000 kg pro Jahr kommen durch Sternschnuppen und kleine Meteorite dazu - was für ein Glück, dass es nicht mehr ist): Energie kann daher nur über Strahlung mit der Umgebung ausgetauscht werden: von der Sonne zur Erde als sichtbares Licht und von der Erde ins Weltall als infrarote Strahlung - siehe Kapitel 17 für Details. Diese Energiebilanz ist für das System Erde und für eine zukünftige nachhaltige Zivilisation eine relevante Randbedingung.

Der erste Hauptsatz kann durch die folgenden Postulate formuliert werden (Postulate sind Annahmen, die selber nicht bewiesen werden, sondern nur durch ihre Anwendung bestätigt werden können):

- Jedes System besitzt eine extensive Zustandsgröße Energie E. Kinetische und potenzielle Energie eines Systems sind Teile dieser Systemenergie E.
- Die Energie eines Systems kann sich nur durch Energietransport über die Systemgrenze ändern: Für Energie gilt ein Erhaltungssatz.
- Die einzigen Formen des Energietransports über die Systemgrenze sind (i) das Verrichten von Arbeit, (ii) das Übertragen von Wärme und (iii) der Transport von Masse (dabei transportiert die Masse die in ihr enthaltene Energie).

Um den ersten Hauptsatz möglichst anschaulich darzustellen, verwenden wir die folgende Konvention:

- Wird an einem System Arbeit verrichtet, ihm Wärme übertragen oder ihm Masse zugeführt, so ist dies positiv, die Energie des Systems erhöht sich.
- Verrichtet ein System Arbeit, überträgt es Wärme oder gibt es Masse an die Umgebung ab, so ist dies negativ, die Energie des Systems verringert sich.
- Diese Konvention gilt auch für weitere Zustandsgrößen.

Dass Masse mit sich Energie transportiert, wird greifbar, wenn wir die spezifische innere Energie u oder die Enthalpie h als Zustandsgrößen der transportierten Masse verstehen.

Der Erhalt der Masse ist streng genommen Teil der Energieerhaltung. Da wir aber nicht relativistisch rechnen, trennen wir diese beiden Erhaltungssätze und bilanzieren Energie und Masse separat.

Zwei Aspekte des ersten Hauptsatzes sind sehr hilfreich für alles Weitere:

Rechnen Energieerhaltung ist eine zentrale Forderung und kann damit als eine Möglichkeit der Überprüfung vieler thermodynamischer Berechnungen dienen: Alle Ergebnisse müssen immer diese Forderung erfüllen. Der erste Hauptsatz bietet oft eine unabhängige Kontrollmöglichkeit, um die Konsistenz von Berechnungen zu überprüfen. Diskrepanzen oder Abweichungen müssen immer erklärt werden:

- Ist meine Berechnung richtig?
- Sind die Systemgrenzen geschlossen?
- Sind alle energetischen Beiträge richtig bilanziert? Sind die energetischen Wirkungen richtig interpretiert?
- Spielt Dissipation eine Rolle? Ist die Dissipation richtig beurteilt?

Energie als Zustandsgröße Es ist hilfreich, sich die Energie eines Systems immer als eine seiner Zustandsgrößen zu verstehen, die sich aus verschiedenen Anteilen zusammensetzt

$$E_{syst} = U(T) + p \cdot V + E_{pot}(\Delta z) + E_{kin}(\Delta c) + E_{chem} + E_{nuk} + \ldots \qquad (4.1)$$

Welche Anteile dieser Energie wir verwenden, hängt dann von der Fragestellung ab, die wir bearbeiten.

Der tatsächliche absolute Energiegehalt eines technischen Systems ist dabei erst einmal irrelevant, in den meisten Berechnungen benötigen wir die Veränderungen dieser Zustandsgrößen.

Energie als Zustandsgröße misst dabei unter anderem das Potenzial des Systems, durch eine Zustandsänderung Arbeit an die Umgebung abzugeben. Dabei hängt diese Arbeit vom konkreten Ablauf der Zustandsänderung und von den Umgebungsbedingungen des Systems ab.

- Das Potenzial, Arbeit zu verrichten, hängt ganz konkret ab von der Differenz von Zustandsgrößen zwischen dem System und seiner Umgebung. Diese Differenz wird durch Druck, Temperatur und Zusammensetzung beschrieben.
- Die tatsächlich verrichtete Arbeit hängt immer von der ganz konkreten Zustandsänderung selber ab - sie ist damit pfadabhängig und kann durch die Auswahl der Zustandsänderung in technischen Geräten beeinflusst werden.

Der erste Hauptsatz genügt nicht, um das naturgesetzlich Mögliche vollständig festzulegen; er macht keine Aussage zur Richtung, in der Prozesse ablaufen, und er beantwortet nicht die Frage, ob alle Formen von Energie jederzeit vollständig ineinander umgewandelt werden können - das sehen wir uns erst in Kapitel 5 an.

4.1 Bilanz der Energie in geschlossenen Systemen

Ausgehend von der Formel 4.1 und der Definition der Volumenarbeit aus Kapitel 3 wird eine Bilanz der Energie für geschlossene Systeme formuliert. Dabei vernachlässigen wir kinetische und potenzielle Energie, aber auch die Verschiebearbeit $p \cdot V$. Zwar kann Verschiebearbeit dem System zugeordnet werden, denn es muss ja einen Platz einnehmen und dafür Atmosphäre verdrängen, diese Verschiebearbeit muss jedoch dem System der starren Hülle zugeordnet werden und nicht dem darin eingeschlossenen System. Damit ist die innere Energie $U(T)$ die in einem geschlossenen System enthaltene Energie. Ändern wir nur die innere Energie eines geschlossenen Systems, so können wir diese Änderung durch das Verrichten von Arbeit oder Übertragen von Wärme herbeiführen

$$W_{v,12} + Q_{12} = U_2 - U_1 = \Delta U_{12} = m \cdot \Delta u_{12} \tag{4.2}$$

bzw. in intensiven Größen

$$w_{v,12} + q_{12} = u_2 - u_1 = \Delta u_{12} \tag{4.3}$$

Der Nullpunkt der inneren Energie ist nicht zwingend vorgegeben, hierzu gibt es Konventionen, je nach Stoff und Zusammenhang.

4.2 Der erste Hauptsatz für offene Systeme

In offenen Systemen steht das System im direkten Kontakt mit der Umgebung. Dadurch ist der Druck im System durch die Umgebung vorgegeben. Gleichzeitig kann einem offenen System eine Verschiebearbeit zugeordnet werden, die daher zur Energie zugeordnet wird. Daher rechnen wir hier mit der Enthalpie $H = U + p \cdot V$ und nicht mit der inneren Energie. In diesem Schritt werden potenzielle und kinetische Energie noch vernachlässigt, wir berücksichtigen sie im nächsten Schritt.

Die Enthalpie ist für offene Systeme eine einfache Größe, da sie und nicht die innere Energie durch die Randbedingungen des Systems vorgegeben ist. Der Term $p \cdot V$ hat die Einheit einer Energie und bezeichnet auch eine Energie. Dies ist Energie, die gespeichert wird, indem das System ein Volumen V bei einem Druck p einnimmt → die Verschiebearbeit. Diese Verschiebearbeit $p \cdot V$ eines offenen Systems wird durch die Randbedingung der Umgebung festgelegt, sie steht dann für Arbeit nicht zur Verfügung.

Ändern wir nur die Enthalpie eines offenen Systems über die Übertragung von Wärme oder das Verrichten von Arbeit, so gilt in intensiven Größen

$$w_{p,12} + q_{12} = h_2 - h_1 = \Delta h_{12} \tag{4.4}$$

In extensiver Schreibweise ist damit

$$W_{p,12} + Q_{12} = H_2 - H_1 = \Delta H_{12} = m \cdot \Delta h_{12} \tag{4.5}$$

Hier gilt die letzte Umformung nur, wenn die Masse des Systems bei der Zustandsänderung erhalten bleibt. Der Nullpunkt der Enthalpie ist nicht vorgegeben, da ja der Nullpunkt der inneren Energie frei wählbar ist. Hierzu gibt es Konventionen, je nach Stoff und Anwendung.

Die Enthalpie hängt außer von der Temperatur auch vom Druck und Volumen des Systems ab. Damit ist es möglich, die Enthalpie auch bei isothermen Zustandsänderungen zu verändern oder die Enthalpie eines Systems konstant zu halten und gleichzeitig die Temperatur zu verändern. Dies wird technisch in Drosseln genutzt, wo eine Druckänderung bei realen Gasen eine Temperaturänderung zur Folge haben kann (Joule-Thomson-Effekt).

4.3 Technische Arbeit verrichten

Um zusätzlich die kinetische und die potenzielle Energie eines offenen Systems berücksichtigen zu können, führen wir die reversible technische Arbeit w_t ein

$$w_t = w_{p,12} + w_{kin,12} + w_{pot,12} = w_{p,12} + \frac{\Delta E_{kin,12}}{m} + \frac{\Delta E_{pot,12}}{m} \tag{4.6}$$

Hier wie im Folgenden ist das Wort „reversibel“ ein Hinweis auf die Theorie – gemeint ist, dass hier ein dissipationsfreier Prozess abläuft, der auch vollständig rückgängig gemacht werden könnte. Allerdings schränkt uns dies in der Anwendung nicht sehr ein. Damit erhalten wir als ersten Hauptsatz unter Verwendung der Enthalpie

$$q_{12}+w_{t,12}=\left(h_2+g\cdot z_2+\frac{c_2^2}{2}\right)-\left(h_1+g\cdot z_1+\frac{c_1^2}{2}\right)=\Delta h_{12}+g\cdot\Delta z_{12}+\frac{c_2^2-c_1^2}{2}, \tag{4.7}$$

bzw. in extensiver Darstellung

$$Q_{12}+W_{t,12}=\left(H_2+m\cdot g\cdot z_2+m\cdot\frac{c_2^2}{2}\right)-\left(H_1+m\cdot g\cdot z_1+m\cdot\frac{c_1^2}{2}\right) \tag{4.8}$$

Diese Darstellung genügt für sehr viele Probleme; es können weitere Formen der Energie dazu addiert werden, wenn diese sich durch einen Prozess ändern können.

4.4 Der erste Hauptsatz für stationäre Fließprozesse

Ein stationärer Fließprozess ist ein Prozess eines offenen Systems, bei dem alle Zustandsgrößen im System konstant bleiben, aber gleichzeitig Masse mit konstanter Rate über die Systemgrenze fließt und im allgemeinen Fall Wärme übertragen und Arbeit verrichtet wird. Strömende Größen beschreiben wir (s. o.) als Ableitung nach der Zeit und am Ort der Systemgrenze, an dem die Masse in das System hineinfließt oder aus dem System herausfließt, also

$$\dot{m}=\frac{dm}{dt},\ \dot{V}=\frac{dV}{dt}\ \text{und}\ \dot{n}=\frac{dn}{dt}$$

Der Wärmestrom ist die in einer Zeiteinheit übertragene Wärme

$$\dot{q}=\frac{dq}{dt}\ \text{oder}\ \dot{Q}=\frac{dQ}{dt}$$

Der Strom der technischen Arbeit, die verrichtet wird, ist die Leistung

$$P=\frac{dW_t}{dt}$$

Damit erhalten wir für den ersten Hauptsatz eines stationären Fließprozesses

$$\dot{Q}_{12}+P_{12}=\dot{m}\cdot\left(h_2-h_1+g\cdot(z_2-z_1)+\frac{1}{2}\cdot\left(c_2^2-c_1^2\right)\right) \tag{4.9}$$

Die Leistung bezieht sich auf die Druckarbeit oder auf die um die kinetischen und potenziellen Beiträge erweiterte technische Arbeit.

In geschlossenen Systemen ist der Leistungsbegriff etwas schwieriger anzuwenden: Bei zyklisch arbeitenden Maschinen wie Kolbenmotoren wird der Strom an Arbeit durch die Frequenz eingeführt, mit der die Maschine arbeitet - siehe Kapitel 11.

Arbeit oder Leistung

Arbeit und Leistung sind zwei eng verbundene Konzepte. Beide unterscheiden sich jedoch fundamental, denn

$$P(t)=\frac{dW}{dt} \text{ oder } W=\int_1^2 P(t)\cdot dt$$

Eine Leistung ist immer ein momentaner Wert, der sich mit der Zeit ändern kann. In sehr vielen Prozessen ändert sich die Leistung auch andauernd. Beispiel ist die aktuelle abgegebene Motorleistung eines PKW.

Die verrichtete Arbeit ist das Ergebnis eines Prozesses, der über eine bestimmte Zeit hinweg abgelaufen ist.

Die gleichen Zusammenhänge gelten für Wärme und Wärmestrom, Masse und Massenstrom, Volumen und Volumenstrom.

HALTEN SIE INNE UND VERSTEHEN SIE DIES! DIESE UNTERSCHEIDUNG IST ZENTRAL!

Pumpspeicherkraftwerk RIO

LERNZIELE SIND ANWENDEN VON LEISTUNG UND OFFENEN SYSTEMEN, DAS FESTLEGEN VON SYSTEMGRENZEN.

Die Trierer Stadtwerke (SWT) planen schon seit Langem ein Pumpspeicherkraftwerk (PSK) an der Mosel - Bild 4.1 gibt einen prinzipiellen Überblick über das Konzept. Vorgesehen sind ein Ober- und ein Unterbecken mit jeweils 6 000 000 m^3 Volumen. Das Unterbecken ist notwendig, da die Mosel nicht als Unterbecken verwendet werden kann - anders als etwa beim Pumpspeicherkraftwerk in Geesthacht an der Elbe. Dies ist darauf zurückzuführen, dass sie eine Bundeswasserstraße ist und daher sehr enge Grenzen an die Veränderung des Wasserstandes und des Durchflusses gesetzt sind.

Der nutzbare Höhenunterschied zwischen den beiden Becken beträgt in der geplanten Version 209,1 m.

Das Besondere der Planung ist der Turbinen-Pumpen-Satz. Klassische PSK verfügen über Turbinen variabler Leistung und über Pumpen, die nur mit einer Leistung betrieben werden können. Vorgesehen ist, dieses PSK für die Stabilisierung des Netzes zu verwenden: Turbine und Pumpe sollen gemeinsam auf einer Welle mit der Generator- und Antriebseinheit montiert werden. Die ganze Einheit stabilisiert damit als rotierende Masse das Netz. Dazu kann die Einheit als hydraulischer Kurzschluss gefahren werden, d.h. Pumpe und Turbine können gleichzeitig arbeiten und so extrem schnell die Leistung des Systems variieren. Das Kraftwerk soll in 45 s von Nennleistung +300 MW (Erzeugung) auf Nennleistung -300 MW (Einspeichern) umschalten können. Die SWT möchten damit die größeren Regelherausforderungen regenerativer Energiesysteme auffangen.

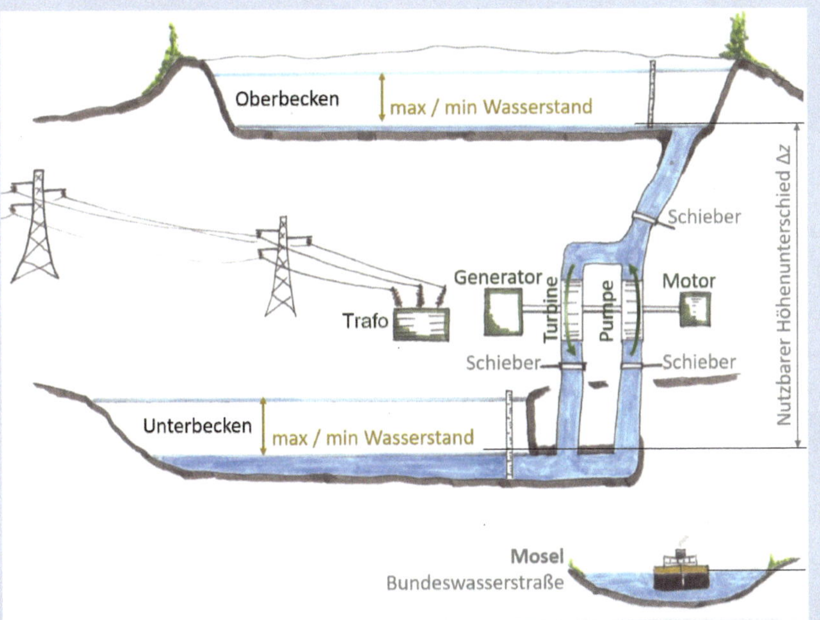

Bild 4.1 Seitenansicht der Planung für das Projekt: Oberbecken und Unterbecken nutzen jeweils das Gelände. Turbine, Pumpe, Motor und Generator sind auf einer Welle montiert.

Welche Energie kann maximal in der Anlage gespeichert werden?

Hier sehen wir uns an, was an Energie maximal in dem Speichersystem (Oberbecken, Unterbecken, Turbinenhaus, Rohrleitungen usw.) abgelegt sein kann, unabhängig davon, wie wir an diese Energie ggf. herankommen.

Es ist potenzielle Energie im oberen Becken, die mit Elektrizität im Netz ausgetauscht wird. Die Masse des Wassers wird dafür zwischen Ober- und Unterbecken auf- und abbewegt. Die potenzielle Energie des Wassers, wenn das gesamte Wasser sich im Oberbecken befindet, ist um

$$E_{pot} = m_W \cdot g \cdot \Delta z = V_W \cdot \rho_W \cdot \Delta z$$
$$= 6.000.000\,\text{m}^3 \cdot 996\,\frac{\text{kg}}{\text{m}^3} \cdot 9{,}81\,\frac{\text{m}}{\text{s}^2} \cdot 209{,}1\,\text{m} = 12{,}26 \cdot 10^{12}\,\text{J}$$

höher, als wenn es sich im Unterbecken befindet.

Hierbei haben wir - ohne es ausdrücklich zu sagen - angenommen, dass das in der Anlage befindliche Wasser unser System ist. Allerdings verbleibt immer eine kleine Menge an Wasser in den Leitungen, dies kann jedoch gut vernachlässigt werden. Auch implizit verwendet haben wir, dass der gegebene Höhenunterschied der Höhenunterschied der beiden Schwerpunkte der Wassermassen ist. Das ist eine echte Vereinfachung, da sich die Wasserspiegel im Prozess verändern - siehe Bild 4.1.

Welcher Volumenstrom wird benötigt, um die Nennleistung verlustfrei zu erzeugen oder aufzunehmen?

STARTEN SIE MIT DEM ERSTEN HAUPTSATZ IN EINER FORM, DIE AUCH ÄUSSERE ZUSTANDSGRÖSSEN ENTHÄLT. BEWERTEN SIE, WELCHE DER ANTEILE ZU VERNACHLÄSSIGEN SIND - HIERZU IST DIE WAHL DER SYSTEMGRENZE WESENTLICH.

Das System, mit dem wir rechnen, muss fließendes Wasser sein. Dies wird direkt aus der Aufgabenstellung deutlich, da nach dem Volumenstrom gefragt ist.

Der Startpunkt ist der erste Hauptsatz der Thermodynamik. Da es sich hier um ein offenes strömendes System handelt, nehmen wir die Variante mit der technischen Arbeit

$$P_{12} + \dot{Q}_{12} = \dot{m}_W \cdot \left(h_2 - h_1 + \frac{c_2^2 - c_1^2}{2} + g \cdot (z_2 - z_1) \right),$$

bzw. wenn 2 die Position oben und 1 die Position unten bezeichnet

$$P_{u-o} + \dot{Q}_{u-o} = \dot{m}_W \cdot \left(u_o - u_u + p_o \cdot v_o - p_u \cdot v_u + \frac{c_o^2 - c_u^2}{2} + g \cdot (z_o - z_u) \right)$$

In diesem Ausdruck sind sehr viele Größen enthalten, die aus der Aufgabenstellung kaum zu entnehmen sind. Dazu kommt, dass es immer gut ist, erst einmal zu sehen, welche Terme tatsächlich zur Problemstellung beitragen. Dies gehen wir systematisch durch:

Innere Energie Die innere Energie u hängt nur von der Temperatur des Wassers ab (unser System). Wasser hat eine sehr hohe spezifische Wärmekapazität, d. h. wir erwarten sehr geringe Änderungen der Temperatur T und damit der inneren Energie u über kurze Zeiträume. Dazu kommt, dass über einen längeren Zeitraum (ein Jahr) gemittelt sich die Änderungen gegeneinander wegheben. Wir vernachlässigen diesen Term hier.

Wärmestrom Ein zugeführter oder abgeführter Wärmestrom ist mit einer Änderung der Temperatur des Systems verbunden

$$\dot{Q}_{12} = \dot{m}_W \cdot c_{p,\mathrm{H_2O}} \cdot (T_2 - T_1)$$

Das können wir so schreiben, denn flüssiges Wasser kann gut als ideale, inkompressible Flüssigkeit angesehen werden. Für diese ideale Flüssigkeit ist $c_p = c_v$ (dies gilt so nur für die flüssige Phase). Dieser Wärmestrom ist hier null, da sich die innere Energie nicht verändert.

Spezifisches Volumen Das spezifische Volumen v des Wassers ändert sich nicht zwischen Unter- und Oberbecken, denn flüssiges Wasser bei etwa 1 bar ist eine fast inkompressible Flüssigkeit.

Druck In den Rohrleitungen, durch die das Wasser fließt, erwarten wir hohe Drücke: Die Pumpe muss mehr als 20 bar Druck erzeugen, damit das Wasser vom Unterbecken zum Oberbecken aufsteigen kann, alleine um den hydrostatischen Druck des Wassers in der Leitung zu überwinden. Wasser hat eine

Dichte von etwa 1000 kg m^{-3}, damit erzeugt eine Wassersäule von 10 m einen Druck von 100 000 Pa.

Nehmen wir aber als Systemgrenze für unsere Betrachtung die Wasseroberfläche der beiden Stauseen, dann weichen die Drücke nur recht unwesentlich voneinander ab. Wie die Tabelle zu den höhenabhängigen mittleren Daten der Erdatmosphäre in Kapitel 21 zeigt, verändert sich der Druck in diesem Höhenbereich zwischen 0 m und 1000 m etwa um 0,11 mbar je 1 m oder um etwa 24 mbar zwischen Ober- und Unterbecken. Damit ist

$$p_o \cdot v_o - p_u \cdot v_u = (p_o - p_u) \cdot v = -2.400\,\text{Pa} \cdot 0{,}001 \frac{\text{m}^3}{\text{kg}} = -2{,}4 \frac{\text{J}}{\text{kg}}$$

Dies ist ein ausgesprochen kleiner Zahlenwert, den wir einfach vernachlässigen.

Geschwindigkeit In den Rohrleitungen fließt das Wasser bei Nennleistung mit hoher Geschwindigkeit. Dabei soll diese Fließgeschwindigkeit einerseits möglichst gering sein, damit Reibungsverluste durch das strömende Wasser gering ausfallen; auf der anderen Seite darf das Rohr nicht zu groß im Durchmesser geraten, da dann die Druckfestigkeit sehr hohe Wanddicke benötigt und die Rohre extrem teuer werden. Eine mögliche Systemgrenze wäre, die Rohrleitungen einschließlich Pumpe und Turbine zu verwenden, jedoch muss dann unbedingt der Term der kinetischen Energie verwendet werden.

Verwenden wir aber die Oberfläche der beiden Stauseen als Systemgrenze, dann sind die Geschwindigkeiten des Wassers dort ausgesprochen gering: Diese Oberflächen werden sich grob geschätzt mit 1 m je Stunde heben oder absenken, also mit

$$c_o \simeq c_u \simeq 1 \frac{\text{m}}{\text{h}} = \frac{1\,\text{m}}{3.600\,\text{s}} = 0{,}00028 \frac{\text{m}}{\text{s}}$$

Damit ist auch der Geschwindigkeitsterm zu vernachlässigen.

Potenzielle Energie Den Term der potenziellen Energie dürfen wir nicht vernachlässigen, da dies ja der Hauptzweck der gesamten Anlage ist.

Leistung Die Leistung dürfen wir nicht vernachlässigen, da dies ja Teil des Zwecks der Anlage ist.

Zusammenfassung Fassen wir damit alle diese Argumente zusammen, folgt daraus

$$P_{u\to o} + \underbrace{\dot{Q}_{u\to o}}_{\simeq 0} = \dot{m} \cdot \left(\underbrace{u_o - u_u}_{\simeq 0} + \underbrace{p_o \cdot v_o - p_u \cdot v_u}_{\simeq 0} + \underbrace{\frac{c_o^2 - c_u^2}{2}}_{\simeq 0} + g \cdot (z_o - z_u) \right)$$

Damit bleibt von der umfangreichen Gleichung übrig

$$P_{u\to o} = \dot{m} \cdot g \cdot (z_o - z_u) = \dot{V} \cdot \rho \cdot g \cdot (z_o - z_u)$$

Formen wir nun nach dem Massenstrom um und setzen ein, so erhalten wir

$$\dot{m}_{ideal} = \frac{P_{u \to o}}{g \cdot \Delta z_{u-o}} = \frac{300 \cdot 10^6\ \text{W}}{9{,}81 \frac{\text{m}}{\text{s}^2} \cdot 209{,}1\ \text{m}} = 146.250 \frac{\text{kg}}{\text{s}}$$

und für den Volumenstrom

$$\dot{V}_{ideal} = \frac{P_{u \to o}}{\rho \cdot g \cdot \Delta z_{u-o}} = \frac{300 \cdot 10^6\ \text{W}}{996 \frac{\text{kg}}{\text{m}^3} \cdot 9{,}81 \frac{\text{m}}{\text{s}^2} \cdot 209{,}1\ \text{m}} = 146{,}8 \frac{\text{m}^3}{\text{s}}$$

Ausgehend von dieser Lösung können wir nun noch grob den Durchmesser der Rohre abschätzen. Alle Unterlagen der SWT deuten darauf hin, dass die Anlage bei 300 MW mit einem Druckrohr für den gesamten Volumenstrom ausgestattet werden soll. Dies ist anlagentechnisch günstig, da so wenige Armaturen benötigt werden (und Armaturen jeweils zusätzliche Strömungswiderstände erzeugen).

Bei einem Durchmesser von 1 m wäre die Strömungsgeschwindigkeit im Rohr dann

$$c_{Rohr} = \frac{\dot{V}}{A_{Rohr}} = \frac{\dot{V}}{\frac{\pi}{4} \cdot d^2} = \frac{146{,}8 \frac{\text{m}^3}{\text{s}}}{\frac{\pi}{4} \cdot (1\ \text{m})^2} = 186{,}9 \frac{\text{m}}{\text{s}}$$

Bei Verdoppelung des Durchmessers wird die Geschwindigkeit auf ein Viertel reduziert. Da der Widerstand im Rohr mit dem Quadrat der Geschwindigkeit ansteigt, sollte der Rohrdurchmesser angemessen groß gehalten werden. Ein Durchmesser von etwa 2 m erscheint realistisch.

Welcher Volumenstrom wird für die Erzeugung von Elektrizität benötigt, wenn der elektrische Wirkungsgrad von Turbine und Generator 95 % beträgt?

Die Nennleistung des Generators ist mit 300 MW festgelegt.

Es muss mehr Wasser fließen als im idealen Fall, wenn die elektrische Leistung 300 MW betragen soll und im System einige Verluste auftreten. Es ist also

$$\dot{V}_{Turb} = \frac{\dot{V}_{ideal}}{\eta_{Turb}} = \frac{146{,}8 \frac{\text{m}^3}{\text{s}}}{0{,}95} = 154{,}5 \frac{\text{m}^3}{\text{s}}$$

Wie lange kann die Turbine bei Nennleistung maximal betrieben werden?

Das Oberbecken ist voll und dann läuft die Turbine bei Nennvolumenstrom, bis das Oberbecken leer ist. Dazu teilen wir das Volumen durch den Volumenstrom. Ganz allgemein ist die Definition des Volumenstroms

$$\dot{V}(t) = \frac{dV(t)}{dt},$$

für einen zeitlich konstanten Strom vereinfacht sich dies zu

$$\dot{V} = \frac{dV}{dt} = \frac{\Delta V}{\Delta t}$$

Damit können wir diese Frage angehen und erhalten

$$\Delta t_{Turb} = \frac{\Delta V_{voll-leer}}{\dot{V}_{Turb}} = \frac{6.000.000\ \mathrm{m}^3}{154{,}6\ \frac{\mathrm{m}^3}{\mathrm{s}}} = 38.809\ \mathrm{s} = 10{,}78\ \mathrm{h}$$

Die Pumpe hat einen Wirkungsgrad von 93 %. Wie lange muss die Pumpe bei Nennleistung laufen, um das Oberbecken vollständig zu füllen?

DIE NENNLEISTUNG DER PUMPE BETRÄGT 300 MW – AUCH DIES IST DIE ELEKTRISCHE LEISTUNG.

Es gibt verschiedene Wege zu einer Lösung. Eine Möglichkeit ist, ausgehend von dem verlustfreien Volumenstrom bei Nennleistung zu starten. Ein Wirkungsgrad von 93 % bedeutet, dass die 300 MW Nennleistung der Pumpe einen geringeren Volumenstrom ergeben von

$$\dot{V}_{Pump} = \dot{V}_{ideal} \cdot \eta_{Pump} = 146{,}8\ \frac{\mathrm{m}^3}{\mathrm{s}} \cdot 0{,}93 = 136{,}5\ \frac{\mathrm{m}^3}{\mathrm{s}}$$

Daraus können wir wiederum die Zeit bestimmen

$$\Delta t_{Pump} = \frac{\Delta V_{leer-voll}}{\dot{V}_{Pump}} = \frac{6.000.000\ \mathrm{m}^3}{136{,}5\ \frac{\mathrm{m}^3}{\mathrm{s}}} = 43.956\ \mathrm{s} = 12{,}21\ \mathrm{h}$$

Aufgrund der realen Wirkungsgrade ist die Zeit für den Nutzen kürzer als der Zeitbedarf für das Auffüllen.

Was ist die Zykluseffizienz des Speichers?

ALSO WIE VIELE KWH KANN ICH ENTNEHMEN FÜR JEDE KWH, DIE ICH IN DEN SPEICHER STECKE?

BESTIMMEN SIE DAZU DIE ELEKTRIZITÄT IN KWH, DIE MAXIMAL EINGESPEICHERT WERDEN KANN, UND DIE ELEKTRIZITÄT IN KWH, DIE DANN MAXIMAL WIEDER AN DAS NETZ ABGEGEBEN WERDEN KANN.

Zuerst bestimmen wir die maximal von der Pumpe aufgenommene elektrische Arbeit

$$W_{el,zu} = P_{Pump} \cdot \Delta t_{Pump} = 300\ \mathrm{MW} \cdot 12{,}21\ \mathrm{h} = 3.663.000\ \mathrm{kWh}$$

Dann bestimmen wir die maximal an das Netz abgegebene elektrische Arbeit

$$W_{el,ab} = P_{Turb} \cdot \Delta t_{Turb} = 300\ \mathrm{MW} \cdot 10{,}78\ \mathrm{h} = 3.234.000\ \mathrm{kWh}$$

Damit ist die Zykluseffizienz des Speichers

$$\eta_{Zykl} = \frac{W_{el,ab}}{W_{el,zu}} = \frac{3.234.000\,\text{kWh}}{3.663.000\,\text{kWh}} = 0{,}883$$

OK, das hätten wir auch direkt als Produkt der beiden Wirkungsgrade haben können, aber so führen wir ganz elegant noch die Berechnung von elektrischer Energie in kWh mit ein: Die kWh ist die elektrische Energie, die einer Leistung von 1.000 W über eine Stunde entspricht.

Die tatsächlichen Verhältnisse an der geplanten Anlage sind komplexer, wenn gleichzeitig Pumpe und Turbine laufen.

Zum Projekt: *https://de.wikipedia.org/wiki/Pumpspeicherkraftwerk_Schweich*

Herzlichen Dank an Alexander Pchalek und Rudolph Schöller (SWT) für die Einblicke in das Projekt!

4.5 Strömungen in Leitungen und Kanälen

In vielen Problemen der Thermodynamik spielen strömende Flüssigkeiten und Gase eine Rolle. Strömungen sind ausgesprochen komplex und gehen weit über den Fokus dieses Buches hinaus. Unterschiedliche Disziplinen haben deutlich unterschiedliche Wege, wie sie Strömungen beschreiben: Die technische Strömungslehre hat einen klaren Fokus auf schnelle Anwendung und einfache Werkzeuge, sie kann jedoch auch komplexe rotierende Maschinen wie Turbinen und Verdichter beschreiben; Meteorologie, Ozeanographie und Klimawissenschaften beschreiben sehr große Systeme, bei denen die Auswirkung der Rotation der Erde nicht vernachlässigt werden darf. Die Kontinuumsmechanik enthält die Strömungsmechanik, und in beiden wollen beeindruckende Differentialgleichungssysteme gemeistert werden.

Für den praktischen Einsatz genügen wenige zentrale Gleichungen und Zusammenhänge. Für die technische Arbeit ist es ausgesprochen hilfreich, ein praktisches Gespür für das Verhalten von Fluiden zu entwickeln. Bilder sind für die meisten von uns sehr viel einprägsamer als Differentialgleichungen[1]. Dieser Abschnitt enthält wenige Grundlagen, die in den Beispielen verwendet werden.

[1] Wunderschön und zugleich sehr hilfreich ist Van Dyke M (1982) *An Album of Fluid Motion.* The Parabolic Press. Dieses Buch ist im Internet zu finden.

4.5.1 Massenerhalt und Kontinuitätsgleichung

In einem geschlossenen System ist die Masse erhalten, in einem stationären Fließsystem (einem Rohr oder einem Kanal) ist der Massenstrom konstant und die Masse im System stationär, also konstant - unabhängig davon, wie dieses Rohr oder dieser Kanal aussieht.

Für einen Rohr-Abschnitt ohne weitere Zu- oder Abläufe kann an einer Position der Massenstrom gemessen werden, dieser bleibt für den Bereich dann konstant - es gilt Massenerhaltung. Massenströme können in Volumenströme umgerechnet werden, wenn wir die Dichte oder das spezifische Volumen kennen

$$\dot{V}(p,T) = \dot{m} \cdot v(p,T) = \frac{\dot{m}}{\rho(p,T)} \tag{4.10}$$

Diesen Volumenstrom können wir uns vorstellen als das Fluid, dass mit einer mittleren Geschwindigkeit $c(x)$ durch die Querschnittsfläche $A(x)$ des Rohres oder Kanals fließt

$$\dot{V}(p,T) = A(x) \cdot c(x) \tag{4.11}$$

Dabei kann sich die Querschnittsfläche und damit die Geschwindigkeit entlang der Länge x des Rohres verändern. Diese mittlere Geschwindigkeit kann bei sehr turbulenten Strömungen das gesamte Rohr ausfüllen, oder die Geschwindigkeit variiert stark über den Querschnitt.

Ein wichtiger Fall liegt vor, wenn die Dichte konstant ist (inkompressible Flüssigkeit, Gas bei konstanter Temperatur und konstantem Druck): Dann ist auch der Volumenstrom konstant, und die Geschwindigkeit des Fluides hängt nur von der lokalen Querschnittsfläche ab. In diesem Fall ist

$$\dot{V} = A(x_1) \cdot c(x_1) = A(x_2) \cdot c(x_2) = const \tag{4.12}$$

Technisch gilt diese Kontinuitätsgleichung nur für nicht zu hohe Geschwindigkeit (deutlich kleiner als die Schallgeschwindigkeit) und für große Rohre, bei denen Effekte an der Wand des Kanals oder Rohres noch nicht von Bedeutung sind.

Beispiel Umformen

Zwei zentrale Umformprozesse für metallische Werkstoffe illustrieren die Kontinuitätsgleichung: In beiden Verfahren wird ein Halbzeug stufenweise umgeformt, wobei die Querschnittsfläche sich in jedem Prozessschritt verringert.

HIER IST DIE DICHTE KONSTANT WIE BEI EINER INKOMPRESSIBLEN STRÖMUNG.

Bleche walzen

Beim Herstellen von Blechen wird das Halbzeug typisch in mehreren Schritten in einer Walzstraße auf die benötigte Form gebracht. Je nach Material kann dies kalt oder heiß (oberhalb der Rekristallisationstemperatur des Materials) erfolgen. Jedes Gerüst verfügt dabei über einen Antrieb für die Walzen. Bild 4.2 zeigt den grundsätzlichen Vorgang.

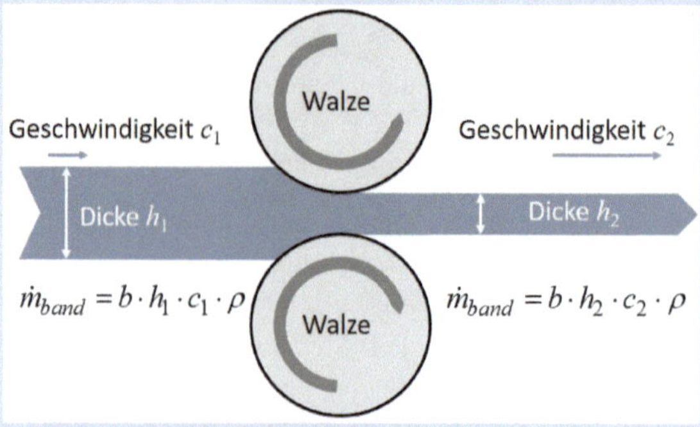

Bild 4.2 Umformung von Metallband beim Walzen. Es gilt Massenerhalt, daher wird das Band im Gerüst beschleunigt.

In diesem Prozess ist der Massenstrom des bearbeiteten Materials konstant. Die Dichte ist nahezu unverändert im Prozess; dies auch, da die Temperatur des Bandes konstant gehalten wird. Damit muss sich die Geschwindigkeit des Bandes an jedem Gerüst erhöhen, denn

$$\dot{m} = \frac{\dot{V}_i}{\rho} = \frac{1}{\rho} \cdot A_i \cdot c_i = \frac{1}{\rho} \cdot b \cdot h_i \cdot c_i = const$$

In dieser Gleichung ist *b* die als konstant angenommene Breite des Bandes und *h* die Höhe - das Material wird nur in einer Richtung verformt. Das Band beschleunigt in jedem Gerüst - hier ist 1 der Zustand vor dem Gerüst und 2 nach dem Gerüst. Aus

$$\dot{m}_w = \frac{1}{\rho} \cdot b \cdot h_1 \cdot c_1 = \frac{1}{\rho} \cdot b \cdot h_2 \cdot c_2 = const$$

folgt

$$c_2 = \frac{h_1}{h_2} \cdot c_1$$

Diese Gleichung gilt auch für den gesamten Prozess. Die Walzen beschleunigen das Blech mit der dafür benötigten (reibungsfreien) Leistung

$$P = \dot{m} \cdot \frac{1}{2} \cdot \left(c_2^2 - c_1^2\right) = \dot{m} \cdot \frac{1}{2} \cdot c_1^2 \cdot \left(\frac{h_1^2}{h_2^2} - 1\right)$$

Diese Gleichung verdeutlicht uns noch einmal den Kern der Kontinuitätsgleichung: Es ist immer die Masse, die erhalten bleibt.

Beispiel Wird ein Halbzeug mit *b* = 1,5 m und *h* = 200 mm auf 5 mm ausgewalzt, so ist die Geschwindigkeit des Bleches am Austritt um den Faktor 40 höher als am Start. Wird das Material mit 0,1 m/s zugeführt, so ist die benötigte reibungsfreie Leistung für die Beschleunigung des Materials im Prozess

$$P = \dot{m} \cdot \frac{1}{2} \cdot c_1^2 \cdot \left(\frac{h_1^2}{h_2^2} - 1 \right) = b_1 \cdot h_1 \cdot \rho \frac{1}{2} \cdot c_1^2 \cdot \left(\frac{h_1^2}{h_2^2} - 1 \right)$$

und für Stahl als Material

$$P = 1{,}5\,\mathrm{m} \cdot 0{,}2\,\mathrm{m} \cdot 7800 \frac{\mathrm{kg}}{\mathrm{m}^3} \cdot \frac{1}{2} \cdot 0{,}1 \frac{\mathrm{m}}{\mathrm{s}} \cdot \left(\frac{0{,}2\,\mathrm{m}}{0{,}005\,\mathrm{m}} - 1 \right) = 37\,\mathrm{kW}$$

Eine um Größenordnungen höhere Leistung wird im Prozess für das Umformen benötigt (Bhaduri). Da das Umformen irreversibel ist, dissipiert diese Umformleistung im Material und erhöht dort die innere Energie - die Temperatur steigt an. Aus diesem Grund muss das Material zwischen einzelnen Walzschritten gekühlt werden.

Drähte ziehen

Dickere Drähte werden gewalzt, dünnere hingegen gezogen; beim Ziehen wird das Material durch feststehende Ziehsteine gezogen. Die Beschreibung ist ähnlich wie beim Walzen, allerdings geht der Durchmesser quadratisch in das Volumen ein

$$\dot{m}_z = \frac{1}{\rho} \cdot \frac{\pi}{4} \cdot d_1^2 \cdot c_1 = \frac{1}{\rho} \cdot \frac{\pi}{4} \cdot d_2^2 \cdot c_2 = const$$

Damit wird

$$c_2 = \frac{d_1^2}{d_2^2} \cdot c_1$$

und entsprechend für die Leistung

$$P = \dot{m} \cdot \frac{1}{2} \cdot \left(c_2^2 - c_1^2 \right) = \dot{m} \cdot \frac{1}{2} \cdot c_1^2 \cdot \left(\frac{d_1^4}{d_2^4} - 1 \right) = \frac{\pi}{4} \cdot d^2 \cdot \rho \frac{1}{2} \cdot c_1^2 \cdot \left(\frac{d_1^4}{d_2^4} - 1 \right)$$

Auch hier ist diese äußere Leistung klein gegenüber der benötigten Umformleistung.

Überblick unter *https://de.wikipedia.org/wiki/Walzen.* ▪

4.5.2 Energieerhaltung

Die technische Arbeit bzw. der erste Hauptsatz für stationäre Fließsysteme ist ein guter Ausgangspunkt für viele Vorgänge in Strömungen: Wenn keine Wärme übertragen und keine Arbeit verrichtet wird und auch keine Reibung auftritt, dann wird Formel 4.9 zu

$$\dot{Q}_{12} + P_{12} = \dot{m} \cdot \left(u_2 + p_2 \cdot v_2 - u_1 - p_1 \cdot v_1 + g \cdot (z_2 - z_1) + \frac{1}{2} \cdot \left(c_2^2 - c_1^2 \right) \right) = 0 \qquad (4.13)$$

Hier haben wir zusätzlich die spezifische Enthalpie durch ihre Definition der Summe aus innerer Arbeit und Verschiebearbeit ersetzt, $h = u + p \cdot v$.

Da eine Masse strömt, ist die Klammer gleich null. Für inkompressible Fluide, aber auch für kompressible Fluide lässt sich oft die Änderung der Temperatur vernachlässigen (bzw. wir beschränken uns jetzt auf Fälle, bei denen sich die Temperatur nicht ändert - also isotherme Strömungen). Dann ist auch die innere Energie konstant, und die beiden Terme heben sich weg $u_2 - u_1 \cong 0$. Mit etwas Sortieren erhalten wir eine Gleichung, in der die spezifische Energie konstant bleibt

$$e = p \cdot v + g \cdot z + \frac{c^2}{2} = \frac{p}{\rho} + g \cdot z + \frac{c^2}{2} = const \tag{4.14}$$

Dies ist die Energieform der Bernoulli-Gleichung, mit der eine erstaunliche Vielfalt von Strömungseffekten beschrieben werden kann. Sie gilt üblich entlang eines „Stromfadens", also einer gedachten Linie, die den mittleren Weg eines Teilchens in der Strömung angibt.

Eine zweite Variante der Bernoulli-Gleichung ergibt sich, wenn alle Terme in Formel 4.14 durch die Erdbeschleunigung g geteilt werden

$$z_E = \frac{e}{g} = \frac{p \cdot v}{g} + z + \frac{c^2}{2 \cdot g} = \frac{p}{\rho \cdot g} + z + \frac{c^2}{2 \cdot g} = const \tag{4.15}$$

Hier ist die energetische Höhe z_E konstant, die durch die gemessene Höhe z, eine Druckhöhe und eine Geschwindigkeitshöhe bestimmt ist.

Durch Multiplikation der Formel 4.14 mit der Dichte ergibt sich die Druckgleichung

$$p_{tot} = \frac{e}{v} = p + \frac{g \cdot z}{v} + \frac{c^2}{2 \cdot v} = p + \rho \cdot g \cdot z + \rho \cdot \frac{c^2}{2} = const \tag{4.16}$$

Der Druck setzt sich damit aus zwei Anteilen zusammen:

1. dem statischen Druck p_u der Umgebung bei einer Referenzhöhe und dem Druckunterschied $\Delta p(z)$ zum Referenzdruck aufgrund der Höhendifferenz,
2. einem dynamischen Druck p_{kin}, der durch die kinetische Energie des Fluides erzeugt wird.

Dieser dynamische Druck ist gut geeignet, um Geschwindigkeiten zu messen: entweder die lokale Geschwindigkeit eines Fluides oder die Relativgeschwindigkeit gegenüber einem Fluid wie bei Flugzeugen.

Staurohr, Pitot-Rohr, Prandtl-Rohr

DIESE WERKZEUGE ZUR GESCHWINDIGKEITSMESSUNG NUTZEN DIE DRUCKFORM DER BERNOULLI-GLEICHUNG.

Bild 4.3 stellt den prinzipiellen Aufbau eines Prandtl-Rohres dar. Ein Staurohr misst den Druck im Staupunkt der Strömung; ein zweites umhüllendes Rohr misst den Druck der seitlich am Rohr entlang fließenden Strömung. Bei diesen Werkzeugen dürfen wir den höhenabhängigen Term vernachlässigen - der Druck ändert sich nicht so schnell mit der Höhe, da diese Rohre einen geringen Durchmesser haben.

Das zentrale Rohr misst den Staudruck des Strömungsfadens, der zentral auf das Prandtl-Rohr zuläuft. Dann ist der Druck dort

$$p_{tot} = \underbrace{p_{Stau}}_{Messgröße} + \underbrace{\rho \cdot g \cdot z}_{vernachlässigen} + \underbrace{\rho \cdot \frac{c^2}{2}}_{=0} = p_{Stau}$$

D. h. das Staurohr im Prandtl-Rohr misst den statischen Umgebungsdruck. Der gesamte Druck des strömenden Fluides bleibt gleich, sodass für die seitlichen Öffnungen gilt

$$p_{tot} = \underbrace{p_{Gleit}}_{Messgröße} + \underbrace{\rho \cdot g \cdot z}_{vernachlässigen} + \underbrace{\rho \cdot \frac{c^2}{2}}_{>0} = p_{Stau} + \rho \cdot \frac{c^2}{2}$$

Damit verringert sich der messbare Druck an den seitlichen Öffnungen gerade um den Geschwindigkeitsterm

$$\Delta p_{Stau-Gleit} = p_{Stau} - p_{Gleit} = \rho \cdot \frac{c^2}{2}$$

Durch ein Messgerät für den Differenzdruck zwischen beiden Rohren lässt sich dann die Geschwindigkeit ermitteln (moderne Geräte haben diese Funktion oft eingebaut)

$$c = \sqrt{2 \cdot \frac{\Delta p_{Stau-Gleit}}{\rho}}$$

Die Wurzel führt dazu, dass Prandtl-Rohre bzw. Differenzdrucksensoren erst ab einer gewissen Geschwindigkeit genaue Werte liefern.

Gleichzeitig illustriert diese Anwendung die Aussage der Bernoulli-Gleichung: Höhere Geschwindigkeit bindet mehr Energie auf Kosten des Drucks.

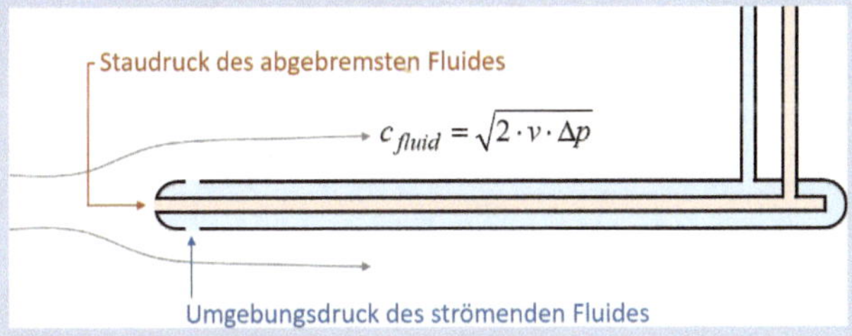

Bild 4.3 Prinzipieller Aufbau eines Prandtl-Rohres. Durch die Druckdifferenz zwischen Staudruck und Gleitdruck kann direkt die Geschwindigkeit des Fluides berechnet werden.

4.5.3 Strömungsformen

Uns fehlt ein Organ, um Strömungen in Luft oder Wasser einfach zu sehen; dazu sind die meisten Strömungen dreidimensional, und es gibt eine beeindruckende Vielfalt an Varianten. Daher sind Strömungen für uns nicht einfach zu erfahren oder zu verstehen.

Wir müssen dabei unterscheiden zwischen der Strömung direkt an einer Störung (Baum, Windrad), in einer Komponente (Ventil, Rohrbogen), am Einlauf oder Auslauf einer Rohrleitung usw. einerseits und einer ausgebildeten Strömung in einem langen, geraden Rohr oder Kanal andererseits.

Viskosität Die Materialeigenschaft, mit der das Fließen von Fluiden beschrieben wird, ist die Viskosität ν – diese beschreibt, wie Kräfte im Fluid übertragen werden. Unterschieden wird zwischen der kinematischen Viskosität ν und der dynamischen Viskosität $\eta = \rho \cdot \nu$. Wenn die Geschwindigkeit in einem Fluid, das sich in einem Spalt zwischen zwei parallelen Flächen befindet und von denen sich die eine gegenüber der anderen bewegt, linear variiert, dann ist dies ein Newton'sches Fluid[2]. Wasser und viele Gase verhalten sich so. In diesem Fall ist die Kraft (Schubspannung), die das Fluid von der bewegten Platte auf die ruhende Platte überträgt

$$\frac{F}{A_{Platte}} = \rho \cdot \nu_{Fluid} \cdot \frac{dc}{dz} \tag{4.17}$$

Reynoldszahl Strömungen lassen sich über die Reynoldszahl

$$\mathrm{Re} = \frac{L \cdot c}{\nu} \tag{4.18}$$

klassifizieren. Hier ist L eine charakteristische Länge der speziellen Strömung, für die diese Reynoldszahl berechnet wird (z. B. der Durchmesser des Rohres), c ist die Geschwindigkeit der ungestörten Strömung und ν die kinematische Viskosität des Fluides. Für bestimmte geometrische Anordnungen oder Armaturen ist festgelegt, wie die charakteristische Länge bestimmt und wo die Geschwindigkeit gemessen wird. Dies wird in Kapitel 16 wesentlich.

In Abhängigkeit von der Reynoldszahl lassen sich unterschiedliche voll ausgebildete Strömungsformen beschreiben:

- Kriechströmungen liegen bei $\mathrm{Re} \ll 1$ vor. Die Viskosität dominiert das Strömungsverhalten wie bei Schmiermitteln in Lagern.
- Laminare Strömung sind dadurch gekennzeichnet, dass die einzelnen Stromfäden nebeneinander verlaufen; Impuls oder Kraft wird viskos (durch Diffusion) in der Strömung verteilt.
- Turbulente Strömungen sind dadurch gekennzeichnet, dass Impuls vorrangig durch Wirbel in der Strömung übertragen wird. Die Dimension dieser Wirbelstrukturen reichen über viele Größenordnungen. In den kleinsten Wirbeln wird die Energie dissipiert – also über Reibung in Wärme umgewandelt. Die kinetische Energie wird durch diese Wirbel innerhalb der Strömung verteilt und insgesamt eher hin zu kleineren Wirbeln übertragen.

---

[2] In der Rheologie wird das Fließverhalten von Fluiden beschrieben. Nicht-Newton'sche Fluide finden sich in vielen technischen Anwendungen, z. B. bei Kunststoffen.

Turbulent oder laminar? Echte, voll ausgebildete Turbulenz tritt erst weit weg von Einläufen oder anderen Störungen auf und erst etwa ab Re > 50 000. Echte laminare Strömung lässt sich etwa bis Re = 100 beobachten. Die landläufig gerne genannte Zahl von 2300 als scharfe Grenze für diesen Übergang gilt nur für ganz spezielle Versuchsbedingungen. Übergänge treten an dieser speziellen Grenze in praktischen Fällen kaum auf. Diese Zahl behindert oft das Verständnis für reale Abläufe: Zwischen 100 < Re < 50 000 befindet sich ein weiter Übergangsbereich, in dem je nach Prozess viele Strömungsformen beobachtet werden:

- Strömungsablösung bezeichnet die Beobachtung, dass sich Stromfäden von dem umströmten Körper ablösen, und dort, wo sich die Strömung abgelöst hat, Strömungswirbel beobachtet werden. Strömungsablösung ist typisch für plötzliche Erweiterungen in Rohrleitungen oder an umströmten Objekten wie Tragflächen[3] oder Rohren. Auch laminare Strömungen reißen etwa ab Re > 10 ab.
- Wirbelbildung kann in laminaren Strömungen beobachtet werden. Von-Kármán-Wirbel beginnen etwa ab Re > 100: Hinter einem vollständig umströmten Widerstand lösen sich abwechselnd links und rechts große gleichmäßige Wirbel ab[4]. Die Frequenz der Ablösung hängt dabei von der Geometrie des Systems ab.
- Instabilität von ursprünglich laminaren Strömungen führen zu einem Verwaschen und Auflösen ursprünglich getrennter Strukturen.

Wirbelstrukturen sind kein Hinweis auf Turbulenz, auch laminare Strömungen haben oft Wirbel. Turbulenz liegt vor, wenn die Wirbelstrukturen einen sehr weiten Bereich an Größenordnungen überdecken, die in den einzelnen Wirbeln enthaltene Energie mit der Abmessung abnimmt und diese Energie in den kleinsten Wirbeln dissipiert.

Rohrströmungen In turbulenten Strömungen liegen Wirbel aller Größenordnungen vor, die den Impuls verteilen. Dadurch müssen wir zwischen der Grenzschicht und der freien Strömung unterscheiden: Die freie Strömung hat eine homogene Geschwindigkeit (der Mittelwert und auch die Streuung sind konstant). In der Grenzschicht findet die Reibung zwischen der Strömung und dem umströmten Körper oder der Rohrwand statt, denn an der Wand ist die Strömungsgeschwindigkeit null.

In laminaren Strömungen reicht der Einfluss der Wand sehr viel weiter in die Flüssigkeit hinein, die Viskosität wirkt und führt dazu, dass die Strömungsgeschwindigkeit mit dem Abstand von der Wand immer weiter zunimmt – der genaue Verlauf hängt dann auch von der Querschnitts-Form des Kanals ab.

Liegt echte Turbulenz vor, wird nur ein Messwert für die Strömungsgeschwindigkeit benötigt. Mit diesem einen Wert können wir direkt über die Kontinuitätsgleichung den Volumenstrom bestimmen. In allen anderen Fällen muss das Strömungsprofil durch ausreichend viele Messwerte beschrieben werden um aus diesen Messwerten einen geeigneten Mittelwert der Strömungsgeschwindigkeit zu bestimmen.

Das Bild 4.4 gibt einen qualitativen Eindruck von den sich ausbildenden Strömungsprofilen.

3) Strömungsabriss bei Tragflächen führt zu Auftriebsverlust und kann zum Absturz des Flugzeugs führen.

4) Dies kann besonders beeindruckend in Satellitenbildern von alleinstehenden Vulkanen wie Jan Mayen *(https://earthobservatory.nasa.gov/images/77654/von-karman-vortices-in-the-greenland-sea)* beobachtet werden.

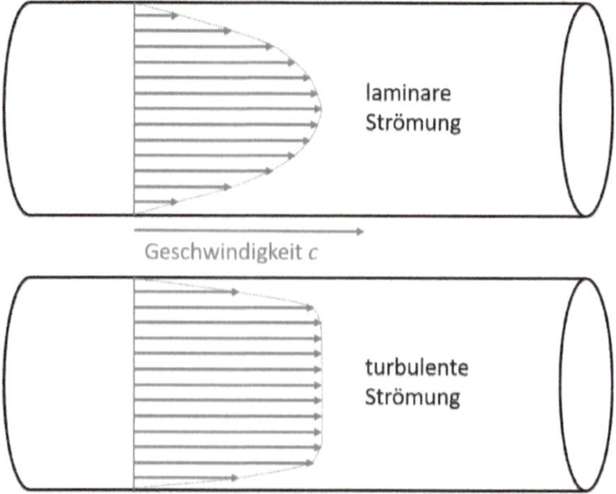

Bild 4.4 Vergleich von ausgebildeter laminarer und turbulenter Strömung in einem Rohr

4.6 Druckverlust ist Dissipation

Eine technisch relevante Form von Dissipation ist Druckverlust. Druckverlust beschreibt die Beobachtung, dass jede Flüssigkeit und jedes Gas in geschlossenen Leitungen von einem Ort höheren Drucks (1) zu einem Ort niedrigeren Drucks (2) fließt. Dabei ist die beobachtete Druckdifferenz Δp_{12} der Antrieb für das Fluid zu fließen, und die Druckdifferenz beeinflusst die Durchflussrate.

Ideale reibungsfreie Fluide fließen ohne Reibung, also auch ohne Druckverlust. Damit ist der Druckverlust ein Maß dafür, wie weit entfernt von einer idealen Zustandsänderung die tatsächliche beobachtete Strömung ist.

Ganz allgemein ist der Druckverlust

$$\Delta p = \xi \cdot \rho \cdot \frac{c_{fluid}^2}{2} = \xi \cdot \frac{1}{v} \cdot \frac{c_{fluid}^2}{2} \tag{4.19}$$

In dieser Gleichung beschreibt c_{fluid} die mittlere Geschwindigkeit des Fluides durch den Kanal oder das Rohr, und ξ ist der Druckverlustbeiwert. Diese Gleichung gilt für Prozesse, bei denen sich die Dichte bzw. das spezifische Volumen nicht ändern: also für inkompressible Flüssigkeiten oder für kompressible Fluide und Gase, wenn der Druckverlust deutlich kleiner ist als der absolute Druck. Der Druckverlustbeiwert enthält in dieser Definition alle Informationen über den Bereich, in dem der Druckverlust beobachtet wird (s. u.). Diese Konvention folgt dem Standardwerk von Idelchik IE (2008) *Handbook of Hydraulic Resistance*, Jaico Publishing House, Ahmedabad. Der VDI-Wärmeatlas hat eine leicht abweichende Konvention, die aber leicht zu übertragen geht.

Druckverlust kann zwei Ursachen haben: einmal die turbulente Reibung des Fluides aufgrund seiner Viskosität und dann lokale Druckverluste durch Besonderheiten der Strömung wie Rezirkulationszonen, plötzliche Verengungen, Ablösung der Strömung von der

Wand. Der erste Anteil ist typisch für lange gerade Rohrleitungen, der zweite beschreibt eher Armaturen.

Berechnung Die Druckverlustrechnung ist eine praktische und solide Methode zur Analyse oder zum Auslegen von Leitungssystemen. Dabei kann sie mit einem Tabellenkalkulationsprogramm durchgeführt werden und erlaubt dann auch Parametervariation.

Einzelne Komponenten oder Armaturen in einem Rohrleitungssystem verhalten sich wie Strömungswiderstände, d. h. die Widerstandsanalogie hilft beim Verständnis: Entlang einer Rohrstrecke addieren sich die einzelnen Druckverluste der Rohrabschnitte und Armaturen auf.

Rohrleitung In einer Rohrleitung bzw. in einem homogenen Abschnitt mit der Länge l und dem Durchmesser d ist der Druckverlustbeiwert für den Druckverlust aufgrund von Reibung

$$\xi_{Rohr} = \lambda_{Rohr} \cdot \frac{l}{d} \tag{4.20}$$

Die Rohrreibungszahl λ hängt von einigen unabhängigen Eigenschaften ab:

- der Rauigkeit der Wand, entlang derer das Fluid strömt. Hierbei ist oft nicht der absolute Wert, sondern der relative Wert, also die Rauigkeit bezogen auf den Durchmesser von Relevanz.
- der tatsächlichen Geometrie des Rohres oder Kanals (rund, eckig, mit Einbauten ...).
- der Reynoldszahl Re, wobei λ mit zunehmender Reynoldszahl grundsätzlich abnimmt, jedoch beim Übergang von laminar zu turbulent unstetig zunimmt.

Im Spezialfall eines runden Rohres und unter Nutzung der Kontinuitätsgleichung wird dies

$$\Delta p_{Diss} = \lambda \cdot \frac{l}{d} \cdot \frac{\rho}{2} \cdot c_{fluid}^2 = \lambda \cdot \frac{l}{d} \cdot \frac{\rho}{2} \cdot \left(\frac{\dot{V}}{A}\right)^2 = \lambda \cdot \frac{l}{d} \cdot \frac{\rho}{2} \cdot \left(\frac{\dot{V}}{\frac{\pi}{4} \cdot d^2}\right)^2 = \frac{\lambda \cdot l \cdot \rho}{d^5} \cdot \frac{2}{\pi} \cdot \dot{V}^2 . \tag{4.21}$$

Der Druckverlust und damit ggf. die benötigte Leistung einer Pumpe hängen in fünfter Potenz vom Durchmesser der Rohrleitung ab, wenn ein bestimmter Volumenstrom gefördert werden soll.

Ein anderer Aspekt ergibt sich, wenn die Dichte durch das Verhältnis von Massenstrom zu Volumenstrom ersetzt wird

$$\rho = \frac{1}{v} = \frac{\dot{m}}{\dot{V}} \tag{4.22}$$

Dann ist der Druckverlust

$$\Delta p_{Diss} = \lambda \cdot \frac{l}{d} \cdot \frac{\dot{m}}{2 \cdot \dot{V}} \cdot \left(\frac{\dot{V}}{A}\right)^2 = \lambda \cdot \frac{l}{d} \cdot \frac{\dot{m} \cdot \dot{V}}{2 \cdot A^2} \cdot = \frac{\lambda \cdot l}{d^5} \cdot \frac{2}{\pi} \cdot \dot{m} \cdot \dot{V} \tag{4.23}$$

Damit nimmt der Druckverlust linear mit dem Volumenstrom zu, was besonders bei Gasen von Bedeutung ist, da diese mit dem abnehmenden Druck expandieren.

Armaturen Für eine beeindruckende Menge an Armaturen, Einläufen, Ausläufen, Verzweigungen, Übergangsstücken usw. gibt es detaillierte Übersichten. Als allgemeine Regeln können wir diesen Aufstellungen entnehmen, dass der Druckverlust durch die Auswahl der Armaturen sehr gut beeinflusst werden kann:

- Plötzliche Verengungen sind zu vermeiden.
- In Rohrerweiterungen mit einem Öffnungswinkel über 4° treten Ablösungen der Strömung von den Wänden auf, die den Druckverlust erhöhen.
- Enge Kurven oder gar eckige Winkel führen zu stärkeren Ablösungen der Strömung und damit zu höherem Druckverlust.
- Einläufe mit abgerundeten Formen weisen deutlich niedrigere Druckverluste auf.

Ich benötige mehr zu Druckverlust

Der VDI-Wärmeatlas ist oft ein Einstieg, er enthält Informationen zu wesentlichen Komponenten. In Wagner (2012) wird das Thema für die praktische Anwendung gut dargestellt. Die Internetseite von Bernd Glück ist ein Beispiel für gute Internetquellen. Aber wenn es ernst wird, dann kommen wir kaum am Standardwerk von Idelchik (2008) vorbei.

Kennkurve Aus der Formel 4.21 folgt direkt, dass der Druckverlust in einer Apparatur grundsätzlich quadratisch mit dem Volumenstrom ansteigt. Damit legt der Druckverlustbeiwert eine Kennkurve für eine bestimmte Apparatur fest. Dies wird genutzt, um das Teillastverhalten von Verdichtern oder Anlagen abzuschätzen.

Dissipation Druckverlust ist irreversible Dissipation, d. h. es wird Leistung (die das Fluid strömen lässt) in Wärme umgewandelt. Diese Wärme verliert sich dann, sie wird entweder als innere Energie des Fluids zu einer Erhöhung der Temperatur führen oder sie fließt durch Rohre und Armaturen in die Umgebung. Konzentrierte Leistung des fließenden Fluids wird in der Umgebung verstreut:

- Wenn die Temperatur des Fluids durch Randbedingungen vorgegeben ist, dann ist die Zustandsänderung isotherm; in diesem Fall verliert sich die Wärme in der Umgebung.
- In adiabaten Kanälen wird sich die Temperatur des Fluids entsprechend erhöhen, da die Wärme im Fluid verbleibt und dessen innere Energie erhöht.
- Reale Systeme stehen oft dazwischen.

Druckverlust in der Nord Stream-Pipeline

TRANSPORT VON ENERGIETRÄGERN ALS BEISPIEL, SOLL NEUGIERIG MACHEN ...

Die Nord Stream Erdgas-Pipeline von Vyborg (Russland) nach Greifswald (Deutschland) hat eine Länge von $l = 1222$ km und einen inneren Durchmesser von $d = 1153$ mm. Sie transportiert russisches Erdgas nach Mitteleuropa - dies ist Erdgas H und damit fast reines Methan. Sie verläuft vollständig am Grund der Ostsee, und es gibt keine Pumpstation zwischen Vyborg und Greifswald.

Bei Nennleistung von $27{,}5 \cdot 10^9$ Nm^3 Gas pro Jahr und Strang beträgt der Druck in Vyborg 220 bar und in Greifswald noch 110 bar. Die Einheit Nm^3 bezeichnet Normkubikmeter, also Kubikmeter Gas bei Normbedingung - dies ist neben Normkubikfuß die gängige Einheit für Erdgas. Die Nord Stream 1 Pipeline besteht aus zwei solchen Strängen, die Nord Stream 2 soll zukünftig auch zwei solche Stränge aufweisen.

Am Grund der Ostsee hat das Meerwasser aufgrund der Dichteanomalie von Wasser ganzjährig eine Temperatur von 4 °C.

Berechnen Sie die Erdgasmasse, die sich in einer Pipeline befindet, und schätzen Sie den Wert des Erdgases.

EIN LERNZIEL HIER SIND DIE GROSSEN ZAHLEN.

Das Volumen der Pipeline beträgt

$$V_P = l \cdot \frac{\pi}{4} \cdot d^2 = 1.222.000\,\text{m} \cdot \frac{\pi}{4} \cdot (1{,}153\,\text{m})^2 = 1{,}276 \cdot 10^6\,\text{m}^3$$

Die Erdgasmasse berechnen wir über die Zustandsgleichung des idealen Gases (auch wenn Methan bei dem Druck schon etwas vom idealen Gas abweicht). Dazu benötigen wir einen mittleren Druck in der Pipeline, den wir abschätzen als

$$\overline{p}_P \cong \frac{p_{Vyborg} + p_{Greifswald}}{2} = \frac{220\,\text{bar} + 110\,\text{bar}}{2} = 165\,\text{bar}$$

Dann ist die Masse an Erdgas in der Pipeline

$$m_{Gas,P} = \frac{\overline{p}_P \cdot V_P}{R_{Gas} \cdot T} = \frac{16{,}5 \cdot 10^6\,\text{Pa} \cdot 1{,}276 \cdot 10^6\,\text{m}^3}{518{,}3\,\frac{\text{J}}{\text{kg} \cdot \text{K}} \cdot 277{,}15\,\text{K}} = 146{,}6 \cdot 10^6\,\text{kg}$$

Daraus lässt sich über den (unteren) Heizwert die Wärme berechnen, die dieses Gas bei vollständiger Verbrennung bereitstellen könnte

$$Q_{Gas} = m_{Gas} \cdot H_{I,Gas} = 146{,}6 \cdot 10^6\,\text{kg} \cdot 49{,}94\,\frac{MJ}{kg} = 7{,}321 \cdot 10^{15}\,\text{J}$$

$$= 2{,}034 \cdot 10^9\,\text{kWh}$$

Hier wird verwendet, dass 1 kWh = 1000 W · 3.600 s = 3,6 MJ. Der Wert dieses Gases hängt davon ab, welcher Preis verwendet wird: ein aktueller Spotmarktpreis oder ein Endverbraucherpreis. Mit einem heute (2021) gültigen Endverbraucherpreis von etwa 0,061 € pro kWh liegt der Wert des Gases in der Pipeline bei

$$C_{Gas,P} = 2{,}034 \cdot 10^9\,\text{kWh} \cdot 0{,}061\,\frac{€}{\text{kWh}} = 124{,}1 \cdot \text{M€}$$

Was ist der Leistungsbedarf und der Bedarf an thermischer Energie, die benötigt werden, um das Gas durch die Pipeline zu befördern?

DAS IST EINE SCHWIERIGE FRAGE, WIR MÜSSEN UNS ERST EINMAL ORIENTIEREN UND EINE SYSTEMGRENZE FESTLEGEN.

Das Gas wird in Nordsibirien extrahiert und hat schon einen langen Weg und viele Pumpstationen hinter sich, bis es in Vyborg für die Nord Stream-Pipeline auf 220 bar verdichtet wird. In Greifswald fließt es dann in das deutsche Gasnetz. Uns geht es nur ganz konkret um den Abschnitt, für den wir Daten haben. Daher fokussieren wir uns auf die Überwindung des Druckverlustes in der Pipeline unter der Ostsee.

Der erste Schritt ist die Berechnung des Massenstroms und der Geschwindigkeit des Gases in der Pipeline. Bekannt ist der Norm-Volumenstrom

$$\dot{V}_{Gas,N} = \frac{\Delta V_{Gas,N}}{\Delta t} = \frac{27{,}5 \cdot 10^9 \,\mathrm{Nm}^3}{1\,\mathrm{a}} = 872{,}0 \frac{\mathrm{Nm}^3}{\mathrm{s}}$$

Der Massenstrom beträgt unter Berücksichtigung von Normbedingung

$$\dot{m}_{Gas} = \frac{p_N \cdot \dot{V}_{Gas,N}}{R_{Gas} \cdot T_N} = \frac{101.325\,\mathrm{Pa} \cdot 872{,}0 \frac{\mathrm{Nm}^3}{\mathrm{s}}}{518{,}3 \frac{\mathrm{J}}{\mathrm{kg} \cdot \mathrm{K}} \cdot 273{,}15\,\mathrm{K}} = 624{,}1 \frac{\mathrm{kg}}{\mathrm{s}}$$

Daraus folgt für die benötigte (bzw. durch den Druckverlust dissipierte) Leistung allgemein

$$P_{Diss} = \int_{Vy}^{Gr} V \cdot dp = \dot{m}_{Gas} \cdot \int_{Vy}^{Gr} v \cdot dp = \dot{m}_{Gas} \cdot \int_{Vy}^{Gr} \frac{R_{Gas} \cdot T}{p} \cdot dp$$

Hier haben wir die Zustandsgleichung des idealen Gases verwendet. Nehmen wir weiter an, dass das Erdgas isotherm bei 4 °C am Grund der Ostsee transportiert wird (was auch gut der mittleren Jahrestemperatur in Vyborg entspricht), können wir das Integral vereinfachen

$$P_{Diss} = \dot{m}_{Gas} \cdot \int_{Vy}^{Gr} \frac{R_{Gas} \cdot T}{p} \cdot dp = \dot{m}_{Gas} \cdot R_{Gas} \cdot T \cdot \int_{Vy}^{Gr} \frac{dp}{p} = \dot{m}_{Gas} \cdot R_{Gas} \cdot T \cdot \ln \frac{p_{Gr}}{p_{Vy}}$$

Unter dieser Voraussetzung erhalten wir

$$P_{Diss} = 624{,}1 \frac{\mathrm{kg}}{\mathrm{s}} \cdot 518{,}3 \frac{\mathrm{J}}{\mathrm{kg} \cdot \mathrm{K}} \cdot 277{,}15\,\mathrm{K} \cdot \ln \frac{110\,\mathrm{bar}}{220\,\mathrm{bar}} = -62{,}14 \cdot 10^6\,\mathrm{W}$$

Der Zahlenwert ist negativ, da das strömende Erdgas diese Leistung über Reibung in Wärme umwandelt. Da die Temperatur konstant bleibt (isotherm), ändert sich auch die innere Energie des Gases nicht; bei einem idealen Gas ist bei isothermer Zustandsänderung auch die Verschiebearbeit konstant, denn

$$w_{Verschieb} = p \cdot v = R_i \cdot T = const$$

Damit ist die von dem Gas abgegebene Leistung gleich der an die Umgebung (Ostsee) abgegebene Wärme. Diese Leistung muss an der Pumpstation in Vyborg minimal dem Gas zugeführt werden, damit es unter diesen Bedingungen strömt.

Hier stecken Enthalpie, erster Hauptsatz und Definition der technischen Arbeit drin.

Welcher Anteil der transportierten Energie wird für den Transport benötigt?

Wir bestimmen aus dem Nennvolumenstrom einer Pipeline mit dem volumetrischen Heizwert von Methan den Strom an chemischer Energie

$$\dot{Q}_{EG} = \dot{V}_{EG,N} \cdot H_{I,EG,V} = \frac{27{,}5 \cdot 10^9\,\mathrm{Nm}^3}{365 \cdot 24 \cdot 3600\,\mathrm{s}} \cdot 36{,}32 \frac{\mathrm{MJ}}{\mathrm{Nm}^3} = 31{,}67 \cdot 10^9\,\mathrm{W}$$

Erdgasverdichter werden typisch mit einer Gasturbine betrieben, die das Erdgas der Pipeline als Brennstoff verwendet. Der Wirkungsgrad für so eine gesamte Anlage aus Gasturbine und Verdichter beträgt etwa 33 %, sodass

$$\dot{Q}_{EG,V} = \frac{P_{Diss}}{\eta_V} = \frac{62{,}14 \cdot 10^6\,\mathrm{W}}{0{,}33} = 186{,}2 \cdot 10^6\,\mathrm{W}$$

Dies entspricht etwa 0,5 % des geförderten Erdgases.

Was ist die Rohrreibungszahl der Pipeline?

Auch dies ist schwieriger, da das Gas mit dem Druckverlust seine Dichte ändert.

Die Formel 4.21 verbindet Volumenstrom und die Rohrreibungszahl miteinander. Allerdings gilt diese Formel nur für eine Druckänderung, die sehr klein gegenüber dem tatsächlichen Druck bleibt - das ist bei dieser sehr langen Pipeline nicht gegeben. Wir können daher nur eine Abschätzung vornehmen.

Der Volumenstrom nahe Vyborg beträgt

$$\dot{V}_{Gas,Vy} = \dot{V}_{Gas,N} \cdot \frac{T_{Vy}}{T_N} \cdot \frac{p_N}{p_{Vy}} = 872{,}0 \frac{\mathrm{Nm}^3}{\mathrm{s}} \cdot \frac{277{,}15\,\mathrm{K}}{273{,}15\,\mathrm{K}} \cdot \frac{101.325\,\mathrm{Pa}}{22.000.000\,\mathrm{Pa}}$$

$$= 4{,}075 \frac{\mathrm{m}^3}{\mathrm{s}}$$

Hier ist die mittlere Geschwindigkeit des Gases aus der Kontinuitätsgleichung

$$c_{Vy} = \frac{\dot{V}_{Gas,Vy}}{A_P} = \frac{\dot{V}_{Gas,Vy}}{\frac{\pi}{4} \cdot d^2} = \frac{4{,}075 \frac{\mathrm{m}^3}{\mathrm{s}}}{\frac{\pi}{4} \cdot (1{,}153\,\mathrm{m})^2} = 3{,}903 \frac{\mathrm{m}}{\mathrm{s}}$$

Recherchieren wir die Viskosität des Gases, können wir damit auch die Reynoldszahl (s. u.) berechnen. Das NIST Webbook *(https://webbook.nist.gov/chemistry/fluid/)* gibt für die Bedingung in Vyborg bei 220 bar und 277,25 K eine dynamische Viskosität von η = 22,34 µPa s und eine Dichte von 195,02 kg m^{-3}. Daraus folgt als kinematische Viskosität mit der recherchierten Dichte des realen Gases

$$\nu_{CH_4,Vy} = \frac{\eta_{CH_4,Vy}}{\rho_{Gas,Vy}} = \frac{22{,}34 \cdot 10^{-6}\ \mathrm{Pa\,s}}{195{,}02\frac{\mathrm{kg}}{\mathrm{m}^3}} = 0{,}1145 \cdot 10^{-6}\frac{\mathrm{m}^2}{\mathrm{s}}$$

oder mit den Daten als ideales Gas

$$\nu_{CH_4,Vy} = \eta_{CH_4,Vy} \cdot \frac{\dot{V}_{Gas,Vy}}{\dot{m}_{Gas}} = 22{,}34 \cdot 10^{-6}\ \mathrm{Pa\,s} \cdot \frac{3{,}903\frac{\mathrm{m}^3}{\mathrm{s}}}{624{,}1\frac{\mathrm{kg}}{\mathrm{s}}} = 0{,}1397 \cdot 10^{-6}\frac{\mathrm{m}^2}{\mathrm{s}}$$

Daraus bestimmt sich die Reynoldszahl mit

$$\mathrm{Re}_{Vy} = \frac{L \cdot c_{Gas,Vy}}{\nu_{Gas,Vy}} = \frac{1{,}153\ \mathrm{m} \cdot 3{,}700\frac{\mathrm{m}}{\mathrm{s}}}{0{,}1145 \cdot 10^{-6}\frac{\mathrm{m}^2}{\mathrm{s}}} = 37.259.000\,,$$

denn bei einem runden Rohr ist die charakteristische Länge gerade der Durchmesser des Rohres. Dies ist eine wirklich turbulente Strömung.

Der Volumenstrom und die Geschwindigkeit des Gases nehmen mit dem Druckverlust kontinuierlich zu, und in Greifwald sind es 8,150 $\mathrm{m}^3\ \mathrm{s}^{-1}$ und 7,806 $\mathrm{m\ s}^{-1}$; die dynamische Viskosität beträgt dort $14{,}35 \cdot 10^{-6}$ Pa s, die Dichte 97,714 $\mathrm{kg\ m}^{-3}$. Daraus folgt als kinematische Viskosität $0{,}1468 \cdot 10^{-6}\ \mathrm{m}^2\ \mathrm{s}^{-1}$, und die Reynoldszahl steigt auf 61.310.000 an.

Für eine Abschätzung der Rohrreibungszahl bietet es sich an, mit dem Mittelwert zu rechnen: Die Rohrreibungszahl hängt selbst von der Reynoldszahl ab, wie die Spezialliteratur erklärt, d. h. wir können sie mit unseren Daten nur abschätzen. Lösen wir die Formel 4.23 nach der Rohrreibungszahl auf, so ergibt sich

$$\begin{aligned}\lambda &= \Delta p \cdot \frac{\pi \cdot d^5}{2 \cdot l} \cdot \frac{1}{\dot{m}_{Gas} \cdot \dot{V}_{Gas}} \\ &= 11{,}0 \cdot 10^6\mathrm{Pa} \cdot \frac{\pi \cdot (1{,}153\ \mathrm{m})^5}{2 \cdot 1.222.000\ \mathrm{m}} \cdot \frac{1}{624{,}1\frac{\mathrm{kg}}{\mathrm{s}} \cdot 3{,}865\frac{\mathrm{m}^3}{\mathrm{s}}} = 0{,}01194\end{aligned}$$

Dies ist ein ausgesprochen niedriger Zahlenwert, er ist nur unwesentlich größer als der eines ideal glatten Rohres: Für das ideale Rohr und die mittlere Reynoldszahl von 50 000 000 wäre (Wagner 2012)

$$\lambda_{Glatt} = \frac{1}{\left(1{,}80 \cdot \log_{10}(\mathrm{Re}) - 1{,}5\right)^2} = 0{,}00655$$

Dieses Ergebnis war zu erwarten, da Druckverlust direkt zu höheren Kosten beim Betrieb der Pipeline führt.

Bild 4.5 illustriert für eine Rohrreibungszahl von 0,00850 den Verlauf des Drucks in der Pipeline (der dann gerade 110 bar in Greifswald erreicht) sowie den auf 1 m Rohrlänge bezogenen Druckverlust und die dadurch erzeugte Wärme. Die Werte wurden iterativ von links nach rechts mit einem Tabellenkalkulationsprogramm berechnet. Die erzeugte Wärme steigt stärker an als der Druckverlust. Der Druckverlust nimmt aufgrund der Volumenexpansion des Gases stetig zu. Die Abweichung zu unserer Abschätzung folgt, da der Druckverlust nicht konstant über die Pipeline ist (wie wir implizit angenommen haben).

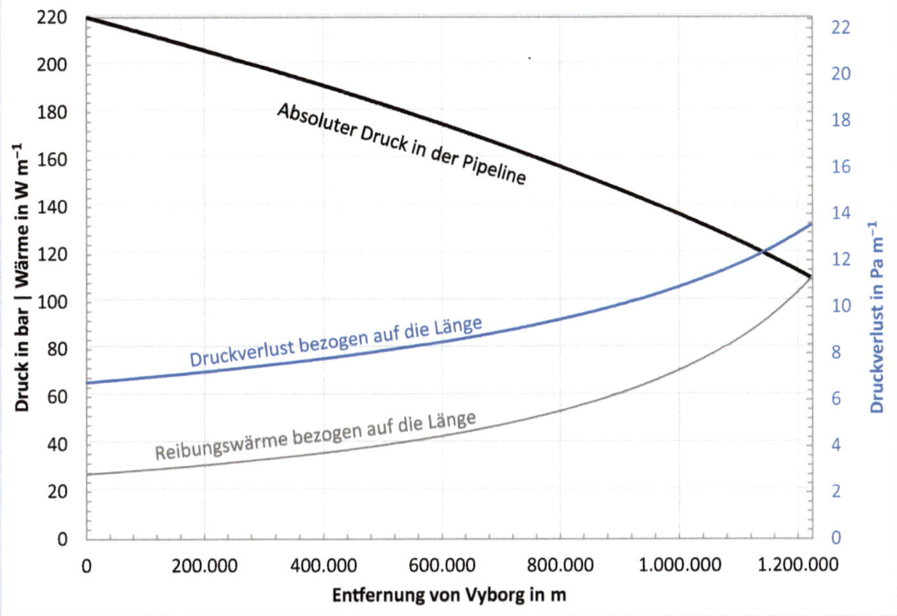

Bild 4.5 Verlauf des Drucks in der Nord Stream-Pipeline sowie der auf die Länge bezogene Druckverlust und Reibungswärme

Daten: *https://www.nord-stream.com/de/*.

Mehr zu Rohrreibung z. B. Wagner W (2012) *Strömung und Druckverlust*. Vogel Fachbuch, Würzburg.

Daten zu realen Gasen unter *https://webbook.nist.gov/chemistry/fluid/*.

Literatur

Bhaduri A (2018) *Mechanical Properties and Working of Metals and Alloys*. Springer, Singapore.

Glück B *http://www.berndglueck.de/*.

Gregory T (2020) *Meteorite. How Stones from Outer Space made our World.* Basic Books, New York.

Idelchik IE (2008) *Handbook of Hydraulic Resistance.* Jaico Publishing House, Ahmedabad.

Kleidon A (2016) *Thermodynamic Foundations of the Earth System.* Cambridge University Press.

VDI [Hrsg.] *VDI-Wärmeatlas*. Springer, Berlin.

Wagner W (2012) *Strömung und Druckverlust*. Vogel: Würzburg.

5 Zweiter Hauptsatz der Thermodynamik

Der erste Hauptsatz der Thermodynamik, also die Energieerhaltung und damit die Forderung nach vollständiger Bilanzierung und Konsistenz, ist wichtig - keine Frage. Aber hier kommen wir zum Kern der Thermodynamik. Erst mit dem zweiten Hauptsatz können wir die Welt wirklich beschreiben und zugleich echte Grenzen der Energiewandlung und Nutzung verstehen. Den zweiten Hauptsatz und seine Auswirkungen verstehen, ist wie erwachsen werden: *cool but scary*. Zur Bedeutung des zweiten Hauptsatzes:

> *„The law that entropy always increases holds, I think, the supreme position among the laws of Nature. If someone points out to you that your pet theory of the universe is in disagreement with Maxwell's equations - then so much the worse for Maxwell's equations. If it is found to be contradicted by observation - well, these experimentalists do bungle things sometimes. But if your theory is found to be against the Second Law of Thermodynamics, I can give you no hope; there is nothing for it to collapse in deepest humiliation."* [1]
>
> *Eddington AE (1935) New Pathways in Science. Cambridge University Press*

Hierbei ist es egal, ob es sich um eine sehr spezielle thermodynamische Theorie oder z. B. um die Grundlagen der Wirtschaftslehre handelt. Dass der zweite Hauptsatz der Thermodynamik universal gilt und seine Konsequenzen real sind, ist ein Grundgerüst jeder Naturwissenschaft und Ingenieurwissenschaft. Die Folgerungen aus diesem Satz durchziehen unser Leben und unser Wirtschaften, nur, dass dies nicht immer sogleich offenbar wird. Insbesondere setzt der zweite Hauptsatz konkrete Grenzen für das Wachstum in einem endlichen System (dazu mehr am Ende dieses Kapitels).

---

[1] Meine Übersetzung:
Das Gesetz, dass Entropie immer zunimmt, nimmt meines Erachtens die vorderste Stelle aller Naturgesetze ein. Wenn dich jemand darauf hinweist, dass deine Lieblingstheorie über das Universum nicht mit den Maxwell'schen Gleichungen übereinstimmt - umso schlechter ist dies für die Maxwell'schen Gleichungen. Wenn sie im Widerspruch ist zu Beobachtungen - naja, diese Experimentatoren vergeigen manchmal Dinge. Aber wenn deine Theorie gegen den zweiten Hauptsatz der Thermodynamik verstößt, dann kann ich dir keine Hoffnung geben: sie kann nur in tiefster Schmach kollabieren.

5.1 Worum geht es?!

Der erste Hauptsatz, also die Energieerhaltung genügt nicht, um thermodynamische Phänomene vollständig zu beschreiben. Erstaunlich vieles, was mit dieser Energieerhaltung okay wäre, findet nicht statt; gleichzeitig finden Prozesse statt, die eine eigene Erklärung benötigen. Beispiele:

- Nie nimmt die Temperatur des Badewassers zu, wobei gleichzeitig der umgebende Raum abkühlt (was energetisch möglich wäre).
- Nie wird plötzlich ein Stein aus dem Gartenbeet geschleudert, wobei die Erde um den Stein herum abkühlt (also die spontane Umwandlung von thermischer Energie in kinetische Energie).
- Leider entmischt sich nie spontan Luft in ihre Bestandteile Stickstoff (schwerer) und Sauerstoff (leichter), sodass es möglich wäre, die beiden Stoffe getrennt in Flaschen zu ziehen.

Dies benötigt eine Erklärung und eine Kraft, die solche Ereignisse verhindert.

Zweiter Hauptsatz Wir benötigen eine weitere Regel, die dieses Verhalten beschreibt und die es im besten Falle ermöglicht, solche Effekte zu berechnen. Die Basis für beides ist der zweite Hauptsatz der Thermodynamik. Formulierungen dieses zweiten Hauptsatzes sind

> *„Es gibt keine Zustandsänderung, deren einziges Ergebnis die Übertragung von Wärme von einem Körper niederer auf einen Körper höherer Temperatur ist."*
>
> *Rudolf Clausius*

Oder anders ausgedrückt: Wärme fließt von selbst nur von einem Körper höherer Temperatur zu einem Körper niedrigerer Temperatur. Dies ist eine tägliche Beobachtung, die hier verallgemeinert wird. Schon etwas komplexer ist:

> *„Es ist unmöglich, eine periodisch arbeitende Maschine zu konstruieren, die weiter nichts bewirkt als Hebung einer Last und Abkühlung eines Wärmereservoirs."*
>
> *Lord Kelvin und Max Planck*

Diese Formulierung benötigt für uns noch viel Vorarbeit, da wir solche Maschinen noch nicht beschreiben können (erst in Kapitel 10). Sie ist wichtig, da sie den normalen Weg der Herleitung in der Ingenieursthermodynamik beschreibt und daher in vielen theoretischen Lehrbüchern zentral ist. Anders ausgedrückt formuliert sie, dass es unmöglich ist, Wärme vollständig in Arbeit umzuwandeln.

Was unseren Beobachtungen und diesen Formulierungen des zweiten Hauptsatzes gemeinsam ist, ist als Kern, dass sich Energie nicht von alleine irgendwo konzentriert. Im Gegenteil, Energie neigt dazu, sich gleichmäßig zu verteilen, und bleibt ohne äußere Impulse dann auch gleichmäßig verteilt.

Postulate Der zweite Hauptsatz ist wie auch der erste Hauptsatz ein Postulat: Dies ist eine Regel oder ein Satz, die eine Beschreibung der Welt ermöglicht, selber aber nicht hergeleitet werden kann. Ein Postulat ist also nur solange gültig, wie jede darauf aufbauende Theorie richtige Vorhersagen ergibt. Der zweite Hauptsatz der Thermodynamik ist wohl das am intensivsten geprüfte aller Postulate der Physik (sagt zumindest Albert Einstein).

Die oben gegebenen üblichen Formulierungen klingen trivial, denn sie geben unsere Erfahrung wieder. Allerdings sind die Konsequenzen der Formulierungen nicht trivial, da sie sehr weitreichende Folgen haben. Wie wir von diesen doch noch sehr speziell anmutenden Formulierungen zu Eddingtons Satz kommen, das findet sich zum Teil in diesem Abschnitt, teilweise geht das Argument über diese Inhalte hinaus.

5.2 Entropie

Was wir für die konkrete Arbeit jetzt benötigen, ist eine Größe, mit der wir diese Verteilung der Energie beschreiben bzw. die Abweichung der Verteilung von einer gleichmäßigen Verteilung, also die Konzentration von Energie. Diese Größe nennen wir Entropie *S*.

Die Entropie *S* ist ein Maß für die Konzentration oder die Verstreuung von Energie in einem System. Dabei nimmt die Entropie mit der Verteilung der Energie im System zu; je gleichmäßiger die Energie verteilt ist, desto größer wird die Entropie, bis sie für ein einzelnes System ein Maximum erreicht[2]. Nimmt die ungleichmäßige Verteilung oder Konzentration der Energie im System ab, dann nimmt die Entropie zu. Dies illustriert Bild 5.1 für ein abgeschlossenes System: Leben ist nur in Fließsystemen möglich, in denen die irreversibel erzeugte Entropie abgeführt wird.

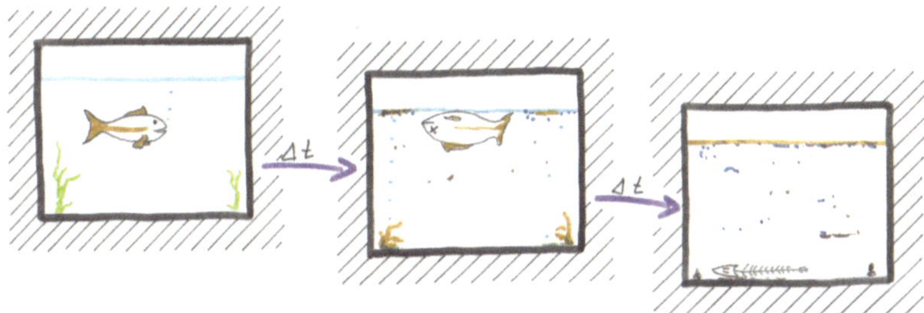

Bild 5.1 Konzentrierte Energie (Fisch, Sauerstoff im Wasser, Futter) verteilt sich mit der Zeit im abgeschlossenen System.

Die Entropie ist eine Zustandsgröße, die in einem geschlossenen System nicht abnehmen kann; würde sie abnehmen, käme es ja zu einer Konzentration und damit zu mehr Un-

[2] Vielleicht kennen Sie die Definition, Entropie sei ein Maß für Ordnung. Dies ist für makroskopische Systeme eine nicht hilfreiche Formulierung. Ein abstrakter Begriff wird durch einen anderen Begriff erklärt, der sich bei etwas Nachdenken in breiigen Nebel verwandelt: Denn was genau soll diese Entropieordnung in einem komplexen makroskopischen System sein? Diese Ordnung müssten wir zuerst durch eine geeignete andere Zustandsvariable beschreiben, um einen Zirkelschluss zu vermeiden.
Diese eher volkstümliche Definition stammt aus der statistischen Beschreibung von quantenmechanischen Systemen. Allerdings fällt es auch dort schwer, sie sinnvoll auf größere Systeme zu übertragen, denn sie ist dort mit mikroskopischen Eigenschaften eines Systems verbunden, die nicht eindeutig als „Ordnung" zu verstehen sind. Also vergessen Sie diese Beschreibung einfach.
Mehr dazu bei Leff (2021) *Energy and Entropy. A Dynamic Duo.* CRC Press, Boca Raton.

gleichverteilung von Energie in dem System, dies darf aber gerade nach dem zweiten Hauptsatz nicht sein.

Gleichzeitig ist die spezifische Entropie eine Materialgröße, wie die Diskussion der Stoffwerte von Eisen in Kapitel 2 bereits gezeigt hat. Masse trägt eine temperaturabhängige Menge an Entropie mit sich. Die Werte dieser temperaturabhängigen spezifischen Entropie hängen dabei vom Material ab. Entropie ist in Stoffen gebunden. Wie sie trotzdem zunehmen kann, dies hängt von der speziellen Temperaturabhängigkeit der Entropie ab.

Bei zunehmender Temperatur verteilen sich die einzelnen Atome eines Materials immer stärker im Festkörper - insbesondere, wenn wir Mittelwerte ihrer Position betrachten, nehmen die Atome immer mehr Raum ein, und unsere Information über ihre Position wird ungenauer:

- Bei niedriger Temperatur sind die Atome im Kristallgitter fest an ihrem Ort; nimmt die Temperatur zu, so beginnen die einzelnen Atome um ihre Position zu vibrieren.
- In einer Flüssigkeit haben die einzelnen Atome oder Moleküle keine feste Position mehr. Sie bewegen sich nahe beieinander, und daher lassen sich noch gute Abschätzungen über die Position der direkten Nachbarn machen. Die einzelnen Teilchen tauschen quasi Positionen bei ihrer Bewegung.
- In einem Gas haben die Teilchen mehr Abstand, sie sind weit voneinander verstreut, und sie bewegen sich unabhängig voneinander - zumindest zwischen einzelnen Zusammenstößen.
- An den Phasenübergängen nimmt die Entropie jeweils unstetig zu.

Die räumliche Verteilung der in den Teilchen konzentrierten Energie nimmt mit der Temperatur immer weiter zu, das beschreibt die spezifische Entropie des Materials.

5.3 Entropie berechnen

Die Entropie S ist eine Zustandsgröße eines Systems, die bei reversiblen Zustandsänderungen konstant bleibt und bei irreversiblen Zustandsänderungen zunimmt.

Reversibel Dies ist eine sehr hohe Anforderung an eine Zustandsänderung. Damit ein Prozess reversibel ist, muss ich ihn (i) zuerst in die eine Richtung durchlaufen, (ii) ihn im Anschluss in der genau umgekehrten Richtung durchlaufen; wenn (iii) sich danach das System und die Umgebung wieder im Ausgangszustand befinden - beide, das System und die Umgebung -, nur dann ist ein Prozess reversibel. Solche Zustandsänderungen sind nur theoretisch denkbar.

Irreversibel Läuft ein Prozess ab und im Anschluss seine Umkehrung und es bleibt danach eine Änderung entweder im System oder der Umwelt zurück, so ist das ein irreversibler Prozess.

Dies sind erst einmal theoretische Konzepte, die aber in vielen Herleitungen der Thermodynamik eine Rolle spielen. Vieles, was wir hier kennenlernen, gilt streng nur für reversible Prozesse, allerdings ist eine weitere Formulierung des zweiten Hauptsatzes

„Alle natürlichen und technischen Prozesse sind irreversibel."

Hans D. Baehr

Da alle realen natürlichen und technischen Prozesse irreversibel sind, denn nur so können sie in realer Zeit ablaufen, nimmt in realen Prozessen die Entropie immer zu. Reversible Prozesse sind ein nicht erreichbares Ideal oder Optimum, und die in einem Prozess erzeugte Entropie ist damit auch ein Maß dafür, wie nahe der Prozess am thermodynamischen Ideal abläuft.

Der Transport von Entropie und die Erzeugung von Entropie lassen sich auf wenige Prozesse zurückführen:

Transport von Masse Jeder Massenstrom, jede Übertragung von Masse von einem System in ein anderes überträgt die in der Masse enthaltene Entropie

$$\Delta S_{m,12}\big|_{Q_{12}=0} = S_2 - S_1 = m_2 \cdot s_2 - m_1 \cdot s_1 \tag{5.1}$$

So können Systeme z. B. gut auch Entropie an die Umgebung abgeben. Als einfaches Beispiel dient uns Nahrung. Dies ist Masse mit hoher Energie (Brennwert) und niedriger Entropie; Ausscheidungen haben niedrigere Energie (Brennwert) und oft höhere Entropie. Außerdem wird viel Entropie mit der Wärme an die Umgebung abgegeben. Nur so kann unser Körper funktionieren.

Im geschlossenen System erfolgt kein Austausch von Masse, $\Delta m = 0$, und damit ist für das geschlossene System

$$\Delta S_{m,12}\big|_{\Delta m=0} = m \cdot s_2 - m \cdot s_1 = \Delta m \cdot (s_2 - s_1) = 0 \tag{5.2}$$

Hier ist, wie schon bei den Gleichungen zum ersten Hauptsatz steht, links die Änderung des Zustands und rechts die Prozessgröße.

Wärme übertragen Die Änderung der Entropie bei der Übertragung von Wärme ist in extensiver Darstellung

$$\Delta S_{12} = \int_1^2 \frac{dQ}{T} = \int_1^2 \frac{m \cdot dq}{T} \tag{5.3}$$

In einem geschlossenen System ändert sich die Masse nicht, und es ist allgemein

$$\Delta S_{12}\big|_{\Delta m_{12}=0} = m \cdot \Delta s_{12} = \int_1^2 \frac{dQ}{T} = m \cdot \int_1^2 \frac{dq}{T} \tag{5.4}$$

Für ein adiabates System ist $Q_{12} = 0$ und damit

$$\Delta S_{12}\big|_{adiabat} = \int_1^2 \frac{dQ}{T} = 0 \tag{5.5}$$

Umgekehrt überträgt jede Form von Wärme auch Entropie. Da Licht eine Form von Wärme ist, überträgt auch Licht Entropie, womit der Entropiehaushalt der Erde erklärbar wird (siehe Kapitel 17).

Gibt ein System Wärme an die Umgebung ab, so gibt es damit auch Entropie an die Umgebung ab. Dies folgt, da die spezifische Entropie als Materialeigenschaft mit der Temperatur zunimmt. Wenn also die Temperatur abnimmt, wird auch die in der Masse des Systems gebundene Entropie abnehmen - sie geht mit der Wärme an die Umgebung.

Arbeit verrichten Arbeit transportiert keine Entropie, und reversible Arbeit ohne Dissipation erzeugt keine Entropie. Der ideale Prozess, bei dem Arbeit verrichtet wird, ist der, bei dem keine Entropie erzeugt wird. Dies ist eine gute Grundlage für die Prozessoptimierung - siehe Abschnitt 5.6 zum Gouy-Stodola-Theorem.

Dissipation Dissipation ist die (oft) ungewollte Umwandlung von Arbeit z.B. durch Reibung in Wärme. Damit erzeugt Dissipation von Arbeit immer Entropie, auch bei ansonsten adiabaten Prozessen mit $Q_{12} = 0$, also

$$\Delta S_{12,Diss}\Big|_{\substack{Q_{12}=0\\ \Delta m_{12}=0}} = \int_1^2 \frac{dW_{12,Diss}}{T} = m \cdot \int_1^2 \frac{dw_{12,Diss}}{T} \tag{5.6}$$

Der Term der Entropieerzeugung aus Dissipation ist im System immer positiv. Damit nimmt die Entropie in einem abgeschlossenen System mit der Zeit einen maximalen Wert ein, siehe Bild 5.1.

Druckverlust ist ein besonders eingängiges Beispiel für Dissipation (siehe Kapitel 4).

In reversiblen Prozessen ist $W_{12,Diss} = 0$ und damit

$$\Delta S_{12,Diss}\Big|_{reversibel} = \int_1^2 \frac{dW_{diss}}{T} = 0 \tag{5.7}$$

Mischen Werden Stoffe miteinander gemischt, dann entsteht dabei zusätzliche Entropie. Die Erklärung dafür benötigt noch etwas Vorbereitung, daher kommt sie erst später in Kapitel 7 und Kapitel 8. Der Effekt ist auf das Ausbreiten der in den beiden Stoffen vorliegenden inneren Energie im Raum zurückzuführen.

Dabei setzt sich die Entropie der Mischung aus zwei Komponenten zusammen, der Summe der Entropien, die in den Massen der einzelnen Mischungsbestandteile enthalten sind, plus die beim Mischen entstandene zusätzliche Entropie

$$\Delta S_{Mi} = \sum_i m_i \cdot s_i + \Delta S_{Mi} \tag{5.8}$$

Als Vorgriff auf das Kapitel 8 beträgt diese beim Mischen irreversibel erzeugte Entropie

$$\Delta S_{Mi} = -R \cdot \sum_i n_i \cdot \ln \frac{n_i}{n_{Mi}}, \tag{5.9}$$

wobei die Summe über alle Stoffe i erfolgt, die vermischt werden. Die Stoffmenge einer der vermischten Komponenten ist n_i und n_{Mi} die Stoffmenge der gesamten Mischung (also die Summe aller n_i). Das negative Vorzeichen wird benötigt, da die Logarithmen auch negativ sind.

Bilanz Damit ist die Bilanz der Entropie eines Systems die Summe über alle Beiträge

$$\Delta S_{12} = \int_1^2 \frac{dQ}{T} + \int_1^2 \frac{dW_{diss}}{T} + m_2 \cdot s_2 - m_1 \cdot s_1 + \Delta S_{Mi} \tag{5.10}$$

Es gilt auch hier die Regel, dass positive Werte eine Zufuhr von Entropie zum System bedeuten.

Damit kann die Entropie eines isolierten oder abgeschlossenen Systems mit der Zeit nur konstant bleiben oder ansteigen.

Mit der Entropie wird eine Zeitrichtung eingeführt. In unserer makroskopischen Welt ist dies die Größe, die eine Zeitrichtung erzwingt.

5.4 Entropie als Stoffgröße

Das Beispiel zu Eisen in Kapitel 2 und hier Bild 5.2 für Silizium illustrierten, dass die innere Energie u und die spezifische Enthalpie h innerhalb einer Phase stetig mit der Temperatur ansteigen. Dies können wir einfach verstehen, da dies durch eine Zufuhr von Wärme erfolgt, die die Temperatur erhöht. An Phasenübergängen (Schmelzen oder Sieden) wird zusätzlich Enthalpie für den Phasenübergang benötigt; dies führt zu der beobachteten Unstetigkeit dort.

Die Entropie zeigt grundsätzlich dasselbe Verhalten - mit einem wesentlichen Unterschied: Während die Steigung der Enthalpie zunimmt (konvex), wird die Steigung der Entropie mit zunehmender Temperatur geringer (konkav).

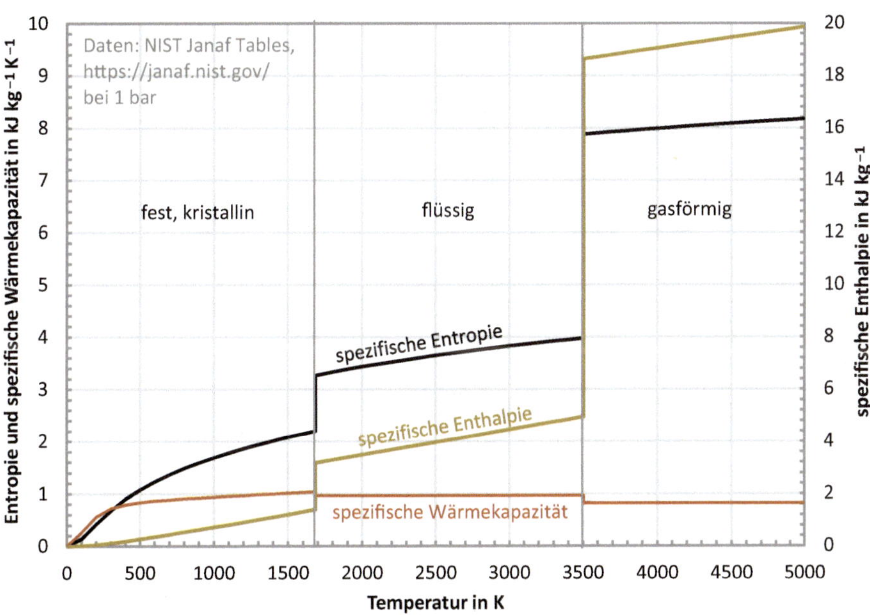

Bild 5.2 Temperaturabhängige Materialeigenschaften: die spezifischen Zustandsgrößen Entropie, Enthalpie und Wärmekapazität von Silizium

Verlauf der Enthalpie Die spezifische Enthalpie nimmt - wenn wir sie nur mit Wärme erhöhen und wenn $\Delta T << T$ - zu mit

$$\Delta h(T)\big|_{w=0} = \int_{T}^{T+\Delta T} dq = c_p(T)\cdot \Delta T \tag{5.11}$$

Da die spezifische Wärmekapazität bei den allermeisten Materialien mit der Temperatur zunimmt (Ausnahme Edelgase), nimmt die Steigung der spezifischen Enthalpie auch zu - dies ist ein konvexer Verlauf einer Funktion.

Verlauf der Entropie Die Entropie nimmt, wenn $\Delta T << T$ ist, zu mit

$$\Delta s(T) = \int_{T}^{T+\Delta T} \frac{dq}{T} = \frac{c_p(T)\cdot \Delta T}{T} \tag{5.12}$$

Damit nimmt die Steigung von s zwangsläufig mit höherer Temperatur T ab, da die spezifische Wärmekapazität deutlich langsamer als die Temperatur zunimmt - dies ist ein konkaver Verlauf einer Funktion.

Dieser Unterschied der Temperaturabhängigkeit der Stoffwerte von h und s bildet direkt die Erzeugung von Entropie bei der Übertragung von Wärme ab. Wärme fließt vom System höherer Temperatur zu dem niedriger: Das Wärme abgebende System gibt weniger Entropie ab als das Wärme aufnehmende aufnimmt, da die Änderung der Entropie bei gleicher Enthalpie-Änderung bei niedriger Temperatur größer ist.

Ein Werkstück abschrecken

EIN SIMPLES BEISPIEL ZUR SCHWIERIGEN ENTROPIE.

In ein Wasserbecken mit m_{Wasser} = 1000 kg Wasser bei 20 °C wird ein heißes Werkstück aus Eisen, m_{Fe} = 100 kg und 800 °C zum Abschrecken geworfen. Bild 5.3 zeigt die zeitliche Entwicklung des Systems. Wasser und das Eisen sind jeweils Teilsysteme und bilden zusammen ein gemeinsames System. Damit ist das gemeinsame System ein abgeschlossenes System, denn weder Masse noch Wärme oder Arbeit gelangen über diese Systemgrenze. Die beiden Teilsysteme sind geschlossene Systeme (kein Massenaustausch) im thermischen Kontakt.

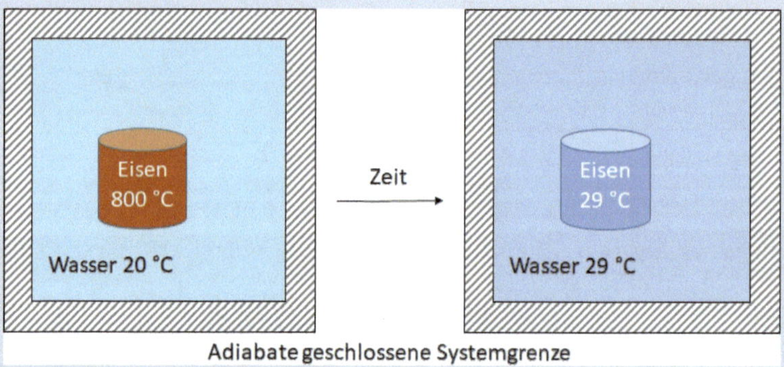

Bild 5.3 Konzentrierte Energie verteilt sich irreversibel im System.

Was sind die Volumina von Wasser und von Eisen?

Um dies zu berechnen, benötigen wir die Dichten von flüssigem Wasser bei 20 °C und die von Eisen bei 800 °C und bei 20 °C:

- Oft genügt es, für flüssiges Wasser mit einer Dichte von 1000 kg m^{-3} zu rechnen. Die tatsächliche Dichte ist etwas geringer und beträgt hier 998 kg m^{-3}.
- Die Dichte von Eisen bei Raumtemperatur beträgt etwa 7875 kg m^{-3} und bei 800 °C etwa 7600 kg m^{-3}.

Damit ist das Volumen des Wassers

$$V_{Wasser} = \frac{m_{Wasser}}{\rho_{Wasser}} = \frac{1.000\,kg}{998\frac{\text{kg}}{\text{m}^3}} = 1{,}002\,\text{m}^3$$

Das Volumen des Eisens beträgt bei 800 °C

$$V_{Eisen} = \frac{m_{Eisen}}{\rho_{Eisen}(800\,°\text{C})} = \frac{100\,\text{kg}}{7.600\frac{\text{kg}}{\text{m}^3}} = 0{,}01316\,\text{m}^3 = 13{,}16\,\text{l}$$

Das gesamte System hat damit ein Volumen von

$$V_{Mi} = V_{Wasser} + V_{Eisen} = 1{,}002\,\text{m}^3 + 0{,}01316\,\text{m}^3 = 1{,}015\,\text{m}^3$$

Das Eisen nimmt etwa 1,3 % des Volumens des Systems ein.

Was ist die Mischungstemperatur von Wasser und Eisen im Gleichgewicht?

Dies ist ein Prozess, den beide Untersysteme durchlaufen. Der Zustand zu Beginn ist oben festgelegt, der Zustand am Ende ist ein Gleichgewicht: Die beiden Untersysteme tauschen Wärme aus, bis sie die gleiche Temperatur haben.

Für die Lösung treffen wir die folgenden Annahmen (Vereinfachungen):

Das System besteht aus den beiden Teilsystemen Wasser und Eisen.

Die Randbedingungen des gemeinsamen Systems sind adiabat und isobar - wir nehmen an, dass der Prozess, den wir hier betrachten wollen, ausreichend schnell abläuft, verglichen mit Änderungen von außen.

Die kinetische und potenzielle Energie des Eisenstücks werden vernachlässigt - wir beginnen in dem Moment, in dem das Eisen bereits im Wasser zu liegen gekommen ist, aber noch nicht begonnen hat, Wärme zu übergeben.

OK, DAS IST ETWAS KÜNSTLICH, HILFT ABER BEIM RECHNEN.

Die gemeinsame Gleichgewichtstemperatur einer Mischung von Stoffen ist

$$T_{Mi} = \frac{m_{Wasser} \cdot c_{p,Wasser} \cdot T_{Wasser} + m_{Eisen} \cdot c_{p,Eisen} \cdot T_{Eisen}}{m_{Wasser} \cdot c_{p,Wasser} + m_{Eisen} \cdot c_{p,Eisen}}$$

Dabei ist es unerheblich, ob sich die beiden Stoffe real vermischen oder ob sie (wie hier) nur thermischen Kontakt haben. Wichtig ist, dass bei dem Temperaturausgleich zwischen den beiden Systemen keine Wärme mit der Umgebung ausgetauscht wird. Mit Einsetzen sind es

$$T_{Mi} = \frac{1000\,\text{kg}\cdot 4{,}2\frac{\text{kJ}}{\text{kg}\cdot\text{K}}\cdot 20\,°\text{C} + 100\,\text{kg}\cdot 0{,}50\frac{\text{kJ}}{\text{kg}\cdot\text{K}}\cdot 800\,°\text{C}}{1000\,\text{kg}\cdot 4{,}2\frac{\text{kJ}}{\text{kg}\cdot\text{K}} + 100\,\text{kg}\cdot 0{,}50\frac{\text{kJ}}{\text{kg}\cdot\text{K}}} = 29{,}18\,°\text{C}$$

In diese Gleichung dürfen wir Temperaturen in K oder in °C einsetzen: Allerdings müssen wir dann konsistent alle Temperaturen in einem Temperatursystem einsetzen und dürfen nie mischen. Daraus folgen

$$\Delta T_{Wasser} = T_{Mi} - T_{Wasser} = 29{,}18°\text{C} - 20{,}0°\text{C} = +9{,}18\,\text{K}$$

und

$$\Delta T_{Eisen} = T_{Mi} - T_{Eisen} = -770.82\,\text{K}$$

Dieses Ergebnis entspricht unserer Beobachtung - zumindest, wenn Sie mal beim Schmieden zugesehen haben oder selber geschmiedet haben. Es ist zugleich ein spannendes Ergebnis, da die Mischung eine kaum höhere Temperatur hat als das kalte Wasser. Und das, obwohl wir rotglühendes Eisen hineingeben. Ursache ist die außergewöhnlich hohe spezifische Wärmekapazität von flüssigem Wasser, diese ist fast um den Faktor 10 größer als die von Eisen.

Ist die verwendete spezifische Wärmekapazität okay?

Die beiden Zahlenwerte für die spezifische Wärmekapazität beziehen sich auf Raumtemperatur. Der Wert für flüssiges Wasser variiert in diesem Temperaturbereich kaum, sodass unser Zahlenwert passt.

Anders sieht dies für Eisen aus; die spezifische Wärmekapazität steigt etwa um einen Faktor 3 an zwischen 20 °C und 800 °C (siehe Kapitel 2). Dementsprechend steigt auch die mittlere spezifische Wärmekapazität für Eisen in diesem Temperaturbereich deutlich an. Wir hätten etwa mit einem Zahlenwert von 0,68 kJ kg^{-1} K^{-1} rechnen müssen. Dadurch hätte sich eine etwas höhere Mischungstemperatur von 32,42 °C eingestellt.

Da sich dadurch die Ergebnisse des Beispiels nicht grundsätzlich verändern, rechnen wir mit den ursprünglichen Ergebnissen weiter.

Welche Wärme wird zwischen den beiden Teilsystemen ausgetauscht?

Die Enthalpie-Änderungen bzw. die ausgetauschten Wärmemengen für die isobare Wärmeübertragung zwischen Wasser und Eisen betragen

$$Q_{Wasser} = m_{Wasser}\cdot c_{p,Wasser}\cdot \Delta T_{Wasser} = 1000\,\text{kg}\cdot 4{,}2\frac{\text{kJ}}{\text{kg}\cdot\text{K}}\cdot 9{,}18\,\text{K} = 38{,}56\,\text{MJ}$$

und

$$Q_{Eisen} = m_{Eisen} \cdot c_{p,Eisen} \cdot \Delta T_{Eisen} = 100\,\text{kg} \cdot 0{,}5 \frac{\text{kJ}}{\text{kg} \cdot \text{K}} \cdot (-770{,}82\,\text{K})$$

$$= -38{,}54\,\text{MJ}$$

In diese Gleichungen können wir die Temperaturen in Kelvin oder °C einsetzen, denn die Differenz hat immer die Einheit K - dies ist auf die Definition des Kelvins zurückzuführen. Die Unterschiede der Zahlenwerte sind auf Rundungsfehler zurückzuführen, und es gilt

$$\Delta U_{Mi} = Q_{Wasser} + Q_{Eisen} = 38{,}56\,\text{MJ} - 38{,}54\,\text{MJ} \cong 0$$

Dieses Ergebnis muss sich so einstellen, da wir das gesamte System aus Wasser und Eisen als abgeschlossen angenommen haben, d. h. dass keine Arbeit und keine Wärme mit der Umgebung ausgetauscht werden. Dann gilt der erste Hauptsatz. Es hätte also genügt, nur einen der beiden Werte zu berechnen, da der andere genau das Negative davon sein muss.

Wie ändert sich die Entropie des Systems?

Es sind zwei Teilsysteme, und in beiden ändert sich die Entropie.

Die Entropieänderung für einen isobaren Prozess berechnen wir hier aus der Definition der Entropieänderung. Da wir wissen, dass die Zustandsänderung isobar ist, können wir für die Wärme einsetzen

$$\Delta S_{12} = \int_1^2 \frac{dQ}{T} = \int_1^2 \frac{d(m \cdot c_p \cdot T)}{T}$$

Da die Masse konstant ist und wir einfach annehmen, dass c_p auch eine Konstante ist, können wir Masse und spezifische Wärmekapazität aus dem Integral herausnehmen und erhalten eine zu integrierende Funktion, für die Integraltabellen sofort eine Lösung bieten

$$\Delta S_{12} = m \cdot c_p \cdot \int_1^2 \frac{dT}{T} = m \cdot c_p \cdot \ln \frac{T_2}{T_1}$$

Wir berechnen damit die Änderung der Entropie des Wassers

$$\Delta S_{Wasser} = m_{Wasser} \cdot c_{p,Wasser} \cdot \ln \frac{T_{Mi}}{T_{Wasser}} = 1000\,\text{kg} \cdot 4{,}2 \frac{\text{kJ}}{\text{kg} \cdot \text{K}} \cdot \ln \frac{302{,}33\,\text{K}}{293{,}15\,\text{K}}$$

$$= 129{,}5 \frac{\text{kJ}}{\text{K}}$$

und die des Eisens

$$\Delta S_{Eisen} = m_{Eisen} \cdot c_{p,Eisen} \cdot \ln \frac{T_{Mi}}{T_{Eisen}} = 100\,\text{kg} \cdot 0{,}5 \frac{\text{kJ}}{\text{kg} \cdot \text{K}} \cdot \ln \frac{302{,}33\,\text{K}}{1073{,}15\,\text{K}}$$

$$= -63{,}5 \frac{\text{kJ}}{\text{K}}$$

In diese Gleichungen müssen unbedingt die Temperaturen in Kelvin eingesetzt werden!

Das Wasser nimmt mit der Wärme auch Entropie auf. Das Eisen gibt mit der Wärme auch Entropie ab. Damit setzt sich die Entropie des gesamten Systems zusammen aus

$$\Delta S_{Mi} = \Delta S_{Wasser} + \Delta S_{Eisen} = +129{,}5\,\frac{\text{kJ}}{\text{K}} - 63{,}5\,\frac{\text{kJ}}{\text{K}} = 66{,}0\,\frac{\text{kJ}}{\text{K}}$$

Der Prozess ist also irreversibel, denn die Entropie in diesem abgeschlossenen System hat zugenommen.

Die Wärme, die vom Eisen an das Wasser abgegeben wird, ist gleich der Wärme, die das Wasser aufnimmt - dies entspricht dem ersten Hauptsatz der Erhaltung der Energie.

Gleichzeitig wird aber die im Eisen recht konzentrierte Energie (100 kg bei 1073 K in einer Umgebung von 293 K) gleichmäßig über die gesamte Masse von 1100 kg verteilt - sie wird im gesamten System verteilt. Das ist die Bedeutung des Begriffs „dissipieren“. Und dieser Vorgang ist irreversibel, wie der zweite Hauptsatz formuliert. Wir dürfen also nicht erwarten, dass sich umgekehrt spontan ein Stück Eisen in lauwarmem Wasser plötzlich auf rotglühende Temperatur aufheizt, indem es das Wasser etwas abkühlt. ■

■ 5.5 Umwandlung von Wärme in Arbeit

Eine der technisch relevanten Anwendungen des zweiten Hauptsatzes ist die Erklärung, warum die Erzeugung von Arbeit aus Wärme meist recht niedrige Wirkungsgrade aufweist. Dies können wir nun grundsätzlich erklären: Eine Maschine wandelt Wärme in Arbeit um. Dass dies geht, ist eine Aussage des ersten Hauptsatzes. Dieser schränkt jedoch nicht die Umwandlungseffizienz ein, sodass allein aufgrund des ersten Hauptsatzes 100 % Effizienz das theoretische Limit sind. Wir beobachten jedoch eher Werte zwischen 10 % (Dampflokomotive) und 40 % (Gasturbine).

Im optimalen Fall wird die zugeführte Wärme Q_{zu}, die wir in Arbeit umwandeln wollen, reversibel bei der Temperatur der Wärmequelle T_{zu} übertragen. Etwaige Abwärme Q_{ab} wird optimal bei der Umgebungstemperatur $T_{ab} = T_u$ reversibel abgeführt. Aus dem ersten Hauptsatz folgt, dass die verrichtete Arbeit maximal wird, wenn keine Wärme abgeführt, sondern eben nur Arbeit verrichtet wird

$$W = Q_{zu} - Q_{ab} \tag{5.13}$$

Der zweite Hauptsatz verlangt als Zusatzbedingung, dass im optimalen Falle reversibler Prozesse keine Entropie erzeugt wird und dass Entropie nicht vernichtet werden kann, also

$$\Delta S = \Delta S_{zu} + \Delta S_{ab} = \frac{Q_{zu}}{T_{zu}} - \frac{Q_{ab}}{T_{ab}} = 0 \tag{5.14}$$

Das dürfen wir hier so schreiben, da die Wärme jeweils bei konstanter Temperatur zu- und abgeführt wird. Damit wird in diesem reversiblen Fall

$$Q_{ab} = \frac{T_{ab}}{T_{zu}} \cdot Q_{zu} \tag{5.15}$$

Setzen wir diesen Zusammenhang in die Gleichung für den Zusammenhang zwischen Wärme und Arbeit ein

$$Q_{ab} = Q_{zu} - W = \frac{T_{ab}}{T_{zu}} \cdot Q_{zu} \tag{5.16}$$

und lösen nach der Arbeit auf, so erhalten wir

$$W = \left(1 - \frac{T_{ab}}{T_{zu}}\right) \cdot Q_{zu} \tag{5.17}$$

Dieser Zusammenhang definiert den reversiblen idealen Wirkungsgrad der Umwandlung

$$\eta = \frac{W}{Q_{zu}} = \left(1 - \frac{T_{ab}}{T_{zu}}\right) \tag{5.18}$$

Dieser Carnot-Wirkungsgrad gibt die maximal mögliche Effektivität der Umwandlung von Wärme in Arbeit an. Nur dieser Anteil der zugeführten Wärme kann überhaupt in Arbeit umgewandelt werden, die weitere Wärme muss als Abwärme abfließen, um die mit der Wärme zugeführte Entropie auch wieder abführen zu können. Und im idealen Prozess gibt es keine Dissipation, d. h. keine zusätzliche Entropie wird erzeugt.

Dies ist die technisch exakte Formulierung des zweiten Hauptsatzes nach Kelvin und Planck. Dieses Ergebnis ist für Experten zwangsläufig, da ursprünglich die Definition der Entropie und der Temperatur gerade auf diesem Ergebnis beruhen: Sadi Carnot und darauf aufbauend Rudolf Clausius haben das Grundgerüst der technischen Thermodynamik so aufgestellt. Alle anderen Beschreibungen der Thermodynamik ergeben jedoch auch dieses Ergebnis, sodass es universell gültig ist.

Hier wird eine Entwertung von Energie beschrieben - durch den Prozess kann die abgegebene Wärme kein zweites Mal so verwendet werden.

■ 5.6 Entropie, Energie und vernichtete Arbeit

Das Gouy-Stodola-Theorem verbindet Dissipation und Entropieerzeugung direkt. Die in einem Prozess dissipierte Arbeit ist direkt proportional zur gesamten, durch den Prozess erzeugten Entropie

$$W_{12,Diss} \sim \Delta S_{12,ges} \tag{5.19}$$

Die Proportionalitätskonstante muss die Einheit einer Temperatur haben, damit die Einheiten aufgehen.

Damit ist diese einfache Gleichung ein großartiges Werkzeug, um Anlagen, Maschinen und technische Prozesse thermodynamisch zu optimieren: Identifiziere alle Teilprozesse, in denen Entropie erzeugt wird, und minimiere diese Entropieerzeugung, wo immer sie vermeidbar ist.

In Abschnitt 5.3 haben wir aufgestellt, wie Entropie erzeugt werden kann. Dies lässt sich direkt nutzen: Wärmeverluste, Reibung, Druckverlust sowie jede Form von Mischung muss kritisch hinterfragt werden. Gleichzeitig können wir die durch unsere Verbesserungsmaßnahme nutzbar gehaltene Energie (als vermiedene dissipierte Arbeit) quantifizieren, wenn wir aus Formel 5.19 eine Gleichung machen:

Geschlossenes System Für ein geschlossenes System ist die Temperatur T_u der Umgebung, mit der das System Wärme austauscht, die Proportionalitätskonstante. Die Änderung der Entropie setzt sich aus der des Systems und seiner Umgebung zusammen, sodass

$$W_{12,Diss} = T_u \cdot \Delta S_{12,ges} = T_u \cdot \left(\Delta S_{System,12} + \Delta S_{u,12}\right) \tag{5.20}$$

Für alle Systeme, die im thermischen Austausch mit ihrer Umgebung stehen, ist dies damit einfach bestimmbar. Ein gutes Beispiel ist ein wenig isolierter Tank oder das Gasometer aus dem Beispiel in Kapitel 4.

Wenn das System oder die Prozesse komplexer werden und insbesondere, wenn kein Wärmeaustausch mit der Umgebung stattfindet, dann wird die Formel 5.20 ungenau: Es gelingt auch weiter, die Entropie zu bestimmen, aber die Bedeutung der dissipierten Arbeit wird uneindeutig (Pal 2017) und damit die Auswahl der zu verwendenden Temperatur. Die Gleichung behält ihre Gültigkeit, aber die dissipierte Arbeit ist nicht unbedingt die, die von besonderer Bedeutung für die Analyse ist.

Offenes System Hier wird die dissipierte Leistung P_{Diss} statt der Arbeit verwendet, wobei diese die Differenz zwischen der maximal möglichen Leistung aus einem idealen reversiblen Prozess und der tatsächlich verrichteten oder entnommenen Leistung ist

$$P_{Diss} = P_{reversibel} - P_{real} \tag{5.21}$$

In diesem Fall ist die verlorene Leistung für einen stationären Fließprozess

$$P_{12,Diss} = T_u \cdot \Delta \dot{S}_{12,ges} = T_u \cdot \left(\Delta \dot{S}_{System,12} + \Delta \dot{S}_{u,12}\right) \tag{5.22}$$

Der für die Berechnung verwendete erzeugte Entropiestrom setzt sich aus allen Anteilen zusammen, die mit dem Prozess verbunden sind, sowohl im System als auch in der Umgebung. Der gesamte erzeugte Entropiestrom ist durch Prozess und System festgelegt; die Leistung hingegen hängt von der Wahl des Referenzwärmereservoirs und seiner Temperatur ab (falls mehr als ein Wärmereservoir in der Umgebung besteht, Pal 2017b).

Ein besonderer Fall liegt vor, wenn der Prozess adiabat ist (kein Wärmeaustausch mit der Umgebung), aber irreversibel (also Entropie erzeugt wird). Dieser Fall beschreibt viele Verdichter und Turbinen. Dann ist die Temperatur festgelegt durch das Wärmereservoir, mit dem ein idealer reversibler Prozess funktionieren würde: Jeder reale, reibungsbehaftete Prozess kann durch zwei nacheinander stattfindende ideale Prozesse dargestellt werden, wobei der eine adiabat reversibel ist (maximale Leistung wird verrichtet) und der zweite isobare Prozess die Endtemperatur einstellt; für diesen zweiten Teil des idealen Prozesses wird dann ein (theoretisches) Wärmereservoir benötigt.

Zusammenfassend ist das Gouy-Stodola-Theorem ein gutes Werkzeug, mit dem Prozesse analysiert und energetisch deutlich verbessert werden können. Die Ergebnisse sind nicht immer exakt bzw. der Aufwand, um exakte Ergebnisse zu erzeugen, benötigt tiefgehende thermodynamische Analysen, für die in der Praxis oft nicht die Zeit ist. Grundsätzlich werden die Formeln eindeutig, wenn statt der verlorenen Arbeit die verlorene Exergie verwendet wird. In diesem Lehrbuch wird die Exergie nicht eingeführt, da die systematische Nutzung der Exergie zu weiteren Komplikationen führt - auch bei der Nutzung des Gouy-Stodola-Theorems.

Lebenszyklus und Produktentwicklung

Wenn unser Ziel ist, zukünftig solche Produkte herzustellen, deren Umweltauswirkung möglichst gering ist, dann benötigen wir dafür passende Konzepte und Werkzeuge.

Die Erzeugung von Produkten mit geringen Umweltauswirkungen benötigt einen Blick, der die internen und die externen Kosten eines Produktes in allen seinen Lebensphasen berücksichtigt. Die Begriffe interne und externe Kosten schließen direkt an System und Umgebung an, wobei heute oft die Kunst ist, möglichst alle Kosten eines Produktes zu externalisieren (Vergemeinschaftung) und den Nutzen zu internalisieren (Privatisieren). Diesen Luxus werden wir uns zukünftig nur in sehr geringem Maße erlauben können. Initiativen und Ansätze wie die Circular Economy der Europäischen Union versuchen daher, geeignete Wege zu finden, alle Formen von Umweltauswirkungen von Produkten zu minimieren. Hier ist der Ansatz, Stoffströme zu schließen und so im Wesentlichen nur noch Energie über die Systemgrenze des Produktes übertragen zu müssen.

Umweltauswirkungen lassen sich mit der aufwendigen Methode der Ökobilanz (Life Cycle Assessment, LCA, nach DIN EN ISO 14040) bestimmen. Für die praktische Arbeit im Konstruktionsprozess ist diese Methode viel zu aufwendig und langsam. Hier greifen einfache Methoden wie Ecocosting oder Kumulierter Energieaufwand (KEA), die bereits nach kurzer Einarbeitung und schnell zwischendurch eine brauchbare Orientierung geben können. Einen besonderen Stellenwert hat aus thermodynamischer Sicht der Fokus auf Energie und Dissipation.

Lebenswegbetrachtung Jeder sinnvollen Analyse von Produkten liegt eine vollständige Lebenswegbetrachtung zugrunde. Diese beginnt bei der Extraktion der Rohstoffe und endet, nachdem die Reststoffe am Lebensende wieder in ihren (geologischen oder biologischen) Stoffkreislauf zurückgekehrt sind.

Zur Lebenswegbetrachtung gibt es ein kurzes Lernvideo, das Kernkonzepte in 4:19 min erklärt, siehe *https://www.youtube.com/watch?v=7_WOWAVchII.*

Was es bedeutet, einen linearen Lebensweg (von der Mine zur Deponie) zu schließen und damit einen Kreislauf zu beginnen, zeigt ein zweites Lernvideo in 4:34 min, siehe *https://www.youtube.com/watch?v=Nxly9fVsAaY*.

In unserem thermodynamischen Bild muss unser System durch den Lebensweg Ströme an Energie und Material berücksichtigen und ggf. selber weiterverfolgen. Bei der Lebenswegbetrachtung werden auch anteilige Beiträge in Vorketten berücksichtigt, wenn sie einen relevanten Beitrag leisten.

Dissipation Dieser Begriff wirkt abstrakt. Er kann jedoch ein direkter Zugang zu unerwünschten Wirkungen eines Produktes sein, denn Dissipation ist häufig die Verstreuung von Material oder Energie über die Systemgrenze des Produktes hinaus: Entropie wird bewusst abgeführt, um den Zustand des Produktes zu erhalten. Damit können wir die Entropie auch als ein Maß für unerwünschte Umweltauswirkungen ansehen: Stoffströme hoher Entropie stören und beeinträchtigen die natürliche Welt und damit unsere Lebensgrundlagen. Produktionsprozesse mit hoher Entropieabgabe finden sich bevorzugt in armen und korrupten Regionen, da dort Regularien umgangen werden können.

Mit dem Gouy-Stodola-Theorem haben wir eine Möglichkeit, diese Dissipation direkt zu quantifizieren. Wir können Dissipation direkt in unsere thermodynamische Währung - die Energie - umrechnen. Dabei ist das Ergebnis nicht der tatsächliche Verlust, sondern der ideale minimale Aufwand: Häufig sind die energetischen Kosten der Minderung von Dissipation deutlich höher (denken Sie an die Aufräumarbeiten nach Tankerunglücken).

Kumulierter Energieaufwand Eine zweite thermodynamisch verständliche Methode ist es, den Kumulierten Energieaufwand (KEA) als einfachen Indikator zu verwenden. Hierbei ist die Argumentation, dass die Umwandlung und Bereitstellung von Energie selber ein Maß dafür ist, welche Umweltauswirkungen mit einem Prozess oder einem Produkt verbunden sind (Ashby). Der KEA misst die gesamte, mit einem Produkt verbundene aufgewendete Energie.

Lebensende Am Produktlebensende entscheidet sich, ob das im Produkt gebundene Material noch einmal genutzt werden kann oder verlorengeht. Dabei ist die eigentliche Entscheidung viel früher im Designprozess getroffen worden. Die Entscheidung ist dabei eine energetische: Lohnt es sich, die notwendige Energie einzusetzen, um das Gemisch an Stoffen wieder so weit zu trennen, dass einzelne Materialien erneut genutzt werden können? ■

Ein Werkstück abschrecken - Fortsetzung

DIE LETZTEN BEIDEN ABSCHNITTE ILLUSTRIERT DIESE WEITERE FRAGE.

Bestimmen Sie die beim Abschrecken dissipierte Arbeit.

Das Gouy-Stodola-Theorem verbindet direkt die Erzeugung von Entropie mit der Dissipation von Arbeit

$$W_{Diss} = T_u \cdot \Delta S_{Mi}$$

Die schwierige Frage ist, welche Temperatur nehmen wir hier als Umgebungstemperatur? Dies ist einfach in einem System, das Wärme mit der Umgebung austauscht, aber unser System ist abgeschlossen. Es ist keine Umgebungstemperatur bekannt, daher verwenden wir beherzt die Mischungstemperatur und erhalten

$$W_{Diss} = T_u \cdot \Delta S_{Mi} = 302{,}18\,\mathrm{K} \cdot 66{,}0 \frac{\mathrm{kJ}}{\mathrm{K}} = 19{,}94\,\mathrm{MJ}$$

Das ist eine ganze Menge, verglichen mit der Wärme, die vom Eisen auf das Wasser übergeht. Falls das Wasser regelmäßig erneuert wird, hätten wir auch die Temperatur des Zulaufs verwenden können oder eben die der Umgebung des Systems, falls das betrachtete Abschreckbad an die Umgebung Wärme abgibt.

Grundsätzlich könnten wir dieses Ergebnis überprüfen, indem wir die maximale Arbeit berechnen, die aus der anfänglich vorliegenden Temperaturdifferenz im System zu gewinnen wäre.

AB HIER TAUCHEN WIR TIEFER IN DIE TYPISCHE THERMODYNAMISCHE THEORIE EIN.

Aus dem Carnot-Wirkungsgrad folgt die maximal verfügbare Arbeit

$$W_{rev} = \left(1 - \frac{T_{ab}}{T_{zu}}\right) \cdot Q$$

Dies wäre eigentlich das gesuchte Ergebnis. Es taucht jedoch sofort eine grundsätzliche konzeptionelle Schwierigkeit auf: Der Carnot-Wirkungsgrad ist für die Wärmeübertragung zwischen Wärmereservoirs definiert, die bei dem Prozess nicht ihre Temperatur ändern. Dies ist hier nicht der Fall: Wärme fließt nur vom Eisen in das Wasser, dabei verändern beide ihre Temperatur. D. h. die Temperaturdifferenz zwischen den beiden Untersystemen verschwindet in einem geschlossenen adiabaten System (wie in diesem Beispiel).

Trotzdem könnten wir uns theoretisch eine Maschine vorstellen, die Arbeit erzeugt und dabei das Eisen abkühlt und das Wasser erwärmt. Das Ergebnis wäre dasselbe, wenn diese Arbeit im Anschluss in unserem System dissipiert (ein Rührer für das Wasser); sie ist ein anderes, wenn diese Arbeit das System verlässt, denn dann muss (erster Hauptsatz) die innere Energie des Systems abnehmen - also sich eine niedrigere Mischungstemperatur einstellen.

Eine Möglichkeit, eine grobe Abschätzung vorzunehmen, besteht darin, einige vereinfachende Annahmen zu treffen: Als Temperatur des unteren Reservoirs nehmen wir die Mischungstemperatur - schlicht weil sie eine Konstante ist und sich das System dieser annähert. Als Temperatur, mit der Wärme zugeführt wird, verwenden wir die mittlere Temperatur des Eisens

$$\overline{T_{Fe}} = \frac{T_{Fe} + T_{Mi}}{2} = \frac{1073\,\mathrm{K} + 302{,}3\,\mathrm{K}}{2} = 687{,}7\,\mathrm{K}$$

In dieser zweiten Festlegung steckt, dass die spezifische Wärmekapazität nicht von der Temperatur abhängt - was bei Eisen nicht stimmt. Trotzdem sollten wir nicht zu weit weg von einem aufwendig über Integration ermittelten Ergebnis liegen. Damit ergibt sich

$$W_{Diss} = \left(1 - \frac{T_{Mi}}{\overline{T_{Fe}}}\right) \cdot Q_{Fe} = \left(1 - \frac{302{,}3\,\mathrm{K}}{687{,}7\,\mathrm{K}}\right) \cdot 38{,}56\,\mathrm{MJ} = 21{,}61\,\mathrm{MJ}$$

Beide Ergebnisse liegen nahe beieinander; sie beschreiben etwa, was wir maximal an Arbeit aus der Wärme hätten umwandeln können. Gleichzeitig haben wir bei beiden Berechnungen Vereinfachungen verwendet, sodass kein identisches Ergebnis zu erwarten war.

5.7 Was ist Temperatur?

Jetzt ist mir immer noch nicht klar, was Temperatur eigentlich ist ...

Die Temperatur ist eine grundlegende Zustandsgröße und wird ausgiebig benutzt, um andere Zustandsgrößen zu tabellieren, zu berechnen oder in Zustandsdiagrammen darzustellen; gleichzeitig ist sie ziemlich schwer zu greifen.

Definitionen In einer stringenten Entwicklung der makroskopischen Thermodynamik wird die Temperatur eines geschlossenen Systems definiert als

$$T \equiv \left.\frac{du}{ds}\right|_{v=const} \tag{5.23}$$

Die Temperatur ist damit die Änderung der inneren Energie eines Systems aufgrund der Änderung der Entropie des Systems bei konstantem Volumen. Diese Definition bleibt unanschaulich.

Eine weitere Definition folgt aus der mittleren Geschwindigkeit von Gasteilchen; da dies eine mikroskopische Definition ist, hilft sie uns hier nicht weiter - allerdings nutzen wir sie für Gasthermometer bei niedriger Temperatur (solche Gasthermometer werden zur Festlegung der Fixpunkte in der internationalen Temperaturskala ITS-90 verwendet).

Thermometer messen Druck, elektrischen Strom, elektrischen Widerstand und weitere Größen, die jeweils nicht erklären, was Temperatur wirklich ist. Harvey Leff schlägt daher vor, Temperatur als Indikator zu verstehen, der angibt, in welche Richtung Wärme zwischen zwei Systemen übertragen wird.

Nullter Hauptsatz Der nullte Hauptsatz der Thermodynamik verbindet die Temperatur mit dem Begriff des Systems. Typische Formulierungen sind:

> Befinden sich zwei Systeme im thermischen Gleichgewicht miteinander (es fließt keine Wärme), dann haben sie dieselbe Temperatur.

Eigentlich sogar:

> Wenn ein System (1) sich im thermodynamischen Gleichgewicht mit dem System (2) befindet; wenn sich außerdem das System (3) mit dem System (2) im thermischen Gleichgewicht befindet, dann sind auch System (1) und (3) im thermischen Gleichgewicht miteinander. In diesem Fall ist in allen diesen Systemen die Zustandsgröße Temperatur gleich.

Dritter Hauptsatz Der dritte Hauptsatz macht eine Aussage zum Temperaturnullpunkt.

> Wenn die Temperatur sich dem Nullpunkt der Temperatur annähert, wird die Entropie sich einem konstanten Wert annähern.

In einigen Systemen (ideale Kristalle) ist dieser Wert $s(T = 0) = 0$, in anderen (Gläser) nicht. Auch dies ist eine Festlegung, da die Entropie immer nur bis auf eine additive Zahl festgelegt ist. Oft werden für die praktische Arbeit andere Festlegungen für die Entropie eines Materials gewählt - ein Beispiel ist Wasser, siehe Kapitel 6. Bemerkenswert ist, dass auch die spezifische Wärmekapazität am Temperaturnullpunkt den Wert Null einnimmt.

Allerdings sind weder der nullte noch der dritte Hauptsatz geeignet, Temperatur selber besser begreifbar zu machen.

Mehr zur Entropie und zur Temperatur

Tiefer und gründlicher diskutieren dies Leff (2021) und Thess (2007). Dabei ist Thess (2007) die Erläuterung der rein makroskopischen Entwicklung der Thermodynamik von Lieb & Yngvason für den interessierten Experten.

■ 5.8 Ausblick

Dieser Abschnitt gibt einen kleinen Ausblick in eher theoretische Punkte, die vielleicht zum Verständnis beitragen. Dazu werden einige Konzepte kurz eingeführt, bei denen es hilfreich ist, sie zu kennen. Für die praktische Arbeit und das praktische Anwenden sind diese Punkte nicht unbedingt wichtig. Umgekehrt gilt, wenn ich diese Punkte für meine praktische Arbeit benötige, dann muss ich mich deutlich tiefer in die Grundlagen der Thermodynamik einarbeiten.

5.8.1 Differentiale

Eine zentrale Methode, die bei theoretischen Ansätzen und Herleitung viel benutzt wird, ist das totale Differential. Dabei wird genutzt, dass der Zustand eines homogenen Systems durch zwei Zustandsgrößen vollständig festgelegt ist. Damit ist das totale Differential einer Zustandsgröße durch zwei partielle Ableitungen beschreibbar.

Im konkreten Fall der inneren Energie ist diese z. B. durch das Volumen und die Entropie festgelegt (da die Entropie eindeutig von der Temperatur abhängt), also

$$du = \left.\frac{\partial u}{\partial s}\right|_{v=const} \cdot ds + \left.\frac{\partial u}{\partial v}\right|_{s=const} \cdot dv \tag{5.24}$$

Diese Formel beschreibt, dass die Änderung der inneren Energie als Änderung zweier anderer Zustandsgrößen s und v beschrieben werden kann. Dabei ist der funktionale Zusammenhang zwischen den Änderungen ds und dv und der gesuchten du durch zwei Funktionen festgelegt. Diese beiden Funktionen lassen sich als partielle Ableitungen berechnen; partiell, da jeweils eine Randbedingung fest vorgegeben ist.

Diese Formel wird auch die Fundamentalgleichung der Thermodynamik genannt, da sie den ersten und den zweiten Hauptsatz enthält. Damit folgt für die beiden partiellen Ableitungen in Formel 5.24

$$\left.\frac{\partial u}{\partial s}\right|_{v=const} = T \tag{5.25}$$

als Definition der Temperatur und

$$\left.\frac{\partial u}{\partial v}\right|_{s=const} = -p \tag{5.26}$$

als Definition des Drucks des Systems, also

$$du = T \cdot ds - p \cdot dv \tag{5.27}$$

Diese Darstellung wird bei der Entwicklung weiterer vergleichbarer Funktionen verwendet, die im nächsten Unterabschnitt kurz vorgestellt werden.

5.8.2 Thermodynamische Potenziale

Für ein bestimmtes System gibt es eine Reihe von Funktionen, die jeweils ein Minimum oder ein Maximum haben, und zwar im Gleichgewicht des Systems[3]. Diese besonderen Funktionen sind die thermodynamischen Potenziale – sie haben alle die Einheit einer Energie, d. h. sie beschreiben unterschiedliche Formen von Energie des Systems.

Dabei folgt dies der Analogie aus der Mechanik oder Elektrotechnik, wo jeweils eine Kraft wirkt und sich das Potenzial verändert, wenn diese Kraft die Masse (oder die Ladung) über

---

3) Viel besser und tiefer erklärt das z. B. Anderson G (2017) *Thermodynamics of Natural Systems.* Cambridge University Press.

einen Weg verschiebt. Für die Gewichtskraft F_m und die potenzielle Energie (als Potenzial) ist dies konkret

$$\frac{dE_{pot}}{dz} = -F_m = -m \cdot g \tag{5.28}$$

Durch das Anheben einer Masse entgegen der Schwerkraft erhöht sich die potenzielle Energie des Systems.

In diesem Sinne ist die innere Energie u (in Formel 5.24) ein Potenzial, und T und p verhalten sich analog zu Kräften. Die beiden Größen s und v bekommen dann eine vergleichbare Bedeutung wie die Höhe bei der potenziellen Energie: Wenn die Kraft entlang dieser Größen wirkt, verändert sich das Potenzial.

Innere Energie Die schon eingeführte Formel 5.24 ist das erste Potenzial und zugleich die thermodynamische Fundamentalgleichung, da sie den ersten Hauptsatz und den zweiten Hauptsatz kombiniert. Zwei weitere grundlegende Aussagen lassen sich damit treffen. Im thermodynamischen Gleichgewicht ist

$$du\Big|_{\substack{s=const\\ v=const}} = \frac{\partial u}{\partial s}\Big|_{v=const} \cdot \underbrace{ds}_{=0} + \frac{\partial u}{\partial v}\Big|_{s=const} \cdot \underbrace{dv}_{=0} = 0 \tag{5.29}$$

Die innere Energie hat dort ein Minimum, da auch die Ableitung (das Differential) dort eine Nullstelle aufweist. Die innere Energie wird in spontan ablaufenden Prozessen diesem Minimum zustreben. So lässt sich für jeden Startpunkt ermitteln, wohin das System im Gleichgewicht strebt.

Enthalpie Die Enthalpie ist analog zur inneren Energie ein weiteres thermodynamisches Potenzial

$$dh = \frac{\partial h}{\partial s}\Big|_{p=const} \cdot ds + \frac{\partial h}{\partial p}\Big|_{s=const} \cdot dp \tag{5.30}$$

Hier ist

$$\frac{\partial h}{\partial s}\Big|_{p=const} = T = \frac{\partial u}{\partial s}\Big|_{v=const} \tag{5.31}$$

als Temperatur und

$$\frac{\partial h}{\partial p}\Big|_{s=const} = v \tag{5.32}$$

als spezifisches Volumen des Systems, also

$$dh = T \cdot ds + v \cdot dp \tag{5.33}$$

Die Enthalpie nimmt ein Minimum an, wenn Druck und Entropie konstant gehalten werden.

Entropie Die Entropie ist selber kein thermodynamisches Potenzial. Dies ist direkt darauf zurückzuführen, dass die Entropie nicht erhalten ist, sondern in abgeschlossenen Systemen auch zunehmen kann.

Freie Energie oder Helmholtz-Energie Dieses thermodynamische Potenzial ist definiert als

$$f = u - T \cdot s\,, \tag{5.34}$$

d. h. Änderungen dieser Zustandsgröße können bei isothermer Zustandsänderung aus

$$\Delta F_{12} = \Delta U_{12} - T \cdot \Delta S_{12} \tag{5.35}$$

berechnet werden. Das totale Differential

$$df = \left.\frac{\partial f}{\partial T}\right|_{v=const} \cdot dT + \left.\frac{\partial f}{\partial v}\right|_{T=const} \cdot dv \tag{5.36}$$

nimmt ein Minimum an für

$$\left.df\right|_{\substack{T=const\\ v=const}} = 0 \tag{5.37}$$

Hier sind die partiellen Differentiale

$$\left.\frac{\partial f}{\partial T}\right|_{v=const} = -s \quad \text{und} \quad \left.\frac{\partial f}{\partial v}\right|_{T=const} = -p \tag{5.38}$$

Damit ist diese freie Energie besonders gut geeignet, um thermodynamische Prozesse zu beschreiben, die bei konstanter Temperatur und konstantem Volumen ablaufen. Solche Randbedingungen existieren sehr selten in technischen oder natürlichen Systemen, auch daher wird dieses Potenzial daher eher für theoretische Untersuchungen genutzt.

Freie Enthalpie oder Gibbs'sche Energie Die freie Enthalpie wird definiert als

$$G = U - T \cdot S + p \cdot V = H - T \cdot S \tag{5.39}$$

Als Zustandsgröße lässt sich die Änderung von G bei isothermen Zustandsänderungen über

$$\Delta G_{12} = \Delta H_{12} - T \cdot \Delta S_{12} \tag{5.40}$$

ermitteln. Das totale Differential

$$dg = \left.\frac{\partial g}{\partial T}\right|_{p=const} \cdot dT + \left.\frac{\partial g}{\partial p}\right|_{T=const} \cdot dp \tag{5.41}$$

nimmt ein Minimum an für

$$\left.dg\right|_{\substack{T=const\\ p=const}} = \left.\frac{\partial g}{\partial T}\right|_{p=const} \cdot \underbrace{dT}_{=0} + \left.\frac{\partial g}{\partial p}\right|_{T=const} \cdot \underbrace{dp}_{=0} = 0 \tag{5.42}$$

Mit den partiellen Differentialen

$$\left.\frac{\partial g}{\partial T}\right|_{p=const} = -s \text{ und } \left.\frac{\partial g}{\partial p}\right|_{T=const} = v \tag{5.43}$$

Damit ist diese freie Enthalpie besonders gut geeignet, um thermodynamische Prozesse zu beschreiben, die bei konstanter Temperatur und konstantem Druck ablaufen. Dies sind insbesondere chemische Reaktionen und Prozesse sowie Phasenübergänge in Festkörpern. Das chemische Gleichgewicht einer Mischung von Stoffen wird durch das Minimum der freien Enthalpie beschrieben; diese liegt vor, wenn zugleich die Entropie s ein Maximum einnimmt. Für eine vorgegebene Mischung von Stoffen kann über die Ermittlung des Minimums der Gibbs'schen freien Enthalpie die Zusammensetzung als Ergebnis von chemischen Reaktionen berechnet werden. Dazu muss jedoch zusätzlich das chemische Potenzial in diese Gibb'sche Gleichung eingeführt werden[4].

5.8.3 Innere Energie, Enthalpie und spezifische Wärme

Die spezifische Wärmekapazität steht im direkten Zusammenhang mit der Energie des Systems.

Wird keine Arbeit an einem geschlossenen System verrichtet, so ist der erste Hauptsatz für das System in intensiver Darstellung und ohne Phasenübergang

$$du = dw_v + dq = c_v(T) \cdot dT \tag{5.44}$$

oder

$$\left.\frac{du(T)}{dT}\right|_{v=const} = c_v(T) \tag{5.45}$$

Die Änderung der inneren Energie eines geschlossenen Systems mit der Temperatur ist die spezifische Wärme bei konstantem Volumen. Die innere Energie u und die spezifische Wärmekapazität c_v sind zugleich Materialeigenschaften.

Wird keine Arbeit an einem offenen System verrichtet, so ist der erste Hauptsatz für das System in intensiver Darstellung und ohne Phasenübergang

$$dh = dw_p + dq = c_p(T) \cdot dT \tag{5.46}$$

Damit folgt wie oben

$$\left.\frac{dh(T)}{dT}\right|_{p=const} = c_p(T) \tag{5.47}$$

Die Änderung der Enthalpie eines offenen Systems mit der Temperatur ist die spezifische Wärme bei konstantem Druck. Die Enthalpie h und die spezifische Wärmekapazität c_p sind zugleich Materialeigenschaften.

---

[4] Dies geht inhaltlich über die technische Thermodynamik hinaus; z. B. (Anderson 2017).

5.9 Elektrizität

Elektrizität aus regenerativen Quellen soll zukünftig eine größere Rolle als bisher in der Energieversorgung spielen. Die regenerativen Quellen sind vorrangig Wind, Wasser und Photovoltaik.

Elektrizität überträgt Arbeit. Dabei ist die elektrische Spannung U analog zu einer Kraft, die den elektrischen Strom I fließen lässt.

Elektrische Arbeit wird in Motoren in mechanische Wellenarbeit umgewandelt, wenn zwischen den elektrischen Anschlüssen des Motors eine Spannung abfällt und dabei ein Strom fließt; dann nimmt der Motor die elektrische Leistung

$$P_{el} = U \cdot I \tag{5.48}$$

auf. Eine solche elektrisch betriebene Maschine hat damit einen Wirkungsgrad

$$\eta_{el} = \frac{P_{mech}}{P_{el}} \tag{5.49}$$

für die Umwandlung der elektrischen Leistung in mechanische[5].

Elektrizität transportiert keine Entropie - sie ist elektrisch transportierte Arbeit. Da hier Arbeit umgewandelt ist, gibt es anders als bei der Umwandlung von Wärme in Arbeit keine Grenze, und ideale dissipationsfreie elektrische Maschinen hätten einen Wirkungsgrad von 1.

In elektrischen Leitern (Kabel, aber auch die Windungen in elektrischen Maschinen) tritt immer ein gewisser Verlust auf - einzelne Elektronen stoßen an Atome und müssen erneut beschleunigt werden. Dieser Effekt liegt dem makroskopisch messbaren elektrischen Widerstand zugrunde, also

$$R_{el} = \frac{\Delta U}{I} \tag{5.50}$$

Hier ist ΔU die Änderung der Spannung z. B. über eine elektrische Leitung. Der elektrische Widerstand lässt sich dadurch auf eine temperaturabhängige Materialeigenschaft, den spezifischen elektrischen Widerstand des Leitermaterials und die Geometrie des Leiters zurückführen mit

$$R_{el} = \sigma_{el}(T) \cdot \frac{l_{Leiter}}{A_{Leiter}} \tag{5.51}$$

Hier ist l_{Leiter} die Länge des Leiters, über den die Spannung ΔU abfällt, und A_{Leiter} die Querschnittsfläche des Leiters. Dann ist der Verlust an elektrischer Leistung (die Dissipation) über diesen elektrischen Leiter

$$P_{el,diss} = \Delta U \cdot I = R_{el} \cdot I^2 = \sigma_{el}(T) \cdot \frac{l_{Leiter}}{A_{Leiter}} \cdot I^2 \tag{5.52}$$

[5] Hier sind Effekte wie Blindleistung usw. vernachlässigt.

Variieren die Temperatur, die Materialzusammensetzung oder die Geometrie mit der Länge des Leiters, so muss entlang des Leiters integriert werden

$$P_{el,diss} = I^2 \cdot \int_{l_1}^{l_2} \frac{\sigma_{el}(T,l)}{A_{Leiter}(l)} \cdot dl \tag{5.53}$$

Diese dissipierte elektrische Leistung ist fühlbare Wärme. Dazu kommen zusätzliche Wirkungen elektrischer Felder, die in der Umgebung des Leiters absorbiert werden können, also auch dort als Wärme aufgenommen werden. Auch Verluste in elektrischen Maschinen lassen sich so beschreiben.

Grundsätzlich wirken elektrische Widerstandsheizungen so: Das Heizelement ist ein elektrischer Widerstand, in dem die elektrische Leistung in einen Wärmestrom umgewandelt wird, der dann einem weiteren System zufließt und dessen innere Energie erhöht.

Elektrizität ist extrem konzentrierte nutzbare Energie, die durch jede Form von Dissipation verstreut wird, und damit erzeugt die Dissipation von Elektrizität auch entsprechend

$$\Delta\dot{S} = \frac{P_{el,diss}}{T_u} \tag{5.54}$$

Dies ist zugleich eine Formulierung des Gouy-Stodola-Theorems.

Energie und Entropie als Grundlage unserer Gesellschaft verstehen

Die Begriffe und Methoden aus diesem ersten Teil benötigen wir ganz konkret in der technischen Thermodynamik als Grundlagen. Die weiteren Teile dieses Lernbuches wenden diese Grundlagen für speziellere Themen an.

Unabhängig davon ist verfügbare Energie eine essenzielle Grundlage jeder Zivilisation bzw. legt die real verfügbare Energie Grenzen für das Handeln und Wirtschaften jeder Zivilisation fest. Hierzu gibt es je nach Interesse und Ziel einige wirklich gute Überblicke. Smil (2017) ist eher technisch fokussiert und bietet viele konkrete Zahlen, während Palmer & Floyd (2020) konkreter auf die Speicherung von Energie blicken. Calder (2021) analysiert Siedlungen und ihre energetische Grundlage.

Das Geschwisterbuch zu dieser Thermodynamik (Linow 2019) bietet einen Kennzahl-basierten Überblick, der konkret bei Entscheidungen helfen möchte. Den energetischen Rahmen im System Erde steckt Kleidon (2016) ab. Welchen Möglichkeitsraum wir hier in Deutschland haben, das untersuchen Gerhards et al. (2021) und auf einer leicht zugänglichen Ebene Holler et al. (2021).

In allen diesen Zugängen sind der erste und der zweite Hauptsatz spürbarer Teil der Analyse und der Beschreibungen. Erst mit diesem Gerüst werden diese Szenarien und Beschreibungen von Zukunft verständlich, und erst dieses Gerüst macht sie relevant.

Literatur

Anderson G (2017) *Thermodynamics of Natural Systems*. Cambridge University Press

Ashby MF (2009) Materials and the Environment: Eco-Informed Material Choice. Elsevier, Amsterdam.

Calder B (2021) *Architecture. From Prehistory to Climate Emergency.* Pelican.

DIN EN ISO 14040, Umweltmanagement - Ökobilanz - Grundsätze und Rahmenbedingungen

Ecocost indicator *https://www.ecocostsvalue.com/*.

Eddington AE (1935) *New Pathways in Science.* Cambridge University Press.

Gerhards C, Weber U, Klafka P et al. (2021) *Klimaverträgliche Energieversorgung für Deutschland - 16 Orientierungspunkte.* Diskussionsbeiträge der Scientists for Future 7. doi: 10.5281/zenodo.4409334.

Holler C, Gaukel J, Lesch H, Lesch F (2021) *Erneuerbare Energien zum Verstehen und Mitreden*. Bertelsmann.

Kleidon A (2016) *Thermodynamic Foundations of the Earth System.* Cambridge University Press.

Leff (2021) *Energy and Entropy. A Dynamic Duo.* CRC Press, Boca Raton

Lieb EH & Yngvason J (1999) *The Physics and Mathematics of the Second Law of Thermodynamics.* Physics Reports 310: 1-96.

Linow (2019) *Energie - Klima - Ressourcen.* Hanser, München.

Pal R (2017) *Demystification of the Gouy-Stodola theorem of thermodynamics for closed systems.* International Journal of Mechanical Engineering Education. 45: 142 – 153. *https://doi.org/10.1177/0306419016689501.*

Pal R (2017b) *On the Gouy-Stodola theorem of thermodynamics for open systems.* International Journal of Mechanical Engineering Education. 45: 194 - 206. *https://doi.org/10.1177/0306419017697413.*

Palmer G, Floyd J (2020) *Energy Storage and Civilisation. A Systems Approach.* Springer, Cham.

Smil V (2017) *Energy and Civilization. A History.* MIT Press, Cambridge.

Thess A (2007) *Das Entropieprinzip. Thermodynamik für Unzufriedene.* De Gruyter.

VDI 4600, Kumulierter Energieaufwand (KEA) – Begriffe, Berechnunsgsmethoden

Teil II – Stoffe beschreiben

Technik ist im Kern die Veränderung und Umwandlung von Stoffen, die wir Menschen in der Natur vorfinden und dann für uns nutzbar machen. Zunehmend beschäftigt sich Technik auch mit Fragen, wie diese Stoffe behandelt werden sollten, bevor sie zurück in natürliche Kreisläufe gelangen, damit sie dort möglichst geringe schädliche Wirkung entfalten. Ein zentrales Thema der nächsten Generationen kann es sein, wie technische Stoffe in technischen Kreisläufen bewahrt werden können, um sie so langfristig nutzbar zu halten. Für alle diese Fragestellungen ist eine solide Beschreibung von Stoffen und ihren Eigenschaften zentral.

Ein erheblicher Anteil der Inhalte technischer Studiengänge vermittelt Methoden, wie natürliche oder technische Stoffe für bestimmte Fragestellungen geeignet beschrieben werden. Auf diesen Grundlagen bauen dann Prozesse, Verfahren, Modelle, Berechnungen und Entwicklungen auf.

Dieser Teil stellt wichtige Elemente einer thermodynamischen Herangehensweise vor: In Kapitel 6 geht es um den Überblick und um reale Stoffe. Kapitel 7 diskutiert im Detail das besonders wichtige Modell des idealen Gases als spezielle Vereinfachung. In Kapitel 8 geht es um Gemische von Stoffen allgemein und in Kapitel 9 konkret um feuchte Luft. Dabei basiert dieser Teil auf den grundlegenden thermodynamischen Begriffen und Konzepten des ersten Teils und nutzt die dort eingeführten Methoden.

Einer der wichtigen Ansätze der Thermodynamik ist es, das System für die Berechnung so einfach und klein wie nötig zu halten: Dadurch wird die Modellbildung stark vereinfacht, und der Aufwand für Berechnungen reduziert sich auf das Notwendige. Sehr häufig sind daher die betrachteten Systeme ein Gas oder eine Flüssigkeit. Oft genügt es, diese als ideales Gas oder ideale Flüssigkeit anzunähern. Wenn aber Phasenübergänge im System auftreten, wenn die Temperatur niedrig oder der Druck hoch ist, dann gelten diese sehr einfachen Modelle nicht mehr, und wir müssen wissen, wie wir mit realen Fluiden umgehen – dies sind die Inhalte von Kapitel 6 und Kapitel 7.

Oft sind die Fluide, mit denen wir rechnen, selber Gemische aus reinen Stoffen. Das wichtigste Beispiel ist trockene Luft, mit der bereits sehr viele Probleme beschrieben werden können. Wir benötigen also ein Gerüst, mit dem wir Gemische beschreiben und ihre Eigenschaften aus den Komponenten bestimmen können, aus denen sie zusammengesetzt sind – Kapitel 8.

Schwierigkeiten für das Lernen hält dieser Teil zuhauf bereit:

- Hier kommen viele neue Begriffe dazu, die verstanden werden wollen – diese Fachbegriffe haben eine ganz klare Bedeutung, und ich verstehe erst, was Bilder, Formeln und Text ausdrücken, wenn ich diese Begriffe selber sicher nutze.
- Die Begriffe, Konzepte und Methoden aus dem ersten Teil werden weiter benutzt, ohne dass diese immer noch einmal erklärt werden.
- Ein wesentliches Werkzeug sind Diagramme: schwierige, abstrakte Diagramme, bei denen schon die Achsen schwer greifbar sind. Ein wichtiges Lernziel ist es, sich in diesen ungewohnten Diagrammen zurechtzufinden. Zurechtfinden bedeutet, sich darin zu orientieren, Zustände darin zu finden, Zustandsänderungen darin zu beschreiben und die Verbindung zu einem eigenen Modell der Realität herzustellen.
- Es bestehen viele Verbindungen zur Materialwissenschaft und zur Chemie – beides Disziplinen, in denen sich nicht jeder sicher fühlt.

Im Vordergrund stehen auch hier Kompetenzen, die nicht einfach erklärt und auswendig gelernt werden können, sondern die jeder von uns einzeln erlernen und sich aktiv aneignen muss.

6 Stoffe beschreiben

Dieses Kapitel gibt zuerst einen Überblick über die Eigenschaften und Phasen von Stoffen, um dabei wichtige Begriffe zu definieren. Hierbei stehen reale Stoffe im Vordergrund, spezielle Modelle finden wir erst wieder in den nächsten Kapiteln. Wichtige Werkzeuge für die Beschreibung, die hier eingeführt werden, sind Zustandsdiagramme und spezielle Tabellen, die reale Eigenschaften möglichst gut darstellen.

Das Ziel ist es, aus solchen Diagrammen und Tabellen die benötigten Zustandsgrößen für ein bestimmtes reales System zu entnehmen, um Zustände eines Systems zu charakterisieren oder um Zustandsänderungen berechnen zu können.

6.1 Zentrale Begriffe

Es geht um die Beschreibung der realen Eigenschaften von Materialien, ihren Zuständen und ihr Verhalten in Prozessen (Zustand und Prozess sind der Kern von Teil I).

Material Dies bezeichnet hier alle Formen von Materie, in allen Verbindungen, aber aus einer technischen Nutzbarkeit heraus.

Stoff Mit Stoff meinen wir allgemein solche Materialien, die wir gut als homogenes oder inhomogenes System beschreiben können. Stoff stellt die Verbindung zum Zustand her.

Reiner Stoff Ein reiner Stoff ist jeder Stoff, der nur eine Sorte Atome oder Moleküle enthält, also keine Mischung aus mehreren unterschiedlichen Stoffen darstellt. Wasser ist ein reiner Stoff, da es sich nur aus dem Wassermolekül zusammensetzt[1]. Luft hingegen ist ein Gemisch.

Komponente Stoffe können sich aus Komponenten zusammensetzen, dann sind sie ein Gemisch. Ein reiner Stoff wird eine Komponente eines Gemisches. So enthält Luft neben seinen Hauptbestandteilen Stickstoff und Sauerstoff noch Argon und sehr viele weitere Spurengase als Komponenten.

---

1) Die Wassermoleküle bestehen immer aus zwei Wasserstoff- und einem Sauerstoff-Atom, sie können aber noch unterschiedliche Isotope enthalten. Streng genommen enthält reines Wasser bei sehr hoher Temperatur und niedrigem Druck auch Bruchstücke des Wassermoleküls wie H·, O·, OH· und weitere Radikale oder Ionen. Flüssiges Wasser hat zudem eine komplexe Binnenstruktur, aber das diskutieren wir hier nicht, sondern wir schlagen diese Effekte dem „normalen“ Verhalten des Wassers zu.

Element Dieser Begriff bezeichnet einen Eintrag im Periodensystem der Elemente, also ein Material, das sich nur aus den Atomen einer physikalisch und chemisch von allen anderen Elementen klar trennbaren Atomsorte zusammensetzt - mehr dazu in Kapitel 13.

Von den etwa 100 stabilen Elementen haben nahezu alle heute eine technische Relevanz. Es mag so aussehen, als ob dies viele Elemente seien. Wenn wir jedoch eine spezielle Eigenschaft benötigen, dann gibt es oft nur ein oder manchmal auch kein wirklich gut geeignetes Element.

Atom Die kleinste hier relevante Einheit der Materie. Atome sind Elemente, aus Atomen sind Moleküle und Stoffe zusammengesetzt.

Molekül Ein Molekül ist eine chemische Verbindung aus mehreren Atomen zu etwas neuem. Moleküle können durch chemische Reaktionen untereinander in andere Moleküle umgewandelt werden.

Teilchen Alle Bausteine eines Stoffes bezeichnen wir als Teilchen. Teilchen sind die chemisch untereinander nicht reagierenden Atome oder Moleküle des Gases oder der Flüssigkeit. Im Helium sind dies die Helium-Atome, im Wasserdampf die Wasser-Moleküle. Teilchen zählen wir mit der Stoffmenge.

Fluid Fluid ist der allgemeine Begriff für Gase und Flüssigkeiten sowie allgemeiner für alle Phasen, bei denen die Viskosität des Stoffes eine relevante Eigenschaft ist. In vielen technischen Prozessen werden Fluide transportiert, sie werden verdampft oder kondensiert, sie werden umgewandelt, gemischt oder getrennt.

6.2 Phasen und Phasenübergänge

6.2.1 Phasen

Alle realen Stoffe weisen in Abhängigkeit von dem Druck und der Temperatur, bei dem sie sich befinden, unterschiedliche Aggregatzustände bzw. Phasen auf. Bild 6.1 stellt dies für reines Kohlendioxid in einem Druck-Temperatur-Diagramm dar. Bild 6.1 entspricht den üblichen Lehrbuchdarstellungen, da Kohlendioxid sich typisch verhält und im dargestellten Druckbereich nur eine feste Phase aufweist. Bild 6.2 ist ein p-T Diagramm für das technisch sehr wichtige Beispiel von reinem Wasser, das durch die Einbeziehung der vielen festen Phasen von Wasser deutlich komplexer wirkt als Bild 6.1.

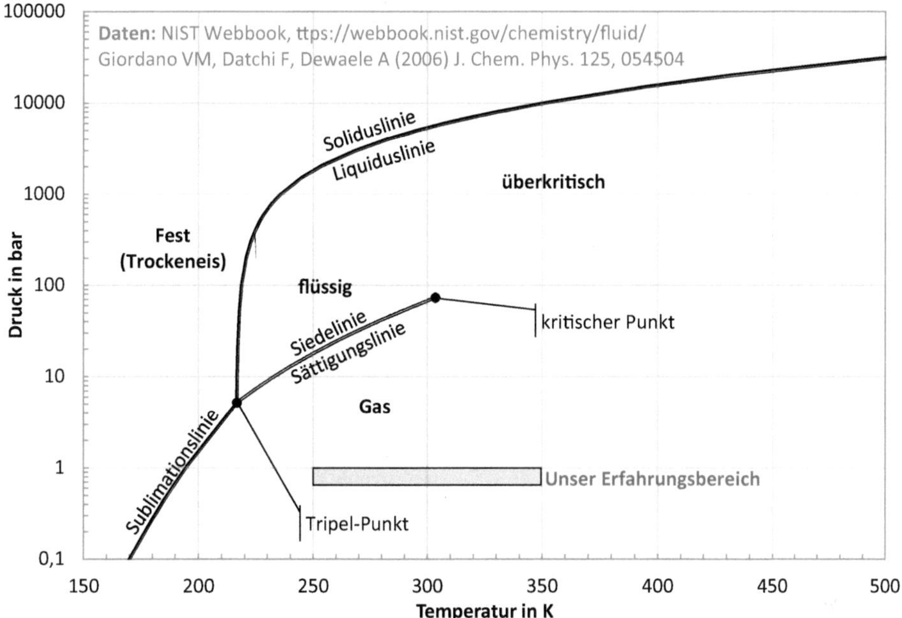

Bild 6.1 Druck-Temperatur-Diagramm für reines Kohlendioxid (CO_2)

Der grundsätzliche Aufbau beider Diagramme ist gleich: Bei hoher Temperatur und niedrigem Druck liegt ein Gas vor. Bei mittlerem Druck und mittlerer Temperatur existiert eine flüssige Phase. Bei niedriger Temperatur oder hohem Druck liegt ein Festkörper vor. Flüssiges Kohlendioxid und flüssiges Wasser werden im Bereich extrem hoher Drücke wieder zum Feststoff. Die einzelnen Phasen reiner Stoffe lassen sich klar definieren und gegeneinander abgrenzen. Technisch relevant sind:

Feststoff (kristallin) Die einzelnen Teilchen, aus denen der Stoff zusammengesetzt ist, befinden sich auf definierten Positionen – diese Positionen sind durch das Kristallgitter vorgegeben. Die einzelnen Teilchen sind über elektrische oder molekulare Kräfte aneinandergebunden. Der Stoff weist eine Ordnung auf, d. h. die einzelnen Teilchen sind in immer wiederkehrenden räumlichen Strukturen angeordnet (Kristallstruktur). Die einzelnen Teilchen können Atome einer einzigen Sorte sein (reines Eisen); es können unterschiedliche Atome sein (Speisesalz, NaCl) oder auch Moleküle (Wassereis).

Die Dichte von Feststoffen ist hoch, sie hängt von der Kristallstruktur ab. Sie variiert nur geringfügig mit der Temperatur oder dem Druck.

Die Kristallstruktur bzw. das Kristallgitter legt die Anordnung aller Atome oder Moleküle zueinander fest. Diese Struktur kann sich in Abhängigkeit von Temperatur und Druck verändern (wie das Beispiel von Wasser in Bild 6.2 zeigt). Dies sind dann unterschiedliche kristalline Phasen, zwischen denen weitere Phasengrenzen bestehen. Je nach Druck oder Temperatur können unterschiedliche Anordnungen der einzelnen Teilchen energetisch günstiger sein. D. h. es gibt auch innerhalb der festen Phase noch Phasenübergänge.

Feststoffe haben eine definierte Oberfläche.

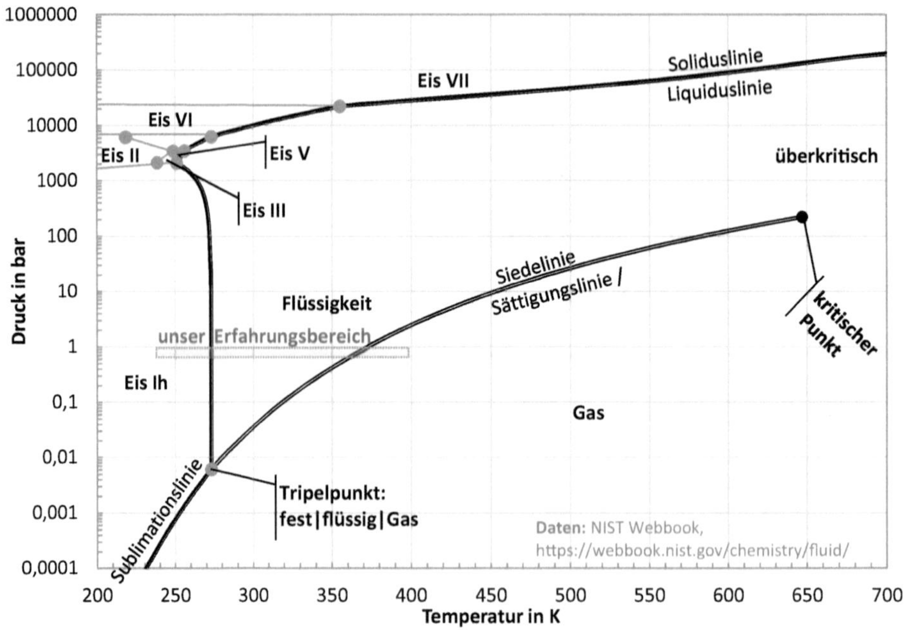

Bild 6.2 Druck-Temperatur-Diagramm für reines Wasser

Flüssigkeit Die einzelnen Teilchen in einer Flüssigkeit sind über molekulare Kräfte aneinandergebunden. Flüssigkeiten weisen eine gewisse Ordnung zwischen direkten Nachbarn auf, die die wahrscheinliche Position der nächsten Nachbarn zueinander beschreibt. Die einzelnen Teilchen in der Flüssigkeit wechseln ununterbrochen ihre Nachbarn, und auch die Bindungsverhältnisse zu ihren Nachbarn verändern sich dadurch. Dabei werden eher Plätze getauscht, da es noch recht eng zugeht, denn die Dichte der Flüssigkeit ist vergleichbar mit der des festen Stoffes.

An der Phasengrenze besteht eine Oberflächenspannung, diese führt zu Tropfenbildung. Flüssigkeiten haben eine definierte Oberfläche.

Gas Die Teilchen des Stoffes haben keine definierten Nachbarn; es liegen nahezu keine Wechselwirkungen über Kräfte zwischen den einzelnen Teilchen vor, es liegt keine Nahordnung vor.

Die Dichte des Stoffes ist je nach Druck und Temperatur um Größenordnungen geringer als die des festen Stoffes, sie variiert stark mit der Temperatur. Die einzelnen Teilchen bewegen sich unabhängig voneinander, sie stoßen gegeneinander und verändern dabei immer wieder Impuls, Geschwindigkeit und Richtung.

Gase haben nicht von alleine eine Oberfläche: Oberflächen werden immer durch andere Stoffe definiert und gehören damit auch zu den anderen flüssigen oder festen Stoffen – womit die Systemgrenze festgelegt wird.

Überkritisch Zustand eines Stoffes, bei dem die Temperatur und der Druck höher sind als die des kritischen Punktes des Stoffes (s. u.). Es kann nicht zwischen flüssig und gasförmig unterschieden werden, denn es liegen in diesem Bereich keine Phasengrenzen vor.

Für eine genauere Betrachtung existieren Modelle, mit denen der Übergang zwischen einem Gas (die einzelnen Teilchen bewegen sich im Wesentlichen unabhängig voneinander auf ballistischen Flugbahnen) und einer Flüssigkeit (die Teilchen wirken über Kräfte aufeinander, es gibt zumindest Nahstrukturen, und einzelne Teilchen tauschen miteinander Plätze) beschrieben werden. Die Frenkel-Linie im überkritischen Bereich beschreibt diesen Übergang von eher flüssig zu echtem Gas.

Amorpher Feststoff (glasförmig) Zustand eines Stoffes mit einer Anordnung der Teilchen wie bei einer Flüssigkeit, d. h. mit einer Nahordnung und keiner Kristallstruktur. Abhängig von der Temperatur erfolgt der Austausch von Nachbarn, da Glas viskos ist, also fließen kann. Die Dichte ist geringfügig geringer als die der kristallinen Phase.

Glas ist eine energetisch metastabile Phase: Es existiert eine kristalline Phase mit etwas geringerer Enthalpie, aber der Phasenübergang findet nicht statt, die Phase ist eingefroren. Tatsächlich findet ein Phasenübergang statt, aber er läuft nur sehr langsam ab, wobei langsam alles zwischen Stunden und Millionen von Jahren sein kann. Der Zeitraum hängt von der Temperatur und oft von benötigten Keimen ab, an denen eine Rekristallisation beginnen kann.

6.2.2 Phasenübergänge

Die einzelnen Phasen sind, wie Bild 6.1 und Bild 6.2 zeigen, zusammenhängende Bereiche, die durch definierte Phasengrenzen getrennt sind. An diesen Phasengrenzen finden die Phasenübergänge statt, also der Übergang von einer Phase in eine andere, wenn dafür ein energetischer Antrieb existiert, also Wärme übertragen wird. Die einzelnen Phasenübergänge tragen eindeutige Namen:

Schmelzen Übergang von fest zu flüssig. Der umgekehrte Prozess ist Erstarren.

Erstarren Übergang von flüssig zu fest. Der umgekehrte Prozess ist Schmelzen. Bei Wasser ist dies Gefrieren.

Sublimieren Übergang von fest zu gasförmig. Der umgekehrte Prozess ist Resublimieren.

Resublimieren Übergang von gasförmig zu fest. Der umgekehrte Prozess ist Sublimieren.

Verdampfen Übergang von flüssig zu gasförmig. Der umgekehrte Prozess ist Kondensieren.

Kondensieren Übergang von gasförmig zu flüssig. Der umgekehrte Prozess ist Verdampfen.

An Phasengrenzen ändern sich viele Zustandsgrößen. Markant ist immer die Änderung des spezifischen Volumens (Dichte) und der Viskosität. Thermodynamisch sind die Änderungen von innerer Energie, Enthalpie und Entropie wesentlich.

Phasenübergänge finden nicht einfach plötzlich statt, wenn der Zustand (Druck, Temperatur) sich ändert. Eigentlich immer wird zusätzlich Energie benötigt oder muss abgegeben werden, um die mit dem Phasenübergang verbundene Änderung der inneren Energie zu ermöglichen.

Diesen Antrieb bildet die Darstellung in Bild 6.1 und Bild 6.2 nicht ab. Das p-T Diagramm verschafft uns einen Überblick über die einzelnen Phasen und die Lage der Phasengrenzen im Gleichgewicht; es ist jedoch nicht geeignet, um bereits Zustände vollständig zu beschreiben - insbesondere nicht die Zustände auf den Phasengrenzen selber. Dafür benötigen wir weitere Informationen, insbesondere über die Änderung der Enthalpie und der Entropie im Phasenübergang.

Eine sehr wichtige Information können wir jedoch dem p-T Diagramm direkt entnehmen: Alle Phasengrenzen sind eindeutige Funktionen von Druck und Temperatur, also

$$p_{PG} = p\left(T_{PG}\right) \text{ und } T_{PG} = T\left(p_{PG}\right) \tag{6.1}$$

Konkret gibt es auf allen Phasengrenzlinien zu jedem Druck immer genau eine Temperatur und umgekehrt:

- Wenn bei einem vorgegebenen Druck ein Phasenübergang stattfinden soll, dann wird er bei der durch den Druck festgelegten Temperatur ablaufen.
- Wenn bei einer vorgegebenen Temperatur ein Phasenübergang stattfinden soll, dann wird dieser bei einem durch die Temperatur festgelegten Druck ablaufen.

Damit sind diese zwei ansonsten unabhängigen Zustandsgrößen auf den Phasengrenzen voneinander abhängig. Gleichzeitig verbergen sich auf der Phasengrenze unterschiedliche Zustände, denn ein System besteht dort aus beiden Phasen, die in unterschiedlichen Massenanteilen vorliegen. Um weiter alle möglichen Zustände klar voneinander unterscheiden zu können, wird eine zusätzliche Zustandsgröße benötigt, die beschreibt, welcher Anteil der beiden Phasen im Zustand vorliegt - dieser Massenanteil wird in den nächsten Abschnitten exemplarisch für Fluide eingeführt.

Für die Beschreibung von realen Stoffen benötigen wir außerdem Werkzeuge, die das Verhalten an den Phasengrenzen geeignet beschreiben. Dafür gibt es spezielle Diagramme, an denen die Phasengrenzen zu Übergangsbereichen aufgezogen werden, innerhalb derer sich die Zustandsgrößen innere Energie, Enthalpie und Entropie stetig verändern. Zusätzlich gibt es spezielle Tabellen für die Beschreibung der Übergangsbereiche.

Wasser ist sehr seltsam

Wasser ist unter den verbreiteten Stoffen einer der ungewöhnlichsten. Dies klingt seltsam, denn es ist zugleich eines der Stoffe, mit denen wir aus unserer täglichen Erfahrung am besten vertraut sind. Das liegt allerdings daran, dass Wasser so allgegenwärtig ist und wir es daher nicht als seltsam empfinden können, sondern im Gegenteil Wasser für uns hier im System Erde einfach die normalste Flüssigkeit ist - unser Körper, unser Denken akzeptiert Wasser gerade so, wie es ist. Dazu kommt, dass wir nur einen winzigen Ausschnitt des Verhaltens von Wasser selber kennenlernen können, wie Bild 6.2 zeigt. Aber:

Dichte Die Dichte bzw. für uns das spezifische Volumen zeigt zwei Besonderheiten, wie das Bild 6.3 zeigt:

- Bei Umgebungsdruck ist das spezifische Volumen von Eis deutlich größer als das von flüssigem Wasser. Am Schmelzpunkt beträgt v_{Eis} = 1,09 l kg^{-1}, während $v_{flüssig}$ = 1,0002 l kg^{-1} beträgt. Dadurch schwimmt Eis an der Oberfläche, während bei nahezu allen anderen Stoffen der Festkörper beim Erstarren das kleinere spezifische Volumen einnimmt und daher an den Grund sinkt. Diese besondere Eigenschaft betrifft von allen festen Phasen des Wassers nur das Eis Ih, alle anderen Eissorten in Bild 6.3 haben ein geringeres spezifisches Volumen als flüssiges Wasser - aber diese anderen Eissorten liegen erst bei sehr hohem Druck vor. Festes Wasser nennen wir „Eis". Die einzelnen Phasen von festem Wasser haben zur Unterscheidung noch eine römische Ziffer. Das Eis, das wir aus unserer Erfahrung kennen, ist dabei das „Eis Ih".

- Flüssiges Wasser weist sein geringstes spezifisches Volumen bei +4 °C auf und nicht am Gefrierpunkt. Daher sinkt flüssiges Wasser von +4 °C auf den Grund von Gewässern, und in den tiefen Zonen von nahezu allen Gewässern und Ozeanen stellt sich heute eine Temperatur von +4 °C ein.

Aus rein didaktischen Gründen ist das Argument hier mit dem spezifischen Volumen gegeben und nicht mit der Dichte. Das ist ungewohnt und soll es auch sein, damit wir uns weiter mit *v* vertraut machen. In Bild 6.3 ist aber auch die Dichte dargestellt. Zusätzlich ist für die Dichte ein anderer Wertebereich dargestellt, sodass Werte besser abgelesen werden können, während beim spezifischen Volumen der Eindruck vom realen Unterschied zwischen Flüssigkeit und Festkörper gegeben wird.

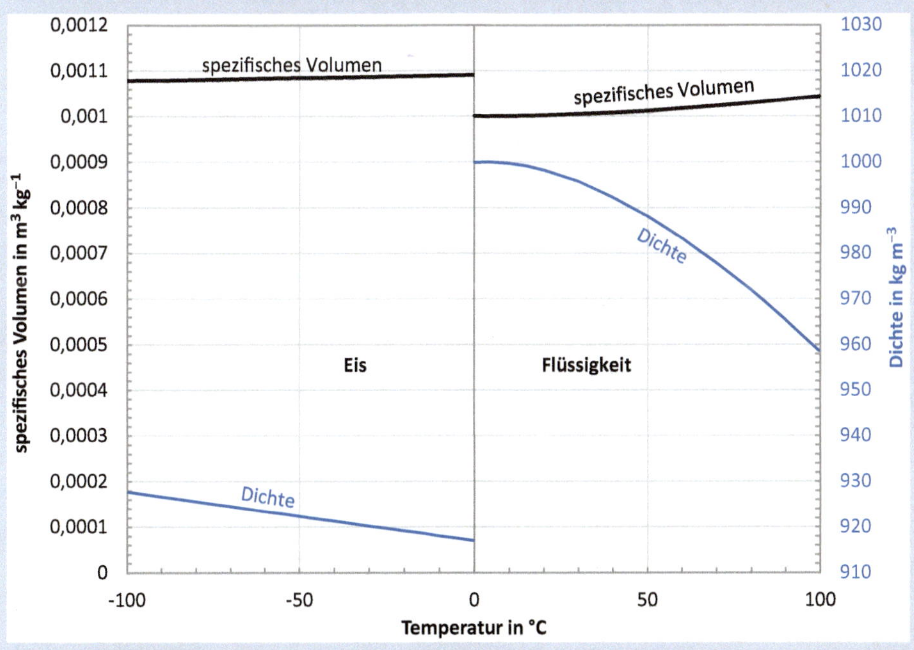

Bild 6.3 Spezifisches Volumen von reinem Wasser bei 1 bar

Würde Eis an den Grund sinken, dann wären unsere Meere und Seen vollständig gefroren. Sie würden nur an der Oberfläche auftauen, denn das Licht der Sonne reicht nur etwa 100 m tief in klares Wasser. Es gäbe daher keine Meeresströmungen, keinen starken Stoffaustausch zwischen Ozeanen und der Atmosphäre, und es wäre sehr unklar, ob sich (höheres) Leben auf der Erde hätte entwickeln können oder welche Zusammensetzung unsere Atmosphäre heute hätte.

Wärmetransport Die hohe Verdampfungsenthalpie und hohe spezifische Wärmekapazität in allen Phasen ermöglichen Wasser, sehr viel Wärme bei geringer Temperaturdifferenz zu transportieren. Tabelle 6.1 vergleicht leichte einfache Moleküle, die aus dem jeweils leichtesten Hauptgruppenelement und Wasserstoff bestehen.

Von all diesen Molekülen hat Wasser den höchsten Schmelz- und Siedepunkt. Gleichzeitig ist die Verdampfungsenthalpie von Wasser höher als die aller anderen dieser Moleküle.

Wie Bild 6.4 zeigt, sind die spezifischen Wärmekapazitäten von Methan und Ammoniak vergleichbar mit der von Wasser. Alle drei Moleküle sind daher als Flüssigkeit hervorragend geeignet, um Wärme zu transportieren. Die besonders hohe Verdampfungsenthalpie von Wasser erzeugt dazu besonders intensiven Wärmetransport in der Atmosphäre.

Diese Eigenschaften sind auf die besondere, asymmetrische Struktur des Wassermoleküls zurückzuführen. Dadurch entstehen zusätzliche Anziehungskräfte zwischen Wassermolekülen, die die besonderen Struktureigenschaften erklären können (Chaplin 2019). Diese zusätzlichen Anziehungskräfte sorgen dafür, dass sich die einzelnen Wassermoleküle im Eis und in der Flüssigkeit etwa 15 % näher zueinander befinden als ohne diese zusätzlichen „Wasserstoff-Brückenbindungen". Erst durch diese zusätzlichen Bindungen und die hohe Dichte kann Wasser bei der im Vergleich zu sonst ähnlichen Molekülen sehr hohen Temperatur schmelzen oder sieden.

Tabelle 6.1 Einfache und leichte Moleküle, vergleichbar mit Wasser. Die Verdampfungsenthalpie *r* bezieht sich immer auf einen Druck von 101 325 Pa und Siedetemperatur.

Name	Formel	M in kg kmol^{-1}	T_{SMP} in K	T_{SDP} in K	r in kJ kg^{-1}
Diboran	B_2H_6	27,67	108,3	180,6	
Methan	CH_4	16,01	90,7	111,5	511
Ammoniak	NH_3	17,03	195,4	239,7	1369
Wasser	H_2O	18,02	273,15	373,1	2258
Flusssäure	HF	20,01	189,8	292,7	
Methanol	CH_3OH	32,04	175,4	337,7	1101

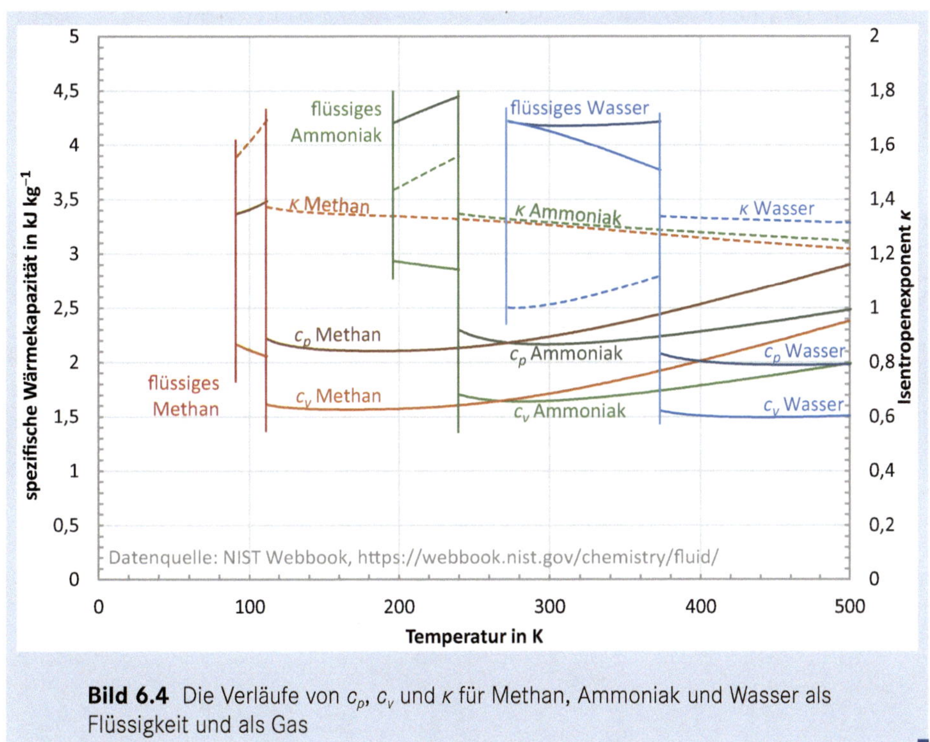

Bild 6.4 Die Verläufe von c_p, c_v und κ für Methan, Ammoniak und Wasser als Flüssigkeit und als Gas

6.3 Diagramme beschreiben Stoffe

Lernziel ist die Einführung der technisch relevanten Diagramme und die Darstellung ihres grundsätzlichen Aufbaus.

Zentrale Werkzeuge für die Darstellung von Stoffeigenschaften sind speziell für diesen Zweck entwickelte Diagramme. Diese Diagramme sind nicht leicht zugänglich, aber sie helfen sehr beim Verständnis, wenn wir uns auf sie einlassen:

- Es sind „Landkarten" für die realen Eigenschaften des beschriebenen Stoffes, denn sie stellen Bezüge über weite Bereiche von Zuständen her.
- Diese Diagramme zeigen Unterschiede oder Gemeinsamkeiten zwischen Stoffen auf. Wir können damit Stoffe vergleichen oder für bestimmte Aufgaben auswählen.
- Sie legen offen, wo eine Idealisierung (ideale Flüssigkeit oder ideales Gas) verwendet werden kann und wo nicht.
- Sie sind bewährte Werkzeuge für die technische Arbeit und für die Kommunikation, d. h. Experten benutzen sie ganz selbstverständlich.

Die zentrale Aufgabe der Diagramme ist die Darstellung des Phasenübergangs zwischen flüssig und gasförmig. Dies gelingt mit vielen Diagrammen, aber es haben sich drei als für die praktische Arbeit bedeutsam herausgebildet: das T-s und h-s Diagramm wird für Dampfturbinen, das log p-h Diagramm für Kältemaschinen verwendet. Dieser Abschnitt stellt den grundlegenden Aufbau und die Verbindungen zwischen den Diagrammen dar. Die praktische Arbeit mit den Diagrammen wird in den nächsten Abschnitten eingeführt.

6.3.1 Das T-s-Diagramm

Das erste wichtige Diagramm ist das T-s-Diagramm, hier werden die Zustandsdaten als Funktionen der Temperatur (y-Achse) über der spezifischen Entropie (x-Achse) dargestellt. Als Beispiel eines T-s-Diagramms ist Bild 6.5 für reines Wasser gegeben. Diese Abbildung enthält dabei auch den Phasenübergang zum Feststoff (hier Eis Ih); dieser ist in den gängigen Darstellungen später nicht mehr enthalten, da er im typischen technischen Anwendungsbereich des Diagramms nicht benutzt wird.

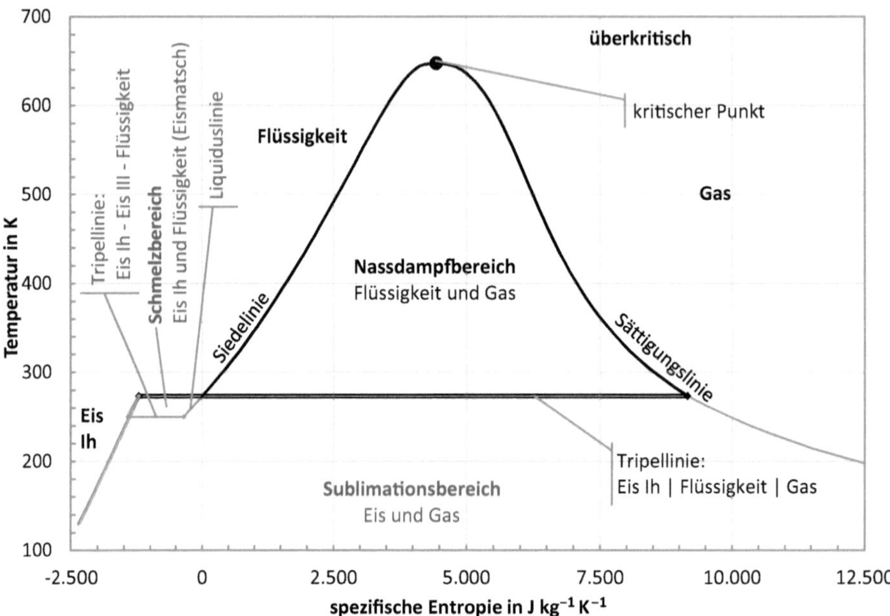

Bild 6.5 T-s-Diagramm für reines Wasser. Gegenüber den üblichen Darstellungen ist dieses um die Phasenübergänge zum Eis Ih erweitert.

Phasengrenzen Der wesentliche Unterschied zwischen dieser Darstellung und dem p-T Diagramm in Bild 6.2 entsteht durch das Ausziehen der Mischphasen: Nassdampf, nasser Eismatsch und trockener Sublimationsstaub sind jeweils Bereiche, in denen beide Phasen in einem System gleichzeitig vorliegen. Wir kennen diese Bereiche:

- Nassdampf liegt bei siedender Flüssigkeit vor und besteht aus der Flüssigkeit und dem Dampf: Auf der linken Seite als Dampfblasen und auf der rechten Seite eher als Nebel.

- Nasser Eismatsch[2] beschreibt z. B. Schneematsch im Winter und eisgekühlte Getränke im Sommer.
- Der trockene Sublimationsbereich, in dem Eis und Dampf gleichzeitig vorliegen, ist schwerer vorzustellen, er ist typisch für Trockeneis.

Im p-T Diagramm sind dies einfache Phasengrenzlinien. Hier im T-s-Diagramm sind diese Bereiche als Flächen prominent in den Vordergrund gezogen, damit können alle Zustände in den Phasenübergängen eindeutig beschrieben werden.

Tripelpunkt An allen Tripelpunkten liegen immer drei Phasen gleichzeitig vor, wie Bild 6.2 illustriert. Zwischen Tripelpunkten verlaufen die Phasengrenzlinien, die zwei Phasen voneinander trennen.

Im T-s-Diagramm wird zumeist nur der Tripelpunkt zwischen fest, flüssig und gasförmig dargestellt - allerdings jetzt als Tripellinie, wobei Druck und Temperatur auf dieser ganzen Linie gerade den Wert des Tripelpunktes einnehmen: Die Tripellinie beginnt links in Bild 6.5 als Eis bei Druck und Temperatur des Tripelpunktes, variiert bis zum Punkt reiner Flüssigkeit und weiter bis zum Punkt reinen Gases bei Druck und Temperatur des Tripelpunktes. Diese Linie muss in dieser Darstellung waagerecht verlaufen, da dieser Zustand durch eine Temperatur und einen Druck gekennzeichnet ist.

Oberhalb und auf der Tripellinie liegt die flüssige Phase mit vor. Unterhalb der Tripellinie liegt keine flüssige Phase vor.

Kritischer Punkt Der kritische Punkt gibt die maximale Temperatur und den maximalen Druck an, bei dem die flüssige Phase von der gasförmigen eindeutig durch eine Phasengrenze zu unterscheiden ist. Oberhalb ist keine klare Grenze mehr messbar.

Nassdampf Zwischen der Siedelinie und der Sättigungslinie liegen gleichzeitig flüssige Phase und gasförmige Phase vor. Auf der Siedelinie liegt reine siedende Flüssigkeit zu Bedingungen des Siedepunktes vor und auf der Sättigungslinie reiner Dampf zu Bedingungen des Siedepunktes. Dazwischen im Nassdampfgebiet enthält ein System immer Anteile beider Phasen.

Sublimationsbereich Im Sublimationsbereich liegen gleichzeitig trockenes Eis und trockener Dampf vor.

Schmelzbereich Seltsam mutet in Bild 6.5 an, dass der Schmelzbereich (bei Druck über 611 Pa) mit dem Sublimationsbereich (bei Druck unter 611 Pa) überlappt. Dies ist auf den besonderen Verlauf dieser Schmelzlinie bei Wasser zurückzuführen, denn die Schmelztemperatur nimmt hier mit zunehmendem Druck ab. Erst die Schmelzbereiche der oberhalb von 2000 bar an das flüssige Wasser angrenzenden Eissorten weisen Temperaturen über 0 °C auf. Da dies schwierig zu verstehen ist und in der Technik eigentlich nie benötigt wird, wird der Bereich oft einfach weggelassen.

[2] Nicht zu verwechseln mit Eiermatsch, siehe Nordqvist S (1984) *Pannkakstårtan*. Opal, Stockholm.

6.3.2 Das h-s Diagramm

Bild 6.6 zeigt dieselben Daten wie Bild 6.5, jedoch jetzt als h-s Diagramm. Hier werden alle Zustandsdaten als Funktionen der spezifischen Enthalpie (y-Achse) über der spezifischen Entropie (x-Achse) dargestellt. Dadurch, dass das T-s und das h-s Diagramm dieselbe x-Achse haben, entstehen die Unterschiede in den Verläufen nur durch die unterschiedlichen y-Achsen. Dabei wissen wir, dass die spezifische Enthalpie h eine Funktion der Temperatur und des Drucks ist. Das T-s-Diagramm ist besonders geeignet, um Temperaturverhalten zu beschreiben, während das h-s Diagramm für das Arbeiten mit Enthalpien vorgesehen ist.

Tripelpunkt Eine besondere Konvention für Wasser ist die Festlegung des Nullpunktes von spezifischer Enthalpie und spezifischer Entropie: Beide haben den Wert 0 für reines flüssiges Wasser bei Druck und Temperatur des Tripelpunktes (also 611 Pa und 273,16 K). Deshalb enthalten technisch relevante h-s Diagramme nur das rechte obere Viertel der Darstellung in Bild 6.6, also oberhalb der beiden festgelegten Nullpunkte von Entropie und Enthalpie mit der Beschränkung auf die flüssige und die gasförmige Phase.

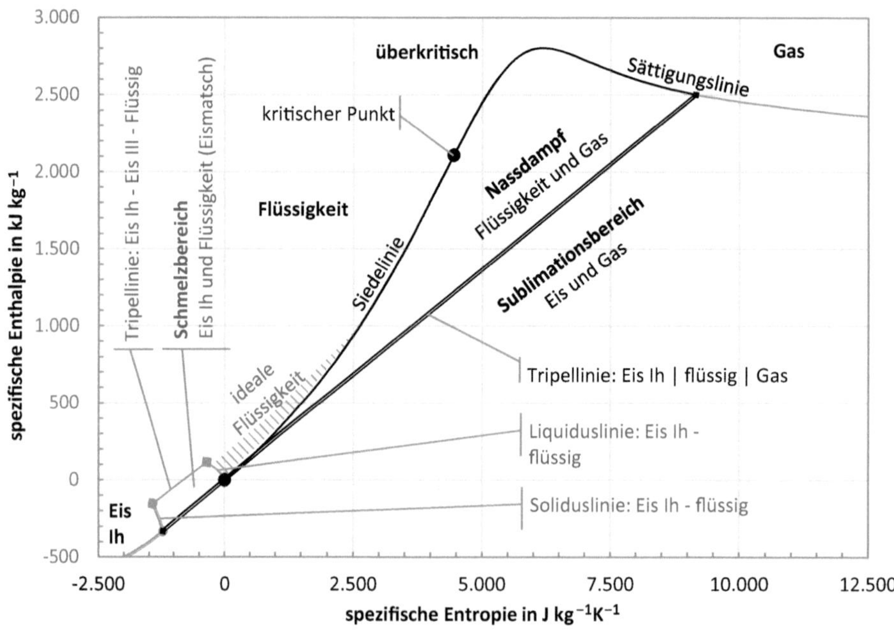

Bild 6.6 Das h-s Diagramm für reines Wasser. Gegenüber den üblichen Darstellungen ist dieses um die Phasenübergänge zum Eis Ih erweitert.

Temperatur Dadurch, dass beim Schmelzen oder Verdampfen eines Stoffes Energie und Entropie zugeführt werden müssen, ist jetzt die Tripellinie keine waagerechte Linie mehr, sondern eine aufsteigende Gerade: Die niedrigste Enthalpie und Entropie liegen bei Eis zur Bedingung des Tripelpunktes vor und die höchsten Werte von Enthalpie und Entropie bei reinem Gas unter Bedingung des Tripelpunktes.

Ideale Flüssigkeit In diesem Diagramm wird deutlich, dass Wasser bei niedriger Temperatur gut als ideale Flüssigkeit angenommen werden kann, denn der Tripelpunkt, an dem Eis Ih, Eis III und flüssiges Wasser gleichzeitig vorliegen, hat eine Temperatur von 250 K und einen Druck von 2171 bar: Kompression von flüssigem Wasser oder Eis führt nur zu einer geringen Steigerung der spezifischen Entropie, und dies ist ein Kennzeichen der (nahezu) idealen Flüssigkeit.

6.3.3 Das log p-h Diagramm

Das dritte technisch relevante Diagramm ist das log p-h Diagramm. Bild 6.7 zeigt noch einmal die Daten und Phasenübergänge von Wasser, jetzt als Drücke (y-Achse) als Funktionen der spezifischen Enthalpie h (x-Achse). Die übliche technische Darstellung enthält auch hier nicht die Schmelz-, Sublimations- und Festkörperbereiche, sondern den rechten oberen Teil als Ausschnitt.

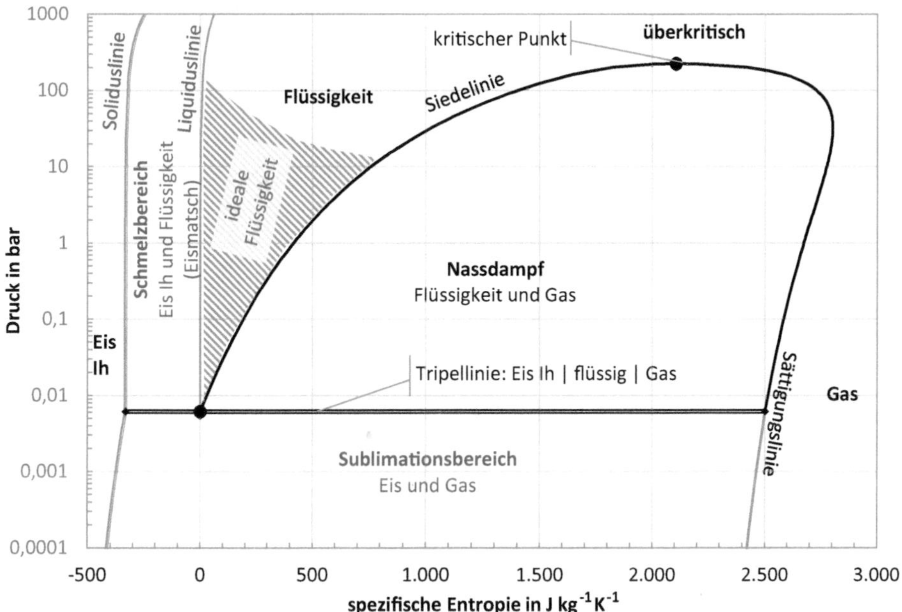

Bild 6.7 Das log p-h Diagramm für reines Wasser. Gegenüber den üblichen Darstellungen ist dieses um die Phasenübergänge zum Eis Ih erweitert.

Logarithmus Um dieses Diagramm handhabbar für die technische Arbeit zu gestalten, ist die Druck-Achse logarithmisch und nicht linear. Da bei der Anwendung des Diagramms das Verhalten für alle Drücke etwa in vergleichbarer relativer Genauigkeit benötigt wird, ist diese Darstellung dafür besonders geeignet.

Tripelpunkt In dieser Darstellung verläuft die Tripellinie des Gas-Flüssigkeit-Festkörper-Tripelpunktes wieder waagerecht, da der Tripelpunkt einen festen Druck hat.

Ideale Flüssigkeit Auch dieses Diagramm zeigt eindrücklich, dass Wasser gut als ideale Flüssigkeit angenommen werden kann, da die Liquiduslinie zwischen dem Schmelzbereich und der Flüssigkeit bis etwa 100 bar nahezu senkrecht verläuft: Damit wird eine Änderung des Druckes keine Änderung der Enthalpie hervorrufen.

NICHT SCHNELL WEITERBLÄTTERN: DIESE DREI DIAGRAMME ERZÄHLEN SEHR VIEL! NEHMEN SIE SICH DIE ZEIT, IHREN AUFBAU ZU VERSTEHEN, BEVOR IN DEN NÄCHSTEN SCHRITTEN DARIN NOCH MEHR LINIEN EINGEFÜGT WERDEN.

6.3.4 Nassdampf

Der Nassdampf von Wasser und weiteren Stoffen ist für die Technik von hoher Bedeutung: Alle Dampfmaschinen und Dampfturbinen operieren mit Nassdampf, unabhängig, ob als Arbeitsmedium Wasser oder andere organische Stoffe eingesetzt werden. Umgekehrt verwenden sehr viele Kältemaschinen und Wärmepumpen den Nassdampfbereich der eingesetzten Kältemittel. Aus diesem Grunde gibt es sehr genaue Daten und anschauliche Hilfsmittel. Die hier dargestellten Zusammenhänge gelten für reine Stoffe. Echte Mischungen verhalten sich anders, dies kann aber in den entsprechenden Zustandsdiagrammen dieser Mischungen abgebildet werden.

Konvention Nassdampf ist die Mischung, also das in einem einfachen System bei einem Druck und einer Temperatur gleichzeitige Auftreten der beiden Phasen flüssig und gasförmig. Dabei ist die Konvention, alle Informationen über die flüssige Komponente des Nassdampfes mit einem Strich (') und über die gasförmige mit zwei Strichen ('') zu kennzeichnen.

Masse Die Masse des Systems m_D enthält dadurch immer die Masse der flüssigen Phase $m_{flüssig}$ plus die Masse des Gases m_{gas}, also

$$m_D = m_{flüssig} + m_{gas} = m' + m'' \tag{6.2}$$

Druck und Temperatur Ein Zustand eines Systems im Nassdampf ist immer durch einen Druck

$$p_D = p_{flüssig} = p_{gas} = p' = p'' \tag{6.3}$$

und eine Temperatur

$$T_D = T_{flüssig} = T_{gas} = T' = T'' \tag{6.4}$$

in beiden Phasen gekennzeichnet. Dazu gilt Formel 6.1, d. h. die Temperatur ist eindeutig mit dem Druck verbunden. Daher wird eine zusätzliche Zustandsgröße benötigt, um einen Zustand im Nassdampfgebiet eindeutig zu beschreiben:

Dampfgehalt Eine zusätzliche Zustandsgröße, mit der Zustände im Nassdampfgebiet eindeutig beschrieben werden können, ist der Dampfgehalt

$$x_D = \frac{m_{gas}}{m_{flüssig} + m_{gas}} = \frac{m_{gas}}{m_D} = \frac{m''}{m' + m''} \tag{6.5}$$

Der Dampfgehalt ist definiert als der Anteil der gasförmigen Phase an der gesamten Masse des Systems im Nassdampfgebiet eines reinen Stoffes. Der so definierte Dampfgehalt ist besonders gut nutzbar, da mit ihm weitere Zustandsgrößen direkt festgelegt sind.

Volumen Für das spezifische Volumen gilt entsprechend

$$v_D = \frac{V_D}{m_D} = \frac{V'+V''}{m_D} = \frac{v' \cdot m' + v'' \cdot m''}{m_D} = \frac{v' \cdot (m_D - m'') + v'' \cdot m''}{m_D} = v' + x_D \cdot (v'' - v') \tag{6.6}$$

Weit weg vom kritischen Punkt ist $v' << v''$, sodass dann

$$v_D\big|_{v' \ll v''} = v' + x_D \cdot (v'' - v')\big|_{v' \ll v''} \simeq x_D \cdot v'' \tag{6.7}$$

als Näherung verwendet werden kann.

Enthalpie Die spezifische Enthalpie des Nassdampfes ist eine Funktion des Dampfgehaltes

$$h_D = \frac{m'}{m'+m''} \cdot h' + \frac{m''}{m'+m''} \cdot h'' = \frac{m_D - m''}{m'+m''} \cdot h' + x_D \cdot h'' = h' - \frac{m''}{m_D} \cdot h' + x_D \cdot h'' \tag{6.8}$$

bzw.

$$h_D(x_D, T) = h' - \frac{m''}{m_D} \cdot h' + x_D \cdot h'' = h' - x_D \cdot h' + x_D \cdot h'' = h'(T) + x_D \cdot r(T) \tag{6.9}$$

Hier verwenden wir die spezifische temperaturabhängige Verdampfungsenthalpie

$$r(T) = h''(T) - h'(T) \tag{6.10}$$

Tabelle 6.2 fasst diese und weitere Informationen zusammen. Im Nassdampfbereich können mit diesen Formeln ausgehend von Siedetabellen alle benötigten Daten berechnet werden.

Tabelle 6.2 Formeln für das Nassdampfgebiet eines reinen Stoffes

Größe	Definition	Extensiv	Intensiv
Druck	Ein homogener Druck	-	p
Temperatur	Eine homogene Temperatur	-	T
Masse	Masse beider Phasen	$m = m' + m''$	-
Dampfgehalt	Anteil der Gasphase an der Masse	-	$x_D = \frac{m''}{m'+m''} = \frac{m''}{m_D}$
Volumen	Volumen des Systems	$V_D = V' + V''$	$v_D = \frac{V_D}{m_D} = \frac{V'+V''}{m'+m''}$ und damit $v_D = v' + x_D \cdot (v'' - v')$

Tabelle 6.2 Formeln für das Nassdampfgebiet eines reinen Stoffes *(Fortsetzung)*

Größe	Definition	Extensiv	Intensiv
Enthalpie	Für Wasser ist h = 0 für die flüssige Phase am Tripelpunkt. Andere Stoffe haben andere Konventionen.	$H_D = H' + H''$	$h_D = \frac{H_D}{m_D} = \frac{H' + H''}{m' + m''}$ und damit $h_D = h' + x_D \cdot r$
Verdampfungs-Enthalpie	Enthalpie des Phasenüberganges flüssig ↔ gasförmig.		$r(T) = h''(T) - h'(T)$
Entropie	Für Wasser ist s = 0 für die flüssige Phase am Tripelpunkt. Andere Stoffe haben andere Konventionen.	$S_D = S' + S''$	$s_D = s' + x_D \cdot (s'' - s')$

6.4 Siede- und Sättigungstabellen

Für viele Stoffe und einige Aufgaben gibt es gute Tabellen; Lernziel ist, diese Tabellen lesen zu können.

Ein wichtiges Werkzeug für die technische Arbeit sind Siedetabellen. Nahezu jedes Thermodynamikbuch (auch dieses, klar) beinhaltet eine Wasserdampftabelle, die wesentliche Zustandswerte auf der Siedelinie und Sättigungslinie tabelliert. Von diesen Siedetabellen gibt es zwei Varianten:

1. Die Drucktabelle, bei der die Einträge für einen vorgegebenen Druck angegeben werden. Diese Tabelle verwenden wir, wenn der Druck bekannt ist.
2. Die Temperaturtabelle, bei der die Einträge für vorgegebene Temperaturen angegeben werden. Diese Tabelle verwenden wir, wenn die Temperatur bekannt ist.

Eigentlich enthalten die beiden Darstellungen dieselben Daten, aber durch die Vorgabe von Druck oder Temperatur sind die Einträge in unterschiedlichen Bereichen dichter gestuft. Dazu ist es genauer und bequemer, beide zur Verfügung zu haben. Diese Tabellen zeigen uns direkt, dass Druck und Temperatur im Nassdampfbereich direkt miteinander verbunden sind bzw. dass das eine das andere festlegt.

Solche Siede- oder Sättigungstabellen sind für viele Stoffe leicht zu finden. Für wenige Stoffe und oft versteckt in der Spezialliteratur finden sich auch vergleichbare Tabellen für den Sublimations- oder den Schmelzbereich.

Alle diese Tabellen gelten immer nur genau für die beiden Grenzlinien des Nassdampfbereiches, also

- für die siedende Flüssigkeit mit dem Dampfgehalt x_D = 0: Hier haben die Zustandsgrößen einen Strich wie z'.
- für gesättigten Dampf bei der Bedingung des Siedepunktes mit dem Dampfgehalt x_D = 1: Hier haben die Zustandsgrößen dann zwei Striche wie z''.

Über den Dampfgehalt x_D lassen sich aus diesen beiden tabellierten Größen mit den Formeln aus Tabelle 6.2 die Zustandsgrößen für alle Zustände im Nassdampfgebiet dazwischen berechnen.

Siedetabelle - Beispiel Kohlendioxid

In Tabelle 6.3 ist eine Siedetabelle für Kohlendioxid als Temperaturtabelle gegeben. Die Werte reichen - wie bei allen Siedetabellen - vom Tripelpunkt bis zum kritischen Punkt. Die Tabelle enthält für jede Temperatur den dazugehörigen Druck, bei dem Kohlendioxid siedet.

In Bild 6.8 sind die spezifischen Volumen der siedenden Flüssigkeit v' und des gesättigten Dampfes v'' eingetragen: Das spezifische Volumen am Siedepunkt nimmt leicht mit dem Druck zu; das spezifische Volumen bei Sättigung nimmt deutlich mit dem Druck ab; beide Kurven treffen sich im kritischen Punkt. Falls ich mir unsicher bin, was v' und was v'' sein soll, so kann ich das hier direkt erkennen, denn die siedende Flüssigkeit hat immer das kleinere spezifischere Volumen als der gesättigte Dampf.

Dazu sind in Bild 6.8 die spezifischen Enthalpien von siedender Flüssigkeit und gesättigtem Dampf zusammen mit der spezifischen Verdampfungsenthalpie $r = h'' - h'$ dargestellt. Die spezifische Verdampfungsenthalpie r hat ihr Maximum am Tripelpunkt und nimmt hin zum kritischen Punkt ab. Dort nimmt sie den Wert null ein, da dann Flüssigkeit und Gas ununterscheidbar sind, also auch identische spezifische Enthalpie haben.

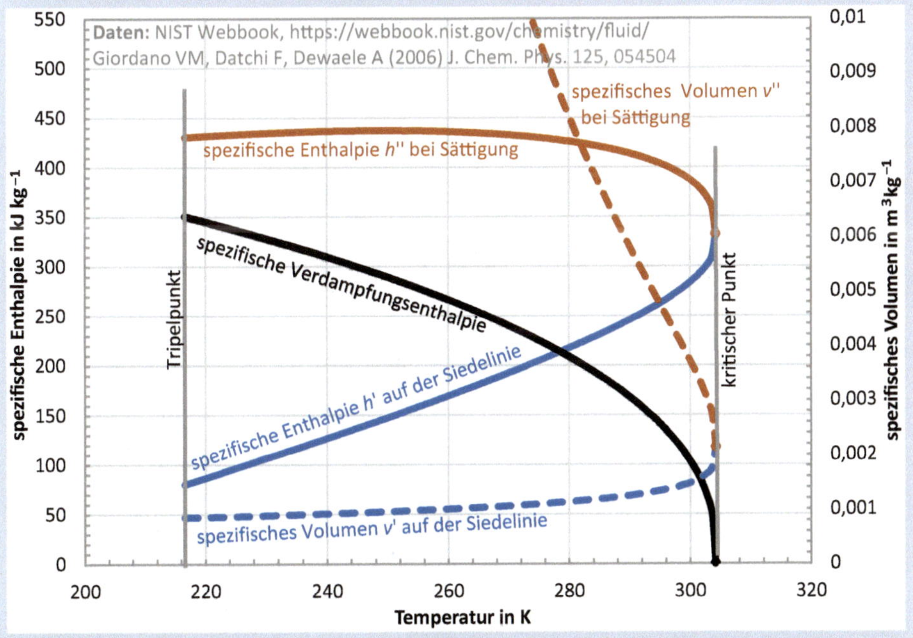

Bild 6.8 Einige der Daten aus Tabelle 6.3 als Diagramm (Daten in höherer Auflösung)

Diese Daten gelten nur für die Siedelinie in Bild 6.1. Sie spannen den Nassdampfbereich auf. Außerhalb des Nassdampfbereiches haben alle Zustandsgrößen andere Werte, und diese Tabelle hat außerhalb keine Gültigkeit.

Tabelle 6.3 Sättigungstabelle von Kohlendioxid zwischen Tripelpunkt und kritischem Punkt als Temperatursortierung

T	p	v'	v''	u'	u''	h'	h''	s'	s''
K	bar	$m^3\,kg^{-1}$	$m^3\,kg^{-1}$	$kJ\,kg^{-1}$	$kJ\,kg^{-1}$	$kJ\,kg^{-1}$	$kJ\,kg^{-1}$	$kJ\,kg^{-1}\,K^{-1}$	$kJ\,kg^{-1}\,K^{-1}$
216,59	5,180	0,000849	0,072670	79,6	392,8	80,0	430,4	0,521	2,139
220	5,991	0,000858	0,063221	86,2	393,8	86,7	431,6	0,552	2,119
230	8,929	0,000886	0,042971	105,8	396,2	106,6	434,6	0,639	2,065
240	12,825	0,000918	0,030034	125,7	398,0	126,8	436,5	0,723	2,014
250	17,850	0,000956	0,021439	146,0	398,8	147,7	437,0	0,807	1,964
260	24,188	0,001001	0,015524	167,0	398,4	169,4	435,9	0,890	1,914
270	32,033	0,001057	0,011316	189,0	396,3	192,4	432,6	0,973	1,863
280	41,607	0,001132	0,008214	212,6	391,8	217,3	425,9	1,060	1,805
290	53,177	0,001243	0,005815	239,0	382,8	245,6	413,8	1,154	1,734
300	67,131	0,001472	0,003723	273,5	362,1	283,4	387,1	1,276	1,622
304,13	73,773	0,002139	0,002139	316,5	316,5	332,3	332,3	1,434	1,434

Daten aus NIST Webbook, *https://webbook.nist.gov/chemistry/fluid/*.

Übungen zum Benutzen der Siedetabellen

WOFÜR KANN ICH DIESE TABELLEN BENUTZEN UND WOFÜR NICHT?

Anlieferung von Flüssiggas (LNG)

Erdgas und zukünftig vielleicht auch Wasserstoff wird entweder über Pipelines transportiert oder verflüssigt. Das verflüssigte Erdgas wird in speziellen Tankschiffen transportiert. Die einzelnen Tanks sind kugelförmig (um den Wärmeverlust möglichst gering zu halten). Darin liegt das Erdgas als Flüssigkeit am Siedepunkt bei Umgebungsdruck vor. Während der Fahrt verdampft ein geringer Anteil des Erdgases, dieser Anteil wird oft mit für den Schiffsantrieb verwendet.

Ein sehr moderner Typ sind die Schiffe der Christophe-de-Margerie-Klasse, die bei Daewoo (DSME) in Korea für den Einsatz in der russischen Arktis gebaut wurden. Diese Schiffe haben eine Kapazität von 172 000 m^3 Flüssiggas.

Welche Wärme wird benötigt, um im Zielhafen dieses flüssige Gas wieder zu verdampfen?

Aus einer geeigneten Tabelle lassen sich die benötigten Daten für den Druck von 1 bar zusammentragen, diese sind

$$T_{SDP}(1\,\text{bar}) = 111{,}51\,\text{K} \quad v'(1\,\text{bar}) = 0{,}0023664\frac{\text{m}^3}{\text{kg}} \quad v''(1\,\text{bar}) = 0{,}55723\frac{\text{m}^3}{\text{kg}}$$

$$h'(1\,\text{bar}) = -0{,}55734\frac{\text{kJ}}{\text{kg}} \quad h''(1\,\text{bar}) = 510{,}56\frac{\text{kJ}}{\text{kg}}$$

Daraus folgt als Masse der Ladung

$$m_{LNG} = \frac{V_{LNG}}{v'_{\text{CH}_4}} = \frac{172.000\,\text{m}^3}{0{,}0023664\frac{\text{m}^3}{\text{kg}}} = 72{,}68\cdot 10^6\,\text{kg}$$

Die Verdampfungsenthalpie beträgt

$$r_{\text{CH}_4}(1\,\text{bar}) = h''(1\,\text{bar}) - h'(1\,\text{bar}) = 510{,}56\frac{\text{kJ}}{\text{kg}} + 0{,}55734\frac{\text{kJ}}{\text{kg}} = 511{,}1\frac{\text{kJ}}{\text{kg}}$$

Daraus berechnet sich die benötigte Wärme für die Verdampfung zu

$$Q_{LNG} = m_{LNG}\cdot r_{\text{CH}_4}(1\,\text{bar}) = 72{,}68\cdot 10^6\,\text{kg}\cdot 511{,}1\frac{\text{kJ}}{\text{kg}} = 37{,}15\cdot 10^{12}\,\text{J}$$

Wir können dies hier so einfach berechnen, da das LNG als siedende Flüssigkeit im Tanker vorliegt und weil ganz konkret nur nach dem Verdampfen gefragt wurde. Diese Wärmemenge könnte z. B. durch das Verbrennen von

$$m_{NG\to Q} = \frac{Q_{LNG}}{H_{I,NG}} = \frac{37{,}15\cdot 10^{12}\,\text{J}}{50{,}5\frac{\text{MJ}}{\text{kg}}} = 735.600\,\text{kg}$$

oder ca. 1 % der Ladung des LNG-Tankers erzeugt werden.

Mit den Daten aus der Siedetabelle können wir den Prozess soweit beschreiben. Allerdings fehlen für eine vollständige Beschreibung der Entladung die Verdichtung, falls das Gas in ein Pipeline-Netz eingespeist werden soll, sowie die Erwärmung des Gases, um dieses gefahrlos weiter verwenden zu können. Für beide Berechnungen benötigen wir zusätzliche Daten, die nicht in der Siedetabelle enthalten sind, sondern in T-s oder h-s Diagrammen.

Dampf erzeugen

In frühen Dampfmaschinen wurde gesättigter Dampf direkt aus dem Boiler genutzt. Gleichzeitig erlaubten diese frühen Boiler noch keinen so hohen Druck wie heutige Dampferzeuger.

Welcher Wärmestrom wird benötigt, um 120 kg Dampf pro Stunde bei 2,2 bar zu erzeugen, wenn das Speisewasser bei 4 °C zugeführt wird?

Aus der Siedetabelle von Wasser lassen sich die Daten entnehmen:

$$\vartheta_{SDP}(2{,}2\,\text{bar}) = 123{,}3\,°\text{C}, \quad r(2{,}2\,\text{bar}) = 2.193\frac{\text{kJ}}{\text{kg}}, \quad h'(2{,}2\,\text{bar}) = 517{,}6\frac{\text{kJ}}{\text{kg}}$$

Der erste Schritt im Boiler ist das Erwärmen des Wassers von 4 °C auf die Temperatur des Siedepunktes. Dabei ist die spezifische Enthalpie des flüssigen Wassers bei 4 °C

$$h'(\vartheta) = c_p \cdot (\vartheta - \vartheta_{ref}) = 4{,}18 \frac{\mathrm{kJ}}{\mathrm{kg \cdot K}} \cdot (4\,°\mathrm{C} - 0\,°\mathrm{C}) = 16{,}7 \frac{\mathrm{kJ}}{\mathrm{kg}}$$

Hier machen wir uns zunutze, dass alle tabellierten Daten für Wasser als Referenzpunkt flüssiges Wasser bei der Bedingung des Tripelpunktes verwenden. Damit wird als Wärmestrom benötigt

$$\dot{Q}_V = \dot{m} \cdot (h'(123{,}3\,°\mathrm{C}) - h'(4\,°\mathrm{C})) = 120 \frac{\mathrm{kg}}{\mathrm{h}} \cdot \left(517{,}6 \frac{\mathrm{kJ}}{\mathrm{kg}} - 16{,}7 \frac{\mathrm{kJ}}{\mathrm{kg}}\right)$$
$$= 60{,}11\,\mathrm{kW}$$

An dieser Stelle benutzen wir eine weitere Eigenschaft von Wasser: In diesem Druck- und Temperaturbereich verhält sich Wasser nahezu wie eine ideale Flüssigkeit, d. h. die Änderung des Drucks von Umgebungsdruck (1 bar) auf den Druck des Boilers hat keinen hier relevanten Einfluss auf die spezifische Enthalpie des Wassers (s. u.).

Im zweiten Schritt wird das Wasser verdampft, dafür wird ein Wärmestrom von

$$\dot{Q}_S = \dot{m} \cdot r = 120 \frac{\mathrm{kg}}{\mathrm{h}} \cdot 2193 \frac{\mathrm{kJ}}{\mathrm{kg}} = 263{,}1\,\mathrm{kW}$$

benötigt. In Summe muss dem Wasser ein Wärmestrom von 263,2 kW zugeführt werden.

Moderne Dampfmaschinen überhitzen den Dampf, um höhere Leistung zu ermöglichen und um Kondensation in den Rohrleitungen zu vermeiden. Um aber den Bereich des überhitzten Dampfes (also Gas) zu beschreiben, benötigen wir dazu Daten außerhalb des Siedebereiches, die nicht in der Tabelle enthalten sind (sondern im h-s Diagramm).

https://www.ship-technology.com/projects/christophe-de-margerie-class-icebreaking-lng-carriers/

■ 6.5 Grafische Werkzeuge

Drei verschiedene Möglichkeiten existieren, um Stoffe über weite Bereiche hinweg abzubilden. Diese sind Tabellen, Diagramme und Zustandsgleichungen: Dabei liegen Tabellen und Diagrammen immer Zustandsgleichungen zugrunde.

1. Zustandsgleichungen sind insbesondere in Software integriert und von hoher theoretischer Bedeutung, ihre Entwicklung geht jedoch über dsen Rahmen dieses Buches hinaus.

2. Die Nutzung von Tabellen ist mühsam, da eigentlich immer geeignet interpoliert werden muss - z. B. mit Zustandsgleichungen, die das physikalische Verhalten abbilden.
3. Das Arbeiten mit Diagrammen hingegen ist anschaulich und hilft uns, die Zusammenhänge zu erkennen und zu verstehen. Daher stehen hier die Diagramme im Vordergrund.

BEVOR SIE JETZT EINFACH WEITERLESEN: BESORGEN SIE SICH EINES DER SOFTWARE-PAKETE, UM SICH DANN SELBER DIE IM WEITEREN DISKUTIERTEN DIAGRAMME AUSGEBEN ZU LASSEN. NEHMEN SIE SICH DIE ZEIT, SICH AUF DIESE DARSTELLUNGSFORM EINZULASSEN.

Daten beschaffen

WO BEKOMME ICH JETZT GANZ KONKRET DIE BENÖTIGTEN DATEN, TABELLEN ODER DIAGRAMME HER?

Diese Frage ist für die praktische Arbeit oft entscheidend. Viele Organisationen haben noch aus früherer Zeit alte und schon oft kopierte Unterlagen. Wenn ich aber neue und aktuelle Daten haben möchte oder zu meinem Problem andere Stoffdaten benötige, woher kann ich die dann bekommen?

Tabellenwerke

Sammlungen von wichtigen thermophysikalischen Daten gibt es schon lange. Wichtig sind

- der VDI-Wärmeatlas - als Student:in haben Sie vermutlich über Ihre Hochschulbibliothek einen Zugriff.
- Für Wasser gibt die IAPWS *(http://www.iapws.org/index.html)* alle relevanten Daten heraus, u. a. Kretzschmar H-J, Wagner W (2019) *International Steam Tables. Properties of Water and Steam based on the Industrial Formulation IAPWS-IF97*. Springer. Auf der Website finden Sie weitere Daten.

Datenbanken

Umfangreiche interaktive Datenbanken können besonders hilfreich sein.

NIST WebBook Das NIST Chemistry WebBook ist Teil der sehr umfangreichen Datensammlung des *National Institute of Standards and Technology* (USA). Dort sind für viele technische Fluide eine Vielzahl an Zustandsgrößen als Isobaren, Isochoren, Isothermen oder Siede- und Sättigungskurven abrufbar: *https://webbook.nist.gov/chemistry/fluid/*

JANAF-Table Die JANAF-Table wurde ursprünglich als dickes Handbuch veröffentlicht, sie sind inzwischen im Internet verfügbar. Die JANAF-Table bietet für sehr viele Elemente und Verbindungen temperaturabhängige Daten der spezifischen Wärmekapazität, Entropie, Enthalpie und Gibbs'schen freien Enthalpie. NIST-JANAF Thermochemical Tables: *https://janaf.nist.gov/*

Freie Programme

coolpack Diese freie Software wurde vom Department of Mechanical Engineering (MEK), Section Thermal Energy (TES) an der Technical University of Denmark (DTU) entwickelt. Sie ist für sehr viele Anwendungen von Kältemaschinen geeignet und enthält die Möglichkeit, individualisierbare T-s, h-s, log p-h und h-x Diagramme zu erstellen: *https://www.ipu.dk/products/coolpack/*

Coolselector®2 Die Firma Danfoss bietet mit Coolselector®2 eine Software an, in der die Daten vieler Kältemittel hinterlegt sind und mit der konkrete Anlagen geplant und optimiert werden können.

Coolprop Wenn ich meine eigene Software schreiben möchte, finde ich hier eine Vielzahl von Funktionen in C++: *http://www.coolprop.org/index.html*

Hersteller

Hersteller von Chemikalien haben eigene Datensätze. Diese stellen sie ihren Kunden zur Verfügung. Frei zugängliche Datensätze sind oft auf das Notwendige beschränkt. Aber auch Sicherheitsdatenblätter können schon erste gute Informationen enthalten.

Wissenschaftliche Literatur

Ansonsten bleibt nur die Suche in der wissenschaftlichen Fachliteratur. Wichtige Daten können auch in alten Veröffentlichungen enthalten sein.

In der älteren wissenschaftlichen Literatur finden sich oft auch Näherungsformeln, die gut für die Arbeit mit Tabellenkalkulationsprogrammen geeignet sind.

SIE FINDEN EINIGES AN BEISPIELEN UND HINWEISEN HIER IN DIESEM BUCH. ■

6.5.1 Zustandsänderungen beschreiben

Diagramme und Tabellen dienen nicht nur dazu, Zustände zu beschreiben, sondern wie in der Übung zum Arbeiten mit Tabellen schon gezeigt insbesondere dazu, Zustandsänderungen und Prozesse abzubilden und quantitativ zu beschreiben. Eine zentrale Anwendung ist die Beschreibung von Abläufen und „Kreisprozessen“ in komplexen Anlagen. Der Teil III dieses Buches baut hierauf auf.

Der erste Schritt, eine Zustandsänderung zu beschreiben, ist, die einzelnen Zustände zu identifizieren, sie einzutragen und weitere Informationen über diesen Zustand abzulesen. Dabei kann es auch wichtig sein, die Nachbarschaft des Zustands mit zu berücksichtigen (darf ich idealisieren? Liegt eine Phasengrenze in der Nähe?).

Wenn das sicher klappt, ist der nächste Schritt zu verstehen, wie zwei Zustände miteinander verbunden werden können: Welche Zustandsänderungen werden benötigt? Wie verlaufen diese durch Phasenübergänge? Gibt es andere mögliche Wege? Dabei ist das Ziel, die Prozessgrößen der Zustandsänderungen zu ermitteln: Welche spezifische Wärme q wird übertragen, welche spezifische Arbeit w wird verrichtet?

Tabelle 6.4 gibt eine Übersicht mit Hinweisen für insbesondere ideale reversible Zustandsänderungen.

Tabelle 6.4 Zustandsänderungen und ihr Verlauf in Zustandsdiagrammen

Zustandsänderung	Wärme	Arbeit	Kommentare
Isobar	maximal	$w_p\big\|_{\Delta p=0}=0$	Ideale Wärmeübertragung in Fließsystemen: Waagerechter Verlauf im log p-h Diagramm, ansonsten entlang von Isobaren.
Isochor		$w_v\big\|_{\Delta v=0}=0$	Die Zustandsänderung kommt in Fließprozessen nicht vor. Isochoren sind häufig eingetragen, da sie wichtig sind für die Auslegung von Leitungssystemen.
Isotherm	$q\big\|_{\Delta T=0}=-w\big\|_{\Delta T=0}$		Waagerechte im T-s-Diagramm, ansonsten entlang Isothermen
Isentrop	$q\big\|_{\Delta s=0}=0$	maximal	Ideale Verdichter und ideale Turbine: Senkrechter Verlauf im h-s und T-s-Diagramm.
Isenthalp	$q\big\|_{\Delta h=0}=0$	$w\big\|_{\Delta h=0}=0$	Drosseln und Ventile: Senkrechter Verlauf zu niedrigerem Druck im log p-h Diagramm. Waagerechter Verlauf zu niedrigem Druck im h-s Diagramm.
Polytrop			Reale Prozesse mit speziellen Verläufen.

6.5.2 Ideale Fluide

Zwei wichtige Grenzfälle für die Beschreibung von Fluiden sind die ideale Flüssigkeit und das ideale Gas. Für diese Fälle ist die Beschreibung soweit vereinfacht, dass wir gut damit rechnen können. Diese Grenzfälle lassen sich auch in den Zustandsdiagrammen finden:

Ideales Gas Das ideale Gas kann gut als Näherung bei hoher Temperatur und niedrigem Druck verwendet werden. In Bild 6.1 und Bild 6.2 liegt es also am rechten unteren Bildrand. In Kapitel 7 wird gezeigt, dass ein ideales Gas dadurch gekennzeichnet ist, dass sich die spezifische Enthalpie nicht mit der Temperatur ändert. Damit haben wir ein Kriterium, um eine Region zu identifizieren, die sich wie ein ideales Gas verhält: Dort verlaufen die Isenthalpen wie Isothermen.

Ideale Flüssigkeit Die ideale Flüssigkeit ist durch Inkompressibilität gekennzeichnet. Das bedeutet, dass sich das Volumen nicht mit dem Druck verändert. Die Temperatur behält ihren Einfluss auf das spezifische Volumen bzw. die Dichte - dadurch bleiben Auftrieb und Konvektion möglich. Viele Flüssigkeiten verhalten sich bei niedrigem Druck und weit weg vom kritischen Punkt fast wie ideale Flüssigkeiten - aber was bedeutet das konkret?

Die Enthalpie ist dann

$$h_{ifl}(p,T) = u(T) + p \cdot v(T) \tag{6.11}$$

Bei einer Flüssigkeit hängt das spezifische Volumen v nur schwach von der Temperatur T ab und hat einen kleinen Zahlenwert. Der Term $p \cdot v$ ist damit gegenüber der inneren Energie u ausgesprochen klein, und die spezifische Enthalpie nimmt etwa linear und sehr geringfügig mit dem Druck zu. Daher ist es oft möglich, diesen Anteil zu vernachlässigen und mit konstanter Enthalpie zu rechnen.

Die ideale Flüssigkeit ist als Näherung gut geeignet, wenn Isobaren sehr nahe beieinander verlaufen.

6.5.3 Das T-s-Diagramm

Eines der wesentlichen Werkzeuge für die Beschreibung der Eigenschaften von Fluiden ist das T-s-Diagramm. Bild 6.5 gab uns den groben Überblick über dieses Diagramm, Bild 6.9 ist eine technisch nutzbare Form des T-s-Diagramms, jetzt beschränkt auf den Bereich flüssiges Wasser, Nassdampf und Gas.

Häufig werden wir die benötigten Stoffwerte aus diesem oder dem h-s Diagramm (s. u.) entnehmen. Wir werden beide Diagramme benötigen, um Zustandsänderungen zu beschreiben. Sie finden unterschiedliche Darstellungen in der Literatur, in der ggf. weitere Isolinien eingetragen sind. Bild 6.9 enthält:

Phasengrenzen in schwarz	Diese Phasengrenzen sind in Bild 6.5 vollständig bezeichnet und umfassen die Siedelinie und die Sättigungslinie, die das zentrale Nassdampfgebiet begrenzen. Der kritische Punkt ist eingetragen, und die Tripellinie fällt mit der x-Achse zusammen.
Isovaporen in schwarz	Die Isovaporen sind Linien konstanten Dampfgehaltes, sie sind in Bild 6.5 bezeichnet und umfassen von links die Siedelinie mit $x_D = 0$ bis rechts die Sättigungslinie mit $x_D = 1$ in 0,1-er Schritten.
Isobaren in beige	Die Tripellinie entspricht der 0,00611 bar Isobare. Hier sind die Isobaren auch im Nassdampfbereich eingetragen, um noch einmal zu verdeutlichen, dass im Nassdampf zu jeder Temperatur ein Druck gehört und daher dort die Isobaren in diesem Diagramm waagerecht verlaufen. Die Isobaren verlaufen im Bereich der Flüssigkeit links von der Siedelinie sehr eng an diese geschmiegt. Nicht jedes erhältliche T-s-Diagramm verfügt über Isobaren im Nassdampfgebiet.
Isochoren in grün	Die Isochoren verlaufen immer steiler als die Isobaren.

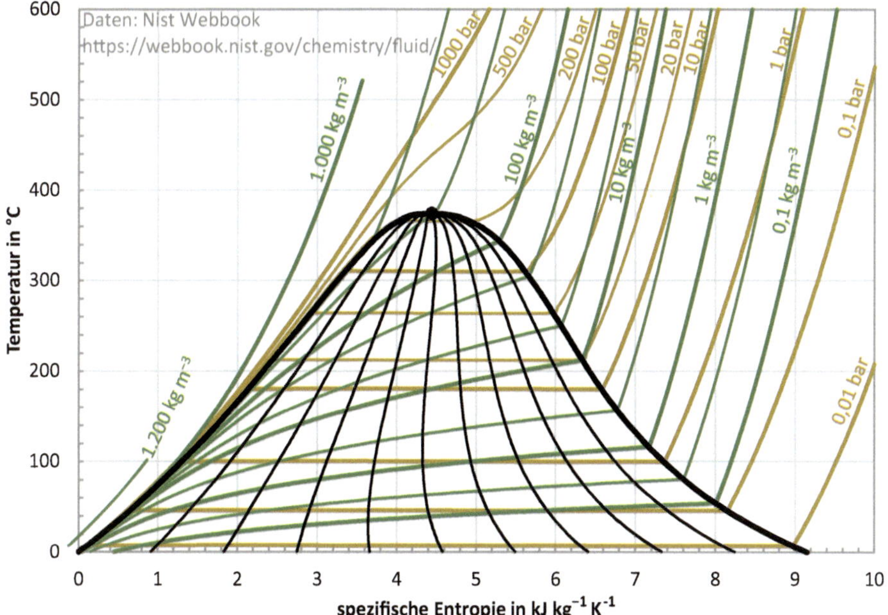

Bild 6.9 T-s-Diagramm für den Nassdampfbereich von Wasser

Den Aufbau dieses Diagramms und des h-s Diagramms erklärt ein Lernvideo: *https://www.youtube.com/watch?v=zhLwHoqyufs.*

6.5.4 Das h-s Diagramm

Manchmal ist die spezifische Enthalpie $h(s)$ im T-s-Diagramm (Bild 6.9) als eine weitere Lage an schwer verfolgbaren Isolinien eingetragen. Wir nutzen zum Ablesen der spezifischen Enthalpie jedoch lieber ein eigenes Diagramm, in dem die spezifische Enthalpie selber eine der Achsen wird. Um es zusammen mit dem T-s-Diagramm verwenden zu können, bietet sich als zweites Diagramm das h-s Diagramm an, wie es in Bild 6.10 für den gleichen Bereich dargestellt ist wie der des T-s-Diagramms aus Bild 6.9.

Im Nassdampfgebiet sind die Isobaren und die Isothermen jeweils mit der Entropie ansteigende Geraden, denn es gilt

$$h_D(s) = h' + x_D \cdot r = h' + x_D \cdot (h'' - h') \tag{6.12}$$

und x_D steigt im Nassdampfbereich linear mit s an.

Schon der erste Blick auf Bild 6.10 zeigt, dass in dieser Darstellung recht viel Fläche ungenutzt bleibt, während das rechte obere Viertel ausgesprochen gedrängt erscheint. Daher enthalten viele verfügbare Diagramme nur diesen Bereich, so wie in Bild 6.11 dargestellt:

Es sind dieselben Daten und Isolinien, aber die Diagrammfläche wird auch für die benötigte Anwendung besser ausgenutzt.

Sie finden unterschiedliche Darstellungen in der Literatur, in der üblich diese Isolinien eingetragen sind. In Bild 6.10 und Bild 6.11 sind eingetragen:

Phasengrenzen in schwarz	Die Phasengrenzen sind in Bild 6.6 bezeichnet und umfassen die Siedelinie und die Sättigungslinie, die das zentrale Nassdampfgebiet begrenzen. Der kritische Punkt ist eingetragen, und die Tripellinie grenzt den Nassdampfbereich gegen den Sublimationsbereich ab.
Isovaporen in schwarz	Die Isovaporen sind in Bild 6.5 bezeichnet und umfassen von links die Siedelinie mit $x_D = 0$ bis rechts die Sättigungslinie mit $x_D = 1$ in 0,1-er Schritten.
Isobaren in beige	Die in diesem Diagramm linear ansteigende Tripellinie entspricht der 0,0061 bar Isobare. Oberhalb der Sättigungslinie gehen die Isobaren in einen exponentiellen Anstieg über.
Isothermen in rot	Die „krummen“ Zahlenwerte ergeben sich, damit die Isothermen jeweils mit einer der „geraden“ Isobaren im Nassdampfgebiet zusammen verlaufen. Oberhalb der Sättigungslinie gehen die Isothermen in einen waagerechten Verlauf über. Dort, wo die Isothermen waagerecht verlaufen, kann gut die Näherung des idealen Gases verwendet werden.
Isochoren in grün	Auch in diesem Diagramm verlaufen die Isochoren steiler als die Isobaren.

In der Darstellung des h-s Diagramms in Bild 6.10 und Bild 6.11 sind einige Informationen mit abgebildet, die oft unterdrückt werden. Dies betrifft die Verläufe der Isothermen und Isochoren im Bereich der Flüssigkeit bei niedriger spezifischer Enthalpie oberhalb der Siedelinie. Bild 6.12 zeigt den Ausschnitt für niedrige Temperatur noch in hoher Auflösung: Der durch aufsteigende Linien gekennzeichnete Keil ist der Nassdampfbereich, oberhalb liegt Flüssigkeit vor. Dieser Bereich verhält sich nahezu inkompressibel bzw. die Änderung der Enthalpie mit dem Druck ist ausgesprochen gering. Dieses Bild ist geeignet, um den theoretischen Aufwand für das Verdichten von flüssigem Wasser abzulesen; dieser beträgt etwa 0,1 kJ kg^{-1} bar^{-1}.

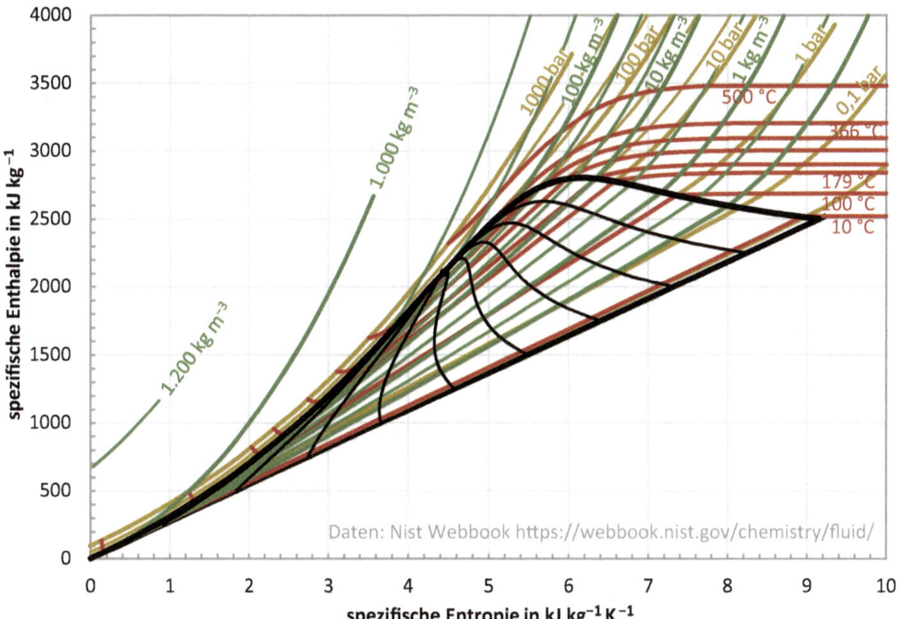

Bild 6.10 Vollständiges h-s Diagramm für Wasser

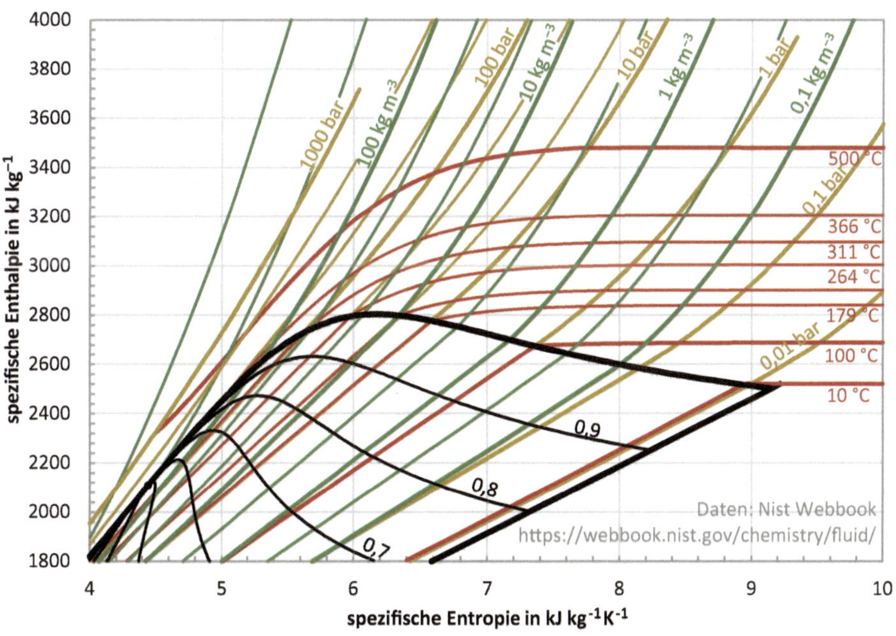

Bild 6.11 Ausschnitt aus dem h-s Diagramm für Wasser, beschränkt auf den relevanten Bereich für Dampfturbinen

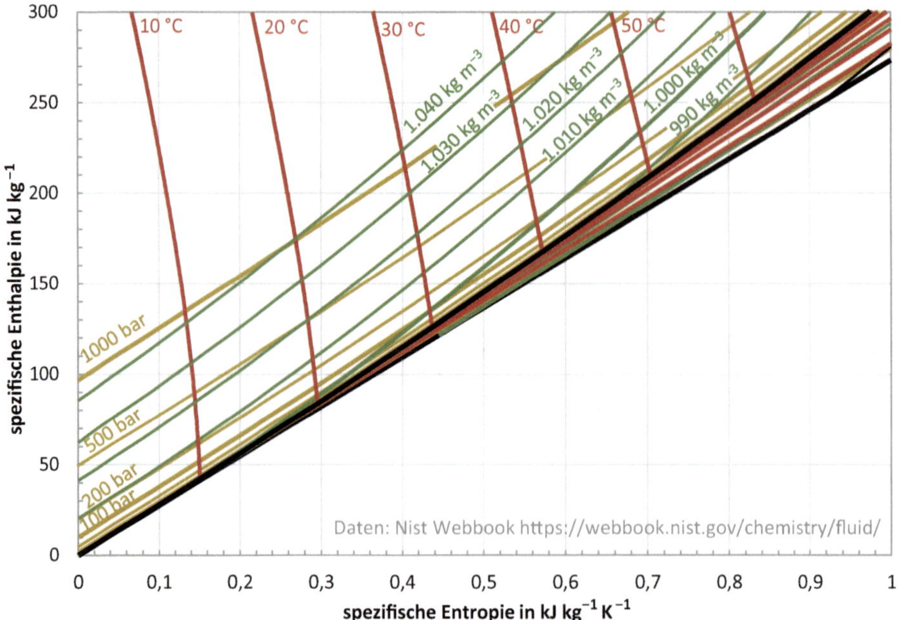

Bild 6.12 Ausschnitt aus dem h-s Diagramm für Wasser, hier der Bereich der idealen Flüssigkeit

6.5.5 Das log p-h Diagramm

Für Kältemittel hat es sich eingebürgert, ein log p-h Diagramm zu verwenden und aus diesem Diagramm die benötigten Daten der Zustände zu entnehmen. Das Diagramm stellt die Stoffdaten für die Phasen flüssig, gasförmig und das Nassdampfgebiet über dem Druck (y-Achse) als Funktion der Enthalpie (x-Achse) dar. Dabei wird der Druck logarithmisch skaliert. Neben der Siede- und der Sättigungslinie finden sich eine Reihe von Isolinien in dem Diagramm. Bild 6.13 zeigt ein solches Diagramm für das Kältemittel Ammoniak. Wie der Vergleich mit Bild 6.7 zeigt, ist die grundlegende Struktur bei Wasser und Ammoniak ausgesprochen ähnlich. Auch die Diagramme für andere Kältemittel haben einen grundsätzlich ähnlichen Aufbau.

In Bild 6.13 sind die relevanten Isolinien eingetragen:

Phasengrenzen in schwarz	Die Begrenzungen des Nassdampfgebietes. Links bei $x_D = 0$ die Siedelinie und rechts bei $x_D = 1$ die Sättigungslinie.
Isovaporen in schwarz	Die Isovaporen, also Linien gleichen Dampfgehaltes im Nassdampfgebiet.
Isothermen in rot	Die Isothermen sind hier vollständig dargestellt: Im Nassdampfbereich müssen die Isothermen waagerecht verlaufen. Im Bereich der idealen Flüssigkeit verlaufen die Isothermen nahezu senkrecht. Auch im Bereich des idealen Gases verlaufen die Isothermen nahezu senkrecht.

Isentropen in blau	Die Isentropen haben die Einheit kJ kg^{-1} K^{-1}. Die Isentropen sind hier im Nassdampfgebiet nicht dargestellt.
Isochoren in grün	Die Isochoren verlaufen stetig, allerdings haben sie eine sehr hohe Dichte nahe der Siedelinie. Im Bereich der Flüssigkeit und bei nahezu senkrechtem Verlauf der Isochoren kann gut mit dem Modell der idealen Flüssigkeit gearbeitet werden, denn diese ist dort nahezu inkompressibel.

Häufig wird davon ausgegangen, dass wir wissen, wie die Isothermen verlaufen. Diese werden daher üblich nur im Gebiet des gasförmigen und des überkritischen Kältemittels dargestellt. Bild 6.13 soll Ihnen helfen, sich später auch in anderen Darstellungsformen zurechtzufinden.

Den Aufbau dieses Diagramms erklärt ein Lernvideo anhand eines Diagramms aus coolpack, das damit ähnlicher ist zu der üblichen Darstellung:
https://www.youtube.com/watch?v=-JsUbi30r9k.

Diese drei Diagramme stehen in Kapitel 11 im Zentrum - dort finden Sie mehrere Beispiele.

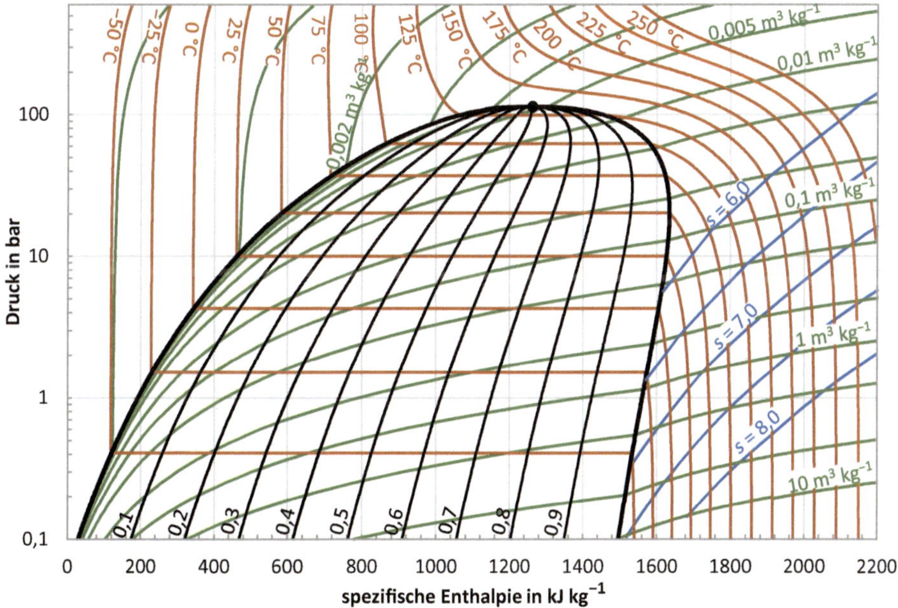

Bild 6.13 log p-h Diagramm für Ammoniak

Wasserstoff als Energieträger

Wasserstoff wird immer wieder als wichtiger Ersatz für fossile Energieträger diskutiert, da er grundsätzlich unter Nutzung von regenerativ erzeugter Elektrizität bereitgestellt werden kann und damit CO_2-neutral wäre.

Eine technische Herausforderung ist es, Wasserstoff zu transportieren und zu lagern. Um die technischen Schwierigkeiten zu verstehen, nutzen wir das h-s Diagramm von reinem Wasserstoff aus Bild 6.14.

Orientieren im Diagramm Dieses h-s Diagramm sieht auf den ersten Blick deutlich anders aus als das von Wasser in Bild 6.10. Dies ist darauf zurückzuführen, dass der Nassdampfbereich von Wasserstoff nur einen sehr kleinen Ausschnitt links unten im Diagramm ausfüllt, während es in Bild 6.10 das Diagramm dominiert. Die schwarzen Linien links unten grenzen das Nassdampfgebiet ein, und die Tripellinie steigt mit der Entropie an.

Der größte Teil des Diagramms ist gasförmiger Wasserstoff. Der Verlauf der Isothermen zeigt zudem, dass Wasserstoff zumindest bis zu einem Druck von 100 bar gut als ideales Gas angenähert werden kann, denn rechts von der 100 bar Isobare verlaufen die Isothermen waagerecht. In diesem Bereich gelten alle Zusammenhänge, die in Kapitel 7 im Detail eingeführt werden.

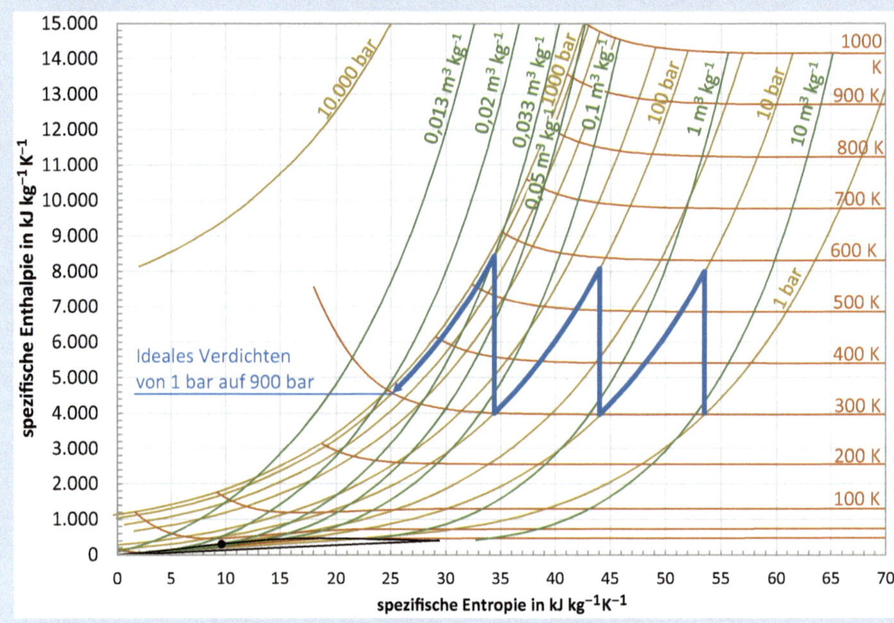

Bild 6.14 h-s Diagramm für Wasserstoff im technisch relevanten Bereich

Bei höherem Druck als etwa 100 bar werden Wechselwirkungen zwischen den Molekülen relevant, diese lassen insbesondere die Dichte weniger schnell ansteigen, als dies bei einem idealen Gas der Fall wäre. Dieser Effekt lässt sich im h-s Diagramm nur begrenzt ablesen. Bild 6.15 stellt daher die Dichte bei 300 K dar. Die Dichte des idealen Gases würde einfach linear mit dem Druck ansteigen, die des realen steigt auch mit dem Druck an, jedoch nimmt die Steigung immer weiter ab. Bild 6.15 zeigt auch, dass die reale innere Energie *u* eines Moleküls leicht von der Temperatur abhängen kann.

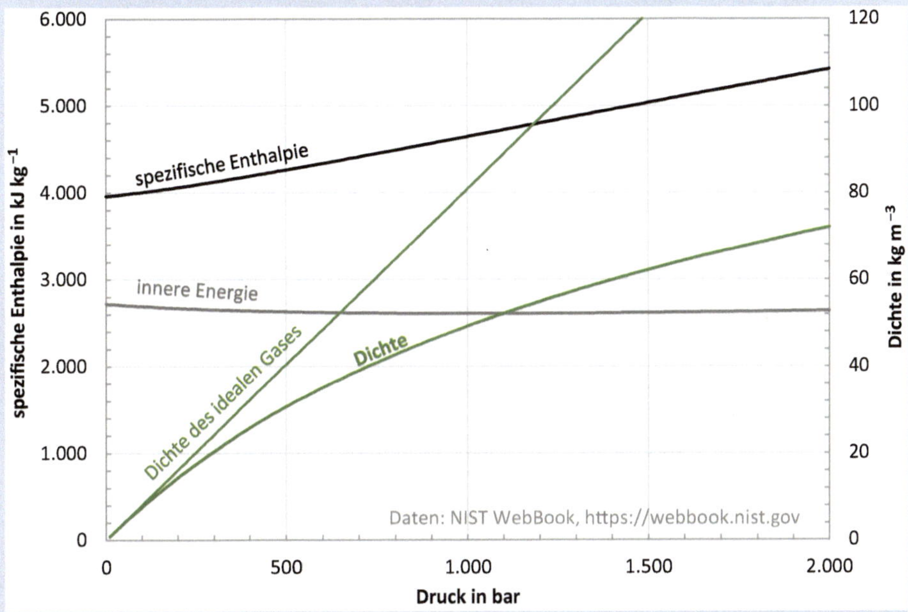

Bild 6.15 Entropie, innere Energie und die Dichte von Wasserstoff bei 300 K

Vergleichen Sie für typische Brennstoffe den volumetrischen Heizwert

Brennstoffe sind Energiespeicher. Je nach technischer Aufgabe kann es günstiger sein, möglichst viel Energie in wenig Masse oder in wenig Volumen zu speichern.

Der in Kapitel 3.4 eingeführte Heizwert $H_{I,m}$ ist eine spezifische Enthalpie - er beschreibt, welche Wärme maximal bei der Verbrennung an Luft frei werden kann. Dies kann auch als volumetrische intensive Größe ausgedrückt werden:

$$H_{I,V} = \frac{Q_{chem}}{V} = \frac{m \cdot H_{I,m}}{V} = \frac{m \cdot H_{I,m}}{m \cdot v} = \frac{H_{I,m}}{v} = \rho \cdot H_{I,m} \quad (6.13)$$

In Tabelle 6.5 sind für wichtige Brennstoffe die typische Dichte, der typische spezifische Heizwert und der volumetrische Heizwert für Normbedingung zusammengetragen: Wasserstoff hat den höchsten spezifischen Heizwert aller Brennstoffe, jedoch einen sehr geringen volumetrischen Heizwert.

Tabelle 6.5 Typischer volumetrischer Energiegehalt von Brennstoffen - wie groß wird mein Tank?

Brennstoff	Dichte	spezifischer Heizwert	volumetrischer Heizwert
Weichholz	500 kg m^{-3}	ca. 22 MJ kg^{-1}	ca. 11 GJ m^{-3}
Steinkohle	800 kg m^{-3}	ca. 25 MJ kg^{-1}	ca. 20 GJ m^{-3}
Benzin	750 kg m^{-3}	41 MJ kg^{-1}	31 GJ m^{-3}
Kerosin	800 kg m^{-3}	43 MJ kg^{-1}	34 GJ m^{-3}
Diesel	830 kg m^{-3}	43 MJ kg^{-1}	36 GJ m^{-3}
Methan (Normbedingung)	0,713 kg m^{-3}	50 MJ kg^{-1}	0,036 GJ m^{-3}
Methan (80 bar)	57 kg m^{-3}	50 MJ kg^{-1}	2,8 GJ m^{-3}
Wasserstoff (Normbedingung)	0,0899 kg m^{-3}	120 MJ kg^{-1}	0,011 GJ m^{-3}
Wasserstoff (80 bar)	6,17 kg m^{-3}	120 MJ kg^{-1}	0,74 GJ m^{-3}
Li-Ion-Batterie	ca. 3000 kg m^{-3}	ca. 1 MJ kg^{-1}	ca. 3 GJ m^{-3}

Bild 6.16 basiert auf den gleichen Daten wie Bild 6.14. Die Isochoren wurden genutzt, um mit Formel 6.13 Linien gleichen volumetrischen Heizwertes einzutragen. Wasserstoff hat eine erheblich geringere Dichte als Erdgas. Aus diesem Grund werden technisch zwei Möglichkeiten diskutiert, um Wasserstoff als Brennstoff in ausreichender Menge in Fahrzeugen oder Schiffen bereitzustellen und so längere Strecken zu ermöglichen:

1. Tanks für sehr hohen Druck bis etwa 900 bar - dies entspricht einer Dichte von etwa 40 kg m^{-3} und damit etwa 4,7 GJ m^{-3}.
2. Tanks für flüssigen Wasserstoff. Flüssiger Wasserstoff hat bei 1 bar etwa eine Dichte von 70,8 kg m^{-3} und erlaubt damit etwa eine volumetrische Energiedichte von 8,5 GJ m^{-3}.

Beides beschränkt die technischen Möglichkeiten für die Nutzung und den Transport von Wasserstoff.

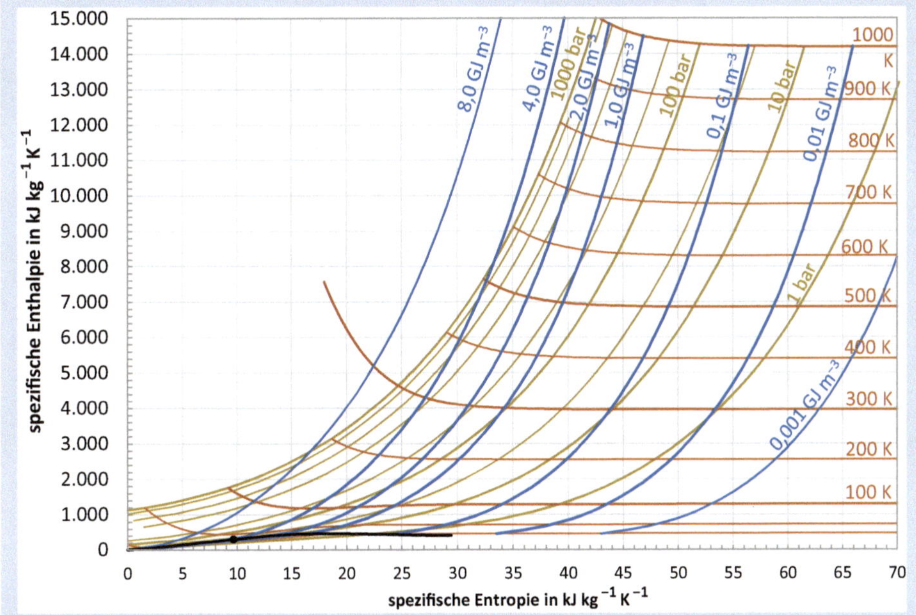

Bild 6.16 Verlauf von Linien gleichen volumetrischen Heizwertes für Wasserstoff im h-s Diagramm

Welche Arbeit wird benötigt, um 1 kg Wasserstoff auf 900 bar zu komprimieren?

Wasserstoff wird elektrolytisch bei 25 °C und 1 bar Umgebungsdruck bereitgestellt. Er soll im Tank bei 900 bar wieder Umgebungstemperatur aufweisen, um Schäden am Tank zu vermeiden.

Der ideale Verdichter arbeitet isentrop, d. h. die entsprechende Zustandsänderung verläuft im h-s Diagramm senkrecht. Der Prozess wird technisch mit mehreren Verdichtern verwirklicht. Jeder dieser Verdichter hat dann z. B. ein Druckverhältnis von 10 - er erhöht den Druck um den Faktor 10. Zwischen den Verdichtern werden Wärmetauscher benötigt, die den Wasserstoff wieder ab Umgebungstemperatur abkühlen. Dieser ideale Prozess besteht aus drei isentropen Verdichtungen und drei isobaren Wärmetauschern, er ist in Bild 6.14 bereits eingetragen (falls Sie sich dort gewundert haben). Natürlich sind auch andere ähnliche ideale Prozesse möglich.

Die für den Prozess benötigte minimale Arbeit beträgt

$$w_p = \Delta h_{1\,\text{bar}\to 10\,\text{bar}}\Big|_{s=const} + \Delta h_{10\,\text{bar}\to 100\,\text{bar}}\Big|_{s=const} + \Delta h_{100\,\text{bar}\to 900\,\text{bar}}\Big|_{s=const}$$

Diese spezifische Arbeit können wir direkt in Bild 6.14 ablesen, denn sie ist

$$w_p = \underbrace{h(10\,\text{bar}, 580\,\text{K}) - h(1\,\text{bar}, 300\,\text{K})}_{\text{erste isentrope Kompression}} + \underbrace{h(100\,\text{bar}, 580\,\text{K}) - h(10\,\text{bar}, 300\,\text{K})}_{\text{zweite isentrope Kompression}} + \underbrace{h(900\,\text{bar}, 560\,\text{K}) - h(100\,\text{bar}, 300\,\text{K})}_{\text{dritte isentrope Kompression}}$$

Basierend auf den Excel-Daten (mit denen das Diagramm erstellt wurde) ist dies

$$w_p = 4.042\frac{\text{kJ}}{\text{kg}} + 4.118\frac{\text{kJ}}{\text{kg}} + 4.435\frac{\text{kJ}}{\text{kg}} = 12.595\frac{\text{kJ}}{\text{kg}}$$

Da der Heizwert von Wasserstoff 120 000 kJ kg^{-1} beträgt, ist dies bereits in einem idealen Prozess 10,5 % der gesamten, im Wasserstoff enthaltenen thermischen Energie.

Umgekehrt können wir auch die bei der Kompression freiwerdende Wärme auf demselben Weg ermitteln. Hier sind es die Differenzen der spezifischen Enthalpie entlang der isobaren Wärmeabgabe

$$q = \Delta h_{10\,\text{bar}}\Big|_{p=const} + \Delta h_{100\,\text{bar}}\Big|_{p=const} + \Delta h_{900\,\text{bar}}\Big|_{p=const},$$

diese betragen basierend auf den Excel-Daten

$$q = -4.038\frac{\text{kJ}}{\text{kg}} - 4.075\frac{\text{kJ}}{\text{kg}} - 3.878\frac{\text{kJ}}{\text{kg}} = -11.991\frac{\text{kJ}}{\text{kg}}$$

Die spezifischen übertragenen Wärmen sind negativ, da das System (der verdichtete Wasserstoff) diese Wärme abgibt. Ein erheblicher Teil der für die Kompression benötigten Energie wird als Abwärme niedriger Temperatur abgegeben.

Kryospeicher

Den zweiten möglichen Prozess, das Verflüssigen von Wasserstoff, können wir alleine mit diesen Diagrammen nicht beschreiben, da dafür spezielle Kältemaschinen benötigt werden - siehe Kapitel 11.

In der Literatur wird für diesen Prozess ein minimaler Energiebedarf von etwa 55 MJ kg^{-1} angegeben, d. h. etwa 45 % der im Wasserstoff enthalten chemischen Energie muss für das Verflüssigen aufgewendet werden.

Flüssiger Wasserstoff siedet, sodass aus einem Tank mit flüssigem Wasserstoff stetig ein Teil verdampft.

Zusammenfassung

Dieses Beispiel vermittelt Ihnen viel Wissen zu Wasserstoff als Energieträger. Um dies einzuordnen und bewerten zu können, benötigen Sie Konzepte, die über die klassische Ingenieursthermodynamik hinausgehen, insbesondere Energy Returned on Energy Invested (EROI): Es macht keinen Sinn, die in einem Energieträger enthaltene Energie bereits vollständig zu verbrauchen, bevor dieser Energieträger einen energetischen Nutzen erbringen kann. Oft werden diese für Wasserstoff besonders hohen Aufwände in der Begeisterung für diesen Brennstoff nicht ausreichend gewürdigt. ■

■ 6.6 Temperaturabhängigkeit der spezifischen Wärmekapazität

Die spezifische Wärmekapazität nahezu aller Stoffe hängt von der Temperatur ab. Sie hat am absoluten Temperaturnullpunkt zumeist den Wert null und nimmt von dort aus zumeist zu. An Phasenübergängen verändert sie ihren Wert; auch weitere hier nicht betrachtete Eigenschaften des Materials haben Einflüsse auf den Verlauf.

Oft genügt es, mit einem tabellierten Wert zu rechnen. Wenn aber große Temperaturbereiche oder hohe Genauigkeit wesentlich werden, dann muss die Temperaturabhängigkeit berücksichtigt werden.

Bild 6.4 gab einen ersten Eindruck, wie die spezifische Wärmekapazität von Methan, Ammoniak und Wasser zwischen dem Schmelzpunkt und 500 K verlaufen. Bild 6.17 zeigt Verläufe der spezifischen Wärmekapazität c_p wichtiger Gase über einen weiten Temperaturbereich:

- Nahe an der Siedetemperatur treten besondere Effekte auf - dies hatten wir schon bei der Diskussion des Realgasfaktors gesehen.
- Bei Edelgasen ändert sich die spezifische Wärmekapazität nicht mit der Temperatur.
- Bei allen anderen Gasen können die einzelnen Moleküle mit zunehmender Temperatur immer mehr Wärme speichern (als Rotation oder Vibration des Moleküls[3]).
- Auch Festkörper haben z. T. starke Variationen der spezifischen Wärmekapazität mit der Temperatur.

---

[3] Mehr dazu würden wir in der Quantenmechanik bzw. in der optischen Spektroskopie lernen können.

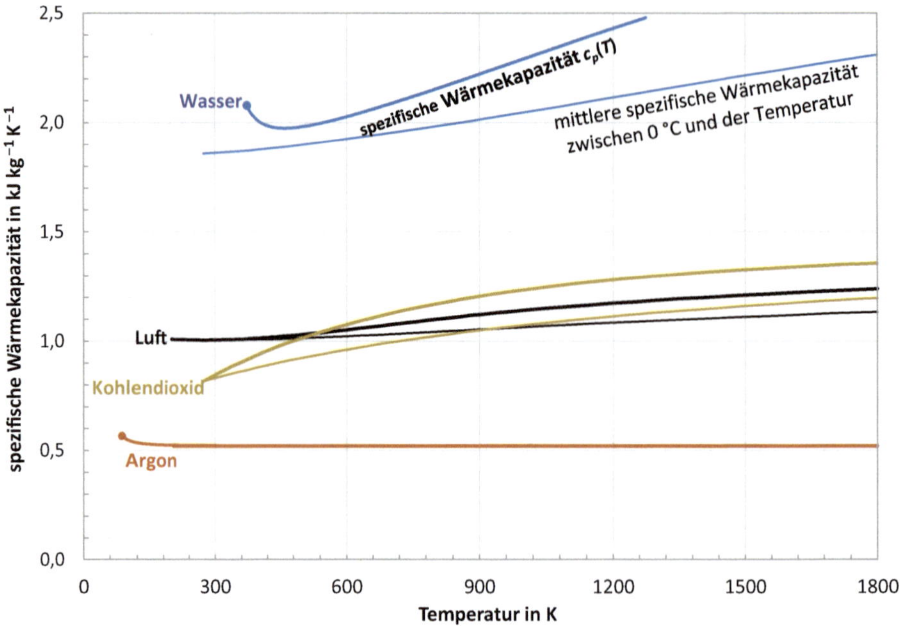

Bild 6.17 Temperaturabhängigkeit der spezifischen Wärmekapazität wichtiger Gase

Die spezifische übertragene Wärme bei einer Zustandsänderung und mit Berücksichtigung der Temperaturabhängigkeit der spezifischen Wärme wird ein Integral

$$q_{12} = \int_{T_1}^{T_2} c(T) \cdot dT \tag{6.14}$$

Bei Berechnungen lässt sich dieses Integral auf unterschiedliche Arten berücksichtigen:

1. Durch eine numerische Integration von tabellierten Werten in einem Tabellenkalkulationsprogramm. Dies ist oft eine recht einfache Möglichkeit.
2. Durch die Integration von Näherungsformeln: Für viele Stoffe gibt es tabellierte Formeln, mit denen in guter Genauigkeit relevante Stoffwerte angenähert werden – z. B. in den JANAF-Tables, s. o.
3. Rechnen mit mittleren spezifischen Wärmekapazitäten für den betrachteten Temperaturbereich.

Die ersten beiden Methoden lassen sich gut selber aneignen bzw. sie sind in vielen Programmen bereits integriert. Hier geht es um die dritte Methode. Das Integral lässt sich vereinfachen, indem es durch mittlere spezifische Wärmekapazitäten ersetzt wird. Diese mittleren spezifischen Wärmekapazitäten können wir auf Vorrat berechnen oder tabellieren. Die mittlere spezifische Wärmekapazität ist dabei definiert als

$$\overline{c\Big|_{T_1}^{T_2}} = \frac{1}{T_2 - T_1} \cdot \int_{T_1}^{T_2} c(T) \cdot dT \tag{6.15}$$

Damit wird aus dem Integral die Gleichung

$$q_{12} = \int_{T_1}^{T_2} c(T) \cdot dT = \overline{c\Big|_{T_1}^{T_2}} \cdot (T_2 - T_1) = \overline{c\Big|_{T_1}^{T_2}} \cdot \Delta T_{12} \tag{6.16}$$

Diese mittleren spezifischen Wärmekapazitäten sind für einige Stoffe tabelliert (siehe Kapitel 21), für andere lassen sie sich aus Tabellen oder Näherungsformeln für $c(T)$ durch numerische Integration berechnen.

Dabei genügt es, Werte für eine Bezugstemperatur T_0 zu tabellieren, denn es gilt allgemein

$$\overline{c\Big|_{T_1}^{T_2}} = \frac{T_2 \cdot \overline{c\Big|_{T_0}^{T_2}} - T_1 \cdot \overline{c\Big|_{T_0}^{T_1}}}{T_2 - T_1} \tag{6.17}$$

Gängig sind solche spezifischen Wärmekapazitäten speziell für Temperaturen in °C und mit der Bezugstemperatur 0 °C tabelliert, dann ist

$$\overline{c\Big|_{\vartheta_1}^{\vartheta_2}} = \frac{\vartheta_2 \cdot \overline{c\Big|_{0}^{\vartheta_2}} - \vartheta_1 \cdot \overline{c\Big|_{0}^{\vartheta_1}}}{\vartheta_2 - \vartheta_1} \tag{6.18}$$

In diesen mittleren spezifischen Wärmekapazitäten sind dann alle temperaturabhängigen Effekte enthalten; oft lassen sich damit auch Phasenänderungen im Festkörper mit einbeziehen, sodass diese nicht mehr explizit berücksichtigt werden brauchen.

6.7 Schallgeschwindigkeit

Für die Beschreibung technischer Systeme kann die Kenntnis der Schallgeschwindigkeit wichtig sein. Allgemein ist die Schallgeschwindigkeit in einem Fluid

$$c_s = \sqrt{\frac{K}{\rho}} = \sqrt{K \cdot v}\,, \tag{6.19}$$

wobei K das Kompressionsmodul ist, das von Druck und Temperatur abhängig ist.

Im idealen Gas ist die Schallgeschwindigkeit

$$c_s = \sqrt{\frac{\kappa \cdot p}{\rho}} = \sqrt{\kappa \cdot p \cdot v} = \sqrt{\frac{\kappa \cdot R \cdot T}{M}} = \sqrt{\kappa \cdot R_i \cdot T} \tag{6.20}$$

sie ist damit eine Funktion des Isentropen-Exponenten κ des Gases, der Temperatur T, der Molmasse M des Gases und der allgemeinen Gaskonstante R. Da κ nahezu konstant ist, ist die Schallgeschwindigkeit in guter Näherung nur eine Funktion der Wurzel der Temperatur.

Die Machzahl ist das Verhältnis einer Geschwindigkeit zur Schallgeschwindigkeit

$$\mathrm{Ma} = \frac{c}{c_s} \tag{6.21}$$

Strömungen, bei denen die Machzahl deutlich kleiner als 1 ist, sind technisch der Normalfall. Bei einer Machzahl von 1,0 liegt Schallgeschwindigkeit vor und bei höheren Werten Überschall. Hier treten zusätzliche Effekte in Strömungen durch Verdichtung und Verdichtungsstöße auf. Diese Schockwellen nehmen wir als Lärm (Überschallknall) wahr, sie stellen für Maschinen eine extreme mechanische Belastung dar. Viele Strömungsmaschinen können daher nur bei Ma < 1 betrieben werden (Verdichter und Turbinen z. B.).

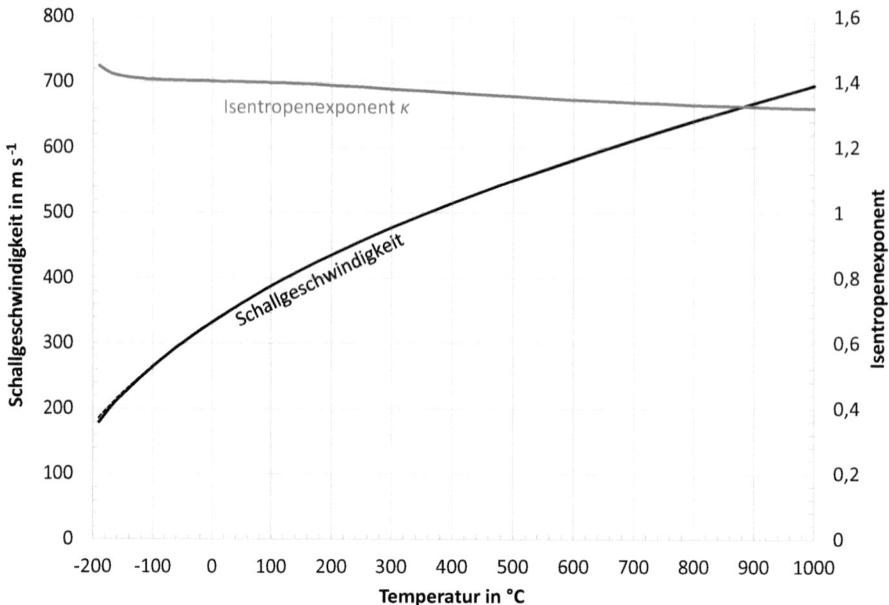

Bild 6.18 Schallgeschwindigkeit und der Isentropen-Exponent κ von Luft

Literatur

Chaplin MF (2019) *Structure and Properties of Water in its Various States.* In Maurice PA *Encyclopedia of Water: Science, Technology and Society.* John Wiley *https://doi.org/10.1002/9781119300762.wsts0002.*

Hall CAS (2017) *Energy Return on Investment. A Unifying Principle for Biology, Economics, and Sustainability.* Springer.

Linow S (2019) *Energie – Klima – Ressourcen. Quantitative Methoden zur Lösungsbewertung von Energiesystemen.* Hanser, München.

Palmer G, Floyd J (2020) *Energy Storage and Civilization. A Systems Appsroach.* Springer.

7 Zustandsänderungen des idealen Gases

Das ideale Gas und seine Zustandsgleichung haben einen besonderen Platz in der technischen Thermodynamik:

- Diese Zustandsgleichung ermöglicht es, Zustände und Zustandsänderungen für Gase einfach zu beschreiben und zu berechnen.
- Reale Gase verhalten sich bei niedrigem Druck und bei hoher Temperatur wie ein ideales Gas. Das ideale Gas ist also eine ausgesprochen gute Näherung für das Verhalten realer Fluide bei diesen Bedingungen.
- Viele technische Gase verhalten sich über weite, technisch relevante Bereiche ähnlich wie ein ideales Gas, sodass Berechnungen mit geringen Abweichungen oft über große Anwendungsbereiche möglich sind. Ergebnisse werden beim Überschreiten des Geltungsbereiches des idealen Gases nicht grundsätzlich falsch, sondern weichen mit zunehmendem Druck oder nahe am Siedepunkt stärker von realen Werten ab. Natürlich nur, solange die Siedelinie nicht überschritten wird.

Der Umgang mit realen Fluiden war der Fokus des letzten Kapitels. Falls eine hohe Genauigkeit der Berechnung in der Nähe von Phasengrenzen (niedrige Temperatur) oder bei hohem Druck (wenn das Volumen der einzelnen Moleküle von Bedeutung ist) gebraucht wird oder wenn die Anziehungskräfte zwischen einzelnen Teilchen von Bedeutung sind, dann sollte unbedingt mit realen Daten gerechnet werden. Die Methoden dieses Kapitels werden dann angewendet, wenn sich das untersuchte Gas ausreichend wie ein ideales Gas verhält oder eine solche Abschätzung genügt.

Bild 7.1 und Bild 7.2 sollen eine erste Orientierung für die nächsten Abschnitte geben: In den Abschnitten werden die relevanten Zustandsänderungen weiter diskutiert. Diese beiden Bilder zeigen, wie diese Zustandsänderungen in den üblichen beiden Diagrammen für ideale Gase grundsätzlich verlaufen.

Alle für die Anwendung notwendigen Formeln sind am Endes des Kapitels in Tabelle 7.4 und Tabelle 7.5 zusammengefasst.

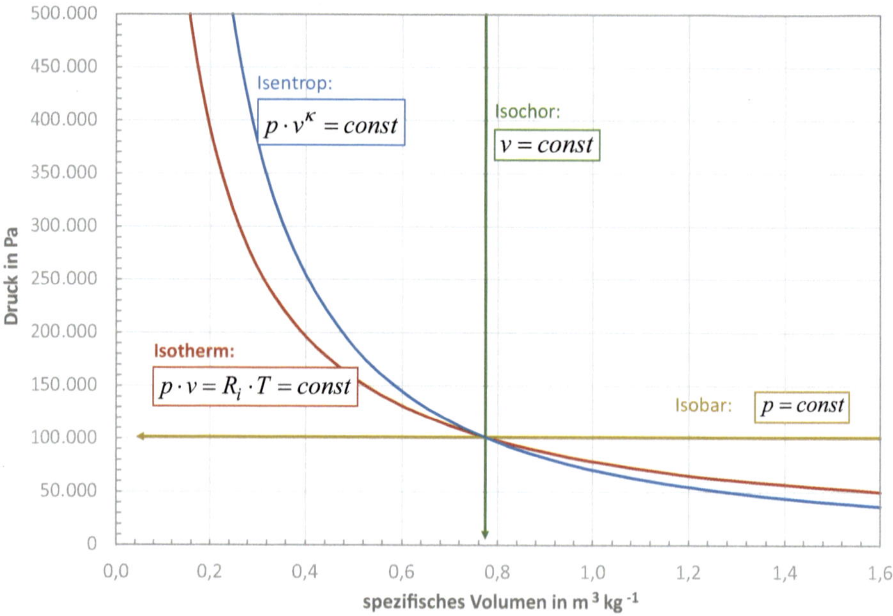

Bild 7.1 Skizze der Verläufe der Isolinien im p-v Diagramm eines idealen Gases – hier ausgehend von Normbedingung und für Luft

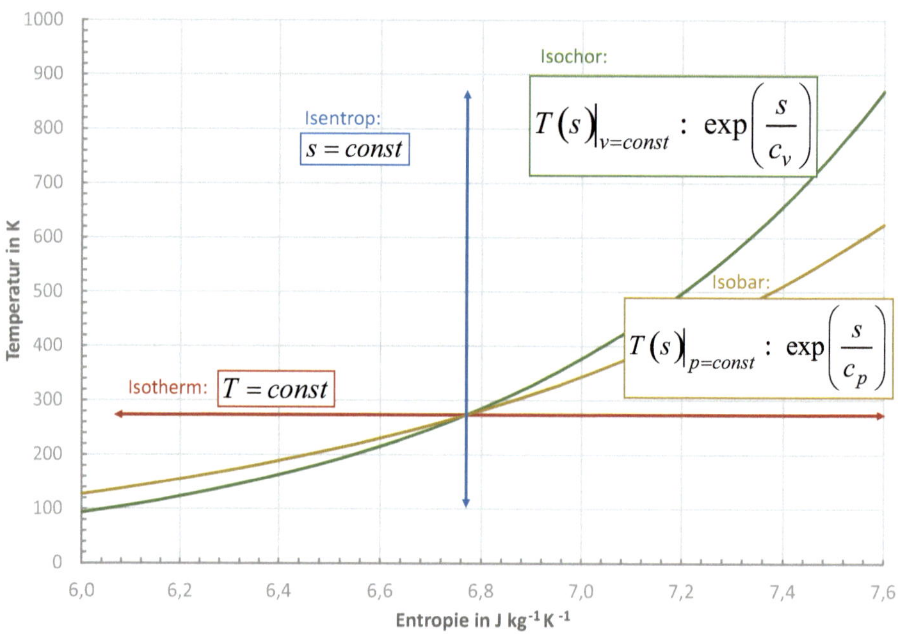

Bild 7.2 Skizze der Verläufe der Isolinien im p-v Diagramm eines idealen Gases – hier ausgehend von Normbedingung und für Luft

7.1 Ideales Gas

Die Zustandsgleichung des idealen Gases ist in Kapitel 2 eingeführt. Sie lautet für ein Gas *i*

$$\frac{p \cdot v}{T} = R_i = \frac{R}{M_i} = const \tag{7.1}$$

Die spezielle Gaskonstante R_i kann dabei aus der allgemeinen Gaskonstante R und der Molmasse M_i des Gases direkt ermittelt werden. Alles Weitere folgt jetzt aus der Anwendung dieser Zustandsgleichung.

Enthalpie Eine wesentliche Besonderheit des idealen Gases ist der Zusammenhang zwischen Enthalpie und Temperatur. Die spezifische Enthalpie ist

$$h(T,p) = u(T) + p \cdot v = u(T) + R_i \cdot T\ , \tag{7.2}$$

wenn die spezifische Verschiebearbeit $p \cdot v$ über die Zustandsgleichung ausgedrückt wird. Damit hängt auch die Enthalpie eines idealen Gases nur von der Temperatur ab. Wir erkennen im Zustandsdiagramm eines realen Gases direkt, wo ideales Gas vorliegt bzw. wo die Näherung des idealen Gases trägt:

- Im T-s Diagramm ist dies der Bereich, in dem die Isenthalpen waagerecht verlaufen.
- Im h-s Diagramm ist dies der Bereich, in dem die Isothermen waagerecht verlaufen.
- Im log p-h Diagramm ist dies der Bereich, in dem die Isothermen senkrecht verlaufen.

Spezielle Gaskonstante Formel 7.2 lässt sich zu

$$h(T) - u(T) = p \cdot v = R_i \cdot T \tag{7.3}$$

umstellen. Dies lässt sich auch als Differentiale schreiben

$$dh(T) - du(T) = R_i \cdot dT \tag{7.4}$$

Wenn in einer Zustandsänderung nur Wärme übertragen wird, dann gilt damit

$$\left.\frac{dh(T)}{dT}\right|_{w=0} - \left.\frac{du(T)}{dT}\right|_{w=0} = c_{p,i}(T) - c_{v,i}(T) = R_i \tag{7.5}$$

D. h. die Differenz von c_p und c_v ist die spezielle Gaskonstante des Gases, und sie ist unabhängig von der Temperatur.

Isentropenexponent Eine weitere wichtige Größe ist das Verhältnis von c_p zu c_v, die den Namen Isentropenexponent trägt,

$$\kappa_i(T) = \frac{c_{p,i}(T)}{c_{v,i}(T)} \tag{7.6}$$

Dieser Isentropenexponent ist oft nur sehr schwach temperaturabhängig. Seine Bedeutung wird mit der isentropen Zustandsänderung eingeführt.

Für die praktische Arbeit sind noch die Zusammenhänge zwischen Isentropenexponent und spezieller Gaskonstante hilfreich (die wir durch Einsetzen bekommen). Es ist

$$c_{v,i} = \frac{R_i}{\kappa_i - 1} \tag{7.7}$$

und

$$c_{p,i} = \frac{R_i}{1 - \frac{1}{\kappa_i}} = \frac{\kappa_i \cdot R_i}{\kappa_i - 1} \tag{7.8}$$

Zusammenfassend: Wenn wir zwei der vier Größen kennen, dann folgen die beiden anderen direkt aus diesen Formeln. Die spezielle Gaskonstante R_i berechnet sich aus der Molmasse M_i und ist damit direkt zugänglich, die spezifische Wärmekapazität bei konstantem Druck ist sehr oft tabelliert (wenn auch manchmal als molare Wärmekapazität).

■ 7.2 Die isochore Zustandsänderung

Bei dieser reversiblen Zustandsänderung bleibt das Volumen v konstant, und die Zustandsänderung des idealen Gases ist

$$\frac{p}{T} = \frac{R_i}{v} = const \tag{7.9}$$

Die Wärme wird definitionsgemäß über c_v bestimmt, daher ist

$$q_{12}\big|_{v=const} = c_v \cdot \Delta T_{12} \tag{7.10}$$

Da sich das spezifische Volumen bei dieser Zustandsänderung nicht ändert, ist $dv = 0$, und es gilt immer für die Volumenarbeit

$$w_{v,12}\big|_{v=const} = -\int_1^2 p(v) \cdot dv = 0 \tag{7.11}$$

Die Druckarbeit beträgt für alle Fluide

$$w_{p,12}\big|_{v=const} = \int_1^2 v \cdot dp = v \cdot \int_1^2 dp = v \cdot \Delta p_{12}, \tag{7.12}$$

denn das Volumen ist konstant und kann daher aus dem Integral gezogen werden. Die spezifische Entropie ändert sich mit

$$\Delta s_{12}\big|_{v=const} = \int_1^2 \frac{dq}{T} = \int_1^2 \frac{d(c_v \cdot T)}{T} = c_v \cdot \int_1^2 \frac{dT}{T} = c_v \cdot \ln \frac{T_2}{T_1} \tag{7.13}$$

Alle diese Zusammenhänge gelten für alle Fluide, solange keine Phasenübergänge stattfinden. Speziell für das ideale Gas ist der Zusammenhang zwischen Druck und Temperatur zwischen den beiden, durch eine isochore Zustandsänderung verbundenen Zustände

$$\frac{p_1}{T_1} = \frac{p_2}{T_2} = \frac{R_i}{v} = const \tag{7.14}$$

Diese Zustandsänderung beschreibt eingeschlossene Systeme mit starren Systemgrenzen.

7.3 Die isobare Zustandsänderung

Bei dieser reversiblen Zustandsänderung bleibt der Druck p konstant, und die Zustandsänderung des idealen Gases ist

$$\frac{v}{T} = \frac{R_i}{p} = const \tag{7.15}$$

Die Wärme wird definitionsgemäß über c_p bestimmt, so dass

$$q_{12}\big|_{p=const} = c_p \cdot \Delta T_{12} \tag{7.16}$$

Für die Volumenarbeit gilt für alle Fluide

$$w_{v,12}\big|_{p=const} = -\int_1^2 p \cdot dv = -p \cdot \int_1^2 dv = -p \cdot \Delta v_{12} \tag{7.17}$$

Da der Druck konstant ist, folgt für die Druckarbeit immer

$$w_{p,12}\big|_{v=const} = \int_1^2 v(p) \cdot dp = 0 \tag{7.18}$$

Die spezifische Entropie ändert sich mit

$$\Delta s_{12}\big|_{p=const} = \int_1^2 \frac{dq}{T} = \int_1^2 \frac{d(c_p \cdot T)}{T} = c_p \cdot \int_1^2 \frac{dT}{T} = c_p \cdot \ln\frac{T_2}{T_1} \tag{7.19}$$

Alle diese Zusammenhänge gelten für alle Fluide, solange keine Phasenübergänge stattfinden. Speziell für das ideale Gas ist der Zusammenhang zwischen spezifischem Volumen und Temperatur zwischen den beiden durch eine isobare Zustandsänderung verbundenen Zustände

$$\frac{v_1}{T_1} = \frac{v_2}{T_2} = \frac{R_i}{p} = const \tag{7.20}$$

Diese Zustandsänderung beschreibt oft Wärmetauscher oder Verbrennungssysteme. Da bei der isobaren Zustandsänderung keine Druckarbeit verrichtet wird, ist dies für stationäre Fließsysteme der ideale Wärmeübertrager.

7.4 Die isotherme Zustandsänderung

Bei dieser reversiblen Zustandsänderung bleibt die Temperatur T des Systems konstant. Da die innere Energie nur eine Funktion der Temperatur ist, bleibt auch die spezifische innere Energie $u(T)$ konstant

$$\Delta u_{12}\big|_{T=const} = u_2(T) - u_1(T) = 0 = q_{12}\big|_{T=const} + w_{v,12}\big|_{T=const} \tag{7.21}$$

Daher ist bei dieser Zustandsänderung die Wärme gleich der (negativen) Volumenarbeit

$$q_{12}\big|_{T=const} = -w_{v,12}\big|_{T=const} \tag{7.22}$$

Damit die Temperatur und die innere Energie konstant bleiben, müssen übertragene Wärme und verrichtete Arbeit sich genau ausbalancieren - das eine wiegt das andere auf. Die triviale Lösung, bei der Arbeit und Wärme null sind, ist keine Zustandsänderung.

Da auch das Produkt

$$p \cdot v = R_i \cdot T = const \tag{7.23}$$

konstant bleibt, muss die Enthalpie konstant bleiben (s. o.) , und es folgt weiter

$$\Delta h_{12}\big|_{T=const} = h_2(T) - h_1(T) = 0 = q_{12}\big|_{T=const} + w_{p,12}\big|_{T=const}$$

und damit sind bei dieser Zustandsänderung die Volumenarbeit und die Druckarbeit gleich und gleich der (negativen) Wärme

$$q_{12}\big|_{T=const} = -w_{p,12}\big|_{T=const} = -w_{v,12}\big|_{T=const} \tag{7.24}$$

Die Druckarbeit folgt dabei z. B. aus

$$w_{p,12}\big|_{T=const} = \int_1^2 v(p) \cdot dp = \int_1^2 \frac{R_i \cdot T}{p} \cdot dp = R_i \cdot T \cdot \int_1^2 \frac{dp}{p} = R_i \cdot T \cdot \ln \frac{p_2}{p_1} \tag{7.25}$$

Für die spezifische Entropie folgt

$$\Delta s_{12}\big|_{T=const} = \int_1^2 \frac{dq}{T} = -\int_1^2 \frac{dw_p}{T} = -\int_1^2 \frac{v \cdot dp}{T} = -R_i \cdot \ln \frac{p_2}{p_1} \tag{7.26}$$

Hierbei wird benutzt, dass auch die Differentiale von Arbeit und Wärme bis auf das Vorzeichen identisch sind; danach folgt die Auflösung des Integrals der Formel 7.25.

Für das ideale Gas ist der Zusammenhang zwischen spezifischem Volumen und Druck zwischen den beiden durch eine isotherme Zustandsänderung verbundenen Zustände

$$p_1 \cdot v_1 = p_2 \cdot v_2 = R_i \cdot T = const, \text{ also } \frac{p_1}{p_2} = \frac{v_2}{v_1} \tag{7.27}$$

Die isotherme Zustandsänderung ist technisch für Gase ausgesprochen schwierig umzusetzen. In realen Anlagen wird sie daher oft durch eine Kombination aus isentroper und isobarer Zustandsänderung abgebildet.

7.5 Die isentrope Zustandsänderung

Bei dieser Zustandsänderung bleibt allgemein die Entropie s des Systems konstant - dies kann grundsätzlich über sehr viele Prozesse erreicht werden. Tatsächlich relevant ist nur der Fall, bei dem diese Zustandsänderung reversibel ist, d. h. keine Dissipation stattfindet. Dann ist dies zugleich eine adiabate Zustandsänderung (d. h. keine Übertragung von Wärme), und damit gilt grundsätzlich die Kombination

$$\left.\begin{aligned}\Delta S_{12} &\equiv 0\\ Q_{12} &\equiv 0\end{aligned}\right\}\text{isentrop} \tag{7.28}$$

Dies ist die Definition der isentropen Zustandsänderung, die wir durchgängig verwenden. Die isentrope Zustandsänderung eines idealen Gases ist dadurch gekennzeichnet, dass

$$p \cdot v^{\kappa} = const \tag{7.29}$$

Durch diese Festlegung lassen sich weitere Produkte von Zustandsgrößen finden, die auch konstant bleiben, einmal

$$p \cdot v^{\kappa} = \frac{T \cdot R_i}{v} \cdot v^{\kappa} \Rightarrow \frac{T}{v} \cdot v^{\kappa} = T \cdot v^{\kappa-1} = const \tag{7.30}$$

und dazu

$$p \cdot v^{\kappa} = p \cdot \left(\frac{T \cdot R_i}{p}\right)^{\kappa} \Rightarrow p \cdot \frac{T^{\kappa}}{p^{\kappa}} = p^{1-\kappa} \cdot T^{\kappa} = const \tag{7.31}$$

Aus Formel 7.29, Formel 7.30 und Formel 7.31 folgen dann Gleichungen, mit denen für eine isentrope Zustandsänderung die Zustandsgrößen p, v und T miteinander in Beziehung gesetzt werden können. Diese sind in Tabelle 7.5 für die praktische Arbeit zusammengefasst.

Die verrichtete Volumenarbeit folgt aus dem ersten Hauptsatz

$$\underbrace{q_{12}\Big|_{\Delta s_{12}=0}}_{=0} + w_{v,12}\Big|_{\Delta s_{12}=0} = w_{v,12}\Big|_{\Delta s_{12}=0} = \Delta u_{12}\Big|_{\Delta s_{12}=0} = c_v \cdot \Delta T_{12} \tag{7.32}$$

Da bei der isentropen Zustandsänderung keine Wärme übertragen wird, sich aber die Temperatur des Systems durch die Arbeit ändert, muss die verrichtete Volumenarbeit die vollständige Änderung der inneren Energie verursachen. Für die Druckarbeit folgt entsprechend

$$\underbrace{q_{12}\Big|_{\Delta s_{12}=0}}_{=0} + w_{p,12}\Big|_{\Delta s_{12}=0} = w_{p,12}\Big|_{\Delta s_{12}=0} = \Delta h_{12}\Big|_{\Delta s_{12}=0} = c_p \cdot \Delta T_{12} \tag{7.33}$$

Damit gibt es einen direkten Zusammenhang zwischen Volumenarbeit und Druckarbeit

$$w_{p,12}\Big|_{s=const} = \frac{c_p}{c_v} \cdot w_{v,12}\Big|_{s=const} = \kappa \cdot w_{v,12}\Big|_{s=const} \tag{7.34}$$

Es genügt also, eine der beiden spezifischen Arbeiten zu berechnen.

Isentrope Zustandsänderungen beschreiben ideale Prozesse und Maschinen, bei denen nur Arbeit verrichtet wird, keine Wärme übertragen wird und insbesondere keine Dissipation auftritt. Ideale Verdichter und Turbinen sind isentrop.

7.6 Zustandsänderungen illustrieren

Eine wichtige Methode ist, sich auch die Zustandsänderungen idealer Gase in p-v Diagrammen oder T-s Diagrammen darzustellen. Dabei werden üblich eher Skizzen verwendet als exakte Diagramme:

p-v Diagramm Das p-v Diagramm ist besonders geeignet, um verrichtete Arbeit zu illustrieren:

- Das Produkt $p \cdot v$ ist eine spezifische Arbeit, damit stellt jede Fläche im p-v Diagramm eine Arbeit dar.
- Integrale entlang der x-Achse (spezifisches Volumen) ergeben eine Volumenarbeit - so war sie definiert in Kapitel 3. Isochore Zustandsänderungen (senkrecht) verursachen keine Volumenarbeit.
- Integrale entlang der y-Achse (Druck) ergeben eine Druckarbeit - so war sie definiert in Kapitel 3. Isobare Zustandsänderungen (waagerecht) erzeugen keine Druckarbeit.

Bild 7.3 stellt für Luft ein p-v Diagramm dar. Um das Diagramm aufzubauen, sind nur die spezielle Gaskonstante und die Entropie bei Normbedingung notwendig. Die isentrope Zustandsänderung verläuft im p-v Diagramm mit höherer Steigung als die isotherme.

Die eingezeichneten Sättigungs- und Siedelinien sind für Luft die absoluten Grenzen - ab dort liegt kein Gas mehr vor; auch nahe der Sättigungslinie weicht Luft als Gas noch deutlich vom idealen Gas ab.

T-s Diagramm Das T-s Diagramm ist besonders geeignet, um übertragene Wärme darzustellen:

- Das Produkt $T \cdot s$ ist eine spezifische Wärme, damit stellt jede Fläche im T-s Diagramm eine Wärme dar.
- Integrale entlang der x-Achse (spezifische Entropie) ergeben eine Wärme. Isentrope Zustandsänderungen (senkrecht) ergeben keine Wärme.

Bild 7.4 zeigt für Luft im technisch relevanten Bereich das Verhalten als ideales Gas. Um das Diagramm aufzubauen, sind nur die spezielle Gaskonstante und die Entropie bei Normbedingung notwendig. Grundsätzlich verlaufen die Isochoren immer steiler als die Isobaren.

Bild 7.4 macht leider nicht besonders gut deutlich, dass die einzelnen Isobaren jeweils Funktionen mit identischem Verlauf sind, die jeweils nur in Entropierichtung verschoben werden. Gleiches gilt für die Isochoren.

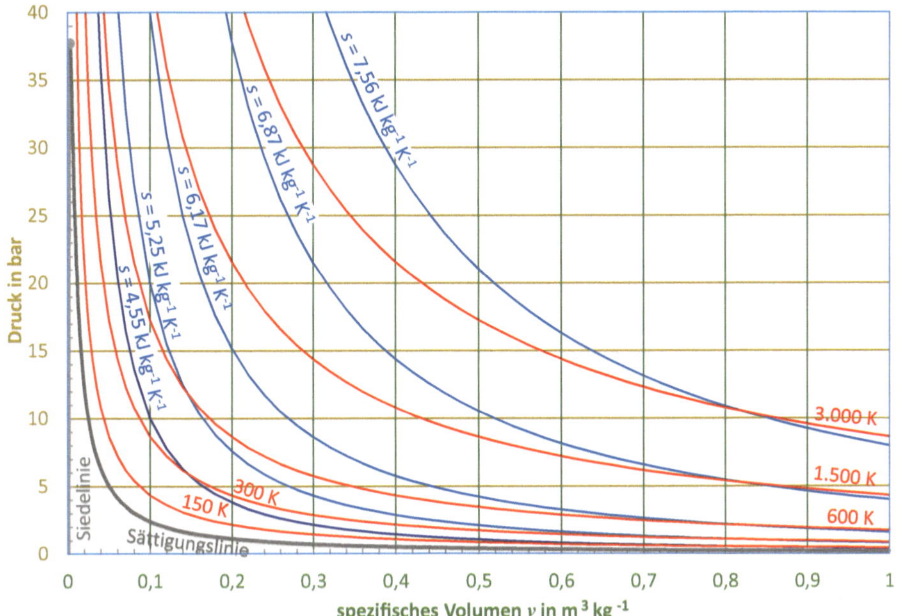

Bild 7.3 Ein p-v Diagramm für Luft als ideales Gas. Die Sättigungslinie von Luft dient der Orientierung.

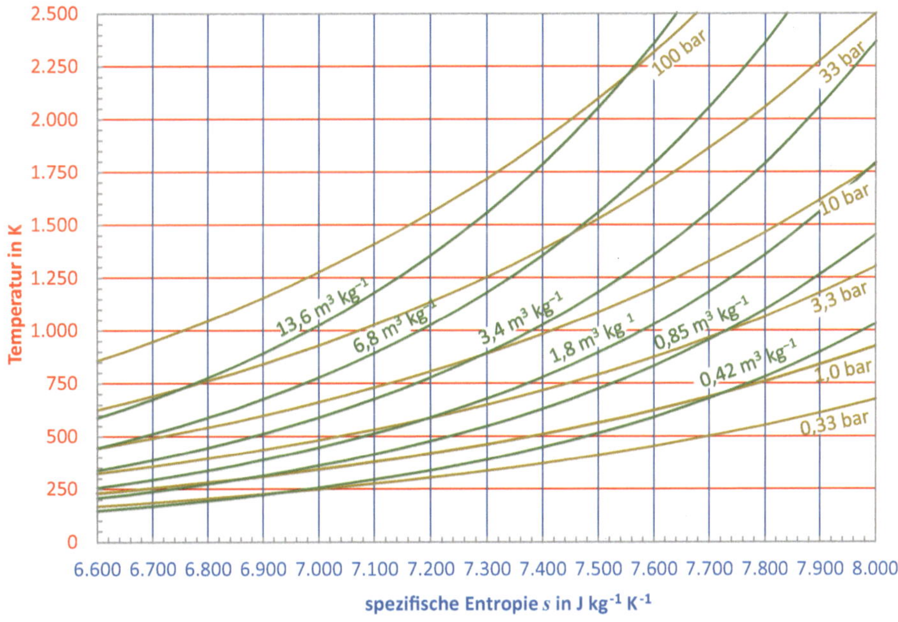

Bild 7.4 T-s Diagramm für Luft als ideales Gas

7.7 Polytrope Zustandsänderung des idealen Gases

Die polytrope Zustandsänderung beschreibt den allgemeinen Fall einer Zustandsänderung - auch solche, bei der keine der bisher angegebenen Zustandsgrößen konstant bleibt. Eigentlich könnten beliebige Scharen an Funktionen diese Aufgabe lösen. Wir benutzen jedoch ausdrücklich die bereits mit der isentropen Zustandsänderung eingeführten Ansätze: Diese spezielle Funktion beschreibt dann besonders gut das Verhalten realer technischer Prozesse, und sie enthält als Spezialfälle die bereits besprochenen Zustandsänderungen.

Die Definition basiert darauf, dass eine Funktion zweier Zustandsgrößen bei der Zustandsänderung 1 → 2 konstant bleibt, wobei diese in Anlehnung an die isentrope Zustandsänderung formuliert sind mit

$$p \cdot v^{n_{12}} = const \tag{7.35}$$

bzw.

$$T \cdot v^{n_{12}-1} = const \tag{7.36}$$

sowie

$$p^{1-n_{12}} \cdot T^{n_{12}} = const \tag{7.37}$$

Die daraus resultierenden Formeln für die praktische Arbeit sind in Tabelle 7.5 zusammengestellt.

Der Polytropenexponent n_{12} für die spezielle Zustandsänderung 1 → 2 hängt dabei ganz konkret von den beiden Zuständen 1 und 2 ab; er ist

$$n_{12} = \frac{\ln \frac{p_2}{p_1}}{\ln \frac{v_1}{v_2}} = \frac{\ln \frac{p_2}{p_1}}{\ln \frac{p_2}{p_1} - \ln \frac{T_2}{T_1}} = \frac{c_{n,12} - c_p}{c_{n,12} - c_v} \tag{7.38}$$

Die polytrope spezifische Wärmekapazität dieser speziellen Zustandsänderung hängt vom Zahlenwert des Polytropenexponenten ab

$$c_{n,12} = c_v \cdot \frac{n_{12} - \kappa}{n_{12} - 1} \tag{7.39}$$

Damit müssen wir für jede einzelne spezielle polytrope Zustandsänderung jeweils n_{12} und ggf. $c_{n,12}$ bestimmen, denn diese beschreiben jetzt einen speziellen Fall.

Oft beschreiben wir mit polytropen Zustandsänderungen reale Prozesse, die ähnlich wie die idealen (isentrop, isobar, isotherm, isochor) verlaufen. Dabei führt typisch Dissipation zu der Abweichung vom idealen Verlauf.

7.7.1 Die polytrope spezifische Wärmekapazität

Die polytrope Zustandsänderung des idealen Gases ist der allgemeine Fall, die anderen Zustandsänderungen sind Spezialfälle dieser Funktion. Dass dies so ist, illustriert Bild 7.5. In dem Bild sind für die drei Gase Argon (κ = 1,67), Luft (κ = 1,40) und Kohlendioxid (κ = 1,30) die polytropen spezifischen Wärmekapazitäten nach Formel 7.39 als Funktion des Polytropenexponenten n_{12} dargestellt. Wie die Stoffdaten in Kapitel 21 zeigen, liegen Zahlenwerte für den Isentropenexponenten im Bereich 1,2 < κ < 1,67, wobei der maximale Wert für Edelgase gilt.

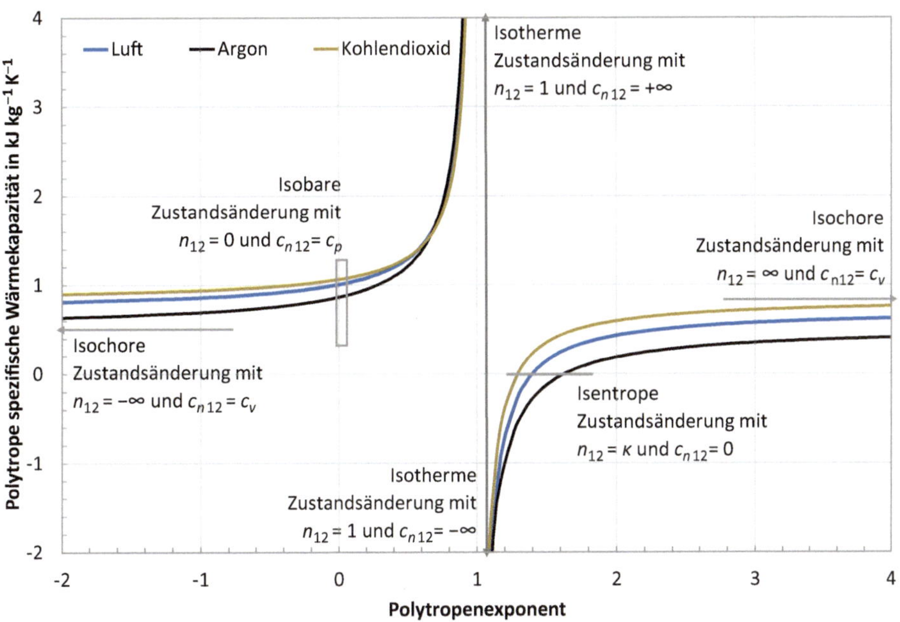

Bild 7.5 Zusammenhang zwischen dem Polytropenexponenten und der polytropen spezifischen Wärmekapazität

Mit Bild 7.5 sind die spezifischen Wärmekapazitäten der einzelnen Zustandsänderungen gut als Spezial- oder Grenzfälle der allgemeinen polytropen Formel 7.39 zu verstehen:

Isentrop Die isentrope Zustandsänderung befindet sich bei n_{12} = κ, also wenn der Polytropenexponent gleich dem Isentropenexponenten des Gases i ist. Damit ist dort

$$c_{n,12}\left(n_{12}=\kappa\right)=c_v\cdot\frac{\kappa-\kappa}{\kappa-1}=0 \tag{7.40}$$

Damit wird unabhängig von der tatsächlichen Temperaturänderung des Systems in der Zustandsänderung keine Wärme übertragen.

Isotherm Die isotherme Zustandsänderung liegt an der Unstetigkeitsstelle der Funktion der spezifischen Wärmekapazität bei n_{12} = 1 vor, und es ist dort

$$c_{n,12}\left(n_{12}=1\right)=\pm\infty \tag{7.41}$$

Für Werte von $n_{12} < 1$ ist der Grenzwert $+\infty$ und für $n_{12} > 1$ ist der Grenzwert $-\infty$. In beiden Fällen bedeutet dieser sehr hohe Zahlenwert der spezifischen Wärmekapazität, dass sich unabhängig von der übertragenen Wärme die Temperatur nicht ändert.

Isobar Bei $n_{12} = 0$ nimmt die polytrope spezifische Wärmekapazität gerade den Wert

$$c_{n,12}(n_{12} = 0)c = c_v \cdot \frac{0-\kappa}{0-1} = c_v \cdot \kappa = c_p \tag{7.42}$$

Isochor Für sehr große Werte $n_{12} \rightarrow +\infty$ und sehr kleine Werte $n_{12} \rightarrow -\infty$ nähert sich die polytrope spezifische Wärmekapazität

$$c_{n,12}(n_{12} = \infty)c = c_v \cdot \frac{\infty-\kappa}{\infty-1} = c_v \cdot 1 = c_v \tag{7.43}$$

7.7.2 Die polytrope übertragene Wärme und verrichtete Arbeit

Eine weitere Beschreibung der allgemeinen polytropen Zustandsänderung und der konkreten Grenzfälle gibt Bild 7.6. In diesem Bild ist für Luft als System ($\kappa = 1{,}40$) wie schon in Bild 7.5 der Verlauf der spezifischen Wärmekapazität

$$\frac{q_{12}}{\Delta T_{12}} = c_{n_{12},Luft} = c_{v,Luft} \cdot \frac{n_{12} - \kappa_{Luft}}{n_{12} - 1} \tag{7.44}$$

eingetragen. Die polytrope spezifische Wärmekapazität ist so gelesen ein Maß für die übertragene Wärme des Systems in Abhängigkeit vom Polytropenexponenten.

Um die verrichtete Arbeit des Systems vergleichbar mit der übertragenen Wärme zu machen, ist die auf die Temperaturänderung bezogene Volumenarbeit

$$\frac{w_{v,12}}{\Delta T_{12}} = \frac{R_{Luft}}{n_{12} - 1} \tag{7.45}$$

und die auf die Temperaturänderung bezogene Druckarbeit

$$\frac{w_{p,12}}{\Delta T_{12}} = \frac{n_{12} \cdot w_{p,12}}{\Delta T_{12}} = \frac{n_{12} \cdot R_{Luft}}{n_{12} - 1} \tag{7.46}$$

dargestellt. Auch dies zeigt den Zusammenhang zwischen den einzelnen Zustandsänderungen des idealen Gases und die Verbindung über die allgemeine polytrope Zustandsänderung:

Isentrop Die isentrope Zustandsänderung bei $n_{12} = \kappa$ ist die Nullstelle der spezifischen Wärmekapazität (s. o.). An dieser Position haben die beiden Funktionen der auf die Temperatur bezogenen spezifischen Arbeiten gerade die Werte der spezifischen Wärmekapazitäten - dies hatten wir bereits hergeleitet.

Isotherm Die isotherme Zustandsänderung liegt an der Unstetigkeitsstelle aller drei Funktionen bei $n_{12} = 1$ vor. Bei positiver Temperaturänderung in der Zustandsänderung und für Werte von $n_{12} < 1$ ist der Wert der übertragenen Wärme positiv (zugeführt) und damit der Wert der verrichteten Arbeit negativ (abgegeben). Für $n_{12} > 1$ ist der Grenzwert der übertragenen Wärme negativ (abgegeben) und damit der Grenzwert der verrichteten Arbeit positiv (zugeführt). So kann unabhängig von der übertragenen Wärme und der verrichteten Arbeit die Temperatur des Systems konstant bleiben.

Isobar Bei $n_{12} = 0$ nimmt die polytrope spezifische Wärmekapazität gerade den Wert von c_p an; dies entspricht damit einer isobaren Zustandsänderung. Entsprechend hat dort die Druckarbeit ihre Nullstelle.

Isochor Für sehr große Werte $n_{12} \to +\infty$ und sehr kleine Werte $n_{12} \to -\infty$ nähert sich die polytrope spezifische Wärmekapazität c_v. Dies entspricht jeweils der isochoren Zustandsänderung. Entsprechend nimmt für diese Grenzfälle die Volumenarbeit den Wert null. an

Diese Diskussion wirkt auf den ersten Blick abstrakt und schwer verständlich. Ihr Ziel ist es, die Zusammenhänge zu illustrieren und so ein besseres Verständnis für die idealen Zustandsänderungen zu vermitteln. Dazu ist sie hilfreich, wenn tatsächliche polytrope Zustandsänderungen interpretiert werden sollen – was wir im nächsten Schritt machen.

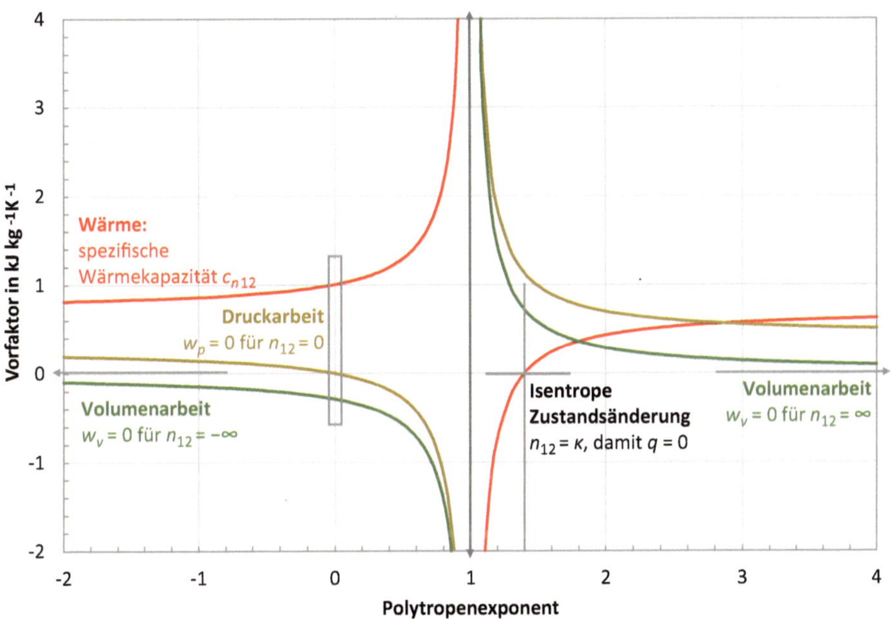

Bild 7.6 Abhängigkeit der Vorfaktoren für Wärme und Arbeit vom Polytropenexponenten

7.7.3 Polytrope Zustandsänderungen

Die polytrope Zustandsänderung nutzen wir, um Prozesse zu beschreiben, die nicht auf den in Bild 7.5 und Bild 7.6 identifizierten Positionen der eindeutigen „Iso"-Zustandsänderungen, sondern in den Übergangsbereichen dazwischen liegen. Dies beschreibt dann reale Prozesse.

Die Grenzfälle idealer reversibler „Iso"-Zustandsänderungen können in beiden Richtungen durchlaufen werden. Reale technische Prozesse hingegen sind durch den zweiten Hauptsatz der Thermodynamik oft mit einer eindeutigen Richtung versehen. Dies müssen wir nun mit berücksichtigen. Auch daher entsprechen die einzelnen Bereiche jetzt konkreten Prozessen:

Expansion Der Bereich $1 < n_{12} < \kappa$ beschreibt Prozesse, bei denen ein expandierendes Gas Arbeit verrichtet und dadurch die Temperatur abnimmt ($\Delta T_{12} < 0$). Dabei nimmt in realen Prozessen immer die Entropie zu

$$\Delta s_{12} = c_{n_{12}} \cdot \ln\frac{T_2}{T_1} = c_v \cdot \frac{n_{12} - \kappa}{n_{12} - 1} \cdot \ln\frac{T_2}{T_1} > 0\,,$$

denn es ist $(n_{12} - \kappa) < 0$, und zusätzlich ist für $\Delta T_{12} < 0$ auch der Logarithmus $\ln(T_2/T_1) < 0$. Damit Δs_{12} zunimmt, muss also c_{n12} negativ sein. Das erst einmal schwer vorstellbare negative Vorzeichen in der polytropen spezifischen Wärmekapazität c_{n12} bedeutet, dass die vom System freigesetzte irreversible Wärme im adiabaten Fall im System verbleibt, denn das Produkt $\Delta T \cdot c_{n12}$ ist positiv – dem System wird fühlbare Wärme zugeführt, obwohl die Temperatur abnimmt. Da diese Wärme ein direktes Kennzeichen eines zumeist ungewollten Verlustes darstellt, ist das technische Ziel, die Expansion möglichst nahe am isentropen Prozess ablaufen zu lassen.

Verdichtung Der Bereich $\kappa < n_{12} < \infty$ beschreibt die Verdichtung von Gasen in realen verlustbehafteten Prozessen. Ein Anteil der am Gas verrichteten Arbeit wird irreversibel dissipiert und ist im adiabaten Fall als Temperaturerhöhung, also als fühlbare Wärme des Gases, vorhanden. Auch hier ist diese Wärme ein Kennzeichen von Verlusten, weshalb die technische Expansion möglichst nahe am isentropen Prozess ablaufen soll.

Wärmeabgabe Der Bereich $-\infty < n_{12} < 0$ beschreibt Wärmeabgabe, wobei das Gas zugleich aufgrund von Reibung einen Druckverlust erfährt. Die ideale Wärmeübertragung ist immer isobar, da dann keine Druckarbeit benötigt wird.

Wärmeaufnahme Der Bereich $0 < n_{12} < 1$ beschreibt Prozesse, bei denen Wärme auf das Gas übertragen wird und dabei ein gewisser Druckverlust im Wärmetauscher auftritt. Druckarbeit wird dabei im System direkt in weitere fühlbare Wärme umgewandelt; im Prozess wird Entropie erzeugt, und die Entropie des Gases nimmt zu.

Roland Emmerichs *„The Day After Tomorrow"*

LERNZIEL IST, DIE ZUSTANDSÄNDERUNGEN IDEALER GASE EINMAL AN EINEM NICHTTECHNISCHEN OBJEKT AUSZUPROBIEREN.

In Roland Emmerichs Film *„The Day After Tomorrow"* ist ein wesentliches Element des Plots ein neuartiger arktischer Wirbelsturm. Laut dem Wissenschafts-Schauspieler im Film haben diese umgekehrt zu tropischen ablaufenden Wirbelstürmen in ihrem Auge extrem niedrige Temperaturen bis unterhalb −100 °F: Eiskalte Luft werde direkt aus der Stratosphäre angesaugt und genauso unten (isotherm) auf der Erdoberfläche ausgestoßen. Bild 7.7 gibt einen Eindruck und enthält die im Weiteren gemachten Annahmen zu Abmessungen und Randbedingungen. Die weitere Handlung des Films ist ein übliches *„Wenn die Familie gerettet ist, ist die Welt gerettet"*-Narrativ vor Computer-Eis.

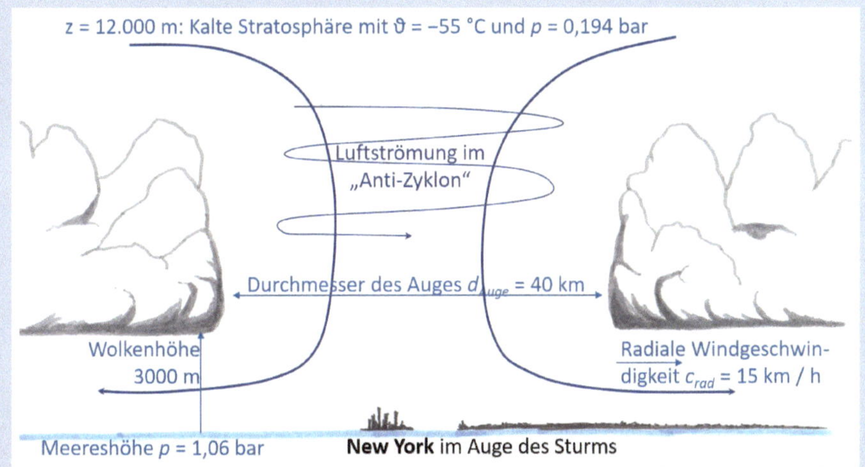

Bild 7.7 Der Film-Antizyklon mit den hier verwendeten Annahmen zu Abmessungen und Randbedingungen

Was sind –100 °F in SI-Einheiten? Woher kann die Luft kommen?

Die Umrechnung erfolgt mit

$$T-273{,}15=\vartheta=(\zeta-32)\cdot\frac{5}{9}=-72\,^{\circ}\mathrm{C}$$

Die Stratosphäre ist die kälteste Atmosphärenschicht, die am Wettergeschehen zumindest bei sehr extremen Wetterlagen noch teilnimmt. Erst in über 90 km Höhe gibt es noch kältere Luft. Daher gehen wir davon aus, dass die Luft aus etwa 12 000 m Höhe kommt. Allerdings sind –72 °C geringer als die Temperatur der Stratosphäre, die heute ziemlich gleichmäßig bei –55 °C liegt.

Bestimmen Sie für die Zustandsänderung des Sturmes die spezifische Arbeit und die spezifische Wärme.

Die Luft stammt aus der Stratosphäre in ca. 12 000 m Höhe und strömt im Sturm zum Meeresspiegel. Dies ist ein Hochdruckgebiet mit p_{Meer} = 1060 mbar. Die Zustandsänderung der Luft im Wirbelsturm ist polytrop, da sich alle Zustandsgrößen ändern. Zuerst bestimmen wir die beiden spezifischen Volumina aus der Zustandsgleichung des idealen Gases

$$v_{Strat}=\frac{R_{Luft}\cdot T_{Strat}}{p_{Strat}}=\frac{287{,}2\dfrac{\mathrm{J}}{\mathrm{kg\cdot K}}\cdot 216{,}15\,\mathrm{K}}{19.400\,\mathrm{Pa}}=3{,}175\frac{\mathrm{m^3}}{\mathrm{kg}},$$

und

$$v_{Meer}=\frac{R_{Luft}\cdot T_{Meer}}{p_{Meer}}=\frac{287{,}2\dfrac{\mathrm{J}}{\mathrm{kg\cdot K}}\cdot 201\,\mathrm{K}}{106.000\,\mathrm{Pa}}=0{,}5414\frac{\mathrm{m^3}}{\mathrm{kg}}$$

ACHTUNG! TEMPERATUREN MÜSSEN HIER IN DIE ZUSTANDSGLEICHUNG DES IDEALEN GASES ALS KELVIN-TEMPERATUR EINGESETZT WERDEN.

Damit berechnen wir den Polytropenexponenten

$$n_{12} = n_{Strat-Meer} = \frac{\ln \frac{p_{Strat}}{p_{Meer}}}{\ln \frac{v_{Meer}}{v_{Strat}}} = 0{,}9543$$

Dieser Wert ist nahe an 1,0, also nahe einer isothermen Zustandsänderung. Damit bekommen wir

$$c_{n_{12}} = c_v \cdot \frac{n_{12} - \kappa}{\kappa - 1} = c_v \cdot \frac{0{,}9543 - 1{,}400}{1{,}400 - 1} = 6{,}999 \frac{\mathrm{kJ}}{\mathrm{kg \cdot K}}$$

und damit als spezifische verrichtete Druckarbeit

$$w_{p,12} = \frac{R_{Luft} \cdot n_{12}}{n_{12} - 1} \cdot \left(T_{Meer} - T_{Strat}\right) = 100{,}9 \frac{\mathrm{kJ}}{\mathrm{kg}}$$

und als spezifische übertragene Wärme

$$q_{12} = c_{n_{12}} \cdot \left(T_{Meer} - T_{Strat}\right) = 6{,}999 \frac{\mathrm{kJ}}{\mathrm{kg \cdot K}} \cdot \left(201\,\mathrm{K} - 216\,\mathrm{K}\right) = -117{,}8 \frac{\mathrm{kJ}}{\mathrm{kg}}$$

Diese Wärme gibt jeweils 1 kg Luft ab, während sie von der Stratosphäre zum Erdboden strömt. Gleichzeitig benötigt 1 kg Luft die angegebene Druckarbeit, um komprimiert zu werden und zum Boden zu strömen.

Was ist der Massenstrom durch den Wirbelstrom?

Für einen ordentlichen Wirbelsturm benötigen wir als Windgeschwindigkeit 150 km h^{-1} am Rande des Auges - dies sind aber nahezu axiale Geschwindigkeiten: Gehen Sie von einem runden Auge mit einem Durchmesser von 40 km aus und radialem Wind mit 15 km h^{-1} in den unteren 3000 m - oberhalb ruht die Luft: Was ist der benötigte Massenstrom? Schätzen Sie dafür den mittleren Luftdruck.

Der Volumenstrom aus Zentrum des Wirbelsturms heraus beträgt mit unserer groben Abschätzung

$$\dot{V}_{See} = c_{rad} \cdot z_{Wind} \cdot \pi \cdot d_{Auge} = 1.571.000.000 \frac{\mathrm{m}^3}{\mathrm{s}}$$

Mit einem mittleren Luftdruck von 0,75 bar über die unteren 3000 m der Atmosphäre wird

$$\dot{m}_{Wind} = \frac{p \cdot \dot{V}_{See}}{R_{Luft} \cdot T_{See}} = 2.053.000.000 \frac{\mathrm{kg}}{\mathrm{s}}$$

Diese Zahl erscheint groß, ist aber durchaus realistisch für große tropische Wirbelstürme.

Bestimmen Sie den Wärmestrom und die Leistung für diese Luftströmung

Wir bekommen also als absoluten Wärmestrom und Leistung

$$P = \dot{m} \cdot w_p = 207 \cdot 10^{12}\,\mathrm{W}$$

und

$$\dot{Q} = \dot{m} \cdot q = -242 \cdot 10^{12}\,\text{W}$$

Damit müsste fast die gesamte abgegebene Wärme der Luft in Wind umgewandelt werden - Wind ist kinetische Energie und daher eine Form von Arbeit. Dies ist jedoch nicht möglich. Der (maximale) Carnot-Wirkungsgrad für den Prozess beträgt eher geringe

$$\eta_{Antizy} = 1 - \frac{T_{see}}{T_{strat}} = 1 - \frac{201\,\text{K}}{216\,\text{K}} = 0{,}069$$

Anders als bei einem Zyklon (in dem die aufsteigende Luft durch ihre Kondensation Wärme freisetzt und so die Konvektion und damit den Sturm erzeugt) muss hier die Quelle für den Antrieb des Film-Sturmes außerhalb des Wirbelsturms gesucht werden.

Diskutieren Sie die benötigte Wärmeübertragung: Welche Zustandsänderung beschreibt eine Luftströmung weit weg von der Oberfläche der Erde am besten?

Das hängt vom Wasserdampfgehalt ab. Trockene Luft kann kaum Wärme abgeben oder aufnehmen, sodass dies dann isentrope Zustandsänderungen sind.

Erst die Stratosphäre gibt über Strahlung Wärme an die Umgebung (Weltall) ab, dort liegt dann quasi eine isobare Wärmeabgabe vor.

Feuchte Luft ist etwas anderes: Beim Aufsteigen nimmt die Temperatur ab, Wasser kondensiert, und diese Kondensationswärme kann dann der Luft zugeführt werden. Dies ist dann eine polytrope Expansion.

Berechnen Sie für eine isentrope Zustandsänderung die sich einstellende Temperatur am Boden. Warum ist das Ergebnis so? Macht das Ergebnis Sinn?

Damit bekommen wir

$$T_{See,S} = T_{Strat} \cdot \left(\frac{p_{See}}{p_{Strat}}\right)^{\frac{\kappa-1}{\kappa}} = 350{,}8\,\text{K} = +77{,}6\,^{\circ}\text{C}$$

Dieses Ergebnis passt. Tatsächlich würde sich absinkende Luft mit umgebenden Luftschichten vermischen, sodass sie mit nicht ganz so hoher Temperatur am Erdboden ankommt.

Wie realistisch ist der Film?

OK, haben wir verstanden, ziemlicher Quatsch. Aber dieses animierte Eis in NY sieht einfach schick aus ...

Heat Dome

Solche Antizyklone gibt es tatsächlich, sie verursachen dann das unangenehme Phänomen eines „Heat Dome".

Für die Entstehung eines Heat Dome wird ein kräftiges Hochdruckgebiet in großer Höhe benötigt, das z. B. durch den Jet-Stream in seiner Position festgelegt ist (Omega-Block). Dadurch ist der Himmel wolkenarm, und viel Sonnenlicht erreicht den Boden.

In so einem Zustand kann die warme trockene bodennahe Luft nicht aufsteigen, sodass keine kühlere Luft nachströmen kann. Die Luft bleibt bodennah gefangen und kann sich weit aufheizen, da ja die von oben strömende Luft adiabat komprimiert wird und erst einmal eine höhere Temperatur aufweist. Erst wenn die bodennahe Luft eine sehr hohe Temperatur erreicht, kann sie entweder aufsteigen oder die Wärmebilanz am Boden wird durch Abstrahlung begrenzt. In solchen Situationen kommt es dann schnell zu bodennahen Temperaturen von über 40 °C auch in gemäßigten Breiten. Dazu kommt, dass aufgrund der Hochdrucklage und der trockenen absinkenden Luft keine Wolken entstehen (d. h. die Wolken in Bild 7.7 können nicht existieren).

Solche Antizyklone sind also tödlich, aber es sind Hitze und Feuer, die töten.

https://en.wikipedia.org/wiki/2021_Western_North_America_heat_wave

7.8 Isentrope Wirkungsgrade

Verdichter und Turbinen sind wichtige Komponenten in vielen Maschinen und Prozessen. Prozesse in realen Verdichtern und Turbinen können gut über eine polytrope Zustandsänderung beschrieben werden. Unter der Annahme, dass die Prozesse reibungsbehaftet, aber adiabat sind, können wir den isentropen Wirkungsgrad für Verdichter oder Turbine definieren. Isentrope Wirkungsgrade sind eng mit dem Konzept der inneren Arbeit verbunden, sodass wir hier beides einführen.

Adiabat und reibungsbehaftet bedeutet dabei, dass der Verdichter oder die Turbine selber als adiabate Systemgrenze wirken und daher auf diesem Wege keine Wärme übertragen wird. Stattdessen wird in der Turbine oder dem Verdichter durch Reibung des Prozessgases Wärme erzeugt, die im Gas bleibt.

7.8.1 Verdichter

Der isentrop arbeitende Verdichter ist der ideale Fall, d. h. die Verdichtung des Massenstroms von einem Druck p_1 auf einen höheren Druck p_2 erfolgt mit minimaler Leistung, und es wird keine Entropie erzeugt. Jede reale polytrope Verdichtung benötigt eine höhere Leistung, da ein Teil der Leistung dissipiert. Die dissipierte Leistung wird als zusätzliche Temperaturerhöhung fühlbar. Die spezifische Enthalpie des Massenstromes ändert sich bei der isentropen Verdichtung von h_1 auf h_{2S}, die reale Enthalpie $h_{2'}$ ist im adiabaten Falle immer höher.

Definition Der isentrope Wirkungsgrad eines Verdichters ist allgemein für beliebige Arbeitsfluide definiert über die ideale isentrope Leistung P_S und die reale innere Leistung P_I der adiabaten, aber reibungsbehafteten Verdichtung mit

$$\eta_{S,V} \equiv \frac{P_S}{P_I} = \frac{\dot{m} \cdot (h_{2S} - h_1)}{\dot{m} \cdot (h_{2'} - h_1)} = \frac{h_{2S} - h_1}{h_{2'} - h_1} \quad (7.47)$$

Für ein ideales Gas und unter der Annahme temperaturunabhängiger spezifischer Wärmekapazität gilt dann speziell und mit der gut begründbaren Näherung, dass die spezifische Wärmekapazität identisch ist

$$\eta_{S,V} = \frac{h_{2S} - h_1}{h_{2'} - h_1} = \frac{c_p \cdot (T_{2S} - T_1)}{c_p \cdot (T_{2'} - T)_1} = \frac{T_{2S} - T_1}{T_{2'} - T_1} \quad (7.48)$$

Die Herleitung Diese Gleichung für ideale Gase folgt aus der allgemeinen Formel 7.47 und aus den Zusammenhängen zu Zustandsänderungen des idealen Gases.

Die Herleitung wird hier gezeigt, da sie sehr gut die Inhalte dieses Kapitels vertieft.

Starten wir mit der Definition für die isentrope Zustandsänderung idealer Gase

$$h_{2S} - h_1 = c_p \cdot (T_{2S} - T_1) \quad (7.49)$$

und nutzen die Zusammenhänge für eine polytrope Zustandsänderung, so können wir im ersten Schritt für die Änderung der Enthalpie in der realen Zustandsänderung schreiben

$$h_{2'} - h_1 = q_{12'} + w_{p,12'} = c_{n,12'} \cdot (T_{2'} - T_1) + \frac{n_{12'} \cdot R_i}{n_{12'} - 1} \cdot (T_{2'} - T_1) \quad (7.50)$$

Dies fassen wir zusammen zu

$$h_{2'} - h_1 = \left(c_{n,12'} + \frac{n_{12'} \cdot R_i}{n_{12'} - 1} \right) \cdot (T_{2'} - T_1) \quad (7.51)$$

Den Inhalt der Klammer formen wir weiter um

$$\left(c_{n,12'} + \frac{n_{12'} \cdot R_i}{n_{12'} - 1} \right) = c_v \cdot \frac{n_{12'} - \kappa}{n_{12'} - 1} + \frac{n_{12'} \cdot R_i}{n_{12'} - 1} = \frac{c_v \cdot n_{12'} - c_v \cdot \kappa + n_{12'} \cdot R_i}{n_{12'} - 1}$$

bzw. weiter

$$(\ldots) = \frac{c_v \cdot n_{12'} + n_{12'} \cdot R_i - c_p}{n_{12'} - 1} = \frac{n_{12'} \cdot (c_v + R_i) - c_p}{n_{12'} - 1} = \frac{n_{12'} \cdot c_p - c_p}{n_{12'} - 1} = c_p \cdot \frac{n_{12'} - 1}{n_{12'} - 1} = c_p$$

Hier werden diverse Zusammenhänge aus Abschnitt 7.1 verwendet. Setzen wir dies jetzt in Formel 7.50 ein, so erhalten wir

$$h_{2'} - h_1 = q_{12'} + w_{p,12'} = \left(c_{n,12'} + \frac{n_{12'} \cdot R_i}{n_{12'} - 1} \right) \cdot (T_{2'} - T_1) = c_p \cdot (T_{2'} - T_1) \quad (7.52)$$

Dies ist die benötigte Umformung im Nenner der Formel 7.48. Zugleich ist dies die Definition der inneren Arbeit eines Verdichters, also die Arbeit, die insgesamt durch die reale verlustbehaftete, aber adiabate polytrope Zustandsänderung im Verdichter an das Arbeitsgas abgeben wird.

Der Zähler in Formel 7.47 folgt einfach für die isentrope Zustandsänderung des idealen Gases. Damit wird die Verbindung zur inneren Arbeit deutlich.

Interpretation Bild 7.8 und Tabelle 7.1 illustrieren die Verhältnisse für eine adiabate polytrope Zustandsänderung von Luft: Dies entspricht einem reibungsbehafteten Verdichter, bei dem die Reibungswärme nur die strömende Luft erwärmt.

Die polytropen Zustandsänderungen sind dabei durch einen der in Tabelle 7.1 angegebenen Werte eindeutig bestimmt, die anderen können wir ausrechnen. Dabei sind die Grenzfälle die ideale isentrope Zustandsänderung (also ein reversibler reibungsfreier Verdichter) sowie die isochore Verdichtung. Hier stellt der Polytropenexponent die Verbindung zum vorherigen Abschnitt und der Erläuterung der polytropen Zustandsänderung dar.

Technische Verdichter weisen typisch isentrope Wirkungsgrade im Bereich auf, für den die polytropen Zustandsänderungen in Bild 7.8 dargestellt sind:

- Alle Zustandsänderungen sind für eine Verdichtung von 1 bar auf 33 bar dargestellt.
- Reale Verdichter sind nicht ideal, und es wird im Prozess Entropie erzeugt. Dadurch bekommen die realen Zustandsänderungen eine Richtung, und es sind nur solche Zustandsänderungen möglich, bei denen $n_{12} > \kappa$.
- Der zunehmende Polytropenexponent führt zu höherer Temperatur des Gases bei der Verdichtung. Diese höhere Temperatur resultiert direkt in dem abnehmenden isentropen Wirkungsgrad.

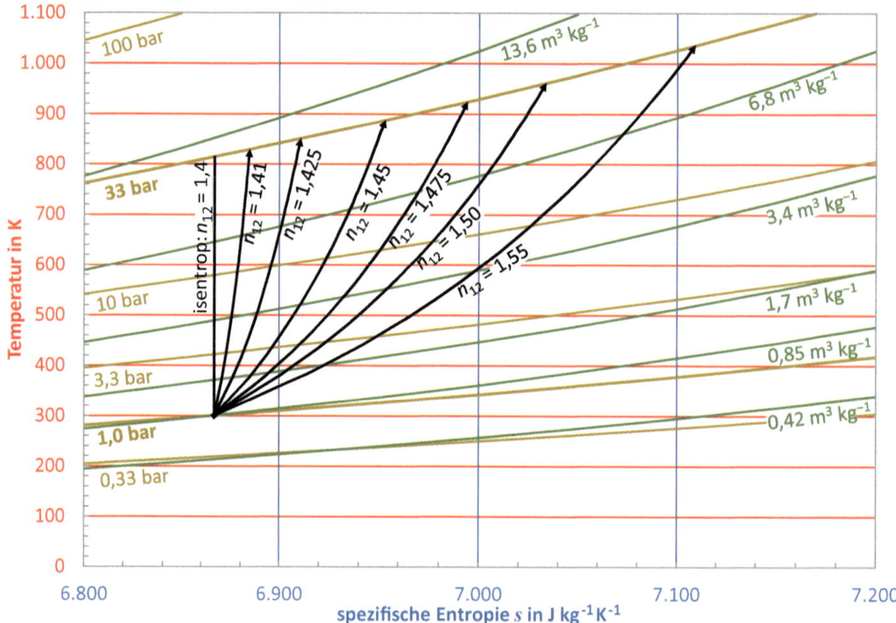

Bild 7.8 Verläufe der adiabaten polytropen Verdichtung für Luft ausgehend von 1 bar, 300 K mit den Werten aus Tabelle 7.1

Tabelle 7.1 Eigenschaften der adiabaten polytropen Zustandsänderung aus Bild 7.8 ausgehend von 1 bar, 300 K

n_{12}	$c_{n,12}$	T bei 33 bar	η_S
1,400 (isentrop)	0 kJ kg^{-1} K^{-1}	814,7 K	1,000
1,410	0,0175 kJ kg^{-1} K^{-1}	827,2 K	0,973
1,425	0,0424 kJ kg^{-1} K^{-1}	851,2 K	0,934
1,450	0,0797 kJ kg^{-1} K^{-1}	888,0 K	0,875
1,475	0,1132 kJ kg^{-1} K^{-1}	925,0 K	0,823
1,500	0,1434 kJ kg^{-1} K^{-1}	962,7 K	0,777
1,55	0,1955 kJ kg^{-1} K^{-1}	1037,4 K	0,698
+∞ (isochor)	0,7170 kJ kg^{-1} K^{-1}	9900 K	0,054

7.8.2 Turbine

Die isentrop arbeitende Turbine ist der ideale Fall, d. h. die Expansion des Massenstroms eines Gases vom Druck p_1 auf einen niedrigeren Druck p_2 ergibt die maximale mechanische Leistung. Jede reale adiabate polytrope Expansion ergibt eine niedrigere Leistung, da ein Teil der Leistung dissipiert. Die dissipierte Leistung wird als zusätzliche Temperaturerhöhung des Arbeitsfluides fühlbar. Die spezifische Enthalpie des Massenstromes ändert sich bei der isentropen Expansion von h_1 auf h_{2S}; die reale Enthalpie $h_{2'}$ ist im adiabaten Falle immer höher.

Definition Der isentrope Wirkungsgrad einer Turbine ist allgemein für beliebige Arbeitsfluide mit der isentropen idealen Leistung P_S und der realen inneren Leistung P_I der adiabaten reibungsbehafteten Expansion

$$\eta_{S,T} = \frac{P_I}{P_S} = \frac{\dot{m} \cdot (h_{2'} - h_1)}{\dot{m} \cdot (h_{2S} - h_1)} = \frac{h_{2'} - h_1}{h_{2S} - h_1} \tag{7.53}$$

Für ein ideales Gas als Arbeitsfluid und unter der Annahme temperaturunabhängiger spezifischer Wärme und unter der Nutzung der Herleitung aus dem vorigen Abschnitt ist

$$\eta_{S,T} = \frac{h_{2'} - h_1}{h_{2S} - h_1} = \frac{T_{2'} - T_1}{T_{2S} - T_1} \tag{7.54}$$

Interpretation Bild 7.9 und Tabelle 7.2 illustrieren die Verhältnisse für eine adiabate polytrope Expansion von Luft: Dies entspricht einer reibungsbehafteten Turbine, bei dem die Reibungswärme nur die strömende Luft erwärmt.

Die polytropen Zustandsänderungen sind dabei durch einen der in Tabelle 7.2 angegebenen Werte eindeutig bestimmt. Dabei sind die Grenzfälle die ideale isentrope Zustandsänderung (also eine reversible reibungsfreie Turbine) sowie die isotherme Expansion. Typische Turbinen weisen isentrope Wirkungsgrade auf, für die Zustandsänderungen in Bild 7.9 dargestellt sind:

- Alle Zustandsänderungen sind für eine Expansion von 33 bar auf 1 bar dargestellt.

- Reale Turbinen sind nicht ideal, d.h. es wird im Prozess Entropie erzeugt. Dadurch bekommen die realen Zustandsänderungen eine Richtung, und es sind nur solche Zustandsänderungen möglich, bei denen $n_{12} < \kappa$.
- Der abnehmende Polytropenexponent führt zu höherer Temperatur im Verlauf der Zustandsänderung. Diese höhere Temperatur resultiert direkt in dem abnehmenden isentropen Wirkungsgrad.
- Die polytrope spezifische Wärmekapazität nimmt negative Werte an und erreicht das Minimum für den Grenzfall der isothermen Zustandsänderung.

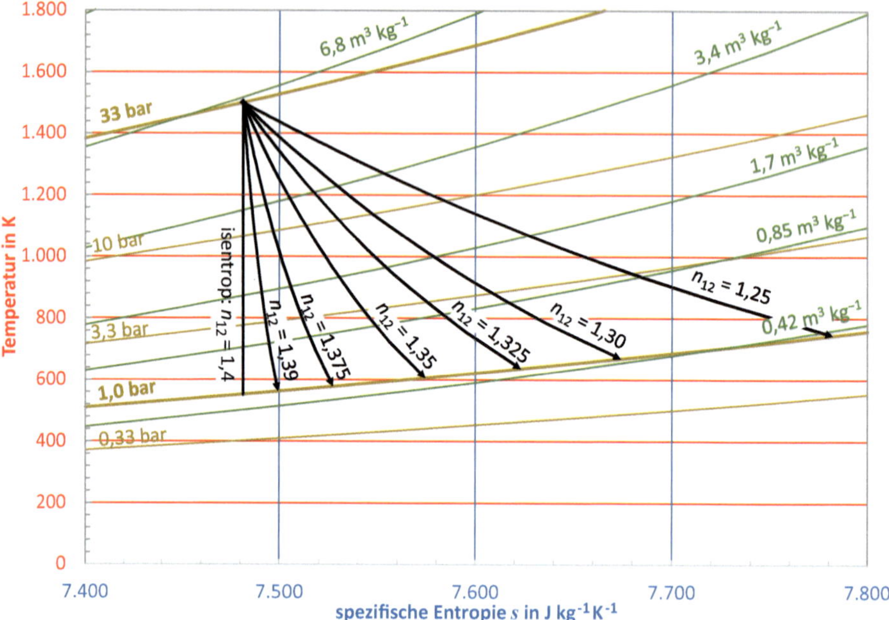

Bild 7.9 Verläufe der adiabaten polytropen Zustandsänderung für Luft ausgehend von 33 bar und die in Tabelle 7.2 gegebenen Werte

Tabelle 7.2 Eigenschaften der adiabaten polytropen Zustandsänderung aus Bild 7.9 ausgehend von 33 bar, 1500 K

n_{12}	$c_{n,12}$	T bei 1 bar	η_s
1,400 (isentrop)	0 kJ kg⁻¹ K⁻¹	552,4 K	1,000
1,390	−0,0184 kJ kg⁻¹ K⁻¹	562,4 K	0,989
1,375	−0,0478 kJ kg⁻¹ K⁻¹	578,0 K	0,973
1,350	−0,1024 kJ kg⁻¹ K⁻¹	605,9 K	0,944
1,325	−0,1655 kJ kg⁻¹ K⁻¹	636,2 K	0,911
1,300	−0,2390 kJ kg⁻¹ K⁻¹	669,4 K	0,877
1,25	−0,4302 kJ kg⁻¹ K⁻¹	745,4 K	0,796
1,00 (isotherm)	−∞	1500 K	0

7.8.3 Adiabate polytrope Zustandsänderung und innere Arbeit

MIT DER POLYTROPEN ZUSTANDSÄNDERUNG BESCHREIBEN WIR REALE TURBINEN UND VERDICHTER. WIR BEZIEHEN DAMIT DIE WIRKUNG DER REIBUNG MIT EIN.

Grundsätzlich enthält die Definition der polytropen Zustandsänderung keine Festlegung zu den Systemgrenzen und insbesondere damit nicht zur Frage, ob die Wärme von außen in das System übertragen oder im System erzeugt wird. In vielen, im Weiteren analysierten Prozessen (in realen Maschinen, aber auch bei atmosphärischer Konvektion) ist jedoch die polytrope Zustandsänderung in guter Näherung als adiabat anzunehmen - es wird keine Wärme zwischen dem System und seiner Umgebung übertragen. In diesem adiabaten Fall können wir die Druckarbeit aufteilen in einen Anteil, der dissipiert wird w_{Diss}, und einer Arbeit, die zwischen dem System und der Umgebung übertragen wird; diesen zweiten Anteil nennen wir die innere Arbeit w_I. Die innere Arbeit ist die tatsächlich z. B. an einer Welle verwertbare Arbeit

$$w_{p,12} = w_I + w_{diss} \tag{7.55}$$

Es ist allgemein bei einer polytropen Zustandsänderung

$$w_{p,12} = \frac{R_i \cdot n_{12}}{n_{12}-1} \cdot \Delta T_{12} = \frac{\left(c_p - c_v\right) \cdot n_{12}}{n_{12}-1} \cdot \Delta T_{12} = \frac{c_v \cdot (\kappa - 1) \cdot n_{12}}{n_{12}-1} \cdot \Delta T_{12}$$

Wir analysieren jetzt den Faktor, indem wir ihn zuerst erweitern

$$\frac{c_v \cdot (\kappa - 1) \cdot n_{12}}{n_{12}-1} = \frac{c_v \cdot (\kappa - 1) \cdot n_{12}}{n_{12}-1} + c_p - c_p$$

Die rechte Seite können wir umformen

$$\frac{c_v \cdot (\kappa - 1) \cdot n_{12}}{n_{12}-1} = \frac{c_v \cdot \kappa \cdot n_{12}}{n_{12}-1} + \frac{c_v \cdot n_{12}}{n_{12}-1} + c_p - c_p \cdot \frac{n_{12}-1}{n_{12}-1}$$

und damit weiter

$$\frac{c_v \cdot (\kappa - 1) \cdot n_{12}}{n_{12}-1} = \frac{c_v \cdot \kappa \cdot n_{12}}{n_{12}-1} - \frac{c_v \cdot n_{12}}{n_{12}-1} + c_p - \frac{c_v \cdot \kappa \cdot n_{12}}{n_{12}-1} + \frac{c_v \cdot \kappa}{n_{12}-1}$$

Zusammenfassend erhalten wir für den Bruch

$$\frac{c_v \cdot (\kappa - 1) \cdot n_{12}}{n_{12}-1} = \frac{c_v \cdot (n_{12} - \kappa)}{n_{12}-1} + c_p = -c_{n,12} + c_p \tag{7.56}$$

und damit für die Druckarbeit

$$w_{p,12} = w_{I,12} + w_{diss,12} = c_p \cdot \Delta T - c_{n,12} \cdot \Delta T \tag{7.57}$$

Zusammenfassend ist damit die verrichtete innere Druckarbeit in spezifischer Form

$$w_{I,12} = c_p \cdot \Delta T_{12} \tag{7.58}$$

oder als übertragene Leistung

$$P_{I,12} = \dot{m} \cdot w_{I,12} = \dot{m} \cdot c_p \cdot \Delta T_{12} \tag{7.59}$$

Im adiabaten Fall ist die Druckarbeit die gesamte am System, also dem Prozessgas, verrichtete oder vom System abgegebene Arbeit.

Die innere Arbeit ist die Arbeit, die ein Aggregat aufnimmt (Verdichter) oder abgibt (Turbine), also die Arbeit an der Welle. Die Differenz zwischen innerer Arbeit und polytroper Arbeit wird jeweils über Dissipation als Wärme dem System, also dem Prozessgas zugeführt: Denn wir hatten hier das System als adiabat angenommen, d. h. die durch die Dissipation erzeugte Wärme bleibt im System, also dem Arbeitsgas.

Bei einer Turbine gibt das Gas in der Turbine die polytrope Druckarbeit ab; davon kann die innere Arbeit an der Welle entnommen werden, die Differenz dissipiert und erwärmt das Gas.

Bei einem Verdichter muss an der Welle die innere Arbeit aufgebracht werden. Im verdichteten Gas steht dann die polytrope Druckarbeit zur Verfügung, die Differenz dissipiert und erwärmt das Gas.

Grundsätzlich kann das Konzept der inneren Arbeit auch auf nicht-ideale Gase und Fluide erweitert werden.

7.9 Freie Expansion und isenthalpe Expansion

Bei der freien Expansion expandiert ein Gas in ein größeres Volumen, ohne dass dabei Arbeit verrichtet oder Wärme übertragen wird. Die freie Expansion bezeichnet außerdem eine Zustandsänderung, mit der die Mischung von Gasen beschrieben werden kann - siehe Kapitel 8.

Isenthalpe Zustandsänderung Im idealen reibungsfreien Fall können wir uns vorstellen, dass das Gas in einem starren und isolierten, d. h. abgeschlossenen System vorliegt, dieses Gas zuerst nur einen Teil dieses Volumens einnimmt, es dann aber voll ausfüllt. Dies wird ermöglicht, indem das zuerst in einem kleinen Volumen eingeschlossene Gas expandieren kann, nachdem eine Öffnung reibungsfrei und ohne Arbeit am Gas zu verrichten geöffnet wird. Da weder Arbeit noch Wärme übertragen wird, gilt

$$\Delta u_{12}\big|_{frei} = q_{12} + w_{v,12} = 0 + 0 = 0 \tag{7.60}$$

Da die innere Energie des Gases nur eine Funktion der Temperatur ist, folgt damit für die freie Expansion

$$u_2(T_2) - u_1(T_1) = 0 \quad \Leftrightarrow \quad T_2 - T_1 = 0 \tag{7.61}$$

Die freie Expansion ist also keine isentrope Expansion, denn dort verändert sich die Temperatur und die innere Energie. Bei der freien Expansion nimmt die Entropie zu, d.h. sie ist irreversibel und kann damit nur in Richtung auf niedrigere Drücke ablaufen.

Die freie Expansion ist jedoch eine isenthalpe Zustandsänderung

$$\Delta h_{12} = q_{12} + w_{p,12} = 0 + 0 = 0 \,, \tag{7.62}$$

da sie isotherm abläuft. Daher können wir die dafür verwendete Herleitung auch hier nutzen und bekommen

$$\Delta s_{12}\Big|_{h=const} = \int_1^2 \frac{dq}{T} = \int_1^2 \frac{p \cdot dv}{T} = -R_i \cdot \int_1^2 \frac{dv}{v} = R_i \cdot \ln \frac{v_2}{v_1} = R_i \cdot \ln \frac{p_1}{p_2} \tag{7.63}$$

Drosselung Die isenthalpe Zustandsänderung beschreibt speziell Drosseln. Eine Drossel ist eine Vorrichtung, in der das durchströmende Fluid seinen Druck verringert, ohne dass dabei ein Wärmestrom übertragen oder Leistung verrichtet wird. Die Zustandsänderung ist zwar isenthalp, trotzdem wird an dieser Stelle Arbeit dissipiert, denn mit dem Gouy-Stodola-Theorem finden wir für ein ideales Gas

$$W_{diss,12} = T_1 \cdot \Delta S_{12} = T_1 \cdot m_i \cdot R_i \cdot \ln \frac{p_2}{p_1} = p_1 \cdot V_1 \cdot \ln \frac{p_2}{p_1} \tag{7.64}$$

Daher ist eine Drosselung von Gasströmen technisch wo möglich zu vermeiden. Statt eine Pumpe bei Nennleistung gegen ein nahezu geschlossenes Ventil arbeiten zu lassen, kann eine drehzahlgeregelte Pumpe ohne Drosselelement eingesetzt werden.

Reale Gase Bei nicht-idealen Gasen oder Fluiden kommen zusätzliche Effekte zum Tragen, die dafür sorgen, dass sich bei der Expansion die Temperatur ändert: Sie kann entweder abnehmen (Kältemaschine) oder bei einigen Gasen auch zunehmen (Wasserstoff in einigen Temperaturbereichen). Bei Gasen beschreiben wir diesen Effekt über den Joule-Thomson-Koeffizienten

$$\mu_{JT} = \frac{dp}{dT}\Big|_{h=const} \tag{7.65}$$

Beim idealen Gas ist dieser Koeffizient gerade null, denn die isenthalpe Zustandsänderung ist zugleich isotherm (s.o.). Bild 7.10 gibt einen Eindruck über diese Koeffizienten für einige Gase. Ist der Koeffizient positiv, dann nimmt die Temperatur mit dem Druck ab. Dies wird z.B. bei der Luftverflüssigung nach dem Linde-Verfahren verwendet. Ist der Koeffizient negativ, dann nimmt die Temperatur zu, wenn der Druck abnimmt. Dieses Verhalten zeigt z.B. Wasserstoff.

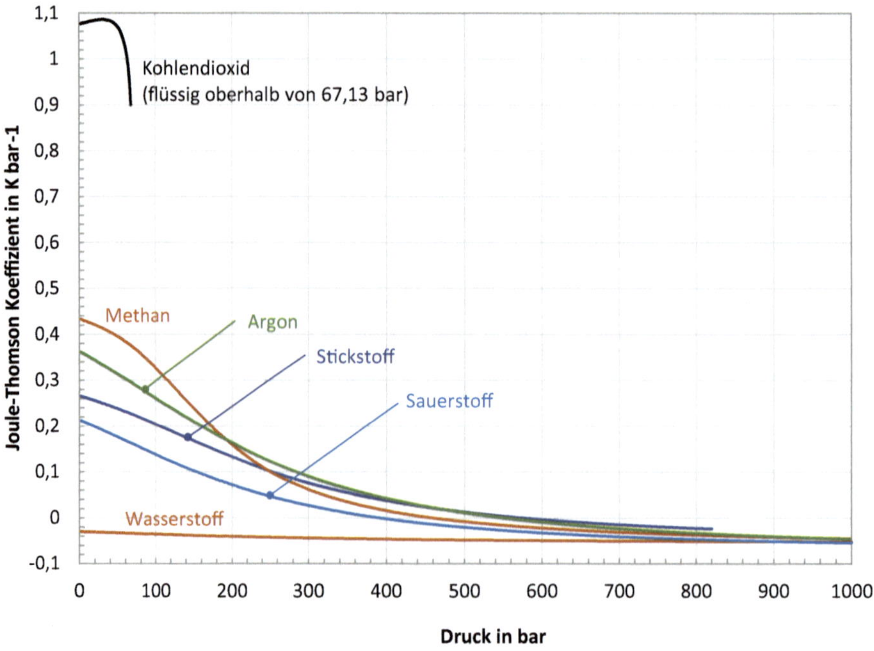

Bild 7.10 Joule-Thomson-Koeffizient wichtiger technischer Gase bei 300 K

Tabelle 7.3 Gleichungen für die irreversible freie Expansion und die isenthalpe Zustandsänderung des idealen Gases 1 → 2

Größe	Extensiv	Intensiv
Temperatur	-	$T_2 = T_1 = const$
Druck	-	$\frac{p_2}{p_1} = \frac{v_1}{v_2} = \frac{V_1}{V_2}$
Volumen	$\frac{V_2}{V_1} = \frac{p_1}{p_2}$	$\frac{v_2}{v_1} = \frac{p_1}{p_2}$
Volumenarbeit	$W_{v,12} = 0$	$w_{v,12} = 0$
Druckarbeit	$W_{p,12} = 0$	$w_{p,12} = 0$
Wärme	$Q_{12} = 0$	$q_{12} = 0$
Entropieänderung	$\Delta S_{12} = m \cdot R_i \cdot \ln \frac{V_2}{V_1}$	$\Delta s_{12} = R_i \cdot \ln \frac{v_2}{v_1}$

Ein Reifen platzt

LERNZIEL UMGANG MIT ZUSTANDSÄNDERUNGEN UND VORGEHEN BEI UNKLAREN PROBLEMEN.

Der Reifen eines städtischen Mülllasters ist kurz nach Silvester 2019 direkt neben dem Auto von Prof. S. geplatzt. Das KFZ hatte danach einen wirtschaftlichen Totalschaden, da u. a. alle Seitenscheiben zerbrochen waren.

KEIN SCHERZ, IST SO TATSÄCHLICH PASSIERT!

Unsere Frage ist: Welche Energie kann beim Platzen freigesetzt werden? Der Reifen hat (geschätzt) 10 bar Druck und ein Volumen von ca. 80 l. Nehmen Sie an, dass sich der Reifendruck nicht mit der Temperatur ändert. Umgebungsbedingung an dem Tag war 5 °C und 1,0 bar.

DAS IST WIRKLICH EINE SPANNENDE FRAGE: IST WIRKLICH GENUG ENERGIE IN EINEM REIFEN GESPEICHERT, UM BEI EINEM DANEBEN STEHENDEN KFZ ALLE SCHEIBEN ZUM BERSTEN ZU BRINGEN? OFFENSICHTLICH JA, ABER WIE KANN DAS GEHEN?

Berechnen Sie die Luftmasse, die sich im Reifen befindet.

Dazu ist die erste Frage: Wie beschreiben wir das Gas? Als ideales Gas oder irgendwie anders? Bei 10 bar verhält sich Luft noch sehr gut wie ein ideales Gas. Die Zustandsgleichung des idealen Gases gibt damit

$$m_R = \frac{p_R \cdot V_R}{R_{Luft} \cdot T_u} = \frac{1.000.000\,\text{Pa} \cdot 0{,}08\,\text{m}^3}{287{,}2\frac{\text{J}}{\text{kg} \cdot \text{K}} \cdot 278{,}15\,\text{K}} = 1{,}001\,\text{kg}$$

Berechnen Sie die Enthalpie-Differenz zwischen dem Inneren des Reifens und der Umgebung.

BÖSE TRICKFRAGE: WELCHE ZUSTANDSÄNDERUNG MUSS DAS GAS DURCHLAUFEN, UM VON UMGEBUNGSBEDINGUNG AUF DIE BEDINGUNG IM REIFEN ÜBERZUGEHEN? WAS GILT FÜR DIESE ZUSTANDSÄNDERUNG?

Eine erste Möglichkeit wäre eine isenthalpe Expansion der Luft im Reifen nach dem Platzen: Die isenthalpe Zustandsänderung des idealen Gases ist dadurch gekennzeichnet, dass sie auch isotherm verläuft. Allgemein ist der erste Hauptsatz

$$\Delta H = H_R - H_u = U_R - U_u + p_R \cdot V_R - p_u \cdot V_u,$$

das können wir weiter analysieren, indem wir die einzelnen Terme hinschreiben

$$\Delta H = \underbrace{U_R - U_u}_{=0} + \underbrace{p_R \cdot V_R}_{=m_R \cdot R_{Luft} \cdot T_u} - \underbrace{p_u \cdot V_u}_{=m_R \cdot R_{Luft} \cdot T_u} = 0$$

Es gibt also keine Enthalpie-Differenz zwischen dem Inneren des Reifens und der Umgebungsluft. Aus einer isenthalpen Zustandsänderung würde damit keine Arbeit freigesetzt werden können (was ja die Definition dieser Zustandsänderung ist. Dies scheint also nicht der richtige Ansatz zu sein.

Wie ändert sich die Enthalpie-Differenz, wenn der Reifen (aufgrund der Walkarbeit beim Fahren) eine Temperatur von 8 °C hat?

Jetzt müssen Sie wirklich rechnen! Hier gibt es viele Wege, die zum Ziel führen, aber allen gemeinsam ist der Gedanke, dass eine Zustandsänderung (oder zwei) notwendig sind, um eine Differenz der Enthalpie zu erzeugen – und die gilt es zu benennen und dann damit loszurechnen.

Am einfachsten ist es, die Temperaturdifferenz zwischen Reifenluft und Umgebung als Ergebnis einer isobaren Zustandsänderung zu verstehen, dann ist

$$\Delta H = m_R \cdot c_{p,Luft} \cdot \Delta T = 1{,}001\,\text{kg} \cdot 1{,}004 \frac{\text{kJ}}{\text{kg} \cdot \text{K}} \cdot (8°\text{C} - 5°\text{C}) = 3.015\,\text{J}$$

Etwas komplexer (aber sehr gut zum Verstehen) ist es, die Änderung der inneren Energie getrennt von der der Verschiebeenergie zu berechnen, also die Enthalpie zu zerlegen

$$\Delta H = U_R - U_u + p_R \cdot V_R - p_u \cdot V_u$$

mit der Änderung der inneren Energie

$$\Delta U = m_R \cdot c_{v,Luft} \cdot \Delta T = 1{,}001\,\text{K} \cdot 0{,}717 \frac{\text{kJ}}{\text{kg} \cdot \text{K}} \cdot 3{,}0\,\text{K} = 2.153\,\text{J}$$

und der Verschiebearbeit

$$p_R \cdot V_R - p_u \cdot V_u = m_R \cdot R_{Luft} \cdot \Delta T = 1{,}001\,kg \cdot 287{,}2 \frac{\text{J}}{\text{kg} \cdot \text{K}} \cdot 3{,}0\,\text{K} = 862\,\text{J}$$

Warum rechnen wir hier mit Enthalpie und nicht mit innerer Energie?

Der Reifen ist keine starre Systemgrenze. Es ist eine geschlossene Systemgrenze (sonst hätte der Reifen ein Loch). Wenn die Luft im Reifen ihren Zustand ändert, dann führt das oft zu einer Volumenänderung im Reifen und damit zu Interaktion mit der Atmosphäre drum herum.

Warum haben wir eben isobar gerechnet?

Die Idee, hier isobar zu rechnen, ist einfach, aber stimmt nicht wirklich: Die Temperatur nimmt zu, dabei dehnt sich das Gas aus (ideales Gas) – dem wirkt aber der Reifen entgegen, d. h. ein Teil der Wärme muss aufgewendet werden, um Arbeit am Reifen zu verrichten (wie beim Gasometer, wo ja auch der Deckel angehoben wird: Beim Gasometer ist aber die Kraft von Deckel und Umgebungsluft konstant – dort ändert sich der Druck im Gasometer nicht, wenn wir die Temperatur ändern. Beim Reifen hingegen wirkt Gummi und Stahl elastisch ...).

Haben wir eine Möglichkeit, dies besser zu beschreiben?

Isochor stimmt, wenn der Reifen starr ist - was er nicht ist.

Isotherm macht keinen Sinn, denn Temperaturen in Reifen können sich ändern ...

Isentrop macht keinen Sinn, denn wir übertragen ja nur Wärme (Walkarbeit ist Dissipation).

Isobar stimmt, wenn der Reifen flexibel ist - was er nicht ist.

Bleibt nur polytrop - puh! Um aber polytrop rechnen zu können, benötigen wir mehr Informationen als die, die wir hier haben.

Isobar ist also eine Näherung. Wir versuchen hier, ein Gefühl für Zahlen zu bekommen. Was wir jetzt durch tieferes Nachdenken gesehen haben: Irgendwo zwischen isochor (3750 J) und isobar (5000 J) sollte die richtige Zahl liegen, die als Wärme der Luft im Reifen zugeführt werden muss, damit sie 3 K höhere Temperatur hat als die Umgebung.

Berechnen Sie die Enthalpie-Änderung der Luft bei einer isentropen Expansion auf Umgebungsdruck.

DAS IST DIE ALTERNATIVE ZUR ISENTHALPEN EXPANSION, ALSO FRISCH ANS WERK.

Es ist nicht möglich, hier gleich die Änderung der Enthalpie zu bestimmen, sondern wir benötigen immer zuerst die Temperatur der Luft nach der Zustandsänderung, also die Temperatur der aus dem Reifen austretenden Luft bei Umgebungsdruck. Hier gibt es zwei Möglichkeiten: Entweder wir nehmen an, dass die gesamte Luftmasse ausgehend von 10 bar Luftdruck im Reifen isentrop expandiert (einfach), oder der Luftdruck nimmt mit dem Austreten des Gases ab (sehr schwierig). Ersteres macht Sinn, da wir ja Platzen beschreiben wollen, also etwas, was sofort die gesamte Luft betrifft. Dann ist

$$T_{pl} = T_R \cdot \left(\frac{p_u}{p_R}\right)^{\frac{\kappa-1}{\kappa}} = 287\,\text{K} \cdot \left(\frac{1\,\text{bar}}{10\,\text{bar}}\right)^{\frac{1{,}400-1}{1{,}400}} = 148{,}7\,\text{K}$$

Das ist sehr kalt, allerdings ist der Siedepunkt von Luft noch etwas niedriger (bei 100 K), sodass wir weiter mit dem idealen Gas rechnen können. Daraus bekommen wir dann

$$W_p = m_R \cdot c_{p,Luft} \cdot \left(T_{pl} - T_R\right) = 1{,}001\,\text{kg} \cdot 1{,}004 \frac{\text{kJ}}{\text{kg} \cdot \text{K}} \cdot \left(148{,}7\,\text{K} - 278{,}2\,\text{K}\right)$$
$$= -129{,}8\,\text{kJ}$$

Das negative Vorzeichen bedeutet, dass die Luft diese Arbeit abgibt (z. B. als Druckwelle, die eine Scheibe eindrückt).

Erklären Sie, warum das Platzen nicht als freie Expansion beschrieben werden kann.

UND ZWAR AUF BASIS DER ERGEBNISSE ZUR ISENTHALPEN EXPANSION UND UNTER VERWENDUNG VON ARGUMENTEN AUS DER THERMODYNAMIK.

Mein Vorschlag:

Bei der freien Expansion wird keine Energie frei. Energie als Potenzial zum Verrichten von Arbeit wird aber benötigt, um eine Kraft wirken zu lassen - sonst platzt der Reifen ja nicht.

Das Gas verteilt sich nicht plötzlich in ein geeignet größeres, aber vollkommen leeres Volumen, sondern es strömt gegen den Umgebungsdruck.

So gelingt es noch nicht, das Platzen der Scheiben zu verstehen - uns fehlt die Geschwindigkeit des Prozesses. Beim Platzen des Reifens wird eine Druckwelle vom Reifen auf die direkt davor befindliche Autoscheibe prallen.

Welche Kraft wirkt auf eine Autoscheibe (Fläche von 0,2 m²), wenn der Druck außen kurzzeitig 2 bar erreicht?

UND AUCH HIER IST EINE KLEINE GEMEINHEIT VERSTECKT: ALSO GANZ GENAU LESEN!

Die Gemeinheit ist der Druck, der außen kurzzeitig 2 bar absolut erreicht (hier steht nicht das Wort Druckdifferenz), daher

$$F = \Delta p \cdot A = 1\,\text{bar} \cdot 0{,}2\,\text{m}^2 = 20.000\,\text{N}$$

Ob die Scheibe diesen Druck übersteht, wenn der Druck ganz langsam auf diesen Wert ansteigt, ist hier unwichtig; es geht um den schnellen dynamischen Prozess. Und für wirklich schnelle Prozesse ist unser Werkzeug nicht unbedingt geeignet.

Dieses Beispiel bleibt etwas unbefriedigend - die Aufgabe wurde nicht gelöst; aber es war auch keine Aufgabe, sondern ein Problem. Und bei Problemen gelingt nicht immer die vollständige Auflösung. ■

■ 7.10 Übersichtstabellen zu den Zustandsänderungen

Dieser Abschnitt fasst die Zusammenhänge für reversible quasistationäre Zustandsänderungen des idealen Gases tabellarisch zusammen. Bei quasistationären Zustandsänderungen gilt ja immer die Zustandsgleichung des idealen Gases.

Tabelle 7.4 Formeln für die Zustandsänderungen des idealen Gases

Zustandsgröße	Isochor	Isobar	Isotherm
Polytropenexponent	$n_{12} \equiv \pm\infty$	$n_{12} \equiv 0$	$n_{12} \equiv 1$
Spezifische Wärmekapazität	$c_{n,12} = c_v \cdot \frac{\infty - \kappa}{\infty - 1} = c_v$	$c_{n,12} = c_v \cdot \frac{0 - \kappa}{0 - 1} = c_p$	$c_{n,12} = c_v \cdot \frac{1 - \kappa}{1 - 1} = \infty$
Volumen	$v_2 \equiv v_1 = \text{const}$	$\frac{v_2}{v_1} = \frac{T_2}{T_1}$	$\frac{v_2}{v_1} = \frac{p_1}{p_2}$
Druck	$\frac{p_2}{p_1} = \frac{T_2}{T_1}$	$p_2 \equiv p_1 = \text{const}$	$\frac{p_2}{p_1} = \frac{v_1}{v_2}$
Temperatur	$\frac{T_2}{T_1} = \frac{p_2}{p_1}$	$\frac{T_2}{T_1} = \frac{v_2}{v_1}$	$T_2 \equiv T_1 = \text{const}$
Wärme	$q_{12} = c_v \cdot (T_2 - T_1)$	$q_{12} = c_p \cdot (T_2 - T_1)$	$q_{12} = -w_{v,12} = -w_{p,12}$
Volumenarbeit	$w_{v,12} = 0$	$w_{v,12} = -p \cdot (v_2 - v_1)$ $w_{v,12} = -R_i \cdot (T_2 - T_1)$	$w_{v,12} = w_{p,12} = R_i \cdot T \cdot \ln\frac{p_2}{p_1}$ $w_{v,12} = w_{p,12} = p_1 \cdot v_1 \cdot \ln\frac{v_1}{v_2}$ $w_{v,12} = w_{p,12} = p_2 \cdot v_2 \cdot \ln\frac{v_1}{v_2}$
Druckarbeit	$w_{p,12} = v \cdot (p_2 - p_1)$ $w_{p,12} = R_i \cdot (T_2 - T_1)$	$w_{p,12} = 0$	
Entropieänderung	$\Delta s_{12} = c_v \cdot \ln\frac{p_2}{p_1}$	$\Delta s_{12} = c_p \cdot \ln\frac{v_2}{v_1}$	$\Delta s_{12} = R_i \cdot \ln\frac{v_2}{v_1}$
p-v Diagramm	$p(v) \approx \frac{1}{v^\infty} = \text{const}$	$p(v) \approx \frac{1}{v^0} = \text{const}$	$p(v) = \frac{R_i \cdot T}{v^1} = \frac{R_i \cdot T}{v}$
T-s Diagramm	$T(s) = \exp\left(\frac{1}{c_v} \cdot s\right) + T_0$	$T(s) = \exp\left(\frac{1}{c_p} \cdot s\right) + T_0$	$T(s) = \exp\left(\frac{1}{\infty} \cdot s\right) = T_0$

Tabelle 7.5 Formeln für die Zustandsänderungen des idealen Gases

Zustandsgröße	Polytrop	Isentrop
Polytropenexponent	$n_{12}=\frac{\ln\frac{p_2}{p_1}}{\ln\frac{v_1}{v_2}}=\frac{\ln\frac{p_2}{p_1}}{\ln\frac{V_1}{V_2}}=\frac{\ln\frac{p_2}{p_1}}{\ln\frac{\dot{V}_1}{\dot{V}_2}}$ und $n_{12}=\frac{c_{n,12}-c_p}{c_{n,12}-c_v}$	$n_{12}\equiv\kappa$
Spezifische Wärmekapazität	$c_{n,12}=c_v\cdot\frac{n_{12}-\kappa}{n_{12}-1}$	$c_{n,12}=c_v\cdot\frac{\kappa-\kappa}{\kappa-1}=0$
Volumen	$\frac{v_2}{v_1}=\left(\frac{p_1}{p_2}\right)^{\frac{1}{n_{12}}}=\left(\frac{T_1}{T_2}\right)^{\frac{1}{n_{12}-1}}$	$\frac{v_2}{v_1}=\left(\frac{p_1}{p_2}\right)^{\frac{1}{\kappa}}=\left(\frac{T_1}{T_2}\right)^{\frac{1}{\kappa-1}}$
Druck	$\frac{p_2}{p_1}=\left(\frac{v_1}{v_2}\right)^{n_{12}}=\left(\frac{T_2}{T_1}\right)^{\frac{n_{12}}{n_{12}-1}}$	$\frac{p_2}{p_1}=\left(\frac{v_1}{v_2}\right)^{\kappa}=\left(\frac{T_2}{T_1}\right)^{\frac{\kappa}{\kappa-1}}$
Temperatur	$\frac{T_2}{T_1}=\left(\frac{v_1}{v_2}\right)^{n_{12}-1}=\left(\frac{p_2}{p_1}\right)^{\frac{n_{12}-1}{n_{12}}}$	$\frac{T_2}{T_1}=\left(\frac{v_1}{v_2}\right)^{\kappa-1}=\left(\frac{p_2}{p_1}\right)^{\frac{\kappa-1}{\kappa}}$
Wärme	$q_{12}=c_{n,12}\cdot(T_2-T_1)$	$q_{12}\equiv 0$
Volumenarbeit	$w_{v,12}=\frac{w_{p,12}}{n_{12}}=\frac{R_i}{n_{12}-1}\cdot(T_2-T_1)$	$w_{v,12}=\frac{w_{p,12}}{\kappa}=c_v\cdot(T_2-T_1)$
Druckarbeit	$w_{p,12}=n_{12}\cdot w_{v,12}=\frac{n_{12}\cdot R_i}{n_{12}-1}\cdot(T_2-T_1)$	$w_{p,12}=\kappa\cdot w_{v,12}=c_p\cdot(T_2-T_1)$
Entropieänderung	$\Delta s_{12}=c_{n,12}\cdot\ln\frac{T_2}{T_1}$	$\Delta s_{12}\equiv 0$
p-v Diagramm	$p(v)\approx\frac{1}{v^{n_{12}}}$	$p(v)\approx\frac{1}{v^{\kappa}}$
T-s Diagramm	$T(s)=\exp\left(\frac{1}{c_{n_{12}}}\cdot s\right)+T_0$	$T(s)=\exp\left(\frac{1}{0}\cdot s\right)+T_0$

8 Gemische

Dieser Abschnitt führt zuerst beliebige Gemische von unterscheidbaren Stoffen ein und diskutiert dann als Spezialfall die Gemische idealer Gase.

Im allgemeinen Fall setzen sich Gemische aus unterscheidbaren Komponenten zusammen, die zusammen ein System bilden. Das Konzept und die Werkzeuge für Mischungen werden insbesondere in der thermischen Verfahrenstechnik und in den Materialwissenschaften benötigt. Wir werden es konkret für die Beschreibung von feuchter Luft in Kapitel 9 und Verbrennung in Teil IV weiter einsetzen.

Definition Wir verstehen ein Gemisch als einen Gleichgewichtszustand, der sich einstellt, nachdem Massen unterschiedlicher Zusammensetzung, unterschiedlicher Phasen oder unterschiedlicher Temperatur in einem System zusammengebracht wurden.

Dabei gehen wir davon aus, dass die Mischung im Gleichgewicht selber zumindest makroskopisch oder auf einer gröberen Skala homogen ist, also oberhalb einer festgelegten Skala keine lokalen Unterschiede innerhalb des Systems feststellbar sind:

- Gasgemische sind homogen. Die hohe kinetische Energie der einzelnen Teilchen sorgt für eine schnelle und homogene Durchmischung auf mikroskopischer Ebene[1].
- Gemische von Flüssigkeiten sind homogen. Lösungen, bei denen Festkörper (wie Salz oder Zucker) oder Gase in einer Flüssigkeit gelöst werden, sind homogen.
- Legierungen sind metallische Gemische, die auf einer mikroskopischen Ebene homogen sind[2].
- Aerosole sind feste Bestandteile wie Ruß oder Tröpfchen als Nebel, die in einem Gas schweben. Das Gemisch aus Aerosolen und Gas ist mikroskopisch inhomogen, es kann jedoch gut auf einer makroskopischen Ebene als homogen angesehen werden.
- Suspensionen (feste Bestandteile in einer Flüssigkeit) und Emulsionen (Gemisch mehrerer nicht mischbarer Flüssigkeiten wie z.B. Mayonnaise) sind mikroskopisch inhomogen, können jedoch makroskopisch durchaus homogen sein.
- Schaum ist auf kleinen Größenordnungen inhomogen, kann jedoch makroskopisch homogen sein (Gasbetonstein).

[1] Erst am oberen Ende der Erdatmosphäre kommt es zu einer gewissen Entmischung aufgrund der Schwerkraft.

[2] Stahl ist eine Legierung. Wenn der Kohlenstoff als Grafit ausfällt, bildet sich Zementit, was auf der mikroskopischen Ebene keine Mischung mehr darstellt.

- Unterschiedliche Festkörper können als Gemisch vorliegen (Möller für die Stahlherstellung, Vorlage in der Glasschmelze). Dabei definiert die Korngröße, bis zu welcher Größenordnung das Gemisch homogen ist.

Vorsicht ist insbesondere für Gemische angebracht, bei denen im betrachteten Temperaturbereich Phasenwechsel wie Kondensation oder Verdampfen beobachtet werden, da diese Prozesse das System entmischen können.

Es gibt Komponenten, die nicht gemischt werden können: Bei Flüssigkeiten und Gläsern macht man sich diese Eigenschaft oft zunutze, um Phasen zu trennen. Manchmal können solche auf der molekularen Ebene unmischbaren Systeme dann zumindest auf einer makroskopischen Ebene als Gemisch angesehen werden (Mayonnaise, Glaskeramik, nur pulvermetallurgisch herstellbare Metalle und Keramiken).

Komponenten Die einzelnen Bestandteile eines Gemisches nennen wir Komponenten. Dabei können die Komponenten auf unterschiedlicher stofflicher Ebene beschrieben werden, je nach Fragestellung und nach Eigenschaft des Gemisches:

- Auf der atomaren Ebene beschreiben wir Gemische, bei denen direkt die Atome das System darstellen oder bei denen diese Darstellung besonders geeignet ist. Dies gilt für Festkörper, bei denen die Bindungen direkt zwischen den einzelnen Atomen vorliegen (Metalle und Legierungen). Unabhängig davon ist es für die Beschreibung von chemischen Reaktionen oft notwendig, die atomare Zusammensetzung zu kennen (siehe Teil IV).
- Gase und Flüssigkeiten werden zumeist am besten durch Moleküle beschrieben. Keramiken, Gläser und weitere Festkörper lassen sich gut durch die Angabe der molekularen Zusammensetzung der einzelnen Oxide beschreiben.
- In technischen Rezepturen kann es angemessen sein, Gemische durch Komponenten zu beschreiben, die selber bereits Mischungen auf einer molekularen Ebene darstellen. Insbesondere heterogene Gemische, bei denen mehrere Phasen vorliegen, fallen hier hinein.

Anwenden Zwei Dinge sind ausgesprochen hilfreich beim Umgang mit diesem Thema bzw. bei konkreten Problemen:

1. Die Verwendung eines Tabellenkalkulationsprogrammes oder von Computeralgebra für alle Berechnungen. So behalte ich den Überblick über die Daten, kann schnell alle Berechnungen ausführen und kann einfach die notwendige Konsistenz der Daten überprüfen.
2. Eine Vielzahl von Zusammenhängen zwischen den unterschiedlichen Größen kennen. Dies bietet die folgende und daher recht umfangreich geratene Darstellung. Experten haben all diese Zusammenhänge im Kopf und nutzen sie einfach. Wenn ich aber neu bin in diesem Thema, dann fehlt mir dieser Überblick. Dann benötige ich entweder eine umfangreiche Formelsammlung, in der ich mich zurechtfinde, oder ich wäre gezwungen, bei Bedarf selber viele Gleichungen aufzustellen.

Dinkel-Oliven-Brot

DAS LERNZIEL IST HIER, DIE BEGRIFFE PRAKTISCH ANZUWENDEN.

Dieses Rezept ergibt ein leckeres und schönes Brot:

1. In einer Schüssel werden 1 kg Dinkelmehl 1050, ein Glas grüne entkernte und geschnittene Oliven, Salz, 1 Paket Trockenhefe und ca. 600 ml lauwarmes Wasser zu einem glatten, leicht klebenden Teig verarbeitet.
2. Wenn der Teig gut gegangen ist, kneten wir ihn durch, bemehlen ihn ausreichend und füllen ihn in ein Gärkörbchen (alternativ zwei Kastenformen) um.
3. Nachdem der Teig ausreichend gegangen ist, stürzen wir ihn aus dem Körbchen auf ein Backblech und backen ihn ohne Vorheizen bei 200 °C in 50 min außen knusprig.

Beobachtungen

Die Komponenten:

- Wasser kann gut als ein reiner homogener Stoff angesehen werden.
- Kochsalz kann entweder als reines NaCl ein reiner Stoff sein oder als Meer- oder Steinsalz selber ein Gemisch unterschiedlicher Salze.
- Mehl ist makroskopisch homogen und kann auf unterschiedliche Arten selber als Gemisch charakterisiert werden: Eine Möglichkeit wäre eine Elementaranalyse, also die Angabe der enthaltenen Atome und ihre Stoffmengenanteile. Eine andere Möglichkeit wäre die Angabe der wesentlichen Proteine und anderer organischer Verbindungen.
- Die Hefe stellt ein Pulver dar, das ähnlich wie Mehl beschrieben werden könnte. Allerdings sind dies eigentlich getrocknete einzellige Lebewesen.
- Die geschnittenen Oliven sind erst ab einem recht makroskopischen Maßstab von > 1 cm als homogen anzusehen. Als Früchte sind sie ähnlich komplexe Gemische wie Mehl oder Hefe.

Wir stellen im ersten Schritt ein Gemisch her. Beim Mischen nimmt das Volumen ab. Trockene Bestandteile und Wasser nehmen vor dem Mischen deutlich mehr Volumen ein als nach dem Zugeben des Wassers und dem Kneten. Beim Kneten werden die einzelnen Teilchen des Mehls angelöst. Eiweiße wie z.B. Gluten gehen in Lösung über, und alle Zwischenräume zwischen den Mehlpartikeln werden ausgefüllt. Das Salz löst sich auf, und auch die Hefezellen verteilen sich im Teig. Die Olivenstückchen verteilen sich zufällig im Teig und geben durch das Kneten etwas von ihrer Substanz an den Teig ab. Dies sind vorrangig physikalische Prozesse. Letztendlich verhindern die Olivenstückchen, dass der Teig insgesamt auch mikroskopisch homogen erscheint.

Wenn die Hefe ihren Stoffwechsel beginnt, nimmt das Volumen des Gemisches zu. Die Hefe wandelt Kohlenhydrate zu Wasser und Kohlendioxid um; Letzteres bildet Blasen im Teig. Dabei bleibt die Masse des Systems konstant, aber der Heizwert nimmt insgesamt etwas ab.

Durch das Kneten im zweiten Schritt verliert der Teig etwas an Masse, da einige Kohlendioxidblasen platzen.

Beim Backen laufen eine Vielzahl von chemischen Reaktionen ab. Das Brot gibt Wasserdampf an die Umgebung ab.

8.1 Gemische beschreiben

Das Gemisch ist ein System, und alle seine Komponenten haben eine gemeinsame Temperatur und einen Druck. Hier nehmen wir an, dass sich das System im Gleichgewicht befindet, d. h. dass alle Prozesse und alle Lösungsvorgänge, die bei der Temperatur abgelaufen sein können, abgelaufen sind. Falls chemische Reaktionen spontan stattfinden können, dann sind diese abgeschlossen - dies ist oft der Fall bei Mischungen bei hoher Temperatur. Gerade bei niedrigerer Temperatur lassen sich jedoch Stoffe vermischen, die zwar chemisch reagieren würden, dies aber bei der vorliegenden Temperatur nicht tun (als Beispiel reagieren Methan oder Wasserstoff mit Luft erst ab etwa 600 °C).

Der erste Schritt, ein Gemisch zu charakterisieren, ist, seine Zusammensetzung eindeutig zu beschreiben. Für die Zusammensetzung eignen sich je nach Anwendung die Massen, die Stoffmengen oder die Volumina der Komponenten:

Masse und Massenanteil Wenn das Gemisch ein geschlossenes System ist oder ein stationäres Fließsystem, dann ist die Masse m_{Mi} erhalten. Massenerhalt für die Gesamtmasse gilt auch, wenn chemische Reaktionen innerhalb des Gemisches ablaufen, d. h. die Masse eines Gemisches verändert sich durch eine chemische Reaktion oder einen Phasenwechsel nicht. Für die Komponenten eines Gemisches gilt:

- Die Massen der Atome sind immer erhalten.
- Die Massen der Moleküle sind erhalten, wenn keine chemischen Reaktionen ablaufen.

Die Masse des Gemisches m_{Mi} setzt sich aus den Massen m_i der einzelnen Komponenten i zusammen mit

$$m_{Mi} = \sum_i m_i \tag{8.1}$$

Wir definieren damit den Massenanteil μ_i des Stoffes i als

$$\mu_i = \frac{m_i}{m_{Mi}} = \frac{m_i}{\sum_i m_i} \tag{8.2}$$

Die Summe aller Massenanteile eines Gemisches ist definitionsgemäß

$$\sum_i \mu_i \equiv 1 \tag{8.3}$$

Diese letzte Formel bietet sich an, um die Konsistenz von Berechnungen zu überprüfen.

Stoffmenge und Stoffmengenanteil Die Stoffmenge n_{Mi} ist für jedes Gemisch von Molekülen erhalten, solange keine chemischen Reaktionen stattfinden. Chemische Reaktionen ändern die Stoffmenge aller Moleküle, die an der Reaktion teilnehmen, sowie damit die Stoffmenge des Gemisches selber. Die Stoffmenge von Atomen hingegen ist immer erhalten.

Für jeden einzelnen Stoff i in dem Gemisch ist die Masse m_i das Produkt aus Molmasse M_i und Stoffmenge n_i

$$m_i = n_i \cdot M_i \tag{8.4}$$

Die Stoffmenge des Gemisches ist die Summe der Stoffmengen der Komponenten unabhängig davon, ob wir sie für Atome oder für Moleküle berechnen

$$n_{Mi} = \sum_i n_i \tag{8.5}$$

Wir definieren den Stoffmengen- oder Molenanteil y_i des Stoffes i als

$$y_i = \frac{n_i}{n_{Mi}} = \frac{n_i}{\sum_i n_i} \tag{8.6}$$

Die Summe aller Stoffmengenanteile eines Gemisches ist definitionsgemäß

$$\sum_i y_i \equiv 1 \tag{8.7}$$

Diese letzte Festlegung bietet sich an, um die Konsistenz von Berechnungen zu überprüfen.

Grundsätzlich muss sich die Darstellung der Stoffmengen entweder auf Atome oder auf Moleküle beziehen, eine Mischung der beiden Beschreibungen führt schnell zu Durcheinander.

Molmasse des Gemisches Für nahezu alle weiteren Berechnungen benötigen wir die Molmasse des Gemisches, sie ist definiert als

$$M_{Mi} = \frac{m_{Mi}}{n_{Mi}} = \frac{\sum_i m_i}{\sum_i n_i} = \frac{\sum_i n_i \cdot M_i}{\sum_i n_i} \tag{8.8}$$

Eine häufig hilfreiche Formel ergibt sich für den Zusammenhang zwischen Stoffmengenanteilen und der Molmasse mit

$$M_{Mi} = \frac{m_{Mi}}{n_{Mi}} = \frac{\sum_i m_i}{n_{Mi}} = \frac{\sum_i M_i \cdot n_i}{n_{Mi}} = \sum_i M_i \cdot \frac{n_i}{n_{Mi}} = \sum_i M_i \cdot y_i \tag{8.9}$$

Umgekehrt erhalten wir einen Zusammenhang zwischen der Molmasse des Gemisches und den Massenanteilen aus

$$\frac{1}{M_{Mi}}=\frac{n_{Mi}}{m_{Mi}}=\frac{\sum_i n_i}{m_{Mi}}=\frac{\sum_i \frac{m_i}{M_i}}{m_{Mi}}=\sum_i \frac{m_i}{m_{Mi}}\cdot\frac{1}{M_i}=\sum_i \frac{\mu_i}{M_i} \tag{8.10}$$

Diese beiden Formeln erlauben jeweils die Berechnung von M_{Mi} nur aus einem konsistenten Datensatz.

Massenanteil und Stoffmengenanteil ineinander umrechnen Massenanteil und Stoffmengenanteil beschreiben beide dasselbe Gemisch. Häufig ist die eine Beschreibung gegeben, und die andere wird für weitere Berechnungen benötigt: In technischen Anlagen ist es besonders einfach, einzelne Bestandteile zu wiegen und dann zu vermischen; auf der anderen Seite folgen die Rezepte, nach denen Rohstoffe gewogen werden, oft aus chemischen Vorgaben und damit aus Stoffmengen. Daher ist es häufig notwendig, aus Massenanteilen die Anteile der Stoffmengen zu bestimmen, oder umgekehrt. Die dafür benötigten Gleichungen folgen jeweils aus den bisherigen durch geeignetes Einsetzen.

Ein hilfreicher Zusammenhang ergibt sich aus dem Verhältnis der Molmassen durch Umformen

$$\frac{M_i}{M_{Mi}}=\frac{\frac{m_i}{n_i}}{\frac{m_{Mi}}{n_{Mi}}}=\frac{m_i}{n_i}\cdot\frac{n_{Mi}}{m_{Mi}}=\frac{m_i}{m_{Mi}}\cdot\frac{n_{Mi}}{n_i}=\mu_i\cdot\frac{1}{y_i} \tag{8.11}$$

Damit ist insbesondere

$$\mu_i=\frac{M_i}{M_{Mi}}\cdot y_i \text{ und umgekehrt } y_i=\frac{M_{Mi}}{M_i}\cdot\mu_i \tag{8.12}$$

Volumen und Raumanteil Das Volumen eines Gemisches setzt sich aus den Volumina der einzelnen Komponenten zusammen, die diese im Gemisch jeweils einnehmen

$$V_{Mi}(p,T)=\sum_i V_{i,Mi}(p,T) \tag{8.13}$$

Für diesen Fall definieren wir den Raumanteil der Komponente i an dem gesamten Volumen des Gemisches

$$r_i(p,T)=\frac{V_{i,Mi}(p,T)}{V_{Mi}(p,T)} \tag{8.14}$$

Die Summe aller Raumanteile eines Gemisches ist definitionsgemäß

$$\sum_i r_i(p,T)\equiv 1 \tag{8.15}$$

Volumen ist keine Erhaltungsgröße Wenn ich die Masse m_i der Komponente i zu einem Gemisch dazugebe, dann verändert sich das Volumen des Gemisches um den Beitrag $V_{i,Mi}$. Im Allgemeinen hat dieses Volumen als Teilvolumen des Gemisches eine andere Größe als das Volumen der reinen Komponente bei gleichem Druck und gleicher Temperatur außerhalb des Gemisches $V_{i,rein}$. Speziell bei Gasen und teilweise bei Flüssigkeiten können diese beiden Volumina gleich sein.

Bei der Mischung von Stoffen aus unterschiedlichen Phasen kommt es schnell zu beeindruckenden Abweichungen zwischen den beiden Volumina. Typische Beispiele sind die Lösung von Gasen in Flüssigkeiten (Luft oder Kohlendioxid im Meerwasser) oder Festkörpern (Wasserstoff in Metallen), bei der das gesamte Volumen durch die dichtere oder die feste Phase bestimmt ist. Aber auch die Mischung von Festkörpern in sehr unterschiedlichen Korngrößen oder die Mischung von Flüssigkeit und granularen Stoffen (Sand) führt zu anderen Ergebnissen. Die feine Komponente oder das gelöste Gas verändern im Grenzfall das Volumen der Mischung nicht oder führen sogar zu einer Verringerung des Volumens. Im letzten Falle wäre dann $V_{i,Mi}$ negativ (siehe unser Beispiel vom Brotbacken).

Jede Änderung von Druck oder Temperatur des Gemisches kann zu Phasenänderungen einzelner Komponenten führen, sodass das Volumen des Gemisches und die Volumina der einzelnen Komponenten immer vom aktuellen Druck und der aktuellen Temperatur abhängen - Beispiel ist die Kondensation von Wasserdampf, wodurch das Volumen der Gasphase abnimmt.

Meersalz und Meerwasser

MEERSALZ UND MEERWASSER KÖNNEN HELFEN, BESSER ZU VERSTEHEN, WARUM MANCHMAL VOLUMEN ADDIERT WERDEN KÖNNEN UND MANCHMAL NICHT.

Meersalz im Haushalt ist ein feinkörniges kristallines Pulver. Diesem Meersalz kann eine gewisse Masse an Wasser zugefügt werden, ohne dass sich das Volumen ändert, da sich zuerst die Zwischenräume zwischen den Körnern mit Wasser füllen. Da ein Teil des Salzes in Lösung geht, kann sich sogar das Volumen des Gemisches verringern, wenn weniger Wasser zugegeben wird, als zum Ausfüllen aller Zwischenräume benötigt wird. Dabei bezieht sich die Dichte des Salzes entweder auf die Dichte des kristallinen Pulvers oder auf den massiven Kristall. Die Dichte des Pulvers ist immer geringer als die des Kristalls. Allerdings hängt die Dichte des Pulvers von der Korngrößenverteilung ab, denn kleine Körner nehmen die Zwischenräume zwischen großen Körnern ein und füllen so gemeinsam das Volumen besser aus.

Anders stellt sich dies aus der Sicht der Flüssigkeit dar. Bild 8.1 zeigt die Dichte von Meerwasser als Funktion des Salzgehaltes. Hier steigt die Dichte einfach linear mit dem Salzgehalt an. In diesem Falle darf also mit Raumanteilen gerechnet bzw. aus den Dichten von Wasser und kristallinem Salz die gemeinsame Dichte berechnet werden. Die unterschiedlichen Steigungen der dargestellten Verläufe in Bild 8.1 folgen aus der unterschiedlichen Temperaturabhängigkeit der Wärmeausdehnung von Wasser und Meersalz.

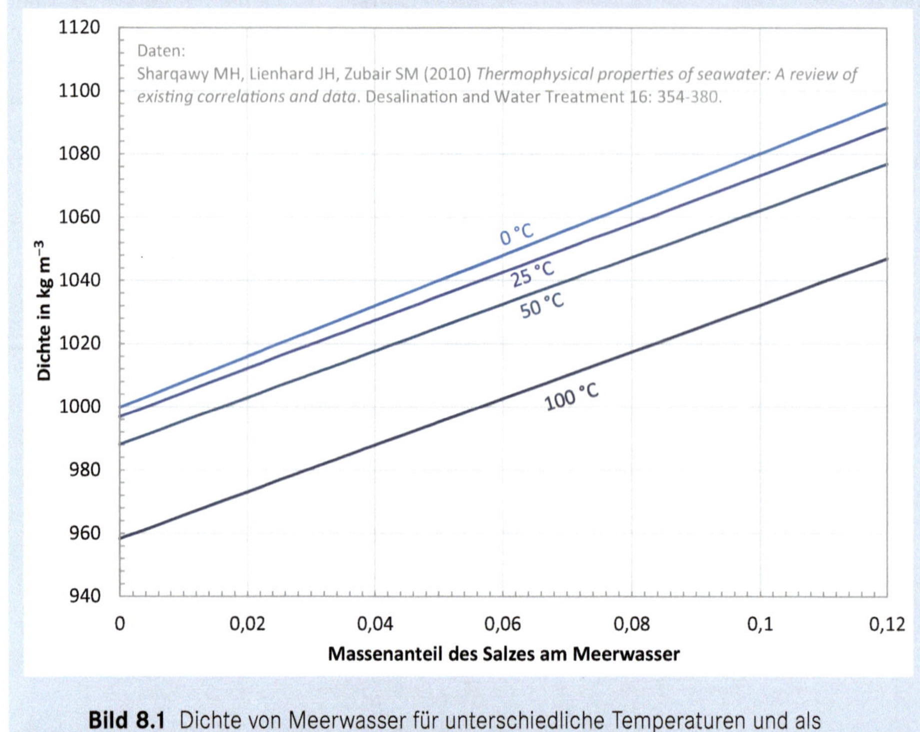

Bild 8.1 Dichte von Meerwasser für unterschiedliche Temperaturen und als Funktion des Massengehaltes des Salzes

Daten zu Meerwasser unter *https://web.mit.edu/seawater/*.

8.2 Zustandsgrößen

Der nächste Schritt ist, Zustandsgrößen eines definierten Gemisches aus Informationen über die einzelnen Komponenten und aus der Zusammensetzung zu berechnen.

Extensive Zustandsgrößen Für extensive Zustandsgrößen gilt allgemein - so haben wir sie in Kapitel 2 definiert -, dass sie für ein homogenes System aufsummiert werden können. Dies beschränkt uns darauf, zwei identisch zusammengesetzte Gemische addieren zu können - dann haben beide Teilsysteme die identische Zusammensetzung und ergeben ein gemeinsames homogenes System.

Zusätzlich können viele Zustandsgrößen von Gemischen durch die Summation über ihre Komponenten bestimmt werden. Dies gilt für die Masse und die Stoffmenge (s. o.), jedoch nur sehr begrenzt für das Volumen und damit für alle volumetrischen Größen und ausdrücklich nicht für die Entropie (s. u.).

Spezifische Zustandsgröße Darf ich die Zustandsgröße Z_{Mi} aus den jeweiligen Zustandsgrößen der Komponenten Z_i aufaddieren, dann gilt

$$Z_{Mi} = \sum_i Z_i \tag{8.16}$$

Dann gilt für diese Zustandsgröße des Gemisches

$$Z_{Mi} = \sum_i Z_i = \sum_i m_i \cdot z_i = m_{Mi} \cdot \sum_i \frac{m_i}{m_{Mi}} \cdot z_i = m_{Mi} \cdot \sum_i \mu_i \cdot z_i \tag{8.17}$$

Damit ist insbesondere für alle spezifischen intensiven Zustandsgrößen auch

$$z_{Mi} = \sum_i \mu_i \cdot z_i \tag{8.18}$$

Wichtige Beispiele sind die innere Energie und die Enthalpie, falls es bei der Mischung zu keinem Phasenwechsel o. Ä. kommt. Bei beliebigen Gemischen muss ich jeweils überprüfen, ob die spezielle Zustandsgröße so gebildet werden darf.

Spezifische Wärmekapazität und Isentropenexponent Die spezifischen Wärmekapazitäten sind intensive Zustandsgrößen, und es gilt Formel 8.18. Da die spezielle Gaskonstante R_{Mi} des Gemisches eine Summe aus zwei intensiven Zustandsgrößen ist, gilt

$$R_{Mi} = c_{p,Mi} - c_{v,Mi} = \sum_i \mu_i \cdot c_{p,i} - \sum_i \mu_i \cdot c_{v,i} = \sum_i \mu_i \cdot \left(c_{p,i} - c_{v,i}\right) = \sum_i \mu_i \cdot R_i \tag{8.19}$$

Diesen Zusammenhang hätten wir auch anders erschließen können, mit

$$R_{Mi} = \frac{R}{M_{Mi}} = \frac{R}{M_{Mi}} = R \cdot \sum_i \frac{\mu_i}{M_i} = \sum_i \mu_i \cdot \frac{R}{M_i} = \sum_i \mu_i \cdot R_i \tag{8.20}$$

Anders verhält es sich für den Isentropenexponenten als Beispiel eines Produktes von intensiven Zustandsgrößen. In diesem Fall muss der Isentropenexponent weiter aus den beiden spezifischen Wärmekapazitäten des Gemisches bestimmt werden

$$\kappa_{Mi} = \frac{c_{p,Mi}}{c_{v,Mi}} = \frac{\sum_i \mu_i \cdot c_{p,i}}{\sum_i \mu_i \cdot c_{v,i}} \tag{8.21}$$

Hier ist keine Vereinfachung möglich. Diese beiden Fälle illustrieren, wie solche zusammengesetzten Zustandsgrößen berechnet werden und worauf wir dabei achten müssen.

Molare Zustandsgröße Unabhängig davon lassen sich extensive Zustandsgrößen als Produkt der Stoffmenge und einer molaren Zustandsgröße berechnen (molar bedeutet intensiv und auf die Stoffmenge bezogen); damit erhalten wir für das Gemisch und unter Verwendung des Stoffmengenanteils y

$$Z_{Mi} = n_{Mi} \cdot Z_{M,Mi} = \sum_i n_i \cdot Z_{M,i} = n_{Mi} \cdot \sum_i y_i \cdot Z_{M,i} = \frac{m_{Mi}}{M_{Mi}} \cdot \sum_i y_i \cdot Z_{M,i} \tag{8.22}$$

und für molare intensive Zustandsgrößen

$$Z_{M,Mi} = \sum_i y_i \cdot Z_{M,i} \tag{8.23}$$

In einigen Datenbanken sind Materialeigenschaften als molare Größen abgelegt.

Dichte und Molmasse

In speziellen Anwendungen kann es hilfreich sein, mit den Dichten der Komponenten zu arbeiten. Wenn dies möglich ist, dann sind die hier dargestellten Zusammenhänge nützlich.

Die Dichte ist für jedes Gemisch definiert als

$$\rho_{Mi}(p,T)=\frac{1}{v_{Mi}(p,T)}=\frac{m_{Mi}}{V_{Mi}(p,T)} \tag{8.24}$$

Die Dichten der einzelnen reinen Komponenten - also der Komponenten, wenn sie in reiner ungemischter Form vorliegen - sind jeweils

$$\rho_{i,rein}(p,T)=\frac{1}{v_{i,rein}(p,T)}=\frac{m_i}{V_{i,rein}(p,T)} \tag{8.25}$$

Ganz unabhängig davon sind die Dichten der einzelnen Komponenten, wenn sie ein Teil des Gemisches sind,

$$\rho_{i,Mi}(p,T)=\frac{1}{v_{i,Mi}(p,T)}=\frac{m_i}{V_{i,Mi}(p,T)}=\frac{m_i}{r_i(p,T)\cdot V_{Mi}(p,T)} \tag{8.26}$$

Im allgemeinen Fall hängt diese Dichte dann von der Zusammensetzung des Gemisches selber, von Druck und Temperatur sowie von der Konzentration des Stoffes *i* ab.

Wenn diese beiden Dichten aus Formel 8.25 und Formel 8.26 ausreichend gut übereinstimmen, kann die Masse einer Komponente als Produkt von druck- und temperaturabhängigen Größen der Komponenten ausgedrückt werden, also

$$m_i=\rho_{i,Mi}(p,T)\cdot r_i(p,T)\cdot V_{Mi}(p,T)\cong \rho_{i,rein}(p,T)\cdot r_i(p,T)\cdot V_{Mi}(p,T) \tag{8.27}$$

Daraus erhalten wir für diesen Fall die Dichte des Gemisches

$$\rho_{Mi}=\frac{1}{v_{Mi}}=\frac{m_{Mi}}{V_{Mi}}=\frac{\sum_i m_i}{\sum_i V_i}=\frac{\sum_i \rho_i\cdot r_i\cdot V_{Mi}}{\sum_i r_i\cdot V_{Mi}}=\frac{\sum_i \rho_i\cdot r_i}{\sum_i r_i}=\sum_i \rho_i\cdot r_i \tag{8.28}$$

wobei wir den Hinweis auf die Druck- und Temperaturabhängigkeit und den Gültigkeitsbereich der Volumina jetzt in der Gleichung weglassen. Damit folgt für die Molmasse des Gemisches unter den gegebenen Randbedingungen

$$M_{Mi}=\frac{m_{Mi}}{n_{Mi}}=\frac{\sum_i m_i}{\sum_i n_i}=\frac{\sum_i \rho_i\cdot V_i}{\sum_i \frac{m_i}{M_i}}=\frac{\sum_i \rho_i\cdot r_i\cdot V_{Mi}}{\sum_i \frac{\rho_i\cdot r_i\cdot V_{Mi}}{M_i}}=\frac{\sum_i \rho_i\cdot r_i}{\sum_i \frac{\rho_i\cdot r_i}{M_i}} \tag{8.29}$$

$$=\frac{\rho_{Mi}}{\sum_i \frac{\rho_i\cdot r_i}{M_i}}$$

Diese Formeln sind interessant für das Ermitteln von Eigenschaften, wenn nur Volumenanteile bekannt sind wie z. B. bei Flüssigkeiten. Unter der Annahme von Inkompressibilität, wie wir sie für die ideale Flüssigkeit verwenden, vereinfachen sich diese Formeln zwar nicht, es entfallen aber die Druckabhängigkeiten.

8.3 Zustandsgröße Entropie

Die Entropie nimmt eine Ausnahmerolle unter den Zustandsgrößen ein, denn bei der Mischung von Stoffen kommt es zur Bildung von Entropie. Die gesamte Entropie eines Gemisches ist die Summe aus den einzelnen Entropien der reinen Komponenten plus der bei der Mischung entstandenen Entropie

$$S_{Mi} = m_{Mi} \cdot s_{Mi} = \sum_i S_i + \Delta S_{Mi} = m_{Mi} \cdot \sum_i \mu_i \cdot s_i + \Delta S_{Mi} \tag{8.30}$$

mit der durch die Mischung neu erzeugten Mischungsentropie

$$\Delta S_{Mi} = \sum_i \Delta S_i = \sum_i -R \cdot n_i \cdot \ln y_i = -R \cdot n_{Mi} \cdot \sum_i y_i \cdot \ln y_i \tag{8.31}$$

Dass die Entropie mit dem Mischen von Komponenten zunimmt, ist bereits mit den Zustandsänderungen des idealen Gases in Kapitel 7 erklärt: Dort war unser Modell das der freien Expansion, dieses kann aber verallgemeinert und auf alle Mischungsvorgänge übertragen werden. Den Mischprozess können wir als freie Expansion der einzelnen Komponenten in das dann von dem gesamten Gemisch gemeinsam eingenommene Volumen beschreiben. Dabei ist es irrelevant, ob die Teilvolumen der einzelnen Komponenten zusammen schon das Volumen des Gemisches ergeben, oder nicht; es zählt nur die unabhängige freie Expansion der einzelnen Komponenten in das gemeinsame Volumen.

Auch bei der Mischung von zwei identischen Stoffen unterschiedlicher Temperatur wird Entropie erzeugt - dies zeigt das Beispiel in Kapitel 5. Mischprozesse unterscheidbarer Komponenten sind daher grundsätzlich nicht reversibel.

Molare Mischungsentropie Die molare Mischungsentropie folgt direkt als

$$\Delta S_{M,Mi} = \frac{\Delta S_{Mi}}{n_{Mi}} = \frac{1}{n_{Mi}} \cdot \sum_i \Delta S_i = \sum_i \Delta S_{M,i} = -\sum_i R \cdot y_i \cdot \ln y_i \tag{8.32}$$

Bild 8.2 stellt diese molare Mischungsentropie als Funktion des Stoffmengenanteils der Komponente 1 dar. Dies ist eine symmetrische Funktion mit ihrem Maximum bei n_1 = 0,5. Der Beitrag der Komponente 1 an dieser Summe ist

$$\Delta S_{M,1} = \frac{\Delta S_1}{n_{Mi}} = -R \cdot y_1 \cdot \ln y_1 \tag{8.33}$$

und dominiert bei niedrigem Stoffmengenanteil dieser Komponente; in diesem Fall ist die dafür verantwortliche freie Expansion besonders ausgeprägt.

Noch deutlicher wird dieser Effekt, wenn dieser molare Beitrag an erzeugter Entropie der Komponente 1 nicht auf die Stoffmenge des Gemisches bezogen wird, sondern auf die Stoffmenge der Komponente selbst

$$\frac{\Delta S_1}{n_1} = \frac{\Delta S_{M,1}}{y_1} = \frac{\Delta S_1}{n_{Mi} \cdot y_1} = -R \cdot \ln y_1 \tag{8.34}$$

Diese Funktion nimmt mit abnehmender Stoffmenge n_1 zu und strebt dabei für n_1 = 0 den Wert unendlich an. Dies erklärt die technische Beobachtung, dass die Herstellung von besonders reinen Stoffen zunehmend energieaufwendiger wird.

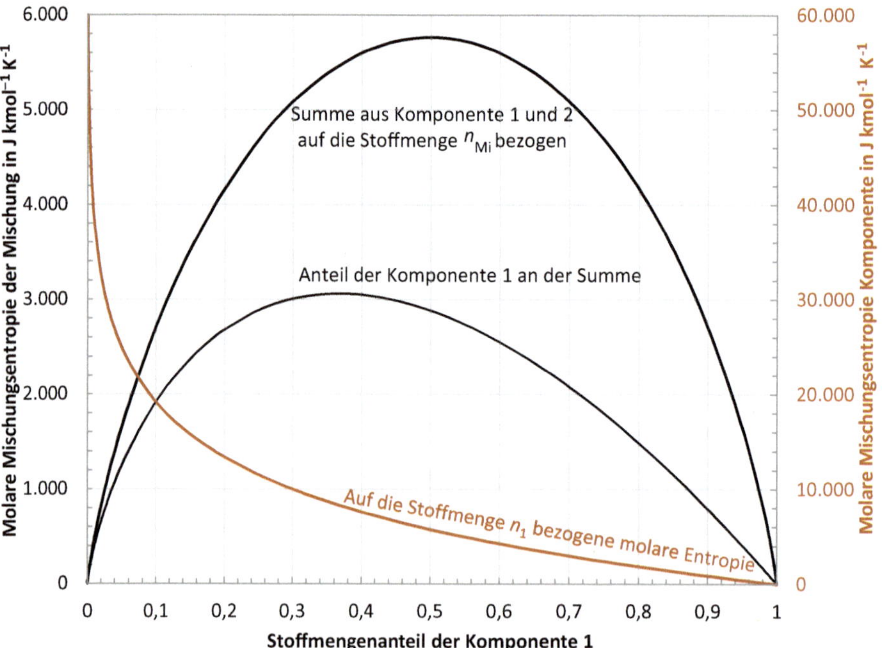

Bild 8.2 Molare Mischungsentropie einer Mischung von zwei Komponenten als Funktion des Stoffmengenanteils einer Komponente

Entmischen Der umgekehrte Prozess zum Mischen von Gasen oder Gasströmen ist das Entmischen oder das Abscheiden einer Komponente aus dem Gemisch. Solche Prozesse sind ein wesentlicher Teil der thermischen Verfahrenstechnik. Hier lässt sich der minimale Aufwand für diesen Prozess aus der Mischungsentropie und dem Gouy-Stodola-Theorem berechnen.

Die spezifische Entropie der Mischung, die durch den Entmischungsprozess der Komponente 1 entzogen werden muss, beträgt

$$\Delta s_{Mi}\big|_1 = \frac{\Delta S_{Mi}}{m_1} = \frac{\Delta S_{Mi}}{n_1 \cdot M_1} = -\frac{R \cdot n_{Mi}}{n_1 \cdot M_1} \cdot \sum_i y_i \cdot \ln y_i = -\frac{R}{y_1 \cdot M_1} \cdot \sum_i y_i \cdot \ln y_i \tag{8.35}$$

Damit ist die minimale spezifische Arbeit, die für das Abscheiden benötigt wird

$$w_{ab,1} = T_u \cdot \Delta s_{Mi}\big|_1 = -\frac{T_u \cdot R}{y_1 \cdot M_1} \cdot \sum_i y_i \cdot \ln y_i \tag{8.36}$$

Diesen Zusammenhang illustriert Bild 8.3 für das Abscheiden von Kohlendioxid aus der Atmosphäre oder aus Rauchgas. Der erste Prozess wird als *direct air capture* (DAC) und der zweite im Zusammenhang mit *carbon-capture-and-storage* (CCS) diskutiert.

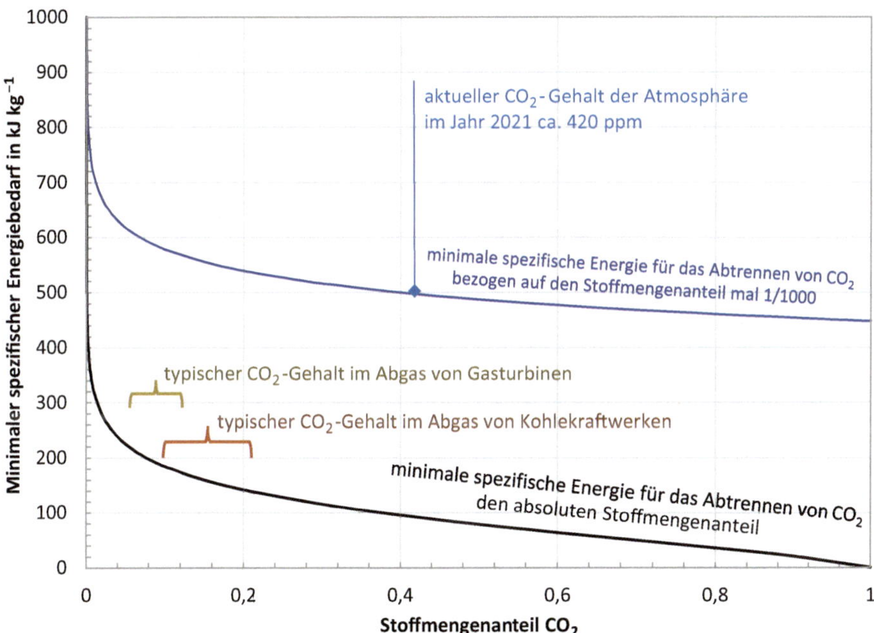

Bild 8.3 Spezifischer minimaler Energieaufwand für die Abscheidung von CO_2 aus einem Gemisch abhängig vom Stoffmengenanteil des CO_2

Stoffliches Recycling

Mischen erzeugt immer Mischungsentropie. Dies spielt nur eine untergeordnete Rolle bei geschlossenen technischen Kreisläufen:

- Behälterglas wird wieder eingesammelt und erneut zu Behälterglas eingeschmolzen; Architekturglas hat einen eigenen Verwertungskreislauf und wird wieder zu Flachglas eingeschmolzen.
- Einfache, unlegierte oder gering legierte Stahlsorten können recht einfach wiederverwertet werden.

Es erschwert oder verhindert jedoch die Wiederverwendung aufwendigerer Legierungen:

- Komplexere Legierungen können oft nicht geeignet recycelt werden: Legierungsbestandteile in Eisen und Aluminium sind dort gelöst und metallurgisch nicht einfach wieder zu entnehmen. Für einige gängige Legierungen gibt es noch separate Kreisläufe.
- Können Legierungen nicht wieder getrennt werden, so kann der Schrott ggf. nach chemischer Analyse aufwendig zur Mischung neuer Legierungen verwendet werden. Dieser Aufwand spiegelt damit die schon bei der Mischung der ursprünglichen Legierung erzeugten Entropie bzw. den damit benötigten zusätzlichen Energieaufwand zum Entmischen wider.

Damit wird deutlich, dass Legierungen gerade im Hinblick auf eine Kreislaufwirtschaft bzw. Circular Economy zu vermeiden sind: Reine Metalle sind viel einfacher wiederzuverwenden.

Auch klar ist, dass Schreddern nicht der ideale Prozess ist (da er unnötig Mischungsentropie erzeugt), sondern geordnetes Zerlegen von Produkten viel reinere Chargen erzeugen kann.

Dies fasst das Gouy-Stodola-Theorem.

Z. B. Szargut J (2005) *Exergy Method. Technical and Ecological Applications*. WIT Press, Southampton.

https://ec.europa.eu/environment/strategy/circular-economy-action-plan_en

Technische Anwendung der Formeln für Gemische

Diese Zusammenhänge gelten für alle Gemische, also auch für Festkörper, für Flüssigkeiten oder für Mischungen von Phasen.

Typische Anwendungen solcher Formeln finden sich bei der Ermittlung von Rezepten für die Herstellung von speziellen Werkstoffen:

- Kristalle haben eine ganz definierte Zusammensetzung der einzelnen Bestandteile, die auf der chemischen Ebene ganz typisch als Stoffmengen angegeben werden. Für die Herstellung werden jedoch Massen oder Massenanteile benötigt.

- Gase und Flüssigkeiten erlauben beliebige Zusammensetzungen oder Rezepturen. Gase behandeln wir im nächsten Abschnitt. Rezepturen von Flüssigkeiten können unterschiedlich aussehen; auch bei Flüssigkeiten können wir nicht immer darauf vertrauen, dass sich die Volumina einfach aufaddieren, daher ist Wiegen hier ggf. genauer.
- Gläser sind eine spezielle Form von erstarrten Flüssigkeiten: Hier werden Zusammensetzungen oft als Stoffmengenanteilen von Oxiden angegeben (vergleichbar mit Kristallen), während bei der Herstellung gewogen wird.

Oft sind solche Berechnungen in speziellen Programmen hinterlegt, aber mit den hier dargestellten Methoden können wir das jetzt selber berechnen. ■

Stahl für den Stahlguss

LERNZIEL IST DER UMGANG MIT GLEICHUNGEN FÜR MISCHUNGEN.

G-17CrMo5-5 ist ein Gussstahl nach DIN EN 10213 mit 0,17 % Kohlenstoff, 1,25 % Chrom (Cr), 0,5 % Molybdän (Mo), der Rest ist Eisen (Fe). Diese Angaben sind Massenanteile, dies ist der Standard bei der Angabe der Zusammensetzung von Stählen und Legierungen.

Was sind die Stoffmengenanteile der Legierungsbestandteile im Stahl?

OHNE DEN LÖSUNGSWEG VORWEGZUNEHMEN, WIR BENÖTIGEN GANZ SICHER DIE MOLMASSEN M_i ALLER LEGIERUNGSBESTANDTEILE - DIESE FINDEN SICH IN EINEM PERIODENSYSTEM (DUBBEL O. Ä.).

Die Massenanteile sind gegeben. Die Stoffwerte, wie Molmassen, haben wir bereitliegen. Zuerst suchen wir eine Formel, mit der die gegebenen Massenbrüche in Stoffmengenanteile umgerechnet werden können. Dies geht mit Formel 8.12

$$y_i = \mu_i \cdot \frac{M_i}{M_{Mi}}$$

In der Formel taucht die Molmasse des Gemisches auf - d. h. wir benötigen zuerst eine Möglichkeit, dies aus den Massenbrüchen selber zu berechnen. Dafür steht mit der Formel 8.10 eine Gleichung bereit, mit der wir zuerst die Molmasse des Gemisches bestimmen mit

$$M_{Mi} = \frac{1}{\sum_i \frac{\mu_i}{M_i}}$$

$$= \frac{1}{\frac{0{,}0017}{12{,}01\frac{\text{kg}}{\text{kmol}}} + \frac{0{,}0125}{51{,}996\frac{\text{kg}}{\text{kmol}}} + \frac{0{,}005}{95{,}94\frac{\text{kg}}{\text{kmol}}} + \frac{0{,}9808}{55{,}847\frac{\text{kg}}{\text{kmol}}}}$$

$$= 55{,}57\frac{\text{kg}}{\text{kmol}}$$

Die Massenbrüche sind als absolute Zahlen und nicht in % einzusetzen!

Wie zu erwarten, weicht die Molmasse der Legierung nur sehr gering von der des Eisens ab, da das Gemisch fasst nur aus Eisen besteht. Dies ist eine Möglichkeit zur Kontrolle des Ergebnisses.

Damit können wir im nächsten Schritt die einzelnen Stoffmengenanteile ausrechnen,

$$y_C = \frac{M_{Mi}}{M_C} \cdot \mu_C = \frac{55{,}57\,\frac{\text{kg}}{\text{kmol}}}{12{,}01\,\frac{\text{kg}}{\text{kmol}}} \cdot 0{,}0017 = 0{,}007872,$$

$$y_{Cr} = \frac{M_{Mi}}{M_{Cr}} \cdot \mu_{Cr} = \frac{55{,}57\,\frac{\text{kg}}{\text{kmol}}}{51{,}996\,\frac{\text{kg}}{\text{kmol}}} \cdot 0{,}0125 = 0{,}01336,$$

$$y_{Mo} = \frac{M_{Mi}}{M_{Mo}} \cdot \mu_C = \frac{55{,}57\,\frac{\text{kg}}{\text{kmol}}}{95{,}04\,\frac{\text{kg}}{\text{kmol}}} \cdot 0{,}005 = 0{,}002896,$$

$$y_{Fe} = \frac{M_{Mi}}{MFe} \cdot \mu_{Fe} = \frac{55{,}57\,\frac{\text{kg}}{\text{kmol}}}{55{,}847\,\frac{\text{kg}}{\text{kmol}}} \cdot 0{,}9808 = 0{,}9759$$

Als Kontrolle muss die Summe der Stoffmengenanteile wieder 1 ergeben,

$$y_{Mi} = \sum_i y_i = 1$$

Was sind die beim Herstellen von 400 to zugegebenen Volumen der Legierungsbestandteile für den Stahl?

400 to ist das typische Fassungsvermögen einer Kokille beim Herstellen von Stahl.

Ohne den Lösungsweg vorwegzunehmen, wir benötigen ganz sicher die Dichten oder spezifischen Volumina aller Legierungsbestandteile – diese finden Sie sicher bei Wikipedia und vermutlich auch im Dubbel o. Ä. Bei Kohlenstoff nehmen wir (bitte) die handelsübliche günstige Variante.

Die Masse der einzelnen Bestandteile der Legierung errechnet sich aus dem Produkt der gesamten Masse mit den einzelnen Massenbrüchen

$$m_i = m_{Mi} \cdot \mu_i,$$

und damit ist für Kohlenstoff

$$V_C = \frac{m_{Mi} \cdot \mu_C}{\rho_{C(G)}} = \frac{400.000\ \text{kg} \cdot 0{,}0017}{2.260\,\frac{\text{kg}}{\text{m}^3}} = 0{,}3009\ \text{m}^3,$$

wobei Kohlenstoff als Grafit (und nicht als Diamant) zugegeben wird. Das Volumen des Kohlenstoffs kann stark von dieser Zahl abweichen, insbesondere Kohle hat oft eine deutlich geringere Dichte als Grafit. Für die Metalle hingegen sind die berechneten Volumen genau mit

$$V_{Cr} = \frac{m_{Mi} \cdot \mu_{Cr}}{\rho_{Cr}} = \frac{400.000\,\text{kg} \cdot 0{,}0125}{7.140\,\frac{\text{kg}}{\text{m}^3}} = 0{,}7003\,\text{m}^3,$$

$$V_{Mo} = \frac{m_{Mi} \cdot \mu_{Mo}}{\rho_{Mo}} = \frac{400.000\,\text{kg} \cdot 0{,}005}{10.280\,\frac{\text{kg}}{\text{m}^3}} = 0{,}1946\,\text{m}^3,$$

$$V_{Fe} = \frac{m_{Mi} \cdot \mu_{Fe}}{\rho_{Fe}} = \frac{400.000\,\text{kg} \cdot 0{,}9808}{7874\,\frac{\text{kg}}{\text{m}^3}} = 49{,}8247\,\text{m}^3$$

Das Volumen der Legierung kann dabei nicht als Summe der einzelnen Volumina angesehen werden, da sich durch die Ausbildung von Kristallstrukturen und dem Lösen von Kohlenstoff im Eisen dies noch verändert.

Warum werden die Bestandteile der Legierung nicht als Stoffmengen oder Volumen angegeben, sondern als Massenbrüche?

BEGRÜNDEN SIE MIT DEN VORHANDENEN ERGEBNISSEN UND GGF. MIT WEITEREN IDEEN ZUM ABLAUF IN EINEM STAHLWERK.

Wiegen ist tatsächlich die technisch einfachste und oft genaueste Methode. Insbesondere, da etwa 50 % des Stahls (Konverter-Route) oder 100 % (Lichtbogen-Ofen) als Schrott zugegeben werden. Volumen von Feststoffen sind im industriellen Umfeld kaum sicher zu bestimmen, und Stoffmengen müssten aus der Masse berechnet werden.

Was ist die spezielle Gaskonstante der Legierung?

OHNE DEN LÖSUNGSWEG VORWEGZUNEHMEN, WIR BENÖTIGEN GANZ SICHER DIE SPEZIELLEN GASKONSTANTEN ALLER LEGIERUNGSBESTANDTEILE – WIE BEKOMMEN WIR DENN DIE?

Die benötigten speziellen Gaskonstanten der einzelnen Metalle folgen aus der Molmasse mit

$$R_i = \frac{R}{M_i}$$

Die allgemeine Gaskonstante R ist eine Konstante, und die einzelnen Molmassen M_i der Atome entnehmen wir einem Periodensystem der Elemente. Die spezielle Gaskonstante ist eine der vielen Zustandsgrößen eines Gemisches und berechnet sich über die Massenanteile

$$R_{Mi} = \sum_i R_i \cdot \mu_i = R \cdot \sum_i \frac{\mu_i}{M_i}$$

und damit

$$R_{Mi} = 8.314 \frac{\mathrm{J}}{\mathrm{kmol \cdot K}} \left(\frac{0{,}0017}{12{,}01 \frac{\mathrm{kg}}{\mathrm{kmol}}} + \frac{0{,}0125}{51{,}996 \frac{\mathrm{kg}}{\mathrm{kmol}}} + \frac{0{,}005}{95{,}04 \frac{\mathrm{kg}}{\mathrm{kmol}}} + \frac{0{,}9808}{55{,}847 \frac{\mathrm{kg}}{\mathrm{kmol}}} \right)$$

$$= 149{,}6 \frac{\mathrm{J}}{\mathrm{kg \cdot K}}$$

Wofür wird diese spezielle Gaskonstante verwenden?

WOFÜR HABEN WIR SIE BISHER IMMER VERWENDET?

Die wesentliche Verwendung war bei der Zustandsgleichung des idealen Gases und für die Zustandsänderungen des idealen Gases. Diese Legierung liegt erst deutlich oberhalb des Schmelzpunktes von 1800 K als ideales Gas vor, sodass dies keine technische Anwendung hat.

Astronomen - im Gegensatz zu Ingenieuren - brauchen so etwas manchmal: In Ehrenreich D, Lovis C et al. (2020): *Nightside condensation of iron in an ultrahot giant exoplanet*. Nature 580: 597 - 601 wird genau so etwas beschrieben, wie die Zusammenfassung erklärt:

> *„Ultrahot giant exoplanets receive thousands of times Earth's insolation. Their high-temperature atmospheres (greater than 2000 kelvin) are ideal laboratories for studying extreme planetary climates and chemistry. Daysides are predicted to be cloud-free, dominated by atomic species and much hotter than nightsides. Atoms are expected to recombine into molecules over the nightside, resulting in different day and night chemistries. Although metallic elements and a large temperature contrast have been observed, no chemical gradient has been measured across the surface of such an exoplanet. Different atmospheric chemistry between the day-to-night (‚evening') and night-to-day (‚morning') terminators could, however, be revealed as an asymmetric absorption signature during transit.*
>
> *Here we report the detection of an asymmetric atmospheric signature in the ultrahot exoplanet WASP-76b. We spectrally and temporally resolve this signature using a combination of high-dispersion spectroscopy with a large photon-collecting area. The absorption signal, attributed to neutral iron, is blueshifted by −11 ± 0.7 kilometres per second on the trailing limb, which can be explained by a combination of planetary rotation and wind blowing from the hot dayside. In contrast, no signal arises from the nightside close to the morning terminator, showing that atomic iron is not absorbing starlight there. We conclude that iron must therefore condense during its journey across the nightside."*

Was sie sagen: Auf der Nachtseite dieses Planeten formen sich Wolken aus eisenhaltigen Tröpfchen; vermutlich gibt es dort auch Regen aus flüssigem Eisen. Aber auf der Tagseite verdampft dann das Eisen wieder ... Das klingt romantisch - oder?

Welche Entropie wurde beim Herstellen von 400 t Stahl nur durch das Zumischen der Legierungsbestandteile erzeugt?

ALSO DIE MISCHUNGSENTROPIE BERECHNEN ...

Die Entropie der Mischung folgt mit

$$\Delta S_{Mi} = -R \cdot \sum_i n_i \cdot \ln y_i = -R \cdot \sum_i \frac{m_i}{M_i} \cdot \ln y_i = -R \cdot m_{Mi} \sum_i \frac{\mu_i}{M_i} \cdot \ln y_i = 8{,}172 \frac{\text{MJ}}{\text{K}}$$

Bemerkenswert ist dabei der Zwischenschritt

$$\Delta S_{Mi} = -R\left(\underbrace{-274{,}5\ \text{kmol}}_{C}\underbrace{-415{,}0\ \text{kmol}}_{Cr}\underbrace{-121{,}8\ \text{kmol}}_{Mo}\underbrace{-171{,}6\ \text{kmol}}_{Fe}\right)$$

Dieser zeigt, dass die Beiträge der geringen Massen an Legierungsbestandteilen diese Summe dominieren. Dieser Befund hat allgemeine Gültigkeit, wie wir oben gezeigt haben.

8.4 Gemische als ideales Gas

Ideale Gase sind ein wichtiger Spezialfall, bei dem sich einige der gerade zusammengetragenen Gleichungen konkreter fassen lassen. Viele der Warnhinweise aus den vorherigen Abschnitten entfallen hier, und dadurch wird das Rechnen einfacher.

In einem idealen Gas hängt die Zustandsgleichung nicht vom speziellen Gas ab, denn die Zustandsgleichung des idealen Gases lautet mit der Stoffmenge n

$$\frac{p \cdot V}{n \cdot T} = R = 8.314 \frac{\text{J}}{\text{kmol} \cdot \text{K}} \tag{8.37}$$

Hier ist R die allgemeine Gaskonstante. Das bedeutet, dass diese Gleichung keine Informationen zum speziellen Gas enthält. Das machen wir uns zunutze.

Stoffmenge Besteht ein Gemisch aus mehreren idealen Gasen, so addieren sich die Stoffmengen der einzelnen Gase auf, wie Formel 8.5, Formel 8.6 und Formel 8.7 beschreiben.

Masse Die allgemeinen Zusammenhänge zur Masse aus Formel 8.1, Formel 8.2 und Formel 8.3 gelten weiter. Die Zustandsgleichung des idealen Gases verändert sich, wenn wir von der Stoffmenge auf die Masse übergehen. Dann wird

$$p_{Mi} \cdot V_{Mi} = n_{Mi} \cdot R \cdot T = \frac{m_{Mi}}{M_{Mi}} \cdot R \cdot T = m_{Mi} \cdot R_{Mi} \cdot T \tag{8.38}$$

D. h. wir benötigen hier die Molmasse des Gemisches M_{Mi}, die wir aus Formel 8.9 und Formel 8.10 bekommen, oder wir benötigen die spezielle Gaskonstante der Mischung R_{Mi}. Für Luft sind beide Werte tabelliert, ansonsten müssen wir diese Werte berechnen. Formel 8.38 gilt nicht nur für das Gemisch, sondern auch für jede einzelne Komponente. Da die spezielle Gaskonstante eine Zustandsgröße ist, gilt mit Formel 8.19 und Formel 8.20

$$p_{Mi} \cdot V_{Mi} = \sum_i n_i \cdot R \cdot T = \sum_i m_i \cdot R_i \cdot T = m_{Mi} \cdot \underbrace{\sum_i \mu_i \cdot R_i}_{R_{Mi}} \cdot T = m_{Mi} \cdot R_{Mi} \cdot T \tag{8.39}$$

Volumen Für den Fall, dass Druck p und Temperatur T vorgegeben sind, nimmt jedes einzelne Gas im ungemischten Zustand sein Volumen ein. Dieses Volumen ändert sich beim idealen Gas nicht durch die Mischung. Dies ist eine direkte Folge der Zustandsgleichung des idealen Gases aus Formel 8.37 bzw. der ihr zugrunde liegenden Annahme, dass die einzelnen Gaspartikel nicht miteinander interagieren. Es ist für das ideale Gas

$$V_{i,rein} = V_{i,Mi} = n_i \cdot \frac{R \cdot T}{p} \quad \text{und} \quad v_{i,rein} = v_{i,Mi} \tag{8.40}$$

Werden die einzelnen Stoffmengen der Komponenten eines Gemisches idealer Gase aufaddiert, so addieren sich auch die einzelnen Volumina der einzelnen Komponenten entsprechend

$$V_{Mi} = \sum_i V_i = V_{Mi} \cdot \sum_i r_i \tag{8.41}$$

und wir können hier einfach mit den Volumenanteilen r_i rechnen. Damit können wir schreiben

$$V_{Mi} = \underbrace{V_{Mi}}_{=n_{Mi} \cdot \frac{R \cdot T}{p}} \cdot \sum_i r_i = \sum_i n_i \cdot \frac{R \cdot T}{p} = \underbrace{n_{Mi} \cdot \frac{R \cdot T}{p}}_{=V_{Mi}} \cdot \sum_i y_i \tag{8.42}$$

Hier haben wir gezeigt, dass die Stoffmengenanteile y_i eines Gemisches idealer Gase gleich den Volumenanteilen r_i dieser idealen Gase sind

$$r_i \underbrace{=}_{ideales\ Gas} y_i \tag{8.43}$$

Druck Sind bei der Mischung das Volumen V und die Temperatur T vorgegeben, so ist der Druck, den ein einzelnes Gas im festen Volumen einnimmt

$$p_i = n_i \cdot \frac{R \cdot T}{V_{Mi}} \tag{8.44}$$

Werden die Stoffmengen der einzelnen Komponenten des Gemisches idealer Gase aufaddiert, so addieren sich auch die einzelnen Drücke entsprechend

$$p_{Mi} = \sum_i p_i \tag{8.45}$$

In einem idealen Gas steigt der Druck in einem vorgegebenen Volumen einfach linear mit der Zahl der Teilchen an. Daher ist der Druck des Gemisches die Summe der einzelnen Partialdrücke p_i.

Damit können wir analog zur Formel 8.42 einen Zusammenhang zwischen den Partialdrücken und den Molanteilen und Volumenanteilen herstellen

$$p_{Mi} = \sum_i p_i = \sum_i n_i \cdot \frac{R \cdot T}{V_{Mi}} = \underbrace{n_{Mi} \cdot \frac{R \cdot T}{V_{Mi}}}_{=p_{Mi}} \cdot \sum_i y_i = \underbrace{n_{Mi} \cdot \frac{R \cdot T}{V_{Mi}}}_{=p_{Mi}} \cdot \sum_i r_i \tag{8.46}$$

Übersichtlicher ist dabei

$$p_i = n_i \cdot \frac{R \cdot T}{V_{Mi}} = y_i \cdot n_{Mi} \cdot \frac{R \cdot T}{V_{Mi}} = r_i \cdot n_{Mi} \cdot \frac{R \cdot T}{V_{Mi}} \tag{8.47}$$

Es ist nicht üblich, einen einheitenlosen Druckanteil analog zum Volumenanteil zu definieren.

Dichte Für ideale Gase sind das Volumen des reinen Gases einer Komponente $V_{i,rein}$ und der Beitrag dieser Komponente zum Volumen der Mischung $V_{i,Mi}$ identisch. Daher gibt es für jede Komponente einer Mischung idealer Gase eine Partialdichte

$$\rho_i(p,T) = \frac{1}{v_i(p,T)} = \frac{m_i}{V_i(p,T)}, \tag{8.48}$$

die weiter vom Druck und von der Temperatur abhängt. Damit wird die Dichte der Mischung unter Verwendung der Definition des Raumanteils

$$\rho_{Mi} = \frac{m_{Mi}}{V_{Mi}} = \frac{\sum_i m_i}{V_{Mi}} = \frac{\sum_i \rho_i \cdot V_i}{V_{MI}} = \sum_i \frac{\rho_i \cdot V_i}{V_{Mi}} = \sum_i \rho_i \cdot r_i \tag{8.49}$$

Die Dichte einer Mischung ist eine der wenigen Zustandsgrößen, die nicht über den Massenbruch berechnet wird.

Entropie Die erzeugte Entropie bei der Mischung idealer Gase ist auch weiterhin

$$\Delta S_{Mi} = -R \cdot \sum_i n_i \cdot \ln y_i$$

Diese Gleichung kann unter Nutzung der bisher eingeführten Definitionen weiter umgeschrieben werden als

$$\Delta S_{Mi} = -R \cdot \sum_i n_i \cdot \ln y_i = -\sum_i R \cdot n_i \cdot \ln y_i = -\sum_i R_i \cdot m_i \cdot \ln y_i$$

Auch das Argument im Logarithmus lässt sich für unterschiedliche Zwecke geeignet umformen, z. B. zu

$$\Delta S_{Mi} = -\sum_i R_i \cdot m_i \cdot \ln y_i = -\sum_i R_i \cdot m_i \cdot \ln\left(\mu_i \cdot \frac{M_{Mi}}{M_i}\right) \tag{8.50}$$

Damit stehen viele Varianten für eine einfache Berechnung zur Verfügung.

Zusammenfassung Die Mischung von idealen Gasen ist bei gleichbleibendem Druck und gleichbleibender Temperatur selber wieder ein ideales Gas. Wenn die Hauptkomponenten der Mischung sich wie ein ideales Gas verhalten, dann kann zumeist das gesamte Gemisch als ideales Gas behandelt werden – siehe Kapitel 9 und feuchte Luft als Beispiel.

8.5 Formelsammlung für Gemische

Tabelle 8.1, Tabelle 8.2 und Tabelle 8.3 fassen wichtige Formeln für Gemische noch einmal zusammen. Von wesentlicher Bedeutung ist dabei sehr oft die Molmasse des Gemisches, diese kann aus den molaren Anteilen oder den Massenbrüchen berechnet werden

$$M_{Mi} = \sum_i M_i \cdot y_i = \frac{1}{\sum_i \frac{\mu_i}{M_i}}$$

Aus dieser lassen sich dann die jeweils anderen Größen berechnen. Also wenn die Massenbrüche bekannt sind, dann folgen die molaren Anteile als

$$y_i = \mu_i \cdot \frac{M_{Mi}}{M_i}$$

Umgekehrt folgen die Massenbrüche aus den molaren Anteilen über

$$\mu_i = y_i \cdot \frac{M_i}{M_{Mi}}$$

Tabelle 8.1 Umrechnung von Größen für alle Systeme

	Masse	Stoffmenge	Volumen	Partialdruck
Masse	1	$m_i = n_i \cdot M_i$ $\mu_i = y_i \cdot \frac{M_i}{M_{Mi}}$		
Stoffmenge	$n_i = \frac{m_i}{M_i}$ $y_i = \mu_i \cdot \frac{M_{Mi}}{M_i}$	1		
Volumen			1	
Partialdruck				1

Tabelle 8.2 Umrechnung von Größen in Gemischen, alle Komponenten sind ideale Gase.

	Masse	Stoffmenge	Volumen	Partialdruck
Masse	1	$m_i = n_i \cdot M_i$ $\mu_i = y_i \cdot \frac{M_i}{M_{Mi}}$	$m_i = \frac{p_{Mi} \cdot V_i}{R_i \cdot T}$ $m_i = V_i \cdot \rho_i$	$m_i = \frac{p_i \cdot V_{Mi}}{R_i \cdot T}$

	Masse	Stoffmenge	Volumen	Partialdruck
Stoffmenge	$n_i = \frac{m_i}{M_i}$ $y_i = \mu_i \cdot \frac{M_{Mi}}{M_i}$	1	$n_i = \frac{p_{Mi} \cdot V_i}{R \cdot T}$	$n_i = \frac{p_i \cdot V_{Mi}}{R \cdot T}$
Volumen	$V_i = \frac{m_i \cdot R_i \cdot T}{p_{Mi}}$ und $V_i = \frac{m_i}{\rho_i}$	$V_i = \frac{n_i \cdot R \cdot T}{p_{Mi}}$	1	$V_i = \frac{p_i}{p_{Mi}} \cdot V_{Mi}$
Partialdruck	$p_i = \frac{m_i \cdot R_i \cdot T}{V_{Mi}}$	$p_i = \frac{n_i \cdot R \cdot T}{V_{Mi}}$	$p_{Mi} = \frac{V_i}{V_{Mi}} \cdot p$ und $V_i = r_i \cdot p_{Mi}$	1

Tabelle 8.3 Formeln für die Beschreibung von Gemischen

System	Masse	Stoffmenge	Volumen	Partialdruck
Alle	$m_{Mi} = \sum_i m_i$	$n_{Mi} = \sum_i n_i$	V_{Mi}	p_{Mi}
Alle, Definitionen	Massenanteil $\mu_i = \frac{m_i}{m_{Mi}}$ mit $\sum_i \mu_i = 1$	Stoffmengenanteil $y_i = \frac{n_i}{n_{Mi}}$ mit $\sum_i y_i = 1$	Raumanteil $r_i = \frac{V_i}{V_{Mi}}$ mit $\sum_i r_i = 1$	
Ideale Gase	$m_{Mi} = \sum_i m_i$ und $\rho_i = \frac{m_i}{V_i}$	$n_{Mi} = \sum_i n_i$	$V_{Mi} = \sum_i V_i$ und $\rho_{Mi} = \sum_i r_i \cdot \rho_i$	$p_{Mi} = \sum_i p_i$
Zustands-gleichung idealer Gase	$m_{Mi} = \sum_i \frac{p_i \cdot V_{Mi}}{\mu_i \cdot R_i \cdot T}$ $m_{Mi} = \sum_i \frac{p_{Mi} \cdot V_i}{\mu_i \cdot R_i \cdot T}$	$n_{Mi} = \sum_i \frac{p_i \cdot V_{Mi}}{R \cdot T}$ $n_{Mi} = \sum_i \frac{p_{Mi} \cdot V_i}{R \cdot T}$	$V_{Mi} = \sum_i \frac{m_i \cdot R_i \cdot T}{p_i}$	$p_{Mi} = \sum_i \frac{m_i \cdot R_i \cdot T}{V_i}$
Spezielle Gaskonstante	$R_{Mi} = \sum_i \mu_i \cdot R_i$			

Konvertergas

Konvertergas ist die Gasmischung, die über einem Stahlkonverter im Stahlwerk abgesogen wird, wenn in diesen Sauerstoff eingeblasen wird, um den Kohlenstoffgehalt im Roheisen einzustellen.

Die Skizze in Bild 8.4 zeigt so einen Konverter, die Sauerstofflanze, durch die Sauerstoff in das flüssige Eisen eingeblasen wird, sowie den Spalt, durch den typisch Falschluft angesogen werden kann. Das Konvertergas wird rechts oben abgesogen und für eine weitere Nutzung vorbereitet.

Typisch enthält das Gas

- 65 % Kohlenmonoxid,
- 15 % Kohlendioxid,
- 18 % Stickstoff sowie
- 2 % Wasserstoff.

Beim Herstellen von Stahl müssen etwa 4 % Kohlenstoff aus dem Roheisen entfernt werden. Das Fassungsvermögen einer solchen Kokille beträgt typisch 400 t.

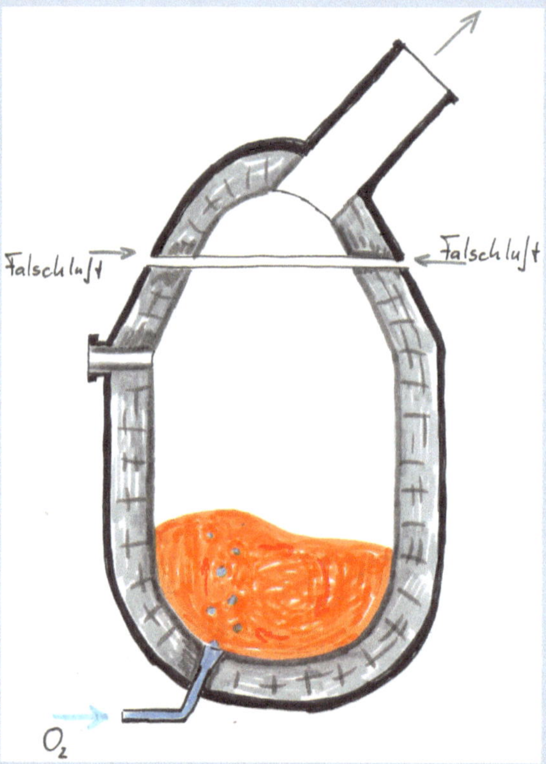

Bild 8.4 Aufbau eines Konverters für die Stahlherstellung

Was sind die Stoffmengenanteile der einzelnen Gase?

KLÄREN SIE, WELCHEN BEZUG DIESE KONZENTRATIONSANGABEN HABEN: MASSENANTEILE, VOLUMENANTEILE ODER ANDERE?

Die Zusammensetzung der Gase ist als Volumenanteile r_i angegeben oder als Partialdrücke. Dies entspricht den Stoffmengenanteilen, wenn wir annehmen, dass das Konvertergas ein ideales Gas ist, also

$$y_i \underbrace{=}_{\text{ideales Gas}} r_i$$

Was sind die Massenanteile der einzelnen Gase?

DAZU BENÖTIGEN WIR DIE MOLMASSEN DER GASE.

Um die Stoffmengenanteile in Massenanteile umzurechnen, verwenden wir Formel 8.12

$$\mu_i = y_i \cdot \frac{M_{Mi}}{M_i}$$

Diese Formel verlangt eine Molmasse der Mischung, diese können wir mit der Formel 8.9 aus den Stoffmengenanteilen bestimmen

$$M_{Mi} = \sum_i M_i \cdot y_i = M_{CO} \cdot r_{CO} + M_{CO_2} \cdot r_{CO_2} + M_{N_2} \cdot r_{N_2} + M_{H_2} \cdot r_{H_2}$$

bzw. mit Einsetzen

$$M_{Mi} = \begin{pmatrix} 28{,}01 \frac{\text{kg}}{\text{kmol}} \cdot 0{,}65 + 44{,}01 \frac{\text{kg}}{\text{kmol}} \cdot 0{,}15 \\ +28{,}01 \frac{\text{kg}}{\text{kmol}} \cdot 0{,}18 + 2{,}016 \frac{\text{kg}}{\text{kmol}} \cdot 0{,}02 \end{pmatrix} = 29{,}89 \frac{\text{kg}}{\text{kmol}}$$

Daraus berechnet sich für jedes Gas einzeln der Massenbruch, mit

$$\mu_{CO} = r_{CO} \cdot \frac{M_{CO}}{M_{Mi}} = 0{,}6091,$$

$$\mu_{CO_2} = r_{CO_2} \cdot \frac{M_{CO_2}}{M_{Mi}} = 0{,}2209,$$

$$\mu_{N_2} = r_{N_2} \cdot \frac{M_{N_2}}{M_{Mi}} = 0{,}1687,$$

$$\mu_{H_2} = r_{H_2} \cdot \frac{M_{H_2}}{M_{Mi}} = 0{,}00135$$

Wie zu erwarten, ist der Massenanteil des Wasserstoffs deutlich geringer und der des Kohlendioxids etwas größer als die Volumenanteile dieser beiden Gase, da Wasserstoff so viel leichter ist und Kohlendioxid schwerer.

Welche Massenanteile der Atome an der Mischung liegen vor?

Dies ist eine Aufgabe, bei der es vorrangig um saubere Buchführung geht. Den Massenanteil μ_j jeder einzelnen Atomsorte *j* berechnen wir, indem wir für alle Moleküle *i* die Anteile jedes einzelnen Atoms an der Molekülmasse m_i aller Moleküle berücksichtigen. Dies machen wir, indem wir neben der Molmasse M_j eines Atoms auch die Zahl der Atome im Molekül v_j berücksichtigen

$$\mu_j = \sum_i \mu_i \cdot \frac{v_j \cdot M_j}{M_i}$$

Diese Summe geht über alle Moleküle *i*, die in der Mischung enthalten sind. Die Anzahl der Atome *j* an einem Molekül *i* kann Werte von 0, 1, 2 oder mehr haben.

Also ganz konkret für das Kohlenstoffatom

$$\mu_C = \mu_{CO} \cdot \frac{v_C \cdot M_C}{M_{CO}} + \mu_{CO_2} \cdot \frac{v_C \cdot M_C}{M_{CO_2}} + \mu_{N_2} \cdot \frac{v_C \cdot M_C}{M_{N_2}} + \mu_{H_2} \cdot \frac{v_C \cdot M_C}{M_{H_2}}$$

$$\mu_C = 0{,}6091 \cdot \frac{1 \cdot 12{,}01}{28{,}01} + 0{,}2209 \cdot \frac{1 \cdot 12{,}01}{44{,}01} + 0{,}1687 \cdot \underbrace{\frac{0 \cdot 12{,}01}{28{,}01}}_{=0} + 0{,}00135 \cdot \underbrace{\frac{0 \cdot 12{,}01}{2{,}016}}_{=0}$$

$$\mu_C = 0{,}3212$$

Da im Stickstoff und im Wasserstoff kein Kohlenstoffatom enthalten ist, sind diese Beiträge hier also null. Für das Sauerstoffatom ist es

$$\mu_O = \mu_{CO} \cdot \frac{v_O \cdot M_O}{M_{CO}} + \mu_{CO_2} \cdot \frac{v_O \cdot M_O}{M_{CO_2}} + \mu_{N_2} \cdot \frac{v_O \cdot M_O}{M_{N_2}} + \mu_{H_2} \cdot \frac{v_O \cdot M_O}{M_{H_2}}$$

$$\mu_O = 0{,}6091 \cdot \frac{1 \cdot 16{,}01}{28{,}01} + 0{,}2209 \cdot \frac{2 \cdot 16{,}01}{44{,}01} + 0{,}1687 \cdot \underbrace{\frac{0 \cdot 16{,}01}{28{,}01}}_{=0} + 0{,}00135 \cdot \underbrace{\frac{0 \cdot 16{,}01}{2{,}016}}_{=0}$$

$$= 0{,}5088$$

Hier müssen wir beim CO_2 zwei Sauerstoffatome berücksichtigen. Es wird deutlich, dass der in das flüssige Eisen eingeblasene Sauerstoff diesen zusammen mit dem Kohlenstoff verlässt und nicht dort als Eisenoxid verbleibt (ansonsten würde der Prozess auch nicht funktionieren).

Die Massenanteile von Stickstoff- und Wasserstoffatomen sind gleich dem Massenanteil der Moleküle, wie wir am Beispiel des Wasserstoffs zeigen können

$$\mu_H = \mu_{CO} \cdot \frac{v_H \cdot M_H}{M_{CO}} + \mu_{CO_2} \cdot \frac{v_H \cdot M_H}{M_{CO_2}} + \mu_{N_2} \cdot \frac{v_H \cdot M_H}{M_{N_2}} + \mu_{H_2} \cdot \frac{v_H \cdot M_H}{M_{H_2}}$$

$$\mu_H = 0{,}6091 \cdot \underbrace{\frac{0 \cdot 1{,}008}{28{,}01}}_{=0} + 0{,}2209 \cdot \underbrace{\frac{0 \cdot 1{,}008}{44{,}01}}_{=0} + 0{,}1687 \cdot \underbrace{\frac{0 \cdot 1{,}008}{28{,}01}}_{=0} + 0{,}00135 \cdot \frac{2 \cdot 1{,}008}{2{,}016}$$

$$= 0{,}00135$$

Hier müssen wir berücksichtigen, dass im Wasserstoffmolekül zwei Wasserstoffatome vorhanden sind.

Der größte Atommassenanteil im Konvertergas ist Sauerstoff - auch weil dies das schwerste aller Atome der Mischung ist.

Wie groß ist die gesamte Masse an Konvertergas, die aus einer Kokille in einem Prozess etwa austritt?

WIR STARTEN MIT DER KOHLENSTOFFMASSE IM ROHEISEN (WERKSTOFFKUNDE) UND VERTEILEN DIESE DANN GEEIGNET AUF DIE EINZELNEN MOLEKÜLE. ES SIND ETWA 4 % BIS 5 % KOHLENSTOFF IM ROHEISEN.

Aus dem Roheisen entweichen bei der Stahlherstellung etwa 4 % Massenanteil an Kohlenstoff oder etwa

$$m_{C,Konv} = m_{RE} \cdot \mu_{C,RE} = 400.000\,\text{kg} \cdot 0{,}04 = 16.000\,\text{kg}$$

Dieser Kohlenstoff findet sich vollständig im Konvertergas, d. h. er liefert die 0,3212 Massenanteile der Kohlenstoffatome des Konvertergases. Damit hat das Konvertergas insgesamt als Masse

$$m_{Gas} = m_{C,Konv} \cdot \frac{1}{\mu_C} = 16.000\,\text{kg} \cdot \frac{1}{0{,}3212} = 49.813\,\text{kg}$$

Welches Volumen hat dieses Gas in einem Gasometer (Typ MAN mit 800 mm Wassersäule Druck), wenn außen 1 bar und 15 °C gemessen werden?

ANGENOMMEN WIRD, DASS DAS GAS IM GASOMETER DIE UMGEBUNGSTEMPERATUR HAT; DER ANGEGEBENE NENNDRUCK IST MIT EINEM MANOMETER GEMESSEN UND IST DAMIT DER DIFFERENZDRUCK. IN GUTER NÄHERUNG SIND 10 M WASSERSÄULE 1 BAR.

Die Schwierigkeit ist hier, dass nach all diesen komplexen und neuen Ansätzen plötzlich einfach die Zustandsgleichung des idealen Gases angewendet werden darf.

Allerdings muss zuerst die spezielle Gaskonstante der Mischung noch berechnet werden mit

$$R_{Gas} = \sum_i \mu_i \cdot R_i = 278{,}2 \frac{\text{J}}{\text{kg} \cdot \text{K}}$$

Der Druck im Gasometer beträgt

$$p_{Gas} = p_u + \Delta p_{GM} = 100.000\,\text{Pa} + 8.000\,\text{Pa} = 108.000\,\text{Pa}$$

Und damit ist das Volumen

$$V_{Gas} = \frac{m_{Gas} \cdot R_{Gas} \cdot T_u}{p_{Gas}} = \frac{49.813\,\text{kg} \cdot 287{,}2 \frac{\text{J}}{\text{kg} \cdot \text{K}} \cdot 288{,}15\,\text{K}}{108.000\,\text{Pa}} = 38.170\,\text{m}^3$$

D. h. so ein 100.000 m³ Gasometer ist mit zwei Chargen schon ziemlich gut gefüllt.

Welchen Heizwert hat dieses Gas?

DAS IST EINE STOFFEIGENSCHAFT, UND HIERFÜR BENÖTIGEN WIR DIE HEIZWERTE DER GASE, DIE BRENNBAR SIND. STICKSTOFF HAT EINEN HEIZWERT VON 0.

Auch Kohlendioxid als Abgas hat einen Heizwert von 0. Damit ist

$$H_{I,Gas} = \sum_i \mu_i \cdot H_{I,i} = \mu_{CO} \cdot H_{I,CO} + \mu_{H_2} \cdot H_{I,H_2} = 6{,}345 \frac{\text{MJ}}{\text{kg}}$$

Dieses Gas ist als Brennstoff nicht ganz einfach. Durch den niedrigen Heizwert ist es schwierig, Flammen einfach so zu stabilisieren. Häufig werden solche Gase in Öfen eingesetzt, die innen ausgesprochen hohe Temperatur aufweisen, sodass dieses Gas dort einfach reagieren muss. Nur das Einschalten ist dann schwierig, dazu muss oft mit Erdgas vorgeheizt werden.

Welche Wärme kann aus der Gasmenge im Gasometer freigesetzt werden?

Dazu verwenden wir den gerade bestimmten Heizwert

$$Q_{Gas} = m_{Gas} \cdot H_{I,Gas} = 49.813\ \text{kg} \cdot 6{,}345 \frac{\text{MJ}}{\text{kg}} = 316{,}1\ \text{GJ}$$

Der Stickstoff kommt aus angesaugter Falschluft: Was ist die Masse dieser Luft?

DAS IST VOM ANSATZ SO ÄHNLICH WIE DIE TEILAUFGABE ZUR BESTIMMUNG DER MASSENANTEILE, NUR DASS WIR JETZT NOCH DEN MASSENANTEIL VOM SAUERSTOFF IN DER LUFT BENÖTIGEN.

Luft ist ein ideales Gas mit 21 % Sauerstoff und 79 % Stickstoff als Volumenanteile, damit ist der Massenanteil des Sauerstoffs in Luft

$$\mu_{O_2} = r_{O_2} \cdot \frac{M_{O_2}}{M_{Luft}} = 0{,}21 \cdot \frac{32{,}00 \frac{\text{kg}}{\text{kmol}}}{28{,}96 \frac{\text{kg}}{\text{kmol}}} = 0{,}2320$$

Hier verwenden wir direkt die tabellierte Molmasse von Luft und müssen sie nicht erst separat ermitteln. Der Massenanteil des Stickstoffs in Luft ist

$$\mu_{N_2,Luft} = r_{N_2} \cdot \frac{M_{N_2}}{M_{Luft}} = 1 - \mu_{O_2} = 0{,}79 \cdot \frac{28{,}01 \frac{\text{kg}}{\text{kmol}}}{28{,}96 \frac{\text{kg}}{\text{kmol}}} = 0{,}7641$$

Auch hier erkennen wir, dass das dominierende Gas auch die Zahlenwerte bestimmt.

Aus dem Massenanteil des Stickstoffs im Konvertergas folgt dann der Massenanteil der Luft im Konvertergas mit

$$\mu_{Luft} = \frac{\mu_{N_2,Gas}}{\mu_{N_2,Luft}} = \frac{0{,}1687}{0{,}7680} = 0{,}2208$$

Und die gesamte Luftmasse, die sich im Konvertergas befindet, ist

$$m_{Luft} = m_{Gas} \cdot \mu_{Luft} = 49.813\ \text{kg} \cdot 0{,}2197 = 10.964\ \text{kg}$$

Damit ist etwa 25 % der gesamten Masse eingesogene Falschluft.

Wo hat sich der Sauerstoff aus der Falschluft im Konvertergas versteckt?

Der Stickstoff dieser Falschluft reagiert nicht und ist daher einfach der Stickstoff im Konvertergas. Der Sauerstoff hingegen taucht bei der Zusammensetzung nicht als molekularer Sauerstoff auf.

Diese Frage ist ein Vorgriff auf Verbrennung, denn aus dem Konverter tritt das Reaktionsgas mit ca. 1600 °C aus und reagiert daher sofort, wenn dort weiterer Sauerstoff zur Verfügung steht. Der Luftsauerstoff ist daher im CO_2 gebunden, da das CO mit Luft zu CO_2 reagiert.

Sehen wir, ob das stimmt, indem wir die Sauerstoffmasse aus der Falschluft berechnen. Diese ist

$$m_{O_2,Luft} = m_{Luft} \cdot \mu_{O_2} = 10.944\ \text{kg} \cdot 0{,}2320 = 2.544\ \text{kg}$$

Das entspricht einer Stoffmenge an Sauerstoffatomen von

$$n_{O,Luft} = \frac{m_{O_2,Luft}}{M_O} = \frac{2.544\ \text{kg}}{16{,}00\ \frac{\text{kg}}{\text{kmol}}} = 159{,}0\ \text{kmol}$$

Die Stoffmenge des CO_2 im Konvertergas beträgt (hier gib es sehr viele Möglichkeiten, dies zu berechnen)

$$n_{CO_2} = \frac{p_{GM} \cdot V_{CO_2}}{R \cdot T_{GM}} = \frac{p_{GM} \cdot V_{Gas} \cdot r_{CO_2}}{R \cdot T_{GM}} = \frac{108.000\ \text{Pa} \cdot 38.170\ \text{m}^3 \cdot 0{,}15}{8314\ \frac{\text{J}}{\text{kmol} \cdot \text{K}} \cdot 288{,}15\ \text{K}} = 258{,}1\ \text{kmol}$$

Das bedeutet, dass der größere Teil des CO_2 im Konvertergas erst durch Reaktion mit Falschluft erzeugt wird. Ein Sauerstoffatom reagiert mit einem CO-Molekül zu einem CO_2-Molekül oder als Reaktionsgleichung von Molekülen

$$2 \cdot CO + O_2 = 2 \cdot CO_2, \text{ und damit } CO + O\cdot = CO_2$$

Damit werden die 159,0 kmol Sauerstoffatome mit genau dieser Stoffmenge an CO reagieren. Da aber etwa 100 kmol mehr an CO_2 im Konvertergas vorliegt, muss dieser Anteil an Kohlendioxid bereits aus dem Stahl ausgetreten sein.

Mit diesen Ergebnissen ließe sich jetzt auch die Zusammensetzung des Gases beim Austritt aus dem flüssigen Stahl, bevor die Falschluft dazukommt, berechnen ...

Literatur

Nölle G (1997) *Technik der Glasherstellung*. DVG, Stuttgart.

9 Feuchte Luft

Es gibt viele thermodynamische Probleme, die mit trockener Luft als Gas ausreichend genau berechnet werden. Hier verstehen wir trockene Luft als ideales Gas (Kapitel 7) und in der aktuellen Zusammensetzung der Erdatmosphäre (Kapitel 21). Für manche Themen benötigen wir jedoch eine robuste und genaue Beschreibung feuchter Luft mit Berücksichtigung der Möglichkeit der Kondensation von Wasser. Mit einer solchen Beschreibung werden dann solche Effekte und Werte berechnet, bei denen diese Effekte von Bedeutung sind. Darum geht es in diesem Kapitel.

Feuchte Luft ist erst einmal ein Gemisch, so wie es in Kapitel 8 beschrieben wird, hier aus trockener Luft und Wasser. Trockene Luft und auch feuchte Luft lassen sich über weite technisch relevante Bereiche als ideales Gas ansehen. Die eigentliche Schwierigkeit entsteht dadurch, dass das Wasser in der Luft sowohl als Gas als auch als Flüssigkeit oder Festkörper vorliegen kann und Phasenübergänge jederzeit stattfinden können. Für Prozesse, bei denen ein Phasenübergang des Wassers und das Auftreten von flüssiger oder fester Phase von Wasser berücksichtigt werden müssen, benötigen wir die vollständige mathematische Beschreibung und die Werkzeuge aus diesem Kapitel.

Anwendungen Konkrete Anwendungen, bei denen dieses spezielle Verhalten der feuchten Luft nicht zu vernachlässigen ist, sind:

- Die Trocknung von Gütern aller Art. Beispiele sind Lacktrocknung, Lebensmittelverarbeitung, Getreidetrocknung, Papierherstellung.
- Vermeiden von Kondensation an Anlagen, die dem Wetter ausgesetzt werden, sowie Anlagen an oder in denen Kondensation zu Schäden führen kann. Dies betrifft besonders elektrische Anlagen für feuchtes und warmes Klima.
- Vermeiden von Korrosion bei der Lagerung von Metallen oder Glas durch Vermeiden von Kondensation.
- Die Klimatisierung von Räumen und die Auslegung von Klimaanlagen sowie das Vermeiden von Schimmelbildung in Gebäuden oder Gegenständen in den Gebäuden.
- Verhalten von hygroskopischen Stoffen und Baustoffen wie Holz.
- Auslegung von Nasskühltürmen sowie alle weiteren Formen von Verdunstungskühlung.
- Trinkwassergewinnung aus der (feuchten) Luft.
- Chemische Wäscher, die Sättigungsdruckunterschiede ausnutzen.

- Wetter und Klima sind nur mit feuchter Luft zu beschreiben; dies betrifft insbesondere Niederschläge und den Transport von Wasser in der Atmosphäre.
- Messverfahren, bei denen der Feuchtegehalt der Luft Auswirkungen auf das Messergebnis hat.

9.1 Was ist feuchte Luft?

Feuchte Luft beschreibt den allgemeinen Fall, bei dem die erst einmal trocken, d. h. ohne Wasser gedachte Luft der Atmosphäre zusätzlich Wasser enthält. Die Beschreibung von trockener Luft und Wasser zusammen als feuchte Luft ist ein Konzept, das so auch für andere Kombinationen von einem Gas und einem darin enthaltenen Lösemittel verwendet werden. Dann verändern sich die Zahlenwerte der unten eingeführten einzelnen Konstanten und insbesondere die Werte der Sättigungskurve entsprechend. Die zentralen Begriffe sind:

Trockene Luft Dies ist das Gas oder das Gemisch aller Komponenten, von denen keines der Bestandteile in dem relevanten Bereich, für den die Methoden angewendet werden sollen, kondensieren können. Dieser Bereich ist durch Druck und Temperatur festgelegt. Im Fall der feuchten Luft ist dies die Luft ohne den Wasseranteil. Mehr zur trockenen Luft und den Grenzen in Abschnitt 9.2.

Ungesättigter Zustand Es liegen beide Komponenten (Luft und Wasser) nur in der Gasphase vor. Dieser Zustand wird als Gemisch idealer Gase beschrieben. Mehr zu feuchter Luft ohne Kondensation in Abschnitt 9.3.

Gesättigter Zustand Der Partialdruck des Wassers hat seinen Sättigungsdruck erreicht. Auch dieser Zustand wird als Mischung idealer Gase beschrieben. Bereits geringstes Absinken von Temperatur oder Druck führen zum Kondensieren.

In Abschnitt 9.4 wird erläutert, wie dieser wichtige Sättigungsdruck bestimmt werden kann.

Übersättigter Zustand (Nebel) Es liegen kondensierte Anteile des Wassers vor. Diese können als Tropfen (Nebel und Regen) oder als Feststoff (gefrorener Nebel, Schnee) existieren. Abschnitt 9.6 beschreibt diese Zustände.

Dabei liegt das Gebiet der feuchten Luft innerhalb eines Zustandsraumes, der grundsätzlich durch weitere Randbedingungen beschränkt ist. Nur bei sehr tiefen Temperaturen oder hohen Drücken werden diese Grenzen relevant:

- Allgemein unterhalb des kritischen Punktes des kondensierbaren Stoffes (Wasser) bzw. konkret druckabhängig unterhalb der Siedetemperatur $T(p)$ - oberhalb kann dieser Stoff nicht mehr kondensieren, und es liegt ein Gemisch zweier Gase vor.
- Deutlich oberhalb der Sättigungslinie des nur gasförmigen Stoffes (Luft) - sonst würde dieser auch kondensieren.
- In einem Druckbereich, in dem die Näherung des idealen Gases gute Ergebnisse liefert.

Bild 9.1 illustriert, wo wir diese einzelnen Zustände von feuchter Luft in unserer Umwelt finden. Luft mit geringem Anteil an Feuchtigkeit sinkt ab. Sie nimmt Feuchtigkeit auf, die aus Vegetation oder Gewässern verdunstet. Wenn feuchte Luft aufsteigt, kann sie Sättigung erreichen, und es beginnt oberhalb Kondensation - es bilden sich Wolken. Unterhalb der Frostlinie ist das kondensierte Wasser flüssig, oberhalb ist es fest. Niederschlag entfernt Wasser aus der Luft.

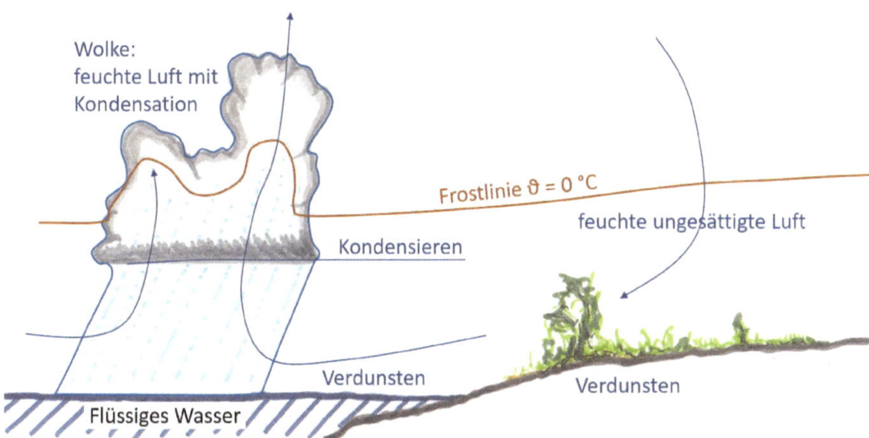

Bild 9.1 Feuchte Luft in unserer Umwelt

■ 9.2 Trockene Luft

In der Thermodynamik rechnen wir, soweit es geht, mit trockener Luft. Dabei ist trockene Luft definiert als Luft bei üblicher Zusammensetzung, aber ohne Wasser. Die aktuelle Zusammensetzung der Erdatmosphäre ist in Kapitel 21 tabelliert. Die gesamte Masse der Erdatmosphäre beträgt $m_{Atm} = 5{,}148 \cdot 10^{18}$ kg. In der Tabelle nicht enthalten sind Staub und Aerosole, diese werden nicht zur Gasphase gerechnet. Es wäre viel zu kompliziert, mit so einem komplexen Gemisch an (zumeist idealen) Gasen zu rechnen. Stattdessen verwenden wir im einfachsten Fall und wie gewohnt einfach Luft selber als eigenes ideales Gas.

Das T-s Diagramm von trockener Luft in Bild 9.2 illustriert anhand der dargestellten Isobaren, der Lage des Nassdampfbereiches von Luft und der Realgasfaktoren zu den Isobaren, dass die trockene Luft der Erdatmosphäre in wirklich guter Näherung als ideales Gas beschrieben werden kann: Der zumeist relevante Bereich umfasst Luft bei einem Druck bis 1 bar. Für diesen Bereich gilt die Annahme des idealen Gases bis nahe an das Nassdampfgebiet der trockenen Luft, das sich unterhalb des kritischen Punktes von Luft bei -140 °C befindet. Erst in technischen Prozessen bei hohem Druck wird eine relevante Abweichung vom Realgasverhalten beobachtet.

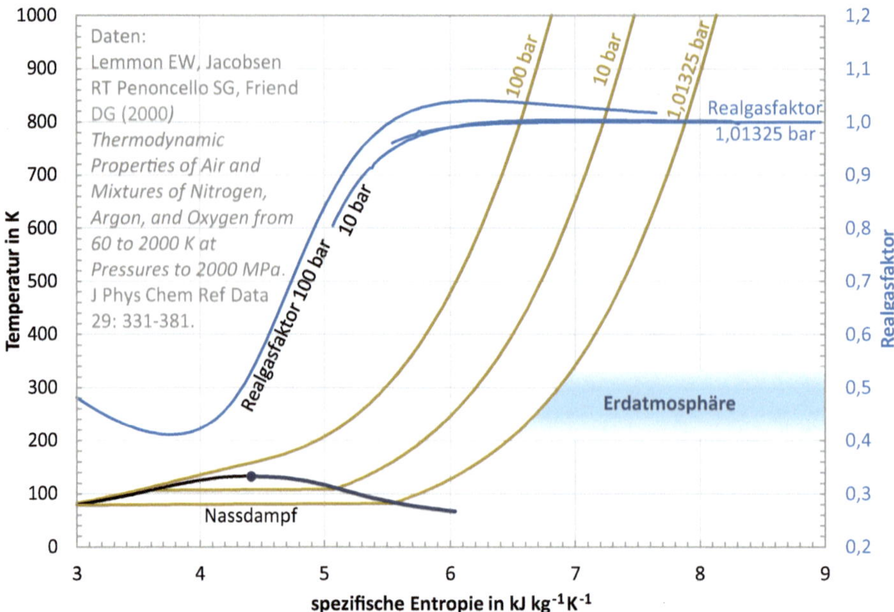

Bild 9.2 T-s Diagramm trockener Luft. Eingetragen sind drei Isobaren und der Temperatur- und Druckbereich der Erdatmosphäre (zwischen 200 K und 350 K und unterhalb von 1 bar). Zusätzlich ist der Realgasfaktor für die drei Isobaren dargestellt: Die Erdatmosphäre verhält sich im gesamten Bereich nahezu ideal.

Sauerstoffgehalt Wenn der Sauerstoffgehalt der Luft explizit benötigt wird, z. B. für die Analyse von Verbrennungsvorgängen, dann wird Luft als 21 % Sauerstoff und 79 % Stickstoff angenähert, wobei Stickstoff dann als eigenes Gemisch alle anderen Spurengase mit umfasst. Damit erhalten wir für die Verhältnisse der Stoffmengen von Luft unter der Annahme idealer Gase

$$n_{N_2} = \frac{0{,}79}{0{,}21} \cdot n_{O_2} \text{ und } n_{O_2} = \frac{0{,}21}{0{,}79} \cdot n_{N_2} \tag{9.1}$$

sowie

$$n_{Luft} = n_{O_2} + n_{N_2} = \frac{0{,}21}{0{,}21} \cdot n_{O_2} + \frac{0{,}79}{0{,}21} \cdot n_{O_2} = \frac{1}{0{,}21} \cdot n_{O_2} = \frac{1}{0{,}79} \cdot n_{N_2} \tag{9.2}$$

9.3 Feuchte Luft beschreiben

Feuchte Luft wird mit etwas anderen Größen beschrieben als mit den in Kapitel 8 eingeführten. Hier soll jetzt bewusst getrennt werden zwischen der Luft als Komponente, die nicht kondensiert und daher eine Basis darstellt, und dem Wasser, dessen Phasenwechsel wir explizit berücksichtigen.

Bei der rechnerischen Beschreibung der feuchten Luft ist es daher Konvention, die Massenbrüche und alle damit gebildeten Zustandsgrößen nicht auf die gesamte Masse der feuchten Luft, sondern nur auf die der trockenen Luft m_{Luft} zu beziehen. Der Index *Luft* bezeichnet hier immer trockene Luft ohne Wasser. Das Wasser teilt sich dabei auf in eine gasförmige Masse m_{gas} - den Dampf - und kondensierter Masse m_{kon}, die entweder flüssig oder fest vorliegt

$$m_{\mathrm{H_2O}} = m_{gas} + m_{kon} = m_{gas} + m_{fl} + m_{eis} \tag{9.3}$$

Absoluter Dampfgehalt Damit wird der absolute Dampfgehalt definiert, also die absolute Feuchte oder der Wassergehalt der trockenen Luft

$$x = x_{\mathrm{H_2O}} = \frac{m_{\mathrm{H_2O}}}{m_{Luft}} \tag{9.4}$$

Dies ist zwar ein Massenbruch, allerdings nicht wie sonst üblich bezogen auf die gesamte Masse, sondern auf die Masse der trockenen Luft; deshalb bekommt er ein eigenes Symbol. In diesem Abschnitt wird durchgehend x ohne Index als Wassergehalt verwendet (um den Schreibaufwand zu minimieren).

ACHTUNG, DIES IST INSBESONDERE KEIN DAMPFGEHALT EINES NASSDAMPFES, WIE ER IN KAPITEL 6 EINGEFÜHRT WURDE.

Relativer Dampfgehalt Der relative Dampfgehalt bzw. die relative Feuchte ist das Verhältnis aus dem Partialdruck des gasförmigen Wassers p_{H2O} und dem Sättigungsdruck p_{sat} bei der vorliegenden Temperatur der Mischung

$$\varphi(T) = \frac{p_{\mathrm{H_2O}}}{p_{sat}(T)} \tag{9.5}$$

Die relative Feuchte ist ein Maß dafür, wie nahe ein Zustand an Sättigung ist:

Trockene Luft Dies ist Luft ohne Wasseranteil mit $p_{\mathrm{H2O}} = 0$. Damit sind insbesondere $\varphi = 0$ und $x = 0$.

Ungesättigte feuchte Luft Das Gemisch ist rein gasförmig, denn auch Wasser liegt nur in der Gasphase vor: $0 < p_{\mathrm{H2O}} < p_{sat}(T)$ entspricht $0 < \varphi < 1$, bzw. $0 < x < x_{sat}(T)$.

Gesättigte feuchte Luft Dies ist der Zustand auf der temperaturabhängigen Sättigungslinie von Wasser mit $p_{\mathrm{H2O}} = p_{sat}(T)$, $\varphi = 1$ und $x = x_{sat}(T)$. Wasser liegt nur in der Gasphase vor, aber bereits geringfügige Zustandsänderungen können zur Kondensation führen.

Übersättigte feuchte Luft In diesem Fall, gekennzeichnet durch $p_{\mathrm{H2O}} > p_{sat}(T)$, liegt kondensiertes Wasser vor mit $m_{kon} > 0$. Damit sind $\varphi > 1$ und $x > x_{sat}(T)$. Kondensiertes Wasser ist als Nebel direkt merkbar: Luft und auch gasförmiges Wasser sind undurchsichtig. Nebel hingegen streut Licht, daher sehen wir ihn als „Dampf".

Der Sättigungsdruck von Wasser hängt direkt von der Temperatur ab, siehe Bild 9.3 und die Sättigungstabelle in Kapitel 21. Damit ändert sich der Wassergehalt x und die relative Feuchte φ über mehrere Effekte:

- Jede Änderung der Temperatur verändert den Sättigungsdruck und damit die relative Feuchte.
- Die Änderung des Druckes verändert den Partialdruck der Sättigung, dadurch verändert sich die relative Feuchte mit dem Druck.

- Wenn die feuchte Luft im Kontakt mit flüssigem oder festem Wasser steht, ist neben Kondensation auch Verdunstung möglich. Dadurch wird die feuchte Luft Sättigung erreichen. Durch Sättigung ist die relative Feuchte konstant mit $\varphi = 1$, auch wenn sich mit Druck oder Temperatur die absolute Feuchte x ändert.
- Die absolute und die relative Feuchte ändern sich, wenn Wasser der Luft zugeführt oder ihr entnommen wird. Durch Verdunstung wird Wasser zugeführt, durch Niederschlag oder Kondensation an einer Oberfläche wird Wasser dem System entnommen.

Bild 9.3 zeigt den Zusammenhang zwischen der Temperatur, dem Sättigungsdruck und dem Wassergehalt bei Sättigung. Zusätzlich ist der Massenanteil des Wassers angegeben. Dieser konventionelle Massenbruch ist definiert als

$$\mu_{H_2O} = \frac{m_{H_2O}}{m_{H_2O} + m_{Luft}} = \frac{1}{\dfrac{m_{H_2O} + m_{Luft}}{m_{H_2O}}} = \frac{1}{1 + \dfrac{m_{Luft}}{m_{H_2O}}} = \frac{1}{1 + \dfrac{1}{x}} \tag{9.6}$$

In Bild 9.3 wird deutlich, dass bei höherer Temperatur der Wasserdampf die gesamte Masse der feuchten Luft dominiert und die trockene Luft nur noch einen geringen Anteil der Mischung ausmacht. Für natürliche Systeme ist heute der Bereich bis etwa 55 °C relevant (maximale Temperaturen am Erdboden), während technische Systeme und Prozesse auch weit höhere Temperaturen aufweisen können. Bei hoher Temperatur und hoher Feuchte besteht daher die Gefahr des Erstickens.

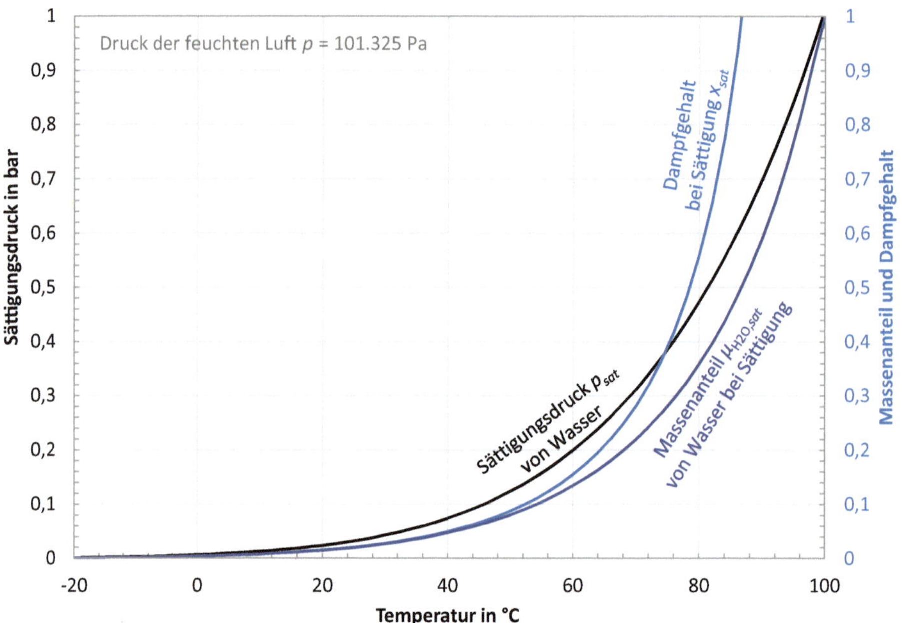

Bild 9.3 Sättigungsdruck p_{sat}, Dampfgehalt x_{sat} und Massenanteil $\mu_{H2O,sat}$ von Wasser auf der Sättigungslinie für feuchte Luft, also für $\varphi = 1{,}0$ und $p = 1{,}013$ bar

■ 9.4 Sättigungsdruck berechnen

Den temperaturabhängigen Sättigungsdruck von Wasser benötigt man für eigentlich alle Berechnungen in diesem Kapitel. Dieser ist in Kapitel 21 tabelliert. Häufig ist es jedoch hilfreich, stattdessen eine Formel für die Arbeit mit Tabellenkalkulationsprogrammen oder Software zu haben. Darum geht es in diesem Abschnitt. Der Sättigungsdruck eines Stoffes wird über die Clausius-Clapeyron-Gleichung beschrieben

$$\frac{dp_{Sat}}{dT} = \frac{R_M(T)}{\left(V_{M,gas} - V_{M,fl}\right) \cdot T} \tag{9.7}$$

In dieser Gleichung wird die molare Verdampfungsenthalpie R_M und die Differenz der molaren Volumina verwendet, um die Änderung des Sättigungsdruckes mit der Temperatur zu beschreiben. Molare Größen beziehen sich jeweils auf die Stoffmenge, d. h. hier sind

$$R_M(T) = \frac{r(T)}{M} = \frac{h_{sat}(T) - h_{siede}(T)}{M} = \frac{h''(T) - h'(T)}{M} \tag{9.8}$$

und

$$V_{M,gas}(T) - V_{M,kon}(T) = \frac{v_{gas}(T) - v_{kon}(T)}{M} \tag{9.9}$$

Mit der Näherung des idealen Gases und wenn das Volumen der flüssigen Phase vernachlässigt wird (da diese Phase zumeist ein viel kleineres molares Volumen einnimmt als die Gasphase), ist

$$\frac{dp_{Sat}}{dT} = \frac{r(T)}{v_{gas} \cdot T} = \frac{r(T)}{\frac{R \cdot T}{p} \cdot T} = \frac{r(T) \cdot p}{R \cdot T^2} \tag{9.10}$$

In dieser Gleichung ist R die allgemeine Gaskonstante (kein Index). Diese Gleichung lässt sich gut integrieren, wenn die Verdampfungsenthalpie als konstant für einen (kleinen) Temperaturbereich angesetzt wird, also $r(T) = r = const.$ Dann ist

$$p_{Sat}(T_2) = p_{Sat}(T_1) \cdot \exp\left(\frac{r}{R} \cdot \left(\frac{1}{T_1} - \frac{1}{T_2}\right)\right) \tag{9.11}$$

Für Wasserdampf gibt es eine Vielzahl von mehr oder weniger exakten Näherungsformeln für den Sättigungsdruck, die alle von dieser Gleichung ausgehen.

Näherungsformeln für den Sättigungsdruck von Wasser

Für die numerische Näherung des Sättigungsdrucks gibt es eine Reihe von Formeln, die für unterschiedliche Zwecke erzeugt wurden. Für technische Zwecke genügen einfachere Formeln. Zusätzlich sind etwas komplexere Formeln mit angegeben, wie sie für die Meteorologie, insbesondere die Beschreibung von kalten Wolken, benötigt werden (Murphy & Koop, 2005).

Einfach ist die Magnus-Gleichung, in die die Temperatur ϑ in °C eingesetzt wird, sie gilt für den Bereich zwischen 0 °C und 100 °C

$$p_{Sat}(\vartheta) = 601{,}094\ \text{Pa} \cdot \exp\left(\frac{17{,}625 \cdot \vartheta}{\vartheta + 243{,}04\ °\text{C}}\right) \tag{9.12}$$

Diese Gleichung gibt es mit leicht abweichenden Konstanten (World Meteorological Organization, 2008; CIMO), dann gilt die für den Bereich zwischen 0 °C und 100 °C

$$p_{Sat}(\vartheta) = 611{,}2\ \text{Pa} \cdot \exp\left(\frac{\vartheta \cdot 17{,}62}{\vartheta + 243{,}12°\text{C}}\right) \tag{9.13}$$

Eine einfache Formel für Eis im Temperaturbereich 169 K ≤ T ≤ 273,15 K (Marti & Mauersberger, 1993) ist

$$p_{Sat} = \exp\left(28{,}868 - \frac{6132{,}9\ \text{K}}{T}\right) \tag{9.14}$$

Falls der Sättigungsdruck bis zum kritischen Punkt von Wasser benötigt wird, ist für 273,15 K ≤ T ≤ 647 K und mit der kritischen Temperatur von Wasser T_C = 647,096 K und mit

$$\tau = 1 - T/T_C$$

nach Wagner & Pruss (1993) dies eine gute Näherung

$$\ln\left(\frac{p_{sat}}{2{,}2046 \cdot 10^7\ \text{Pa}}\right) = \frac{T_C}{T} \cdot \left(\begin{array}{l} -7{,}85951783 \cdot \tau + 1{,}84408259 \cdot \tau^{\frac{3}{2}} - 11{,}7866497 \cdot \tau^3 \\ +22{,}6807411 \cdot \tau^{\frac{7}{5}} - 15{,}9618719 \cdot \tau^4 + 1{,}80122502 \cdot \tau^{\frac{15}{2}} \end{array}\right) \tag{9.15}$$

Passend dazu die IAPWS-Formel über Eis im Bereich 190 K ≤ T ≤ 273,15 K (Wagner, Saul, Pruss, 1994) mit

$$\ln(p_{Sat}) = \left\{\begin{array}{ll} \ln(611{,}657\ \text{Pa}) & -13{,}928\,169\,0 \cdot \left(1 - \left(\frac{273{,}16\ \text{K}}{T}\right)^{\frac{3}{2}}\right) \\ & +34{,}707\,823\,8 \cdot \left(1 - \left(\frac{273{,}16\ \text{K}}{T}\right)^{\frac{5}{4}}\right) \end{array}\right.$$

9.5 Zustandsgrößen ungesättigter feuchter Luft

Dieser Abschnitt entwickelt Formeln, die den gasförmigen Anteil feuchter Luft beschreiben.

Absoluter und relativer Dampfgehalt Liegt keine Kondensation vor, dann können wir weitere Formeln für den Zusammenhang zwischen dem relativen und dem absoluten Dampfgehalt entwickeln. Setzen wir für beide Stoffe des Gemisches jeweils die Zustandsgleichung des idealen Gases ein, erhalten wir

$$x = x_{H_2O} = \frac{m_{H_2O}}{m_{Luft}} = \frac{\dfrac{p_{H_2O} \cdot V}{R_{H_2O} \cdot T}}{\dfrac{p_{Luft} \cdot V}{R_{Luft} \cdot T}} = \frac{R_{Luft}}{R_{H_2O}} \cdot \frac{p_{H_2O}}{p - p_{H_2O}} = \frac{R_{Luft}}{R_{H_2O}} \cdot \frac{\varphi \cdot p_{sat}(T)}{p - \varphi \cdot p_{sat}(T)} \tag{9.16}$$

Diese Formel gilt nur für den gasförmigen Teil der feuchten Luft. Dabei ist T die Temperatur, und der Druck der feuchten Luft setzt sich aus den Partialdrücken zusammen

$$p = p_{Luft} + p_{H_2O} \tag{9.17}$$

Allgemein ist in ausreichender Genauigkeit

$$\frac{R_{Luft}}{R_{H_2O}} = \frac{M_{H_2O}}{M_{Luft}} = \frac{18{,}015 \dfrac{\text{kg}}{\text{kmol}}}{28{,}96 \dfrac{\text{kg}}{\text{kmol}}} \cong 0{,}622 \tag{9.18}$$

Es hat sich eingebürgert, diese recht gute Näherung zu verwenden. Damit gilt für die absolute Feuchte

$$x = 0{,}622 \cdot \frac{\varphi \cdot p_{sat}(T)}{p - \varphi \cdot p_{sat}(T)}, \tag{9.19}$$

und die relative Feuchte

$$\varphi = \frac{x}{0{,}622 + x} \cdot \frac{p}{p_{Sat}(T)} \tag{9.20}$$

Auch der aktuelle Dampfdruck von Wasser kann so berechnet werden mit

$$p_{H_2O} = \varphi \cdot p_{sat}(T) = \frac{x \cdot p}{0{,}622 + x} \tag{9.21}$$

Volumen und Dichte Aufgrund der sehr großen Unterschiede des spezifischen Volumens von gasförmigem Wasser und von Kondensat lässt sich das Volumen des Kondensats (flüssiges Wasser und Eis) zumeist vernachlässigen. Dazu können wir für beide Gase die Näherung des idealen Gases verwenden. Damit folgt für das spezifische Volumen, bezogen auf die Masse der trockenen Luft

$$v_{1+x} = \frac{V}{m_{Luft}} = \frac{V_{Luft} + V_{H_2O}}{m_{Luft}} = \frac{m_{Luft} \cdot R_{Luft} \cdot T}{m_{Luft} \cdot p} + \frac{m_{H_2O} \cdot R_{H_2O} \cdot T}{m_{Luft} \cdot p}, \tag{9.22}$$

bzw.

$$v_{1+x} = \frac{R_{Luft} \cdot T}{p} \cdot \left(1 + x \cdot \frac{R_{H_2O}}{R_{Luft}}\right) = \frac{R_{Luft} \cdot T}{p} \cdot \left(1 + \frac{x}{0{,}622}\right) = v_{Luft} \cdot \left(1 + \frac{x}{0{,}622}\right) \tag{9.23}$$

Damit lässt sich auch die Dichte der feuchten Luft ohne Kondensatanteil und bezogen auf die Masse der trockenen Luft berechnen

$$\rho_{1+x} = \frac{1}{v_{1+x}} = \frac{1}{1 + \frac{x}{0{,}622}} \cdot \frac{p}{R_{Luft} \cdot T} \tag{9.24}$$

Wenn wir aber das spezifische Volumen mit Bezug auf die gesamte Masse der feuchten Luft benötigen, dann ist

$$v = \frac{V_{H_2O} + V_{Luft}}{m_{H_2O} + m_{Luft}} = \frac{\frac{m_{H_2O} \cdot R_{H_2O} \cdot T}{p} + \frac{m_{Luft} \cdot R_{Luft} \cdot T}{p}}{m_{Luft} \cdot \left(\frac{m_{H_2O}}{m_{Luft}} + 1\right)} = \frac{m_{H_2O} \cdot R_{H_2O} + m_{Luft} \cdot R_{Luft}}{m_{Luft} \cdot \left(\frac{m_{H_2O}}{m_{Luft}} + 1\right)} \cdot \frac{T}{p} \tag{9.25}$$

Hier haben wir insbesondere verwendet, dass beide Anteile, die trockene Luft und der Wasserdampf, sich wie ein ideales Gas verhalten. Weiter umgeformt wird

$$v = \frac{m_{Luft} \cdot \left(\frac{m_{H_2O}}{m_{Luft}} \cdot R_{H_2O} + R_{Luft}\right)}{m_{Luft} \cdot \left(\frac{m_{H_2O}}{m_{Luft}} + 1\right)} \cdot \frac{T}{p} = \frac{R_{Luft} \cdot \left(\frac{m_{H_2O}}{m_{Luft}} \cdot \frac{R_{H_2O}}{R_{Luft}} + 1\right)}{\frac{m_{H_2O}}{m_{Luft}} + 1} \cdot \frac{T}{p} \tag{9.26}$$

Setzen wir jetzt die Definition des Dampfgehaltes ein, so ist

$$v = \frac{1 + \frac{x}{0{,}622}}{1 + x} \cdot \frac{R_{Luft} \cdot T}{p} = \frac{v_{1+x}}{1 + x} \tag{9.27}$$

und damit für die Dichte der feuchten Luft

$$\rho = \frac{1}{v} = \frac{1 + x}{1 + \frac{x}{0{,}622}} \cdot \frac{p}{T \cdot R_{Luft}} = \rho_{1+x} \cdot (1 + x) \tag{9.28}$$

In Bild 9.4 sind die Verläufe der gerade eingeführten Funktionen für das spezifische Volumen jeweils bei Sättigung und 1,013 bar dargestellt. Deutlich wird, dass feuchte Luft (ohne Kondensat) immer ein höheres spezifisches Volumen und damit eine geringere Dichte hat als trockene Luft. D. h. feuchte Luft wird aufsteigen. Die Unterschiede sind in den üblichen Bereichen nicht sehr groß ausgeprägt, bei Raumtemperatur liegt der Unterschied im Bereich von 1 %. Daher ist der Effekt nur großräumig oder in wenig gestörter Luft sicher zu beobachten.

Die Verläufe von v hängen dabei zum einen von der Temperatur und zum andern von der temperaturabhängigen Zusammensetzung der feuchten Luft ab. Als Referenz ist jeweils der Verlauf für trockene Luft in Bild 9.4 eingetragen, der jeweils nur von der Expansion der Luft mit der Temperatur abhängt. Bei 100 °C liegt reiner Wasserdampf vor, sodass v den Wert für reinen Wasserdampf einnimmt, während v_{1+x} gegen unendlich strebt, da ja bei Sättigung keine trockene Luft mehr in dem Gemisch enthalten ist.

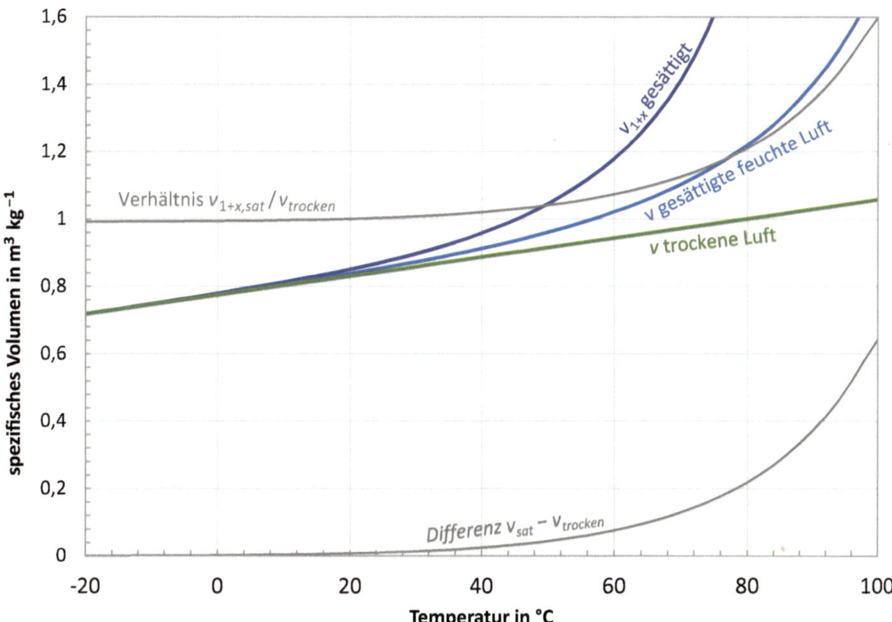

Bild 9.4 Spezifisches Volumen von trockener Luft und gesättigter feuchter Luft bei 101 325 Pa

Weitere Zustandsgrößen Nahezu alle anderen Zustandsgrößen Z eines Gemisches (idealer Gase) werden allgemein über die Massenbrüche μ_i der einzelnen Komponenten i berechnet. Oft genügen hier in guter Näherung weiter die Werte trockener Luft. Für höhere Genauigkeit bei höherem Dampfgehalt kann es aber notwendig sein, die Zustandsgrößen des Gemisches zu bestimmen. Es ist allgemein (Kapitel 8)

$$Z = m \cdot z = \sum_i m_i \cdot z_i = m \cdot \sum_i \mu_i \cdot z_i \tag{9.29}$$

Für den konkreten Fall von feuchter Luft liegen nur Wasserdampf und trockene Luft vor, sodass

$$Z = m \cdot z = m_{H_2O} \cdot z_{H_2O} + m_{Luft} \cdot z_{Luft} = m \cdot \left(\mu_{H_2O} \cdot z_{H_2O} + \left(1 - \mu_{H_2O}\right) \cdot z_{Luft}\right) \tag{9.30}$$

Unter Nutzung des Dampfgehaltes können wir dies schreiben als

$$z = \frac{1}{1+\frac{1}{x}} \cdot z_{H_2O} + \left(1 - \frac{1}{1+\frac{1}{x}}\right) \cdot z_{Luft} = \frac{z_{H_2O}}{1+\frac{1}{x}} + \frac{z_{Luft}}{x+1} \tag{9.31}$$

Dabei wird die Umformung

$$\mu_{Luft} = 1 - \mu_{\mathrm{H_2O}} = 1 - \frac{1}{1+\frac{1}{x}} = \frac{1+\frac{1}{x}}{1+\frac{1}{x}} - \frac{1}{1+\frac{1}{x}} = \frac{\frac{1}{x}}{1+\frac{1}{x}} = \frac{1}{x\cdot\left(1+\frac{1}{x}\right)} = \frac{1}{x+1} \tag{9.32}$$

genutzt. Durchgängig ist dabei

$$m_{1+x} = m_{Luft} + m_{\mathrm{H_2O}} = m_{Luft}\cdot\left(1+\frac{m_{\mathrm{H_2O}}}{m_{Luft}}\right) = m_{Luft}\cdot(1+x) \tag{9.33}$$

Diese Formeln gelten für die spezifische Wärmekapazität, die spezielle Gaskonstante der Mischung und viele weitere thermophysikalische Eigenschaften.

9.6 Enthalpie

Zentral für viele Prozesse ist die dafür benötigte oder dabei freigesetzte Wärme. Wasser benötigt eine beeindruckend hohe Verdampfungsenthalpie und hat in allen Aggregatzuständen zugleich eine sehr hohe spezifische Wärmekapazität. Dadurch sind alle Prozesse mit Wasser besonders energieintensiv.

Enthalpie feuchter Luft Die Enthalpie der Mischung setzt sich zusammen aus den beiden Komponenten trockene Luft und Wasser

$$H = H_{Luft} + H_{\mathrm{H_2O}} = m_{Luft}\cdot h_{Luft} + m_{\mathrm{H_2O}}\cdot h_{\mathrm{H_2O}} \tag{9.34}$$

Wie schon bei den oben eingeführten Zustandsgrößen erklärt, wird die spezifische Enthalpie nur auf die Masse der trockenen Luft bezogen, also

$$h_{1+x} = \frac{H_{Luft} + H_{\mathrm{H_2O}}}{m_{Luft}} = h_{Luft} + x\cdot h_{\mathrm{H_2O}} \tag{9.35}$$

Hierbei ist dann der Enthalpiestrom feuchter Luft

$$\dot{H} = \dot{H}_{luft} + \dot{H}_{\mathrm{H_2O}} = \dot{m}_{Luft}\cdot h_{Luft} + \dot{m}_{Luft}\cdot x\cdot h_{\mathrm{H_2O}} = \dot{m}_{Luft}\cdot h_{1+x} \tag{9.36}$$

Für ungesättigte und gesättigte feuchte Luft setzt sich die spezifische Enthalpie des kondensierbaren Stoffes aus der Verdampfungsenthalpie r beim Bezugszustand und einer temperaturabhängigen Komponente zusammen: Das Wasser wird zuerst verdampft, dafür wird die Verdampfungsenthalpie r benötigt. Zusätzlich muss das Wasser bis zur vorliegenden Temperatur erwärmt werden, die dafür benötigte Wärme ist bei isobarer Erwärmung das Produkt aus c_p und ΔT. Hierbei nutzen wir, dass Differenzen zwischen Zustandsgrößen immer pfadunabhängig sind. Damit ist

$$h_{\mathrm{H_2O}} = r_{\mathrm{H_2O}} + c_{p,\mathrm{H_2O}}\cdot(T - T_0) \tag{9.37}$$

Die üblichen Festlegungen für feuchte Luft sind: Die Bezugstemperatur ist 0 °C. Der Nullpunkt der Enthalpie wird damit für ϑ = 0 °C und flüssiges Wasser festgelegt – bzw. streng als flüssiges Wasser zur Bedingung des Tripelpunktes. Oft wird nur der Temperaturbereich bis 100 °C betrachtet. Daher wird als Temperatur durchgängig die Celsius-Temperatur verwendet, die mit dem Symbol ϑ angegeben wird. Zusätzlich ist es üblich, Werte für die spezifischen Wärmekapazitäten und die Phasenübergänge festzulegen, da sich diese im technisch relevanten Bereich nur wenig ändern.

Enthalpie flüssigen Wassers Damit ist die spezifische Enthalpie flüssigen Wassers nur abhängig von der Temperaturdifferenz gegenüber dem Nullpunkt (flüssiges Wasser am Tripelpunkt)

$$h_{\mathrm{H_2O},fl}(\vartheta) = c_{p,\mathrm{H_2O},fl} \cdot \vartheta = 4{,}190 \frac{\mathrm{kJ}}{\mathrm{kg \cdot K}} \cdot \vartheta \tag{9.38}$$

Enthalpie festen Wassers (Eis) Für gefrorenes Wasser ist zuerst der Phasenübergang zu berücksichtigen und dann die Abkühlung bei (negativer) Temperatur

$$h_{\mathrm{H_2O},eis}(\vartheta) = \sigma_{\mathrm{H_2O}} + c_{p,\mathrm{H_2O},eis} \cdot \vartheta = -333{,}5 \frac{\mathrm{kJ}}{\mathrm{kg}} + 2{,}040 \frac{\mathrm{kJ}}{\mathrm{kg \cdot K}} \cdot \vartheta \tag{9.39}$$

Hier führen wir die Schmelzenthalpie σ ein. Diese ist ausgehend vom vereinbarten Nullpunkt der Enthalpie (flüssiges Wasser am Tripelpunkt) negativ einzusetzen, denn durch den Phasenübergang von flüssig → fest verringert sich die Enthalpie um diesen Wert.

Enthalpie gasförmigen Wassers Für die spezifische Enthalpie des gasförmigen Wassers im ungesättigten oder gesättigter Zustand gilt

$$h_{\mathrm{H_2O},gas}(\vartheta) = r_{\mathrm{H_2O}} + c_{p,\mathrm{H_2O},gas} \cdot \vartheta = 2.501 \frac{\mathrm{kJ}}{\mathrm{kg}} + 1{,}860 \frac{\mathrm{kJ}}{\mathrm{kg \cdot K}} \cdot \vartheta \tag{9.40}$$

Hier verwenden wir, dass die Enthalpie eine Zustandsgröße ist. Deshalb können wir die Differenz der Enthalpie zwischen dem Nullpunkt (flüssiges Wasser am Tripelpunkt) und dem gasförmigen Wasser dadurch bestimmen, dass wir zuerst am Tripelpunkt das Wasser in die Gasphase überführen und es danach auf die Temperatur ϑ bringen.

Feuchte Luft ohne Kondensation Damit beschreiben wir die Enthalpie von feuchter Luft ohne Kondensation mit

$$h_{1+x}(\vartheta) = h_{Luft}(\vartheta) + x \cdot h_{\mathrm{H_2O}}(\vartheta) = \left(c_{p,Luft} \cdot \vartheta\right) + x \cdot \left(r_{\mathrm{H_2O}} + c_{p,\mathrm{H_2O},gas} \cdot \Delta\vartheta\right) \tag{9.41}$$

und nach Einsetzen

$$h_{1+x}(\vartheta) = \left(1{,}0045 \frac{\mathrm{kJ}}{\mathrm{kg \cdot K}} \cdot \vartheta\right) + x \cdot \left(2.501 \frac{\mathrm{kJ}}{\mathrm{kg}} + 1{,}860 \frac{\mathrm{kJ}}{\mathrm{kg \cdot K}} \cdot \vartheta\right) \tag{9.42}$$

Übersättigte Luft mit Flüssigkeit Im Fall übersättigter Luft oberhalb von 0 °C kommt noch der Anteil für das Kondensat (die Tröpfchen) dazu

$$\begin{aligned} h_{1+x}(\vartheta) &= h_{Luft} + h_{\mathrm{H_2O},gas} + h_{\mathrm{H_2O},fl} \\ h_{1+x}(\vartheta) &= \left(c_{p,Luft} \cdot \vartheta\right) + \left(x_{sat} \cdot r_{\mathrm{H_2O}} + x_{sat} \cdot c_{p,\mathrm{H_2O},gas} \cdot \vartheta\right) + \left(x - x_{sat}\right) \cdot c_{p,\mathrm{H_2O},fl} \cdot \vartheta \end{aligned} \tag{9.43}$$

und nach Einsetzen

$$h_{1+x}(\vartheta)=\begin{cases}\left(1{,}0045\dfrac{\text{kJ}}{\text{kg}\cdot\text{K}}\cdot\vartheta\right)+\left(x_{sat}\cdot 2.501\dfrac{\text{kJ}}{\text{kg}}+x_{sat}\cdot 1{,}860\dfrac{\text{kJ}}{\text{kg}\cdot\text{K}}\cdot\vartheta\right)\\ \qquad +\left((x-x_{sat})\cdot 4{,}190\dfrac{\text{kJ}}{\text{kg}\cdot\text{K}}\cdot\vartheta\right)\end{cases} \tag{9.44}$$

Übersättigte Luft mit Eis Falls die Temperatur unter 0 °C - unserem Bezugspunkt - liegt, müssen die Beiträge für Eis statt flüssigem Wasser und mit umgekehrten Vorzeichen berücksichtigt werden

$$\begin{aligned} h_{1+x}(\vartheta)&=h_{Luft}+h_{\text{H}_2\text{O},gas}-h_{\text{H}_2\text{O},eis}\\ h_{1+x}(\vartheta)&=\left(c_{p,Luft}\cdot\vartheta\right)+x_{sat}\cdot\left(r+c_{p,\text{H}_2\text{O},gas}\cdot\vartheta\right)-(x-x_{sat})\cdot\left(\sigma_{\text{H}_2\text{O}}+c_{p,\text{H}_2\text{O},eis}\cdot\vartheta\right)\end{aligned} \tag{9.45}$$

und nach Einsetzen

$$h_{1+x}(\vartheta)=\begin{cases}\left(1{,}0045\dfrac{\text{kJ}}{\text{kg}\cdot\text{K}}\cdot\vartheta\right)+x_{sat}\cdot\left(2.501\dfrac{\text{kJ}}{\text{kg}}+x_{sat}\cdot 1{,}860\dfrac{\text{kJ}}{\text{kg}\cdot\text{K}}\cdot\vartheta\right)\\ \qquad +(x-x_{sat})\cdot\left(-333{,}5\dfrac{\text{kJ}}{\text{kg}\cdot\text{K}}+2{,}040\dfrac{\text{kJ}}{\text{kg}\cdot\text{K}}\cdot\vartheta\right)\end{cases} \tag{9.46}$$

Alle diese Formeln beziehen sich auf die Masse der trockenen Luft - Index $1+x$.

9.7 Das h-x Diagramm

Die gerade zusammengefassten Formeln sind viele und nicht immer einfach überschaubar. Daher hat sich als Werkzeug und zur Visualisierung zusätzlich das h-x Diagramm etabliert, in dem die Enthalpie feuchter Luft als Funktion des Dampfgehaltes dargestellt ist. Bild 9.5 zeigt die orthogonale, also rechtwinklige Darstellung:

- Oberhalb der Siedetemperatur kann nur ein Gemisch aus zwei (idealen) Gasen vorliegen - dies beschreiben wir ggf. mit den Methoden aus Kapitel 8. Solche Gemische sind typisch für Abgase, die nicht kondensieren sollen.
- Im Nebelgebiet unterhalb der Sättigungslinie ist ein Teil des Wassers kondensiert, entweder als flüssige Tröpfchen oder als Eispartikel.
- Reines Wasser, also Eis, flüssiges Wasser oder reiner Wasserdampf finden sich bei $x = \infty$.

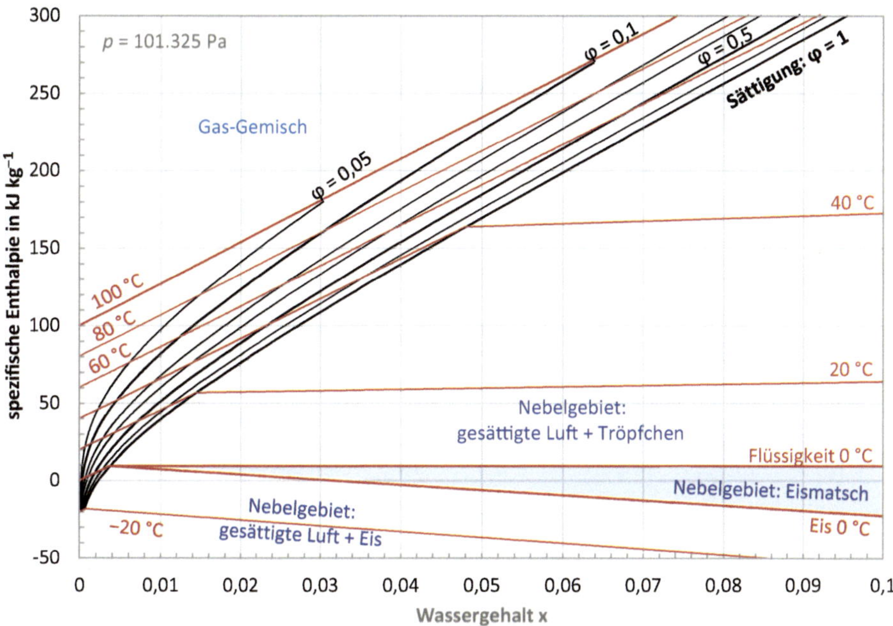

Bild 9.5 Orthogonales h-x Diagramm für 101.325 Pa - die Isenthalpen verlaufen hier waagerecht.

Isothermen Neben den bereits im vorherigen Abschnitt 9.6 eingeführten Isenthalpen der feuchten Luft, also Funktionen der spezifischen Enthalpie h_{1+x}, sind in Bild 9.5 auch Isothermen eingezeichnet. Die Isothermen der ungesättigten feuchten Luft werden im h-x Diagramm durch

$$h_{1+x}\left(x \leq x_{sat}\right)\Big|_{T=const} = c_{p,Luft} \cdot \vartheta + x \cdot \left(r + c_{p,\mathrm{H_2O}} \cdot \vartheta\right) \tag{9.47}$$

festgelegt. Im Nebelbereich unterhalb der Sättigungslinie ist der Verlauf dann

$$h_{1+x}\left(x > x_{sat}\right)\Big|_{\substack{T=const\\ T\geq 273{,}15\,K}} = c_{p,Luft} \cdot \vartheta + x_{sat} \cdot \left(r + c_{p,\mathrm{H_2O},gas} \cdot \vartheta\right) + \left(x - x_{sat}\right) \cdot c_{p,\mathrm{H_2O},fl} \cdot \vartheta \tag{9.48}$$

solange die Temperatur oberhalb des Schmelzpunktes von Wasser bleibt. Diese Isothermen steigen mit dem Wassergehalt an. Unterhalb von 0 °C liegt das kondensierte Wasser als Eis vor, und dann sind die Isothermen

$$h\left(x > x_{sat}\right)\Big|_{\substack{T=const\\ T<273{,}15\,K}} = c_{p,Luft} \cdot \vartheta + \left(\begin{array}{l} x_{sat} \cdot \left(r + c_{p,\mathrm{H_2O},gas} \cdot \vartheta\right) \\ + \left(x - x_{sat}\right) \cdot \left(-\sigma + c_{p,\mathrm{H_2O},eis} \cdot \vartheta\right) \end{array}\right) \tag{9.49}$$

Diese Eis-Isothermen fallen mit zunehmendem Wassergehalt ab, da die Erstarrungsenthalpie negativ eingeht - dies ist auf den gewählten Nullpunkt von 0 °C und flüssiges Wasser zurückzuführen.

Linien konstanter relativer Feuchte Die Linien konstanten Wassergehaltes in Bild 9.5 werden konstruiert, indem zuerst für eine gewählte relative Feuchte φ die temperaturabhängigen Werte des Wassergehaltes $x(\varphi,\vartheta,p)$ aus Formel 9.19 bestimmt werden. Mit diesen Daten werden dann die zugehörigen spezifischen Enthalpien $h(x,\vartheta,p)$ aus Formel 9.41 berechnet. In Formel 9.19 geht dabei der tatsächliche Umgebungsdruck ein, daher gilt ein h-x Diagramm immer nur für einen speziellen Druck.

9.7.1 Das schiefwinklige h-x Diagramm

Da das Diagramm in Bild 9.5 wenig für die praktische Arbeit taugt - die benötigte Auflösung lässt sich nur in ziemlich leeren Diagrammen erreichen -, wird stattdessen ein Diagramm mit schiefwinkligen Koordinaten verwendet. In Bild 9.6 ist ein Beispiel dargestellt. Dabei werden die Daten aus dem rechtwinkligen Diagramm in Bild 9.5 direkt übertragen - es sind dieselben Kurven. Die x-Achse als Massengehalt des Wassers in der trockenen Luft behält ihre Bedeutung und Ausrichtung: Die Linien konstanten Wassergehaltes x verlaufen auch in Bild 9.6 senkrecht.

Was sich ändert, ist der Verlauf der Enthalpie. Waagerecht in dem Diagramm in Bild 9.6 entspricht jetzt einer ansteigenden Enthalpie. Diese Steigung beträgt $r \cdot x$. Hier ist $r = 2.501$ kJ kg^{-1} die spezifische Verdampfungsenthalpie von Wasser am Tripelpunkt. Dies wird von allen Funktionen aus dem rechtwinkligen Diagramm (Bild 9.5) abgezogen, dadurch entstehen die neuen Verläufe. Zur Orientierung sind daher auch in Bild 9.6 die Isenthalpen eingezeichnet: Diese verlaufen auch weiter parallel; ihr Wert kann an der y-Achse abgelesen werden, aber sie fallen deutlich mit zunehmendem x ab.

Durch diese Darstellungsform entsteht ein gut gefülltes Diagramm mit klar trennbaren Zustandslinien, das nun aber nicht einfach zu lesen ist.

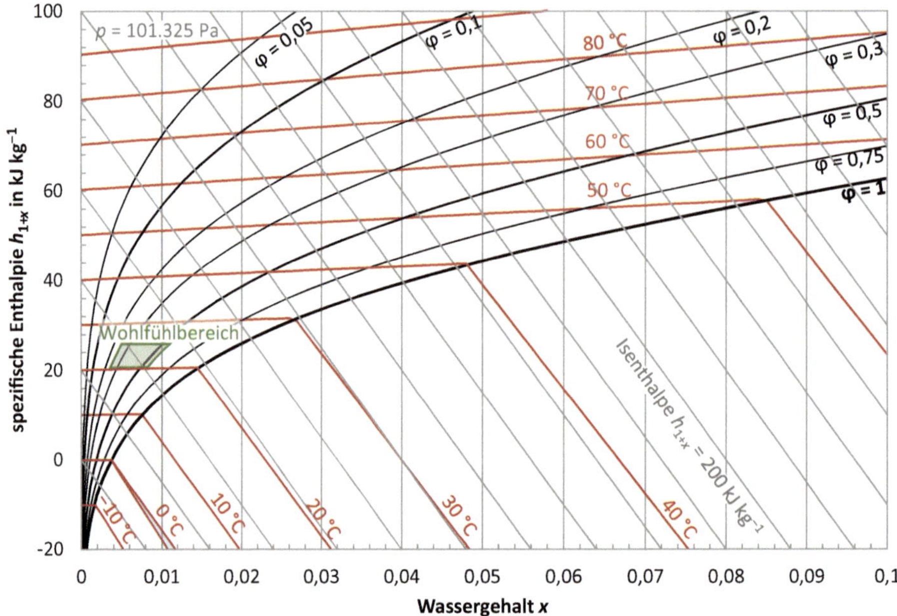

Bild 9.6 Das schiefwinkelige h-x Diagramm für Wasser bei 101 325 Pa

Relative Feuchte Die Linien konstanter relativer Feuchte lassen sich in der schiefwinkeligen Darstellung deutlich weiter voneinander trennen. Dies ist die wesentliche Motivation für diese Darstellung.

Enthalpie Die Isenthalpen verlaufen diagonal von rechts oben nach links unten. Wir benötigen die Isenthalpen jetzt zur Orientierung.

Temperatur Die Isothermen zeigen einen speziellen Verlauf:

- Die $\vartheta = 0\,°C$ Isotherme verläuft für $\varphi < 1$, also im ungesättigten Bereich, gerade waagerecht. Im Nebelgebiet teilt sich diese Linie dann auf: Die $\vartheta = 0\,°C$ Isotherme für flüssiges Wasser ist dann gleichzeitig eine Isenthalpe. Dies ist auf die Verwendung von $0\,°C$ als Referenztemperatur zurückzuführen. Die $\vartheta = 0\,°C$ Isotherme für Eis fällt mit der Erstarrungsenthalpie $\sigma \cdot x$ ab, da wir für den Phasenübergang die Erstarrungsenthalpie verwenden. Zwischen diesen beiden Isothermen befindet sich ein Übergangsbereich, in dem gleichzeitig flüssige und feste Nebelteilchen vorliegen.
- Die Isothermen für $\vartheta > 0\,°C$ steigen im ungesättigten Bereich an. Im Nebelbereich fallen sie dann ab, allerdings mit einer höheren Steigung als die Enthalpien, da zusätzlich die spezifische Wärmekapazität von flüssigem Wasser berücksichtigt wird.
- Die Isothermen für $\vartheta < 0\,°C$ fallen stärker als die Isenthalpen ab, da hier zusätzlich die Gefrierenthalpie des Wassers berücksichtigt ist.

h-x Diagramm nutzen

Die hier enthaltenen h-x Diagramme eignen sich nicht wirklich für die tägliche Arbeit oder für das Lernen. Besorgen Sie sich geeignete Diagramme. Der entsprechende Wikipedia-Eintrag enthält einige Links zu passenden Webseiten, auf denen Sie bereits einige passende finden. Ansonsten:

coolpack Diese freie Software wurde vom Department of Mechanical Engineering (MEK), Section Thermal Energy (TES) an der Technical University of Denmark (DTU) entwickelt. Sie ist für sehr viele Anwendungen von Kältemaschinen geeignet und enthält die Möglichkeit, individualisierbare h-x Diagramme für alle enthaltenen Kältemittel einschließlich Wasser (R717) zu erstellen: *https://www.ipu.dk/products/coolpack/*.

https://de.wikipedia.org/wiki/Mollier-h-x-Diagramm

9.7.2 Zustandsänderungen im h-x Diagramm

Das h-x Diagramm dient dazu, Prozesse zu beschreiben und Lösungen grafisch zu ermitteln. Da das h-x Diagramm für einen bestimmten Druck ermittelt wird, sind alle darin beschreibbaren Prozesse isobar. Die allermeisten Prozesse, die über das h-x Diagramm beschrieben werden, sind zugleich stationäre Fließprozesse.

Konstanter Wassergehalt Alle Prozesse, bei denen sich der Wassergehalt x nicht ändert, laufen senkrecht im h-x Diagramm ab. Dies sind als Prozesse isobare Erwärmung und isobare Abkühlung mit und ohne Kondensation. Hier lässt sich der Wärmestrom aus

$$\dot{Q} = \dot{m} \cdot \Delta h_{1+x} \tag{9.50}$$

berechnen. Dazu lassen sich die spezifischen Enthalpien der Zustände aus dem h-x Diagramm ablesen.

Oft ist das Ziel, in einem Prozess Kondensation zu vermeiden, also oberhalb der Sättigungslinie zu bleiben, oder es soll bewusst Kondensation erzeugt werden, also bis deutlich unterhalb der Sättigungstemperatur abkühlen. Die spezifische Enthalpie für einen Zustand auf der Sättigungslinie ist

$$h_{1+x}(x)\big|_{sat} = c_{p,Luft} \cdot T_{sat} + x \cdot r + x \cdot c_{p,\mathrm{H_2O},gas} \cdot T_{sat} \tag{9.51}$$

Die Aufgabe besteht also darin, zuerst für den Wassergehalt die entsprechende Temperatur bei Sättigung zu kennen. Diese kann in einem entsprechend detailliert aufgebauten h-x Diagramm direkt abgelesen werden, zusammen mit der spezifischen Enthalpie.

Kondensation Bei der Trocknung von Luftströmen wird oft gezielt Kondensation herbeigeführt, indem ein Luftstrom über die Sättigungsgrenze hinweg an einer Oberfläche abgekühlt wird. Dann bildet sich das Kondensat an der kalten Oberfläche und kann geeignet abgeführt werden. Durch einen solchen Prozess wird der Wassergehalt des Luftstroms dann gezielt verringert.

Durch den oft unvermeidlichen Temperaturgradienten zwischen Oberfläche und Luftstrom kann zumeist weniger Wasser entnommen werden, als sich einfach aus der Abkühlung auf die Oberflächentemperatur ergäbe. Daher sind solche Vorrichtungen z. T. mit großen Oberflächen durch Rippen oder Gitter gekennzeichnet.

Bildet sich Kondensat auch im Luftstrom, so wird dieses im Temperaturgradienten hin zu niedrigerer Temperatur diffundieren und trägt so zur Trocknung bei – dieser Transportprozess von Partikeln nennt sich Thermophorese.

Luftströme mischen Ein typischer Prozess ist das Mischen von zwei Luftströmen mit bekannter Temperatur, Massenstrom und Wassergehalt. Der Massenstrom ist dabei

$$\dot{m}_{Mi} = \dot{m}_1 + \dot{m}_2 \tag{9.52}$$

Gleichzeitig gilt für den Wassergehalt der Massenströme

$$\dot{m}_{Mi} \cdot x_{Mi} = (\dot{m}_1 + \dot{m}_2) \cdot x_{Mi} = \dot{m}_1 \cdot x_1 + \dot{m}_2 \cdot x_2 \tag{9.53}$$

Daraus folgt

$$x_{Mi} = \frac{\dot{m}_1 \cdot x_1 + \dot{m}_2 \cdot x_2}{\dot{m}_{Mi}} = \frac{\dot{m}_1 \cdot x_1 + \dot{m}_2 \cdot x_2}{\dot{m}_1 + \dot{m}_2} \tag{9.54}$$

Energieerhaltung fordert zusätzlich

$$\begin{aligned} \dot{H}_{Mi} &= \dot{m}_{Luft,Mi} \cdot h_{1+x,Mi} = (\dot{m}_{Luft,1} + \dot{m}_{Luft,2}) \cdot h_{1+x,Mi} \\ &= \dot{H}_1 + \dot{H}_2 = \dot{m}_{Luft,1} \cdot h_{1+x,1} + \dot{m}_{Luft,2} \cdot h_{1+x,2} \end{aligned} \tag{9.55}$$

bzw.

$$h_{1+x,Mi} = \frac{\dot{m}_{Luft,1} \cdot h_{1+x,1} + \dot{m}_{Luft,2} \cdot h_{1+x,2}}{\dot{m}_{Luft,Mi}} = \frac{\dot{m}_{Luft,1} \cdot h_{1+x,1} + \dot{m}_{Luft,2} \cdot h_{1+x,2}}{\dot{m}_{Luft,1} + \dot{m}_{Luft,2}} \tag{9.56}$$

Formel 9.54 für den Wasseranteil und Formel 9.56 für die Enthalpie sind lineare Gleichungen, d.h. die Mischung der beiden Ströme liegt im h-x Diagramm auf der Geraden, die die beiden zu mischenden Ströme miteinander verbindet. Dabei liegt der Punkt der Mischung näher an dem Strom mit dem höheren Massenstrom: Das umgekehrte Verhältnis der Massenströme definiert die Lage. Diese Argumentation gilt unabhängig davon, ob die Zustände 1 und 2 ungesättigt sind oder im Nebelgebiet liegen.

Wenn die Mischung ungesättigt ist, kann die Temperatur aus der Formel 9.47 berechnet werden mit

$$T_{Mi} = \frac{h_{1+x,Mi} - x_{Mi} \cdot r}{c_{p,Luft} + x_{Mi} \cdot c_{p,H_2O,gas}} \tag{9.57}$$

Feuchte Luft und technische Prozesse

Feuchte Luft als Werkzeug für die Auslegung von Prozessen und Anlagen ist in zwei grundlegenden Bereichen sehr relevant.

Feuchte Luft als Schadensquelle Der erste Bereich betrifft die Anlagensicherheit:

- Kondensation an und in elektrischen Anlagen kann zu Überschlägen, zur Gefährdung von Menschen und Zerstörung von Anlagen führen. Dies ist in den entsprechenden Normen und Regularien durch die Festlegung von zulässigen Umgebungsbedingungen adressiert. Für den Maschinenbau ist die DIN EN 60204-1 von besonderer Bedeutung.
- Kondensation mit Eisbildung kann in Rohrleitungen und Gefäßen diese und andere Anlagenteile zerstören. Eis hat ein deutlich höheres spezifisches Volumen als Wasser, dadurch kann Wasser beim Gefrieren beeindruckende Drücke aufbauen, die weit über übliche Auslegungsdrücke hinausgehen.
- Kondensation kann zu Korrosion führen; dies ist insbesondere in nicht sichtbaren Bereichen sehr kritisch. Verstärkt werden Gefährdungen durch Korrosion, wenn sich zusätzlich Stoffe niederschlagen, die Säure oder Lauge bilden.
- Korrosion führt zur unerwünschten Veränderung von Oberflächen, so haben die Stahlindustrie oder die Glasindustrie hier Wege und Verfahren gefunden, wie dies verhindert werden kann.

Gefährdet sind damit alle Anlagen, die kälter als ihre Umgebung sein können, Anlagen, die im feuchtwarmen Klima eingesetzt werden sollen, sowie Anlagen, die Frost ausgesetzt werden können. Oft genügt es, technische Regeln einzuhalten und Erfahrungen zu nutzen, selten ist eine explizite Berechnung notwendig.

Technische Nutzung Der zweite Bereich ist die technische Nutzung der Eigenschaften feuchter Luft:

- Die Trocknung von Lebensmitteln, Holz, Lack, Druckfarben und einer Vielzahl von weiteren Dingen ist eine eigene technische Disziplin mit einer beeindruckenden Vielzahl von technischen Lösungen und Prozessführungen.
- Die Klimatisierung von Räumen, Gebäuden, Lagern, Fahrzeugen usw. stellt eine zweite eigene Disziplin dar.
- Die Entwicklung von verfahrenstechnischen Prozessen und Anlagen ist ein dritter wichtiger Bereich.
- Die Meteorologie und die Klimawissenschaft sind zwei weitere Gebiete mit hoher technischer Relevanz.

Auch in diesen Disziplinen gibt es eher heuristische Herangehensweisen, die oft genügen. Für vollständige Berechnungen komplexer Anlagen hingegen benötigen wir das Werkzeug der feuchten Luft.

Trocknungstechnik findet sich in Krischer/Krölls Trocknungstechnik, also Krischer O (1978) *Die wissenschaftlichen Grundlagen der Trocknungstechnik*. Springer. Kröll K (1978) *Trockner und Trocknungsverfahren*. Springer. Der zweite Band bietet einen großartigen Überblick über Anlagentechnik und mögliche Prozesse.

Kleine Beispiele

Woher kommt die Dampfwolke beim Ausatmen?

Dazu tragen wir in ein h-x Diagramm ein:

1. Umgebungsbedingung an einem kalten Tag, also z. B. 0 °C und Luftfeuchtigkeit $\varphi = 0{,}75$.
2. Atemluft vor Verlassen des Mundes. Dann hat sie etwa 36 °C und ist gesättigt mit $\varphi = 1{,}0$.

Beim Ausatmen vermischt sich die Atemluft mit der Umgebungsluft. Das Gemisch befindet sich dabei immer auf der Geraden, die die beiden Ausgangszustände verbindet (sowohl im orthogonalen als auch im schiefwinkligen h-x Diagramm): Diese Gerade verläuft, wie Bild 9.7 zeigt, durch das Nebelgebiet. Es bildet sich also Nebel beim Ausatmen – je größer der Temperaturunterschied, desto mehr, da der Abstand von der Sättigungslinie größer wird.

Isothermes Mischen mit Temperaturänderung

Als zweites Beispiel ist in Bild 9.7 die Mischung von zwei gleich großen Massenströmen eingezeichnet:

3. Ungesättigte Luft mit $\vartheta = 40$ °C und $\varphi = 0{,}5$; dies entspricht $x = 0{,}023$.
4. Nebel mit $\vartheta = 40$ °C und $x = 0{,}07$.

Dann ergib sich die Mischung auf der Geraden zwischen den beiden Zuständen bei

5. Nebel mit $x = 0{,}0466$ und $\vartheta = 36$ °C.

Durch das (adiabate) Mischen nimmt die Temperatur ab, denn ein Teil des flüssigen Wassers aus dem Zustand 4 verdunstet und entnimmt die dafür benötigte Enthalpie aus der fühlbaren Wärme des Systems.

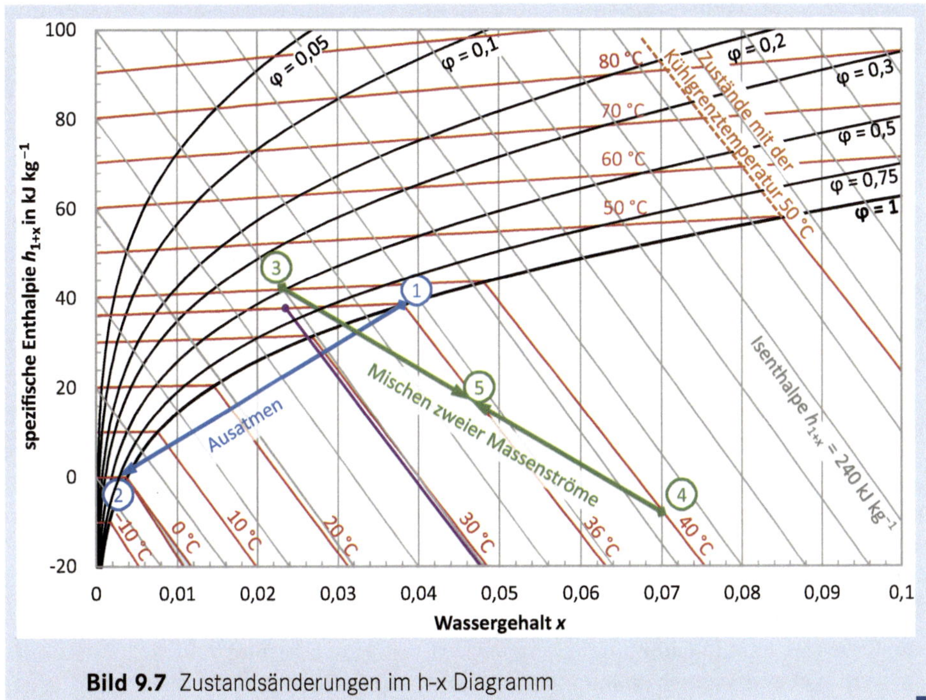

Bild 9.7 Zustandsänderungen im h-x Diagramm

Luft und Wasser mischen Eine eigene Herangehensweise benötigen wir für das Mischen von feuchter Luft mit reinem Wasser. Das reine Wasser ohne Luftanteil kann dabei als Eis, als Flüssigkeit oder als Gas vorliegen. Für reines Wasser ohne Luft beträgt der Wassergehalt

$$x_{H_2O}\Big|_{nur\ Wasser} = \frac{m_{H_2O}}{m_{Luft}} = \frac{m_{H_2O}}{0} = \infty \tag{9.58}$$

Es ist also nicht möglich, den Zustand des reinen Wassers im h-x Diagramm einzutragen und mit der oben beschriebenen Methode für das Mischen von zwei Strömen feuchter Luft vorzugehen. Mischen wir feuchte Luft im Zustand 1 mit reinem Wasser im Zustand 2, *Wasser*, ergibt sich ein neuer Zustand feuchter Luft 3 mit

$$\dot{m}_3 = \dot{m}_1 + \dot{m}_{2,Wasser} \tag{9.59}$$

Dies ist mit dem definierten Wassergehalt der Zustände 1 und 3 und da die Masse der trockenen Luft sich bei dieser speziellen Mischung nicht ändert

$$\underbrace{\left(\dot{m}_{Luft} + x_3 \cdot \dot{m}_{Luft}\right)}_{Zustand\ 3} = \underbrace{\left(\dot{m}_{Luft} + x_1 \cdot \dot{m}_{Luft}\right)}_{Zustand\ 1} + \underbrace{\left(\dot{m}_{2,Wasser}\right)}_{Zustand\ 2} \tag{9.60}$$

oder aufgelöst nach dem Massenstrom des reinen Wassers

$$\dot{m}_{2,Wasser} = \dot{m}_{Luft} + x_3 \cdot \dot{m}_{Luft} - \dot{m}_{Luft} - x_1 \cdot \dot{m}_{Luft} = \dot{m}_{Luft} \cdot \left(x_3 - x_1\right) = \dot{m}_{Luft} \cdot \Delta x_{13} \tag{9.61}$$

Für die Enthalpien gilt Energieerhaltung

$$\dot{H}_3 = \underbrace{\left(\dot{m}_{Luft,3} \cdot h_{1+x,3}\right)}_{Zustand\ 3} = \dot{H}_1 + \dot{H}_{2,Wasser} = \underbrace{\left(\dot{m}_{Luft,1} \cdot h_{1+x,1}\right)}_{Zustand\ 1} + \underbrace{\left(\dot{m}_{2,Wasser} \cdot h_{2,Wasser}\right)}_{Zustand\ 2} \tag{9.62}$$

und daher

$$\Delta h_{1+x,13} = h_{1+x,3} - h_{1+x,1} = \frac{\dot{m}_{2,Wasser}}{\dot{m}_{Luft}} \cdot h_{2,Wasser} \tag{9.63}$$

Ausgehend von dieser Gleichung lässt sich die „Richtung" der Mischung von feuchter Luft und reinem Wasser ermitteln

$$h_{Wasser} = \frac{\Delta h_{1+x,13}}{\Delta x_{13}} = \frac{h_{1+x,3} - h_{1+x,1}}{x_3 - x_1} \tag{9.64}$$

Diese Richtung beschreibt jetzt die Steigung der Gerade, die den Zustand 1, den Mischungszustand 3 und den bei $x = \infty$ eigentlich unzugänglichen Zustand reines Wassers verbindet. Viele handelsübliche h-x Diagramme verfügen über einen zusätzlichen Randmaßstab, in dem diese Richtung typisch mit dem Bezugspunkt $x = 0$ und $\vartheta = 0$ eingezeichnet sind. Zuerst wird ausgehend vom Bezugspunkt die Richtung bestimmt, danach kann parallel dazu die Linie der Zustandsänderung ausgehend vom Zustand 1 eingetragen werden.

Adiabate Verdunstungskühlung Einen nicht nur technisch wichtigen Prozess beschreibt die adiabate Verdunstungskühlung: Wasser verdunstet und entzieht dabei der Luft, die mit dem Wasser in Kontakt steht, die dafür notwendige Enthalpie – die feuchte Luft kühlt ab. Verdunstung findet maximal bis zur Sättigung statt, dadurch kann die Temperatur der feuchten Luft nur um einen gewissen Wert abnehmen. Diese Gleichgewichtstemperatur nennen wir die Kühlgrenztemperatur. Adiabat bedeutet, dass keine Wärme abfließt. Hier wird die Masse des Wassers als klein angenommen, denn sonst wäre es ja ein Wärmereservoir, und es läge eine isotherme Zustandsänderung vor.

Dieser Prozess wird in Nasskühltürmen oder bei der Klimatisierung von Räumen durch Luftbefeuchtung ausgenutzt. Pflanzen und Tiere regeln so ihre Temperatur bei Hitze (Schwitzen).

Messtechnisch wird dieser Effekt für die Bestimmung der relativen Feuchte verwendet: In einem Psychrometer wird einmal die reale Temperatur „trocken" gemessen und zum zweiten die Kühlgrenztemperatur „nass". Dann lässt sich daraus und aus dem Druck die relative Feuchte errechnen.

Für die technische Anwendung hingegen ist die Ermittlung der Kühlgrenztemperatur aus bekannter Zusammensetzung der feuchten ungesättigten Luft und dem Umgebungsdruck von Bedeutung.

Im h-x Diagramm kann diese Temperatur zeichnerisch ermittelt werden, da die „Richtung" der Geraden, die das Wasser bei Kühlgrenztemperatur mit dem Zustand der ungesättigten Luft verbindet, gerade der der Isothermen der Kühlgrenztemperatur entspricht:

- Die Isotherme, die über die Sättigungslinie bis zum Zustand der feuchten ungesättigten Luft im Zustand „trocken" verlängert werden kann, legt die Kühlgrenztemperatur fest.
- Umgekehrt verbindet die in den ungesättigten Bereich des h-x Diagramms verlängerte Nebel-Isotherme alle Zustände mit dieser Kühlgrenztemperatur – siehe Bild 9.7 für ein Beispiel (dunkelblaue Isotherme).

Kühlgrenztemperatur berechnen

Es gibt keine geschlossene Formel, um die Kühlgrenztemperatur aus der tatsächlichen Temperatur der feuchten Luft, der relativen Feuchte und dem Druck zu bestimmen. Stattdessen kann z. B. diese Näherung eingesetzt werden (Stull 2011):

$$\vartheta_{kg} = \begin{Bmatrix} \vartheta \cdot \arctan\left(0{,}151977 \cdot (\Phi + 8{,}313659)^{0,5}\right) + \arctan(\vartheta + \Phi) \\ -\arctan(\Phi - 1{,}676331) + 0{,}00391838 \cdot \Phi^{1,5} \cdot \arctan(0{,}023101 \cdot \Phi) \\ -4{,}686035 \end{Bmatrix} \quad (9.65)$$

In dieser Formel ist ϑ die reale Temperatur der feuchten Luft und Φ die relative Feuchte, einzusetzen in %, also

$$\Phi = \varphi \cdot 100$$

Bild 9.8 zeigt die so ermittelten Kurven innerhalb des Gültigkeitsbereiches der Formel: Dargestellt ist die Kühlgrenztemperatur zu den jeweiligen Temperaturen der Luft abhängig von der Feuchte.

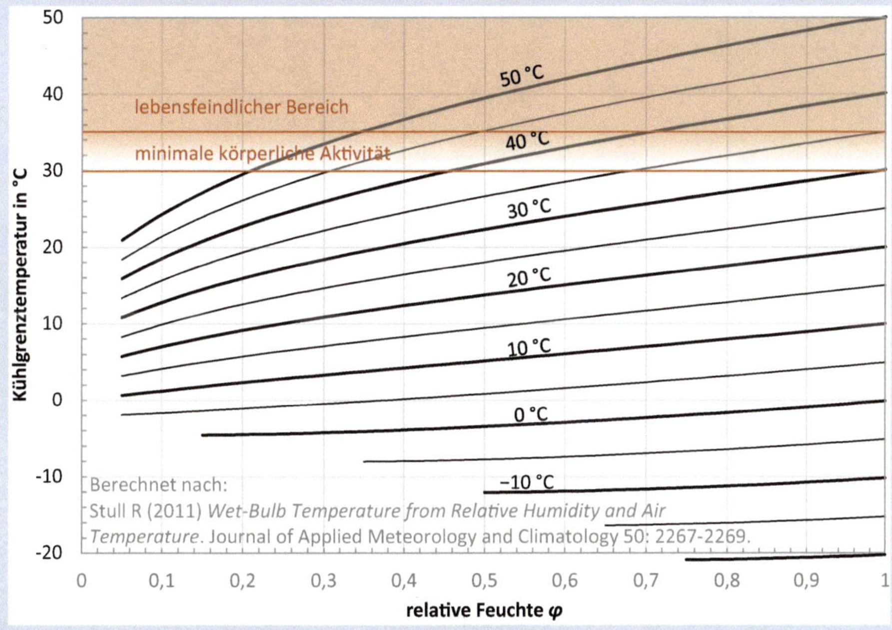

Bild 9.8 Kühlgrenztemperatur für vorgegebene Temperatur ungesättigter Luft bei p = 101 325 Pa

Oberhalb von 30 °C Kühlgrenztemperatur wird es für Menschen und Tiere unangenehm, dann kann die Körpertemperatur nur bei geringer körperlicher Aktivität noch stabilisiert werden. Oberhalb einer Kühlgrenztemperatur von 35 °C sterben Menschen, wenn sie einige Stunden dieser Temperatur ausgesetzt sind. Tiere und Pflanzen haben ähnliche maximale Grenzen.

In einigen Regionen der Erde werden Kühlgrenztemperaturen von 30 °C überschritten. Sehr selten wurden bereits 35 °C kurzfristig über wenige Stunden erreicht. Zukünftig und mit fortschreitender Erderwärmung werden Kühlgrenztemperaturen von 35 °C absehbar in einigen Regionen der Erde überschritten (Pal 2016, Raymond 2020). Solche Bedingungen können größere Regionen der Erde für längere Zeiträume unbewohnbar für höheres Leben machen, wie geologische Beispiele zeigen (Yaedong Sun 2012). ■

9.7.3 Nasskühlturm

Nasskühltürme sind eine spezielle Variante eines Wärmetauschers. In Kapitel 18 werden Wärmetauscher thematisiert, in denen das wärmeabgebende Fluid und das aufnehmende Fluid durch eine feste Wand getrennt sind.

In einem Nasskühlturm tritt das wärmeabgebende Wasser in direkten Kontakt mit der Kühlluft. Das Wasser wird über Düsen und ggf. weitere Einbauten in kleine Tröpfchen mit großer Oberfläche zerstäubt:

- Durch die dadurch gebildete sehr große Oberfläche kann die Wärme leicht vom Wasser auf die Luft übergehen. Eine große Oberfläche ermöglicht eine geringe Temperaturdifferenz zwischen dem zugeführten Wasser und der abströmenden Luft bei der Übertragung fühlbarer Wärme vom Wasser auf die Luft, siehe Kapitel 18.
- Zusätzlich tritt Verdunstung auf. Diese Verdunstung benötigt Wärme und kühlt das Wasser zusätzlich ab, im idealen Falle bis zur Kühlgrenztemperatur.

Im idealen Kühlturm tritt daher die Luft mit der Eintrittstemperatur des Wassers und gesättigt aus. Das Wasser erreicht im idealen Fall die Kühlgrenztemperatur der zuströmenden Luft bei Umgebungsbedingung. D. h. das Wasser kann unter die Temperatur der Umgebung abgekühlt werden. Diese Eigenschaft ist für die Klimatisierung von Gebäuden oder für die Kondensation in einem Dampfkreislauf günstig, da sie jeweils den Wirkungsgrad weiter erhöht.

Nassskühlturm abschätzen

Für ein ausgewachsenes Kernkraftwerk mit einer Nennleistung von 1 GW elektrisch soll ein Nasskühlturm abgeschätzt werden: Auch bei unangenehmem Wetter von 1 bar, 36 °C und einer relativen Feuchte von 60 % soll das Kraftwerk noch mit einer Kondensatortemperatur von 40 °C betrieben werden. Bild 9.9 gibt einen Überblick zum Prinzip.

Diese Daten legen nahe, dass das Kühlwasser aus dem Kondensator mit ϑ_{zu} = 40 °C in den Nasskühlturm gelangt.

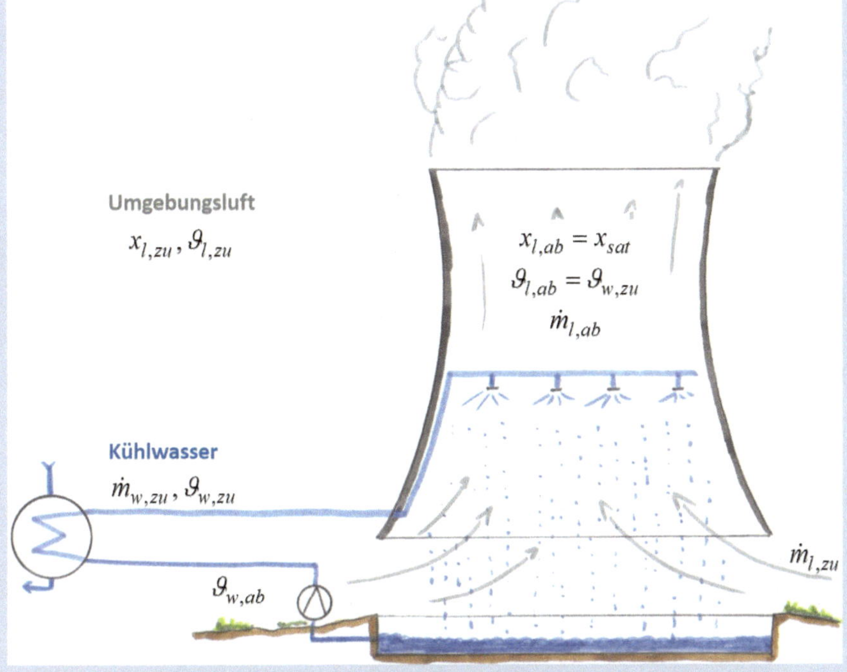

Bild 9.9 Prinzipskizze eines großen Nasskühlturms: Das Kühlwasser wird innen verregnet und unterhalb in einem Sumpf aufgefangen. Die Kühlluft strömt durch seitliche Öffnungen zu. Temperaturerhöhung und zusätzliche Feuchte genügen, damit die Luft durch den Turm strömt.

Mit welcher Temperatur fließt das Kühlwasser zurück in den Kondensator?

Dies ist im optimalen Falle die Kühlgrenztemperatur, die sich bei dem angegebenen Wetter einstellt. Diese Kühlgrenztemperatur können wir entweder über das h-x Diagramm ermitteln, in dem wir die Nebel-Isobare eintragen, verlängert durch den Zustand 36 °C und φ = 0,6 verläuft - siehe Bild 9.7 -, dies entspricht etwa 29 °C.

Oder wir nutzen Formel 9.56 und bekommen

$$\vartheta_{kg} = \begin{Bmatrix} 36\cdot\arctan\left(0{,}151\,977\cdot(60+8{,}313\,659)^{0,5}\right)+\arctan(36+60) \\ -\arctan(60-1{,}676\,331)+0{,}003\,918\,38\cdot 60^{1,5}\cdot\arctan(0{,}023\,101\cdot 60) \\ -4{,}686035 \end{Bmatrix}$$

$$\vartheta_{kg}(\Phi=60, \vartheta=36\,°\mathrm{C}) = 29{,}4\,°\mathrm{C}$$

Damit ist die Temperaturdifferenz, um die das Kühlwasser im Kühlturm abgekühlt wird,

$$\Delta\vartheta_l = -\Delta\vartheta_w = \vartheta_{l,ab} - \vartheta_{l,zu} = 40\,°\mathrm{C} - 29{,}4\,°\mathrm{C} = 10{,}6\,\mathrm{K}$$

Ab hier bezeichnet der kleine Index *w* das flüssige Wasser und *l* die feuchte (zu)strömende Luft.

Welche spezifische Enthalpie nimmt die Luft auf, die durch den Nasskühlturm strömt?

Die Luft strömt mit Umgebungsbedingung zu und hat daher als spezifische Enthalpie mit Formel 9.41

$$h_{1+x}(\vartheta) = h_{Luft}(\vartheta) + x\cdot h_{\mathrm{H_2O}}(\vartheta) = \left(c_{p,Luft}\cdot\vartheta\right) + x\cdot\left(r_{\mathrm{H_2O}} + c_{p,\mathrm{H_2O},gas}\cdot\Delta\vartheta\right)$$

Die absolute Feuchte bei dieser Umgebungsbedingung ist

$$x_u(\vartheta) = 0{,}622\cdot\frac{\varphi\cdot p_{sat}(\vartheta)}{p-\varphi\cdot p_{sat}(\vartheta)} = 0{,}622\cdot\frac{0{,}6\cdot 0{,}0594\,\mathrm{bar}}{1{,}0\,\mathrm{bar}-0{,}6\cdot 0{,}0594\,\mathrm{bar}} = 0{,}02299$$

Unter Nutzung der Werte aus Formel 9.42 und der Umgebungsbedingung erhalten wir

$$h_{1+x}(36\,°\mathrm{C}) = \left(1{,}0045\frac{\mathrm{kJ}}{\mathrm{kg}\cdot°\mathrm{C}}\cdot 36\,°\mathrm{C}\right) + 0{,}02299\cdot\left(2.501\frac{\mathrm{kJ}}{\mathrm{kg}} + 1{,}860\frac{\mathrm{kJ}}{\mathrm{kg}\cdot°\mathrm{C}}\cdot 36\,°\mathrm{C}\right)$$

$$h_{1+x}(36\,°\mathrm{C}) = 95{,}20\frac{\mathrm{kJ}}{\mathrm{kg}}$$

Die Luft strömt im optimalen Falle gesättigt (φ = 1) und mit der Temperatur des zuströmenden Wassers von 40 °C ab. Dann hat sie als spezifische Enthalpie

$$h_{1+x}(40\,°\mathrm{C}) = \left(1{,}0045\frac{\mathrm{kJ}}{\mathrm{kg}\cdot°\mathrm{C}}\cdot 40\,°\mathrm{C}\right) + 0{,}07375\cdot\left(2.501\frac{\mathrm{kJ}}{\mathrm{kg}} + 1{,}860\frac{\mathrm{kJ}}{\mathrm{kg}\cdot°\mathrm{C}}\cdot 40\,°\mathrm{C}\right)$$

$$h_{1+x}(40\,°\mathrm{C}) = 230{,}12\frac{\mathrm{kJ}}{\mathrm{kg}}$$

Daraus folgt, dass die Luft je kg trockene Luft eine Wärme von

$$\Delta h_{1+x} = h_{1+x}(40\,°C) - h_{1+x}(36\,°C) = 230{,}1\frac{\mathrm{kJ}}{\mathrm{kg}} - 95{,}2\frac{\mathrm{kJ}}{\mathrm{kg}} = 134{,}9\frac{\mathrm{kJ}}{\mathrm{kg}}$$

aufnimmt. Gleichzeitig nimmt dieses kg trockene Luft dafür eine Wassermasse mit von

$$\Delta m_{H_2O} = \Delta x \cdot m_{Luft} = (0{,}07375 - 0{,}02299) \cdot 1\,\text{kg} = 0{,}05076\,\text{kg}$$

Welcher Massenstrom an Wasser wird benötigt und wieviel Wasser verdunstet?

Flüssiges Wasser Das Wasser strömt zu mit 40 °C und damit einer spezifischen Enthalpie von

$$h_{w,zu} = c_p \cdot \Delta T_{ref} = 4{,}190 \frac{\text{kJ}}{\text{kg} \cdot {}^\circ\text{C}} \cdot 40\,{}^\circ\text{C} = 167{,}6 \frac{\text{kJ}}{\text{kg}}$$

und es fließt ab mit einer spezifischen Enthalpie von

$$h_{w,ab} = c_p \cdot \Delta T_{ref} = 4{,}190 \frac{\text{kJ}}{\text{kg} \cdot {}^\circ\text{C}} \cdot 29{,}4\,{}^\circ\text{C} = 123{,}2 \frac{\text{kJ}}{\text{kg}}$$

Das flüssige Wasser erfährt damit eine Enthalpieänderung von

$$\Delta h_w = h_{w,ab} - h_{w,zu} = 123{,}2 \frac{\text{kJ}}{\text{kg}} - 167{,}6 \frac{\text{kJ}}{\text{kg}} = -44{,}4 \frac{\text{kJ}}{\text{kg}}$$

Dieser Wert ist negativ, da das Wasser diese Wärme abgibt.

Von der zuströmenden Wassermenge verdunstet ein Anteil - dieser entspricht gerade dem Massenstrom an Wasser, der der Luft zugeführt wird,

$$\dot{m}_{w,ab} = \dot{m}_{w,zu} - \Delta x \cdot \dot{m}_{l,zu}, \text{ also } \Delta \dot{m}_w = \dot{m}_{w,zu} - \dot{m}_{w,ab} = \Delta x \cdot \dot{m}_{l,zu}$$

Es kann nicht eine beliebige Menge an Wasser durch den Kühlturm gepumpt werden, sondern im optimalen Falle passen der Kühlwasserstrom und der Luftstrom so zusammen, dass sich gerade die oben bereits festgelegten Temperaturen einstellen. Wir suchen nach diesem optimalen Massenstrom.

Energiebilanz aufstellen Um diesen Massenstrom zu ermitteln, stellen wir die Energiebilanz für das offene System des Nasskühlturms auf mit

$$\underbrace{\dot{m}_{w,ab} \cdot \Delta h_w}_{\text{flüssiges Wasser}} + \underbrace{\dot{m}_{l,zu} \cdot \Delta h_{1+x,l,zu}}_{\text{ungesättigte Luft}} + \underbrace{\left(\Delta x \cdot \dot{m}_{l,zu} \cdot h_{w,gas,ab} - \Delta \dot{m}_w \cdot h_{w,zu}\right)}_{\text{verdunstetes Wasser}} = 0$$

In diesem Ansatz müssen wir zuerst einige Größen genau beschreiben:

Die Enthalpieänderung des flüssigen, nicht verdunstenden Wassers Δh_w und den Zusammenhang zwischen den Massenströmen des Wassers haben wir schon ermittelt.

Die Enthalpieänderung der ungesättigten feuchten Luft - also nur der Anteil ohne Änderung des Wassergehaltes - beträgt

$$\Delta h_{1+x,l,zu} = c_{p,l} \cdot \Delta \vartheta_l + x_{zu} \cdot c_{p,w,gas} \cdot \Delta \vartheta_l$$

Da diese einströmende Luft ihre Temperatur erhöht und in unserer Bilanzierung kein Wasser aufnimmt, kann hier keine Sättigung auftreten.

Es bleibt die Enthalpieänderung des verdunstenden Wassers. Zuerst nutzen wir, dass der Verlust an flüssigem Wasser gleich dem verdunsteten Wasser ist

$$\Delta x \cdot \dot{m}_{l,zu} \cdot h_{w,gas,ab} - \Delta \dot{m}_w \cdot h_{w,zu} = \Delta x \cdot \dot{m}_{l,zu} \cdot h_{w,gas,ab} - \Delta x \cdot \dot{m}_{l,zu} \cdot h_{w,zu}$$
$$= \Delta x \cdot \dot{m}_{l,zu} \cdot \Delta h_{w,v}$$

Dieses Wasser verändert seine Enthalpie entsprechend

$$\Delta h_{w,v} = -h_{w,zu} + r + h_{w,v,ab} = -c_{p,w,liq} \cdot \vartheta_{w,zu} + r + c_{p,w,gas} \cdot \vartheta_{l,ab}$$

Hier passiert etwas Wichtiges, das Wasser verdunstet in unserem Modell isotherm: Es strömt mit $\vartheta_{w,zu}$ = 40 °C zu, verdunstet und strömt als gasförmiges Wasser mit $\vartheta_{l,ab}$ = 40 °C ab. Dies könnten wir entweder so beschreiben wie gerade hingeschrieben (Abkühlung auf Referenztemperatur 0 °C, Verdunsten bei 0 °C, Erwärmen) oder wir könnten hier auch nur die Verdunstungsenthalpie bei 40 °C verwenden, in der dann diese Effekte schon enthalten sind.

Energiebilanz nutzen Jetzt haben wir alles vorbereitet, um die Energiebilanz mit Größen aufzustellen, die wir kennen

$$\dot{m}_{w,zu} \cdot \Delta h_w - \Delta x \cdot \dot{m}_{l,zu} \cdot \Delta h_w + \dot{m}_{l,zu} \cdot \left(c_{p,l} + x_{zu} \cdot c_{p,w,gas}\right) \cdot \Delta \vartheta_l$$
$$+ \Delta x \cdot \dot{m}_{l,zu} \cdot \left(-c_{p,w,liq} \cdot \vartheta_{w,zu} + r + c_{p,w,gas} \cdot \vartheta_{l,ab}\right) = 0$$

Diese Gleichung sortieren wir nach Termen des flüssigen Wassers und der zuströmenden Luft

$$-\dot{m}_{w,zu} \cdot \Delta h_w = \dot{m}_{l,zu} \cdot \begin{pmatrix} -\Delta x \cdot \Delta h_w + \left(c_{p,l} + x_{zu} \cdot c_{p,w,gas}\right) \cdot \Delta \vartheta_l \\ + \Delta x \cdot \left(-c_{p,w,liq} \cdot \vartheta_{w,zu} + r + c_{p,w,gas} \cdot \vartheta_{l,ab}\right) \end{pmatrix}$$

und erhalten damit einen Zusammenhang zwischen dem Massenstrom von Wasser und von Luft

$$\frac{\dot{m}_{l,zu}}{\dot{m}_{w,zu}} = \frac{-\Delta h_w}{\left(c_{p,l} + x_{zu} \cdot c_{p,w,gas}\right) \cdot \Delta \vartheta_l + \Delta x \cdot \left(-\Delta h_w - c_{p,w,liq} \cdot \vartheta_{w,zu} + r + c_{p,w,gas} \cdot \vartheta_{l,ab}\right)}$$

Der konkrete Zahlenwert ist

$$\frac{\dot{m}_{l,zu}}{\dot{m}_{w,zu}} = \frac{-\left(-44{,}4\,\frac{\text{kJ}}{\text{kg}}\right)}{\begin{matrix}\left(1{,}0045\,\frac{\text{kJ}}{\text{kg}\cdot\text{K}} + 0{,}02299 \cdot 1{,}860\,\frac{\text{kJ}}{\text{kg}\cdot\text{K}}\right) \cdot 10{,}6\,\text{K} \\ + 0{,}05076 \cdot \left(44{,}4\,\frac{\text{kJ}}{\text{kg}} - 4{,}190\,\frac{\text{kJ}}{\text{kg}\cdot{}^\circ\text{C}} \cdot 40\,{}^\circ\text{C} + 2.501\,\frac{\text{kJ}}{\text{kg}} + 1{,}860\,\frac{\text{kJ}}{\text{kg}\cdot{}^\circ\text{C}} \cdot 40\,{}^\circ\text{C}\right)\end{matrix}}$$

und damit

$$\dot{m}_{l,zu} = 0{,}3916 \cdot \dot{m}_{w,zu}$$

Dieses Ergebnis bedeutet, dass der Massenstrom an Wasser um einen Faktor 2,5 größer sein soll als der der Luft.

Mit diesem Ergebnis können wir auch den Verlust an Kühlwasser bestimmen,

$$\frac{\Delta \dot{m}_w}{\dot{m}_{w,zu}} = \frac{\dot{m}_{w,zu} - \dot{m}_{w,ab}}{\dot{m}_{w,zu}} = \Delta x \cdot \frac{\dot{m}_{l,zu}}{\dot{m}_{w,zu}} = 0{,}05076 \cdot 0{,}3916 = 0{,}020$$

Es verdunsten 2 % des Wassers im Kühlturm und müssen ununterbrochen nachgefüllt werden.

Was sind jetzt die Massenströme für das Kernkraftwerk?

Dazu brauchen wir zuerst einen abzugebenden Wärmestrom. Kernkraftwerke haben typisch einen Wirkungsgrad (nuklear zu elektrisch) von 0,3, sodass bei Nennleistung eine Abwärme von

$$\dot{Q}_{ab} = \frac{p_{el}}{\eta} - P_{el} = p_{el} \cdot \left(\frac{1}{\eta} - 1\right) = 1{,}0\,\mathrm{GW}\left(\frac{1}{0{,}3} - 1\right) = 2{,}33\,\mathrm{GW}$$

abgeführt werden muss. Dem entspricht ein Massenstrom an trockener Luft von

$$\dot{m}_{1+x,zu} = \frac{\dot{Q}_{ab}}{\Delta h_{1+x}} = \frac{2{,}33\,\mathrm{GW}}{134{,}9\frac{\mathrm{kJ}}{\mathrm{kg}}} = 17.270\frac{\mathrm{kg}}{\mathrm{s}} \qquad (9.66)$$

einem Massenstrom an feuchter Luft von

$$\dot{m}_{l,zu} = (1 + x_{zu}) \cdot \dot{m}_{1+x,zu} = (1 + 0{,}02299) \cdot 17.270\frac{\mathrm{kg}}{\mathrm{s}} = 17.670\frac{\mathrm{kg}}{\mathrm{s}}$$

und einem Kühlwassermassenstrom von

$$\dot{m}_{w,zu} = \frac{\dot{m}_{l,zu}}{0{,}3916} = 45.120\frac{\mathrm{kg}}{\mathrm{s}}$$

Es müssen bei Nennleistung also etwa 45 $m^3\,s^{-1}$ Kühlwasser umgewälzt und etwa 0,9 $m^3\,s^{-1}$ nachgefüllt werden. ■

■ 9.8 Feuchte Luft und Wetter

Wetter hat eine nicht zu unterschätzende Auswirkung auf technische Prozesse. Dazu kommt, dass der jetzt schnell ablaufende Klimawandel unsere gewohnte Wettersicherheit und die Planungsgrundlagen für technische Projekte stört. Daher gehört zu einer technischen Ausbildung auch ein Grundverständnis von Wetter, Klima und Erdatmosphäre.

Diese Systeme lassen sich nur gut verstehen, wenn das Verhalten der feuchten Luft berücksichtigt wird, denn erst diese Feuchtigkeit ermöglicht Wolken, Niederschlag und großräumigen intensiven Energietransport im System Erde.

Energiebilanz der Erde

Das Wetter und Klima auf der Erde wird durch die solare Einstrahlung bestimmt. Hierzu gibt es in Kapitel 17 einen Überblick, da es sich um Wärmestrahlung handelt. Gemittelt über die Oberfläche der Erde erreichen 362 W m^{-2} die oberste Atmosphäre. Der Anteil der Wärmestrahlung der Sonne, der die Erdoberfläche erreicht, also im Mittel 192 W m^{-2}, steht für die Verdunstung von Wasser und damit für die Erzeugung feuchter Luft zur Verfügung. Tatsächlich werden im Mittel 88 W m^{-2} für die Erzeugung von latenter Wärme, also für Verdunstung, umgesetzt. Mit dieser Zahl lässt sich abschätzen, dass im Mittel in einem Jahr verdunstet

$$\overline{\dot{m}_{\mathrm{H_2O}}} = \frac{\overline{\dot{Q}_{lat}}}{r_{\mathrm{H_2O}}} = \frac{88\,\frac{\mathrm{W}}{\mathrm{m}^2}}{2.501\,\frac{\mathrm{kJ}}{\mathrm{kg}}} = 3{,}04\,\frac{\mathrm{kg}}{\mathrm{m}^2\cdot\mathrm{d}} = 1.110\,\frac{\mathrm{kg}}{\mathrm{m}^2\cdot\mathrm{a}}$$

In dieser Berechnung stecken die trockenen Landoberflächen schon mit drin. Das Ergebnis passt gut zu dem beobachteten mittleren Wert von 2,7 mm am Tag: Aus einer Masse je Fläche lässt sich die Höhe des Volumens auf dieser Fläche ermitteln

$$\frac{\Delta h}{\Delta t} = \frac{\dot{V}}{A} = \frac{\dot{m}\cdot v}{A} = \frac{\dot{m}}{\rho\cdot A} = \frac{1.110\,\frac{\mathrm{kg}}{\mathrm{a}}}{990\,\frac{\mathrm{kg}}{\mathrm{m}^3}\cdot 1\,\mathrm{m}^2} = 1{,}121\,\frac{\mathrm{m}}{\mathrm{a}} = 3{,}072\,\frac{\mathrm{mm}}{\mathrm{d}}$$

Tatsächlich variiert die Verdunstung stark mit der geografischen Breite - also der Entfernung zu den Polen, wie Tabelle 9.1 zeigt. Hierbei hängt die lokale Verdunstungsrate von der tatsächlichen Einstrahlung ab, die zu den Polen hin abnimmt, der Temperatur der Meeresoberfläche, die oberhalb der Polarkreise nahe 0 °C liegt, sowie der relativen Feuchte der Luft nahe der Meeresoberfläche. Die Temperatur wirkt auch indirekt, da mit zunehmender Temperatur der Luft diese deutlich mehr Wassermasse aufnehmen kann.

Tabelle 9.1 Variation der mittleren Verdunstung und dem damit verbundenen latenten Wärmestrom in die Atmosphäre aus Ozeanen der Nordhalbkugel mit der geografischen Breite

Geografische Breite	Mittlere Verdunstung	Mittlerer latenter Wärmestrom
0° bis 10°	1200 mm/a	3000 MJ/a = 95 W/m²
10° bis 20°	1350 mm/a	3400 MJ/a = 107 W/m²
20° bis 30°	1300 mm/a	3250 MJ/a = 103 W/m²
30° bis 40°	1100 mm/a	2750 MJ/a = 87 W/m²
40° bis 50°	750 mm/a	1900 MJ/a = 60 W/m²
50° bis 60°	500 mm/a	1250 MJ/a = 40 W/m²
60° bis 70°	150 mm/a	375 MJ/a = 12 W/m²
70° bis Nordpol	-	zumeist eisbedeckt

9.8.1 Wind und Feuchtigkeit

Zwei Grundformen von Zirkulation - also Wind - werden für die Beschreibung der Vorgänge in der Atmosphäre verwendet: die senkrechte Zirkulation, bei der Wärme vom Erdboden in die höheren Schichten der Atmosphäre transportiert wird, wo sie wieder an die Umgebung (Weltall) abgestrahlt werden kann, sowie der horizontale Transport - beide haben wir schon im Beispiel zu *„The Day after Tomorrow"* diskutiert.

In Kapitel 17, Bild 17.9, finden Sie die Verteilung der solaren Einstrahlung mit dem Breitengrad (vom Nordpol zum Südpol): Im System Erde werden im Mittel 240 W m^{-2} an Strahlung der Sonne absorbiert. Die Erde strahlt diese 240 W m^{-2} ziemlich homogen über ihre gesamte Oberfläche hin wieder ab. Allerdings wird in Äquatornähe zwischen etwa 30° Süd und 30° Nord mehr Energie eingestrahlt als abgestrahlt, und umgekehrt wird an den Polen deutlich mehr Energie abgestrahlt als absorbiert. Damit muss diese Wärme von den Tropen zu den Polen transportiert werden. Dieser Transport erfolgt z. T. durch Meeresströmungen wie den Golfstrom, z. T. durch latente Energie, also Wasserdampf, der mit großräumigen Wettersystemen wie Stürmen oder Tiefdruckgebieten polwärts transportiert wird. Auf dem Weg zu den Polen kondensiert das Wasser aus und setzt dabei die Kondensationswärme frei.

Feuchte in der mittleren Erdatmosphäre

In Bild 9.10 ist der gemessene mittlere Verlauf der Temperatur in der Erdatmosphäre aus den Daten in Kapitel 21 dargestellt. Der beobachtete Verlauf ist nahezu linear, und der Temperaturgradient mit der Höhe beträgt

$$\Gamma_{Luft} = -\frac{dT_{Luft}}{dz} = \frac{-50°\text{C} - 15°\text{C}}{10.000\ \text{m}} \simeq 6{,}49 \cdot \frac{\text{K}}{\text{km}} \tag{9.67}$$

Die Strahlung der Sonne wird vorrangig am Erdboden (Ozean oder Land) absorbiert, siehe Kapitel 17 für Details. Dort wird Luft erwärmt und - falls Wasser zur Verfügung steht - auch über das Verdampfen von Wasser als latente Wärme an diese Luft übergeben. Diese warme feuchte Luft steigt in der Troposphäre auf; in der Wetterkunde wird eine Einheit dieser Luft als Paket bezeichnet, das als ein System betrachtet werden kann. Da dieses Paket erst einmal keine Wärme an die Umgebung abgeben kann oder von dort aufnimmt, lässt sich gut begründen, dass die Luft mit dem abnehmenden Druck in der Atmosphäre adiabat expandiert.

DIES IST EINE ANWENDUNG DER ZUSTANDSÄNDERUNGEN DES IDEALEN GASES AUS KAPITEL 7.

Bei adiabater Expansion ändert sich die Temperatur mit

$$T(z) = T(p(z)) = T(0\ \text{m}) \cdot \left(\frac{p(z)}{p(0\ \text{m})}\right)^{\frac{\kappa_{Luft}-1}{\kappa_{Luft}}} \tag{9.68}$$

Der Verlauf dieser Funktion ist in Bild 9.10 eingetragen und weicht deutlich vom gemessenen Verlauf ab. Dieser reale Verlauf in der Troposphäre illustriert gut den Effekt des Wasserdampfs in der Atmosphäre: Der gemessene mittlere Verlauf kann als eine polytrope Zustandsänderung beschrieben werden, die ein Luftpaket beim Aufstieg oder Abstieg durchlaufen würde. Dann ist der Polytropenexponent der Zustandsänderung

$$n_{tropo} = \frac{\ln \frac{p_{höhe}}{p_{boden}}}{\ln \frac{v_{boden}}{v_{höhe}}} = \frac{\ln \frac{p(11.000\ \mathrm{m})}{p(0\ \mathrm{m})}}{\ln \frac{\rho(11.000\ \mathrm{m})}{\rho(0\ \mathrm{m})}} = \frac{\ln \frac{0{,}227\ \mathrm{bar}}{1{,}013\ \mathrm{bar}}}{\ln \frac{0{,}3648\ \mathrm{kg\ m^{-3}}}{1{,}225\ \mathrm{kg\ m^{-3}}}} = 1{,}235 \qquad (9.69)$$

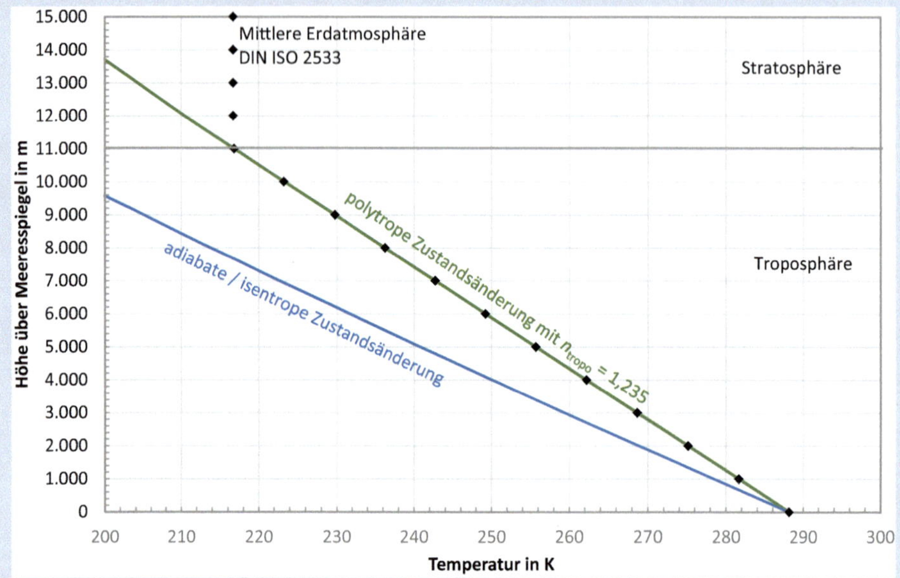

Bild 9.10 Mittlerer Verlauf der Temperatur mit der Meereshöhe in der Erdatmosphäre, adiabater Verlauf trockener Luft und polytroper Verlauf als Modell

Aus dieser Zahl berechnen wir die polytrope spezifische Wärmekapazität für diese spezielle Zustandsänderung mit

$$c_{n_{tropo}} = c_{v,Luft} \cdot \frac{n_{tropo} - \kappa_{Luft}}{n_{tropo} - 1} = 0{,}717 \frac{\text{kJ}}{\text{kg} \cdot \text{K}} \cdot \frac{1{,}235 - 1{,}400}{1{,}235 - 1}$$
$$= -0{,}5340 \frac{\text{kJ}}{\text{kg} \cdot \text{K}} \tag{9.70}$$

Damit können wir die Wärme berechnen, die in dem Paket Luft bei dem Aufstieg vom Boden bis zur oberen Grenze der Troposphäre freigesetzt wird. Dass in dem Paket Wärme freigesetzt werden muss, sehen wir ja schon in Bild 9.10, da die Temperatur des Pakets Luft im realen Fall höher ist als im adiabaten Fall. Die gesamte, beim Aufstieg vom Boden bis zur oberen Grenze der Troposphäre freigesetzte Wärme in dem Luft-Paket beträgt dann

$$q_{tropo} = c_{n_{tropo}} = c_{v,Luft} \cdot \left(T(11.000\ \text{m}) - T(0\ \text{m})\right) = 35{,}96 \frac{\text{kJ}}{\text{kg}} \tag{9.71}$$

Bild 9.11 zeigt die aus der mittleren Erdatmosphäre folgende freiwerdende Wärme. In jedem Kilogramm Luft, das vom Erdboden bis zur Stratosphäre aufsteigt, wird im Mittel eine Wärme von 36 kJ freigesetzt. Diese recht beeindruckende Wärmemenge ist die latente Wärme von Wasserdampf, der bei der Expansion mit abnehmender Temperatur kondensiert. Falls beim Aufstieg vom Erdboden bis zur oberen Grenze der Troposphäre das gesamte Wasser auskondensiert und damit seine Kondensationswärme freisetzt, dann bekommen wir als Wassergehalt, den das Paket Luft am Erdboden hatte,

$$x = \frac{q_{tropo}}{r_{H_2O}} = \frac{35{,}96 \frac{\text{kJ}}{\text{kg}}}{2.501 \frac{\text{kJ}}{\text{kg}}} = 0{,}01438 \tag{9.72}$$

Diese Annahme, dass alles Wasser in der Troposphäre kondensiert, ist berechtigt, da der maximal mögliche Dampfgehalt bei Sättigung in der Stratosphäre bei 216 K nahe 0 liegt.

Der hier berechnete Wassergehalt entspricht dem Sättigungsdruck von Wasser bei 20 °C und nicht dem von 15 °C, obwohl die mittlere Temperatur der Erdoberfläche 15 °C beträgt. Dies zeigt, dass feuchte Luft vorrangig in den Tropen erzeugt und dann durch das Wetter über die Erde verteilt wird, denn die Temperatur in der Stratosphäre beträgt überall auf der Erde etwa 216 K.

Die freiwerdende Wärme können wir in eine Masse an Wasser, bezogen auf die Fläche des Erdbodens, umrechnen, das insgesamt auskondensiert. Dazu benötigen wir zusätzlich die Definition des Drucks und erhalten

$$m_{H_2O} = \frac{m_{luft}}{A} \cdot x = \frac{\frac{p \cdot A}{g}}{A} \cdot x_{H_2O} = \frac{p}{g} \cdot x = \frac{101.325\,\text{Pa}}{9{,}81\frac{\text{m}}{\text{s}^2}} \cdot 0{,}01438 = 148{,}5\frac{\text{kg}}{\text{m}^2} \tag{9.73}$$

Die in der feuchten Luft enthaltene Wärme wird freigesetzt, wenn das Wasser kondensiert, also Wolken bildet. Dabei wird dieses Wasser dann durch Regen oder andere Formen des Niederschlags aus der Atmosphäre entfernt. Diese so bestimmte Wassermasse ist das *„total precipitable water"*, also ausfällbares Niederschlagswasser in der Atmosphäre. Dabei ist immer nur ein recht geringer Anteil dieses Wassers tatsächlich kondensiert - der größere Anteil ist auch in dichten Wolken in der Gasphase.

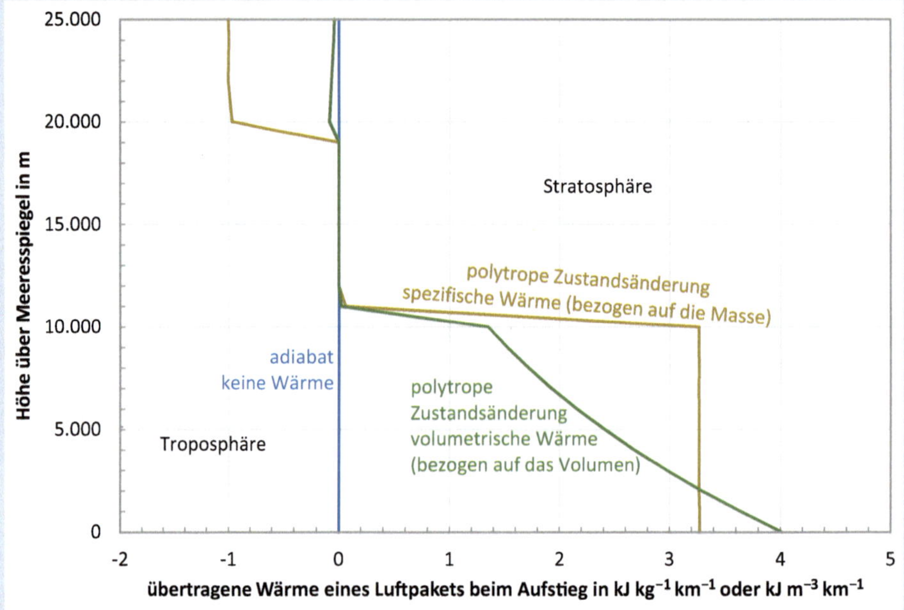

Bild 9.11 Wärme, die Luft beim Aufstieg aufnimmt: gemittelte Werte über 1000 m Höhenunterschied und für die mittlere Erdatmosphäre

Masse des Wassers in der Atmosphäre, z. B. *https://photojournal.jpl.nasa.gov/jpeg/PIA12096.jpg*.

9.8.2 Barometrische Höhenformeln

In dem gerade betrachteten Beispiel war die Abnahme des Druckes mit der Höhe in den verwendeten Daten enthalten. Für dieses Verhalten des Drucks lässt sich eine geschlossene Formel entwickeln: einmal für die trockene Luft und dann unabhängig davon für das Wasser in der Atmosphäre.

Barometrische Höhenformel Die allgemeine barometrische Höhenformel beschreibt, wie der Druck der Atmosphäre sich mit der Höhe ändert. Sie beschreibt auch, wie sich der Partialdruck einer Komponente der Luft mit der Höhe ändert. Für die Berechnung starten wir, indem wir die Atmosphäre in dünne gestapelte Schichten (Kugelschalen) unterteilen, wobei jede dieser Kugelschalen dann einen konstanten Druck aufweist. Wenn dann diese Kugelschalen sehr dünn werden, lässt sich die Höhe einer Kugelschale als Differential dz auffassen. Die Änderung des Drucks mit der Höhe d$p(z)$ ist allgemein für ein Gas i

$$\frac{\Delta p_i(z)}{\Delta z} \underbrace{=}_{\Delta z\ klein} \frac{dp_i(z)}{dz} = -\rho_i(z)\cdot g\,, \tag{9.74}$$

denn es gilt mit der Gewichtskraft der Atmosphäre oberhalb der Höhe z, die den Druck in der Höhe z erzeugt,

$$\frac{dp_i(z)}{dz} = -\frac{d\left(\frac{F(z)}{A}\right)}{dz} = -\frac{d\left(\frac{m_i(z)\cdot g}{A}\right)}{dz} = -g\cdot\frac{dm_i(z)}{d(A\cdot z)} = -g\cdot\underbrace{\frac{dm_i(z)}{dV}}_{=\rho_i(z)} = -g\cdot\rho_i(z) \tag{9.75}$$

Dies gilt für jede einzelne Komponente einer Atmosphäre und ihren Partialdruck. Trockene Luft hat unabhängig von der Höhe immer die gleiche Zusammensetzung, und diese Gleichung ergibt daher für jeden einzelnen Inhaltsstoff der trockenen Luft den gleichen Gradienten, denn trockene Luft entmischt sich nicht. Aus diesem Grunde sind in trockener Luft alle Auftriebskräfte nur auf Temperaturunterschiede zwischen einzelnen Luftpaketen in gleicher Höhe zurückzuführen.

Diese trockene Luft kann gut als ideales Gas beschrieben werden. Für ideale Gase wird

$$\frac{dp_i(z)}{dz} = -\rho_i(z)\cdot g = -p_i(z)\cdot\frac{M_i}{R\cdot T(z)}\cdot g \tag{9.76}$$

Lösungen für diese Gleichung hängen jetzt vom Verlauf der Temperatur ab. Aus den mittleren Daten in Bild 9.10 sehen wir, dass die Temperatur in der Troposphäre im Mittel linear mit der Höhe abfällt und der mittlere Temperaturgradient

$$\frac{dT(z)}{dz} = -\Gamma_T = -6{,}490\frac{\mathrm{K}}{\mathrm{km}} \tag{9.77}$$

beträgt. Die höhenabhängige mittlere Temperatur in der Troposphäre fällt daher linear ab

$$T(z) = T(0) - \Gamma_T\cdot z = 15°\mathrm{C} - 6{,}490\frac{\mathrm{K}}{\mathrm{km}}\cdot z \tag{9.78}$$

Ausgehend von dieser Grundlage kann dann die Höhenformel entwickelt werden, diese folgt aus der Formel 9.76, die wir leicht umgestellt haben, zu

$$\int_0^z \frac{dp}{p} = \ln\frac{p(z)}{p(0)} = -\int_0^z \frac{M_{Luft}\cdot g\cdot dz}{R} \tag{9.79}$$

Da die Molmasse von Luft und die allgemeine Gaskonstante echte Konstanten sind und die Erdbeschleunigung in ausreichender Genauigkeit als konstant angenommen werden kann, wird damit

$$\ln\frac{p(z)}{p(0)} = -\int_0^z \frac{M_{Luft}\cdot g\cdot dz}{R\cdot T} = -\frac{M_{Luft}\cdot g}{R}\cdot\int_0^z \frac{dz}{T} = -\frac{M_{Luft}\cdot g}{R}\cdot\int_0^z \frac{dz}{T(0)-\Gamma_T\cdot z} \tag{9.80}$$

Für das Integral gibt es in mathematischen Formelsammlungen eine passende Formel

$$\ln\frac{p(z)}{p(0)} = -\frac{M_{Luft}\cdot g}{R}\cdot\int_0^z \frac{dz}{T(0)-\Gamma_T\cdot z} = \frac{M_{Luft}\cdot g}{R\cdot\Gamma_T}\cdot\ln\frac{T(0)-\Gamma_T\cdot z}{T(0)} \tag{9.81}$$

Daraus folgt eine Höhenformel für den Druck in der Troposphäre

$$p(z) = p(0)\cdot\exp\left(\frac{M_{Luft}\cdot g}{R\cdot\Gamma_T}\cdot\ln\left(1-\frac{\Gamma_T\cdot z}{T(0)}\right)\right) \tag{9.82}$$

Diese lässt sich noch etwas umbauen zu

$$p(z) = p(0)\cdot\exp\left(\ln\left(1-\frac{\Gamma_T\cdot z}{T(0)}\right)^{\frac{M_{Luft}\cdot g}{R\cdot\Gamma_T}}\right) = p(0)\cdot\left(1-\frac{\Gamma_T\cdot z}{T(0)}\right)^{\frac{M_{Luft}\cdot g}{R\cdot\Gamma_T}} \tag{9.83}$$

Setzen wir die Zahlenwerte für trockene Luft ein, so wird es

$$\begin{aligned} p(z) &= 1{,}013\ \text{bar}\cdot\exp\left(5{,}265\cdot\ln\left(1-\frac{2{,}252\cdot 10^{-5}}{\text{m}}\cdot z\right)\right) \\ &= 1{,}013\ \text{bar}\cdot\left(1-\frac{2{,}252\cdot 10^{-5}}{\text{m}}\cdot z\right)^{5{,}265} \end{aligned} \tag{9.84}$$

Bild 9.12 vergleicht diese Formel mit den Daten. Die Formel beschreibt die mittlere Erdatmosphäre. Lokal sind leichte Abweichungen im Druckverlauf möglich, da $T(0)$ und insbesondere Γ_T lokal und zeitabhängig deutlich andere Werte einnehmen können.

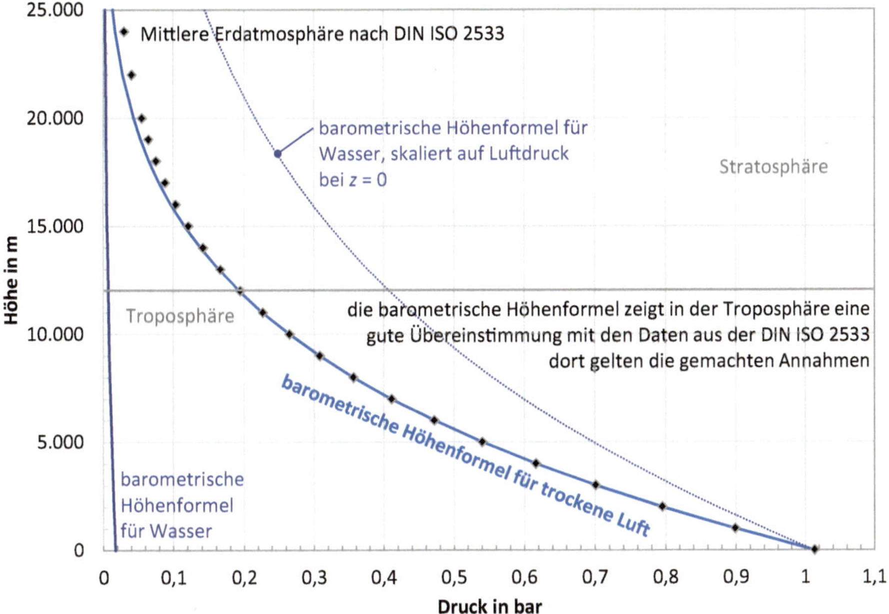

Bild 9.12 Barometrische Höhenformel und Datenpunkte der mittleren Erdatmosphäre. Die Höhenformel für Wasser gilt nur für den unrealen Fall der vollständigen Sättigung, siehe Text.

9.8.3 Barometrische Höhenformel für Wasser

Diese Herleitung ist nicht einfach. Sie lohnt sich, um ein besseres Verständnis für die Zusammenhänge in der Atmosphäre zu bekommen, und sie ist die Voraussetzung für das Verständnis der biotischen Pumpe.

Die barometrische Höhenformel gilt nicht für Wasserdampf, da Wasserdampf seine Konzentration in der Gasphase durch Phasenübergänge verändert. Es kann maximal der Sättigungsdruck von Wasserdampf in der Atmosphäre als Gas vorliegen, d.h. hier wirkt der stark temperaturabhängige Sättigungsdruck als zusätzlicher Effekt, der den Wasserdampf auf die wärmeren unteren Schichten der Atmosphäre beschränkt.

Wir benötigen einen etwas anderen Ansatz, um hier eine Höhenformel zu erzeugen (die Herleitung folgt dabei Makarieva AM, Gorshkov VG (2007).

Die Zustandsgleichung für ideale Gase lässt sich so umformen, dass daraus eine charakteristische Länge entsteht

$$p \cdot v = R_i \cdot T = \underbrace{\frac{R \cdot T}{M_i \cdot g}}_{z_i} \cdot g = z_i \cdot g \tag{9.85}$$

Hier ist z_i eine Höhe, die ihre Bedeutung später durch Einsetzen in die Gleichung für die Änderung des Drucks bekommt; sie ist ein Längenmaß, das die vertikale Verteilung des Gases beschreibt. Damit können wir Formel 9.76 etwas umformen zu

$$\frac{dp_i(z)}{dz} = -\rho_i(z)\cdot g = -\frac{g}{v_i(z)} = -p_i(z)\cdot\frac{M_i}{R\cdot T}\cdot g = -\frac{p_i(z)}{z_i} \tag{9.86}$$

Wie oben folgt daraus eine barometrische Höhengleichung für das Gas *i*

$$p_i(z) = p_i(0)\cdot\exp\left(\int_0^z \frac{dz}{z_i}\right) \text{ mit } z_i = \frac{R\cdot T(z)}{M_i\cdot g} \tag{9.87}$$

Für trockene Luft ergibt sich das Ergebnis von oben; für Wasserdampf hängt diese Gleichung von der aktuellen Konzentration in der Atmosphäre ab, es lässt sich also nur für spezielle Grenzfälle eine Lösung abschätzen.

Für den speziellen Fall (sehr unrealistisch), dass die gesamte Atmosphäre gesättigt ist, lässt sich die Claudius-Clapeyron-Gleichung für den Sättigungsdruck von Wasser aus Abschnitt 9.4 verwenden: Der Sättigungsdruck des Wassers in der Atmosphäre wäre dann

$$\frac{dp_{Sat}}{dz} = -\frac{p_{Sat}}{z_{H_2O}} \tag{9.88}$$

Hier können wir die linke Seite erweitern und die Clausius-Clapeyron-Formel 9.10 einsetzen

$$\frac{dp_{Sat}}{dz} = \frac{dp_{Sat}}{dT}\cdot\frac{dT}{dz} = \frac{r\cdot p_{sat}}{R\cdot T^2}\cdot\frac{dT}{dz} = \frac{r\cdot p_{sat}}{R\cdot T^2}\cdot\left(-\Gamma_{H_2O}\right) \tag{9.89}$$

Daraus folgt jetzt das Längenmaß

$$z_{H_2O} = \frac{T^2}{\Gamma_T\cdot\frac{r\cdot M_{H_2O}}{R}} = \frac{T^2}{\Gamma_T\cdot T_{H_2O}} = \frac{T^2}{-\frac{dT}{dz}\cdot\frac{r\cdot M_{H_2O}}{R}} \tag{9.90}$$

Hier muss die Molmasse aufgenommen werden, da *r* eine spezifische und *R* eine molare Größe ist. Die Konstanten lassen sich zu einer Temperatur zusammenfassen, wobei der Zahlenwert für diese mit der Verdampfungsenthalpie verbundene Temperatur T_{H2O} unanschaulich ist,

$$T_{H_2O} = \frac{r\cdot M_{H_2O}}{R} = \frac{2{,}501\cdot 10^6\,\frac{\text{J}}{\text{kg}}\cdot 18{,}02\,\frac{\text{kg}}{\text{kmol}}}{8314\,\frac{\text{J}}{\text{kmol}\cdot\text{K}}} = 5.420\text{ K} \tag{9.91}$$

In diesem Fall und wenn wir weiter annehmen, dass der Partialdruck von gasförmigem Wasser in der Atmosphäre nur durch dieses Wasser selber bestimmt wird, können wir die beiden Höhen aus Formel 9.87 und Formel 9.90 gleichsetzen

$$z_{H_2O} = \frac{R\cdot T(z)}{M_{H_2O}\cdot g} = \frac{T^2}{\Gamma_T\cdot T_{H_2O}} = \frac{T^2}{-\frac{dT}{dz}\cdot\frac{r\cdot M}{R}} \tag{9.92}$$

Daraus folgt durch Umformen und Einsetzen von Formel 9.91 ein Temperaturgradient für den Wasserdampf

$$\Gamma_T = -\frac{dT}{dz} = \frac{T \cdot M_{H_2O} \cdot g}{R \cdot T_{H_2O}} = \frac{T \cdot g}{r} \underbrace{\equiv}_{Definition} \frac{T(0)}{H_{H_2O}} = \Gamma_{H_2O} \tag{9.93}$$

Der Zahlenwert für die charakteristische Höhe beträgt dabei

$$H_{H_2O} = \frac{R \cdot T_{H_2O}}{M_{H_2O} \cdot g} = \frac{8314 \frac{J}{kmol \cdot K} \cdot 5.421\,K}{18{,}02 \frac{kg}{kmol} \cdot 9{,}81 \frac{m}{s^2}} = 255\,km \tag{9.94}$$

In diesem Fall ist $z_{H2O} << H_{H2O}$ und damit $z_{H2O}/H_{H2O} \cong 0$ eine gute Näherung in der gesamten Troposphäre. Dies benutzen wir, um die Temperatur abzuschätzen

$$T = T(0) \cdot \exp\left(-\frac{z_{H_2O}}{H_{H_2O}}\right) \simeq T(0) \tag{9.95}$$

Mit dieser Abschätzung können wir jetzt den mittleren, mit dem Wasserdampf verbundenen Temperaturgradienten berechnen

$$-\frac{dT}{dz} = \frac{T}{H_{H_2O}} \simeq \frac{T(0)}{H_{H_2O}} = \frac{288\,K}{255\,km} = 1{,}2 \frac{K}{km} \tag{9.96}$$

Dieser Gradient für Wasser ist deutlich geringer als der beobachtete mittlere Temperaturgradient der Atmosphäre selber. Abschließend bekommen wir eine „barometrische Höhenformel" für (i) mittlere Atmosphärenbedingungen, bei denen (ii) Wasser überall in Sättigung vorliegt

$$p_{H_2O}(z) = p_{H_2O,sat}(0) \cdot \exp\left[\ln\left(1 - \frac{\Gamma_{H_2O} \cdot z}{T(0)}\right)^{\frac{M_{H2O} \cdot g}{R \cdot \Gamma_{H2O}}}\right] = p(0) \cdot \left(1 - \frac{\Gamma_{H_2O} \cdot z}{T(0)}\right)^{\frac{M_{H2O} \cdot g}{R \cdot \Gamma_{H2O}}} \tag{9.97}$$

Setzten wir die Zahlenwerte für Wasser ein, so wird es

$$p_{H_2O}(z) = 0{,}017\,bar \cdot \left(1 - \frac{4{,}17 \cdot 10^{-6}}{m} \cdot z\right)^{17{,}72} \tag{9.98}$$

Diese Funktion fällt deutlich langsamer mit der Höhe ab als die Funktion für trockene Luft, wie Bild 9.12 zeigt.

9.8.4 Interpretation der Höhenformel für Wasser

Diese sehr sperrigen Formeln aus dem vorherigen Abschnitt müssen wir jetzt mit Bedeutung füllen, siehe auch Makarieva & Gorshkov (2007). Zuerst sehen wir uns den Gradienten an:

Gleichgewicht Eine Möglichkeit ist, dass der tatsächlich vorliegende höhenabhängige Temperaturgradient $\Gamma_T < \Gamma_{H2O}$ kleiner ist als der im vorherigen Abschnitt bestimmte Gradient von Γ_{H2O} = 1,2 K/km. Damit von der Erdoberfläche bis zum oberen Ende der Troposphäre überall Sättigung vorliegt, muss die Temperatur mit 1,2 K/km abfallen. Fällt sie langsamer mit der Höhe ab, so nimmt die relative Feuchte mit der Höhe ab, da der Sättigungsdruck (der nur von der Temperatur abhängt) dann langsamer mit der Höhe abfällt, als in der Formel 9.88 berechnet. In diesem Falle liegt maximal Sättigung an der Erdoberfläche vor, aber nirgends darüber. Es tritt nirgends Kondensation auf, und die Atmosphäre könnte ein sogenanntes aerostatisches Gleichgewicht einnehmen.

Dieser Fall tritt lokal auf, insbesondere über Wüsten oder im Falle eines „Heat Dome“. Klarer Himmel deutet auf die Anwesenheit von sehr trockener Luft hin, oft mit einer eher adiabaten Temperaturverteilung, wie in Bild 9.10 dargestellt.

Ungleichgewicht Oft ist der tatsächlich vorliegende höhenabhängige Temperaturgradient $\Gamma_T > \Gamma_{H2O}$ also größer als der im vorherigen Abschnitt bestimmte Gradient von 1,2 K/km. Sowohl der adiabate Fall mit etwa 9 K/km als auch der feucht-adiabate Fall mit 6,5 K/km in Bild 9.10 sind solche Fälle.

Konkret bedeutet das, dass der Partialdruck vom Wasser in der Luft nicht alleine durch das darüber befindliche Wasser erzeugt werden kann. Da sich in einem Gemisch aus idealen Gasen alle einzelnen Gase unabhängig voneinander verhalten, bedeutet dies, dass die Verteilung des Wasserdampfes in der Atmosphäre nicht stabil sein kann: Der Wasserdampf muss nach oben strömen, damit sich der Partialdruck in einer Höhe und der Druck durch den darüber befindlichen Wasserdampf ausgleichen. Dies ist eine eigenständige Kraft, die aufwärtsgerichtete Strömungen von Wasserdampf erzeugt, die Luft und die im Wasserdampf enthaltene latente Wärme in der Atmosphäre nach oben transportiert: Hoher Wasserdampfgehalt in der unteren Atmosphäre bedeutet starken Auftrieb.

Diese Randbedingung für den Temperaturgradienten $\Gamma_T > \Gamma_{H2O}$ erzwingt so aufwärts strömenden Wasserdampf in der Atmosphäre. Dieser wird an der Erdoberfläche durch Verdunstung immer neu zugeführt. Oder anders formuliert: Nur wenn an der Oberfläche durch Verdunstung neuer Wasserdampf zugeführt wird, besteht diese Ursache für Konvektion. Sie kommt zum Erliegen, wenn kein Wasserdampf mehr zugeführt werden kann.

Wasserdampf verteilt sich also anders als Luft in der Atmosphäre – dies lässt sich konkret mit einem Kompressionskoeffizienten zeigen, der definiert wird mit

$$\beta_{H_2O} \equiv \frac{z_{Luft}}{z_{H_2O}} = \beta_{H_2O}(0) \cdot \frac{T(0)}{T(z)} = \frac{\Gamma_T}{\Gamma_{H_2O}} \cdot \frac{M_{H_2O}}{M_{Luft}} \cdot \frac{T(0)}{T(z)} = 3{,}36 \cdot \frac{T(0)}{T(z)} \tag{9.99}$$

Dieser Kompressionskoeffizient beschreibt ein Verhältnis von typischen Längenmaßen bzw. etwa wie weit der größere Anteil der Masse der trockenen Luft und des Wasserdampfes in der Atmosphäre reichen. Die charakteristische Höhe für trockene Luft können wir unabhängig berechnen, sie beträgt

$$z_{Luft} = \frac{R \cdot T(0)}{M_{Luft} \cdot g} = \frac{8314 \frac{\mathrm{J}}{\mathrm{kmol \cdot K}} \cdot 288\,\mathrm{K}}{28{,}96 \frac{\mathrm{kg}}{\mathrm{kmol}} \cdot 9{,}81 \frac{\mathrm{m}}{\mathrm{s}^2}} = 8.430\,\mathrm{m} \tag{9.100}$$

Damit ist dieses Maß für Wasserdampf

$$z_{H_2O} = \frac{z_{Luft}}{\beta_{H_2O}(0)} = \frac{z_{Luft}}{\beta_{H_2O}} = \frac{8.430\text{ m}}{3{,}36} = 2.500\text{ m} \tag{9.101}$$

Das so definierte Maß passt gut zu den gemessenen Werten von etwa 2 km und zu der Abschätzung in Formel 9.96.

Die Kernaussage hier ist jedoch die besondere destabilisierende Wirkung des Wassers in der Atmosphäre. Diese Wirkung ist die Erzeugung eines zweiten unabhängigen Treibers für atmosphärische Konvektion ganz unabhängig von der thermischen Konvektion einer trockenen Atmosphäre. Die Ursache dafür sind zwei physikalische Eigenschaften des Wassers in der Luft:

1. Die eine Ursache ist die geringere Molmasse von Wasser, sodass feuchte Luft leichter ist als trockene Luft. Allerdings ist dieser Unterschied nicht sehr ausgeprägt im Temperaturbereich typischer atmosphärischer Temperatur.
2. Der zweite Effekt ist auf die freiwerdende latente Wärme, die Kondensation und das Ausregnen des Wassers zurückzuführen.

Beide Effekte erzeugen erhebliche zusätzliche Kräfte, die als Ursache von Konvektion berücksichtigt werden müssen.

Niederschlag über Land

Über dem Meer findet überall Verdunstung und Niederschlag statt. Damit ist die in der Atmosphäre enthaltene Wassermasse über den Ozeanen im Mittel direkt mit der Temperatur der Meeresoberfläche und den Meeresströmungen korreliert.

Anders stellt sich dies über den Kontinenten dar. Wasser fließt mit den Flüssen ab. Gleichzeitig ist die potenzielle Vegetation direkt abhängig vom Jahresgang des Niederschlags und der Temperatur. Potenzielle Vegetation meint die Vegetation, die ohne äußere (menschliche) Störung existieren würde (anderer Begriff ist Biom). Aus einer menschlichen Perspektive zeigt die potenzielle Vegetation, welche Wirtschaftsformen möglich sind. Bevorzugt werden von uns Menschen daher Regionen mit einer zuverlässigen Versorgung von Wasser, die zumindest über relevante Teile des Jahres hinweg deutlich höher ist als die potenzielle Verdunstung. Hier definieren wir die potenzielle Verdunstung als die Verdunstung über offenem Wasser. Der Wasserbedarf für eine Region ergibt sich damit daraus, dass im jährlichen Mittel (i) der Verlust durch Abflüsse (in Bächen, Strömen oder Grundwasser) kompensiert werden muss, (ii) dazu der Verlust durch Verdunstung kompensiert werden muss, aber auch, (iii) dass in der Vegetationsperiode ausreichend Wasser zur Verfügung steht (in Böden und über den Niederschlag). Wasser wird für eine Vielzahl von menschlichen Bedürfnissen und für technische Prozesse benötigt, sodass die lokale Verfügbarkeit von Wasser immer auch ein technisches Problem darstellt.

Der Zusammenhang zwischen Klima und potenziellem Biom kann als Orientierung für das zur Verfügung stehende Wasser genutzt werden, es ist ganz grob:

- Tropische Vegetation existiert nur, wenn eigentlich immer ausreichend Niederschlag existiert und kein Frost oder keine niedrigen Temperaturen auftreten.
- Immergrüne Wälder haben keine regelmäßige oder länger andauernde Dürreperiode. Der Wald muss sich nach einer selten auftretenden Dürre vollständig wieder regenerieren können. Über das gesamte Jahr ist der Niederschlag höher als die Verdunstung. Fließgewässer sind ganzjährig gefüllt.
- Offene Wälder, Grasland und Buschland sind Abstufungen von Vegetation in Abhängigkeit von der Länge und Stärke der jährlichen Dürreperiode. Fließgewässer weisen extreme Schwankungen im Wasserstand auf.
- Wüsten, also alle Vegetationsformen, in denen ein (erheblicher) Teil der Erdoberfläche dauerhaft nicht mit Vegetation bedeckt ist, weisen dauerhaft einen potenziellen Überschuss an Verdunstung über Niederschlag auf. Wasser fließt nahezu nirgends länger oder zugänglich.

Spannend ist jetzt die Frage, wie das über dem Ozean verdunstete Wasser in ausreichender Menge in die Kontinente strömt, um dort weit weg vom Ozean üppige Vegetation und große Ströme zu ermöglichen. Hierfür gibt es zwei Mechanismen: den Monsun und die biotische Pumpe.

Monsun

Monsun ist eine jahreszeitliche Schwankung der Windrichtung zwischen Ozean und Landfläche. Zurzeit ist der Monsun in Südostasien von großer Bedeutung, da er die Region mit Wasser versorgt. Die Ausbildung des Monsuns hängt von vielen klimatischen Bedingungen ab, wie der westafrikanische Monsun illustriert, der bei kälterem Klima als dem heutigen sich stabilisiert und dann die Sahara begrünt. Monsun-Klima bedeutet, dass in wenigen Wochen oder Monaten der wesentliche Anteil des Niederschlags des Jahres auf das Land transportiert wird. Nach dem Ende des Monsuns wird das Land dann langsam trockener, da das Wasser z. T. über Flüsse und z. T. mit der dann auf das Meer strömenden Luft abtransportiert wird.

Monsun wird durch die mit den Jahreszeiten sich verschiebende tropische Konvergenzzone und Temperaturdifferenzen zwischen Land und Meer erzeugt. Die tropische Konvergenzzone ist der Bereich, an dem die nördliche und die südliche Hadley-Zelle sich in Äquatornähe verbinden, siehe Bild 9.13. Dies ist der Bereich, in dem die sehr feuchte und warme tropische Luft aufsteigt und besonders viel ausfällbares Wasser in der Atmosphäre vorliegt.

Wenn die Luft über an Ozeane angrenzendes Land soweit erwärmt wird, dass sie dort stetig aufsteigt, kann dadurch diese sehr feuchte Luft an Land gezogen werden, wo sie dann abregnet. In Indien wird dabei die tropische Konvergenzzone weit nach Norden auf den Kontinent gezogen. In diesem System wird demnach Konvektion erst einmal durch Temperaturunterschiede (trockener) Luft erzeugt, wobei weitere Elemente des Erdklimas hier einen wesentlichen Beitrag liefern.

Die Stärke der Monsune hängt stark von Äquator-Pol-Gradienten der Temperatur ab. Damit ist zu vermuten, dass mit dem jetzt ablaufenden Klimawandel, bei dem sich gerade diese Gradienten abschwächen, auch die Monsune schwächer oder instabiler werden. Projektionen der Entwicklung der Monsune sind wichtige Planungselemente für betroffene Regionen.

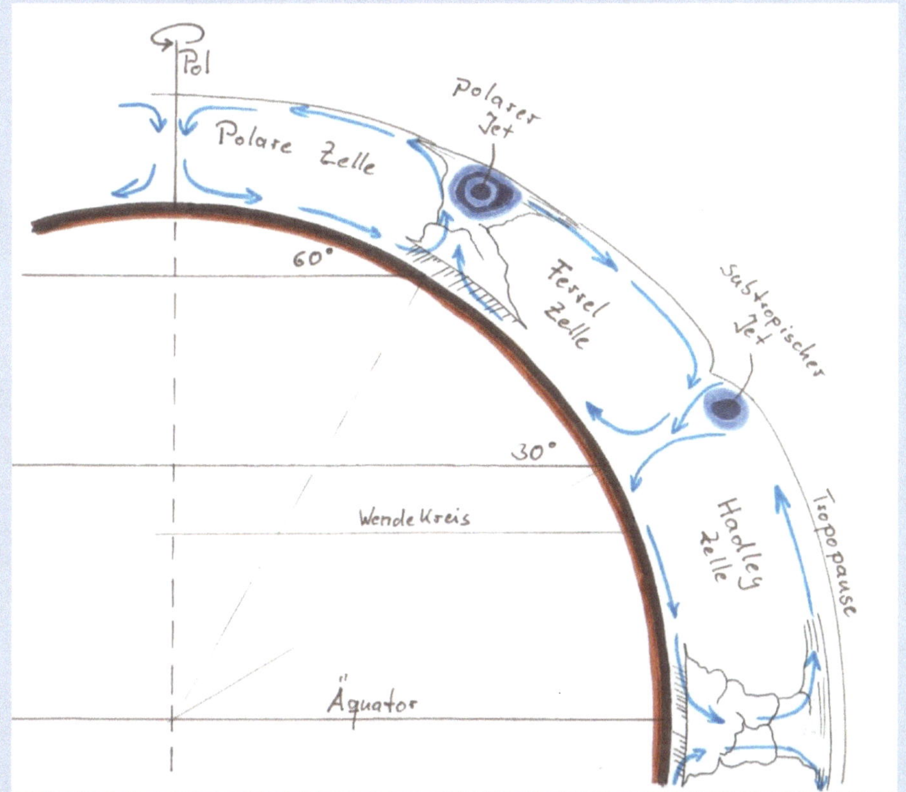

Bild 9.13 Aktuelle globale Struktur der Winde. Wüsten existieren vorrangig im Bereich der Wendekreise. Insbesondere der polare Jet hat eine stark stabilisierende Wirkung.

Biotische Pumpe

Unabhängig vom Monsun existiert ein zweiter Mechanismus, der erklärt, wie es weit im Landesinneren zuverlässig viel regnen kann: die biotische Pumpe, deren Funktionieren direkt an den speziellen Eigenschaften feuchter Luft hängt, siehe Makarieva & Gorshkov (2007).

Bilanzgleichung Folgen wir der feuchten Luft vom Ozean in das Landesinnere hinein, so können wir für jeden Ort *x* entlang der Luftströmung den Abfluss an Wasser *R*(*x*) mit der Änderung des Massenstroms der Feuchtigkeit *F*(*x*) durch eine Bilanzgleichung verbinden. Der lokale Abfluss *R*(*x*) entspricht der Änderung des Transportes von Feuchtigkeit an diesem Ort mit

$$R(x)=\frac{dF(x)}{dx}=-\frac{1}{l}F(x) \quad \Rightarrow \quad F(x)=F(x=0)\cdot\exp\left(-\frac{x}{l}\right)$$

Hier beschreibt der Parameter *l* die Intensität der Prozesse, die Niederschlag erzeugen. Damit ist *l* ein Maß dafür, wie weit Feuchtigkeit in das Innere von Land vordringt. Solche Bilanzgleichungen sind ganz typisch für die Beschreibung von Prozessen.

Diese Gleichung kann zusätzlich um die Verdunstung über Land *E*(*x*) erweitert werden. Aus dem Niederschlag *P*(*x*) an einem Ort resultiert als Massenbilanz der Abfluss und die Verdunstung, also

$$P(x)=E(x)+R(x)=k\cdot R(x) \text{ mit } k\geq 1$$

Typisch beobachtet wird der Faktor $k = 3$ bzw. 35 % des Niederschlags über Land ist Abfluss in Flüssen und Strömen, der Rest verdunstet wieder.

Damit folgt für den Niederschlag am Ort *x*

$$P(x)=P(x=0)\cdot\exp\left(-\frac{x}{l}\right)=k\cdot R(x=0)\cdot\exp\left(-\frac{x}{l}\right) \tag{9.102}$$

Beschreibung Der Niederschlag fällt über Land exponentiell mit der Entfernung ab, die die feuchte Luft vom offenen Meer aus zurücklegt. Dieses Modell beschreibt so Wüstenregionen oder Regionen mit geringer Vegetationsdecke. Umgekehrt kann in so beschreibbaren Regionen eine geschlossene üppige Vegetation nur in einem engen Band nahe der Ozeane existieren.

Dieses Verhalten beobachten wir in sehr vielen Regionen der Welt nicht, z. B. in Europa, dem Kongo- oder Amazonasbecken ist der Niederschlag nahezu unabhängig von der Entfernung zum Meer und konstant hoch. Um diese Beobachtung zu erklären, benötigen wir einen Effekt, der viel Wasser von den Ozeanen bis tief in die Kontinente hineinsaugen kann.

Ausreichender Niederschlag, damit geschlossene Wälder tief in Kontinenten existieren, kann nicht über thermische Konvektion alleine erzeugt werden. Auch in Monsun-Gebieten liegen aufgrund der langen Dürremonate Savannen oder wechselgrünes Buschland als potenzielle Vegetation vor.

In diesem Abschnitt haben wir als zweiten Antrieb für atmosphärische Konvektion den Wassergehalt eingeführt. Die Erzeugung feuchter Luft durch kräftige Verdunstung führt zu starken aufsteigenden Luftströmungen und zu viel Niederschlag. Die Konvektion trockener Luft hingegen ist weniger kräftig und reicht nicht sehr hoch. Erst großräumig aufsteigende feuchte Luft saugt zugleich Luft aus anderen Regionen an als Druckausgleich. Beobachtungen zeigen, dass geschlossene naturbelassene Wälder eine stärkere Verdunstungsrate aufweisen als offenes Meer unter sonst identischen thermischen Bedingungen, d. h. geschlossene, ausreichend mit Wasser versorgte Wälder saugen feuchte Luft auch vom Ozean her an.

Diese Elemente sind zusammen die Grundlage der biotischen Pumpe als Erklärungsmodell: Geschlossene naturnahe Wälder mit hoher Verdunstungsrate, die durch die dadurch entstehenden hohen Niederschläge ausgeglichen werden kann, saugen feuchte Meeresluft an, die den Verlust $R(x)$ durch Abfluss ausgleichen können. Der Wald sorgt für sich selbst. Verschwindet Wald auf größeren Skalen (Abholzung, Versiegelung, Landwirtschaft, Dürre), so bedeutet dies, dass sich dort die Niederschlagsmenge verringert und zumindest teilweise kein neuer Wald entsteht, sondern Savanne. Welche Auswirkungen dies auf potenzielle Vegetation unter Klimawandel haben kann, zeigen exemplarisch Staal et al. ■

Literatur

DIN EN 60204-1, Sicherheit von Maschinen – Elektrische Ausrüstung von Maschinen – Teil 1: Allgemeine Anforderungen

Hörner B, Casties M (2015) Handbuch der Klimatechnik. 3 Bände. VDE Verlag, Berlin.

Kleidon A (2016) *Thermodynamic Foundations of the Earth System*. Cambridge University Press.

Makarieva AM, Gorshkov VG (2007) *Biotic pump of atmospheric moisture as driver of the hydrological cycle on land. Hydrology and Earth Systems* Science 11: 1013 – 1033.

Marti J, Mauersberger K (1993) *A survey and new measurements of ice vapor pressure at temperatures between 170 and 250 K*. Geophys. Res. Lett. 20: 363 – 366.

Murphy DM, Koop T (2005) *Review of the vapour pressure of ice and supercooled water for atmospheric applications*. Q. J. R. Meteorol. Soc. 131: 1539 – 1565.

Pal JS & Eltahir EAB (2016) *Future temperature in southwest Asia projected to exceed a threshold for human adaptability*. Nature Climate Change 6: 197 – 200.

Raymond C, Matthews T, Horton RM (2020) *The emergence of heat and humidity too severe for human tolerance*. Sci. Adv. 6.

Rohling EJ (2017) *The Oceans. A Deep History*. Princeton University Press.

Specht E (2014) *Wärme- und Stoffübertragung in der Thermoprozesstechnik*. Vulkan Verlag, Essen.

Staal A, Fetzer I, Wand-Erlandsson L et al. (2020) *Hysteresis of tropical forests in the 21st century*. Nature Communications. *https://www.nature.com/articles/s41467-020-18728-7*

Stull R (2011) *Wet-Bulb Temperature from Relative Humidity and Air Temperature*. Journal of Applied Meteorology and Climatology 50: 2267 – 2269.

World Meteorological Organization (2011) *Technical Regulations, Basic Documents No. 2, Volume I – General meteorological standards and recommended practices. Appendix A, WMO-No. 49*. Geneva, Updated 2012.

World Meteorological Organization (2008) *Guide to Meteorological Instruments and Methods of Observation, Appendix 4B, WMO-No. 8 (CIMO Guide)*. Geneva.

Wagner W & Pruss A (1993) *International equations for the saturation properties of ordinary water substance: Revised according to the international temperature scale of 1990*. Addendum to J. Phys. Chem. Ref. Data 16, 893 (1987). J. Phys. Chem. Ref. Data, 22: 783 – 787.

Wagner W, Saul A, Pruss A (1994) *International equations for the pressure along the melting and along the sublimation curve of ordinary water substance.* J. Phys. Chem. Ref. Data 23: 515 – 527.

Yaedong Sun, Joachimski MM, Wignall PB et al (2012) *Lethally Hot Temperatures During the Early Triassic Greenhouse.* Science 388: 366 – 370.

Teil III – Kreisprozesse

Kreisprozesse beschreiben etwas wirklich Erstaunliches: Mit einem Kreisprozess lässt sich Wärme nutzen und daraus Arbeit erzeugen, und zwar kontinuierlich. Mit einem Kreisprozess lässt sich Wärme bei niedriger Temperatur aufnehmen und bei deutlich höherer Temperatur wieder abgeben. Beides sind erstaunliche Prozesse.

Die ersten (Dampf-)Maschinen, die Wärme in Arbeit umwandeln, wurden einfach gebaut – noch ganz ohne Theorie. Die technische Thermodynamik als Wissenschaft begann mit der Frage, wie man besonders gute Dampfmaschinen bauen kann und was man eigentlich verstehen muss, um Dampfmaschinen beschreiben zu können. Daraus erst wurden die Inhalte entwickelt, die in diesem Buch die beiden Grundlagenteile abdecken, und erst daraus kann dieses Erstaunen über solche Kreisprozesse entstehen.

Sie finden in einigen Darstellungen der Thermodynamik die Kreisprozesse im Mittelpunkt; manchmal werden die Kreisprozesse verwendet, um die technische Thermodynamik herzuleiten – ganz in historischer Reihenfolge. Mir ist es wichtig, dass wir die Thermodynamik als ein universelles Werkzeug anwenden, mit dem wir sehr viel mehr als Motoren beschreiben, daher gehen wir diesen umgekehrten Weg.

In diesem Teil beschäftigen wir uns mit ganz konkreten Maschinen wie Gasturbine, Otto-Motor oder Wärmepumpe. Wir beschreiben diese Maschinen mit Vergleichsprozessen, die wesentliche Eigenschaften dieser Maschinen abbilden. Daher ist es zum Verstehen und Lernen unabdingbar, dass Sie sich jeweils aneignen, wie diese Maschinen aufgebaut sind, welche einzelnen Komponenten dort wirken und insbesondere, wie das Arbeitsfluid fließt, wo Wärme übertragen und Arbeit verrichtet wird. Leider ist Technik heute fast immer verborgen (unter Motorhauben und Plastikverkleidungen, hinter Werkszäunen, in China ...), aber Sie kommen nicht umhin, sich diese Technik selber anzusehen. Nutzen Sie alle Gelegenheiten, um Technik zu erspüren: Öffnen Sie Motorhauben, gehen Sie in Technikmuseen, sehen Sie sich Videos an, versuchen Sie, in Fabrikhallen zu gelangen, stöbern Sie bei Wikipedia! Wichtig ist das Anfassen, das Spüren von Wärme und Vibrationen, das Riechen – der Zugang mit allen Sinnen.

Mit dem absehbaren Ende der Nutzung fossiler Brennstoffe wird die Zukunft von Verbrennungsmotoren gerade diskutiert, und auch die Rolle von synthetischen Kraftstoffen, die unter großem Energieaufwand aus regenerativer Elektrizität erzeugt werden sollen, ist heute nicht absehbar. Die technische Bedeutung von Verbrennungsmotoren scheint sich zukünftig zu verringern bzw. sich auf Spezialanwendungen zu beschränken. Gleichzeitig steigt die Bedeutung von Klimaanlagen und Wärmepumpen in vielen Anwendungsfeldern. Damit bleiben die Kreisprozesse ein spannendes und wesentliches Element der technischen Thermodynamik, aber der Fokus verschiebt sich.

10 Was sind Kreisprozesse?

Eine Maschine, in der ein Kreisprozess abläuft, kann in mehreren Varianten vorliegen. Eine Möglichkeit ist, dass diese Maschine zyklisch immer wieder dieselben Abläufe durchläuft, wobei zwischen der Maschine und einem in ihr eingeschlossenen Arbeitsfluid Wärme übertragen oder Arbeit verrichtet wird. Eine zweite Möglichkeit ist, dass ein Arbeitsfluid die Maschine kontinuierlich durchströmt, z. B. in einem geschlossenen Kreislauf und dabei zwischen Maschine und diesem Arbeitsfluid Wärme übertragen oder Arbeit verrichtet wird.

Wir nennen jeden Prozess einen Kreisprozess, der bei der Darstellung im p-v Diagramm oder im T-s Diagramm eine geschlossene Kurve ergibt, die eine Fläche aufspannt. Diese abstrakte Definition müssen wir mit Leben erfüllen:

System Auch wenn das Ziel ist, komplizierte Maschinen zu beschreiben, so bleibt das betrachtete System sehr einfach. Das hier genutzte System ist jeweils das Arbeitsfluid, insbesondere:

- das Wasser, das durch die Dampfmaschine strömt, als Flüssigkeit, als Gas, als Nassdampf, mit Phasenwechsel,
- die Luft, die von Kolbenmotoren oder Gasturbinen angesaugt wird, sowie ggf. die Abgase der Verbrennung,
- das Kältemittel, das durch die Kältemaschine oder Wärmepumpe strömt,
- feuchte Luft bei Wetter und Klima und ihren Prozessen.

Weitere Arbeitsfluide werden in speziellen technischen Maschinen eingesetzt.

Im Fokus der Methode stehen die übertragene Wärme und die verrichtete Arbeit zwischen diesem System und der Maschine bzw. den speziellen Komponenten wie Verdichter, Turbine, Brennkammer, Wärmetauscher, Kolben usw.

Zyklus Die Methode verlangt, dass das System Arbeitsfluid eine Reihe von Prozessen durchläuft und dabei irgendwann wieder seinen Ausgangszustand erreicht - das Arbeitsmedium durchläuft einen Zyklus von Prozessen und Zuständen auf immer dem gleichen Weg im Zustandsdiagramm. Solch einen Zyklus beschreibt man durch ein sogenanntes Kreisintegral entlang des geschlossenen Weges

$$\oint dq = \oint du + p \cdot dv = \underbrace{\oint du}_{=0} + \oint p \cdot dv = \oint p \cdot dv \tag{10.1}$$

Hier haben wir den ersten Hauptsatz in differentieller Form verwendet

$$dq = du + p \cdot dv$$

und machen uns zunutze, dass sich die innere Energie u des Systems auf dem Weg ändert, aber als Zustandsgröße nach Durchlaufen des Kreisprozesses im Ausgangszustand des Weges gerade wieder ihren Ausgangswert erreicht.

Energieerhaltung Auf seinem Weg durch den Kreisprozess wird zwischen dem System (dem Arbeitsfluid) und seiner direkten Umgebung (der Maschine) Wärme übertragen und Arbeit verrichtet. Dabei folgt direkt aus dem ersten Hauptsatz und Formel 10.1, dass die übertragene Wärme gleich der verrichteten Arbeit ist, also

$$\oint dq = \oint p \cdot dv = -\oint v \cdot dp = -\oint dw_v = -\oint dw_p \tag{10.2}$$

Dabei ist die Summe der übertragenen Wärme eines Zyklus gleich der insgesamt verrichteten Arbeit. Über den Zyklus wird dabei entweder Wärme vom Arbeitsfluid aufgenommen und als Arbeit abgegeben oder Arbeit wird am System verrichtet und als Wärme abgegeben.

Triviale Lösung Die triviale Lösung, bei der übertragene Wärme und verrichtete Arbeit gerade null sind, ist kein Kreisprozess: Solche Prozesse sind Linien im p-v oder im T-s Diagramm - es wird keine Fläche umschlossen. Hier interessieren nur solche Prozesse, bei denen Wärme in Arbeit umgewandelt wird oder Arbeit benötigt wird, um Wärme zu übertragen.

Wärme → Arbeit Alle Maschinen, in denen ein Kreisprozess abläuft, bei dem Wärme aufgenommen und zum Teil als Arbeit wieder abgegeben wird, nennen wir Wärmemaschinen oder Wärmekraftmaschinen. Der dazu gehörige Kreisprozess verläuft im T-s Diagramm und im p-v Diagramm im Uhrzeigersinn, also rechtsherum; daher nennen wir diese Prozesse rechtslaufend.

Wirkungsgrad Wir definieren den thermischen Wirkungsgrad einer Wärmemaschine ganz allgemein als positives Verhältnis von Nutzen zu Aufwand, d. h. von abgegebener Arbeit zu zugeführter Wärme

$$\eta = \frac{-w_{ab}}{q_{zu}} = \frac{-\oint dw}{\oint dq_{zu}} = \frac{\oint dq}{\oint dq_{zu}} \tag{10.3}$$

Die zugeführte Wärme ist dabei das Integral über alle Wärmen, die dem System zugeführt werden; jedwede vom System abgegebene Wärme wird als ungenutzte Abwärme nicht berücksichtigt. Die Vorzeichen ergeben sich, da wir die Perspektive des Systems einnehmen, aber einen positiven Wirkungsgrad wünschen.

Arbeit → Wärme Kreisprozesse, bei denen Arbeit benutzt wird, um Wärme zu transportieren, verlaufen im T-s Diagramm und im p-v Diagramm gegen den Uhrzeigersinn, also linksherum; daher nennen wir diese Prozesse linkslaufend.

Wir kennen schon die Umwandlung von Arbeit in Wärme durch Reibung bzw. Dissipation; das ist hier nicht gemeint, und dafür benötigen wir keinen Kreisprozess.

Das Besondere bei linkslaufenden Kreisprozessen ist, dass die Wärme von einem niedrigen Temperaturniveau T_{zu} zu einem höheren Temperaturniveau $T_{ab} > T_{zu}$ transportiert wird. Von alleine würde Wärme immer nur vom Niveau der höheren Temperatur zu dem der niedrigeren Temperatur fließen, wie der zweite Hauptsatz beschreibt. Linkslaufende Kreisprozesse können Wärme entgegen dieser natürlichen Richtung transportieren, dafür benötigen sie jedoch zusätzlich Arbeit.

Durch den Einsatz von zusätzlicher Arbeit können dissipative Prozesse also umgekehrt werden. Dies kann so weit gehen, dass die dissipative Wirkung an einem ganz anderen Ort stattfindet als der Nutzen, als Export von Umweltauswirkungen.

Leistungsziffer Bei linkslaufenden Arbeitsmaschinen nennt man das Verhältnis aus Nutzen zu Aufwand nicht Wirkungsgrad, sondern Leistungsziffer ε, da hier Werte größer 1 auftreten können.

Zustandsänderungen Oft können wir Kreisprozesse als eine Abfolge von einzelnen Zustandsänderungen beschreiben. Viele reale Kreisprozesse setzen sich direkt aus einer geringen Zahl von Zustandsänderungen zusammen, andere können sehr gut so angenähert werden. Diesen Fall sehen wir uns hier an: zuerst, indem wir Vergleichsprozesse definieren, und dann, indem wir ganz konkrete Maschinen so beschreiben.

Manchmal sind die Abläufe in realen Kreisprozessen nicht durch wenige Zustandsänderungen zu beschreiben. Dies ist der Fall, wenn sich das Arbeitsfluid stetig verändert oder (beim idealen Gas) der Polytropenkoeffizient n_{12} kontinuierlich seinen Wert ändert. Dann können die hier vorgestellten Methoden nur eine grobe Annäherung sein.

10.1 Vergleichsprozesse

Vergleichsprozesse sind spezielle idealisierte Kreisprozesse. Sie setzen sich aus einer kleinen Anzahl von Zustandsänderungen zusammen, typisch vier bis sechs. Solche Vergleichsprozesse stellen eine deutliche Vereinfachung des realen Ablaufes dar, sie beschreiben jedoch die wesentlichen Eigenschaften eines real ablaufenden Kreisprozesses.

Alle Vergleichsprozesse verwenden klare Vereinfachungen, diese sind damit Teil ihrer Definition.

Vergleichsprozesse werden aus einer kleinen Anzahl von definierten idealen Zustandsänderungen aufgebaut, die das System auf sich nicht überschneidenden Zustandsänderungen wieder in seinen Ausgangszustand zurückführen. Für diese Zustandsänderungen gilt, wenn die Gesamtheit der Zustandsänderungen einen geschlossenen Weg beschreibt,

$$\sum_i q_i = -\sum_i w_{v,i} = -\sum_i w_{p,i} \tag{10.4}$$

Wir können die unhandlichen Integrale der Formel 10.2 durch eine Summe ersetzen, wobei die einzelnen Summanden auch ohne Integration zu berechnen sind. Damit dieses Modell funktioniert, sind dies die benötigten Eigenschaften eines jeden Vergleichsprozesses:

- Die Zustandsänderungen ergeben im T-s Diagramm oder p-v Diagramm eine geschlossene Kurve, die eine Fläche aufspannt. Diese Fläche ist gleich der verrichteten Arbeit bzw. der übertragenen Wärme des Vergleichsprozesses.

- Es sind mindestens drei Zustandsänderungen und mindestens zwei unterschiedliche Zustandsänderungen notwendig, um einen Kreisprozess darzustellen.
- Es wird in mindestens einer Zustandsänderung Wärme zugeführt.
- Es wird in mindestens einer Zustandsänderung Wärme abgeführt.
- Es wird in mindestens einer Zustandsänderung Arbeit verrichtet.

Alle Vergleichsprozesse haben jeweils einen eindeutigen Namen.

Wärmemaschinen Den grundsätzlichen Ablauf aller Wärmemaschinen illustriert Bild 10.1. Ein Teil der durch den Kreisprozess fließenden Wärme wird in Arbeit umgewandelt. Wichtige Wärmemaschinen und ihre rechtslaufenden Vergleichsprozesse sind z. B. diese:

- Gasturbinen werden durch den Joule-Prozess unter Verwendung von Zustandsänderungen des idealen Gases beschrieben.
- Otto-Motoren werden unter Verwendung von Zustandsänderungen des idealen Gases durch den Gleichraum- oder Otto-Prozess angenähert.
- Diesel-Motoren werden unter Verwendung von Zustandsänderungen des idealen Gases durch den Gleichdruck- oder Diesel-Prozess angenähert.
- Otto- und Diesel-Motoren werden etwas genauer durch den Seiliger-Prozess angenähert.
- Carnot-Prozess, Erikson-Prozess oder Stirling-Prozess haben eher eine theoretische Bedeutung.
- Dampfturbinen mit Phasenwechsel im Arbeitsfluid werden durch den rechtslaufenden Clausius-Rankine-Prozess angenähert.

Jedoch beschreibt der einzelne Vergleichsprozess nicht den realen Motor oder ist gar mit den Abläufen in ihm gleichzusetzen. Vielmehr ist dies eine idealisierte Maschine, die sich ähnlich zu einem realen Motor verhält, aber so nicht existiert.

Kann man in einem Vergleichsprozess für jede dieser Zustandsänderungen die Wärme oder die Arbeit bestimmen, so ergibt sich der Wirkungsgrad als Summe

$$\eta = \frac{-w_{ab}}{q_{zu}} = \frac{-\sum_i w_i}{q_{zu}} = \frac{\sum_i q_i}{q_{zu}} \tag{10.5}$$

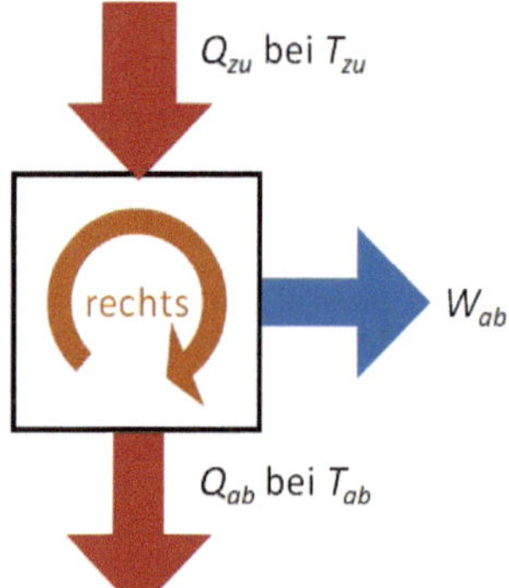

Bild 10.1
Wärme und Arbeit in Wärmemaschinen – durch den Kreisprozess wird Wärme in Arbeit umgewandelt.

Arbeitsmaschinen Der grundsätzliche Ablauf aller Arbeitsmaschinen ist in Bild 10.2 dargestellt. Leistung wird aufgewendet, um Wärme von einem Niveau niedriger Temperatur auf ein Niveau höherer Temperatur zu übertragen. Wichtige Arbeitsmaschinen und ihre linkslaufenden Vergleichsprozesse sind:

- Kühlschränke, Klimaanlagen und Wärmepumpen, bei denen das Kältemittel Phasenwechsel durchläuft, werden durch den linkslaufenden Clausius-Rankine-Prozess angenähert.
- Gas-Kältemaschinen unter Verwendung von Zustandsänderungen des idealen Gases können z. B. durch den linkslaufenden Joule-Prozess beschrieben werden.
- Komplexere Prozesse, wie sie für reale große Kältemaschinen typisch sind, werden in der Spezialliteratur beschrieben.

Diese Maschinen sind durch eine Leistungsziffer gekennzeichnet

$$\varepsilon = \frac{q_{zu}}{w_{zu}} \tag{10.6}$$

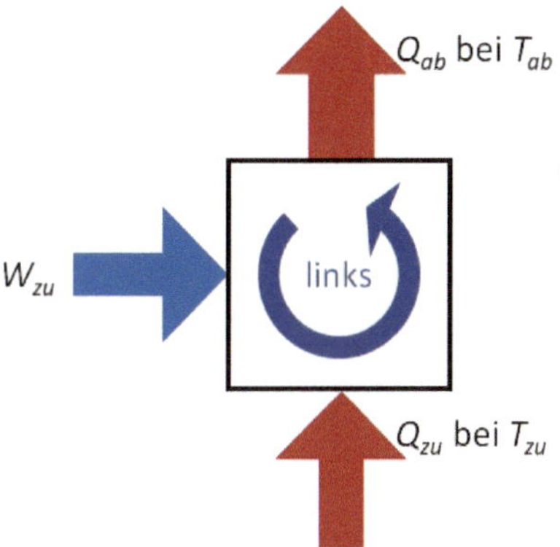

Bild 10.2
Wärme und Arbeit in Arbeitsmaschinen – durch die Arbeit wird Wärme gegen den Temperaturgradienten transportiert.

10.2 Nennleistung

Jede Maschine, in der ein Kreisprozess abläuft, hat eine Nennleistung P_N. Dies ist die Leistung, die die Maschine langfristig maximal unter definierten Umgebungsbedingungen bereitstellen kann. Grundsätzlich kann manchmal kurzfristig eine höhere Leistung erzeugt werden. Die Nennleistung ist jedoch die zugesicherte Eigenschaft der Maschine:

- Nennleistung bezieht sich immer auf die vorgesehene und in der Betriebsanweisung angegebene Umgebungsbedingung, denn die Nennleistung hängt von Umgebungsdruck und -temperatur ab.
- Bei dem vorgesehenen Betrieb, also dem Betrieb der Anlage innerhalb der vorgesehenen Grenzen und Belastungen.

- Unter Einhaltung der vorgesehenen Sicherheit für die Bediener und ggf. für die Anlage selber.
- Mit dem vorgesehenen Brennstoff oder Brennstoffen sowie den vorgesehenen Betriebsstoffen.
- Wenn die vorgesehene Emissionsminderung und weitere Hilfsaggregate im Betrieb sind.

Die Nennleistung kann als mechanische Arbeit an einer Welle, einer Kette oder einem Riemen zur Verfügung gestellt werden oder sie ist die mit einem Generator erzeugte elektrische Leistung.

Informationen zu realen Maschinen beziehen sich immer auf Nennleistung. Manchmal finden sich auch weitergehende Informationen zum Verhalten bei anderen Umgebungsbedingungen oder zu Teillast. Die hier dargestellten Beispiele beziehen sich auf Angaben bei Nennleistung.

11 Vergleichsprozesse des idealen Gases

Eine Reihe von Vergleichsprozessen können wir weiter vereinfachen, indem wir annehmen, dass das Arbeitsfluid sich im gesamten Kreisprozess wie ein ideales Gas verhält, und weiter annehmen:

- Es werden ausschließlich die Zustandsänderungen des idealen Gases für alle Zustandsänderungen des Kreisprozesses verwendet.
- Wir vernachlässigen in einem ersten Schritt zusätzlich Brennstoffe und chemische Reaktionen. Das bedeutet, die chemischen und stofflichen Eigenschaften des Arbeitsgases werden durch den gesamten Vergleichsprozess als konstant angenommen.
- Die spezifische Wärmekapazität c_p und c_v und damit auch der Isentropenexponent κ des Arbeitsgases werden zusätzlich als unabhängig von der Temperatur angenommen.

Dies sind die Vergleichsprozesse des idealen Gases, und mit ihnen beschreiben wir vorrangig Gasturbinen und Kolbenmotoren.

11.1 Joule-Vergleichsprozess

Der Joule-Vergleichsprozess beschreibt in guter Näherung die Abläufe in einer Gasturbine, unabhängig davon, ob es eine stationäre Gasturbine ist oder sie in einem Flugzeug, Helikopter oder Panzer eingesetzt wird, und unabhängig davon, ob sie einen Generator antreibt oder mechanische Arbeit verrichtet.

11.1.1 Von der Gasturbine zum Vergleichsprozess

Gasturbinen gibt es in einer beeindruckenden Vielzahl von möglichen Konfigurationen, diese lassen sich aber leicht auf wenige zentrale Elemente zurückführen. Bild 11.1 zeigt den grundlegenden Aufbau: Ein Luftstrom wird aus der Umgebung (Zustand 1) von einem Verdichter angesaugt. In dem Verdichter wird der Druck dieses Luftstromes deutlich erhöht (Zustand 2). Dieser Luftstrom mit hohem Druck tritt in eine Brennkammer, in der ein Brennstoff verbrannt wird, um die Temperatur des Luftstroms deutlich zu erhöhen (Zustand 3). Das Abgas fließt dann mit hohem Druck und hoher Temperatur in eine Turbine.

Dort gibt dieses Abgas einen erheblichen Teil seiner Energie ab, denn am Austritt der Turbine hat das Abgas wieder Umgebungsdruck (Zustand 4). Die Turbine ist in Bild 11.1 über eine Welle mit dem Verdichter verbunden; die Turbine treibt so den Verdichter an. Die Leistung, die die Turbine nicht bereitstellen muss, um den Verdichter anzutreiben, kann als mechanische Leistung entnommen werden.

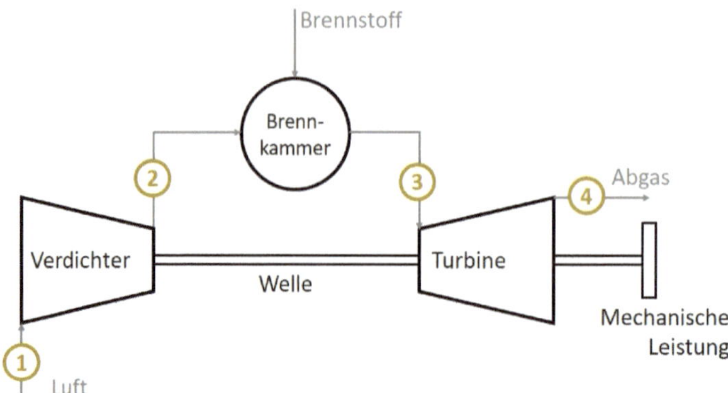

Bild 11.1 Aufbau einer einfachen Gasturbine mit offenem Kreislauf und einer Welle

Verdichter und Turbine sind Turbomaschinen, deren Verhalten stark von ihrer aktuellen Rotationsgeschwindigkeit oder Rotationsfrequenz abhängt. Bild 11.2 zeigt eine Anordnung, bei der eine Hochdruckturbine mit dem Verdichter mechanisch über eine Welle verbunden ist; gemeinsam erzeugen sie ein heißes Abgas bei immer noch hohem Druck. Dieses Abgas treibt dann eine Leistungsturbine an, die mechanisch entkoppelt ist. Diese Anordnung ist gut geeignet für die Erzeugung von Elektrizität: Der von der Leistungsturbine angetriebene Generator kann über einen weiten Leistungsbereich Elektrizität bei Netzfrequenz erzeugen. Die Netzfrequenz legt die Rotationsfrequenz des Generators fest.

Um die Leistung einer Gasturbine wie in Bild 11.1 zu variieren, muss die Umdrehungsfrequenz der Welle variiert werden.

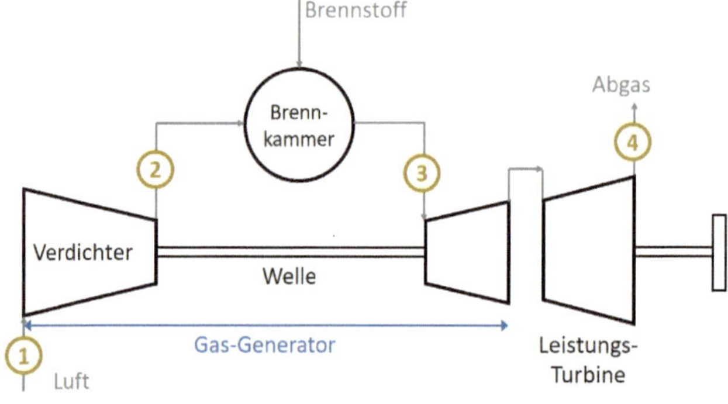

Bild 11.2 Aufbau einer einfachen Gasturbine, bei der die Leistungsturbine vom Gasgenerator mechanisch entkoppelt ist

Bild 11.3 stellt ein einfaches Düsentriebwerk für den Antrieb von Flugzeugen dar. In einem Düsentriebwerk erzeugt die Gasturbine ausschließlich einen Abgasstrom, der einen deutlich höheren Druck und deutlich höhere Temperatur als die Umgebung hat. Dieser Abgasstrom erzeugt dann über eine Düse den Vorschub für das Flugzeug. Heutige Flugzeugtriebwerke sind nahezu ausschließlich Mantelstromtriebwerke, bei denen die Turbine zusätzlich einen großen Lüfter (engl. *fan*) antreibt, der den größten Teil des Vorschubs erzeugt.

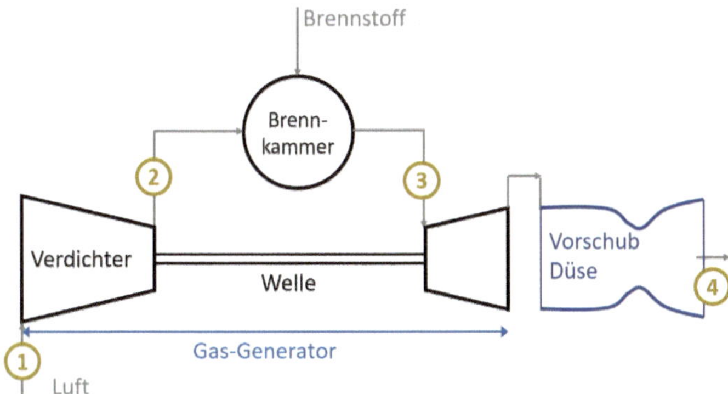

Bild 11.3 Aufbau eines einfachen Düsentriebwerks

Kreisprozess Wenn wir der Luft durch so eine Gasturbine folgen, dann durchläuft sie nacheinander diese Prozesse:

Verdichtung vom Zustand 1 (der Umgebung der Gasturbine) zum Zustand 2 (direkt nach dem Verdichter)	Die Luft wird im Verdichter komprimiert. In einem idealen Verdichter liefe eine isentrope Zustandsänderung ab. Am Austritt des Verdichters hat die Luft einen deutlich höheren Druck und eine höhere Temperatur als am Eintritt. Damit dieser Prozess abläuft, muss an der durch den Verdichter strömenden Luft Arbeit verrichtet werden.
Erwärmung vom Zustand 2 (direkt nach dem Verdichter) zum Zustand 3 (direkt vor der Turbine)	Der Luft wird in der Brennkammer Wärme zugeführt. Dazu wird Brennstoff zugegeben, der möglichst vollständig verbrennt. Die ideale Brennkammer ist isobar, d. h. das hohe Druckniveau bleibt bestehen. Grundsätzlich kann die Brennkammer auch durch einen Wärmetauscher ersetzt werden, der dem Arbeitsfluid die benötigte Wärme zuführt.
Expansion der Luft in der Turbine vom Zustand 3 (direkt vor der Turbine) zum Zustand 4 (bei Umgebungsdruck)	In der Turbine gibt die Luft den größeren Teil der Energie ab, die sie im Verdichter und in der Brennkammer aufgenommen hat. Der ideale Prozess ist eine isentrope Expansion. Die Luft kann nur so lange Energie abgeben, bis sie Umgebungsdruck erreicht.
Kreisprozess schließen vom Zustand 4 (hinter der Turbine bei Umgebungsdruck) zum Zustand 1 (Umgebung vor der Gasturbine)	Die bisherigen drei Schritte sind ein offener Prozess. Um einen Kreisprozess zu bekommen, wird der Prozess künstlich geschlossen: Vom Zustand 4 zum Zustand 1 gelangt man durch eine isobare Wärmeabgabe (und indem man die Verbrennungsprodukte durch Sauerstoff ersetzt).

Joule-Vergleichsprozess Der Joule-Vergleichsprozess basiert auf dem gerade beschriebenen Kreisprozess. Allerdings wird dieser Kreisprozess so weit wie möglich vereinfacht und idealisiert. Dies erfolgt durch die folgenden Festlegungen:

- Das Arbeitsfluid, d. h. das betrachtete System, ist ein ideales Gas. Heute und bei realen Gasturbinen ist dies nahezu ausschließlich Luft, aber andere Gase sind denkbar (z. B. Argon oder Kohlendioxid).
- Luft wird als trockene Luft verwendet.
- Die Zuführung von Brennstoff in der Brennkammer, die chemische Reaktion und die Anwesenheit von Reaktionsgasen werden vernachlässigt. Insbesondere wird damit auch der Massenstrom des Brennstoffes vernachlässigt: Im Joule-Vergleichsprozess strömt trockene Luft konstanten Massenstroms durch alle Zustandsänderungen.
- Verdichter und Turbine werden als ideale reibungsfreie und adiabate Aggregate angenommen.
- Die Brennkammer wird als ideal und reibungsfrei angenommen, dort wird nur Wärme zugeführt.
- Der Prozess wird künstlich geschlossen, indem das Arbeitsfluid nicht der Umgebung zugeführt wird, sondern nur Wärme an die Umgebung abgibt und dann wieder in den Verdichter strömt.
- Die Stoffwerte des Arbeitsfluides, insbesondere die spezifische Wärmekapazität c_p und der Isentropenexponent κ, werden als konstant angenähert, also unabhängig von der Temperatur.
- Die kinetische Energie des Arbeitsfluides wird vernachlässigt.

Der Joule-Prozess wird durch die Zustände und Prozesse definiert, wie sie in Bild 11.1 angegeben sind. Die Zustände sind dabei eindeutig nummeriert. Die Zustände und Zustandsänderungen sind in Tabelle 11.1 zusammengefasst.

Tabelle 11.1 Der Joule-Vergleichsprozess

Zustand	Bedingung	Prozess	Zustandsänderung
1	am Einlass des Verdichters	1 → 2	isentrope Kompression, (adiabate Kompression im Verdichter)
2	am Auslass des Verdichters vor dem Eintritt in die Brennkammer	2 → 3	isobare Wärmezufuhr (isobare Abläufe in der Brennkammer)
3	am Eintritt in die Turbine	3 → 4	isentrope Expansion (adiabate Expansion in der Turbine)
4	am Auslass der Turbine	4 → 1	isobare Abkühlung (Abgabe der heißen Luft an die Umgebung, Aufnahme von Frischluft bei Umgebungsdruck)
1	am Einlass des Verdichters		

11.1.2 Komponenten und Grenzen

Damit der Vergleichsprozess eine gute Beschreibung darstellt, benötigen wir weitere Eigenschaften und Informationen zu wesentlichen Komponenten und ihren Einsatzgrenzen:

Druckverhältnis Eine wichtige Eigenschaft eines jeden Verdichters (und auch einer Turbine) ist das Druckverhältnis zwischen dem Enddruck p_2 am Ausgang des Verdichters und dem Saugdruck p_1 am Einlass in den Verdichter

$$\Pi_{12} = \frac{p_2}{p_1} \tag{11.1}$$

Dieses Druckverhältnis ist bei einer Strömungsmaschine unabhängig von den Umgebungsbedingungen im Zustand 1 am Einlass, hängt jedoch kritisch von der Rotationsgeschwindigkeit der Welle ab.

Volumenstrom Der Volumenstrom durch einen Verdichter ist bei gegebener Rotationsgeschwindigkeit des Verdichters konstant, er ist für ein ideales Gas unabhängig vom Druck oder der Temperatur. Aus dem Volumenstrom folgt dann der Massenstrom abhängig vom Zustand des Gases vor dem Verdichter. Um ein hohes Druckverhältnis zu erreichen, wird eine sehr hohe Rotationsgeschwindigkeit und damit Strömungsgeschwindigkeit benötigt. Die äußersten Enden der Rotoren bewegen sich mit nahezu Schallgeschwindigkeit. Damit hängt die Leistungsfähigkeit von solchen Turboverdichtern auch von der aktuellen Schallgeschwindigkeit des Gases ab.

Druckverhältnis und Umgebung

Wenn der Verdichter einer Flugzeuggasturbine mit einem Druckverhältnis von Π = 20 arbeitet, dann wird beim Start auf Meereshöhe und p_1 = 1,0 bar die eingesogene Luft auf p_2 = 20 bar verdichtet.

Im Flug in 11 000 m Höhe ist der Umgebungsdruck bei p_1 = 0,20 mbar, und damit erreicht der Verdichter bei gleicher Rotationsgeschwindigkeit der Welle einen Druck für die Brennkammer von etwa p_2 = 4 bar.

Der Volumenstrom durch den Verdichter ist für beide Situationen gleich. Damit wird der Verdichter auf Flughöhe einen deutlich geringeren Massenstrom an Luft bereitstellen als beim Start am Boden - unter Nutzung der Zustandsgleichung des idealen Gases ergibt sich

$$\dot{m}_2 = \dot{m}_1 \cdot \frac{p_1}{p_2} \cdot \frac{T_2}{T_1}$$

Temperaturgrenzen Im Joule-Vergleichsprozess ist T_1 als Einlasstemperatur in den Verdichter festgelegt, und T_3 ist durch die Materialeigenschaften der Turbine begrenzt:

Die Einlasstemperatur des Verdichters T_1 ist bei Flugzeugantrieben immer die aktuelle Umgebungstemperatur. Bei stationären Gasturbinen kann zur Leistungssteigerung die angesaugte Luft vor dem Verdichter gekühlt werden, auch dann ist T_1 die Temperatur vor dem Eintritt in den Verdichter, aber nach dem Wärmetauscher (Chiller).

Am Einlass der Turbine liegt im Gas die höchste Temperatur T_3 vor. Die Turbinenblätter müssen bei dieser Temperatur langfristig beständig sein:

- Die Turbinenblätter sind extrem hoher mechanischer Belastung ausgesetzt, da sie mit sehr hoher Geschwindigkeit rotieren. Sie dürfen dieser mechanischen Belastung nicht nachgeben, also kein Kriechen oder gar Bruchversagen darf auftreten. Hier werden daher spezielle Werkstoffe eingesetzt.
- Das Abgas ist oxidierend, die Oberfläche der Turbinenblätter darf aber nicht korrodieren oder verzundern.

Heute werden durch die Kombination von Nickel-Basislegierungen, speziellen oxydischen Beschichtungen und Filmkühlung der Oberfläche der einzelnen Blätter sehr hohe Temperaturen ermöglicht. Die Eintrittstemperatur T_3 kann inzwischen durchaus die Schmelztemperatur von Stahl überschreiten.

Strömungsgeschwindigkeit Die Strömungsgeschwindigkeit innerhalb der Gasturbine soll möglichst hoch sein, gleichzeitig darf sie die Schallgeschwindigkeit nicht überschreiten. Mit dem Erreichen der Schallgeschwindigkeit kommt es zur Ausbildung von Druckstößen und Druckfronten, die große Kräfte übertragen können. Daher bestände die Gefahr, dass Verdichterschaufeln zerbrechen. Dazu wirken diese Druckfronten wie Strömungswiderstände, sodass die Leistung und der Durchsatz plötzlich deutlich geringer werden. Die speziellen Einlässe von Überschallflugzeugen sorgen daher dafür, dass die Luft den Verdichter immer mit weniger als der Schallgeschwindigkeit erreicht.

11.1.3 Prozesse und Wirkungsgrad

Zustände Einen speziellen Joule-Vergleichsprozess beschreiben wir, indem wir zuerst für die vier Zustände jeweils Druck und Temperatur bestimmen:

1. Zustand 1 ist Umgebungsbedingung, d.h. Druck p_1, Temperatur T_1 und weitere Zustandsgrößen sind die der Umgebung der Gasturbine (bzw. vor dem Verdichter, aber ungestört vom Strömungsfeld des Verdichters).
2. Zustand 2 ergibt sich aus der isentropen Verdichtung 1 → 2 und dem Druckverhältnis des Verdichters.
3. Zustand 3 ist durch den Druck p_2 und die Einlasstemperatur T_3 vorgegeben - diese T_3 folgt bei Nennleistung aus der Temperaturgrenze der Turbine, manchmal muss sie aus dem Zustand 4 erschlossen werden.
4. Zustand 4 ist durch den Druck p_1 gekennzeichnet. Ist T_3 gegeben, so folgt T_4 aus der isentropen Expansion 3 → 4. Manchmal ist T_4 für reale Gasturbinen angegeben, da sie verhältnismäßig gut zu messen ist.

Ein typischer Joule-Vergleichsprozess ist in Bild 11.4 im T-s Diagramm dargestellt. Bild 11.5 zeigt diesen typischen Vergleichsprozess (Umgebungsbedingung T_1 = 300 K, p_1 = 1 bar sowie T_3 = 1250 °C und Π = 12.5) mit drei weiteren Vergleichsprozessen. Bei den gestrichelten Vergleichsprozessen kann gut der Einfluss einer Variation der technischen Parameter Druckverhältnis und T_3 beobachtet werden. Der grau dargestellte Vergleichsprozess gilt für 11 000 m Flughöhe als Umgebungsbedingung.

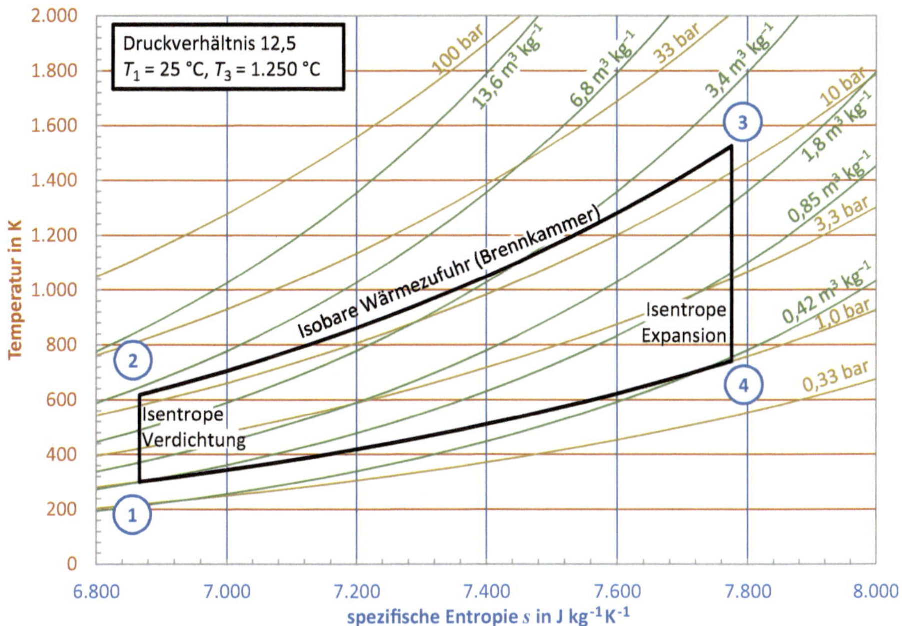

Bild 11.4 Joule Vergleichsprozess im T-s Diagramm

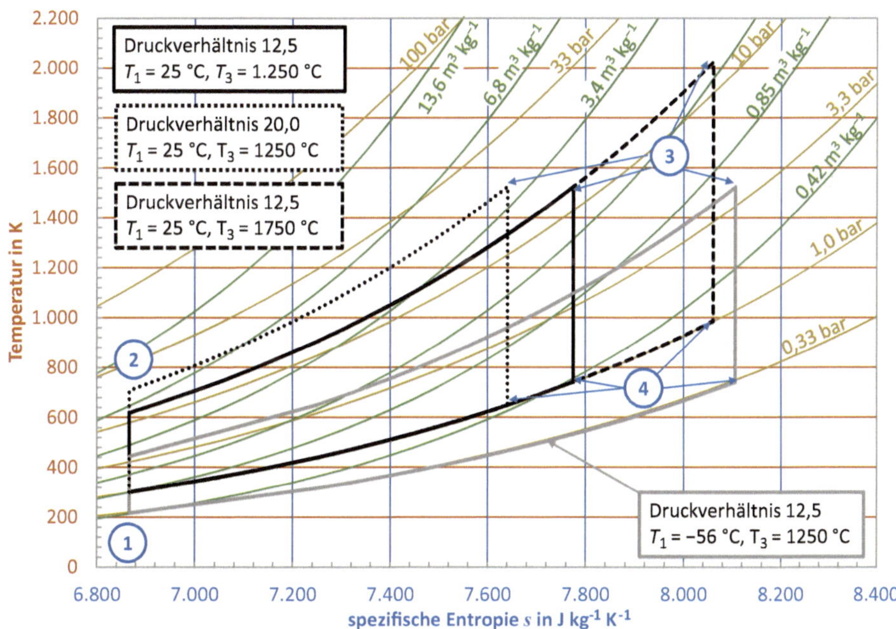

Bild 11.5 Vergleich von Joule-Vergleichsprozessen im T-s Diagramm (weitere Erklärung im Text)

Arbeit und Wärme Aus den ermittelten Zustandsgrößen folgen die spezifischen übertragenen Wärmen und spezifischen verrichteten Arbeiten mit den Formeln aus Tabelle 11.2. Wir verwenden bevorzugt die Druckarbeit für Berechnungen, denn (i) wir beschreiben einen stationären Fließprozess in einem offenen System, und (ii) zwei der vier Druckarbeiten entfallen hier.

Tabelle 11.2 Berechnung von übertragener Wärme und verrichteter Arbeit im Joule-Vergleichsprozess

Prozess	Wärme	Volumenarbeit	Druckarbeit
1 → 2, isentrop	$q_{12}=0$	$w_{v,12}=c_v\cdot(T_2-T_1)$	$w_{p,12}=c_p\cdot(T_2-T_1)$
2 → 3, isobar	$q_{23}=c_p\cdot(T_3-T_2)$	$w_{v,23}=-R_i\cdot(T_3-T_2)$	$w_{p,23}=0$
3 → 4, isentrop	$q_{34}=0$	$w_{v,34}=c_v\cdot(T_4-T_3)$	$w_{p,34}=c_p\cdot(T_4-T_3)$
4 → 1, isobar	$q_{41}=c_p\cdot(T_1-T_4)$	$w_{v,41}=-R_i\cdot(T_1-T_4)$	$w_{p,41}=0$

Wirkungsgrad Der thermische Wirkungsgrad des Joule-Vergleichsprozesses ist

$$\eta=\frac{\sum_i q_i}{q_{zu}}=\frac{\sum_i q_i}{q_{23}}=\frac{0+c_p\cdot(T_3-T_2)+0+c_p\cdot(T_1-T_4)}{c_p\cdot(T_3-T_2)}=1+\frac{T_1-T_4}{T_3-T_2}=1-\frac{T_1}{T_2} \tag{11.2}$$

Hier wird in der Herleitung das Verhältnis

$$T_4=\frac{T_1\cdot T_3}{T_2} \tag{11.3}$$

verwendet. Diese Formel folgt aus den gegebenen Drücken

$$\frac{p_2}{p_1}=\frac{p_3}{p_4} \text{ und damit } \left(\frac{T_2}{T_1}\right)^{\frac{\kappa-1}{\kappa}}=\left(\frac{T_3}{T_4}\right)^{\frac{\kappa-1}{\kappa}} \tag{11.4}$$

Dieses Verhältnis gilt streng nur für den hier definierten Joule-Vergleichsprozess. Es darf nicht verwendet werden, wenn von der Definition des Joule-Vergleichsprozesses abgewichen wird.

Der Wirkungsgrad kann auch auf das Druckverhältnis des Verdichters bezogen werden,

$$\eta=1-\frac{1}{\Pi^{\frac{\kappa-1}{\kappa}}} \tag{11.5}$$

Der Wirkungsgrad steigt monoton mit dem Druckverhältnis des Verdichters an – ein höheres Druckverhältnis ergibt einen höheren Wirkungsgrad, wie Bild 11.6 zeigt.

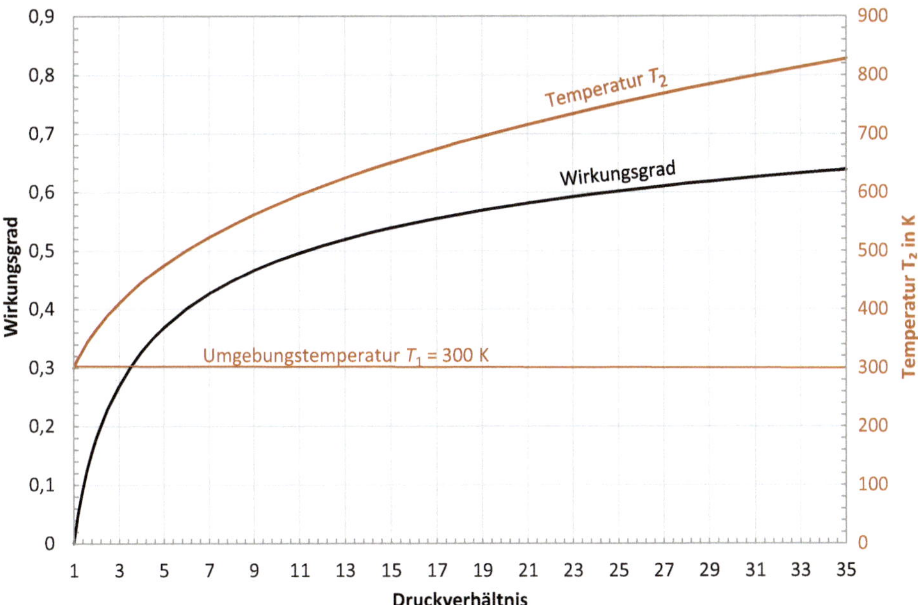

Bild 11.6 Wirkungsgrad des Joule-Vergleichsprozesses und Temperatur im Zustand 2 nach isentroper Verdichtung von 300 K als Funktion des Druckverhältnisses des Verdichters

Massenstrom Alle intensiven Größen können über den Massenstrom in extensive Größen umgerechnet werden, insbesondere werden so Wärmestrom und Leistung bestimmt. Die Definition des Wirkungsgrades gibt den Zusammenhang zwischen abgegebener Leistung und zugeführter Wärme

$$P = \eta \cdot \dot{Q}_{zu} = \eta \cdot \dot{Q}_{23} \tag{11.6}$$

Da die Wärme in einer isobaren Zustandsänderung zugeführt wird, können wir damit den Massenstrom des Arbeitsgases bestimmen

$$\dot{m} = \frac{\dot{Q}_{zu}}{c_p \cdot (T_3 - T_2)} = \frac{P}{\eta \cdot c_p \cdot (T_3 - T_2)} \tag{11.7}$$

Umgekehrt kann so - z.B. aus einem bekannten Brennstoffstrom über den so erzeugten Wärmestrom -auch der Massenstrom der Luft bestimmt werden.

11.1.4 Maximale Leistung im Joule-Prozess

Einen instruktiven Spezialfall haben wir, wenn wir untersuchen, unter welchen Bedingungen der Joule-Vergleichsprozess die maximale Leistung erzeugt. Für diesen Fall ist

$$P_{\max} = \dot{m} \cdot w_{nutz,\max} = \dot{m} \cdot \max\left(\sum_i q_i\right) = \dot{m} \cdot \max\left(0 + c_p \cdot (T_3 - T_2) + 0 + c_p \cdot (T_1 - T_4)\right) \tag{11.8}$$

Diese Funktion der zugeführten Wärme ist jeweils minimal für $T_3 = T_2$, da dann keine Wärme zugeführt wird, und für $T_3 = T_4$, da dann keine Arbeit abgegeben werden kann. Dazwischen muss sich also ein Maximum der Funktion befinden. Dieses Maximum ist zugleich die Nullstelle der ersten Ableitung der Funktion nach der Temperatur T_2, da wir diese Temperatur über das Druckverhältnis des Verdichters frei wählen können, also

$$\begin{aligned}\frac{dw_p}{dT_2} &= c_p \cdot \frac{d}{dT_2}(T_3 - T_2 + T_1 - T_4) = c_p \cdot \frac{d}{dT_2}\left(T_3 - T_2 + T_1 - \frac{T_1 \cdot T_3}{T_2}\right) \\ &= c_p \cdot \left(0 - 1 + 0 + \frac{T_1 \cdot T_3}{T_2^2}\right) = 0\end{aligned} \tag{11.9}$$

Da c_p in dieser Gleichung immer größer Null ist, muss der Ausdruck in der Klammer selber zu Null werden

$$0 - 1 + 0 + \frac{T_1 \cdot T_3}{T_2^2} = -1 + \frac{T_1 \cdot T_3}{T_2^2} = 0 \tag{11.10}$$

und damit liegt das Maximum bei der so festgelegten Temperatur vor,

$$T_{2,\mathrm{max}} = \sqrt{T_1 \cdot T_3} \tag{11.11}$$

So wird auch das technisch wünschenswerte Druckverhältnis für maximale erzeugte Arbeit festgelegt

$$\Pi = \frac{p_2}{p_1} = \sqrt{\frac{T_3}{T_1}}^{\frac{\kappa}{\kappa - 1}} \tag{11.12}$$

Stationäre reale Gasturbinen operieren oft nahe an diesem Punkt; Gasturbinen für Flugzeuge hingegen eigentlich nie.

KLÄREN SIE IMMER ZUERST, OB SIE DIESE FORMELN WIRKLICH ANWENDEN DÜRFEN! DIES IST AUSGESPROCHEN SELTEN DER FALL.

Maximale Leistung oder maximaler Wirkungsgrad

Am Beispiel des Joule-Vergleichsprozesses kann man gut illustrieren, dass der Arbeitspunkt des maximalen Wirkungsgrades nicht mit dem der maximalen Leistung übereinstimmt. Vielmehr muss immer über einen Abwägungsprozess festgelegt werden, wo genau die Gasturbine operieren soll.

Der Wirkungsgrad im Joule-Vergleichsprozess nimmt mit dem Druckverhältnis zu, siehe Bild 11.6. Je stärker der Verdichter die einströmende Luft verdichtet, desto mehr der zugeführten Wärme kann in Arbeit umgewandelt werden. Dabei ist der Wirkungsgrad der Gasturbine immer geringer als der Carnot-Wirkungsgrad

$$\eta_J = 1 - \frac{T_1}{T_2} < \eta_C = 1 - \frac{T_1}{T_3} \tag{11.13}$$

Im Carnot-Vergleichsprozess wird die Wärme bei maximaler Temperatur isotherm zugeführt, dies wäre hier die Temperatur T_3 der Luft vor dem Eintritt in die Turbine. Die Wärme wird im Joule-Vergleichsprozess jedoch isobar zwischen Verdichter und Turbine zugeführt und in dem dazu gehörigen Temperaturbereich zwischen T_2 und T_3 mit

$$\dot{Q}_{zu} = \dot{m} \cdot c_p \cdot (T_3 - T_2) \tag{11.14}$$

Der Wärmestrom, der zugeführt werden kann, nimmt für eine reale Gasturbine monoton mit dem Druckverhältnis über dem Verdichter ab, da die Temperatur der Luft im Verdichter mit dem Druck zunimmt und die Eintrittstemperatur der Turbine T_3 festgelegt ist. Die Leistung der Gasturbine ist damit

$$P = \eta_J \cdot \dot{Q}_{zu} = \left(1 - \frac{T_1}{T_2}\right) \cdot \dot{m} \cdot c_p \cdot (T_3 - T_2) \tag{11.15}$$

Diese Funktion hat ein Maximum bei

$$T_{2,\max} = \sqrt{T_1 \cdot T_3}\,,$$

wie im vorherigen Unterabschnitt gezeigt wird. Gleichzeitig gilt für die Leistung bei der so festgelegten Temperatur $T_{2,\max}$

$$\begin{aligned}
P(T_{2,\max}) &= \dot{m} \cdot \Delta w_{p,12} + \dot{m} \cdot \Delta w_{p,34} \\
&= \dot{m} \cdot c_p \cdot (T_{2,\max} - T_1) + \dot{m} \cdot c_p \cdot (T_4 - T_3) \\
P(T_{2,\max}) &= \dot{m} \cdot c_p \cdot (T_{2,\max} - T_1 + T_4 - T_3) \\
&= \dot{m} \cdot c_p \cdot \left(\sqrt{T_1 \cdot T_3} - T_1 + \frac{T_1 \cdot T_3}{T_{2,\max}} - T_3\right) \\
P(T_{2,\max}) &= \dot{m} \cdot c_p \cdot \left(2 \cdot \sqrt{T_1 \cdot T_3} - T_1 - T_3\right)
\end{aligned} \tag{11.16}$$

Bei einem geringen Druckverhältnis kann die Turbine nur eine geringe Leistung verrichten, diese Leistung steigt zusammen mit dem Wirkungsgrad bis zum Punkt maximaler Leistung an, da die Wärme, die zugeführt wird, monoton abnimmt. Mit zunehmendem Druckverhältnis nimmt der Wärmestrom ab, der zugeführt werden kann, und damit auch die an der Turbine entnehmbare Leistung. Die Leistung ist null bei einem Druckverhältnis von 1,0, dies entspricht keiner Verdichtung. Außerdem ist die Leistung null, wenn die Temperatur nach dem Verdichter bereits der zulässigen Eintrittstemperatur der Turbine entspricht. In diesem zweiten Fall fließt dann auch keine Luft mehr durch die Gasturbine, die allerdings den maximalen Wirkungsgrad aufweist.

Die Randbedingungen des Beispiels in Bild 11.7 sind Normdruck p_1 = 1,013 bar und eine Umgebungstemperatur von T_1 = 288 K. Der Wirkungsgrad steigt monoton mit dem Druckverhältnis des Verdichters an. Die Leistung ist hier als spezifische dimensionslose Arbeit (Saravanamuttoo 2009)

$$\omega = \frac{\sum_i w_{p,i}}{c_p \cdot T_1} = \frac{T_3}{T_1} \cdot \eta - \left(\Pi^{\kappa-1/\kappa} - 1\right) = \frac{T_3}{T_1} \cdot \left(1 - \frac{1}{\Pi^{\kappa-1/\kappa}}\right) - \left(\Pi^{\kappa-1/\kappa} - 1\right)$$

angegeben. Diese spezifische dimensionslose Arbeit steigt mit der Temperatur T_3 an, und das Maximum dieser Funktion verschiebt sich zu höheren Druckverhältnissen.

Bei der Auslegung der Gasturbine muss ein Arbeitspunkt festgelegt werden. Dieser wird durch das Druckverhältnis festgelegt. Dabei muss immer eine Abwägung zwischen der Leistung und dem Wirkungsgrad vorgenommen werden, da nicht beide gleichzeitig optimal werden können. Für stationäre Gasturbinen ist dieser Arbeitspunkt meist nur etwas oberhalb des Punktes maximaler Leistung, da sonst die Gasturbine unverhältnismäßig groß, teuer und komplex werden müsste, um die angestrebte Leistung bereitzustellen. Für Flugzeugtriebwerke, die über einen großen Bereich an Leistung und Umgebungsdruck betrieben werden, kann inzwischen ein weiter Bereich genutzt werden.

Diese grundsätzliche Abwägung ist nicht auf Gasturbinen beschränkt.

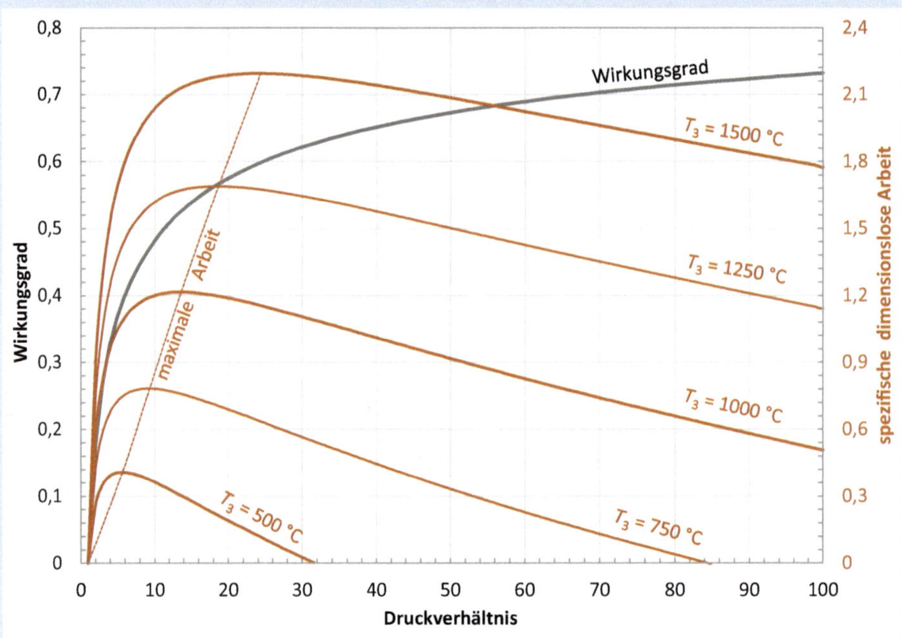

Bild 11.7 Abhängigkeit von Wirkungsgrad und Arbeit vom Druckverhältnis für den Joule-Vergleichsprozess (Daten im Text).

11.1.5 Ausblick - Reale Gasturbinen

Reale Turboverdichter und Turbinen zeigen eine gewisse Dissipation - durch die hohen Geschwindigkeiten und starken Umlenkungen der Gasströme kommt es zu Reibung. Dadurch sind die realistischen Zustandsänderungen jeweils polytrop. Wesentlich ist hier das Konzept des isentropen Wirkungsgrades. Die beiden isobaren Zustandsänderungen können auch in realen Gasturbinen meist weiter als isobar angesehen werden.

Das Abgas weist andere Stoffeigenschaften wie spezifische Wärmekapazität und damit einen anderen Isentropenexponenten auf als reine Luft, dies führt Änderungen bei der Wärmezufuhr 2 → 3 und in der Turbine 3 → 4. Diese Stoffeigenschaften sind auch temperaturabhängig.

BITTE BEACHTEN SIE AUCH DAS BEISPIEL IN KAPITEL 14, DORT WERDEN REALE STOFFWERTE UND POLYTROPE ZUSTANDSÄNDERUNGEN EINER GASTURBINE ANALYSIERT.

Beispiel - JUMO 004

Gegenstand dieser Aufgabe ist der JUMO 004. Dies ist die erste voll funktionsfähige Gasturbine, sie wurde in größerer Stückzahl gebaut und als Flugzeugantrieb eingesetzt (Messerschmitt Me 262, Arado Ar 234).

Gasturbinen sind als Antrieb für Flugzeuge grundsätzlich Kolbenmotoren überlegen. Bei Kolbenmotoren gibt es wesentliche technische Grenzen:

- Die Propeller sollten maximal so schnell rotieren, dass die Blattspitzen Schallgeschwindigkeit erreichen. Schallgeschwindigkeit bedeutet, dass ein erheblicher Anteil der Motorleistung in Druckwellen (Krach) umgesetzt wird und nicht mehr dem Vortrieb nützt. Dies limitiert Propellerflugzeuge auf ca. 650 km h^{-1}.
- Die Dichte der Luft in der Höhe verringert direkt die Leistung der Motoren. Dies kann nur bis zu einem gewissen Grade durch zusätzliche Verdichter überwunden werden.
- Die Masse der Kolbenmotoren steigt etwa linear mit der Leistung, die benötigte Leistung für den Vortrieb skaliert mit der dritten Potenz der Geschwindigkeit, d. h. hier liegt eine grundsätzliche Grenze vor (ein typisches Jagdflugzeug wie die Me 109 hat eine Startmasse von ca. 2500 kg, davon 800 kg Treibstoff und 600 kg für den Motor).

Mit Gasturbinen lassen sich erheblich höhere Geschwindigkeiten erreichen (bis hin zu Überschall) bei deutlich geringerem Gewicht für den Motor. Bereits die Me 262 erreicht 870 km h^{-1}, ist also etwa 200 km h^{-1} schneller als propellergetriebene Flugzeuge.

Etwa zeitgleich gab es auch andere Entwicklungen von Strahltriebwerken wie die Rolls-Royce Nene. Das Design der JUMO 004 hat sich aber international durchgesetzt, da es technisch überlegen und sehr weit skalierbar ist:

- Mehrstufige Verdichter (Rotor/Stator/Rotor/Stator/...) haben einen besseren Wirkungsgrad als einstufige Verdichter.

- Mehrstufige Verdichter erlauben sehr viel schlankere Triebwerke mit deutlich geringerem Strömungswiderstand.
- Mehrstufige Verdichter sind beliebig skalierbar, sodass sehr hohe Druckverhältnisse erreicht werden können wie in modernen Gasturbinen.

Der JUMO 004 hat als technische Eigenschaften:

- ein Verdichterverhältnis von $\Pi = 3{,}1$
- Nenndrehzahl von 8700 min^{-1}
- max. Kraftstoffverbrauch von 1234 kg h^{-1}
- Abmessungen: Länge = 3,96 m, Durchmesser der Einströmöffnung 0,55 m
- Standschub von maximal 8,7 kN bei $f = 145\ \text{s}^{-1}$

Bestimmen Sie den Luftmassenstrom bei maximaler Leistung und Umgebungsbedingung von 1 bar, 12 °C.

Hierzu benötigen wir die Geschwindigkeit, mit der die Luft in das Triebwerk strömt - dies ist in guter Näherung die Nenngeschwindigkeit, hier also die oben gegebenen 870 km h^{-1}.

Weiter benötigen wir die Fläche, durch die die Luft in das Triebwerk strömt. Mit den gegebenen Angaben können wir als Fläche berechnen, über die Luft in den Verdichter einströmt

$$A_{LE} = \frac{\pi}{4} \cdot d^2 = \frac{\pi}{4} \cdot (0{,}55\ \text{m})^2 = 0{,}237\ \text{m}^2$$

Man könnte auch mit der Geometrie des Einlasses direkt vor dem ersten Rotor rechnen und dann als Geschwindigkeit nahezu Schallgeschwindigkeit annehmen. Allerdings hat sich die Luft bereits auf dem Weg vom Einlass bis zum Verdichter etwas verdichtet und wird dort einen höheren Druck und eine höhere Temperatur aufweisen. Die Geschwindigkeit der Luft ist

$$c_{LE} = 870 \frac{\text{km}}{\text{h}} = 870 \cdot \frac{1000}{3600} \frac{\text{m}}{\text{s}} = 242 \frac{\text{m}}{\text{s}}$$

Damit ist der Luftmassenstrom durch die Turbine

$$\dot{m}_{LE} = \frac{p \cdot \dot{V}}{R_{Luft} \cdot T} = \frac{p \cdot A \cdot c}{R_{Luft} \cdot T} = \frac{100.000\ \text{Pa} \cdot 0{,}237\ \text{m}^2 \cdot 242 \frac{\text{m}}{\text{s}}}{287{,}2 \frac{\text{J}}{\text{kg} \cdot \text{K}} \cdot 285\ \text{K}} = 70.0 \frac{\text{kg}}{\text{s}}$$

Hier müssen wir ideales Gas annehmen, da wir den Joule-Vergleichsprozess ja so definieren.

DIESER RECHENWEG IST EINE SCHÄTZUNG, KEIN EXAKTES VORGEHEN.

Bestimmen Sie die zugeführte Wärme durch die Verbrennung des Treibstoffs.

Brennstoff ist Kerosin oder Jet-Fuel, also nicht explosionsfähige Formen von Benzin. Der Heizwert von Jet-Fuel ist vergleichbar zu dem von Benzin mit ca. 43 MJ kg^{-1}. Damit bekommen wir

$$\dot{Q}_{zu} = \dot{m}_K \cdot H_{I,K} = 1.234 \frac{\text{kg}}{\text{h}} \cdot 43{,}0 \frac{\text{MJ}}{\text{kg}} = \frac{1.234}{3.600} \frac{\text{kg}}{\text{s}} \cdot 43{,}0 \frac{\text{MJ}}{\text{kg}} = 14{,}7\ \text{MW}$$

Ein sehr beliebter Fehler bei allen Aufgaben zu Kreisprozessen ist es, die beiden Stoffströme der Luft und des Treibstoffes durcheinander zu bekommen! Bitte achten Sie immer darauf:

- Das Arbeitsfluid für den Kreisprozess ist die Luft (Otto, Diesel, Gasturbine), Wasser (Dampfturbine), Kältemittel (Kältemaschine und Wärmepumpe).
- Wärme wird immer (Otto, Diesel, Gasturbine) oder fast immer (Dampfturbine, stationäre Gasturbine) durch Verbrennen eines Brennstoffs zugeführt.

Dabei vernachlässigen wir bei den Vergleichsprozessen selber immer den Massenstrom des Brennstoffs. Erst wenn wir beginnen, die Aggregate genauer zu beschreiben, dann nehmen wir den Massenstrom des Brennstoffs mit auf.

Bestimmen Sie für den Joule-Vergleichsprozess die Werte der Zustandsgrößen Druck, Temperatur und spezifisches Volumen.

Wir sollen also alle vier Zustände genau beschreiben. Dazu müssen wir eigentlich immer alles hineinstecken, was es an Daten gibt, und wir müssen hier den Vergleichsprozess ganz streng anwenden. Wir beginnen mit dem Zustand 1, dieser ist die Luft der Umgebung. Es ist

$$p_1 = 1\ \text{bar} = 100.000\ \text{Pa}$$

$$T_1 = 285{,}15\ \text{K}$$

$$v_1 = \frac{R_{Luft} \cdot T_1}{p_1} = \frac{287{,}2 \frac{\text{J}}{\text{kg} \cdot \text{K}} \cdot 285{,}15\ \text{K}}{100.000\ \text{Pa}} = 0{,}8190 \frac{\text{m}^3}{\text{kg}}$$

Dies ist ein Vergleichsprozess des idealen Gases. Die Zustandsgleichung des idealen Gases steckt überall sehr tief mit drin, daher werden hier alle Temperaturen erst einmal in Kelvin angegeben.

Der Zustand 2 befindet sich direkt hinter dem Verdichter und vor der Brennkammer. Der Vergleichsprozess legt fest, dass die Zustandsänderung 1 → 2 isentrop ist, d. h. wir nehmen an, der Verdichter sei ideal. Dazu kennen wir das Druckverhältnis

$$\Pi = \frac{p_2}{p_1} = 3{,}1$$

Damit erhalten wir

$$p_2 = p_1 \cdot \Pi_{12} = 1\,\text{bar} \cdot 3{,}1 = 3{,}1\,\text{bar},$$

$$T_2 = T_1 \cdot \left(\frac{p_2}{p_1}\right)^{\frac{\kappa-1}{\kappa}} = 285{,}15\,\text{K} \cdot \left(\frac{3{,}1\,\text{bar}}{1{,}0\,\text{bar}}\right)^{\frac{1{,}400-1}{1{,}400}} = 394{,}0\,\text{K},$$

$$v_2 = \frac{R_{Luft} \cdot T_2}{p_2} = \frac{287{,}2\frac{\text{J}}{\text{kg} \cdot \text{K}} \cdot 394{,}0\,\text{K}}{310.000\,\text{Pa}} = 0{,}3650\frac{\text{m}^3}{\text{kg}}$$

Der Zustand 3 befindet sich direkt vor der Turbine. Wir haben bereits in der vorherigen Teilaufgabe die zugeführte Wärme berechnet, diese Wärme wird ausschließlich in der Zustandsänderung 2 → 3, also zwischen Verdichter und Turbine in der Heizkammer isobar zugeführt. Damit ist

$$\dot{Q}_{zu} = \dot{Q}_{23} = \dot{m}_{Luft} \cdot c_{p,Luft} \cdot (T_3 - T_2)$$

In dieser Gleichung ist der Massenstrom der der Luft, da ja die Luft durch die zugeführte Wärme ihre Temperatur ändert. Der Brennstoff wird verbrannt, um diese Wärme zu erzeugen, wird aber beim Vergleichsprozess vernachlässigt. Damit erhalten wir

$$p_3 = p_2 = 3{,}1\,\text{bar}$$

$$T_3 = T_2 + \frac{\dot{Q}_{23}}{\dot{m}_{Luft} \cdot c_{p,Luft}} = 394{,}0\,\text{K} + \frac{14.700.000\,\text{W}}{70{,}0\frac{\text{kg}}{\text{s}} \cdot 1.010\frac{\text{J}}{\text{kg} \cdot \text{K}}} = 601{,}9\,\text{K}$$

$$v_3 = v_2 \cdot \frac{T_3}{T_2} = 0{,}3650\frac{\text{m}^3}{\text{kg}} \cdot \frac{601{,}9\,\text{K}}{394{,}0\,\text{K}} = 0{,}5576\frac{\text{m}^3}{\text{kg}}$$

Der Zustand 4 ist das Abgas, nachdem es das Triebwerk verlassen und wieder Umgebungsdruck angenommen hat. Dabei nehmen wir ideale isentrope Expansion an und erhalten

$$p_4 = p_1 = 1{,}0\,\text{bar}$$

$$T_4 = T_3 \cdot \left(\frac{p_4}{p_3}\right)^{\frac{\kappa-1}{\kappa}} = 601{,}9\,\text{K} \cdot \left(\frac{1{,}0\,\text{bar}}{3{,}1\,\text{bar}}\right)^{\frac{1{,}400-1}{1{,}400}} = 435{,}6\,\text{K}$$

$$v_4 = v_3 \cdot \left(\frac{p_3}{p_4}\right)^{\frac{1}{\kappa}} = 0{,}5576\frac{\text{m}^3}{\text{kg}} \cdot \left(\frac{3{,}1\,\text{bar}}{1{,}0\,\text{bar}}\right)^{\frac{1}{1{,}400}} = 1{,}251\frac{\text{m}^3}{\text{kg}}$$

Für die Übersicht bietet es sich an, diese Zahlenwerte in eine Tabelle einzutragen, siehe Tabelle 11.3.

Tabelle 11.3 Ergebnisse des Vergleichsprozesses für den JUMO 004

Zustand	p in bar	T in K	v in $m^3\,kg^{-1}$	Prozess	$\dot{Q}$ in kW	P in kW
1	1,0	285,15	0,8190	1 → 2	$\dot{Q}_{12} = 0$	$P_{12} = 7696$
2	3,1	394,0	0,3650	2 → 3	$\dot{Q}_{23} = 14.700$	$P_{23} = 0$
3	3,1	601,9	0,5576	3 → 4	$\dot{Q}_{34} = 0$	$P_{34} = -11757$
4	1,0	435,6	1,2510	4 → 1	$\dot{Q}_{12} = -10.630$	$P_{41} = 0$
Summe					$\sum_i \dot{Q}_i = 4.070$	$\sum_i P_i = -4.061$

Das Druckverhältnis dieser Turbine ist ausgesprochen gering, verglichen mit modernen Flugzeugantrieben. Inzwischen findet man komplexe Turbinen mit ineinandersteckenden Achsen, die unter Last und in großer Höhe Druckverhältnisse bis zu $\Pi = 35$ verwirklichen.

Dementsprechend ist die Temperatur im und nach dem Verdichter im JUMO 004 recht gering. Auch die Temperaturerhöhung in den Brennkammern ist nicht sehr hoch, das Brenngas tritt mit ca. 330 °C auf die Turbinenschaufeln. Wir müssen berücksichtigen, dass die Kombination von Vibration, Zugkräften und Temperatur sehr spezielle Stähle benötigt, die seinerzeit noch nicht zur Verfügung standen. Inzwischen kann man mit aufwendiger Filmkühlung, Gadolinium-Oxid-Beschichtung und Nickel-Einkristall die Eintrittstemperatur der Turbine bis auf etwa 1700 °C steigern.

Der Wert für T_3 ist so gering, dass sich eine Gegenrechnung lohnt: Man kann, ohne Angaben zum Schub bei einer bestimmten Geschwindigkeit zu haben, für das Flugzeug am Boden den maximalen Schub T in eine Nennleistung umrechnen. Wenn man die Formel

$$P = \sqrt{\frac{T^3 \cdot v}{4 \cdot A}} = \sqrt{\frac{(8.800\,\mathrm{N})^3 \cdot 0{,}8190\,\frac{\mathrm{m}^3}{\mathrm{kg}}}{4 \cdot 0{,}237\,\mathrm{m}^2}} = 767\,\mathrm{kW}$$

verwendet, kommen für diesen Motor etwa 800 kW heraus, was gut passt.

Wenn Sie bis zum Ende lesen und dann sehen, dass die Leistung eigentlich 4000 kW sein müsste (ideale Maschine), fragen Sie sich vielleicht, wie der Linow so etwas behaupten kann: Alle Verluste (Lagerreibung, Strömungsverluste in Verdichter und Turbine ...) gehen zulasten der Antriebsleistung. Der tatsächliche Wirkungsgrad von etwa 6 % ist zwar erschütternd klein, ist aber für eine allererste Ausführung einer völlig neuen Technologie durchaus OK. Die ersten Dampfmaschinen sind mit 0,1 % gestartet.

Bestimmen Sie Wärmestrom und Leistung aller Zustandsänderungen

Auch dies berechnen wir mit den Formeln für die Zustandsänderungen des idealen Gases. Wir rechnen hier die Leistung aus der Druckarbeit. Den zugeführten Wärmestrom haben wir schon berechnet, er beträgt

$$\dot{Q}_{zu} = \dot{m}_K \cdot H_{I,K} = 1.234\frac{\text{kg}}{\text{h}} \cdot 43{,}0\frac{\text{MJ}}{\text{kg}} = \frac{1.234}{3.600}\frac{\text{kg}}{\text{s}} \cdot 43{,}0\frac{\text{MJ}}{\text{kg}} = 14{,}7\text{ MW}$$

Der an die Umgebung abgegebene Wärmestrom beträgt

$$\begin{aligned}\dot{Q}_{41} &= \dot{m}_{Luft} \cdot c_{p,Luft} \cdot (T_1 - T_4) = 70{,}0\frac{\text{kg}}{\text{s}} \cdot 1.010\frac{\text{J}}{\text{kg} \cdot \text{K}} \cdot (285{,}2\text{ K} - 435{,}6\text{ K})\\ &= -10{,}63\text{ MW}\end{aligned}$$

Die Leistung der beiden isentropen Zustandsänderungen beträgt

$$\begin{aligned}P_{12} &= \dot{m}_{Luft} \cdot c_{p,Luft} \cdot (T_2 - T_1) = 70{,}0\frac{\text{kg}}{\text{s}} \cdot 1.010\frac{\text{J}}{\text{kg} \cdot \text{K}} \cdot (394{,}0\text{ K} - 285{,}2\text{ K})\\ &= 7{,}692\text{ MW}\end{aligned}$$

$$\begin{aligned}P_{34} &= \dot{m}_{Luft} \cdot c_{p,Luft} \cdot (T_4 - T_3) = 70{,}0\frac{\text{kg}}{\text{s}} \cdot 1.010\frac{\text{J}}{\text{kg} \cdot \text{K}} \cdot (435{,}6\text{ K} - 601{,}9\text{ K})\\ &= -11{,}76\text{ MW}\end{aligned}$$

Was bedeuten jetzt diese Zahlen? Gerade beim Arbeiten mit Vergleichsprozessen ist dies ein wichtiger Schritt, um die eigenen Ergebnisse zu verstehen und kritisch zu hinterfragen:

- Wir führen dem Aggregat einen stetigen Wärmestrom von 14,70 MW durch die Verbrennung zu.
- Wir geben eine Abwärme von 10,6 MW an die Umgebung ab, d. h. die Differenz von 4,1 MW steht als Nutzleistung zur Verfügung.
- Der Verdichter benötigt intern eine Leistung von 7,70 MW - diese Leistung wird benötigt, um den Luftmassenstrom von 70 kg s^{-1} von 1 bar auf 3,1 bar zu verdichten. Diese zugefügte Verdichterleistung ist in dem Luftstrom bei dem Druck enthalten.
- Im Brennraum nimmt der Luftstrom weitere Enthalpie auf - durch die zugeführte Wärme dehnt sich die Luft aus.
- An der Turbine gibt die Luft einmal die im Verdichter zugeführte Leistung wieder ab und dazu noch einen Teil der im Brennraum zugeführten Enthalpie, insgesamt 11,78 MW.
- Die Differenz der beiden Leistungen steht als Nutzarbeit zur Verfügung - in unserem Fall und für die Annahme des idealen Joule-Vergleichsprozesses treibt diese Leistung das Flugzeug an.

Bestimmen Sie den Wirkungsgrad und die Nennleistung aus dem Vergleichsprozess.

Die Nennleistung haben wir gerade bei der Analyse der Daten benannt, sie ist

$$P_N = \sum_i \dot{Q}_i = -\sum_i P_i = 4{,}060\text{ MW}$$

Daraus erhalten wir als Wirkungsgrad

$$\eta = \frac{\sum_i \dot{Q}_i}{\dot{Q}_{23}} = \frac{4{,}06\,\text{MW}}{14{,}7\,\text{MW}} = 0{,}276$$

Diesen Wirkungsgrad können wir für den Joule-Vergleichsprozess auch aus

$$\eta = 1 - \frac{T_1}{T_2} = 1 - \frac{285{,}15\,\text{K}}{394{,}0\,\text{K}} = 0{,}276$$

berechnen. Die untere Formel gilt nur für den Joule-Vergleichsprozess, die obere gilt immer. Bis hierher war die Aufgabe ganz allgemein gültig für Gasturbinen. Jetzt sehen wir uns ganz konkret ein Düsentriebwerk (Jet) an: In solch einem Triebwerk ist die Turbine so ausgelegt, dass sie den Verdichter antreibt, mehr nicht. Nach der Turbine strömt das heiße Abgas mit hohem Druck durch die Düse und treibt so das Flugzeug an. Oder umgekehrt formuliert: Verdichter, Brennkammer und Gasturbine erzeugen in einem Jet-Triebwerk heiße Druckluft für den Antrieb (Gasgenerator, wie in Bild 11.3). Dies ist ein veraltetes Antriebskonzept, das heute nur noch in Überschallflugzeugen eingesetzt wird, in modernen Flugzeugtriebwerken wird der Vortrieb durch große ‚Fans' erzeugt.

Welche Leistung der Turbine steht für den Vortrieb des Flugzeugs zur Verfügung?

Also welche Leistung wird intern nicht für den Verdichter eingesetzt? Diese Frage haben wir schon beantwortet, wir müssen die Daten nur neu sortieren. Die Zustandsänderung 3 → 4 umfasst Turbine und Düse des JUMO 004. Es stehen insgesamt

$$P_{34} = \dot{m}_{Luft} \cdot c_{p,Luft} \cdot (T_4 - T_3) = 70{,}0\frac{\text{kg}}{\text{s}} \cdot 1.010\frac{\text{J}}{\text{kg} \cdot \text{K}} \cdot (435{,}6\,\text{K} - 601{,}9\,\text{K})$$
$$= -11{,}76\,\text{MW}$$

für beides zur Verfügung. Von dieser Leistung werden

$$P_{12} = \dot{m}_{Luft} \cdot c_{p,Luft} \cdot (T_2 - T_1) = 70{,}0\frac{\text{kg}}{\text{s}} \cdot 1.010\frac{\text{J}}{\text{kg} \cdot \text{K}} \cdot (394{,}0\,\text{K} - 285{,}2\,\text{K})$$
$$= 7{,}692\,\text{MW}$$

für den Verdichter benötigt. Wie Bild 11.3 zeigt, ist der Verdichter mit der Turbine über eine Welle verbunden. Damit nimmt die Turbine die Verdichterleistung auf (wie überall in dieser Aufgabe vernachlässigen wir Reibung), also

$$P_T = -P_V = -7{,}692\,\text{MW}$$

Von der in der Zustandsänderung 3 → 4 bereitstehenden Leistung kann der Rest also in der Düse umgesetzt werden, dies sind

$$P_{Düse} = P_{34} - P_T = -11{,}76\,\text{MW} + 7{,}696\,\text{MW} = -4{,}068\,\text{MW}$$

Die Vorzeichen beziehen sich hier streng auf den Luftstrom in der Gasturbine.

Welcher Druck liegt hinter der Turbine vor?

Nur ein Teil der Leistung der Zustandsänderung 3 → 4 wird an der Turbine entnommen, daher fällt auch nur ein Teil des Drucks ab. Wir starten hier aus der isentropen Zustandsänderung. Um nicht durcheinander zu kommen, nennen wir den Zustand zwischen Turbine und Düse ‚*D*'.

Wir kennen die Leistung, die über der Turbine abfällt, den Zustand vor der Turbine 3 und wissen, dass wir die Turbine als ideal isentrop beschreiben. Damit können wir die Temperatur der Luft hinter der Turbine und vor der Düse im Zustand *D* bestimmen

$$P_{3D} = \dot{m}_{Luft} \cdot c_{p,Luft} \cdot (T_D - T_3)$$

Dies formen wir um und erhalten

$$T_D = T_3 + \frac{P_{3D}}{\dot{m}_{Luft} \cdot c_{p,Luft}} = 601{,}9\,\text{K} + \frac{-7.692.000\,\text{W}}{70{,}0\frac{\text{kg}}{\text{s}} \cdot 1.010\frac{\text{J}}{\text{kg} \cdot \text{K}}} = 493{,}1\,\text{K}$$

Aus dieser Temperatur können wir – wieder über die Zustandsänderung 3 → *D* den Druck berechnen

$$p_D = p_3 \cdot \left(\frac{T_D}{T_3}\right)^{\frac{\kappa}{\kappa-1}} = 3{,}1\,\text{bar} \cdot \left(\frac{493{,}1\,\text{K}}{601{,}9\,\text{K}}\right)^{\frac{1{,}400}{1{,}400-1}} = 1{,}543\,\text{bar}$$

Direkt nach der Turbine liegt ein Druck von 1,542 bar vor. Dieser Druck treibt jetzt die Luft, also 70 kg s^{-1}, aus der Düse. Durch den Druckabfall in der Düse wird die Luft beschleunigt.

https://de.wikipedia.org/wiki/Junkers_Jumo_004

https://en.wikipedia.org/wiki/Thrust

■

■ 11.2 Kolbenmotoren

Neben der Gasturbine sind Otto- und Diesel-Motor die wichtigsten Wärmemaschinen ohne Phasenwechsel. Beide lassen sich gut mit speziellen Vergleichsprozessen charakterisieren.

Otto- und Diesel-Motor sind beides Kolbenmotoren. Bei Kolbenmotoren finden alle Prozesse in einem nach außen abgeschlossenen Volumen statt. Dieses Volumen befindet sich in einem Zylinder, der an seiner einen Stirnseite abgeschlossen ist und auf dessen anderen Stirnseite ein beweglicher Kolben die Größe des eingeschlossenen Volumens festlegt. Auf der unbeweglichen Stirnseite des Zylinders befinden sich Ventile sowie ggf. weitere Einbauten wie Einspritzdüsen oder eine Zündkerze.

Da ich dies viel besser mit bewegten Bildern erklären kann, gibt es dazu ein Video unter *https://www.youtube.com/watch?v=JyWkml9-eSs*. Dort werden die Begriffe aus diesem Abschnitt gezeigt.

Hubraum und Verdichtung Der Zylinder ist rund gebohrt. Heute sind zumeist weder die das Gas einschließende Fläche des Kolbens noch die Stirnfläche des Zylinders eben, aber auch dann gelten die weiteren Formeln.

Der Hubraum V_H ist das Volumen, das der Kolben zwischen unterem Totpunkt (maximales Volumen) und oberem Totpunkt (minimales Volumen) überstreicht. Im unteren Totpunkt ist das maximale eingeschlossene Volumen V_1 und im oberen Totpunkt V_2, sodass

$$V_H = V_1 - V_2 \tag{11.17}$$

Der Abstand zwischen unterem und oberem Totpunkt ist der Hub h des Kolbens, und der Durchmesser des Zylinders ist seine Bohrung b. Damit ist der Hubraum eines Zylinders

$$V_{H,zyl} = h_{zyl} \cdot A_{zyl} = h_{zyl} \cdot \frac{\pi}{4} \cdot b_{zyl}^2 \tag{11.18}$$

und der Hubraum des gesamten Motors mit einer Anzahl von n_{zyl} Zylindern beträgt

$$V_{H,mot} = n_{zyl} \cdot V_{H,zyl} = n_{zyl} \cdot h_{zyl} \cdot \frac{\pi}{4} \cdot b_{zyl}^2 \tag{11.19}$$

Eine wichtige Eigenschaft eines Kolbenmotors ist das Verdichterverhältnis oder die Verdichtung

$$\varepsilon = \frac{V_1}{V_2} = \frac{V_2 + V_H}{V_2} \tag{11.20}$$

Diese geometrische Größe beeinflusst die Abläufe, Wirkungsgrad und Leistung des Motors. Damit ist zugleich

$$V_1 = \frac{V_H}{1 - \frac{1}{\varepsilon}} \tag{11.21}$$

und

$$V_2 = \frac{V_H}{\varepsilon - 1} \tag{11.22}$$

Dies sind alles rein geometrische Größen.

Umdrehung und Frequenz Kolbenmotoren durchlaufen in jedem einzelnen Zylinder zyklisch immer den gleichen Kreisprozess. Ein einzelner Kreisprozess wird damit eine bestimmte Masse an Brennstoff aufnehmen, durch die Verbrennung des Brennstoffs eine bestimmte Wärme an das Arbeitsfluid übertragen, eine bestimmte Arbeit verrichten und eine bestimmte Abwärme abgeben.

Für die technische Anwendung ist jedoch ein kontinuierlicher Strom an Arbeit (also Leistung) bedeutsam. Daher ist die Frequenz f, mit der die einzelnen Kreisprozesse durchlaufen werden, von Bedeutung, denn

$$P_{mot} = n_{zyl} \cdot P_{zyl} = n_{zyl} \cdot f_{zyl} \cdot W_{zyl} = f_{mot} \cdot W_{mot} \tag{11.23}$$

Die Motorleistung setzt sich aus der Leistung der einzelnen Zylinder zusammen. Die Leistung eines einzelnen Zylinders ist dabei das Produkt aus der Frequenz, mit der die einzelnen Kreisprozesse durchlaufen werden, und der in einem Kreisprozess vom Zylinder abgegebenen Arbeit.

Vom Hersteller wird dabei typisch die Zahl der Umdrehungen der Kurbelwelle in 1/min angegeben:

- Ist der Motor ein Zweitakter, so entspricht die Zahl der Nutzzyklen der Anzahl an Umdrehungen je Sekunde.
- Ist der Motor ein Viertakter, so ist die Zahl der Nutzzyklen um den Faktor zwei geringer als die Zahl der Umdrehungen je Sekunde - nur jede zweite Umdrehung ist eine Arbeitsumdrehung.

Die Frequenz f ist somit die Zahl der Zündungen oder Verbrennungsreaktionen pro Zeiteinheit.

So wie der Hubraum auf einen Zylinder oder auf den gesamten Motor bezogen werden kann, so lässt sich auch die Frequenz entweder auf alle Zylinder oder auf den Motor beziehen. Im zweiten Fall beschreibt man den Motor so, als ob er nur aus einem Zylinder mit dem Hubraum $V_{H,mot}$ bestände.

11.3 Otto-Motor und Gleichraumprozess

Der Gleichraumprozess beschreibt in guter Näherung die Abläufe in einem Otto-Motor. Ein Otto-Motor wird real mit einem Gasgemisch aus Luft und etwas verdampftem Benzin betrieben. Das Gemisch wird nahe des oberen Totpunktes durch eine Zündkerze gezündet und reagiert explosionsartig in der Zeit, die der Kolben benötigt, um sich durch den oberen Totpunkt zu bewegen.

Da dies besser mit bewegten Bildern erklärt wird, gibt es ein Video zum Otto-Vergleichsprozess unter *https://www.youtube.com/watch?v=XKhke7neZR4,* in dem die Zustände und Zustandsänderungen dargestellt werden.

Vergleichsprozess Der Vergleichsprozess, so wie er in Tabelle 11.4 dargestellt ist, entwickelt sich aus diesen Überlegungen:

Verdichtung der im Zylinder eingeschlossenen Luft vom Zustand 1 (frisches Arbeitsgas im Zylinder bei Volumen V_1) in den Zustand 2 (maximal komprimiertes frisches Arbeitsgas bei Volumen V_2)	Die ideale Verdichtung ist isentrop. Daher wird hier eine isentrope Verdichtung angesetzt, für die dem Arbeitsgas Arbeit zugeführt wird. Der reale Fall ist sehr weit davon entfernt, da das Arbeitsgas im engen thermischen Austausch mit der Zylinderwand steht.

Wärmezufuhr vom Zustand 2 (maximal komprimiertes frisches Arbeitsgas bei Volumen V_2) zum Zustand 3 (maximal komprimiertes vollständig verbranntes Abgas bei Volumen V_2)	Das komprimierte Gemisch ist ideal vermischt, und die chemische Reaktion breitet sich nach der Zündung mit maximaler Geschwindigkeit explosionsartig aus. Die Zündung erfolgt, kurz bevor der Kolben den oberen Totpunkt erreicht, und endet (bei nicht zu hoher Drehzahl des Motors), kurz nachdem der Kolben den oberen Totpunkt durchlaufen hat. Das Volumen ändert sich (fast) nicht, daher ist die Wärmezufuhr hier isochor.
Expansion des im Zylinder eingeschlossen Arbeitsgases vom Zustand 3 (maximal komprimiertes vollständig verbranntes Abgas bei Volumen V_2) in den Zustand 4 (maximal expandiertes Abgas bei Volumen V_1)	Die ideale Expansion ist isentrop. Daher wird hier eine isentrope Zustandsänderung angesetzt, bei der das Arbeitsgas Arbeit an den Kolben abgibt. Der reale Fall ist sehr weit davon entfernt, da das Arbeitsgas im engen thermischen Austausch mit der Zylinderwand steht.
Gasaustausch vom Zustand 4 (maximal expandiertes Abgas bei Volumen V_1) in den Zustand 1 (frisches Arbeitsgas im Zylinder bei Volumen V_1)	Das Abgas mit Restdruck und hoher Temperatur wird an die Umgebung abgegeben, und frisches Gas wird in den Zylinder gefüllt. Dies beschreiben wir durch eine isochore Wärmeabgabe.

Tabelle 11.4 Der Otto- oder Gleichraumvergleichsprozess

Zustand	Bedingung	Prozess	Zustandsänderung
1	am unteren Totpunkt mit Frischgas	$1 \rightarrow 2$	isentrope Kompression (adiabate Kompression durch den Kolben)
2	am oberen Totpunkt mit Frischgas	$2 \rightarrow 3$	isochore Wärmezufuhr (isochore Wärmezufuhr, da die Verbrennung unendlich schnell abläuft)
3	am oberen Totpunkt nach Reaktion	$3 \rightarrow 4$	isentrope Expansion (adiabate Expansion)
4	am unteren Totpunkt vor Gasaustausch	$4 \rightarrow 1$	isochore Abkühlung (Abgabe der heißen Luft an die Umgebung, Aufnahme von Frischluft – dies sind die zwei Austauschtakte)
1	am unteren Totpunkt mit Frischgas		

Zusätzlich werden die folgenden Festlegungen für den Vergleichsprozess verwendet:

- Das Arbeitsfluid, d. h. das System, ist trockene Luft als ideales Gas.
- Die in der Luft befindliche Masse an Brennstoff, die reale chemische Reaktion und die Anwesenheit von Reaktionsgasen werden vernachlässigt.
- Es wird durchgehend mit konstanten Stoffwerten von Luft gerechnet.

- Es wird nur im oberen Totpunkt, in der Zustandsänderung 2 → 3 Wärme zugeführt.
- Der Zylinder wird idealisiert, es treten keine Wärmeverluste zwischen Zylinder und Arbeitsgas auf, insbesondere wird der thermische Austausch zwischen den wassergekühlten Zylinderwänden und dem Arbeitsgas vernachlässigt.
- Die beiden Takte, die bei einem Viertakter-Motor den Gasaustausch durchführen, werden vernachlässigt.

Zustände des Vergleichsprozesses Der erste Schritt der konkreten Berechnung ist es, für die vier Zustände des Vergleichsprozesses den Druck und die Temperatur zu bestimmen:

1. Der Zustand 1 ist durch seine Umgebung festgelegt: Falls der Motor Luft direkt aus der Umgebung ansaugt, ist dies Umgebungsdruck und -temperatur. Falls der Motor zusätzlich mit einem Kompressor oder Turbolader ausgestattet ist, dann ist dies der Druck nach dem Kompressor oder Turbolader sowie die Temperatur aufgrund der Ladeluftkühlung.
2. Druck p_2 und Temperatur T_2 werden aus der isentropen Verdichtung 1 → 2 um ε bestimmt.
3. Die Temperaturerhöhung ΔT_{23} folgt aus der mit dem Brennstoff in jeder Zündung zugeführten Wärme. Hierfür wird für eine einzelne Zündung zugegebene Brennstoffmenge aus der Zylinderanzahl und der Frequenz benötigt.
4. Druck p_4 und Temperatur T_4 werden aus der isentropen Expansion 3 → 4 um $1/\varepsilon$ bestimmt.

Das Volumen ist bereits durch den Hubraum V_H und die Verdichtung ε festgelegt.

Wärme und Arbeit Aus den bestimmten Zuständen lassen sich über die Zustandsänderungen die zugeführten Wärmen und die verrichteten Arbeiten berechnen, wie in Tabelle 11.5 dargestellt.

Wir verwenden bevorzugt die Volumenarbeit für Berechnungen, denn es ist ein geschlossenes System, und zwei der vier Volumenarbeiten entfallen.

Tabelle 11.5 Berechnung von Wärme und Arbeit im Gleichraumvergleichsprozess

Prozess	Wärme	Volumenarbeit	Druckarbeit
1 → 2, isentrop	$q_{12} = 0$	$w_{v,12} = c_v \cdot (T_2 - T_1)$	$w_{p,12} = c_p \cdot (T_2 - T_1)$
2 → 3, isochor	$q_{23} = c_v \cdot (T_3 - T_2)$	$w_{v,23} = 0$	$w_{p,23} = R_i \cdot (T_3 - T_2)$
3 → 4, isentrop	$q_{34} = 0$	$w_{v,34} = c_v \cdot (T_4 - T_3)$	$w_{p,34} = c_p \cdot (T_4 - T_3)$
4 → 1, isochor	$q_{41} = c_v \cdot (T_1 - T_4)$	$w_{v,41} = 0$	$w_{p,41} = R_i \cdot (T_1 - T_4)$

Wirkungsgrad Der thermische Wirkungsgrad des idealen Otto-Vergleichsprozesses ist

$$\eta = \frac{\sum_i q_i}{q_{zu}} = \frac{\sum_i q_i}{q_{23}} = \frac{0 + c_v \cdot (T_3 - T_2) + 0 + c_v \cdot (T_1 - T_4)}{c_v \cdot (T_3 - T_2)} = 1 + \frac{T_1 - T_4}{T_3 - T_2} = 1 - \frac{T_1}{T_2}, \quad (11.24)$$

also

$$\eta_{otto} = 1 - \frac{T_1}{T_2}, \tag{11.25}$$

Hier wird das Verhältnis

$$T_4 = \frac{T_1 \cdot T_3}{T_2} \tag{11.26}$$

verwendet, das nur für den idealen Gleichraumvergleichsprozess gilt.

Der Wirkungsgrad kann auf das Verdichterverhältnis bezogen werden,

$$\eta = 1 - \frac{T_1}{T_2} = 1 - \frac{1}{\varepsilon^{\kappa-1}} \tag{11.27}$$

Bild 11.8 stellt den Wirkungsgrad des Otto-Vergleichsprozesses über der Verdichtung dar. Normalbenzin (ROZ 87) kann etwa bis ε = 7 verwendet werden, oberhalb tritt beim Verdichten Selbstzündung (Klopfen) auf. Weniger leicht zündfähige Kraftstoffe erlauben eine höhere Verdichtung. Diesel hingegen benötigt die Selbstzündung, sodass eine ausreichend hohe Temperatur durch deutlich höhere Verdichtung sichergestellt werden muss.

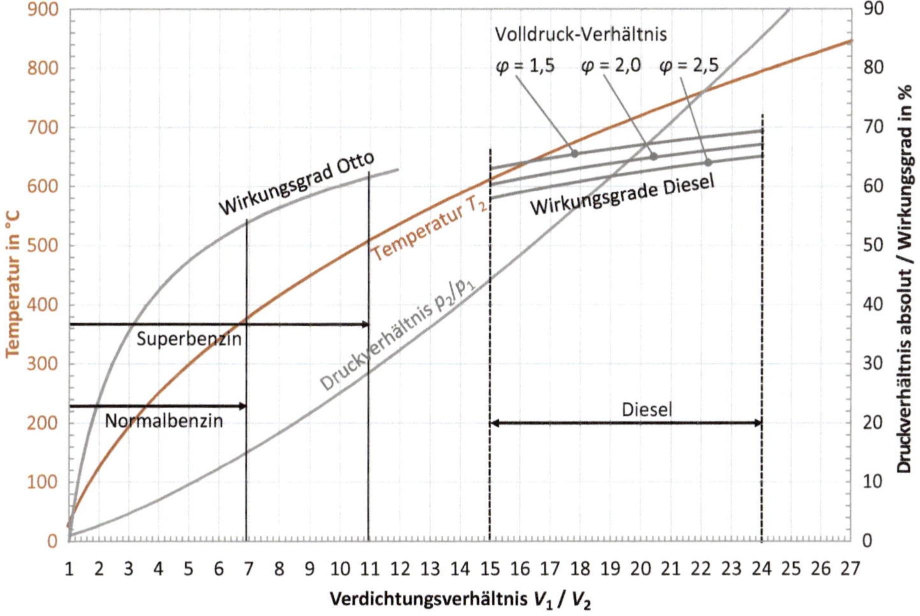

Bild 11.8 Einsatzbereiche und Wirkungsgrade von Otto- und Diesel-Motoren

Luftmasse Für die Berechnung der Leistung wird zusätzlich die Luftmasse benötigt, die im Zylinder eingeschlossen ist. Diese ist konstant für alle vier Zustände und kann aus der Zustandsgleichung des idealen Gases bestimmt werden

$$m_{zyl} = \frac{p_1 \cdot V_{1,zyl}}{R_{Luft} \cdot T_1} = \frac{p_2 \cdot V_{2,zyl}}{R_{Luft} \cdot T_2} = \frac{p_3 \cdot V_{3,zyl}}{R_{Luft} \cdot T_3} = \frac{p_4 \cdot V_{4,zyl}}{R_{Luft} \cdot T_{14}} \tag{11.28}$$

Brennstoffmasse Die Brennstoffmasse darf nicht mit der Luftmasse verwechselt werden, sie kann entweder aus dem Brennstoffverbrauch des Motors berechnet werden, indem sie gleichmäßig auf jede einzelne Zündung verteilt wird, oder falls die Temperaturerhöhung bei der isobaren Erwärmung in 2 → 3 bekannt ist, über den Heizwert des Brennstoffes berechnet werden.

Beispiel - DB 601a

Gegenstand dieser Aufgabe ist der DB 601 A (Daimler Benz Motor 601 A). Dieser Motor wurde ab 1936 in hoher Stückzahl hergestellt und stellte eine echte Innovation dar. Typischer Einsatz war der Antrieb von Flugzeugen wie der Messerschmitt Me 109. Der DB 601 A wies einige Eigenschaften auf, die besonders vorteilhaft für den Einsatz in Jagdflugzeugen war:

- Der Kompressor kann so geregelt werden, dass bis zu einer Flughöhe von 4000 m keine Leistungsverluste auftreten (es ist kein Turbolader, der Kompressor wird durch die Motorwelle angetrieben).
- Die untere Welle ist hohl, sodass ein Maschinengewehr ohne Synchronisation mit dem Propeller direkt nach vorne feuern kann.
- Ein- und Auslassventile sind doppelt vorgesehen (Quattro), dadurch erhöht sich der Luftaustausch insbesondere bei hohen Drehzahlen.
- Es ist der erste Motor mit Benzindirekteinspritzung (Injection). Dies ist besonders vorteilhaft, da so unabhängig von der Lage des Flugzeuges die Benzinzufuhr klappt: Wichtig für schnelle Steigflüge bei Luftkämpfen.
- Die hängende Anordnung der Zylinder (Ventile unten) erlaubt ein schlankes und damit stromlinienförmiges Design des Flugzeugs.

Der DB 601 A hat als technische Eigenschaften:

- 12 Zylinder V-Motor in hängender Anordnung
- Nenndrehzahl von 2400 min^{-1} mit einer 1:2 Untersetzung auf die Propellerwelle
- Hubraum 33,9 l, Hub 160 mm, Bohrung 150 mm
- Startleistung 870 kW
- Verdichterverhältnis 6,1:1
- Kraftstoffverbrauch von 285 g kWh^{-1} Flugbenzin mit einer Oktanzahl von 87 ROZ
- Verdichter ist ein Radialkompressor, stufenlos über eine barometrisch geregelte hydraulische Kupplung angetrieben. Volldruckhöhe maximal 4500 m.

In diesen Angaben fehlt leider der tatsächliche Ladedruck im Zylinder bis zur Volldruckhöhe. Ergebnisse legen nahe, dass der Radialkompressor eine Verdichtung auf 3 bar bis zur Volldruckhöhe erreicht und dass der nachgeschaltete Ladeluftkühler die verdichtete Luft bis auf 20 K über Umgebungstemperatur abkühlt - aber dies sind meine Schätzungen für diese Berechnungen.

Bestimmen Sie den Hubraum, sowie die Volumen V_1 und V_2.

DEN HUBRAUM BESTIMMEN WIR NUR, UM ES NOCH EINMAL ZU ZEIGEN - ER STEHT JA SCHON DA.

Grundsätzlich gibt es zwei Möglichkeiten, wie man Kolbenmotoren berechnen kann - entweder man rechnet den Vergleichsprozess für einen Zylinder oder für alle Zylinder. Beide Wege sind gleich richtig. Wir müssen nur immer aufpassen, dass wir sicher sind, welchen Weg wir gehen.

Der Hubraum für einen einzelnen Zylinder beträgt

$$V_{H,zyl} = \frac{\pi}{4} \cdot b^2 \cdot h = \frac{\pi}{4} \cdot (150\,\text{mm})^2 \cdot 160\,\text{mm} = 2{,}827\,\text{l}$$

Der Hubraum für den Motor beträgt

$$V_{H,mot} = n_{zyl} \cdot V_{H,zyl} = n_{zyl} \cdot \frac{\pi}{4} \cdot b^2 \cdot h = 12 \cdot \frac{\pi}{4} \cdot (150\,\text{mm})^2 \cdot 160\,\text{mm} = 33{,}93\,\text{l}$$

Die benötigten Volumina erhalten wir damit aus der Verdichtung zu

$$V_{1,zyl} = \frac{V_{H,zyl}}{1 - \frac{1}{\varepsilon}} = \frac{2{,}827\,\text{l}}{1 - \frac{1}{6{,}1}} = 3{,}381\,\text{l} \text{ und } V_{2,zyl} = \frac{V_{H,zyl}}{\varepsilon - 1} = \frac{2{,}827\,\text{l}}{6{,}1 - 1} = 0{,}554\,\text{l}$$

Die beiden Volumina sind jeweils das 12-fache für den gesamten Motor.

Bestimmen Sie die zugeführte Wärme durch die Verbrennung des Treibstoffs bei Nennleistung und Nennumdrehung des Motors.

Für diese Berechnung muss der Wärmestrom auf die einzelnen Zündungen in den einzelnen Zylindern aufgeteilt werden: Das Benzin wird jeweils vor der Zündung in einer kleinen Menge in den Zylinder eingespritzt.

DIESE AUFGABE KANN MAN - AUSGEHEND VON DEN GEGEBENEN DATEN - AUF VERSCHIEDENEN WEGEN ANGEHEN.

Der erste Schritt kann sein, für die Nennleistung den Kraftstoffmassenstrom aus der Nennleistung und dem gegebenen Kraftstoffverbrauch zu bestimmen

$$\dot{m}_{Br} = 870\,\text{kW} \cdot 285 \frac{\text{g}}{\text{kWh}} = 870 \cdot 0{,}285 \frac{\text{kg}}{\text{h}} = 870 \cdot 0{,}285 \frac{\text{kg}}{3600\,\text{s}}$$
$$= 0{,}06888 \frac{\text{kg}}{\text{s}}$$

Diese in einer Sekunde verwendete Brennstoffmenge verteilen wir auf die Zahl der Zündungen. Die Anzahl der Zündungen je Sekunde ist eine Frequenz, diese folgt aus der Zahl der Umdrehungen mit

$$f_{N,zyl} = \frac{U}{\text{min}} \cdot n_{zyl} \cdot f_{takt} = \frac{2400}{\text{min}} \cdot 12 \cdot \frac{1}{2} = \frac{2400}{60\,\text{s}} \cdot 12 \cdot \frac{1}{2} = 240 \frac{1}{\text{s}}$$

In dieser Gleichung ist der Faktor f_{takt} zu erklären: Hier wird berücksichtigt, wie viele Umdrehungen der Motor benötigt, um einen vollständigen Kreisprozess zu durchlaufen:

1. Bei einem 2-Takt-Motor (Mofa, Trabant, sehr große Schiffsdiesel) erfolgt jede Umdrehung eine Zündung. In diesem Fall ist $f_{takt} = 1$.
2. Bei 4-Takt-Motoren (alle anderen) durchläuft der Motor in der ersten Umdrehung die ersten drei Zustandsänderungen des Vergleichsprozesses; in einer zweiten Umdrehung wird dann das Abgas aus dem Zylinder gedrückt und frische Luft angesogen. In diesem Fall ist $f_{takt} = 1/2$.

Hätten wir konsequent mit dem Hubraum des Motors gerechnet, dann müssten wir dies hier entsprechend berücksichtigen. In dem Fall summieren wir alle 12 Zündungen eines vollen Zyklus zusammen und bekämen daher

$$f_{N,mot} = \frac{U}{\min} \cdot f_{takt} = \frac{2400}{\min} \cdot \frac{1}{2} = \frac{2400}{60\,\text{s}} \cdot \frac{1}{2} = 20{,}0 \frac{1}{\text{s}}$$

Damit bekommen wir die Brennstoffmasse, die bei Nennleistung je Zündung in einen einzelnen Zylinder gespritzt wird, zu

$$m_{Br,zyl} = \frac{\dot{m}_{Br}}{f_{N,zyl}} = \frac{0{,}06888 \frac{\text{kg}}{\text{s}}}{240 \frac{1}{\text{s}}} = 287 \cdot 10^{-6}\,\text{kg}$$

Über den Heizwert von Benzin ist dann

$$Q_{Zu,zyl} = m_{Br,zyl} \cdot H_{I,Benzin} = 287 \cdot 10^{-6}\,\text{kg} \cdot 41 \frac{\text{MJ}}{\text{kg}} = 11{,}77\,\text{kJ}$$

Bestimmen Sie für den Vergleichsprozess und einer Umgebungsbedingung von 1 bar, 15 °C die Werte der Zustandsgrößen Druck, Temperatur und Volumen.

An dieser Stelle benötigen wir nicht nur die bisher ermittelten Daten, sondern auch unser Wissen über den Vergleichsprozess.

Der Vergleichsprozess ist Otto und nicht Diesel, denn der angegebene Brennstoff ist Benzin.

Der Kompressor und der Ladeluftkühler sind Aggregate, die zwar direkt am Motor zu finden sind, aber nicht zum eigentlichen Motor gehören. Diese Aggregate definieren aber durch ihr Wirken die Bedingungen im Zustand 1. Gegeben ist ein Druck von 3 bar (bis zu einer Flughöhe von 4500 m, danach fällt der Druck mit der Höhe ab) sowie eine Temperaturerhöhung gegenüber der Umgebungsluft um 20 K. Dann ist

$$V_{1,zyl} = 3{,}381\,\text{l}\,,\ p_1 = 3{,}0\,\text{bar}\,,\ T_1 = T_u + 20\,\text{K} = 308{,}15\,\text{K}$$

Die Zustandsänderung 1 → 2 ist im Vergleichsprozess eine isentrope Kompression, wobei diese durch das Verdichterverhältnis ε festgelegt ist. Wir haben schon das Volumen V_2 bestimmt und erhalten damit

$$V_{2,zyl} = \frac{V_{1,zyl}}{\varepsilon} = \frac{3{,}381\,\text{l}}{6{,}1} = 0{,}554\,\text{l},$$

$$p_2 = p_1 \cdot \left(\frac{V_1}{V_2}\right)^{\kappa} = 3{,}0\,\text{bar} \cdot (6{,}1)^{1{,}400} = 37{,}72\,\text{bar},$$

$$T_2 = T_1 \cdot \left(\frac{V_1}{V_2}\right)^{\kappa-1} = 308{,}15\,\text{K} \cdot (6{,}1)^{1{,}400-1} = 635{,}2\,\text{K}$$

Für Otto-Motoren darf die Kompression nicht zu stark ausgeführt werden: Bei der Kompression steigt die Temperatur des Benzin-Luft-Gemisches an. Diese Temperatur darf aber nicht so weit ansteigen, dass die Mischung von alleine zündet. Diesel und Erdgas sind da sehr robust und zünden sicher erst ab etwa 600 °C, Benzin teilweise schon deutlich früher. Die Oktanzahl ist dabei ein Maß für das Zündverhalten. Je höher die Oktanzahl, desto stärker darf das Benzin-Luft-Gemisch komprimiert werden. Das ‚Normalbenzin' mit 87 Oktan kann maximal etwa bis $\varepsilon = 7$ verwendet werden, Super-Benzin maximal etwa bis $\varepsilon = 11$.

Die Zustandsänderung 2 → 3 ist die isochore Wärmezufuhr: Bereits kurz vor Erreichen des oberen Totpunktes wird das Benzin-Luft-Gemisch im Zylinder durch die Zündkerze gezündet. Die Verbrennung breitet sich dann explosionsartig durch das Gemisch aus, dabei wird die im Brennstoff enthaltene chemische Energie in Wärme umgewandelt. Um die dabei freigesetzte Wärme zu ermitteln, benötigen wir noch die Luftmasse, die in einem Zylinder eingeschlossen ist. Diese ist

$$m_{Luft,zyl} = \frac{p_1 \cdot V_1}{R_{Luft} \cdot T_1} = \frac{300.000\,\text{Pa} \cdot 3{,}381\,\text{l}}{0{,}2872 \frac{\text{kJ}}{\text{kg} \cdot \text{K}} \cdot 308{,}15\,\text{K}} = 0{,}01146\,\text{kg}$$

Damit ist

$$V_{3,zyl} = V_{2,zyl} = 0{,}554\,\text{l},$$

$$T_3 = T_2 + \frac{Q_{23}}{c_{v,Luft} \cdot m_{Luft}} = 635{,}2\,\text{K} + \frac{11.770\,\text{J}}{717 \frac{\text{J}}{\text{kg} \cdot \text{K}} \cdot 0{,}01146\,\text{kg}} = 2.067\,\text{K},$$

$$p_3 = p_2 \cdot \frac{T_3}{T_2} = 37{,}72\,\text{bar} \cdot \frac{2.067\,\text{K}}{635{,}2\,\text{K}} = 122{,}7\,\text{bar}$$

Die Zustandsänderung 3 → 4 ist im Vergleichsprozess die isentrope Expansion, wobei diese wieder durch das Verdichterverhältnis ε festgelegt ist

$$V_{4,zyl} = V_{1,zyl} = 3{,}381\,\text{l},$$

$$p_4 = p_3 \cdot \left(\frac{V_3}{V_4}\right)^{\kappa} = p_3 \cdot \left(\frac{V_2}{V_1}\right)^{\kappa} = p_3 \cdot \left(\frac{1}{\varepsilon}\right)^{\kappa} = 122{,}7\,\text{bar} \cdot \left(\frac{1}{6{,}1}\right)^{1{,}400} = 9{,}758\,\text{bar},$$

$$T_4 = T_3 \cdot \left(\frac{V_3}{V_4}\right)^{\kappa-1} = T_3 \cdot \left(\frac{V_2}{V_1}\right)^{\kappa-1} = T_3 \cdot \left(\frac{1}{\varepsilon}\right)^{\kappa-1} = 2.067\,\text{K} \cdot \left(\frac{1}{6{,}1}\right)^{1{,}400-1} = 1.003\,\text{K}$$

Für die Übersicht ordnen wir diese Ergebnisse in Tabelle 11.6.

Tabelle 11.6 Zustände und Zustandsgrößen für den DB 601 A

Zustand	p	T	V_{zyl}	Prozess	Q_{zyl}	$W_{v,zyl}$
1	3,00 bar	308 K	3,381 l	1 → 2	0	2687 J
2	37,72 bar	635 K	0,554 l	2 → 3	11770 J	0
3	122,7 bar	2067 K	0,554 l	3 → 4	0	-8743 J
4	9,76	1003 K	3,381 l	4 → 1	-5711 J	0
Summe					6059 J	-6056 J

Bestimmen Sie die Wärme und die Arbeit aller Zustandsänderungen.

Und da sich das Volumen z.T. nicht ändert, nehmen wir die Volumenarbeit.

Wir müssen uns weiter festlegen bzw. konsistent bleiben bei der Frage: ein Zylinder oder der ganze Motor? Da wir bisher alles für einen Zylinder berechnet haben, bleiben wir dabei.

Für die Wärme gilt, dass bei isentropen Zustandsänderungen 1 → 2 und 3 → 4 keine Wärme übertragen wird. Die zugeführte Wärme in 2 → 3 haben wir bereits aus dem Benzinverbrauch bestimmt.

Damit fehlt nur die abgegebene Wärme der isochoren Zustandsänderung 4 → 1 mit

$$Q_{41,zyl} = m_{zyl} \cdot c_{v,Luft} \cdot (T_1 - T_4) = 0{,}01146\,\text{kg} \cdot 717 \frac{\text{J}}{\text{kg} \cdot \text{K}} \cdot (308\,\text{K} - 1.003\,\text{K})$$
$$= -5.711\,\text{J}$$

Für die isentrope Arbeit verwenden wir

$$W_{V,12,zyl} = m_{zyl} \cdot c_{v,Luft} \cdot (T_2 - T_1) = 0{,}01146\,\text{kg} \cdot 717 \frac{\text{J}}{\text{kg} \cdot \text{K}} \cdot (635\,\text{K} - 308\,\text{K})$$
$$= 2.687\,\text{J}$$

$$W_{V,34,zyl} = m_{zyl} \cdot c_{v,Luft} \cdot (T_4 - T_3) = 0{,}01146\,\text{kg} \cdot 717 \frac{\text{J}}{\text{kg} \cdot \text{K}} \cdot (1.003\,\text{K} - 2.067\,\text{K})$$
$$= -8.743\,\text{J}$$

Was bedeuten jetzt diese Zahlen?

- In der idealen Kompression werden 2.687 J je Zylinder aufgewendet, um die Luft zu komprimieren. Diese Arbeit wird der Luft im Zylinder zugeführt. Dazu muss diese Arbeit vom Motor aufgebracht werden.
- Durch die Verbrennung wird die chemische Energie im Brennstoff freigesetzt, und der Luft im Zylinder wird eine Wärme von 11 770 J zugeführt.
- Durch die Expansion des Gases gibt dieses 8743 J ab – diese Arbeit wird dem Motor zugeführt.
- Mit dem Abgas gehen 5722 J an die Umgebung.

- Die Differenz zwischen der zugeführten Wärme und der abgegebenen Wärme ist das, was der Motor an Wärme aufnimmt und in Arbeit umwandelt. In jedem Zyklus sind dies 6059 J.
- Die (bei der Expansion) abgegebene Arbeit abzüglich der für die Kompression aufgewendeten Arbeit ist die Arbeit, die der Motor bei jedem Zyklus dem Gas entnehmen kann. In jedem Zyklus sind dies 6059 J.
- Aus der Energieerhaltung (dem ersten Hauptsatz) folgt, dass die Beträge von Arbeit und Wärme gleich sind.

Bestimmen Sie den Wirkungsgrad aus dem Vergleichsprozess.

Eine Möglichkeit ist, den Wirkungsgrad des Vergleichsprozesses direkt aus

$$\eta = 1 - \frac{T_1}{T_2} = 1 - \frac{308\ \mathrm{K}}{635\ \mathrm{K}} = 0{,}515$$

zu bestimmen. Dies gilt nur für den Vergleichsprozess. Immer können wir anwenden

$$\eta = \frac{\sum_i Q_i}{Q_{zu}} = \frac{6.926\ \mathrm{J}}{13.450\ \mathrm{J}} = 0{,}515$$

Welche Nennleistung ergibt sich aus dem Vergleichsprozess?

Bisher haben wir genau eine Zündung in einem Zylinder berechnet, jetzt müssen wir einen Strom von Zündungen daraus machen.

Mit jeder Zündung in einem Zylinder verrichtet der Motor 6927 J. Zugleich wissen wir, dass es f_{zyl} = 240 Zündungen in einer Sekunde gibt. Damit ist die Leistung des idealen Vergleichsprozesses

$$P_M = f_{zyl} \cdot W_{zyl} = f_{zyl} \cdot \sum_i Q_{i,zyl} = 240\frac{1}{\mathrm{s}} \cdot 6.059\ \mathrm{J} = 1.454\ \mathrm{kW}$$

Diese Zahl ist größer, also die tatsächliche Leistung von 870 kW. Daraus können wir noch den tatsächlichen Wirkungsgrad des DB 601 A bestimmen, dieser beträgt

$$\eta_{real} = \frac{P_{real}}{\dot{Q}_{zu}} = \frac{P_{real}}{f_{zyl} \cdot Q_{zu,zyl}} = \frac{870.000\ \mathrm{W}}{240\frac{1}{\mathrm{s}} \cdot 11.770\ \mathrm{J}} = 0{,}308$$

Bisher haben wie den Kompressor vernachlässigt, dies holen wir hier nach. Welche Leistung benötigt der Kompressor? Welche Wärme wird im Ladeluftkühler abgeführt?

Die Rolle des Kompressors wird hier im Detail untersucht. Dazu nehmen wir an, dass der Kompressor und der Ladeluftkühler ideale Aggregate sind.

Der Kompressor beim DB 601 oder in modernen Fahrzeugen der Turbolader ist nicht Teil des eigentlichen Kolbenmotors und nicht Teil des Vergleichsprozesses.

Diese Aggregate haben eine andere wichtige Rolle: Ihre Aufgabe ist es, dafür zu sorgen, dass sich im Zylinder bereits im Zustand (1) möglichst viel Luft befindet. Dazu müssen zwei Dinge erfolgen:

- Der Druck im Zylinder soll möglichst hoch sein - dabei ist der Druck durch den maximalen Druck limitiert, den der Motorblock dauerhaft aushält. Diesen Druck erreicht der Kreisprozess im Zustand (3).
- Gleichzeitig soll die Temperatur der Luft im Zustand (1) möglichst gering sein. Nur dann ist die Dichte der Luft hoch, und es gelingt, viel Luftmasse im Zylinder unterzubringen.

Beim Otto-Motor reduziert höhere Temperatur im Zylinder dazu die mögliche Kompression, auch daher muss die Luft eine möglichst niedrige Temperatur haben. Um dies zu erreichen, muss ein Kompressor den benötigten Druck erzeugen und ein nachgeschalteter Wärmetauscher die Luft im Anschluss möglichst weit abkühlen. Nur diese Kombination erfüllt den Zweck.

In unserem Fall erhöht der Kompressor den Druck der Umgebungsluft bis zu einer Höhe von 4500 m auf 3 bar (dieser Zahlenwert ist meine Schätzung, da ich keine reale Angabe gefunden habe; die Schätzung kann man durch besonders konsistente Zahlen im Kreisprozess begründen). Am Boden hat der Kompressor daher ein Druckverhältnis von $\Pi_K = 3$. In einer Höhe von 4500 m beträgt der Luftdruck nur noch etwa 0,6 bar, dann beträgt das benötigte Druckverhältnis eher $\Pi_K = 5$. Dies regelt der verwendete Kompressor automatisch.

Der ideale Kompressor ist isentrop, damit erhalten wir am Boden als Temperatur der Luft am Austritt des Kompressors

$$T_{K,aus} = T_u \cdot \left(\frac{p_{K,aus}}{p_{K,ein}} \right)^{\frac{\kappa-1}{\kappa}} = 288\,\mathrm{K} \cdot \left(\frac{3{,}0\,\mathrm{bar}}{1{,}0\,\mathrm{bar}} \right)^{\frac{1{,}400-1}{1{,}400}} = 394\,\mathrm{K} = 121\,°\mathrm{C}$$

Diese Temperatur des Luftstroms wird dann im Ladeluftkühler möglichst weit abgesenkt. Die Annahme war bis auf 20 K über Umgebungstemperatur (auch dies ist eine reine Schätzung: Tatsächlich hängt der Wert kritisch von der Umgebung und der Geschwindigkeit des Flugzeugs ab. Die Geschwindigkeit des Flugzeugs legt fest, mit welcher Geschwindigkeit die Umgebungsluft durch den Ladeluftkühler strömt). Der ideale Kühler ist isobar: Druckverlust, also dissipierte Druckarbeit, beschreibt den Aufwand, den wir benötigen, um ein Fluid durch ein Aggregat zu bewegen. Im idealen Fall ist dies gerade Null.

Der Massenstrom der Luft bei Nennleistung und dem oben beschriebenen Vergleichsprozess beträgt

$$\dot{m}_{Luft,mot,N} = m_{Luft,zyl,N} \cdot f_N = 0{,}01146\,\mathrm{kg} \cdot 240 \frac{1}{\mathrm{s}} = 2{,}750 \frac{\mathrm{kg}}{\mathrm{s}}$$

Das bedeutet, dass durch den Kompressor bei Nennleistung je Sekunde 2,75 kg Luft fließen müssen. Dies entspricht einem Volumenstrom von über 2 $\mathrm{m^3\,s^{-1}}$.

Damit ist die Wärme, die dem eingesaugten Luftstrom entnommen wird,

$$\dot{Q}_{LLK,N} = \dot{m}_{Luft,N} \cdot c_{p,Luft} \cdot \left(T_{LLK,aus} - T_{LLK,ein}\right)$$
$$= 2{,}750 \frac{\text{kg}}{\text{s}} \cdot 1{,}004 \frac{\text{kJ}}{\text{kg} \cdot \text{K}} \cdot \left(308\ \text{K} - 394\ \text{K}\right) = -237\ \text{kW}$$

Der ideale Kompressor benötigt als Leistung

$$P_{K,N} = \dot{m}_{Luft,N} \cdot c_{p,Luft} \cdot \left(T_{K,aus} - T_{K,ein}\right)$$
$$= 2{,}750 \frac{\text{kg}}{\text{s}} \cdot 1{,}004 \frac{\text{kJ}}{\text{kg} \cdot \text{K}} \cdot \left(394\ \text{K} - 288\ \text{K}\right) = 292\ \text{kJ}$$

Letztendlich würde die technisch ideale Kombination von Kompressor oder Turbolader mit Ladeluftkühler eine isotherme Zustandsänderung herbeiführen. In unserem Falle ist dies nicht ganz der Fall.

Beim DB 601 A muss der Motor selber die Leistung für den Kompressor bereitstellen, diese Leistung steht dann nicht am Propeller für den Vortrieb zur Verfügung. Bei einem Turbolader wird die noch im Abgas vorhandene Enthalpie - kenntlich durch den Restdruck im Zustand (4) - genutzt. Daher sind Turbolader energetisch deutlich günstiger als Kompressoren.

Deutsches Museum, Flugzentrum Unterschleißheim

https://de.wikipedia.org/wiki/Daimler-Benz_DB_601

Warum diese Beispiele?

Die Beispiele hier sind ganz bewusst ausgewählt. Jedes der Beispiele ist aus technischer Sicht faszinierend und bildet den Vergleichsprozess sehr gut ab. Gleichzeitig stellen JUMO 004 und DB 601 Maschinen dar, die für die Wehrmacht des nationalsozialistischen Deutschlands entwickelt wurden und die für einen Angriffs- und Vernichtungskrieg vorgesehen waren. Diese beiden Fragen *„für wen ist meine Technik"* und *„für was dient meine Technik"* müssen wir als Ingenieurinnen und Ingenieure in einem engen technischen Rahmen mit dem Lastenheft klären (VDI 2221). Zugleich sind die Antworten auf diese Fragen direkt mit ethischen Entscheidungen verbunden, und diesen ethischen Entscheidungen müssen wir uns stellen bzw. unser Handeln daran orientieren, was für uns ethisch zulässig ist (VDI, *Ethische Grundsätze des Ingenieurberufs*).

VDI 2221-1, *Entwicklung technischer Produkte und Systeme - Modell der Produktentwicklung*

VDI 2221-2, *Entwicklung technischer Produkte und Systeme - Gestaltung individueller Produktentwicklungsprozesse*

https://www.vdi.de/themen/ethische-grundsaetze

11.4 Diesel- oder Gleichdruckprozess

Der Gleichdruckprozess beschreibt in guter Näherung die Abläufe in einem Diesel-Motor. Ein Diesel-Motor wird mit Luft betrieben, in die kurz bevor der Kolben den oberen Totpunkt erreicht, etwas Diesel-Brennstoff eingespritzt wird. Der Diesel vermischt sich mit der Luft, verdampft dabei, erwärmt sich weiter, zündet und verbrennt, während sich das Volumen bereits wieder vergrößert - dabei bleibt der Druck im Zylinder in erster Näherung konstant.

Da es besser mit bewegten Bildern erklärt wird, gibt es ein Video zum Diesel-Vergleichsprozess unter *https://www.youtube.com/watch?v=SjhruFfGL_o*. Darin werden die Zustände und Zustandsänderungen dargestellt.

Vergleichsprozess Der Vergleichsprozess, so wie er in Tabelle 11.7 dargestellt ist, entwickelt sich aus diesen Überlegungen:

Verdichtung der im Zylinder eingeschlossenen Luft vom Zustand 1 (frische Luft im Zylinder bei Volumen V_1) in den Zustand 2 (maximal komprimierte frische Luft bei Volumen V_2)	Die ideale Verdichtung ist isentrop. Daher wird hier eine isentrope Verdichtung angesetzt, für die dem Arbeitsgas Arbeit zugeführt wird. Der reale Fall ist sehr weit davon entfernt, da das Arbeitsgas im engen thermischen Austausch mit der Zylinderwand steht.
Wärmezufuhr vom Zustand 2 (maximal komprimierte frische Luft bei Volumen V_2 und Druck p_2) zum Zustand 3 (verbranntes Abgas bei Volumen V_3 und Druck p_2)	Der Brennstoff wird eingespritzt, verdampft und vermischt sich mit der Luft, danach setzt die chemische Reaktion durch Selbstzündung ein. Brennstoff wird zugegeben, kurz bevor der Kolben den oberen Totpunkt erreicht, und endet deutlich, bevor der Kolben den unteren Totpunkt erreicht. Der Druck ändert sich (fast) nicht, daher ist die Wärmezufuhr hier isobar.
Expansion der im Zylinder eingeschlossenen Luft vom Zustand 3 (verbranntes Abgas bei Volumen V_3 und Druck p_2) in den Zustand 4 (maximal expandiertes Abgas bei Volumen V_1)	Die ideale Expansion ist isentrop. Daher wird hier eine isentrope Zustandsänderung angesetzt, bei der das Arbeitsgas Arbeit an den Kolben abgibt. Der reale Fall ist sehr weit davon entfernt, da das Arbeitsgas im engen thermischen Austausch mit der Zylinderwand steht.
Gasaustausch vom Zustand 4 (maximal expandiertes Abgas bei Volumen V_1) in den Zustand 1 (frische Luft im Zylinder bei Volumen V_1)	Das Abgas mit Restdruck und hoher Temperatur wird an die Umgebung abgegeben, und frisches Gas wird in den Zylinder gefüllt. Dies beschreiben wir durch eine isochore Wärmeabgabe.

Zusätzlich werden für den Diesel-Vergleichsprozess so wie in Tabelle 11.7 die folgenden Annahmen verwendet:

- Das Arbeitsfluid, d. h. das System, ist trockene Luft als ideales Gas.
- Die eingespritzte Masse an Brennstoff, die reale chemische Reaktion und die Anwesenheit von Reaktionsgasen werden vernachlässigt.
- Es wird durchgehend mit konstanten Stoffwerten von Luft gerechnet.
- Es wird nur in der Zustandsänderung 2 → 3 Wärme zugeführt.
- Der Zylinder wird idealisiert, es treten keine Wärmeverluste zwischen Zylinder und Arbeitsgas auf, insbesondere wird der thermische Austausch zwischen den wassergekühlten Zylinderwänden und dem Arbeitsgas vernachlässigt
- Die beiden Takte, die bei einem Viertakter-Motor den Gasaustausch durchführen, werden vernachlässigt.

Tabelle 11.7 Der Diesel- oder Gleichdruckvergleichsprozess

Zustand	Bedingung	Prozess	Zustandsänderung
1	am unteren Totpunkt mit Frischgas	1 → 2	isentrope Kompression (adiabate Kompression durch den Kolben)
2	am oberen Totpunkt vor Reaktion		
		2 → 3	isobare Wärmezufuhr (isobare Wärmezufuhr, da die Vergrößerung des Volumens etwa durch Verdampfen, dann chemische Reaktion und Erwärmen kompensiert wird)
3	zwischen oberem und unterem Totpunkt nach Reaktion		
		3 → 4	isentrope Expansion (adiabate Expansion)
4	am unteren Totpunkt vor Gasaustausch		
		4 → 1	isochore Abkühlung (Abgabe der heißen Luft an die Umgebung, Aufnahme von Frischluft - dies sind die zwei Austauschtakte)
1	am unteren Totpunkt mit Frischgas		

Zustände des Vergleichsprozesses Der erste Schritt der Berechnung ist es, für die vier Zustände des Vergleichsprozesses den Druck und die Temperatur zu bestimmen:

1. Der Zustand 1 ist durch seine Umgebung festgelegt: Falls der Motor Luft direkt aus der Umgebung ansaugt, ist dies Umgebungsdruck und -temperatur. Falls der Motor zusätzlich mit einem Kompressor oder Turbolader ausgestattet ist, dann ist dies der Druck nach dem Kompressor oder Turbolader sowie die Temperatur aufgrund der Ladeluftkühlung.
2. Druck p_2 und Temperatur T_2 werden aus der isentropen Verdichtung 1 → 2 um ε bestimmt.

3. Die Temperaturerhöhung ΔT_{23} folgt aus der mit dem Brennstoff in jeder Zündung zugeführten Wärme. Hierfür wird für eine einzelne Zündung zugegebene Brennstoffmenge aus der Zylinderanzahl und der Frequenz benötigt. Falls ein Einspritzverhältnis φ (siehe unten) vorgegeben ist, kann dieses hier auch verwendet werden: In dem Fall berechnen wir daraus die Temperaturerhöhung.
4. Druck p_4 und Temperatur T_4 werden aus der isentropen Expansion 3 → 4 um $1/\varepsilon$ bestimmt.

Das Volumen ist bereits durch den Hubraum V_H und die Verdichtung ε festgelegt.

Wärme und Arbeit Aus den bestimmten Zuständen lassen sich über die Zustandsänderungen die zugeführten Wärmen und die verrichteten Arbeiten berechnen, wie in Tabelle 11.8 dargestellt.

Wir verwenden bevorzugt die Volumenarbeit für Berechnungen, denn es ist ein geschlossenes System.

Tabelle 11.8 Berechnung von Wärme und Arbeit im Diesel Vergleichsprozess

Prozess	Wärme	Volumenarbeit	Druckarbeit
1 → 2, isentrop	$q_{12}=0$	$w_{v,12}=c_v\cdot(T_2-T_1)$	$w_{p,12}=c_p\cdot(T_2-T_1)$
2 → 3, isobar	$q_{23}=c_p\cdot(T_3-T_2)$	$w_{v,23}=-R_i\cdot(T_3-T_2)$	$w_{p,23}=0$
3 → 4, isentrop	$q_{34}=0$	$w_{v,34}=c_v\cdot(T_4-T_3)$	$w_{p,34}=c_p\cdot(T_4-T_3)$
4 → 1, isochor	$q_{41}=c_v\cdot(T_1-T_4)$	$w_{v,41}=0$	$w_{p,41}=R_i\cdot(T_1-T_4)$

Wirkungsgrad Der thermische Wirkungsgrad des idealen Diesel-Vergleichsprozesses ist

$$\eta=\frac{\sum_i q_i}{q_{zu}}=\frac{0+c_p\cdot(T_3-T_2)+0+c_v\cdot(T_1-T_4)}{c_p\cdot(T_3-T_2)}=1-\frac{c_v}{c_p}\cdot\frac{T_4-T_1}{T_3-T_2} \tag{11.29}$$

Dies kann weiter umgeformt und geordnet werden, sodass wir erhalten

$$\eta=1-\frac{1}{\kappa}\cdot\frac{T_4-T_1}{T_3-T_2}=1-\frac{1}{\kappa}\cdot\frac{T_1}{T_2}\cdot\frac{\frac{T_4}{T_1}-1}{\frac{T_3}{T_2}-1}=1-\frac{1}{\kappa}\cdot\frac{T_1}{T_2}\cdot\frac{\left(\frac{T_3}{T_2}\right)^{\kappa}-1}{\frac{T_3}{T_2}-1} \tag{11.30}$$

Grundsätzlich muss eine Information gegeben sein oder entwickelt werden, welche Wärmemenge in der Zustandsänderung 2 → 3 zugegeben wird oder welche Temperaturerhöhung ΔT_{23} vorliegt.

Einspritzverhältnis Eine zusätzliche Kennzahl eines Diesel-Vergleichsprozesses ist das Einspritzverhältnis

$$\varphi = \frac{V_3}{V_2} \underset{p=const}{=} \frac{T_3}{T_2} \tag{11.31}$$

Diese Kennzahl ist von der zugeführten Wärme ΔQ_{23} abhängig, es ist also keine Eigenschaft des Motors, sondern eine Kennzahl für einen Kreisprozess unter ganz bestimmten Randbedingungen. Die zugeführte Wärme beträgt dann

$$\Delta q_{23} = c_p \cdot (T_3 - T_2) = \frac{c_p}{T_2} \cdot (\varphi - 1) = \frac{c_p}{T_3} \cdot \left(1 - \frac{1}{\varphi}\right) \tag{11.32}$$

Damit lässt sich der Wirkungsgrad schreiben als

$$\eta = 1 - \frac{1}{\kappa} \cdot \frac{T_1}{T_2} \cdot \frac{\varphi^{\kappa} - 1}{\varphi - 1} \tag{11.33}$$

11.5 Vergleich von Otto- und Diesel-Prozess

Die beiden Prozesse bzw. ihre technische Umsetzung als reale Motoren führt zu einigen relevanten Unterschieden, die deutlich über unterschiedliche Eigenschaften der Brennstoffe hinausgehen.

Bild 11.9 bildet einen Otto- und einen Diesel-Vergleichsprozess mit typischen Werten ab, bei denen nur der Zustand 2 aufgrund der unterschiedlichen Verdichtung und die Zustandsänderung 2 → 3 voneinander abweichen. Die Verläufe dieser beiden Vergleichsprozesse im T-s Diagramm zeigt Bild 11.10. Der Diesel-Vergleichsprozess umschließt dabei eine deutlich größere Fläche in beiden Diagrammen, d. h. während eines Kreisprozesses wird ein ansonsten identischer Diesel-Kreisprozess mehr Wärme aufnehmen und mehr Arbeit verrichten. Dazu muss mehr Wärme zugeführt und mehr Wärme abgeführt werden, denn diese Flächenverhältnisse enthalten noch keine Aussage zu den Wirkungsgraden. Bild 11.8 illustriert die Wirkungsgrade der beiden Vergleichsprozesse:

- Die Erhöhung der Verdichtung beim Otto-Motor erfordert höherwertige Treibstoffe, führt jedoch direkt zu deutlich höheren Wirkungsgraden.
- Diesel-Motoren weisen einen Wirkungsgrad auf, der nur geringfügig von der Verdichtung abhängt.
- Der Wirkungsgrad von Diesel-Motoren verringert sich, je mehr Wärme bei der Verbrennung zugeführt wird. Hier entsteht direkt die Notwendigkeit, zwischen hoher Leistung durch hohe Wärmezufuhr und höherem Wirkungsgrad des Motors abzuwägen.

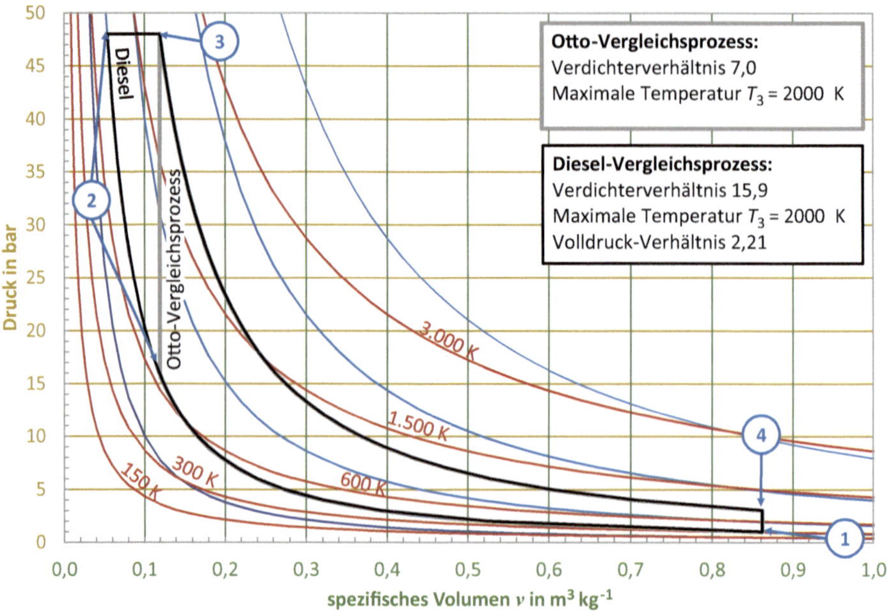

Bild 11.9 Otto- und Diesel-Vergleichsprozesse im p-v Diagramm, bei denen nur der Zustand 2 unterschiedlich ist

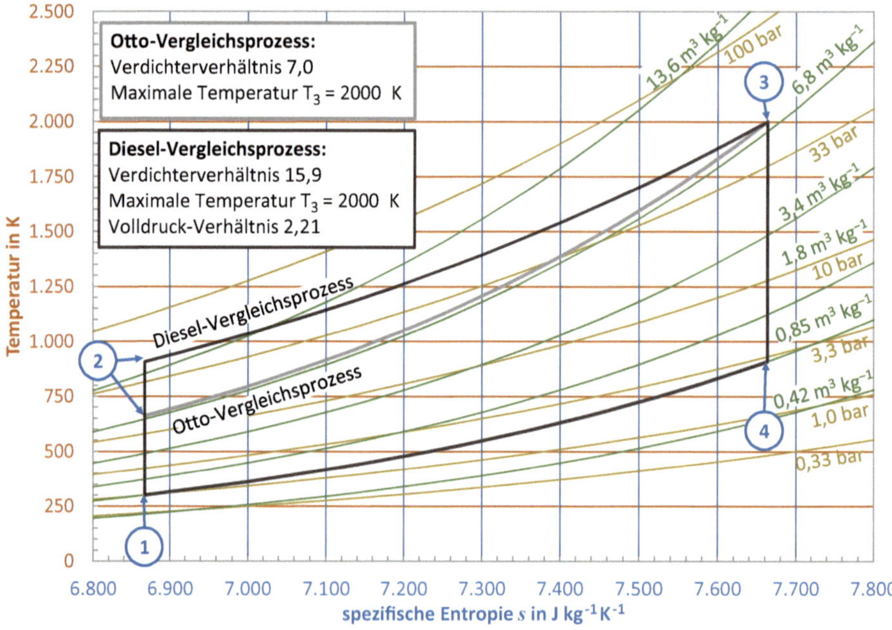

Bild 11.10 Otto- und Diesel-Vergleichsprozesse im T-s Diagramm, bei denen nur der Zustand 2 unterschiedlich ist

Tabelle 11.9 fasst die wesentlichen Unterschiede zwischen Otto- und Diesel-Kreisprozessen zusammen. Die maximale Drehzahl ist einmal durch die Forderung nach vollständiger Verbrennung und dann durch die Anforderung an die mechanische Festigkeit der Komponenten limitiert. Weitere Besonderheiten wie die Abhängigkeit des Drehmomentes mit der Frequenz folgen aus diesen Eigenschaften.

Tabelle 11.9 Vergleich von Gleichraum- und Gleichdruckprozess bzw. den technischen Umsetzungen

Prozess	Otto/Gleichraum	Diesel/Gleichdruck
Brennstoff	Benzin enthält leicht flüchtige Bestandteile und erzeugt so explosionsfähige Gemische.	Diesel enthält keine leicht flüchtigen Bestandteile und zündet oberhalb von etwa 600 °C.
Verdichterverhältnis $\varepsilon = \frac{V_1}{V_2}$	Das Verdichterverhältnis ist durch die Zündtemperatur des Gemisches begrenzt - typisch etwa bei 450 °C -, sodass $\varepsilon < 11$. Spontanes Zünden des Gemisches (Klopfen) führt zur Zerstörung des Motors.	Das Verdichtungsverhältnis muss minimal ausreichen, um Selbstzündung zu erreichen, also > 600 °C. Die Obergrenze der Verdichtung ergibt sich aus der Druckfestigkeit des Motorblocks.
Druckverhältnis $\Pi = \frac{p_2}{p_1}$	Folgt aus dem Verdichterverhältnis, < 25	Das Druckverhältnis ist durch die Werkstoffe und Konstruktion des Motorblocks vorgegeben, typisch etwa 65
Umdrehung	Die Umdrehung ist durch die Größe des Volumens V_2 limitiert, denn es muss vollständige Verbrennung erfolgen. In kleinen Zylindern sind Werte bis 7000 min^{-1} möglich.	Die Umdrehung ist begrenzt, da eine vollständige Umsetzung während der Expansion sonst nicht stattfindet. In kleinen Zylindern etwa bis 4000 min^{-1} enger Bereich hohen Drehmoments

11.6 Weitere Vergleichsprozesse

11.6.1 Linkslaufende Kreisprozesse des idealen Gases

Grundsätzlich kann man alle Kreisprozesse auch linkslaufend als Arbeitsmaschine bzw. Kältemaschine ablaufen lassen. Von technischer Relevanz ist dabei der linkslaufende Joule-Prozess für die Erzeugung von tiefen Temperaturen, der dann oft Brayton-Prozess genannt wird.

Dieser Prozess wird in Kapitel 12 zusammen mit Kältemaschinen mit Phasenwechsel dargestellt.

11.6.2 Vergleichsprozesse mit isothermer Wärmeübertragung

Der Carnot-Vergleichsprozess ist einer von mehreren denkbaren Vergleichsprozessen, bei denen zwei der vier Zustandsänderungen isotherm sind. Tabelle 11.10 stellt die drei bekanntesten mit ihren Zustandsänderungen vor. Dabei erfolgt die Zufuhr von Wärme, die in Arbeit umgewandelt werden soll, in einer isothermen Zustandsänderung bei hohem oder zunehmendem Druck und die Abgabe der Abwärme in der zweiten isothermen Zustandsänderung bei niedrigem oder abnehmendem Druck.

Ein zweites Kennzeichen dieser Prozesse ist, dass Wärme im Prozess gehalten wird. Beim Carnot-Prozess ist dies irrelevant, da in isentropen Zustandsänderungen keine Wärme übertragen wird. Im Stirling- und Ericson-Vergleichsprozess sind die in der (isochoren bzw. isobaren) Kompression und Expansion zu übertragenden Wärmen vom Betrag gleich groß. Diese Energie wird daher im Vergleichsprozess gehalten - dafür bräuchten reale Motoren dann geeignete Wärmetauscher zwischen den Zustandsänderungen. Der theoretische Wirkungsgrad der drei Vergleichsprozesse aus Tabelle 11.10 entspricht dem Carnot-Wirkungsgrad aus Kapitel 6. Die Wärme wird jeweils isotherm bei einem hohen Temperaturniveau zugeführt und isotherm bei niedriger Temperatur abgegeben, sodass

$$\eta = 1 - \frac{T_o}{T_u} \tag{11.34}$$

Dies ist der theoretische Wirkungsgrad der drei Vergleichsprozesse.

Tabelle 11.10 Vergleichsprozesse mit isothermen Zustandsänderungen

Zustandsänderung	Carnot	Stirling	Ericson
1 → 2	isotherme Wärmeabgabe nach außen	isotherme Kompression mit Wärmeabgabe nach außen	isotherme Kompression mit Wärmeabgabe nach außen
2 → 3	isentrope Kompression	isochore Kompression durch Wärmezufuhr aus 4 → 1	isobare Kompression durch Wärmezufuhr aus 4 → 1
3 → 4	isotherme Wärmezufuhr von außen	isotherme Expansion mit Wärmezufuhr von außen	isotherme Expansion mit Wärmezufuhr von außen
4 → 1	isentrope Expansion	isochore Expansion durch Wärmeabgabe zu 2 → 3	isobare Expansion durch Wärmeabgabe zu 2 → 3

Der linkslaufende Stirling-Vergleichsprozess wird auch Philips-Vergleichsprozess genannt.

Reale Maschinen, die diese Vergleichsprozesse darstellen sollen, arbeiten entweder extrem langsam und daher mit vernachlässigbarer Leistung oder die realen Prozesse weichen ausgesprochen weit von den theoretischen ab, sodass reale Wirkungsgrade weit unter denen von Gasturbinen, Otto- oder Diesel-Motoren liegen. Das Kernproblem ist dabei die benötigte Wärmeübertragung: Um schnell viel Wärme zu übertragen, wird ein großer Temperaturgradient benötigt - während die isotherme Wärmeübertragung auf vernachlässigbar kleinen Temperaturdifferenzen basiert. Daher ist es technisch unmöglich, die benötigten Wärmen ausreichend vollständig oder schnell genug auszutauschen.

Reale Maschinen, die nach diesen Vergleichsprozessen arbeiten sollen, finden sich in Spezialanwendungen, und es ist dann durchaus zu diskutieren, ob diese Maschinen geeignet durch diese Vergleichsprozesse beschrieben werden.

Literatur

Junkers Flugzeug- und Motorenwerke A. G. (1944) *Kleintafeln Jumo 004-B.* Dessau.

Saravanamuttoo HIH, Rogers GFC, Cohen H, Straznicky PV (2009) *Gas Turbine Theory.* Pearson, Harlow.

12 Kreisprozesse mit Phasenwechsel

In diesem Kapitel geht es um Maschinen bzw. um Kreisprozesse, bei denen ein Phasenwechsel des Arbeitsfluides ein zentraler Teil des Kreisprozesses ist. Dies sind vorrangig Dampfturbinen und Kältemaschinen. Dabei werden technisch einige Effekte des Phasenwechsels ausgenutzt:

- die hohe Volumenausdehnung oder der hohe mögliche Druckanstieg beim Sieden von eingeschlossenen Flüssigkeiten (Dampfmaschine)
- die hohe latente Wärme der Phasenübergänge von geeigneten Wärmeträgern (insbesondere Wasser und Ammoniak). Dadurch genügen geringere Massenströme
- die sehr geringe benötigte mechanische Leistung für das Komprimieren von Flüssigkeiten (Dampfturbine) bzw. damit auch der geringe Nutzen bei der Expansion von Flüssigkeiten (Kältemaschine)

Von grundlegender Bedeutung ist dabei nicht nur die Erzeugung von mechanischer Leistung durch einen rechtslaufenden Kreisprozess (Dampfmaschine und Dampfturbine), sondern auch die fast universelle Nutzung in Kältemaschinen mit linkslaufendem Kreisprozess. Beide Vergleichsprozesse tragen den gleichen Namen, obwohl es wichtige Unterschiede zwischen beiden gibt.

12.1 Rechtslaufender Clausius-Rankine-Prozess

Der rechtslaufende Clausius-Rankine-Prozess beschreibt die Wandlung von Wärme in Arbeit über das Verdampfen und Kondensieren eines Arbeitsfluides. In nahezu allen Maschinen, die durch diesen Vergleichsprozess beschrieben werden, ist der Stoff Wasser.

Inzwischen gibt es Maschinen, die mit organischen Stoffen betrieben werden, die bei anderen Temperaturen und Drücken Verdampfung zeigen. Über die Wahl des Arbeitsstoffes und damit andere nutzbare Temperaturen sind so andere Wärmequellen zugänglich. Diese Organic Clausius-Rankine (ORC) Prozesse werden insbesondere für die Nutzung von Abwärme oder für oberflächennahe Geothermie angeboten.

Wir benutzen für die Darstellung dieses Vergleichsprozesses die Dampfturbine. Grundsätzlich können wir auch Kolbendampfmaschinen so beschreiben, die realen Abläufe dort sind jedoch komplexer.

12.1.1 Von der Dampfturbine zum Vergleichsprozess

Reale Dampfturbinen gibt es in vielen Variationen, und sie weisen oft eine beeindruckende Anzahl an zusätzlichen Komponenten auf. Wir starten mit einem ganz einfachen Aufbau, der alle zentralen Elemente enthält.

Bild 12.1 zeigt den grundlegenden Aufbau: Flüssiges Wasser (Speisewasser) wird mit einer Pumpe auf einen hohen Druck komprimiert; ab hier fällt der Druck des Wassers nur noch ab. Dieses flüssige Wasser unter hohem Druck wird zum Sieden gebracht und verdampft, und der Dampf wird weiter überhitzt, indem diesem Wasser jeweils Wärme zugeführt wird. Dieser Dampf bei hoher Temperatur und hohem Druck treibt eine Turbine an. Dabei entspannt der Dampf, d.h. er verliert Druck und Temperatur. Zuletzt wird der Dampf oder Nassdampf nach der Turbine kondensiert.

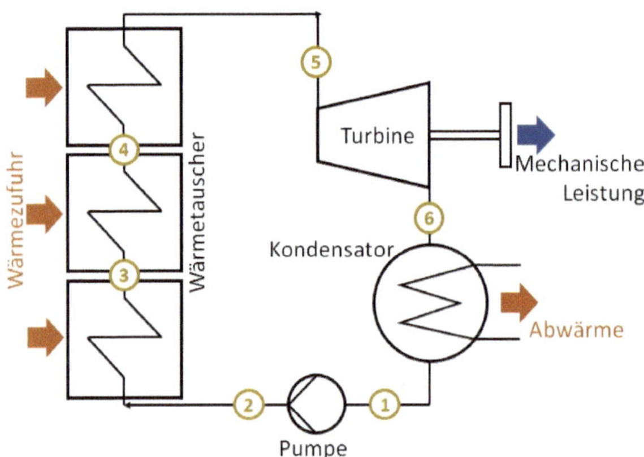

Bild 12.1 Aufbau einer einfachen Dampfturbine. Es sind drei Wärmetauscher eingezeichnet für einen unterkritischen Vergleichsprozess.

Kreisprozess Wenn wir dem Wasser durch seinen geschlossenen Weg durch die Anlage folgen, so erschließt sich der Kreisprozess. Die Nummern der Zustände beziehen sich auf Bild 12.1:

Verdichtung vom Zustand 1 (flüssiges Wasser bei niedrigen Druck p_1) zum Zustand 2 (flüssiges Wasser bei hohem Druck p_2)	Wasser verhält sich hier nahezu wie eine ideale Flüssigkeit. Daher benötigt die Pumpe verhältnismäßig wenig Leistung. Die ideale Pumpe wäre isentrop. Die insgesamt sehr geringe Temperaturänderung des Wassers ist vorrangig durch Reibung in der Pumpe bestimmt.
Erwärmen des Wassers vom Zustand 2 bis zum Zustand 3 (siedendes Wasser, d. h. Siedetemperatur beim Druck p_2)	Historisch hat man die einzelnen Schritte der Wärmezufuhr räumlich getrennt, da sich das Waser jeweils sehr unterschiedlich verhält. Die ideale Wärmezufuhr ist isobar.
Verdampfen des Wassers vom Zustand 3 zum Zustand 4 (gesättigter Dampf, d. h. Siedetemperatur beim Druck p_2)	Die ideale Verdampfung erfolgt isobar.
Überhitzen des Wassers vom Zustand 4 (gesättigter Dampf, d. h. Siedetemperatur beim Druck p_2) bis auf die maximale Temperatur T_5	Die ideale Wärmezufuhr ist isobar.
Expansion des überhitzen Dampfes vom Zustand 5 (überhitzter Dampf bei maximaler Temperatur T_5 und Druck p_2) auf minimalen Druck und Temperatur im Zustand 6 (Nassdampf)	Hier verrichtet der Dampf Arbeit. Die ideale Zustandsänderung ist dabei isentrop.
Vollständige Kondensation des Nassdampfes aus Zustand 6, um flüssiges Wasser im Zustand 1 zu erhalten	Die ideale Kondensation erfolgt isobar.

Rechtslaufender Clausius-Rankine-Vergleichsprozess Der Vergleichsprozess basiert auf den folgenden Festlegungen:

- Das Arbeitsmedium, d. h. das System ist Wasser oder ein anderes Fluid, das in dem Druck- und Temperaturbereich des Kreisprozesses flüssig und als Gas vorliegt.
- Das Arbeitsfluid wird kontinuierlich in einem geschlossenen Kreislauf geführt.
- Die Wärme wird dem Arbeitsmedium über Wärmetauscher von einer externen Wärmequelle zugeführt.
- Die Abwärme wird über Kondensation freigesetzt und im Kondensator nach außen abgegeben.

Der rechtslaufende und unterkritische Clausius-Rankine-Prozess ist durch die Zustände und Zustandsänderungen in Tabelle 12.1 definiert - hier am Beispiel Wasser. Wenn der Druck, den die Pumpe in der Zustandsänderung 1 → 2 erzeugt, höher ist als der kritische Druck des Arbeitsfluides (bei Wasser höher als 220 bar), dann findet kein Verdampfen mehr statt, sondern das Arbeitsfluid geht ohne einen definierten Phasenübergang in einen überkritischen Zustand über. Für diesen Fall ist der Vergleichsprozess in Tabelle 12.2 beschrieben.

Tabelle 12.1 Rechtslaufender unterkritischer Clausius-Rankine-Kreisprozess

Zustand	Bedingung	Prozess	Zustandsänderung
1	flüssiges Wasser	1 → 2	isentrope Kompression (adiabate Kompression durch die Speisewasserpumpe)
2	am Eintritt zum Speisewasservorwärmer (da Wasser fast inkompressibel ist, nahezu keine Änderung der Temperatur)	2 → 3	isobare Wärmezufuhr (Erwärmung im Speisewasservorwärmer: Temperaturerhöhung ohne Phasenwechsel)
3	am Eintritt zum Verdampfer (Schnittpunkt der isobare mit der Siedelinie: also bei Siedetemperatur ohne Dampfgehalt)	3 → 4	Isobare Wärmezufuhr (Wärmezufuhr im Verdampfer: also vollständiger Phasenübergang ohne Temperaturänderung)
4	am Eintritt zum Überhitzer (Schnittpunkt der Isobare mit der Taulinie: bei Siedetemperatur ohne Flüssigkeit)	4 → 5	isobare Wärmezufuhr (Erwärmung im Überhitzer)
5	am Eintritt zur Turbine	5 → 6	isentrope Expansion (adiabate Expansion in der Turbine; oft mit beginnendem Phasenwechsel am Niederdruck-Ende der Turbine)
6	am Eintritt zum Kondensator (Nassdampf, Druck und Temperatur sind durch den Kondensator vorgegeben)	6 → 1	isobare Wärmeabgabe (Kondensation)
1	kondensiertes unterkühltes Wasser		

Tabelle 12.2 Rechtslaufender überkritischer Clausius-Rankine-Prozess

Zustand	Bedingung	Prozess	Zustandsänderung
1	flüssiges Wasser	1 → 2	isentrope Kompression (adiabate Kompression durch die Speisewasserpumpe)
2	am Austritt der Speisewasserpumpe	2 → 5	isobare Wärmezufuhr (Erwärmung im Wärmeübertrager)
5	am Eintritt zur Turbine	5 → 6	isentrope Expansion (adiabate Expansion in der Turbine; oft mit beginnendem Phasenwechsel am Niederdruck-Ende der Turbine)
6	am Eintritt zum Kondensator	6 → 1	isobare Wärmeabgabe (mit Kondensation)
1	kondensiertes unterkühltes Wasser		

12.1.2 Eigenschaften und Grenzen

Der Vergleichsprozess bildet reale Maschinen ab, daher benötigen wir einige Grundlagen zu technischen Aspekten:

Warum gerade Wasser? Dampfturbinen können mit vielen Fluiden betrieben werden, aber Wasser ist auch weiter das technisch relevanteste Fluid:

- Die spezifische Wärmekapazität von Wasser ist als Flüssigkeit und als Gas ausgesprochen hoch. Dadurch kann Wasser mehr Wärme transportieren als viele andere potenzielle Fluide.
- Die Verdampfungsenthalpie r von Wasser ist ausgesprochen hoch. Dadurch kann Wasser sehr viel latente Wärme transportieren.
- Wasser ist leicht zugänglich, günstig, einfach ausreichend zu reinigen.
- Wasser ist nicht giftig. Es schädigt weder die Ozonschicht noch ist es ein technisches Treibhausgas.

Ammoniak hat ähnliche stoffliche Eigenschaften wie Wasser, eignet sich jedoch aufgrund der Lage von Siedelinie und Sättigungslinie deutlich weniger. Organische Fluide werden manchmal in kleinen Maschinen verwendet - die Kombination aus geringer spezifischer Wärmekapazität und geringer Verdampfungsenthalpie führt dazu, dass solche Turbinen im Verhältnis zur Leistung große Massenströme an Arbeitsfluid benötigen.

Temperaturgrenzen Jedes Arbeitsfluid hat klare Temperaturgrenzen für seinen Einsatz:

- Das System darf nicht erstarren. Das Wasser darf nicht gefrieren; gerade Wasser mit seiner starken Temperaturanomalie am Gefrierpunkt zerstört sofort Leitungen. Dies ist die absolute untere Grenze.
- Die chemische Beständigkeit des Arbeitsfluides - das Fluid darf an keinem Punkt im Vergleichsprozess zerfallen. Dies setzt gerade für organische Lösemittel obere Grenzen.
- Wasser löst als überkritisches Fluid Metalle. Diese Eigenschaft nimmt deutlich mit der Temperatur zu, d. h. überkritisches Wasser löst Metalle aus den Rohrleitungen und der Turbine. Umgekehrt können diese Metalle bei niedrigerem Druck oder Temperatur nicht mehr in Lösung gehalten werden, dann fallen sie aus. Diese Eigenschaft legt die maximale Temperatur auch modernster Dampfturbinen fest.

Druckgrenzen Für die benötigten Leitungen und Gehäuse wird es mit zunehmendem Druck technisch zunehmend schwieriger, diese herzustellen, und sie binden deutlich mehr Kapital. Daher gibt es auch hier übliche Obergrenzen.

Kondensation in der Turbine Der Kreisprozess ist fast immer so dimensioniert, dass es bereits in der Turbine zur Bildung von Nassdampf kommt. Da Tröpfchen insbesondere bei hohem Druck und hoher Temperatur stark abrasiv wirken, ist dies nur in den letzten Stufen der Niederdruckturbine vorgesehen. Umgekehrt führt dies dazu, dass nicht jeder Vergleichsprozess technisch umgesetzt werden kann.

12.1.3 Prozesse und Wirkungsgrad

Zustände Der erste Schritt der Berechnung ist es, für die vier bis sechs Zustände des Vergleichsprozesses die relevanten Zustandsgrößen zu bestimmen. Dafür tragen wir den Vergleichsprozess gleichzeitig in ein T-s Diagramm (Bild 12.2) und ein h-s Diagramm (Bild 12.3) ein:

1. Zustand 1 ist flüssiges Wasser. Druck und Temperatur im Zustand 1 folgen aus dem Zustand 6, da die Zustandsänderung 6 → 1 eine isobare Kondensation ist.
2. Der Zustand 2 kann in einer ersten Näherung abgeschätzt werden durch den Druck p_2, der zumeist vorgegeben ist, der Temperatur T_1 und der Enthalpie h_1. In diesem Fall gehen wir davon aus, dass sich das Arbeitsfluid wie eine ideale Flüssigkeit verhält. Eine genauere Bestimmung von T_2 und h_2 lohnt sich aufgrund der Rundungsfehler in den nächsten Schritten zumeist nicht.
3. Dies ist die Temperatur $T'(p_3)$ und die spezifische Enthalpie $h'(p_3)$ der siedenden Flüssigkeit bei Druck $p_2 = p_3$. Diese Zahlen können direkt aus einer Siedetabelle abgelesen werden.
4. Dies ist die Temperatur $T''(p_4)$ und die spezifische Enthalpie $h''(p_4)$ des gesättigten Dampfes bei Druck $p_2 = p_4$. Diese Zahlen können direkt aus einer Siedetabelle abgelesen werden.
5. Der Zustand 5 befindet sich außerhalb des Nassdampfgebietes auf der Isobaren $p_5 = p_2$. Daher kann dieser Wert nicht in einer Tabelle abgelesen werden. Üblich ist die Temperatur T_5 vorgegeben. Die spezifische Enthalpie h_5 wird im h-s Diagramm abgelesen.
6. Der Zustand 6 ist Nassdampf. Dieser Zustand muss aus dem h-s Diagramm erschlossen werden: Die Temperatur T_5 ist zumeist durch den Kondensator vorgegeben. Damit wird auch der Druck festgelegt, dies ist der Kondensationsdruck $p(T_6)$. Die genaue Position im h-s Diagramm folgt aus der isentropen Zustandsänderung 5 → 6: Die spezifische Entropie der beiden Zustände ist identisch, und im h-s Diagramm kann dadurch der Dampfgehalt $x(T_6,s_6)$ und die spezifische Enthalpie $h(T_6,s_6)$ abgelesen werden.

In beiden Diagrammen verläuft der Vergleichsprozess im Uhrzeigersinn – rechtslaufend.

Arbeit und Wärme Aus den ermittelten Zuständen können dann die übertragenen Wärmen und verrichteten Arbeiten der einzelnen Zustandsänderungen berechnet werden, die Tabelle 12.3 fasst Zustände und Zustandsänderungen zusammen.

Da reale Stoffdaten und Phasenübergänge zu berücksichtigen sind, können die Vereinfachungen, die wir bei den Vergleichsprozessen des idealen Gases genutzt haben, nicht mehr verwendet werden. Bei der Aufstellung der Tabelle 12.3 nutzen wir dabei den ersten Hauptsatz und die Eigenschaften der Zustandsänderungen: Bei isentropen Zustandsänderungen ist $q = 0$, sodass in einem stationären Fließprozess die Arbeit gleich der Änderung der Enthalpie ist, während umgekehrt bei isobaren Prozessen die Druckarbeit $w_p = 0$ ist, sodass die Wärme gleich der Änderung der Enthalpie ist.

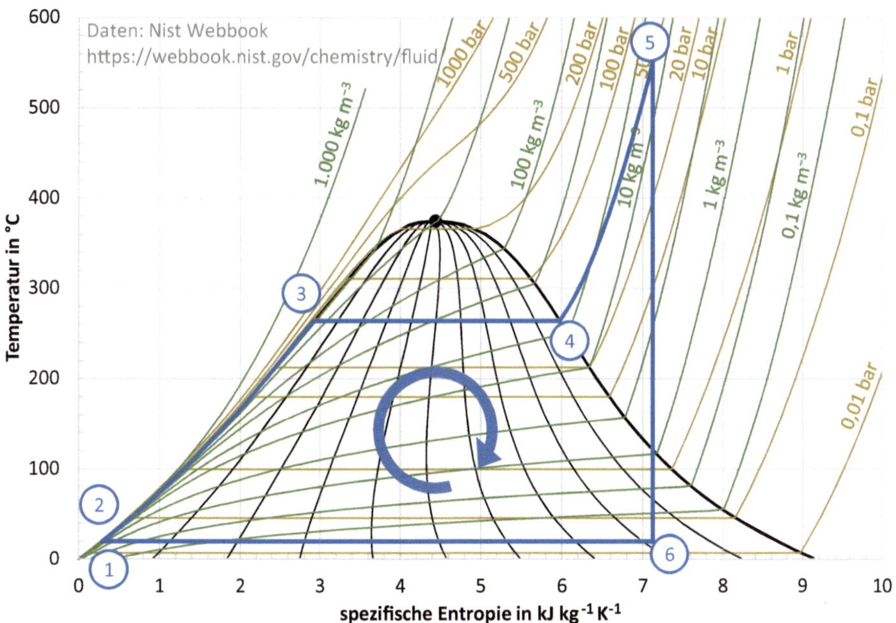

Bild 12.2 Beispiel für einen rechtslaufenden Clausius-Rankine-Vergleichsprozess mit einer Kondensatortemperatur von 20 °C sowie Druck und Temperatur vor der Turbine von $p_5 = p_2 = 50$ bar und $T_5 = 550$ °C. Die Zustände 1 und 2 liegen an nahezu identischen Koordinaten.

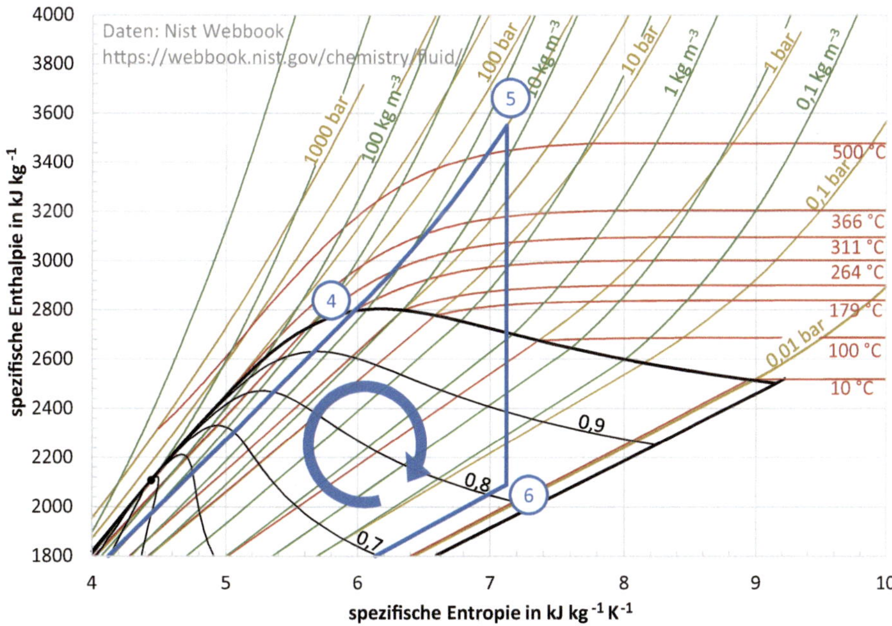

Bild 12.3 Beispiel für einen rechtslaufenden Clausius-Rankine-Vergleichsprozess mit einer Kondensatortemperatur von 20 °C sowie Druck und Temperatur vor der Turbine von $p_5 = p_2 = 50$ bar und $T_5 = 550$ °C

Wirkungsgrad Der thermische Wirkungsgrad des idealen reversiblen Vergleichsprozesses wird damit

$$\eta = \frac{\sum_i q_i}{q_{zu}} = \frac{\sum_i q_i}{q_{23} + q_{34} + q_{45}} = \frac{0 + (h_3 - h_2) + (h_4 - h_3) + (h_5 - h_4) + 0 + (h_1 - h_6)}{h_3 - h_2 + h_4 - h_3 + h_5 - h_4}, \tag{12.1}$$

bzw.

$$\eta = \frac{\sum_i q_i}{q_{zu}} = \frac{h_5 - h_2 + h_1 - h_6}{h_5 - h_2} = 1 - \frac{h_6 - h_1}{h_5 - h_2} \tag{12.2}$$

und damit also

$$\eta = 1 - \frac{h_6 - h_1}{h_5 - h_2} \tag{12.3}$$

Dies bleibt auch für überkritische Prozesse so gültig.

Tabelle 12.3 Berechnung im rechtslaufenden Clausius-Rankine-Prozess

Zustand	Enthalpie	Prozess	Wärme	Arbeit
1	$h_1 = c_p \cdot \vartheta_1 \cong h'_1(\vartheta_1)$	1 → 2, isentrop	$q_{12} = 0$	$w_{p,12} = h_2 - h_1 \cong 0$
2	$h_2 = c_p \cdot \vartheta_2 \cong h'_2(\vartheta_2)$	2 → 3, isobar	$q_{23} = h_3 - h_2$	$w_{p,23} = 0$
3	$h_3 = h'(p_3)$, z. B. aus der Wasserdampftafel	3 → 4, isobar	$q_{34} = h_4 - h_3 = r(\vartheta_4)$	$w_{p,34} = 0$
4	$h_4 = h''(p_4)$, z. B. aus der Wasserdampftafel	4 → 5, isobar	$q_{45} = h_5 - h_4$	$w_{p,45} = 0$
5	$h_5 = h(p_5, T_5)$ aus dem h-s Diagramm	5 → 6, isentrop	$q_{56} = 0$	$w_{p,56} = h_6 - h_5$
6	$h_6 = h(p_6, T_6)$ aus dem h-s Diagramm, mit $s_6 = s_5$	6 → 1, isobar	$q_{61} = h_1 - h_6$	$w_{p,61} = 0$
1	$h_1 = c_p \cdot \vartheta_1 \cong h'_1(\vartheta_1)$			

Massenstrom des Arbeitsfluides Die Leistung und der zugeführte Wärmestrom sind direkt mit dem Massenstrom des Arbeitsfluides verbunden,

$$P_{Turbine} = \dot{m} \cdot w_{p,56} = \dot{m} \cdot (h_6 - h_5) \tag{12.4}$$

Wärmeströme

Dampfturbinen können mit jeder Form von Wärme betrieben werden, solange diese Wärmequelle einige wesentliche Voraussetzungen erfüllt:

- Die verwendeten Wärmeströme können mit unterschiedlicher Temperatur vorliegen. Wesentlich ist nur, dass die Erwärmung bis zur vorgesehen maximalen Temperatur T_5 insgesamt möglich ist. Moderne Dampfturbinen arbeiten häufig mit in der Temperatur gestuften Wärmetauschern und nutzen so verfügbare Wärme unterschiedlicher Temperaturniveaus optimal aus.
- Die Wärmequelle muss ausreichend stabil oder geeignet mit Puffern versorgt sein, sodass ein sicherer Betrieb über einen längeren Zeitraum möglich ist. Insbesondere das Aufheizen des Systems benötigt einige Zeit.

Die wichtigsten Wärmequellen für Dampfturbinen sind:

- Die Verbrennung von Kohle - auch wenn es starke Bestrebungen gibt, die Praxis baldmöglich zu beenden
- Die Verbrennung anderer fossiler Brennstoffe. Zwar sind Erdgas oder Erdölprodukte oft zu teuer für diese Nutzung, es finden sich jedoch historisch viele Beispiele.
- Kernspaltung, also die Nutzung von Uran oder selten Plutonium und der bei der Kernspaltung freiwerdenden Wärme
- Der Abwärmestrom aus Gasturbinen in kombinierten Kraftwerken (GuD)
- Geothermische Wärme und die Verbrennung von Biomasse in wenigen Fällen; Geothermie ist nur in wenigen günstigen Standorten verfügbar, und Biomasse ist schlicht nicht ausreichend verfügbar, um den heutigen Bedarf sicherzustellen.
- Abwärmeströme aus industriellen Prozessen, zumeist als ORC-System mit anderen Arbeitsfluiden als Wasser
- Solarthermische Kraftwerke mit Konzentration der solaren Strahlung, entweder mit Spiegeln als Parabolrinnen oder als Heliostat-Turm-Kombination. In diesen Systemen ist oft ein Wärmepuffer oder Wärmespeicher integriert, um den Betrieb durch die Nacht zu ermöglichen.

Der Kondensator sorgt für die Abgabe der Abwärme - dabei soll diese Wärme bei möglichst niedriger Temperatur abgeführt werden, um einen hohen Wirkungsgrad zu ermöglichen. An dieser Stelle geht der Standort des Kraftwerks mit in den Kreisprozess ein: Kann der Kondensator gleich mit kaltem Meerwasser oder Flusswasser gekühlt werden, so lässt sich eine deutlich niedrigere Temperatur erreichen als über einen zwischengeschalteten Nasskühlturm. Besonders hohe Kondensationstemperaturen werden nötig, wenn in trockenen, dann oft heißen Regionen ein Trockenkühlturm verwendet werden muss.

12.1.4 Komplexere reale Kreisprozesse

Reale Anlagen können über zusätzliche Prozesse verfügen wie eine Zwischenerwärmung zwischen zwei Turbinen. In diesem Falle genügt es weiter, alle Zustände entsprechend im T-s Diagramm und im h-s Diagramm einzutragen und die Enthalpien zu bestimmen. Es müssen nur ggf. weitere Zustände berücksichtigt werden.

Der thermische Wirkungsgrad kann dann analog bestimmt werden, wenn alle zugeführten Wärmen und alle Leistungsabgaben entsprechend wie in Formel 12.1 berücksichtigt werden.

Beispiel RITM-200-Reaktor

In diesem Beispiel sehen wir uns einen Dampfkreislauf an. Gegenstand ist der Antrieb von russischen Atom-Eisbrechern der 22220-Klasse. Informationen zu diesem Schiffstyp finden wir bei Wikipedia oder in vielen weiteren Internetquellen.

Der eigentliche Schiffsantrieb dieser großen Eisbrecher ist elektrisch. Dies sind die Motoren, die die Propeller antreiben. Die Elektrizität für diese Motoren wie auch die für alle weiteren Aggregate an Bord wird nuklear erzeugt, es stehen zusätzlich Hilfsdiesel zur Verfügung.

Typisch werden auf russischen Eisbrechern zwei Druckwasserreaktoren eingesetzt, die beide mittschiffs montiert werden. In der aktuellen 22220-Klasse sind dies RITM-200-Reaktoren vom Hersteller Afrikantov OKBM aus Nishny Novgorod. Dort beim Hersteller finden wir auch weitergehende Informationen zu diesen modernen Reaktoren.

Die beiden Druckwasserreaktoren erzeugen den Heißdampf zum Antrieb der Dampfturbinen. Die Dampfturbinen treiben dann die Generatoren für die Erzeugung der Elektrizität an.

Die folgenden Abschnitte erklären den Aufbau des Reaktors und geben alle notwendigen Daten. Bei Interesse sehen Sie sich dazu auch die Abbildungen des Herstellers an. Die wesentlichen technischen Parameter sind:

Primärkreislauf Im Reaktordruckbehälter befindet sich der Primärkreislauf. Dieser besteht aus dem Reaktorkern mit den Brennstäben, Steuerstäbe für den Reaktor, Umwälzpumpen für das Kühlwasser, Wärmetauscher und Dampferzeuger für den Sekundärkreislauf. Im Reaktorkern wird - abhängig von der Position der Steuerstäbe - ein Wärmestrom aus der Kernspaltung freigesetzt.

- Der Nenndruck im Reaktordruckbehälter beträgt 157 bar.
- Das Wasser im Primärkreislauf fließt mit T_a = 277 °C in den Reaktorkern und verlässt ihn bei Nennleistung mit T_b = 313 °C. Der Massenstrom an Primärkühlmittel (Wasser) beträgt 3250 t/h.
- Bei Nennleistung erzeugt der Reaktor 248 t/h Heißdampf mit p_5 = 38,2 bar und T_5 = 295 °C. Dies entspricht einer angegebenen Nennleistung von 175 MW.

- Der Reaktorkern enthält bei Auslieferung eine gespeicherte Energie von 4,5 TWh und kann damit 26 000 h bei Nennleistung arbeiten.

Im Reaktordruckbehälter befindet sich ein primärer Kreislauf an Kühlmittel (Wasser), mit dem der Reaktorkern laufend gekühlt wird. Im Reaktorkern befinden sich die nuklearen Brennstäbe (hochangereichertes Uran) sowie Thermometer zur Überwachung und Moderatorstäbe zur Regelung. Die Moderatorstäbe können einzeln oder als Gruppe bewegt werden. Durch den Moderator wird der Neutronenstrom reguliert und damit die Zahl der Zerfallsreaktionen im Reaktorkern. Dadurch wird der vom Reaktorkern freigesetzte Wärmestrom dem Bedarf angepasst.

Der primäre Kühlkreislauf im Reaktordruckbehälter wird durch vier unabhängige Pumpen betrieben, die bei Nennleistung 3250 t h^{-1} Wasser durch den Reaktorkern pumpen. Hierbei wird die Wärme laufend aus dem Reaktorkern transportiert und den Dampferzeugern zugeführt. In den Dampferzeugern wird Wasser aus einem sekundären Kreislauf verdampft. Dieses Wasser nimmt den Wärmestrom des Reaktors auf und führt ihn der weiteren Nutzung zu.

Im Reaktordruckbehälter selber befindet sich Wasser mit einem Betriebsdruck von 157 bar. Bei Nennleistung wird das primäre Kühlwasser dem Reaktorkern mit einer Temperatur von 277 °C zugeführt und erreicht mit einer Temperatur von 313 °C die Dampferzeuger. Der Betriebsdruck liegt im gesamten Primärkreislauf des Druckbehälters vor. Der Nenn-Volumenstrom an Kühlmittel durch den Reaktorkern beträgt 3250 t h^{-1}. Die thermische Nennleistung einer Reaktoreinheit wird mit 175 MW angegeben.

Sekundärkreislauf Der Sekundärkreislauf ist der eigentliche Dampfkreisprozess. Das Speisewasser fließt durch Rohrleitungen in den Druckbehälter, und zwar dort in die Dampferzeuger. In den Dampferzeugern wird das Speisewasser verdampft und überhitzt. Dabei nimmt es den Wärmestrom des Reaktors auf. Bei Nennleistung erzeugt der Reaktor 248 t/h Dampf mit einer Temperatur von 295 °C und einem Druck von 38,2 bar. Dieser Dampfstrom treibt dann die Turbine an.

Der Kondensator des Dampfkreislaufs wird mit Meerwasser gekühlt. Meerwasser kann dabei in der Arktis eine Temperatur bis unter -1 °C aufweisen. Um Schäden am Kondensator zu vermeiden, wird dort das Wasser des Dampfkreislaufs aber nie unter etwa 5 °C abgekühlt.

Fertigen Sie ein Fließbild des Primärkreislaufs und des Dampfkreislaufs an.

Bild 12.4 ist ein einfaches Fließbild von Primär- und Sekundärkreislauf. Die Zustände des Kühlkreislaufs im Reaktordruckbehälter haben die Buchstaben a bis c. Die Zustände 3 und 4 finden wir im Dampferzeuger, über dessen Aufbau wir weiter nichts wissen, daher sind sie hier nicht eingetragen.

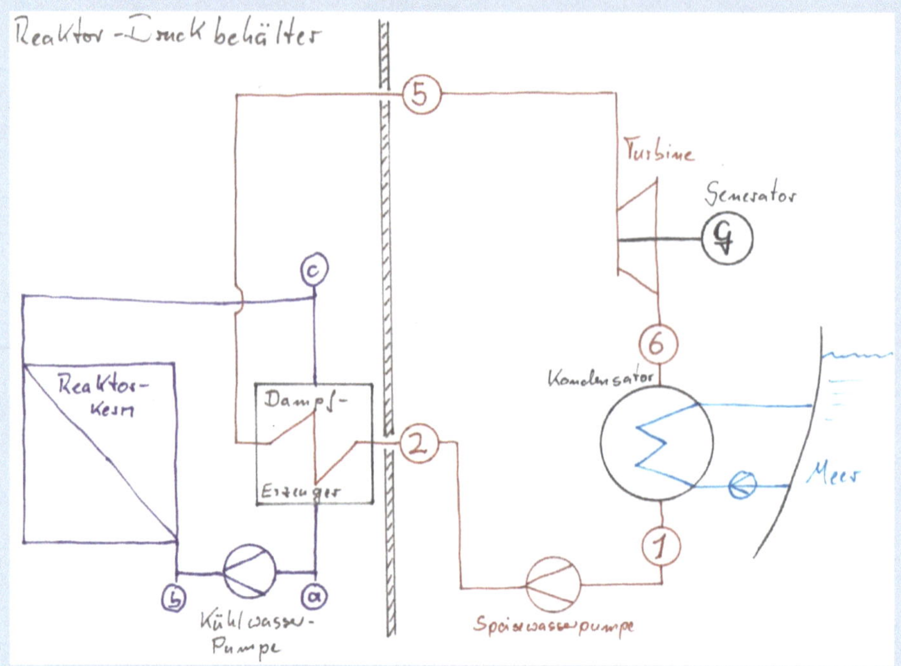

Bild 12.4 Fließbild des angenommenen Aufbaus von Reaktor (Primärkreislauf) und Dampfkreislauf (Sekundärkreislauf)

Tragen Sie die Zustände des Wassers im Primärkreis vor und nach dem Reaktorkern in ein T-s Diagramm ein. Welche Zustandsänderungen durchläuft das Wasser im Primärkreislauf?

HIER IST UNSER SYSTEM DAS WASSER IM PRIMÄRKREISLAUF IM REAKTORDRUCKBEHÄLTER.

WELCHE PHASE HAT DAS WASSER? WELCHE TEMPERATUR? WELCHEN DRUCK?

Aus technischen Überlegungen gehe ich davon aus, dass die Umwälzpumpen im Reaktordruckbehälter das Wasser durch den Reaktorkern drücken - so eine Zwangskühlung ist am sichersten. Das Wasser strömt dann auf der Primärseite durch die Dampferzeuger und fließt in das große Volumen oberhalb des Reaktorkerns. Von dort wird es wieder von den Pumpen angesaugt.

Damit haben wir drei Zustände:

a) Wasser im Plenum mit 277 °C und 157 bar
b) Wasser nach den Pumpen mit 277 °C und mehr als 157 bar
c) Wasser am Ausgang des Reaktorkerns mit 313 °C und einem Druck, der höher ist als 157 bar, aber geringer als im Zustand b

Im Wesentlichen sind die Zustandsänderungen noch isobar; in Realität treten im Reaktorkern und in den Dampferzeugern gewisse Druckverluste auf. Dieser Druck wird durch die Pumpen wieder zugeführt.

Alle drei Zustände (a), (b) und (c) sind flüssiges Wasser, sie liegen auf der 157 bar Isobare in Bild 12.5.

Überschreitet die Temperatur irgendwo in dem Reaktordruckbehälter einen Wert von etwa 345 °C, dann beginnt dort das Wasser zu sieden. Sieden führt zu einer erheblichen Volumenexpansion, damit steigt dann der Druck schnell stark an. Gelingt es nicht, das Sieden sofort zu unterbinden, birst der Reaktordruckbehälter. Das sofortige Unterbinden des Siedens erfolgt in dem Reaktordruckbehälter durch die erheblich überdimensionierte Zwangskühlung. Siedendes Wasser wird mit kälterem Wasser sehr schnell vermischt, sodass die Dampfblasen sofort wieder kondensieren.

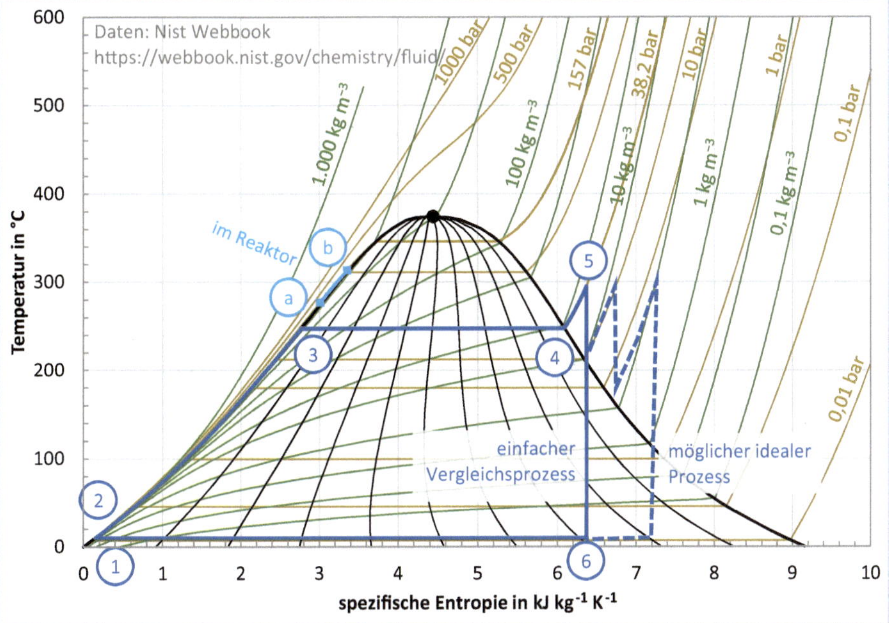

Bild 12.5 T-s Diagramm mit dem Zustandsbereich im Reaktor (157 bar, Zustände a bis b), dem einfachen Vergleichsprozess und einer realistischen Aufteilung auf Hoch-, Mittel- und Niederdruck-Turbinen mit isobarer Zwischenüberhitzung

Welcher Wärmestrom ergibt sich für die Kühlung des Reaktorkerns bei Nennleistung?

Naheliegend ist es, dies mit

$$\dot{Q}_{RK} = \dot{m}_{RK} \cdot c_{p,Wasser} \cdot (T_c - T_b) = \dot{m}_{RK} \cdot (h_c - h_b)$$

zu berechnen. Wenn wir annehmen, dass das flüssige Wasser auch bei etwa 300 °C noch recht inkompressibel ist, können wir die spezifischen Enthalpien des siedenden Wassers bei den beiden Temperaturen aus der Sättigungstabelle für Wasser ablesen und bekommen

$$\dot{Q}_{RK} = \dot{m}_{RK} \cdot \left(h_c - h_b\right) = 3.250 \frac{\text{to}}{\text{h}} \cdot \left(1420 \frac{\text{kJ}}{\text{kg}} - 1225 \frac{\text{kJ}}{\text{kg}}\right) = 176\,\text{MW}$$

Die Möglichkeit über die spezifische Wärmekapazität ist hier schwieriger, da c_p von flüssigem Wasser deutlich von der Temperatur abhängt. Im VDI-Wärmeatlas, Abschnitt D2, finden wir

$$c_{p,Wasser}\left(277\,°\text{C}\right) \cong 5{,}24 \frac{\text{kJ}}{\text{kg} \cdot \text{K}} \text{ und } c_{p,Wasser}\left(313\,°\text{C}\right) \cong 6{,}22 \frac{\text{kJ}}{\text{kg} \cdot \text{K}}$$

Damit wird deutlich, dass wir auf diesem Wege eher eine Schätzung bekommen, die davon abhängt, für welchen Wert von c_p wir uns entscheiden.

Tragen Sie die Zustände des Wassers im Dampfkreislauf in ein T-s Diagramm und in ein h-s Diagramm ein.

Hier ist unser System das Wasser im sekundären Kreislauf, also im Kreislauf der Dampfturbine.

Jetzt geht es um einen rechtslaufenden Clausius-Rankine-Vergleichsprozess.

T-s Diagramm Am geschicktesten geht man hier von Zustand 5 aus, also dem Heizdampf nach dem Dampferzeuger im Reaktor und vor der Turbine: Von dort aus kann man sich rückwärts durch die isobare Wärmezufuhr tasten über den Sättigungspunkt und den Siedepunkt bis zum flüssigen Wasser. Vorwärts ist es eine isentrope Expansion bis zur Temperatur im Kondensator - Zustand 6. Dann können wir die Zustände 6 und 1 miteinander verbinden, siehe Bild 12.5.

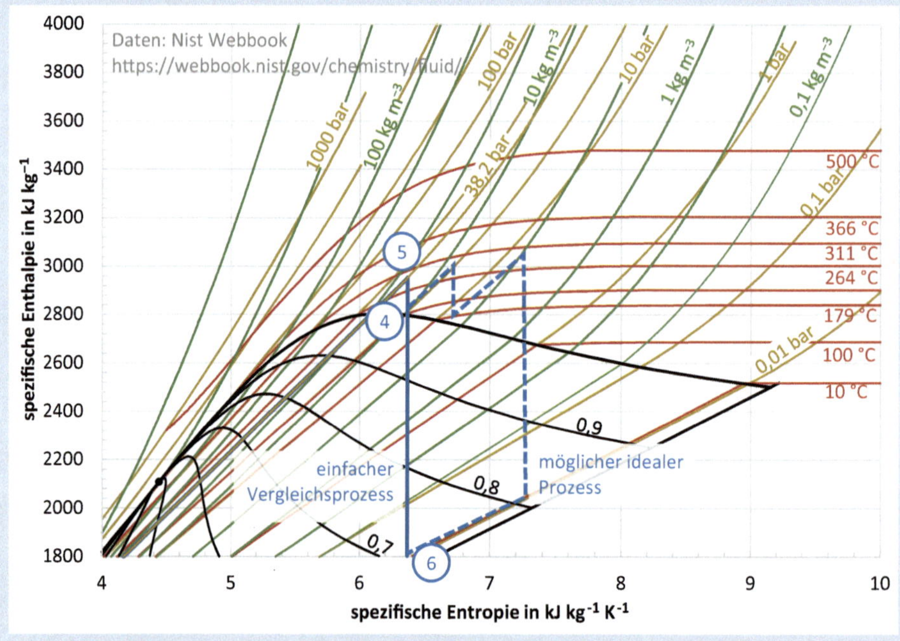

Bild 12.6 h-s Diagramm mit dem Vergleichsprozess im Sekundärkreislauf

h-s Diagramm Im h-s Diagramm in Bild 12.6 wird nur ein Teil des Vergleichsprozesses abgebildet. Auch hier bietet es sich an, vom Zustand 5 aus die Zustandsänderungen und Zustände einzutragen.

Geben Sie die Temperatur, den Druck und die spezifische Enthalpie aller Zustände des Dampfkreislaufs in einer Tabelle an.

Die Ergebnisse aus Bild 12.5 und Bild 12.6 sollen wir jetzt in harte Zahlen überführen. Dafür nehmen wir alle Hilfsmittel, die passen, also die Diagramme und eine Sättigungstabelle für Wasser. Das Ergebnis fasst Tabelle 12.4 zusammen.

Tabelle 12.4 Daten des Vergleichsprozesses, also des sekundären Dampfprozesses

Zustand	Phase	p	ϑ	h
1	flüssiges Wasser	0,012 bar	10 °C	46 kJ kg^{-1}
2	flüssiges Wasser	38,2 bar	10 °C	46 kJ kg^{-1}
3	siedendes Wasser	38,2 bar	247,5 °C	1074 kJ kg^{-1}
4	gesättigter Dampf	38,2 bar	247,5 °C	2801 kJ kg^{-1}
5	überhitzter Dampf	38,2 bar	295 °C	2955 kJ kg^{-1}
6	Nassdampf	0,012 bar	10 °C	1805 kJ kg^{-1}

Bestimmen Sie den Wirkungsgrad des idealen Dampfkreislaufs.

Der Wirkungsgrad des Vergleichsprozesses folgt aus

$$\eta_D = \frac{h_6 - h_5}{h_5 - h_2} = \frac{2.955\frac{\text{kJ}}{\text{kg}} - 1.805\frac{\text{kJ}}{\text{kg}}}{2.955\frac{\text{kJ}}{\text{kg}} - 46\frac{\text{kJ}}{\text{kg}}} = 0,395$$

Nuklear betriebene Dampfturbinen haben real typisch einen Wirkungsgrad von etwas mehr als 30 %.

Welcher Wärmestrom wird bei Nennleistung damit rechnerisch vom Reaktor abgegeben und welche Leistung stünde damit an der Turbine zur Verfügung?

Dafür benötigen wir den Massenstrom des Dampfes. Dieser ist als Nennmassenstrom mit 248 t h^{-1} gegeben. Damit ist der Wärmestrom aus dem Reaktor

$$\dot{Q}_{Reaktor} = \dot{m}_D \cdot (h_5 - h_2) = \frac{248.000\ \text{kg}}{3600\ \text{s}} \cdot \left(2.955\frac{\text{kJ}}{\text{kg}} - 46\frac{\text{kJ}}{\text{kg}}\right) = 200\ \text{MW}$$

und die maximale reibungsfreie Leistung an der Turbine beträgt

$$P_T = \dot{m}_D \cdot (h_5 - h_2) = \frac{248.000\ \text{kg}}{3600\ \text{s}} \cdot \left(2955\frac{\text{kJ}}{\text{kg}} - 1805\frac{\text{kJ}}{\text{kg}}\right) = 79\ \text{MW}$$

Welche Querschnittsfläche sollten die Rohrleitung haben, über die das Wasser in den Reaktor fließt und der Dampf heraus?

Dafür benötigen wir eine Dichte oder ein spezifisches Volumen.

Außerdem müssen wir eine Strömungsgeschwindigkeit abschätzen. Die Strömungsgeschwindigkeit muss weit weg von der Schallgeschwindigkeit liegen. Außerdem nehmen alle Verluste quadratisch mit der Geschwindigkeit zu, sodass mehr als 100 m s^{-1} absolut zu vermeiden sind.

Das spezifische Volumen im Zustand 5 kann im T-s Diagramm oder im h-s Diagramm mit etwa 0,04 m^3 kg^{-1} abgelesen werden, im Zustand 2 erhalten wir aus der Siedetabelle einen Zahlenwert von 0,00100 m^3 kg^{-1}.

Mit einer Geschwindigkeit von 25 m s^{-1} kommen ganz ordentliche Werte für das flüssige Wasser heraus, etwa

$$A_{fl}=\frac{\dot V_2}{c}=\frac{v_2\cdot\dot m}{c}=\frac{0{,}0010\frac{\mathrm{m}^3}{\mathrm{kg}}\cdot 248\frac{\mathrm{to}}{\mathrm{h}}}{25\frac{\mathrm{m}}{\mathrm{s}}}=\frac{0{,}0010\frac{\mathrm{m}^3}{\mathrm{kg}}\cdot 69\frac{\mathrm{kg}}{\mathrm{s}}}{25\frac{\mathrm{m}}{\mathrm{s}}}=0{,}00276\ \mathrm{m}^2$$

oder als Rohrdurchmesser für die vier Dampferzeuger jeweils

$$d=\sqrt{\frac{A_{fl}}{4\cdot\frac{\pi}{4}}}=\sqrt{\frac{0{,}00276\ \mathrm{m}^2}{\pi}}=0{,}0296\ \mathrm{m}$$

Rechnen wir auch beim überhitzten Dampf mit 25 m s^{-1}, so erhalten wir

$$A_{fl}=\frac{\dot V_2}{c}=\frac{v_2\cdot\dot m}{c}=\frac{0{,}04\frac{\mathrm{m}^3}{\mathrm{kg}}\cdot 248\frac{\mathrm{to}}{\mathrm{h}}}{25\frac{\mathrm{m}}{\mathrm{s}}}=\frac{0{,}04\frac{\mathrm{m}^3}{\mathrm{kg}}\cdot 69\frac{\mathrm{kg}}{\mathrm{s}}}{25\frac{\mathrm{m}}{\mathrm{s}}}=0{,}1104\ \mathrm{m}^2$$

oder als Rohrdurchmesser für die vier Dampferzeuger jeweils

$$d=\sqrt{\frac{A_{fl}}{4\cdot\frac{\pi}{4}}}=\sqrt{\frac{0{,}1104\ \mathrm{m}^2}{\pi}}=0{,}187\ \mathrm{m}$$

Dies sind große Flächen, die bei einem Unfall im Reaktor sicher abgedichtet werden müssen - daher wird die Geschwindigkeit in diesen Rohren im Bereich der Durchführungen in den Reaktorkern eher etwas höher ausfallen.

Ausblick

So ist der Dampfkreislauf nicht aufgebaut - aber wie dann?

Die kritische Größe, die uns sagt, dass man die Anlage nicht so baut, ist der Punkt, an dem die isentrope Zustandsänderung 5 → 6 die Sättigungslinie erreicht. Dieser Schnittpunkt liegt hier etwa bei 210 °C, 20 bar und einer spezifischen Enthalpie von 2780 kJ kg^{-1}. Damit würde hier die Kondensation in der Dampfturbine beginnen. Nahezu alle Dampfturbinen sind so ausgelegt, dass erst im Bereich der letzten Schaufelreihen im Niederdruckbereich die Kondensation auftritt. Bei niedrigem Druck und mit einem im Zustand 6 resultierenden Dampfanteil von x > 0,8.

In dem bisher hier festgelegten Vergleichsprozess aber würde über 80 % der Enthalpie-Abgabe des Dampfes an die Turbine als Kondensation auftreten: in einer Mitteldruck-Turbine. Der Dampfgehalt würde bis auf ca. 0,7 fallen - also 30 % der Dampfmasse ist dann flüssig. Das Ergebnis wäre, dass die Tröpfchen in beeindruckender Geschwindigkeit die Schaufeln erodieren - die Turbine hielte vielleicht einige Stunden und würde dabei kontinuierlich an Leistung verlieren.

Daher liegen hier mehrere Turbinen mit mehrfacher Zwischenüberhitzung vor. Alle Turbinen sind dabei auf eine gemeinsame Welle montiert. Bild 12.5 und Bild 12.6 zeigen eine technisch mögliche, aber weiterhin ideale Lösung im T-s Diagramm und im h-s Diagramm. Der reale Verlauf der Expansion in echten Turbinen wäre polytrop und würde noch etwas von diesen Linien abweichen. Dieser Prozess benötigt mindestens zwei Zwischenüberhitzungen im Reaktorkern, damit der Dampf in der Niederdruckturbine in einen sicheren Bereich hinein expandiert.

Der reversible Wirkungsgrad des skizzierten Prozesses beträgt, indem wir die drei Leistungen der Turbinen und die drei Wärmeströme durch die Differenzen der spezifischen Enthalpien ersetzen

$$\eta_{D,ZÜ} = \frac{-P_{ab}}{\dot{Q}_{zu}}$$

$$= \frac{-\left(2.820\frac{\mathrm{kJ}}{\mathrm{kg}} - 2.955\frac{\mathrm{kJ}}{\mathrm{kg}}\right) - \left(2.800\frac{\mathrm{kJ}}{\mathrm{kg}} - 3.010\frac{\mathrm{kJ}}{\mathrm{kg}}\right) - \left(2.030\frac{\mathrm{kJ}}{\mathrm{kg}} - 3.070\frac{\mathrm{kJ}}{\mathrm{kg}}\right)}{\left(2.955\frac{\mathrm{kJ}}{\mathrm{kg}} - 46\frac{\mathrm{kJ}}{\mathrm{kg}}\right) + \left(3.010\frac{\mathrm{kJ}}{\mathrm{kg}} - 2.820\frac{\mathrm{kJ}}{\mathrm{kg}}\right) + \left(3.070\frac{\mathrm{kJ}}{\mathrm{kg}} - 2.800\frac{\mathrm{kJ}}{\mathrm{kg}}\right)}$$

etwa

$$\eta_{D,ZÜ} = \frac{-P_{ab}}{\dot{Q}_{zu}} = \frac{1.385\frac{\mathrm{kJ}}{\mathrm{kg}}}{3.369\frac{\mathrm{kJ}}{\mathrm{kg}}} = 0{,}411$$

Dabei sind die Leistungen von Hochdruck- und Mitteldruckturbine eher gering. Dies ist der geringen maximalen Temperatur geschuldet, die der Wärmetauscher zwischen Primär- und Sekundärkreislauf bereitstellen kann.

Zur Projekt-22220-Eisbrecher-Klasse: *https://en.wikipedia.org/wiki/Project_22220_icebreaker*

Hersteller des Reaktors ist Afrikantov OKBM: *http://www.okbm.nnov.ru/en/*

Reaktoren für den Einsatz in Eisbrechern von Afrikantov OKBM: *http://www.okbm.nnov.ru/en/business-directions/reactor-plants-for-nuclear-icebreakers-and-other-vessels/*

12.2 Linkslaufender Clausius-Rankine-Kreisprozess

Der linkslaufende Clausius-Rankine-Prozess beschreibt den Transport von Wärme von niedriger Temperatur zu hoher Temperatur mittels Arbeit über das Kondensieren und Verdampfen eines Stoffes. Diese Stoffe sind sogenannte Kältemittel, und es gibt eine ganze Reihe von Stoffen, die je nach Temperaturbereich, Sicherheitsanforderungen und ihrer Umweltauswirkung eingesetzt werden.

Grundsätzlich unterscheidet man zwischen zwei Anwendungen:

1. Kühlen, also Kühlschränke, Kühlhäuser und Klimaanlagen, bei denen ein System gegenüber der Umgebung abgekühlt werden soll und dafür Wärme aus dem System heraus transportiert wird, und
2. Heizen, also Wärmepumpen, bei denen ein System gegenüber der Umgebung erwärmt werden soll und dafür Wärme in das System hinein transportiert wird.

In beiden Fällen erfolgt der Transport der Wärme durch die Maschine gegen den eigentlich vorliegenden Temperaturgradienten: Wärme wird durch Aufwenden von Arbeit von einem System tiefer Temperatur zu einem System höherer Temperatur übertragen.

Kältemittel Da die Kältemittel teuer, häufig entflammbar, giftig oder sehr umweltschädlich sind, verwendet man grundsätzlich geschlossene Kreisläufe, erst am Lebensende oder im Fehlerfall der Maschine wird das Kältemittel entnommen oder freigesetzt. Als Verdichter werden insbesondere bei kleinen Geräten häufig Kolbenverdichter eingesetzt. Für größere Kältemaschinen oder Wärmepumpen werden Pumpen eingesetzt, die ein variables Druckverhältnis ermöglichen.

Vergleichsprozess Wenn wir dem Kältemittel durch eine einfache Kältemaschine folgen, wie sie in Bild 12.7 dargestellt ist, dann durchläuft sie nacheinander diese Prozesse:

Verdichtung vom Zustand 1 (gasförmiges Kältemittel bei niedriger Temperatur und niedrigem Druck) zum Zustand 2 (gasförmiges Kältemittel bei hoher Temperatur und hohem Druck)	Das gasförmige Kältemittel wird im Verdichter komprimiert. In einem idealen Verdichter liefe eine isentrope Zustandsänderung ab. Am Austritt des Verdichters hat das gasförmige Kältemittel einen deutlich höheren Druck und eine erhöhte Temperatur. Damit dieser Prozess abläuft, muss an dem durch den Verdichter strömenden Kältemittel Arbeit verrichtet werden.
Kondensation vom Zustand 2 (direkt nach dem Verdichter) zum Zustand 3 (direkt vor der Drossel)	Der Kondensator ist ein Wärmetauscher, in dem das gasförmige Kältemittel auf Sättigungstemperatur abgekühlt wird, das Kältemittel kondensiert, sodass es die Siedelinie erreicht. Häufig erfolgt noch eine gewisse Unterkühlung des flüssigen Kältemittels unter die Siedetemperatur. Der ideale Kondensator ist isobar.

Expansion der Luft in einer Drossel oder einer vergleichbaren Entspannungsvorrichtung	In dieser Vorrichtung wird weder Wärme übertragen noch Arbeit verrichtet. Dies ist eine irreversible isenthalpe Expansion. Dabei geht das Kältemittel vom flüssigen Zustand in einen Zustand des Nassdampfes mit geringem Dampfgehalt und sehr niedriger Temperatur über.
Verdampfen des Kältemittels vom Zustand 4 (Nassdampf) zum Zustand 1 (gasförmiges Kältemittel bei niedriger Temperatur und niedrigem Druck)	Der Verdampfer ist ein Wärmetauscher, in dem das Kältemittel zuerst vollständig verdampft wird (Sättigung), bevor es dann etwas überhitzt wird (überhitzter Dampf). Der ideale Verdampfer ist isobar.

Die isenthalpe Expansion ist hier technisch nicht zwangsläufig - grundsätzlich wäre hier auch eine Turbine denkbar, also eine isentrope Expansion, bei der dann Leistung des Kompressors zurückgewonnen werden könnte. Tatsächlich ist jedoch der technische Aufwand dafür zumeist unverhältnismäßig hoch gegenüber der dadurch zusätzlich nutzbaren Leistung.

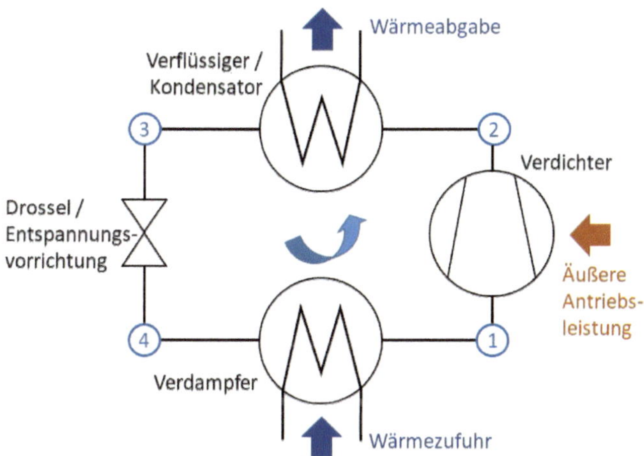

Bild 12.7 Schematischer Aufbau einer einfachen Kältemaschine mit Phasenwechsel, Verdichter und Drossel

Weitere wichtige Festlegungen für den Vergleichsprozess sind:

- Das Arbeitsfluid nennen wir Kältemittel. Es können unterschiedliche Kältemittel eingesetzt werden.
- Das Kältemittel verhält sich im Vergleichsprozess real, d. h. es werden geeignete Zustandsdiagramme für die Arbeit benötigt. Besonders einfach und angemessen für diesen Prozess ist das log p-h Diagramm des verwendeten Kältemittels, dies benötigen wir also.
- Der Verdichter, die Drossel wie auch alle Rohrleitungen werden als ideale reibungsfreie und adiabate Aggregate angenommen.

- Die Wärmetauscher werden als ideale reibungsfreie Aggregate angenommen.
- Die kinetische Energie des Kältemittels wird vernachlässigt.
- Der Vergleichsprozess ist unterkritisch, er kann jedoch problemlos auch überkritisch analysiert werden, wenn die benötigten Zustandsdaten dafür existieren.

Der linkslaufende Clausius-Rankine-Vergleichsprozess wird durch die Zustände und Prozesse definiert, wie sie in Tabelle 12.5 angegeben sind. Die Zustände sind dabei eindeutig nummeriert. Bild 12.8 illustriert den typischen Verlauf im log p-h Diagramm.

Tabelle 12.5 Linkslaufender (unterkritischer) Clausius-Rankine-Prozess

Zustand	Bedingung	Prozess	Zustandsänderung
1	entspanntes Gas beim Druck p_1 Die Temperatur T_1 ist etwas höher als die Sättigungstemperatur bei diesem Druck	1 → 2	isentrope Kompression (adiabate Kompression durch einen Verdichter)
2	überhitztes komprimiertes Gas beim Druck p_2 am Eintritt in den Kondensator	2 → 3	isobare Abkühlung (Abkühlung im Kondensator: Abkühlung ohne Phasenwechsel)
	gesättigter komprimierter Dampf im Kondensator		Isobare Abkühlung (Abkühlung im Kondensator: also vollständiger Phasenübergang ohne Temperaturänderung)
	siedende Flüssigkeit unter Druck im Kondensator		isobare Abkühlung (weitere Abkühlung im Kondensator)
3	Flüssigkeit unter Druck $p_2 = p_3$ am Eintritt zur Drossel Die Temperatur T_3 ist die Siedetemperatur bei Druck p_3 oder niedriger.	3 → 4	isenthalpe Expansion (Expansion in der Drossel mit beginnendem Phasenwechsel, also Nassdampf mit hohem Flüssigkeitsanteil)
4	Nassdampf beim Druck $p_4 = p_1$ (am Eintritt zum Wärmetauscher und Verdampfer)	4 → 1	isobare Erwärmung (Verdampfen und leichtes Überhitzen)
	gesättigter Dampf beim Druck $p_4 = p_1$ (im Kondensator)		
1	entspanntes Gas		

Zustände und Zustandsänderungen Die Zustände ergeben sich aus Tabelle 12.5 bzw. ausgehend von diesen werden die spezifischen Enthalpien im log p-h Diagramm ermittelt. Mit diesen Daten lassen sich die übertragene spezifische Wärme und spezifische Arbeit bestimmen, wie in Tabelle 12.6 zusammengefasst. Der Vergleichsprozess hängt dabei von gegebenen Rahmenbedingungen ab.

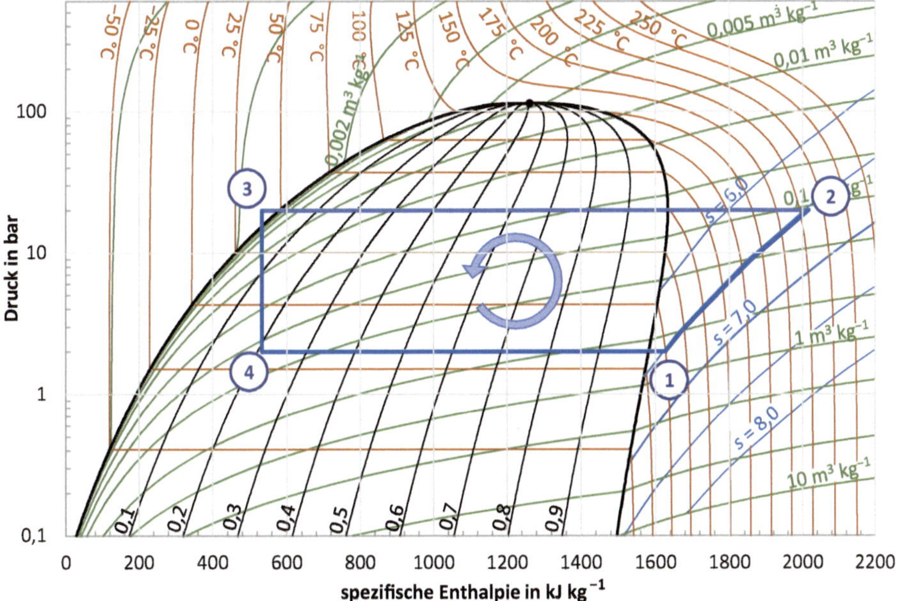

Bild 12.8 Beispiel für einen linkslaufenden Clausius-Rankine-Vergleichsprozess mit $p_1 = p_2 = 2$ bar, $p_3 = p_4 = 20$ bar, $T_1 = 0$ °C und $T_3 = 40$ °C

Betrieb als Kältemaschine Wenn der Nutzen des Kreisprozesses die Erzeugung von „Kälte" ist, dann soll auf der Seite der Wärmezufuhr in Bild 12.7 Wärme einem System (Kühlschrank, Kühlraum ...) so entzogen werden, dass sich dort eine Temperatur T_{kalt} einstellt. Damit die Wärme im Verdampfer 4 → 1 fließt, sollte in realen Systemen eine Temperaturdifferenz vorgesehen werden. Dabei hängt diese Temperaturdifferenz von der Bauart des Wärmetauschers und von dem Aggregatzustand der beiden Stoffströme ab. In Kühlräumen mit Luft sind etwa 10 K anzusetzen, also

$$\Delta T_{4-kalt} = T_{kalt} - T_4 \underbrace{\cong}_{typisch} 10\,\mathrm{K} \tag{12.5}$$

Aus dieser Forderung folgt dann der Druck p_4.

Der Zustand 1 folgt, da $p_1 = p_4$ und die Temperatur T_1 einige Kelvin höher sein sollen, als Sättigung. Durch die Überhitzung des vollständig verdampften Kältemittels wird sichergestellt, dass der Kompressor keinen Schaden nimmt.

Für die Wärmeabgabe ist es auch hier notwendig, dass die Temperatur des Kältemittels beim Kondensieren ausreichend höher ist als die der Umgebung, an die die Wärme in der Zustandsänderung 2 → 3 abgegeben wird. Für Abgabe an Luft können wir hier als Startwert wieder etwa 10 K ansetzen,

$$\Delta T_{ab-kondensieren} = T_{kondensieren} - T_{ab} \underbrace{\cong}_{typisch} 10\,\mathrm{K} \tag{12.6}$$

Aus dieser Forderung folgt damit der benötigte Druck p_2 und damit das Druckverhältnis des Kompressors.

Im Zustand 2 ist die Temperatur deutlich höher als in der Umgebung – zuerst kühlt das gasförmige Kältemittel auf die Nassdampftemperatur beim festgelegten Druck p_2 ab. Dann erfolgt die Kondensation bei einer Temperatur, die mit Formel 12.6 abgeschätzt ist. Im Anschluss erfolgt ggf. noch eine Unterkühlung der kondensierten Flüssigkeit um einige Kelvin, damit an der Drossel sicher nur Flüssigkeit vorliegt.

Betrieb als Wärmepumpe Beim Betrieb als Wärmepumpe sind die Überlegungen zum Festlegen der Zustandsgrößen ähnlich. Wesentlicher Unterschied ist jetzt, dass die zu erreichende Vorlauftemperatur der Heizung oft festgelegt ist – dies ist die Temperatur T_{ab}, die zumindest erreicht werden muss. Gleichzeitig kann die Temperatur T_{kalt}, mit der die Wärme aus der Umgebung oder aus anderen Wärmequellen bezogen wird, deutlich variieren (z. B. abhängig vom Wetter und von der Jahreszeit).

Tabelle 12.6 Berechnung im linkslaufenden Clausius-Rankine-Vergleichsprozess

Zustand	Enthalpie	Prozess	Wärme	Arbeit
1	$h_1 = h(p_1, T_1)$	1 → 2, isentrop	$q_{12} = 0$	$w_{p,12} = h_2 - h_1$
2	$h_2 = h(p_2, T_2)$			
		2 → 3, isobar	$q_{23} = h_3 - h_2$	$w_{p,23} = 0$
3	$h_3 = h(p_3, T_3)$			
		3 → 4, isenthalp	$q_{34} = h_4 - h_3 = 0$	$w_{p,34} = h_4 - h_3 = 0$
4	$h_4 = h(p_4, T_4) = h_3$			
		4 → 1, isobar	$q_{41} = h_1 - h_4$	$w_{p,41} = 0$
1	$h_1 = h(p_1, T_1)$			

Leistungszahl und COP Der thermische Wirkungsgrad ist keine geeignete Größe für die Prozessbeschreibung. Wir definieren ihn streng so, dass ein Wirkungsgrad immer Zahlenwerte $0 < \eta < 1$ einnimmt. Hier treten aber Werte größer eins auf, daher dieser Namenswechsel: Stattdessen verwenden wir die letztendlich identisch gebildete Leistungszahl, wenn die Kältemaschine zum Kühlen verwendet wird mit

$$\varepsilon = \frac{Nutzen}{Aufwand} = \frac{\dot{Q}_{zu}}{P_{12}} = \frac{\dot{Q}_{41}}{P_{12}} \tag{12.7}$$

Darin ist der Nutzen die dem Verdampfer-Wärmetauscher zugeführte Wärme (also die bereitgestellte „Kälte“) in der Zustandsänderung 4 → 1 und der Aufwand die dafür am Kompressor verrichtete Arbeit in der Zustandsänderung 1 → 2. Aufgrund der Phasen- und Temperaturabhängigkeit der spezifischen Wärme müssen wir hier Enthalpien einsetzen (und dürfen nicht mit spezifischen Wärmekapazitäten rechnen) und bekommen

$$\varepsilon = \frac{\dot{Q}_{zu}}{P} = \frac{\dot{m}_{KM} \cdot (h_1 - h_4)}{\dot{m}_{KM} \cdot (h_2 - h_1)} = \frac{h_1 - h_4}{h_2 - h_1} \tag{12.8}$$

Für Wärmepumpen hat es sich eingebürgert, zusätzlich einen COP (engl. *coefficient of performance* oder *Leistungszahl im Heizbetrieb*) anzugeben. Der COP ist das Verhältnis der Heizleistung, also des abgegebenen Wärmestroms im Verdampfer-Wärmetauscher in der Zustandsänderung 2 → 3 (die DIN EN 14511-1:2016 definiert dies entsprechend für die reale Maschine)

$$COP = \frac{\dot{Q}_{ab}}{P_{mech}} = \frac{\dot{Q}_{23}}{P_{12}} = \frac{\dot{m}_{KM} \cdot (h_3 - h_2)}{\dot{m}_{KM} \cdot (h_2 - h_1)} = \frac{h_3 - h_2}{h_2 - h_1} \tag{12.9}$$

Leistungsziffer und COP hängen direkt miteinander zusammen

$$COP = \frac{\dot{Q}_{23}}{P_{12}} = \frac{\dot{Q}_{41} + P_{12}}{P_{12}} = \varepsilon + 1 \tag{12.10}$$

Wesentlich ist hier jeweils die Systemgrenze. Der Vergleichsprozess bezieht sich dabei immer auf das Kältemittel als System, d. h. hier werden nur Leistungen und Wärmeströme im Kältemittel betrachtet.

Technisch relevante Angaben, also Herstellerangaben beziehen sich immer auf die Leistungsaufnahme des gesamten Aggregats einschließlich aller Nebenaggregate.

Kompression Der Kreisprozess kann nur stattfinden, wenn das Kältemittel stetig im Kompressor komprimiert und damit im Kreis gepumpt wird. Die ideale Kompression ist isentrop. Reale Kompressoren sind reibungsbehaftet.

Ist der reale Kompressor adiabat, so stellt sich eine höhere Temperatur im Zustand 2 und damit auch eine höhere spezifische Enthalpie ein als bei idealer isentroper Kompression. Der Verlauf der Kompression im log p-h Diagramm ist flacher als die isentrope Kompression.

Häufig geben reale Kompressoren Wärme an die Umgebung ab. Dies kann durch eine Kühlung des Kompressors noch verstärkt werden. In diesem Falle hat das austretende Kältemittel eine niedrigere Temperatur als im idealen isentropen Fall und damit eine niedrigere Enthalpie. Der Verlauf der Kompression mit Kühlung ist etwas steiler im log p-h Diagramm als isentrope Kompression. Diese Kühlung muss dabei in der Zustandsänderung 2 → 3 mit berücksichtigt werden.

Massenstrom Kältemittel Der Massenstrom des Kältemittels hängt direkt mit den Wärmeströmen und der Kompressorleistung zusammen, es ist im Vergleichsprozess

$$P_{12} = \dot{m}_{KM} \cdot \Delta h_{12} = \dot{m}_{KM} \cdot (h_2 - h_1) \tag{12.11}$$

sowie

$$\dot{Q}_{23} = \dot{m}_{KM} \cdot \Delta h_{23} = \dot{m}_{KM} \cdot (h_3 - h_2) \tag{12.12}$$

und

$$\dot{Q}_{41} = \dot{m}_{KM} \cdot \Delta h_{41} = \dot{m}_{KM} \cdot (h_1 - h_4) \tag{12.13}$$

Alle anderen Leistungen und Wärmeströme sind, wie Tabelle 12.6 zeigt, im Vergleichsprozess null.

Reale Prozesse Reale Anlagen unterscheiden sich von der idealen Beschreibung durch diesen Vergleichsprozess:

- Ein realer Verdichter ist nicht ideal isentrop. Daher wird er mehr Leistung aufnehmen, als er an das Kältemittel abgibt. Adiabate reibungsbehaftete Verdichter werden das Kältemittel mit einer höheren Temperatur T_2‘ abgeben.
- In den Wärmetauschern und Rohrleitungen der Kältemaschine treten Druckverluste auf. Diese müssen zum einen vom Verdichter durch zusätzliche Leistung überwunden werden, damit das Kältemittel fließt, und zum zweiten entstehen dadurch zusätzliche Wärmelasten.
- Schlecht isolierte Rohrleitungen können zusätzliche Wärme- und „Kälte“verluste verursachen.

Ich will mehr wissen

In der Technik wird das hier vorgestellte grundlegende Konzept in einer beeindruckenden Vielzahl von Variationen umgesetzt. Eine weitergehende Einführung bietet Maurer T (2021) *Kältetechnik für Ingenieure*. VDE Verlag, Offenbach.

Software, die Kältemittel beschreibt, bietet oft auch weitergehende Möglichkeiten, mit denen Vergleichsprozesse oder reale Prozesse abgebildet werden können:

coolpack Eine freie Software für sehr viele Anwendungen von Kältemaschinen, mit der individualisierbare T-s, h-s, log p-h und h-x Diagramme erstellt werden können. Weiter können mit dieser Software auch Kreisprozesse abgebildet und Anlagen optimiert werden:

https://www.ipu.dk/products/coolpack/

Coolselector®2 Danfoss bietet mit Coolselector®2 eine Software an, in der die Daten vieler Kältemittel hinterlegt sind und mit der konkrete Anlagen geplant und optimiert werden können.

Großwärmepumpe zur Quartiersbeheizung

Eine der ganz großen Herausforderungen der Energiewende ist die Bereitstellung von genügend Raumwärme - also Beheizung von Wohnflächen, Büros, Handel und Gewerbe - aus nicht-fossilen Energieträgern. Solarthermie - das Einfangen des Sonnenlichtes als Wärme - funktioniert im Winter nur begrenzt, da die Sonne dann wenig und kurz scheint. Biomasse ist schlicht nicht ausreichend vorhanden, um den Bedarf zu decken. Ob Wasserstoff einmal in ausreichender Menge importiert werden kann, wissen wir heute nicht; ob Wasserstoff dann nicht zu wertvoll - also zu teuer ist, um es einfach zu verheizen -, das ist zumindest sehr naheliegend (Linow 2019). Daher sind Lösungen zentral, die auf Wärmepumpen basieren.

In Wärmepumpen für Eigenheime dominieren als Arbeitsfluide (Kältemittel) wie R134a (Tetrafluorethan mit GWP (100 a) = 1549) oder R410 (Gemisch aus R32 Difluormethan mit GWP (100 a) = 677 und R125 Pentafluorethan mit GWP (100 a) = 3691). Diese sind sehr stark wirkende, extrem langlebige Treibhausgase (engl. *forever chemicals*), wie das GWP (engl. *global warming Potenzial*), bezogen auf CO_2 und den angegebenen Zeitraum angibt. Im industriellen Einsatz wird Ammoniak bevorzugt, da dort der Kostenvorteil den Aufwand für zusätzliche Sicherheitsmaßnahmen deutlich überwiegt. Ammoniak ist kein Treibhausgas.

Unser Ziel ist es, eine Großwärmepumpe für die typischen Anwendungen in einem Wärmenetz zu dimensionieren. Diese soll zumindest eine substanzielle Menge an Wohnungen (ca. 100) in allen Witterungslagen ausreichend mit Wärme versorgen können.

Für dieses Beispiel besorgen Sie sich bitte ein gutes detailreiches log p-h Diagramm von Ammoniak für den Druckbereich von 0,5 bar bis 100 bar. Dann können Sie dort alle Vergleichsprozesse selber eintragen - großartige Übung.

Bitte achten Sie beim Lesen darauf, dass Vergleichsprozess und Kreisprozess nicht dasselbe sind.

Dazu müssen wir zuerst die wesentlichen Anforderungen überblicken

Woher kommt die Wärme? Dies ist die erste wichtige Frage, die für jeden Standort und jedes Projekt beantwortet werden muss:

- Umgebungsluft bedeutet eine Wärmequelle mit stark schwankender Temperatur - darauf muss die Wärmepumpe reagieren können. Umgebungsluft in Deutschland variiert in der Heizsaison von ca. 20 °C bis hinab zu −20 °C in kalten Winternächten.
- Erdwärme benötigt einen passenden Untergrund, denn die dort entnommene Wärme muss stetig nachströmen. Gut geeignet sind daher Grundwasser führende Schichten. Die Wärme kann dabei im Temperaturbereich zwischen etwa 10 °C (ungestörtes Grundwasser) hinab bis ca. 0 °C (deutlicher Temperaturgradient zwischen Entnahme-Sonde und Erdreich) reichen.
- Abwärme von Gewerbe oder Industrie wäre sehr attraktiv. Hier sind relevante Herausforderungen eher rechtlicher oder vertraglicher Natur. Abwärme kann einen weiten Bereich abdecken: direkt als Vorlauftemperatur der für die Fernwärme nutzbare Abwärme oder auch etwa 30 °C aus Rechenzentren.
- Wärme aus großen Flüssen oder Gewässern ist technisch nicht ganz einfach, da Gefrieren am Wärmetauscher unbedingt zu vermeiden ist. Hier liegt der Temperaturbereich etwa zwischen 15 °C und 0 °C.

Weiter müssen wir beachten, dass die Temperatur im Verdampfer höher sein muss als die Temperatur des Wärmeträgers. Falls der Wärmeträger flüssig ist, genügen etwa ΔT = 2 K zwischen der Eintrittstemperatur des Wärmeträgers und T_1 des Arbeitsfluides (Kältemittel). Bei Luft hingegen sind aufgrund der geringen Dichte etwa ΔT = 10 K notwendig (s. o.).

Welche Temperatur braucht das Wärmenetz? Auch diese Frage ist essenziell:

- Für moderne, sehr hochwertig isolierte Gebäude genügen als Vorlauftemperatur für Fernwärme etwa 50 °C und für Nahwärme ggf. unter 45 °C.
- Bestandsfernwärme hat typisch etwa 85 °C als vertraglich zugesicherte Vorlauftemperatur. Falls dieser Zustand beibehalten werden soll (langfristige Lieferzusagen, mangelnder politischer Wille, dies zu verändern), ist dies die Vorgabe.
- Einige Fernwärmenetze basieren auf Heißdampf bei etwa 125 °C oder mehr. Diese Netze versorgen im Sommer zusätzlich Adsorptionskältemaschinen und sichern so den Betrieb von Kohlekraftwerken in Innenstädten langfristig ab.

Zusätzlich muss die Temperatur T_3 im Kondensator wieder etwas höher sein als die Vorlauftemperatur.

Welchen Wärmestrom benötigen wir? Diese Frage führt uns tief hin zu den Bauingenieuren. Im Bestand könnten wir je Wohneinheit eine Gastherme von 20 kW ersetzen wollen, für 100 Wohneinheiten also 2 MW. Moderne, gut isolierte Gebäude verfügen über deutlich niedrigere installierte Heizleistungen von ca. 4 kW mit Spitzenleistung von < 10 kW. Hier wäre also zu klären, ob z. B. 500 kW Nennleistung der Wärmepumpe mit einem Spitzenlastkessel von 1,5 MW unterstützt werden kann, oder wie mit seltenen Spitzenlastereignissen umgegangen werden soll (Wolldecke und Pullover). Umgekehrt könnte die Frage also sein, über welchen Komfortlevel zu welchen Kosten die Wohneinheiten verfügen sollen.

Festlegungen Aus dieser Diskussion entstehen folgende Festlegungen für die Auslegung:

- Kältemittel Ammoniak
- Heizleistung 1 MW
- Die Temperatur der mit einem Kälteträger zugeführten Wärme beträgt −20 °C, +5 °C und +30 °C.
- Die Vorlauftemperatur des Wärmeträgers im Heizkreislauf beträgt 50 °C und 85 °C.

Bild 12.9 dient zur weiteren Orientierung. Dort ist die Übergabe des Wärmestromes von einer Komponente der Wärmepumpe zur nächsten dargestellt, zusammen mit dem jeweiligen Temperaturniveau des Wärmestromes. Zusätzlich sind die Kältemittelströme und ihre Temperaturniveaus eingetragen. Die wesentliche Information ist, dass der Wärmestrom vom sogenannten Kälteträger dem Verdampfer (4 → 1) von seiner höheren zu der niedrigeren Temperatur des in der Wärmepumpe zirkulierenden Kältemittels übergeben wird. Im Kondensator (2 → 3) übergibt das Kältemittel von seinem höheren Temperaturniveau seinen Wärmestrom an den Vorlauf des Wärmekreises.

D. h. Wärme fließt auch hier immer hin zu einem System niedrigerer Temperatur. Einzig im Kompressor wird das Temperaturniveau des Wärmestromes durch die dort verrichtete Leistung angehoben (1 → 2).

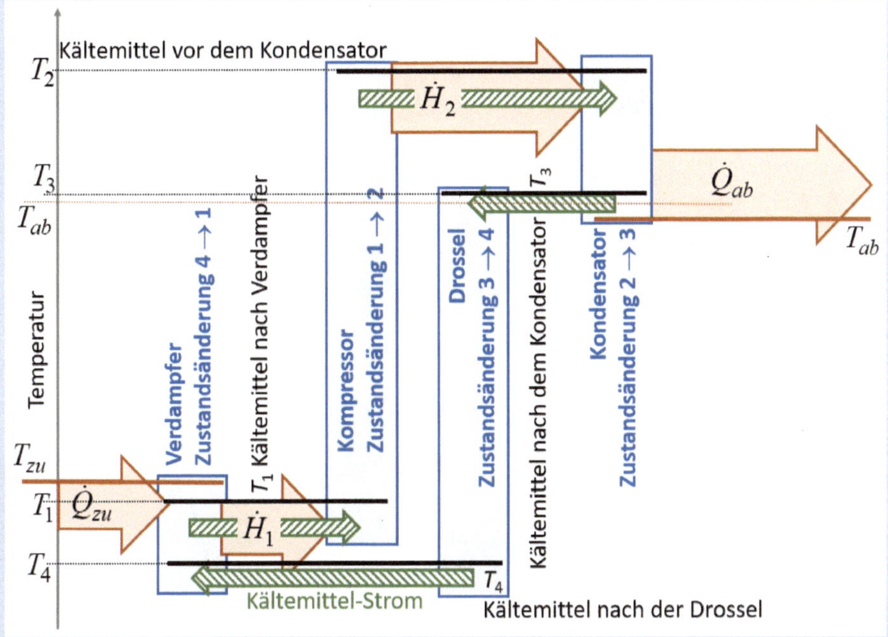

Bild 12.9 Übergabe der Wärmeströme in einer Wärmepumpe (breite Pfeile) und die Lage der einzelnen Temperaturniveaus (waagerechte Linien). Der Strom des Kältemittels ist zusätzlich eingetragen (schraffierte Pfeile).

Bestimmen des Vergleichsprozesses für den Referenzfall +5 °C auf +50 °C

Dieser Fall ist charakterisiert durch eine Wärmequelle, die als Flüssigkeit bereitgestellt wird:

- die Temperatur ϑ_1 = 5 °C - 2 °C = 3 °C
- die Temperatur ϑ_3 = 50 °C + 2 °C = 52 °C

Um jetzt den Vergleichsprozess festzulegen, haben wir nur diese beiden Temperaturen sowie einige wichtige technische Randbedingungen:

Druck vor dem Kompressor In den Kompressor soll nur trockenes überhitztes Gas eintreten. Falls Flüssigkeit im Kompressor verdampft, führt dies zu einer deutlichen Druckerhöhung und ggf. zu einer Beschädigung des Kompressors. Daher wird in realen Kältemaschinen das Kältemittel nach dem Verdampfen zusätzlich überhitzt. Je nach Anlage sind hier 5 K bis 10 K üblich.

Dadurch wird der Druck p_1 festgelegt, dieser muss ausreichend niedrig sein, dass die Temperatur der Sättigung beim Druck p_1 um diese 5 K bis 10 K niedriger ist als ϑ_1. Dies legt den Druck hier auf $p_1 \leq 4$ bar fest.

Gleichzeitig sollte der Druck möglichst hoch gewählt werden, um den Prozess möglichst effizient zu halten. Wie dies genau gemacht wird, ist Teil der Kunst der Hersteller von Kältemaschinen.

Wir nehmen hier ϑ_1 = 3 °C und p_1 = 4 bar.

Druck nach dem Kondensator Nach dem Kondensator soll nur flüssiges Kältemittel zur Drossel fließen. Falls Gas zur Drossel gelangt, so strömt dies mit einem anderen Druckverlust durch die Drossel, sodass es zu Druckschlägen in der Anlage kommen könnte.

Grundsätzlich gelingt es in großen Kältemaschinen, den Zustand 3 auf die Siedelinie zu legen.

Üblich ist jedoch eine weitere Unterkühlung nach der Kondensation. Dadurch muss der Druck p_3 höher sein als der Siededruck bei der Temperatur T_3. Dies legt den Druck hier auf $p_3 \geq 21{,}4$ bar fest.

Wir nehmen hier ϑ_3 = 52 °C und p_3 = 24 bar.

Zustand 4 Dieser Zustand hat denselben Druck wie Zustand 1 (y-Achse). Er befindet sich an der identischen Enthalpie (x-Achse) wie der Zustand 3: Dadurch ist er einfach als Schnittpunkt einer senkrechten und einer waagerechten Linie im log p-h Diagramm eingetragen.

Es ist damit $p_4 = p_1$ = 4 bar, und wir lesen im log p-h Diagramm ϑ_4 = −2 °C ab.

Zustand 2 Dieser Zustand hat im Vergleichsprozess den gleichen Druck wie Zustand 3. Die Zustandsänderung 1 → 2 ist isentrop. Wir zeichnen ausgehend vom Zustand 1 eine Isentrope in das log p-h Diagramm, bis diese die p_3-Isobare schneidet: Dort ist der Zustand 2.

In diesem Beispiel ist dies $p_2 = p_3$ = 24 bar und ϑ_2 = 141 °C.

Bild 12.10 stellt diesen Vergleichsprozess im log p-h Diagramm dar. In dem Diagramm sind auch gleich die beiden anderen Vergleichsprozesse mit der Vorlauftemperatur von ϑ_{ab} = 50 °C eingetragen.

Eine reale Kältemaschine weicht mit ihrem Kreisprozess von diesem Vergleichsprozess ab:

- Im Verdampfer (4 → 1) und im Kondensator (4 → 1) sowie in den Rohrleitungen zwischen den Aggregaten treten gewisse Druckverluste auf. Diese Druckverluste muss der Kompressor zusätzlich überwinden, d. h. der Druck p_2 muss entsprechend höher ausfallen.
- Der reale Kompressor ist reibungsbehaftet. Ein adiabater Kompressor wird daher das Gas mit einer höheren Temperatur, als der isentropen abgegeben - der Zustand 2' liegt weiter rechts im log p-h Diagramm bei einer höheren spezifischen Enthalpie.
- Kompressoren sind oft gekühlt. Dann tritt das Gas mit einer niedrigeren Temperatur aus dem Kompressor aus als der idealen isentropen Zustandsänderung. Diese Kühlung muss jedoch im Kreisprozess berücksichtigt werden.

- Insbesondere auf der Kondensatorseite werden bei großen Anlagen mehrere Wärmetauscher eingesetzt, dies optimiert den Druck und die Temperatur im Kältemittelkreis.

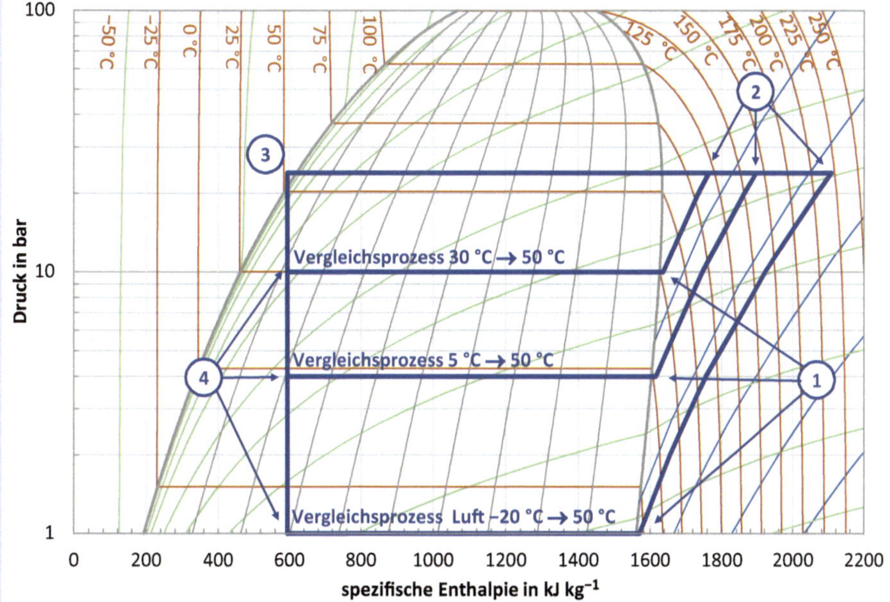

Bild 12.10 Drei Vergleichsprozesse für eine Vorlauftemperatur von 50 °C und abhängig von der Temperatur T_{zu} der genutzten Wärme

Viele weitere technische Feinheiten sind dann Gegenstand der Spezialliteratur oder das spezielle interne Wissen von Kältemaschinenherstellern.

Den COP bestimmen

Die log p-h Diagramme nutzen z. T. unterschiedliche Nullpunkte für die Enthalpie: Sie lesen daher ggf. andere Zahlenwerte ab als die hier berichteten: Das hat keine Auswirkung auf die wesentlichen Größen.

Der erste Schritt ist es, die spezifischen Enthalpien der vier Zustände des Vergleichsprozesses abzulesen. In Tabelle 12.7 sind die abgelesenen Werte zusammengestellt (ich habe geschummelt und die Zustandsgrößen aus isobaren Datensätzen abgelesen, daher sind sie recht genau).

Die Daten der Enthalpiedifferenz der vier Zustandsänderungen illustrieren zuerst die Energieerhaltung, denn ihre Summe ist (im Rahmen der Ablesegenauigkeit) null.

Die mit dem Kälteträger am Verdampfer an das Kältemittel der Wärmepumpe zugeführte spezifische Wärme (bezogen auf 1 kg Kältemittel) ist in diesem Beispiel 1022 kJ kg^{-1}. Diese Wärme wird vom Temperaturniveau 3 °C durch die Arbeit des Kompressors auf das Temperaturniveau 141 °C angehoben.

Der ideale adiabate Kompressor erhöht dabei die spezifische Enthalpie des Kältemittels um 279 kJ kg^{-1}. Diese gesamte spezifische Enthalpie gibt das Kältemittel dann durch Abkühlung und Kondensation an den Heizkreislauf mit der Vorlauftemperatur 50 °C ab.

Damit ist der COP für diesen speziellen Prozess

$$\mathrm{COP}_{5\,°\mathrm{C}\rightarrow 50\,°\mathrm{C}} = \frac{-\Delta h_{23}}{\Delta h_{12}} = \frac{1.301\,\frac{\mathrm{kJ}}{\mathrm{kg}}}{279\,\frac{\mathrm{kJ}}{\mathrm{kg}}} = 4{,}663$$

Tabelle 12.7 Zustandsgrößen und Enthalpiedifferenzen für den Vergleichsprozess 5 °C auf 50 °C

Zustand	p	ϑ	h	Δh
1	4 bar	3 °C	1616 kJ kg^{-1}	Δh_{12} = 279 kJ kg^{-1}
2	24 bar	141 °C	1895 kJ kg^{-1}	Δh_{23} = −1301 kJ kg^{-1}
3	24 bar	52 °C	594 kJ kg^{-1}	Δh_{34} = 0
4	4 bar	-2 °C	594 kJ kg^{-1}	Δh_{41} = 1022 kJ kg^{-1}

Bild 12.10 enthält auch die beiden anderen Vergleichsprozesse, die jeweils 50 °C Vorlauftemperatur ermöglichen. In allen drei Prozessen ist die zugeführte spezifische Wärme recht ähnlich, da die Sättigungsenthalpie von Ammoniak kaum vom Druck abhängt. Bei der Nutzung von Abwärme mit 30 °C verringert sich der Aufwand für die Kompression erheblich, sodass für einen Druck p_1 = 10 bar sich ein COP von 9 ergibt. Auf der anderen Seite muss bei der Nutzung von Umgebungsluft von −20 °C der Verdampfer bei ausgesprochen niedriger Temperatur und damit ausgesprochen niedrigem Druck von $p_1 \leq$ 1,0 bar arbeiten. Damit verringert sich der COP auf etwa 2,8.

Der COP sagt direkt aus, dass die Wärmepumpe für jedes Joule an zugeführter mechanischer Leistung im Kompressor die entsprechende Anzahl an Joule an Wärme bereitstellt. Würde die elektrische Leistung direkt in Wärme umgesetzt werden (als Widerstandsheizung), dann beträgt der COP gerade 1. Durch die Wärmepumpe kann die Elektrizität deutlich besser für die Bereitstellung von Raumwärme genutzt werden.

Welcher Massenstrom an Ammoniak wird benötigt bei 5 °C auf 50 °C?

Die Wärmepumpe soll maximal 1 MW Heizleistung bereitstellen. Damit ist der benötigte Massenstrom an Ammoniak

$$\dot{m}_{\mathrm{NH_3}} = \frac{\dot{Q}_{ab}}{\Delta h_{23}} = \frac{1{,}0\,MW}{1.301\,\frac{\mathrm{kJ}}{\mathrm{kg}}} = 0{,}769\,\frac{\mathrm{kg}}{\mathrm{s}}$$

Die Leistung des Kompressors beträgt

$$P = \dot{m}_{\mathrm{NH_3}} \cdot \Delta h_{12} = \frac{\dot{Q}_{ab}}{COP} = \frac{1{,}0\,\mathrm{MW}}{4{,}663} = 214\,\mathrm{kW}$$

Und was passiert bei Vorlauftemperatur 85 °C?

Wenn die Wärmepumpe eine deutlich höhere Vorlauftemperatur erzeugen soll, dann verschieben sich die Vergleichsprozesse, wie Bild 12.11 illustriert: Der benötigte Druck im Zustand 3 beträgt jetzt etwa 54 bar. Dadurch steigt die benötigte Kompressorleistung deutlich an, gleichzeitig verringert sich die spezifische zuführbare Wärme. Das hohe benötigte Druckverhältnis macht vermutlich den Einsatz von zwei hintereinander geschalteten Kompressoren notwendig, und die COP nehmen deutlich ab.

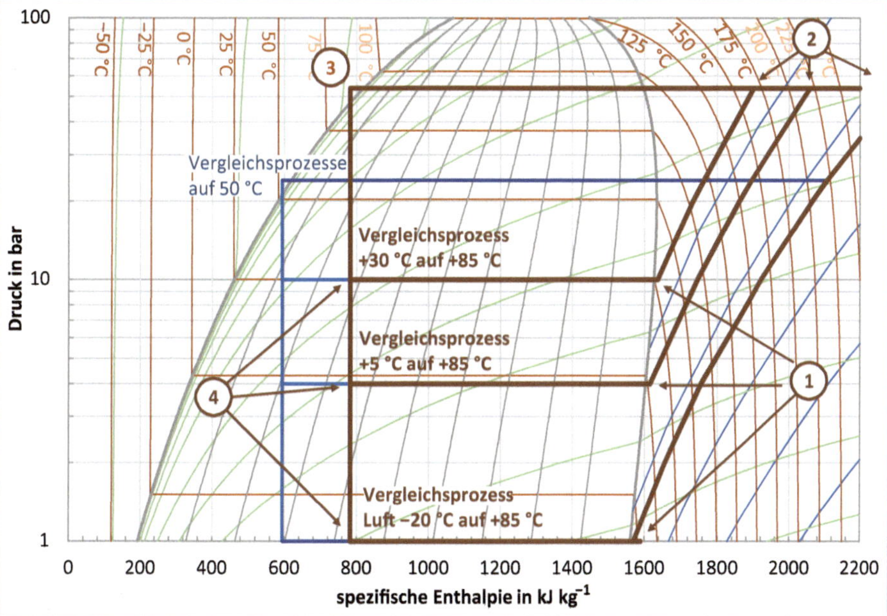

Bild 12.11 Vergleichsprozesse für eine Vorlauftemperatur von 85 °C im log p-h Diagramm von Ammoniak

Mehr zur Herausforderung der Wärmewende in Linow S (2019) *Energie - Klima - Ressourcen*. Hanser, München. Dort gibt es mehr Informationen zum System Erde sowie Methoden, mit denen Aussagen wie die hier getroffenen quantitativ abgeschätzt werden können.

GWP ist das Global Warming Potenzial, hier bezogen auf die ersten 100 Jahre nach Emission. Da R134a, R32 und R125 die Atmosphäre auch über geologische Zeiträume die Atmosphäre kaum verlassen, wirken diese Chemikalien deutlich länger als Methan (ca. 100 Jahre) oder Kohlendioxid (ca. 100000 Jahre).

Zur technischen Umsetzbarkeit haben z. B. das Institut Wohnen und Umwelt *(https://www.iwu.de)* und das Passivhaus-Institut *(https://passiv.de/)* hier in Darmstadt viele weitere Informationen.

Zu den technischen Details danke ich Herrn Simon Keller von GEA-Refrigeration für seine Expertise.

12.3 Gaskältemaschine

Für spezielle Anwendungen werden auch reine Gaskältemaschinen verwendet. Die verbreiteten technisch relevanten Ausführungen lassen sich über einen linkslaufenden Joule-Vergleichsprozess (Kapitel 11) beschreiben.

Die zentralen Unterschiede zum linkslaufenden Clausius-Rankine-Vergleichsprozess sind:

- Das Arbeitsfluid (Kältemittel) bleibt gasförmig, es findet kein Phasenwechsel statt. Das Arbeitsfluid kann als ideales Gas beschrieben werden.
- Die Benennung der Zustände wird vom linkslaufenden Clausius-Rankine-Vergleichsprozess übertragen und nicht vom Joule-Vergleichsprozess, d.h. Zustand 1 ist weiter das Arbeitsfluid bei niedrigem Druck vor dem Kompressor.
- Die Drossel wird durch eine Turbine ersetzt: Bei Kältemittel als Flüssigkeit lässt sich aus der Zustandsänderung 3 → 4 - wenn diese als isentrope Expansion ausgeführt würde - nur sehr wenig Arbeit zurückgewinnen. Diese geringe Arbeit steht nicht im Verhältnis zum benötigten Aufwand, eine Turbine für den Nassdampfbereich zu fertigen und zu betreiben. Dies ändert sich, wenn das Kältemittel ein Gas ist: Dann lohnt es sich, statt einer isenthalpen Expansion eine Turbine einzusetzen. Diese Turbine unterstützt dann den Motor beim Antrieb des Kompressors.
- Da das Kältemittel nur fühlbare Wärme aufnehmen kann, fallen die Temperaturunterschiede ΔT_{23} und ΔT_{41} deutlich größer aus als bei der Nutzung latenter Wärme im Clausius-Rankine-Prozess. Daher muss größere Sorgfalt auf geeignete Wärmetauscher gelegt werden.
- Schnelle Wärmeübertragung auf ein Gas benötigt technisch höhere Temperaturdifferenzen zwischen dem Kältemittel und den Wärmeträgern.

Wärmeübertragung Das Ziel einer guten Kältemaschine ist eine maximale Temperaturspreizung zwischen aufgenommener Wärme (4 → 1) und abgegebener Wärme (2 → 3) bei möglichst geringer Kompressorleistung (1 → 2). Voraussetzung für die Maximierung der Temperaturspreizung ist eine Minimierung der Temperaturänderung bei der Wärmeübertragung.

Hier lohnt sich noch einmal der Blick auf den Joule-Vergleichsprozess. Beide Beispiele für Gasturbinen in diesem Buch (Kapitel 11 und Kapitel 14) zeigen, dass in einer Gasturbine die Wärmezufuhr maximiert wird, um hohe Wirkungsgrade zu erreichen. Bei der isobaren Wärmeübertragung von fühlbarer Wärme ändert sich zwangsläufig die Temperatur - je mehr Wärme übertragen wird, desto größer ist diese Temperaturänderung.

Ganz anders stellt sich dies bei Kältemaschinen mit Phasenwechsel dar: Bei der Wärmeübertragung im Verdampfer (4 → 1) ist eine möglichst isotherme Wärmeübertragung vorteilhaft und gut erreichbar.

Diese Überlegungen machen deutlich, dass eine Gaskältemaschine nur wenig Wärme aufnehmen kann, um die Temperaturänderung in den isobaren Prozessen möglichst gering zu halten.

Leistungsziffer Die Leistungsziffer einer idealen Gaskältemaschine beträgt

$$\varepsilon = \frac{\dot{Q}_{zu}}{P_{komp} + P_{turb}} = \frac{\dot{m}_{km} \cdot q_{zu}}{\dot{m}_{km} \cdot \left(\Delta h_{komp} + \Delta h_{turb}\right)} = \frac{c_p \cdot \Delta T_{41}}{c_p \cdot \left(\Delta T_{12} + \Delta T_{34}\right)} \tag{12.14}$$

Hier dürfen wir - anders als im Clausius-Rankine-Vergleichsprozess - wieder

$$\Delta h = c_p \cdot \Delta T \tag{12.15}$$

verwenden, denn hier findet kein Phasenübergang statt. Mit c_p = *const* wird

$$\varepsilon = \frac{T_4 - T_1}{T_2 - T_1 + T_4 - T_3} = \frac{T_4 - T_1}{T_1 \cdot \left(\frac{T_2}{T_1} - 1\right) + T_4 \cdot \left(1 - \frac{T_3}{T_4}\right)} = \frac{T_4 - T_1}{\left(T_4 - T_1\right) \cdot \left(1 - \Pi^{\frac{\kappa-1}{\kappa}}\right)} \tag{12.16}$$

Bei dieser Umformung haben wir die Definition des Druckverhältnisses Π von Kompressor und Turbine verwendet. Anders hingeschrieben, haben wir

$$\varepsilon = \frac{1}{1 - \Pi^{\frac{\kappa-1}{\kappa}}} = \frac{1}{1 - \frac{T_2}{T_1}} = \frac{1}{1 - \frac{T_3}{T_4}} \tag{12.17}$$

Temperaturspreizung Gleichzeitig soll für eine gute Kältemaschine eine ausreichend hohe Temperaturspreizung vorliegen, diese definieren wir hier als

$$\zeta = \frac{T_3 - T_1}{T_1} = \frac{T_3}{T_1} - 1 \tag{12.18}$$

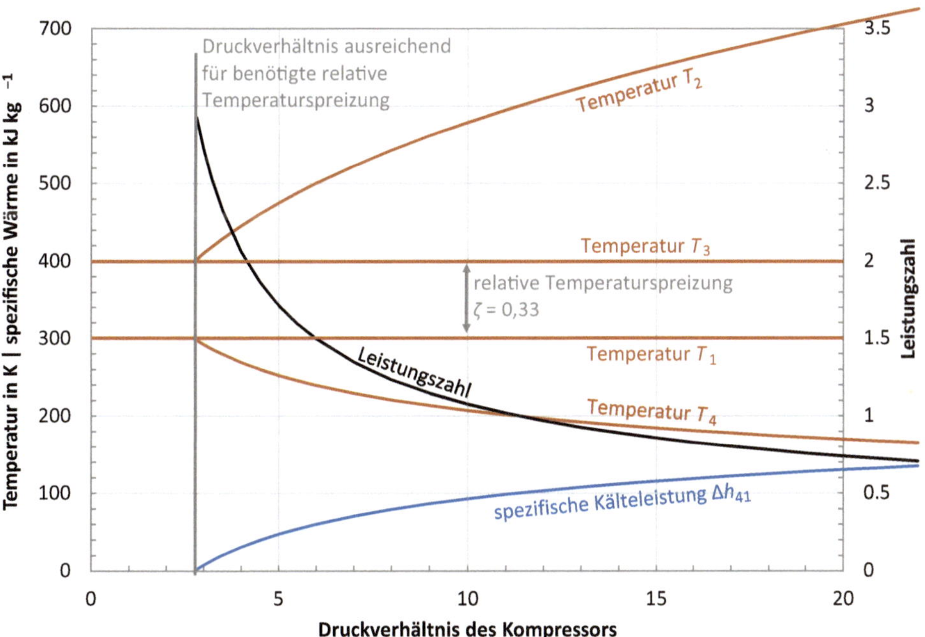

Bild 12.12 Beispiel für eine ideale Gaskältemaschine mit vorgegebenem ζ: Verlauf von Nutzen und Leistungsziffer als Funktion des Druckverhältnisses

Bild 12.12 zeigt an einem Beispiel, was dies bedeutet. Für den einfachen Fall, dass T_3 = 400 K und T_1 = 300 K sind, ergeben sich die Verläufe der Temperaturen der vier Zustände. Erst ab einem Druckverhältnis von 2,8 kann der gewünschte Prozess stattfinden. Die Leistungsziffer nimmt mit dem Druckverhältnis ab, während die Kälteleistung ansteigt. Hier muss bei der Auslegung ein Optimum gefunden werden.

Literatur

Linow S (2019) *Energie - Klima - Ressourcen.* Hanser, München.

Maurer T (2021) *Kältetechnik fur Ingenieure.* VDE Verlag, Offenbach.

Teil IV – Chemische Reaktionen

Die Beschreibung von chemischen Reaktionen ist ein eigener großer Bereich der Thermodynamik. In der technischen Thermodynamik beschränken wir uns dabei auf die technische Verbrennung, also die Bereitstellung von Wärme bei hoher Temperatur aus Brennstoffen. Gestreift werden noch Aspekte wie Sicherheit (Explosionsgrenzen). In der Verfahrenstechnik stehen chemische und physikalische Reaktionen von Gemischen und ihre technische Nutzung im Fokus. Auch in den Geowissenschaften und der Biologie werden wieder weitere und andere Aspekte chemischer Reaktionen und ihrer thermodynamischen Beschreibung genutzt.

Dieses Kapitel ist eher eine Auffrischung mit dem Ziel, wichtige Grundlagen aus der Chemie in einer verständlichen Form darzustellen und so Kapitel 14, Verbrennung, gut vorzubereiten.

Ich möchte hier viel mehr wissen!

Chemie Ein Standardwerk mit beeindruckend vielen Informationen und weiter Anwendbarkeit ist der Holleman & Wiberg. Ja, es ist mit mehr als 2000 Seiten auf Bibelpapier ein kleines Monster, aber sehr gut nutzbar für unendlich viele Fragen und Themen.

Thermoprozesstechnik Eine mögliche Vertiefungsrichtung sind der Anlagenbau für industrielle Öfen und allgemeiner für die Thermoprozesstechnik. Einen fundierten und breiten Überblick für die Praxis geben Pfeifer et al.

Praktische Erfahrungen finden sich auch in relevanten Industrienormen wieder. Die Normen der EN 746 Serie stellen wichtige und solide Arbeitsgrundlagen für die Produktsicherheit dar. Weitere Normen zur Charakterisierung von Anlagen oder zur Energieeffizienz werden im ISO TC 244 und im IEC TC 27 erarbeitet.

Verfahrenstechnik Die Verfahrenstechnik ist der Fokus eigener Studiengänge. Auf der einen Seite ist sehr viel der grundlegenden Thermodynamik absolut identisch, auf der anderen Seite führt der Weg schnell in die Behandlung von Gemischen und Phasengleichgewichten zwischen unterschiedlichen Komponenten, chemische Potenziale und zusätzliche Konzepte wie Fugazität oder Aktivität. Damit beschreiben wir Destillation, Desorption, Osmose, chemische Reaktionen und Reaktionsgleichgewichte usw. Also die Grundlagen, um chemische und verfahrenstechnische Prozesse und Anlagen zu optimieren.

13 Einige Grundlagen zur Chemie

Für das Verstehen der Themenbereiche Mischen und Verbrennung benötigt man einige Grundlagen in Chemie, diese sind hier zusammengefasst. Falls Sie Chemie bisher gehasst oder es einfach vergessen haben, soll dieser Abschnitt hier weiterhelfen.

Das Periodensystem der Elemente in Bild 13.1 enthält eine ganze Reihe von wichtigen Informationen einfach durch seine Struktur. Zusätzliche Informationen sind oft (aber nicht hier) bereits bei den Elementen hinterlegt.

Wesentlich ist dabei für uns, dass Elemente, die in einer Spalte untereinander angeordnet sind, sich physikalisch und chemisch ähnlich verhalten. Die allermeisten Elemente verhalten sich in reiner Form wie ein Metall, insbesondere bei Standardbedingung (25 °C und 1 bar).

1	2	Nebengruppen										3	4	5	6	7	8
H																	He
Li	Be											B	C	N	O	F	Ne
Na	Mg											Al	Si	P	S	Cl	Ar
K	Ca	Sc	Ti	V	Cr	Mn	Fe	Co	Ni	Cu	Zn	Ga	Ge	As	Se	Br	Kr
Rb	Sr	Y	Zr	Nb	Mo	Tc	Ru	Rh	Pd	Ag	Cd	In	Sn	Sb	Te	I	Xe
Cs	Ba	La	Hf	Ta	W	Re	Os	Ir	Pt	Au	Hg	Tl	Pb	Bi	Po	At	Rn
Fr	Ra	Ac															

La	Ce	Pr	Nd	Pm	Sm	Eu	Gd	Tb	Dy	Ho	Er	Tm	Yb	Lu
Ac	Th	Pa	U	Np	Pu									

1 Alkali	2 Erdalkali	**Metalle** Hauptgruppe	Metalle Nebengruppe	Übergangs-Metalle
7 Halogene	8 Edelgase	**Lanthanide** seltene Erden	Actinide radioaktiv	Nicht-Metalle

Bild 13.1 Das Periodensystem der Elemente. Die Spalten sind die einzelnen Hauptgruppen bzw. metallischen Nebengruppen. Die Nebengruppen werden nach dem obersten Element bezeichnet.

Spaß an Chemie bekommen

Spaß ist die Grundvoraussetzung für gutes Lernen. Lehrbücher können leider nicht immer nur Spaß machen, aber es gibt andere Möglichkeiten, die Elemente und ihre Verbindungen mit Freude kennen zu lernen:

Einen einzigartigen visuellen Überblick über die Elemente und ihre Verwendung gibt Gray T (2009) Dies ist die perfekte Ergänzung zum Holleman & Wiberg. Dazu lohnt sich vom selben Autor das Buch über Moleküle.

Aber das sind letztendlich alles Bilder. Daher gibt es Molekülbaukästen, mit denen wir Modelle von einfachen und komplexen Molekülen zusammenbauen können: Durch das eigene Spiel mit den Atomen (bunte Kugeln) und Bindungen (graue Stifte) wird vieles direkt fassbar (s. u.).

13.1 Vom Atom zum Molekül

Chemie beginnt, wenn Atome unterschiedlicher Elemente sich miteinander verbinden. Für dieses Verbinden gibt es einige grundlegende Regeln. Dabei verhalten sich die einzelnen Hauptgruppen aus dem Periodensystem in Bild 13.1 ähnlich, dies machen wir uns zunutze. Tabelle 13.1 gibt einen Überblick über die Haupt- und Nebengruppen. Für uns wesentlich ist die Zahl der Bindungen, die die einzelnen Elemente eingehen. Es gibt grundsätzlich unterschiedliche Formen, wie sich Atome miteinander verbinden können:

- Bei der metallischen Bindung geben alle beteiligten Atome jeweils ein oder zwei Elektronen ab; diese negativ geladenen Elektronen schwimmen dabei zwischen den jetzt positiv geladenen Atomen und verbinden diese damit durch ihre elektrischen Anziehungskräfte. Die einzelnen Atome organisieren sich in einem Kristallgitter, da dies energetisch am günstigsten ist. Die Leitfähigkeit und der metallische Glanz sind eine direkte Folge dieser Bindungsform. Bei der metallischen Bindung sind hohe Dichten der Atome möglich, da die Atome besonders dicht gepackt werden können.
- Bei der eigentlichen Molekülbindung (oder kovalenten Bindung) bilden je ein Elektron von beiden beteiligten Atomen gemeinsam eine Bindung aus. Diese Bindung ist elektrisch neutral und nichtleitend, da die beiden Bindungselektronen beide weiter eindeutig an die beiden so gebundenen Atome gehören. Die einzelnen Bindungen haben spezielle Richtungen und Längen, daher sind z. B. die Dichten von Keramiken eher geringer.
- Dazu gibt es noch ionische Bindungen, wie sie z. B. in Salzen auftreten.
- Jedes Element bildet entsprechend seiner Haupt- oder Nebengruppe eine definierte Anzahl von Bindungen. Atome, die mehr als eine Bindung ausbilden, machen dies oft unter bestimmten Winkeln; dies legt die Struktur der Moleküle weiter fest.

Atome gehen Bindungen ein, weil dabei Energie frei wird: Moleküle oder Metalle haben eine niedrigere Enthalpie verglichen mit ungebundenen einzelnen Atomen: Der Druck p wirkt zusätzlich hin zu Bindungen mit hoher Dichte, während umgekehrt bei höherer Temperatur T einfachere Moleküle, Gase oder gar Plasma die energetisch bevorzugte Struktur ist.

Reine Elemente Auch die reinen Elemente liegen im thermodynamischen Gleichgewicht nicht als Atome vor, sondern in Verbindungen mit ihren unterschiedlichen Phasen:

Alle Metalle haben einen sehr hohen Schmelzpunkt. Bis dahin liegen sie bevorzugt als geordnete Kristalle vor. Auch als flüssiges Metall funktioniert noch die metallische Bindung. Metallische Gase hingegen sind zumeist einzelne Atome.

Die wenigen nichtmetallischen Elemente liegen als Moleküle vor, die typisch sehr niedrige Schmelzpunkte aufweisen. Dabei haben diese Moleküle bereits die Anzahl der Bindungen, die diese Elemente auch in Molekülen mit anderen Elementen eingehen. Üblich sind es zweiatomige Moleküle:

- Wasserstoff als H_2 mit einer einfachen Bindung
- Sauerstoff als O_2 mit einer Doppelbindung, also zwei unabhängigen Bindungen nebeneinander
- Stickstoff als N_2 mit einer Dreifachbindung
- Fluor als F_2, Chlor als Cl_2 mit einer einfachen Bindung
- Reiner Kohlenstoff ist bis weit über 3000 °C ein Feststoff. Dabei formt er zumeist die Grafitstruktur aus, denn die Diamantstruktur kann erst bei sehr hohem Druck entstehen.
- Schwefel kann 2 Bindungen ausbilden, aber auch 4 oder 6. Dies gilt für einige andere der schwereren Elemente auch.

Tabelle 13.1 Die wesentlichen Gruppen (Spalten) im Periodensystem der Elemente und ihre Eigenschaften

Gruppe	Elemente	Bindung	Eigenschaften
Alkali-Metalle	Wasserstoff Lithium, Natrium, Kalium, Rubidium, Cäsium, Frankium …	1	Wasserstoff fällt als leichtestes Element heraus. Sehr reaktionsfreudige Metalle, die genau eine Bindung ausbilden Laugenbildner (z. B. Natronlauge NaOH)
Erdalkali-Metalle	Beryllium, Magnesium, Kalzium, Strontium, Barium, Radium …	2	Metalle
Bor-Gruppe	Bor, Aluminium, Gallium, Indium, Thallium …	3	Metalle
Kohlenstoff-Gruppe	Kohlenstoff, Silizium, Germanium, Zinn, Blei …	4	Kohlenstoff bildet durch seine 4 Bindungen eine unglaubliche Vielfalt an Molekülen (Leben). Silizium könnte das auch noch, bildet aber – wie auch Germanium – eher Gläser.

Tabelle 13.1 Die wesentlichen Gruppen (Spalten) im Periodensystem der Elemente und ihre Eigenschaften *(Fortsetzung)*

Gruppe	Elemente	Bindung	Eigenschaften
Stickstoff-Gruppe	Stickstoff, Phosphor, Arsen, Antimon, Wismut ...	3	Reaktionsfreudige Moleküle
Chalkogene	Sauerstoff, Schwefel, Selen, Tellur, Polonium ...	2 (4, 6)	Reaktionsfreudige Moleküle Nur Sauerstoff hat streng genau 2 Bindungen.
Halogene	Fluor, Chlor, Brom, Jod, Astate ...	1	Säurebildner (z. B. Flusssäure HF)
Edelgase	Helium, Argon, Krypton, Neon, Radon	0	Diese Elemente reagieren nicht, sie liegen bei Normbedingung als atomare Gase vor
Nebengruppen, 10 Spalten	Metalle: ii: Titan, Zirkon, Hafnium iii: Vanadium, Niob, Tantal vi: Chrom, Molybdän, Wolfram viii: Nickel, Palladium, Platin ix: Kupfer, Silber, Gold x: Zinn, Kadmium, Quecksilber Aber auch die ferromagnetischen: Eisen (vi), Kobalt (vii), Nickel (viii)	Zumeist 2	Grundsätzlich chemisch vergleichbares Verhalten, jedoch mit substanziellen Variationen. Die Spalten (Nebengruppen) sind ähnlich. Hier befinden sich die grundlegenden Elemente unserer Technik wie Eisen, Kupfer und Silber, aber auch ganz besondere Elemente für einzigartige Möglichkeiten. Elemente mit den höchsten Schmelzpunkten: Niob, Tantal, Molybdän, Wolfram, Ruthenium, Osmium
Lanthanide oder Seltene Erden	Lanthan, Cer, Praseodym, Neodym, Promethium, Samarium, Europium, Gadolinium, Terbium, Dysprosium, Holmium, Erbium, Thulium, Ytterbium, Lutetium	Zumeist 2	Sehr ähnliche Metalle mit ganz subtilen Unterschieden: Grundlage ganz spezieller technischer Möglichkeiten
Actinide	Radioaktive Elemente	2 (4, 6)	

■ 13.2 Wichtige Moleküle

Die Zahl der Bindungen, die ein Atom ausbildet, und der Winkel, unter dem diese Bindungen bevorzugt zueinander ausgerichtet sind, legt die Struktur von Molekülen fest. Aus der speziellen Struktur folgen dann grundsätzlich auch die physikalischen und chemischen Eigenschaften.

In Tabelle 13.2 sind viele der in diesem Buch benutzten Moleküle abgebildet und wichtige Eigenschaften angegeben. Dabei sollen diese Bilder einen Eindruck von der Struktur geben und Ihnen ermöglichen, sich die Moleküle vorzustellen, damit Sie dann eine Idee von chemischen Reaktionen bekommen. Im verwendeten Modellbaukasten entsprechen die einfachen Bindungen einer Länge von $0{,}75 \cdot 10^{-10}$ m, die Durchmesser der Kugeln bilden grob die Atomradien ab.

Molekülbindungen sind eigentlich natürlich keine Plastikstifte, sondern schwer vorzustellende räumliche Strukturen, in denen die Elektronen die Verbindung vermitteln.

Tabelle 13.2 Technisch relevante Moleküle

Name, Formel	Bild	Anmerkungen
Wasserstoff, H_2		Das häufigste Molekül im Universum Möglicher Energieträger der Zukunft, Bestandteil von Kokereigas
Sauerstoff, O_2		Bestandteil der Luft, $r = 0{,}21$ Die Reaktion eines Brennstoffs mit Sauerstoff definiert Verbrennung.
Stickstoff, N_2		Bestandteil der Luft, $r = 0{,}78$ Stickstoff reagiert nur sehr wenig in Verbrennungsreaktionen, formt dann Stickoxide, wie NO und NO_2.
Stickoxide, NO oder NO_2		Dies sind reaktive Radikale, da die beteiligten Atome jeweils eine andere Zahl an Bindungen möchten. NO ist ein braunes, stark stechend riechendes, sehr giftiges Gas[1].

[1)] Die Farbe lässt sich gut als Smog über Städten sehen. Der spezielle Geruch wird im Winter insbesondere hinter Diesel-PKW erfahrbar.

Tabelle 13.2 Technisch relevante Moleküle *(Fortsetzung)*

Name, Formel	Bild	Anmerkungen
Methan, CH_4		Hauptbestandteil von Erdgas und von Biogas Das zweitwichtigste anthropogene Treibhausgas Das Global Warming Potential ist erheblich höher als CO_2, reagiert innerhalb von wenigen Jahrzehnten zu CO_2.
Kohlenmonoxid, CO		Bestandteil von Kokereigas, Stadtgas, Hochofengas Ergebnis von unvollständiger oder fetter Verbrennung von Kohlenwasserstoffen Unsichtbar, geruchslos und sehr giftig
Kohlendioxid, CO_2	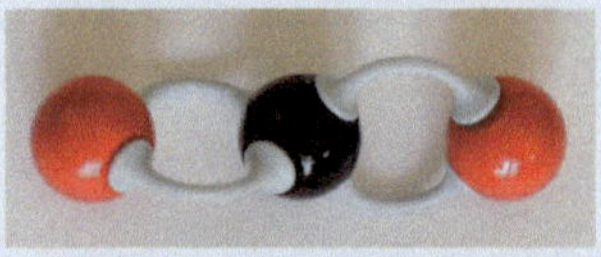	Produkt der vollständigen Verbrennung von Kohlenwasserstoffen Starkes und aktuell wichtigstes anthropogenes Treibhausgas
Wasser, H_2O	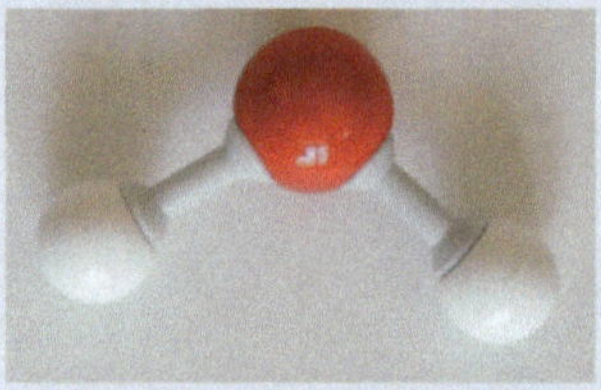	Produkt der Verbrennung von Wasserstoff oder Kohlenwasserstoffen Das Molekül hat einen Bindungswinkel von 104,45° – etwa Tetraeder-Anordnung. Dieser Bindungswinkel macht das Molekül so besonders.
Ethan, C_2H_6		Es ist das erste der Alkane: Stoffe, bei denen die Kohlenstoff-Atome mit genau einer Bindung verbunden sind und die allgemeine Summenformel $C_nH_{2\cdot n+2}$ haben. Ethan findet sich in Erdgas.

Name, Formel	Bild	Anmerkungen
Methanol, CH_3OH		… macht blind. Alkohole haben alle eine OH-Gruppe.
Ethanol, C_2H_5OH	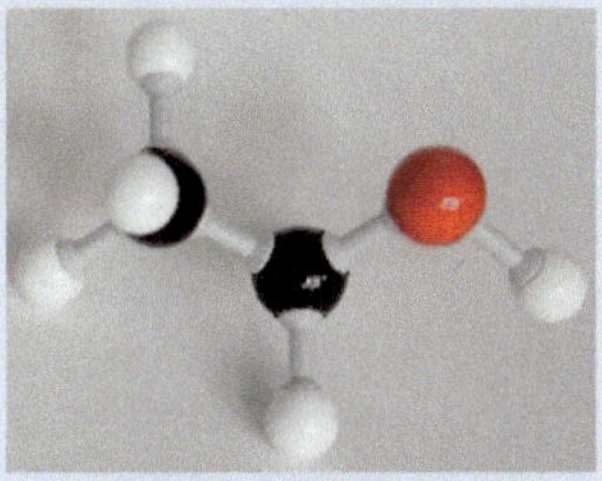	… macht besoffen.
Dimethylether (DME) C_2H_6O oder CH_3OCH_3	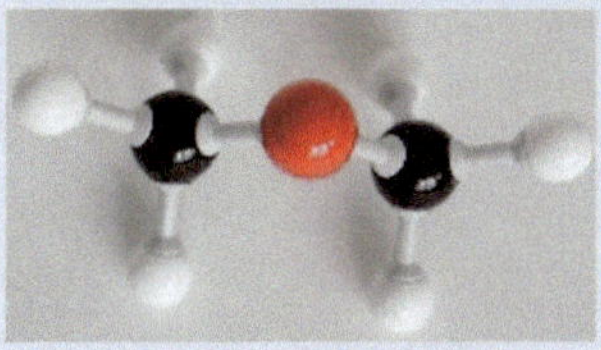	Wird als Dieselersatz diskutiert. Bei der Explosion eines mit Dimethylether gefüllten Kesselwagens auf dem Gelände der BASF in Ludwigshafen am Rhein starben am 28. Juli 1948 insgesamt 207 Menschen, und es gab 3818 Verletzte; 3122 Gebäude wurden in Mitleidenschaft gezogen.
Schwefelwasserstoff, H_2S	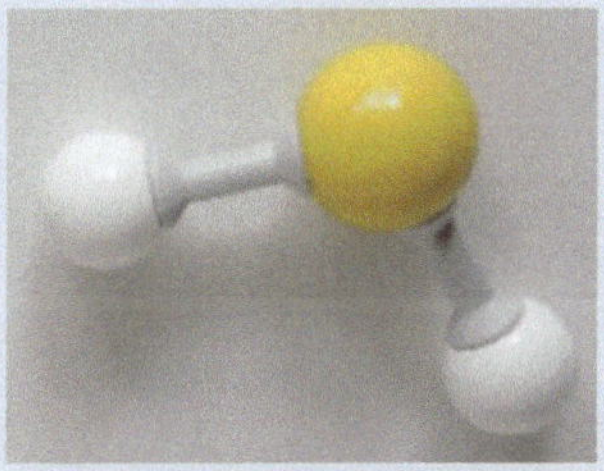	Findet sich gerne in Erdgas, so wie es aus der Erde kommt. Ein Produkt von Verwesung (Faulgas). Auch Kohle im Flöz riecht danach. Ist recht giftig.
Schwefeldioxid, SO_2		Wenn Schwefel verbrennt, entsteht dies. Schwefel kann auch vier Bindungen haben.
Schwefelsäure, H_2SO_4		Schwefeldioxid reagiert mit Wasser zu Schwefelsäure. Schwefelsäure ist eine der stärksten Säuren. Schwefel kann sechs Bindungen haben, die beiden OH-Gruppen machen dabei die Säurewirkung.

Tabelle 13.2 Technisch relevante Moleküle *(Fortsetzung)*

Name, Formel	Bild	Anmerkungen
Ammoniak, NH_3	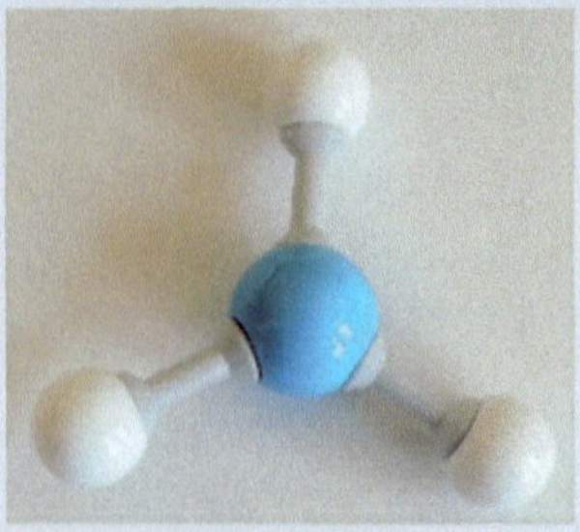	Wesentlicher Grundstoff für viele technische Anwendungen, insbesondere Düngemittel und Sprengstoff Stechend unangenehm riechendes und relativ giftiges Gas
Nitroglyzerin, $C_3H_5N_3O_9$	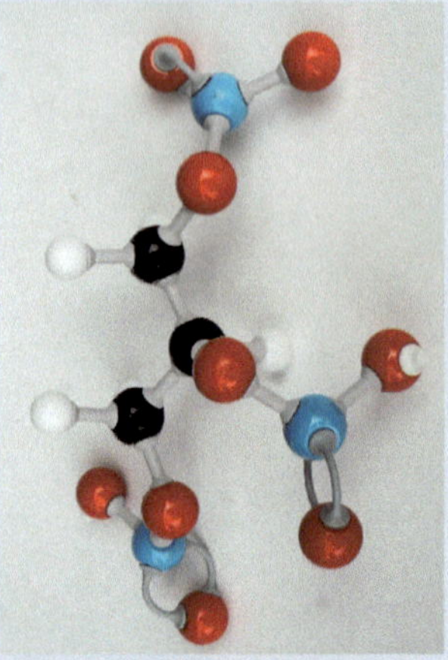	Sprengstoff, denn das Molekül hat bereits den benötigten Sauerstoff für die Reaktion dabei, benötigt also keine Luft Bei Anregung (Stoß oder Funken) bewegt sich die Detonationswelle mit 7500 m s^{-1} durch die Flüssigkeit.
Paracetamol, $C_8H_9NO_2$	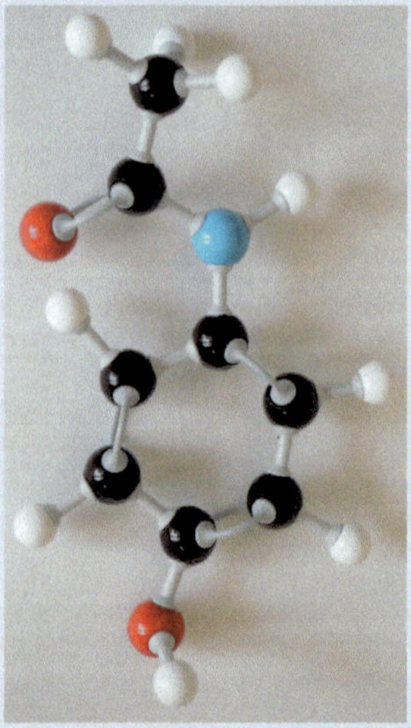	Hilft gegen Kopfschmerzen und bei Fieber. Sehr viele wichtige Stoffe in unserem Körper haben so ein ähnliches Aussehen ...

Die Moleküle sind alle mit MOLYMOD®, einem Molekülbausatz, zusammengesetzt. Der Bausatz hat als Farbcode weiß für Wasserstoff, rot für Sauerstoff, blau für Stickstoff, schwarz für Kohlenstoff, gelb für Schwefel.

13.3 Chemische Reaktionen

Bei chemischen Reaktionen bleiben die Atome erhalten. Die einzelnen Atome aus den Ausgangsverbindungen (Edukte) verbinden sich aufgrund der chemischen Reaktion neu und mit anderen in der chemischen Reaktion vorhandenen Atomen zu anderen Molekülen. Diese sich neu formenden Verbindungen sind die Produkte. Dabei gilt immer:

- Die Zahl der einzelnen Atome bzw. die Stoffmengen der Atome n_A und ihr Verhältnis untereinander, die Stoffmengenanteile y_A, ändert sich durch die chemische Reaktion nicht.
- Die Masse bleibt bei chemischen Reaktionen erhalten, d. h. die Masse von Edukten und Produkten ist gleich.
- Die an der Reaktion beteiligten Moleküle bzw. die Stoffmengen dieser Moleküle ändern sich. Nicht alle Moleküle nehmen an jeder Reaktion teil, einige Moleküle bleiben erhalten.
- Solange wir die Edukte und Produkte bei niedriger Temperatur betrachten, gelten die Regeln zu den Bindungen, die die einzelnen Atome eingehen. Das Ergebnis sind dann stabile Moleküle.

Bei chemischen Reaktionen unterscheiden wir zwischen unvollständigen und vollständigen Reaktionen.

Bei einer vollständigen Reaktion haben die Edukte soweit vollständig miteinander reagiert, wie dies geht. Dadurch sind einige der Bestandteile der Edukte dann in den Produkten nicht mehr vorhanden - dies sind die hier gegebenen Beispiele zur vollständigen Verbrennung bei Luftüberschuss, bei der im Abgas dann kein Brennstoff mehr vorliegt.

Bei unvollständiger Reaktion stellt sich ein Gleichgewicht ein, und Edukte existieren neben Produkten.

Reaktionsgleichungen Wir beschreiben chemische Reaktionen mit Reaktionsgleichungen, für diese Gleichungen gelten als Regeln:

- Links und rechts müssen die gleiche Anzahl an Atomen stehen. Damit beschreiben Reaktionsgleichungen immer Stoffmengen.
- Liegen die Produkte bei Standardbedingungen vor, dann sollen stabile Moleküle auf beiden Seiten stehen, keine Atome oder Radikale.
- Die Regeln zu Bindungen sind streng einzuhalten.

Verbrennung ist eine chemische Reaktion mit Sauerstoff, bei der Wärme freigesetzt wird. Bei Verbrennung entstehen zuerst einfache, energetisch besonders günstige Moleküle wie Wasser und Kohlendioxid sowie ggf. Stickstoff usw.

Reaktionsgleichungen aufstellen und verstehen

Einige wichtige oder spannende Beispiele für chemische Reaktionen sind:

Knallgasreaktion Wasserstoff und Sauerstoff reagieren miteinander. Es werden für jedes Sauerstoff-Atom zwei Wasserstoff-Atome benötigt, beides reagiert zu Wasser

$$2\,\mathrm{H_2} + 1\,\mathrm{O_2} = 2\,\mathrm{H_2O} \tag{13.1}$$

Dies kann als eine Gleichung über Stoffmengen gelesen werden, dann ist für diese Reaktion

$$n_{\mathrm{H_2}} = \frac{1}{2} \cdot n_{\mathrm{O_2}} = \frac{1}{2} \cdot n_{\mathrm{H_2O}} \tag{13.2}$$

Kohlenstoff Die Verbrennung von reinem Kohlenstoff (Anthrazit, Grafit oder Diamant) ergibt Kohlendioxid

$$1\,\mathrm{C} + 1\,\mathrm{O_2} = 1\,\mathrm{CO_2} \tag{13.3}$$

und damit

$$n_{\mathrm{C}} = n_{\mathrm{O_2}} = n_{\mathrm{CO_2}} \tag{13.4}$$

Methan Diese Reaktion können wir aus den beiden vorherigen zusammensetzen. Bei der Verbrennung von Methan benötigt jedes Kohlenstoff-Atom zwei Sauerstoff-Atome, und die vier Wasserstoff-Atome benötigen zusammen zwei Sauerstoff-Atome für eine vollständige Umsetzung

$$1\,\mathrm{CH_4} + 2\,\mathrm{O_2} = 1\,\mathrm{CO_2} + 2\,\mathrm{H_2O} \tag{13.5}$$

und damit für die Stoffmengen

$$n_{\mathrm{CH_4}} = \frac{1}{2} \cdot n_{\mathrm{O_2}} = n_{\mathrm{CO_2}} = \frac{1}{2} n_{\mathrm{H_2O}} \tag{13.6}$$

Isopropanol Bei der Verbrennung von Isopropanol (C_3H_5OH) an Luft ist die Buchführung für den Sauerstoff etwas schwieriger, da ein Sauerstoffatom im Brennstoff enthalten ist

$$1\,\mathrm{C_3H_5OH} + 4\,\mathrm{O_2} = 3\,\mathrm{CO_2} + 3\,\mathrm{H_2O} \tag{13.7}$$

Für die Stoffmengen gilt, dass je 1 mol an Isopropanol 3 mol an Kohlenstoff-Atomen enthält und damit bei der vollständigen Reaktion 3 mol an Kohlendioxid erzeugt; dafür werden 3 mol Sauerstoff benötigt. Die insgesamt 6 mol Wasserstoff-Atome in 1 mol Isopropanol reagieren zu 3 mol Wasser. Für diese Reaktion werden 1 mol Sauerstoff benötigt, da im Isopropanol ein Atom Sauerstoff enthalten ist, also

$$n_{\mathrm{C_3H_5OH}} = \frac{1}{4} \cdot n_{\mathrm{O_2}} = \frac{1}{3} \cdot n_{\mathrm{CO_2}} = \frac{1}{3} \cdot n_{\mathrm{H_2O}} \tag{13.8}$$

Schwefel Aus Schwefelwasserstoff im Brennstoff wird Schwefelsäure: Zuerst verbrennt der Schwefelwasserstoff zu Wasser und Schwefeldioxid

$$2\,H_2S + 3\,O_2 = 2\,SO_2 + 2\,H_2O \tag{13.9}$$

Im Anschluss bildet sich die Säure, wenn dafür Wasser zur Verfügung steht

$$1\,SO_2 + 2\,H_2O = 1\,H_2SO_4 + 1\,H_2 \tag{13.10}$$

Dabei ist

$$n_{H_2S} = n_{SO_2} = n_{H_2SO_4}\,, \tag{13.11}$$

denn jedes dieser Moleküle enthält genau ein Schwefel-Atom.

Raketentreibstoff Hydrazin Die Verbrennung von 1,1-Dimethylhydrazin ($C_2H_8N_2$, UDMH) mit Distickstofftetroxid (N_2O_4) für Raketen gibt im besten Falle bei exakt stöchiometrischer Mischung

$$1\,C_2N_2H_8 + 2\,N_2O_4 = 2\,CO_2 + 4\,H_2O + 3\,N_2 \tag{13.12}$$

Bereits geringfügiger Brennstoffschlupf - also unvollständige Verbrennung - führt dazu, dass Stickoxide in großen Mengen freigesetzt werden: Dies erklärt die Übelkeit erregende Farbe des Abgases von nordkoreanischen Raketen.

Nitroglyzerin Echte Sprengstoffe wie Nitroglyzerin enthalten den gesamten, für die Reaktion benötigten Sauerstoff und reagieren - wenn sie einmal gezündet wurden - vollständig zu einfachen Molekülen. Für vier mol Nitroglyzerin geht es genau auf

$$4\,C_3H_5N_3O_9 = 12\,CO_2 + 10\,H_2O + 6\,N_2 + 1\,O_2 \tag{13.13}$$

Aus 1 mol Nitroglyzerin werden also 3 mol Kohlendioxid, 2,5 mol Wasser, 1,5 mol Stickstoff und 0,25 mol Sauerstoff. Das Nitroglyzerin ist eine Flüssigkeit, die Produkte sind alle gasförmig und liegen bei hoher Temperatur vor, dadurch entsteht die Druckwelle der Explosion.

Stöchiometrische Koeffizienten In allen diesen Reaktionsgleichungen stehen Zahlen, die angeben, wie viele mol oder wie viele Stück eines Moleküls an der Reaktion beteiligt sind. Diese nennen wir stöchiometrische Koeffizienten ν. So sind die stöchiometrischen Koeffizienten der Formel 13.13

$$\nu'_{C_3H_5N_3O_9} = 4,\ \nu''_{CO_2} = 12,\ \nu''_{H_2O} = 10,\ \nu''_{N_2} = 6 \text{ und } \nu''_{O_2} = 1 \tag{13.14}$$

Dabei setzen wir ν'_i als Koeffizienten der Edukte und ν''_i als Koeffizienten der Produkte.

13.4 Energie

Wir haben bereits die Enthalpie als Zustandsgröße eines reinen Stoffes oder eines Gemisches kennengelernt. Diese Zustandsgröße hängt von der Temperatur und vom Druck ab. Dieses Konzept wird erweitert, um chemische Reaktionen beschreiben zu können.

Es gibt chemische Reaktionen, bei denen Energie frei wird. Dies ist z. B. die Verbrennung von Brennstoffen, und diese Energie haben wir bereits durch den Heizwert und den Brennwert beschrieben – beides sind spezifische Enthalpien. Dann gibt es chemische Reaktionen, die nur stattfinden, wenn Energie zugegeben wird. Wichtiges Beispiel ist die elektrochemische Erzeugung von Wasserstoff aus Wasser. Wir benötigen also geeignete Enthalpien, um die Energie in chemischen Reaktionen bilanzieren zu können. Diese werden hier als intensive molare Werte angegeben.

Energiebilanz Der Ausgangspunkt ist eine chemische Reaktion, die durch eine Reaktionsgleichung beschrieben wird. In der Reaktionsgleichung stehen dann die einzelnen Moleküle, die miteinander reagieren und die stöchiometrischen Koeffizienten ν' der Edukte und ν'' der Produkte. Die Energiebilanz dieser chemischen Reaktion bei Standardbedingung und mit isobaren und isothermen Verlauf ist dann

$$\Delta_r H^0 = \sum_{i,Produkte} \nu''_i \cdot \Delta_f H_i^0 - \sum_{i,Edukte} \nu'_i \cdot \Delta_f H_i^0 \qquad (13.15)$$

Erst einmal ist dies eine ganz übliche Gleichung zur Beschreibung einer Zustandsänderung, trotzdem sieht sie auf den ersten Blick sehr kryptisch aus:

- Links steht das Ergebnis der Zustandsänderung, also die Änderung der molaren Enthalpie von den Edukten zu den Produkten. Diese muss dabei auf ein Mol eines der in der Reaktion beteiligten Stoffe bezogen werden. Das Symbol Δ_r zeigt an, dass es sich um die Änderung aufgrund einer Reaktion handelt (engl. *reaction*), und die hochgestellte Null, dass die Reaktion bei Standardbedingung (25 °C und 1 bar) abläuft.
- Auf der rechten Seite sind die Beiträge aller beteiligten Stoffe aufsummiert, also aller Stoffe, die an der Reaktion teilnehmen. Es ist die Differenz der Bildungsenthalpien der Produkte und der Edukte. Die Bildungsenthalpien bei Standardbedingung sind durch den Index f (engl. *formation*) und die hochgestellte Null definiert.

Um diese Gleichung nutzen zu können, benötigen wir daher die hier eingeführten Bildungsenthalpien.

Bildungsenthalpie Standardbildungsenthalpien $\Delta_f H^0$ sind eine elegante Möglichkeit, das Problem der nicht definierten Nullstelle der Enthalpie zu lösen.

Eine wichtige Festlegung ist, dass reine Stoffe in ihrer bei Standardbedingung energetisch stabilen Form die Standardbildungsenthalpie mit dem Zahlenwert $\Delta_f H^0 = 0$ haben. Als Beispiel haben der gasförmige Sauerstoff als O_2 und der gasförmige Wasserstoff als H_2 jeweils diesen Zahlenwert. Weitere Zahlenwerte finden sich in der Literatur.

Für Stoffe, die aus mehreren unterschiedlichen Elementen zusammengesetzt sind, ist

$$\Delta_f H_{Stoff}^0 = H_{Stoff}^0 \underbrace{- \sum_i \nu'_i \cdot \Delta_f H_i^0}_{einfache\ Stoffe} \qquad (13.16)$$

Werte werden ggf. berechnet, indem das analysierte Molekül aus seinen einfachen Komponenten zusammengesetzt wird. Beispiele folgen.

Diese Bildungsenthalpie beschreibt die energetischen Aspekte der chemischen Reaktion. Sie bezieht sich auf Standardbedingung. D. h. hier wird eine zugleich isobare und isotherme chemische Reaktion zugrunde gelegt. Da die Enthalpie eine Zustandsgröße ist, spielt es keine Rolle, mit welchen Zustandsänderungen der Ausgangszustand (gemischte Edukte vor der chemischen Reaktion) in den Endzustand (gemischte Produkte nach der chemischen Reaktion) übergeht - deshalb ist diese Annahme zulässig. Gleichzeitig laufen insbesondere geologische oder biologische Reaktionen oft nahezu isobar und isotherm ab.

Reaktionsenthalpie Die Enthalpie aus Formel 13.15 kann positiv oder negativ sein. Hier hilft uns unsere Festlegung für das Vorzeichen:

Negatives Vorzeichen bedeutet, dass Enthalpie das System bei der isobaren und isothermen Reaktion verlässt: Das System kann Enthalpie abgeben, es wird also bei der chemischen Reaktion Energie freigesetzt. Dies sind exotherme Reaktionen.

Positives Vorzeichen bedeutet, dass das System bei der isobaren und isothermen Reaktion zusätzlich Energie aufnimmt: Das System muss Enthalpie aufnehmen, damit die chemische Reaktion abläuft. Dies sind endotherme Reaktionen.

Bei exothermen Reaktionen kann diese Reaktionsenthalpie entweder Arbeit verrichten oder als Wärme wirken.

13.5 Chemisches Gleichgewicht

Das chemische Gleichgewicht ist der Zustand eines Systems am Minimum der Gibbs'schen Energie bei konstantem Druck und konstanter Temperatur. In die Berechnung gehen dabei die Bildungsenthalpien aller in der Mischung enthaltenen Moleküle und zusätzlich alle Moleküle ein, die grundsätzlich im Gleichgewicht vorkommen könnten.

Beispiele für chemische Gleichgewichte

Die sehr abstrakte Definition sehen wir uns konkreter an.

Knallgas Die Energiebilanz für die Reaktion aus Formel 13.1 nach Formel 13.15, bezogen auf die Stoffmenge des Wassers und für flüssiges Wasser als Produkt, ist

$$\begin{aligned}\Delta_r H^0 &= 1 \cdot H^0_{H_2O} - 2 \cdot H^0_{H_2} - 1 \cdot H^0_{H_2} = -285{,}8\frac{\text{kJ}}{\text{mol}} - 0 - 0 \\ &= -285{,}8\frac{\text{kJ}}{\text{mol}}\end{aligned} \tag{13.17}$$

Bei der chemischen Reaktion wird also erhebliche Energie frei (negatives Vorzeichen). Daher ist das chemische Gleichgewicht klar auf der Seite des flüssigen Wassers.

Gleichzeitig ist die (stöchiometrische) Mischung aus Wasserstoff und Sauerstoff über einen weiten Temperaturbereich hinweg stabil. Die Reaktion kann auch in einer stöchiometrischen Mischung erst ab etwa 600 °C ablaufen. Diese Beobachtung gilt für sehr viele Brennstoffe.

Trotzdem ist das chemische Gleichgewicht nicht der metastabile Zustand (Brennstoff-Luft-Gemisch), sondern der absolut stabile Zustand minimaler Energie.

Sprengstoff Ein weiteres instruktives Beispiel sind Sprengstoffe. Ein besonders schwieriges Material ist Ammoniumnitrat, das problemlos gelagert und transportiert werden kann. Gelingt es jedoch, das Material energetisch anzuregen, dann reagiert es sehr schnell und sehr heftig[2]

$$\mathrm{NH_4NO_3} = \underbrace{\mathrm{N_2O} + 2\cdot \mathrm{H_2O}}_{\textit{niedrige Temp.}} = \underbrace{\mathrm{N_2} + 2\cdot \mathrm{H_2O} + 0{,}5\cdot \mathrm{O_2}}_{\textit{hohe Temperatur}}$$

Das chemische Gleichgewicht ist deutlich auf der Seite der einfachen Gase. Bei der Reaktion wird Energie freigesetzt. Dies zeigt die Bilanz der Standardbildungsenthalpien

$$\Delta_r H^0 = \Delta_f H^0(\mathrm{N_2}) + 2\cdot \Delta_f H^0(\mathrm{H_2O}) + 0{,}5\cdot \Delta_f H^0(\mathrm{O_2}) - \Delta_f H^0(\mathrm{N_2H_4O_3})$$

Setzen wir die relevanten Daten ein (die Standardbildungsenthalpien von Stickstoff und Sauerstoff sind als Null definiert, alle Werte beziehen sich auf 25 °C, 1 bar)

$$\Delta_f H^0 = 0 + 2\cdot\left(-285{,}8\frac{\mathrm{kJ}}{\mathrm{mol}}\right) + 0 - \left(-206\frac{\mathrm{kJ}}{\mathrm{mol}}\right) = -366\frac{\mathrm{kJ}}{\mathrm{mol}},$$

so wird deutlich, dass eine Reaktion von Ammoniumnitrat exotherm ist - es wird beim Zerfallen Energie frei.

Boudouard-Gleichgewicht In Hochöfen und ähnlichen Prozessen beobachtet man, dass die Abgase je nach Temperatur mehr oder weniger CO oder CO_2 enthalten. Aus Sicht der Reaktionsenthalpie ist dies nicht zu verstehen, denn die Oxidation von CO zu CO_2 ist exotherm. Trotzdem beobachten wir ein Gleichgewicht, d. h. beide Reaktionen

$$2\cdot \mathrm{CO}^{gas} \rightleftharpoons \mathrm{CO}_2^{gas} + \mathrm{C}^{fest} \qquad (13.18)$$

finden gleichzeitig statt. Dies wird technisch genutzt, um Prozessgase mit hohem CO-Gehalt zu erzeugen.

Das Gleichgewicht wird dabei durch die Gibbs'sche freie Enthalpie festgelegt; in dieser Zustandsgröße geht zusätzlich die stark temperaturabhängige Entropie mit ein, die hier als zusätzliche Randbedingung wirkt.

Glas Gläser sind erstarrte Flüssigkeit, sie haben keine Kristallstruktur. Auch bei reinen Stoffen wie z. B. Quarzglas (SiO_2) ist dabei die Enthalpie des Glases etwas höher als die des Festkörpers. Im Gleichgewicht läge daher eine Ein

[2] Dies wurde zuletzt durch die fürchterliche Explosion am 4. August 2020 in Beirut deutlich.

kristallstruktur vor. Allerdings ist es dem Glas nicht ohne Weiteres möglich, seine Struktur so zu verändern, dass aus dem Glas ein Kristall wird - dazu müssten sehr viele Bindungen neu angeordnet werden. Glas wird also erzeugt, indem beim Erstarren keine ausreichende Zeit für die Atome besteht, sich im Kristallgitter anzuordnen; stattdessen wird die Flüssigkeit in ihrer aktuellen Anordnung schnell eingefroren und bleibt dann bei ausreichend niedriger Temperatur als Glas stabil. Bild 13.2 illustriert dies am Beispiel von Siliziumdioxid. Die stabile Gleichgewichtsphase ist Quarz (Bergkristall), Cristobalit ist eine zweite kristalline Struktur, die sich bei hoher Temperatur langsam in Quarz umwandelt. Quarz und Cristobalit existieren in zwei Gitterstrukturen, die sich sehr schnell an der relevanten Temperatur ineinander umwandeln. Quarzglas wandelt sich etwa oberhalb von 1300 °C mit merkbarer Geschwindigkeit in Cristobalit um.

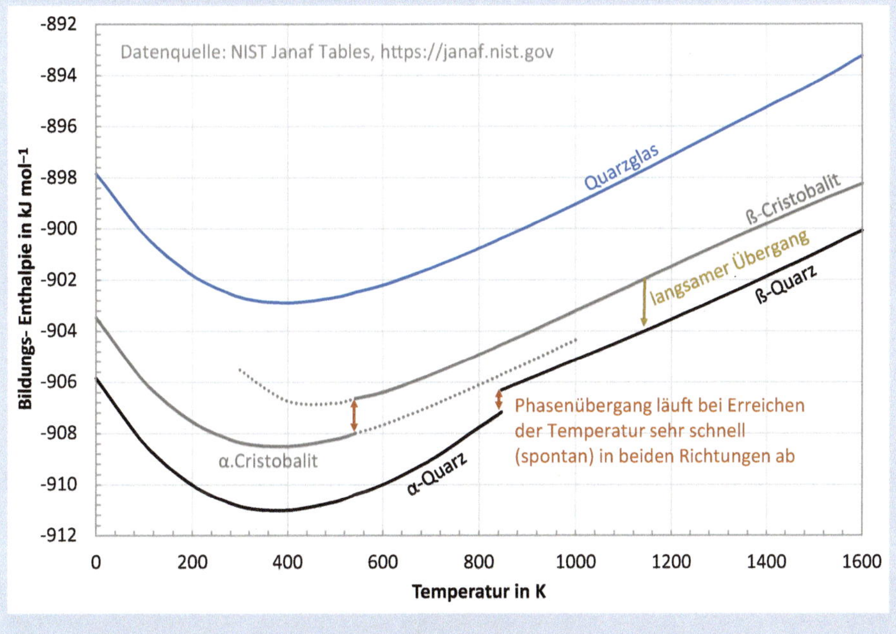

Bild 13.2 Die Phasen von Siliziumdioxid und ihre Bildungsenthalpie

Ausblick Unsere normale Umgebungsbedingung bei 1 bar und 300 K ist ideal für stabile einfache Moleküle. Dazu können unter dieser Bedingung auch eigentlich instabile Moleküle existieren wie Nitroglyzerin. Dazu kommt, dass viele Mischungen unter dieser Bedingung stabil sind: Als Beispiel ist das Gemisch aus Erdgas und Luft stabil, solange niemand einen Funken spendiert.

Mit zunehmendem Druck wird es für Gase günstiger, größere Moleküle zu bilden: Als (ideales) Gas nimmt jedes Molekül dasselbe Volumen ein. Und so beobachtet man, dass sich Gleichgewichte verschieben: Z.B. existieren die Stickoxide NO_2 und N_2O_4 immer gleichzeitig. Bei niedrigem Druck liegt vor allem NO_2 und bei hohem Druck fast nur noch N_2O_4 vor.

Bei zunehmender Temperatur werden weniger stabile Bindungen schneller gelöst. Dies führt dazu, dass große Moleküle auseinanderfallen: Eiweiße und Proteine beginnen oberhalb von etwa 40 °C zu zerfallen. Ein bekannter Effekt ist die Bildung von knusprigen Krusten beim Braten. Diese Maillard-Reaktion ist das Ergebnis von zerfallenden Proteinen (lecker).

Bei sehr hohen Temperaturen zerfallen auch stabile einfache Moleküle, und es bilden sich Radikale wie OH. Bei sehr hoher Temperatur genügen energiereiche Stöße zwischen einzelnen Molekülen, um Bindungen aufzubrechen. Daher liegt bei einer Temperatur über 2.000 K immer ein Anteil eines Moleküls als reaktive Radikale vor, also Bruchstücke von Molekülen:

- Atome, wie H·, O·, N·, C·... (wobei der „·" hier eine offene Bindung bezeichnet)
- Radikale wie ·OH (eine fehlende Bindung) oder CH (drei fehlende Bindungen)

Dieses Verhalten ist bei der Verbrennung mit Luft wenig ausgeprägt, aber wichtig, da die Radikale weitere Moleküle aufbrechen und so die chemische Reaktion erst ermöglichen.

Bei noch höherer Temperatur deutlich oberhalb 3.000 K verlieren Atome dann auch Elektronen, d. h. es liegen Ionen und freie Elektronen vor; dies ist ein Plasma mit ganz besonderen Eigenschaften.

Literatur

Anderson G (2017) *Thermodynamics of Natural Systems. Theory and Applications in Geochemistry and Environmental Science.* Cambridge University Press.

DIN EN 746-1, Industrielle Thermoprozessanlagen – Teil 1: Allgemeine Sicherheitsanforderungen an industrielle Thermoprozessanlagen

Franses EI (2014) *Thermodynamics with Chemical Engineering Applications.* Cambridge University Press.

Gray T (2009) *The Elements. A Visual Exploration of Every Known Atom in the Universe.* Black Dog & Leventhal. Deutsch: Die Elemente. Delphin Verlag.

Gray T (2014) *Molecules. The Elements and the Architecture of Everything.* Black Dog & Leventhal. Deutsch: Moleküle. Die Elemente und die Architektur aller Dinge. Naumann und Göbel.

Holleman & Wiberg (2007) *Lehrbuch der Anorganischen Chemie.* Walter de Gruyter, Berlin

IEC TC 27, Industrial electroheating and electromagnetic processing. *https://www.iec.ch/tc27.*

ISO TC 244, Industrial furnaces and associated processing equipment. *https://www.iso.org/committee/561961.html.*

Pfeifer H, Nacke B, Beneke F (2018) *Praxishandbuch Thermoprozesstechnik. Band I: Grundlagen | Prozesse | Verfahren.* Vulkan Verlag.

Pfeifer H, Nacke B, Beneke F (2010) *Praxishandbuch Thermoprozesstechnik. Band II: Anlagen | Komponenten | Sicherheit.* Vulkan Verlag.

14 Technische Verbrennung

Ziel dieses Abschnittes ist es, wesentliche Schritte für die Auslegung einer Anlage vorzustellen, in der Energie aus einer chemischen Reaktion genutzt werden soll.

Für technische Verbrennungssysteme sind wichtige Punkte die Festlegung der benötigten Brennstoffmenge und der Verbrennungsluft. Dazu kommen Abgasverluste und die erreichbare Verbrennungstemperatur.

Eine zweite technisch relevante Form sind Brennstoffzellen, bei denen chemische Energie direkt genutzt werden kann, diese sind der Gegenstand von Abschnitt 14.6.

14.1 Wärme bereitstellen

Eine erste zentrale Frage ist: Welche Brennstoffmenge wird benötigt, um durch die chemische Umwandlung in der Verbrennung die für den Prozess benötigte Wärme zu erzeugen? An dieser Stelle gehen wir davon aus, dass die Frage, welche Wärme oder welcher Wärmestrom bereitgestellt werden soll, bereits aus anderen Überlegungen bekannt ist.

Die bereits in Kapitel 3 eingeführten Eigenschaften Heizwert H_I und Brennwert H_S verbinden dabei direkt die Masse des Brennstoffs m_{Br} mit der bei vollständiger Umsetzung freiwerdenden Wärme. Mit dem Heizwert als spezifische, molare oder volumenbezogene Größe war

$$Q = m_{Br} \cdot H_{I,m} = V_{Br} \cdot H_{I,V} = n_{Br} \cdot H_{I,M} \tag{14.1}$$

Heiz- und Brennwert sind für eine Vielzahl von Brennstoffen tabelliert (siehe Kapitel 21). Trotzdem kann es notwendig sein, den Heizwert oder den Brennwert für einen bestimmten Brennstoff zu ermitteln:

- Er kann kalorimetrisch gemessen werden, hierfür gibt es spezielle Kalorimeter.
- Oder er kann berechnet werden, wenn die Zusammensetzung des Brennstoffes bekannt ist und für die einzelnen Komponenten tabellierte Werte vorliegen.

Heiz- und Brennwert sind Zustandsgrößen eines Systems, und für Brennstoff, der selber ein Gemisch ist, gilt

$$H_{I,m} = \sum_i \mu_i \cdot H_{I,m,i} \text{ und } H_{S,m} = \sum_i \mu_i \cdot H_{S,m,i} \tag{14.2}$$

Für Brennstoffe, die als ideales Gas angenähert werden und für die volumetrische Heiz- oder Brennwerte bekannt sind, ist

$$H_{I,v} = \sum_i r_i \cdot H_{I,v,i} \text{ und } H_{S,v} = \sum_i r_i \cdot H_{S,v,i} \tag{14.3}$$

und für molare Größen

$$H_{I,M} = \sum_i y_i \cdot H_{I,M,i} \text{ und } H_{S,M} = \sum_i y_i \cdot H_{S,M,i} \tag{14.4}$$

Bei festen Brennstoffen oder bei Mischungen mit vielen Komponenten wie Kerosin, Diesel oder Benzin wird der Brennstoff nicht als ein Gemisch an wenigen, klar identifizierten Stoffen beschrieben. Für diese Brennstoffe wird typisch eine Elementaranalyse des Brennstoffs vorgenommen, bei der die Anteile der Elemente (also Atome) bestimmt werden. Diese können als atomare Massenanteile oder als atomare Stoffmengenanteile vorliegen. Dann können entsprechende Heizwerte oder Brennwerte für Formel 14.2 und Formel 14.4 verwendet werden, die jeweils für Elemente gelten.

Heizwert und Brennwert sind direkt mit der Reaktionsenthalpie $\Delta_r H^0$ der chemischen Reaktion verbunden. Allerdings werden Heiz- und Brennwerte nur für exotherme Reaktionen angegeben. Wir können also Heiz- und Brennwert auch auf diesem Weg ermitteln, wenn wir die passende Phase von Wasser in den Produkten berücksichtigen.

14.2 Luftmasse bestimmen

Die Luftmasse kann aus der bereits festgelegten Brennstoffmasse und der chemischen Zusammensetzung des Brennstoffs bestimmt werden. Dazu ist zuerst festzulegen, wie das Verhältnis von Luft zu Brennstoff gestaltet werden soll.

14.2.1 Fett oder mager?

Eine Verbrennungsreaktion kann durch das Verhältnis von Luft zu Brennstoff beschrieben werden. Dabei kann diese Beschreibung für die gesamte Reaktion verwendet werden (im Zylinder, im Ofen, in der Brennkammer), sie kann aber auch kleine Bereiche einer Flamme beschreiben:

Stöchiometrisch Es liegt genau so viel Luft vor, wie für die chemische Reaktion benötigt wird. Nach einer vollständigen chemischen Reaktion sind weder Sauerstoff noch Brennstoff in der Mischung vorhanden. Um eine vollständige Verbrennung zu erreichen, wird eine sehr gute Durchmischung benötigt, denn die Luft und der Brennstoff müssen überall zueinander finden.

Diese Bedingung entspricht zugleich den üblichen Reaktionsgleichungen, so wie sie im vorherigen Kapitel eingeführt wurden.

Mager Es wird mehr Luft bereitgestellt, als für die vollständige Umsetzung des Brennstoffes benötigt wird, d.h. nach der Reaktion bleibt Sauerstoff im Abgas zurück. Diese Mischung kann auch unterstöchiometrisch genannt werden.

Fett Es liegt weniger Luft in der Mischung vor, als für die vollständige Umsetzung des Brennstoffes benötigt wird, d.h. nach der Reaktion bleiben Brennstoff oder Zwischenprodukte der chemischen Reaktion im Abgas zurück. Diese Mischung kann auch überstöchiometrisch genannt werden.

Wasserstoff reagiert mit Luft

Bild 14.1 stellt für das sehr einfache System Luft und Wasserstoff die Gleichgewichtszusammensetzung bei adiabater Verbrennungstemperatur (s. u.) dar. Die x-Achse ist der Stoffmengenanteil y_{H2} vom Wasserstoff an den Edukten, die y-Achse der Stoffmengenanteil der Produkte und die sich adiabat einstellende Temperatur des Abgases.

Das Abgas einer mageren Mischung ist links daran zu erkennen, dass weiter Sauerstoff in den Produkten vorliegt, und der fette Bereich rechts von stöchiometrischer Mischung ist daran zu erkennen, dass Wasserstoff in den Produkten vorliegt.

Da in der Abbildung das chemische Gleichgewicht bei adiabater Reaktionstemperatur illustriert ist, findet sich nahe des Maximums der Temperatur ein Bereich, in dem Edukte und auch Radikale wie OH existieren können. Im kalten Abgas bleibt dann jeweils nur Wasser, Sauerstoff (mager) oder Wasserstoff (fett) übrig, denn diese Radikale existieren nur bei sehr hoher Temperatur.

Der Verlauf für Stickstoff bildet ab, dass bei der chemischen Reaktion aus zwei Molekülen H_2 und einem Molekül O_2 zwei Moleküle H_2O werden, sodass die Stoffmenge mit der Reaktion insgesamt abnimmt.

Die adiabate Verbrennungstemperatur für Edukte von 300 K ist 2400 K. Diese Temperatur stellt sich ein, da ein Teil der Wärme bei hoher Temperatur latent in reaktiven Radikalen gebunden ist. Ohne diese reaktiven Radikale wäre die adiabate Verbrennungstemperatur etwa 200 K höher.

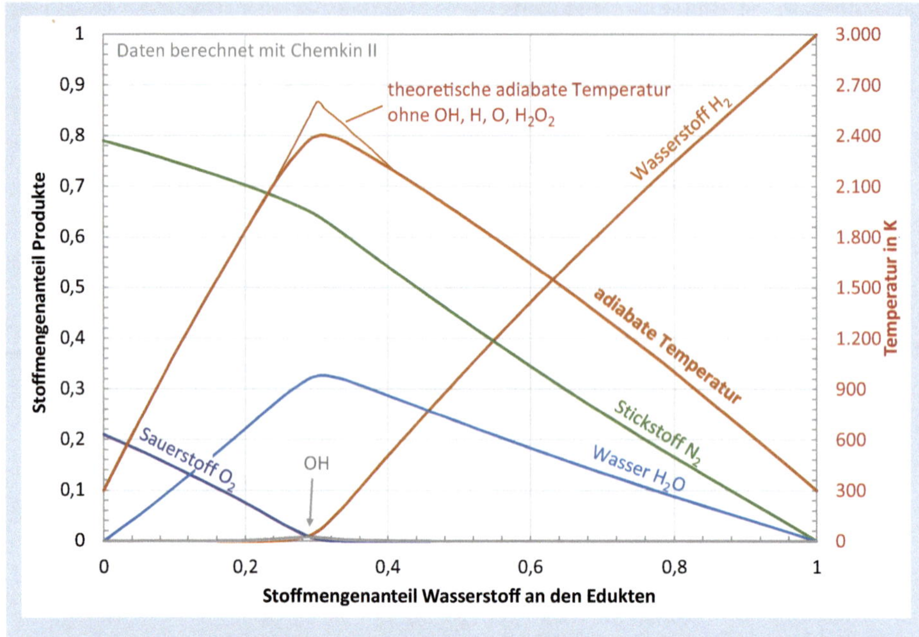

Bild 14.1 Zusammensetzung der reagierten Mischung von Wasserstoff und Sauerstoff bei adiabater Reaktionstemperatur und als Funktion der Mischung, hier angegeben als Stoffmengenanteil des Wasserstoffs in der unreagierten Mischung

14.2.2 Allgemeine Reaktionsgleichung

Die allermeisten technisch relevanten Brennstoffe sind Kohlenwasserstoffe oder Mischungen aus Kohlenwasserstoffen. Dabei umfasst dieser Begriff Stoffe von reinem Wasserstoff über Mischungen aus H, C, O bis zu reinem Kohlenstoff. Dieser allgemeine Kohlenwasserstoff bekommt die chemische Formel $C_mH_nO_o$. Hier bezeichnet m die Anzahl der Kohlenstoffatome: m = 1 für Methan oder Methanol, m = 6 für Benzol, m = 8 für Oktan). Die Anzahl der Wasserstoffatome im Brennstoff ist n.

Mit der Einbindung der Zahl o der Sauerstoffatome umfasst die Formel auch Alkohole, Fette, Säuren, Ester und weitere Stoffgruppen. Grundsätzlich enthält diese Formel auch Kohlendioxid (m = 1, n = 0, o = 2) und Wasser (m = 0, n = 2, o = 1). Allerdings sind diese beiden ausdrücklich keine Brennstoffe, sondern Produkte einer Verbrennung.

Für fossile und organische Brennstoffe kann es notwendig sein, zusätzlich Schwefel und Stickstoff in die Betrachtung aufzunehmen.

Die allgemeine Reaktionsformel der chemischen Reaktion eines so festgelegten Kohlenwasserstoffes mit Luft, also der Verbrennungsreaktion, ist

$$\begin{aligned} &\nu'_{C_mH_nO_o}\cdot C_mH_nO_o + \nu'_{O_2}\cdot O_2 + \nu'_{N_2}\cdot N_2 + \nu'_{H_2O}\cdot H_2O + \nu'_{CO_2}\cdot CO_2 \\ &= \begin{cases} \nu''_{C_mH_nO_o}\cdot C_mH_nO_o + \nu''_{O_2}\cdot O_2 + \nu''_{N_2}\cdot N_2 \\ +\nu''_{H_2}\cdot H_2 + \nu''_{CO}\cdot CO + \nu''_{H_2O}\cdot H_2O + \nu''_{CO_2}\cdot CO_2 \end{cases} \end{aligned} \tag{14.5}$$

Diese Gleichung beschreibt auf der linken Seite die Edukte, hier ein spezieller Brennstoff und Luft, sowie ggf. Wasser und Kohlendioxid. Auf der rechten Seite ist die stabile Zusammensetzung der Produkte bei niedriger Temperatur angegeben - bei hoher Temperatur könnten auch weitere Zwischenprodukte wie OH vorliegen. In dieser Gleichung sind ν' und ν'' die stöchiometrischen Koeffizienten, die jeweils angeben, welche Zahl an Molekülen der einzelnen Stoffe vorliegen. Dabei bezeichnen ν' die Edukte und ν'' die Produkte.

Oft sind entweder die stöchiometrischen Koeffizienten ν' der nicht reagierten Mischung oder die stöchiometrischen Koeffizienten der reagierten (verbrannten) Mischung ν'' bekannt, und wir müssen dann die jeweils anderen ermitteln.

Um den Schreibaufwand zu minimieren, entfällt im Weiteren Wasser und Kohlendioxid bei den Edukten.

Mager Sehr häufig ist die Verbrennungsreaktion mager, sodass bei vollständiger Verbrennung kein Brennstoff überbleibt. Dann vereinfacht sich diese Gleichung zu

$$\begin{aligned} &\nu'_{C_mH_nO_o} \cdot C_mH_nO_o + \nu'_{O_2} \cdot O_2 + \nu'_{N_2} \cdot N_2 \\ &= \nu''_{O_2} \cdot O_2 + \nu''_{N_2} \cdot N_2 + \nu''_{H_2O} \cdot H_2O + \nu''_{CO_2} \cdot CO_2 \end{aligned} \tag{14.6}$$

Fett Bei Brennstoffüberschuss bleibt Brennstoff oder Zwischenprodukte der Verbrennung wie CO und H_2 übrig, dann ist im einfachsten Falle

$$\begin{aligned} &\nu'_{C_mH_nO_o} \cdot C_mH_nO_o + \nu'_{O_2} \cdot O_2 + \nu'_{N_2} \cdot N_2 \\ &= \nu''_{C_mH_nO_o} \cdot C_mH_nO_o + \nu''_{N_2} \cdot N_2 + \nu''_{H_2} \cdot H_2 + \nu''_{CO} \cdot CO + \nu''_{H_2O} \cdot H_2O + \nu''_{CO_2} \cdot CO_2 \end{aligned} \tag{14.7}$$

Bei fetter Verbrennung sind jedoch viele weitere Reaktionen möglich, sodass diese Gleichung den einfachsten Fall beschreibt. Oft kommt es zusätzlich zu Rußbildung. Bei fetter Verbrennung liegen CO und H_2 fast immer im Abgas vor, sodass das Abgas fetter Verbrennung sehr giftig ist und grundsätzlich brennbar bleibt. In vielen technischen Prozessen wird so ein Reaktionsgas in weiteren Prozessschritten weiterverwendet - z. B. in der Stahlherstellung.

Stöchiometrisch Bei stöchiometrischer Mischung vereinfacht sich die chemische Gleichung zu

$$\begin{aligned} &\nu'_{C_mH_nO_o} \cdot C_mH_nO_o + \nu'_{O_2} \cdot O_2 + \nu'_{N_2} \cdot N_2 \\ &= \nu''_{N_2} \cdot N_2 + \nu''_{H_2O} \cdot H_2O + \nu''_{CO_2} \cdot CO_2 \end{aligned} \tag{14.8}$$

Weder Brennstoff noch Sauerstoff liegen im Abgas vor.

Luft Die Zusammensetzung der Luft ist schon eingeführt, daher können wir direkt die stöchiometrischen Koeffizienten von Stickstoff und Sauerstoff in Beziehung setzen

$$\frac{n_{N_2}}{n_{O_2}} = \frac{\nu'_{N_2}}{\nu'_{O_2}} = \frac{\nu''_{N_2}}{\nu'_{O_2}} = \frac{0{,}79}{0{,}21} \tag{14.9}$$

In vielen technischen Prozessen können wir gut annehmen, dass der Stickstoff nicht an der Reaktion teilnimmt. Dann ist der stöchiometrische Koeffizient des Stickstoffs konstant.

14.2.3 Sauerstoffbedarf

Der einfachste Fall liegt vor, wenn nur ein spezieller Brennstoff (eine Molekülsorte) und Sauerstoff als Edukte vorliegen. Bei stöchiometrischer Mischung von Brennstoff und Sauerstoff reduziert sich die allgemeine Formel 14.5 zu

$$1 \cdot \mathrm{C}_m\mathrm{H}_n\mathrm{O}_o + \left(m + \frac{n}{4} - \frac{o}{2}\right) \cdot \mathrm{O}_2 = m \cdot \mathrm{CO}_2 + \frac{n}{2} \cdot \mathrm{H}_2\mathrm{O} \tag{14.10}$$

Aus dem Brennstoff und dem Sauerstoff entstehen nur Kohlendioxid und Wasser, daher lassen sich die stöchiometrischen Koeffizienten einfach ermitteln. Für diesen Fall gilt

$$\nu'_{\mathrm{O}_2} = \nu'_{\mathrm{C}_m\mathrm{H}_n\mathrm{O}_o} \cdot \left(m + \frac{n}{4} - \frac{o}{2}\right) \tag{14.11}$$

Diese Gleichung können wir auch als Gleichung über Stoffmengen lesen, die beschreibt, welche Stoffmenge an Sauerstoff-Molekülen in den Edukten benötigt wird, um die Stoffmenge an Brennstoff vollständig umsetzen zu können, also

$$n_{\mathrm{O}_2} = n_{\mathrm{C}_m\mathrm{H}_n\mathrm{O}_o} \cdot \left(m + \frac{n}{4} - \frac{o}{2}\right) \tag{14.12}$$

Das Verhältnis der stöchiometrischen Koeffizienten oder der Stoffmengen ist der stöchiometrische Sauerstoffbedarf für eine vollständige Verbrennung. Diesen nennen wir den Mindestsauerstoffbedarf

$$l_{\mathrm{O}_2,\mathrm{min}} = \frac{\nu'_{\mathrm{O}_2}}{\nu'_{C_mH_nO_o}} = \frac{n_{\mathrm{O}_2}}{n_{C_mH_nO_o}} = m + \frac{n}{4} - \frac{o}{2} \tag{14.13}$$

Für eine Mischung von mehreren Kohlenwasserstoffen als Brennstoff erhalten wir entsprechend

$$l_{\mathrm{O}_2,\mathrm{min}} = \sum_i y_{\mathrm{C}_m\mathrm{H}_n\mathrm{O}_o,i} \cdot \left(m_i + \frac{n_i}{4} - \frac{o_i}{2}\right) \tag{14.14}$$

Dann setzt sich der Sauerstoffbedarf aus den Mindestsauerstoffbedarfen der einzelnen Brennstoff-Moleküle entsprechend ihrer Stoffmengenanteile in der Mischung zusammen.

14.2.4 Luftbedarf und Luftzahl

Der Mindestluftbedarf folgt aus dem Mindestsauerstoffbedarf und aus der Zusammensetzung der Luft: Es kommt Stickstoff als Edukt mit dazu, wobei wir davon ausgehen, dass der Stickstoff an der Verbrennungsreaktion nicht teilnimmt. Damit wird die Reaktionsgleichung aus Formel 14.5 bei vollständiger Umsetzung

$$\begin{aligned} &1 \cdot \mathrm{C}_m\mathrm{H}_n\mathrm{O}_o + \left(m + \frac{n}{4} - \frac{o}{2}\right) \cdot \left(\mathrm{O}_2 + \frac{0{,}79}{0{,}21} \cdot \mathrm{N}_2\right) \\ &= m \cdot \mathrm{CO}_2 + \frac{n}{2} \cdot \mathrm{H}_2\mathrm{O} + \frac{0{,}79}{0{,}21} \cdot \left(m + \frac{n}{4} - \frac{o}{2}\right) \cdot \mathrm{N}_2 \end{aligned} \tag{14.15}$$

Entsprechend folgt für den Mindestluftbedarf einer Verbrennung

$$l_{Luft,\min} = \frac{1}{0{,}21} \cdot l_{O_2,\min} = \frac{1}{0{,}21} \cdot \frac{n_{O_2}}{n_{C_m H_n O_o}} = \frac{1}{0{,}21} \cdot \left(m + \frac{n}{4} - \frac{o}{2} \right) \tag{14.16}$$

Die Luftzahl definieren wir als

$$\lambda = \frac{l_{Luft}}{l_{Luft,\min}} \tag{14.17}$$

wobei l_{Luft} der tatsächliche Luftanteil ist. Eine Luftzahl von $\lambda = 1$ entspricht stöchiometrischer Verbrennung. Die Luftzahl wird z. B. in Kolbenmotoren für die Motorsteuerung verwendet (Lambda-Sonde).

Gasturbine auf Wasserstoff umstellen

Dieses umfangreiche Beispiel illustriert Gemische (Kapitel 8), Verbrennung (dieses Kapitel) sowie einen realen Kreisprozess mit einem idealen Gas als Arbeitsfluid (Kapitel 7 und Kapitel 11).

Sie arbeiten für einen Hersteller von stationären Gasturbinen-Generatoreinheiten. Auf dem Strategiemeeting wurde beschlossen, die vorhandene Standard-Gasturbine, die heute mit Erdgas läuft, zusätzlich für Wasserstoff als Brennstoff anzubieten: Das Unternehmen möchte sich für die Wasserstoffwirtschaft aufstellen. Dafür soll abgeschätzt werden, was dies konkret im Betrieb bedeutet. Dieser Job ist bei Ihnen gelandet.

Es geht um diese Gasturbine (alle Angaben beziehen sich auf 1,0 bar und 15 °C Umgebungsbedingung):

- Nennleistung elektrisch ist 25 MW, der Generator hat einen Wirkungsgrad von 93 % (mechanisch zu elektrisch), die gesamte Einheit hat einen Wirkungsgrad von 37 % für die Umwandlung von Brennstoff zu Elektrizität.
- Der Verdichter hat bei Nennleistung einen isentropen Wirkungsgrad von 0,86, die Turbine hat einen isentropen Wirkungsgrad von 0,92.
- Die Nenn-Eintrittstemperatur der Turbine beträgt 1710 °C.
- Das Nenn-Druckverhältnis des Verdichters beträgt 13,5.
- Vorgesehener Brennstoff ist Erdgas H mit einem Heizwert von $H_{l,EG} = 36{,}144\ \mathrm{MJ\ kg^{-1}}$.

Der Vergleichsprozess ist in Bild 14.2 dargestellt. Er wird hier nur als Vergleich benötigt, d. h. alle weiteren Berechnungen basieren auf den realen Prozessen, soweit diese mit den Daten zugänglich sind.

Beschreiben Sie den Ist-Zustand – Teil 1 der Kreisprozess

Sie haben einige unvollständige alte Unterlagen gefunden, in denen weitere Angaben, Daten und Messungen enthalten sind, siehe Tabelle 14.1.

Verdichter Die Luft wird im Verdichter komprimiert - bei dem angegebenen Druckverhältnis etwa auf 650 K. Um möglichst genau zu rechnen, benötigen wir geeignete Zustandsgrößen, hier mittlere temperaturabhängige spezifische Wärmekapazitäten (siehe Kapitel 21). Für Luft sind dies

$$\overline{c_{p,Luft}\Big|_{0\,°C}^{400\,°C}} = 1{,}029,$$

$$\overline{c_{v,Luft}\Big|_{0\,°C}^{400\,°C}} = \overline{c_{p,Luft}\Big|_{0\,°C}^{400\,°C}} - R_{Luft} = 1{,}029\frac{\text{kJ}}{\text{kg}\cdot\text{K}} - 0{,}287\frac{\text{kJ}}{\text{kg}\cdot\text{K}} = 0{,}742\frac{\text{kJ}}{\text{kg}\cdot\text{K}}$$

und damit

$$\overline{\kappa\Big|_{0\,°C}^{400\,°C}} = \frac{\overline{c_{p,Luft}\Big|_{0\,°C}^{400\,°C}}}{\overline{c_{v,Luft}\Big|_{0\,°C}^{400\,°C}}} = \frac{1{,}029\frac{\text{kJ}}{\text{kg}\cdot\text{K}}}{0{,}742\frac{\text{kJ}}{\text{kg}\cdot\text{K}}} = 1{,}387$$

Daraus folgt für die isentrope Zustandsänderung 1 → 2S

$$T_{2S} = T_1 \cdot \Pi^{\frac{\kappa-1}{\kappa}} = 288{,}15\,\text{K} \cdot 13{,}5^{\frac{1{,}387-1}{1{,}387}} = 595{,}8\,\text{K}$$

Diese Temperatur benötigen wir nur, um die tatsächliche Temperatur im Zustand 2' aufgrund der polytropen Kompression zu ermitteln, diese folgt aus

$$\eta_S = \frac{T_{2S} - T_1}{T_{2'} - T_1} \quad \text{zu} \quad T_{2'} = T_1 + \frac{T_{2S} - T_1}{\eta_S} = 645{,}9\,\text{K} = 372{,}75\,°\text{C}$$

Die Schätzung von 400 °C war also berechtigt. Damit ist die innere spezifische Arbeit im Verdichter

$$w_{p,12,I} = \overline{c_{p,Luft}\Big|_{0\,°C}^{400\,°C}} \cdot (T_{2'} - T_1) = 1{,}029\frac{\text{kJ}}{\text{kg}\cdot\text{K}} \cdot (645{,}9\,\text{K} - 288{,}2\,\text{K})$$

$$= 368{,}1\frac{\text{kJ}}{\text{kg}}$$

Brennkammer Die Gasturbine arbeitet bei Nennleistung mit Erdgas H, und die adiabate Verbrennungstemperatur wird als die Temperatur interpretiert, mit der das Abgas in die Turbine eintritt. Daraus folgen für das Abgas die Zahlenwerte aus Tabelle 14.1.

Die darin angegebenen spezifischen Wärmekapazitäten sind bereits mittlere temperaturabhängige Wärmekapazitäten, sie wurden jeweils für das Temperaturintervall 400 °C bis 1700 °C berechnet

$$\overline{c_{p,i}\Big|_{400\,°C}^{1.700\,°C}} = \frac{1.700\,°\text{C} \cdot \overline{c_{p,i}\Big|_{0\,°C}^{1.700\,°C}} - 400\,°\text{C} \cdot \overline{c_{p,i}\Big|_{0\,°C}^{400\,°C}}}{1.700\,°\text{C} - 400\,°\text{C}}$$

Das Konzept und der Umgang mit diesen Größen ist in Kapitel 6.6 erklärt.

Die Volumenanteile wurden in Massenanteile umgerechnet. Um dies zu machen, wird zuerst die mittlere Molmasse des Abgases aus

$$M_{Abgas} = \sum_i r_i \cdot M_i \underbrace{=}_{ideales\,Gas} \sum_i y_i \cdot M_i$$

bestimmt und im Anschluss dann die Massenanteile aus

$$\mu_i = \frac{M_i}{M_{Abgas}} \cdot r_i$$

Die Massenanteile werden benötigt, um die spezifischen Wärmekapazitäten des Abgases zu bestimmen, denn diese sind Zustandsgrößen mit

$$\overline{c_{p,Abgas}\Big|_{\vartheta_1}^{\vartheta_2}} = \sum_i \overline{c_{p,i}\Big|_{\vartheta_1}^{\vartheta_2}} \cdot \mu_i \text{ und } \overline{c_{v,Abgas}\Big|_{\vartheta_1}^{\vartheta_2}} = \sum_i \overline{c_{v,i}\Big|_{\vartheta_1}^{\vartheta_2}} \cdot \mu_i = \sum_i \left(\overline{c_{p,i}\Big|_{\vartheta_1}^{\vartheta_2}} - R_i \right) \cdot \mu_i$$

Abschließend folgt der Isentropenexponent als Verhältnis der spezifischen Wärmekapazitäten.

Damit und unter der Annahme, dass der Druckverlust in der Brennkammer vernachlässigbar ist, wird

$$q_{2'3} = \overline{c_{p,Abgas}\Big|_{400\,°C}^{1.700\,°C}} \cdot (T_3 - T_{2'}) = 1{,}3078 \frac{kJ}{kg \cdot K} \cdot (1.983\,K - 645{,}9\,K) = 1.749 \frac{kJ}{kg}$$

Hierbei stecken wir als grundlegende Annahme die Pfadunabhängigkeit von Zustandsänderungen hinein. Nur dadurch dürfen wir die Verbrennungsreaktion durch eine isobare und isotherme Reaktion im Zustand 2' mit anschließender isobarer adiabater Wärmezufuhr der Reaktionswärme (2' → 3) in das Abgas berechnen.

Tabelle 14.1 Abgaszusammensetzung und Eigenschaften der Gasturbine bei Nennleistung und Betrieb mit Brennstoff Erdgas H

Molekül	r_i	M_i	μ_i	$c_{p,i}$	R_i	$c_{v,i}$	κ_i
	-	kg kmol^{-1}	-	kJ kg^{-1} K^{-1}	kJ kg^{-1} K^{-1}	kJ kg^{-1} K^{-1}	-
CO_2	0,062	44,01	0,097	1,2823	0,1889	1,0934	1,173
H_2O	0,123	18,02	0,079	2,4871	0,4615	2,0256	1,228
O_2	0,074	32,00	0,084	1,1191	0,2598	0,8593	1,302
N_2	0,741	28,01	0,740	1,2066	0,2968	0,9098	1,326
Abgas:	**1,000**	**28,13**	**1,000**	**1,3078**	**0,2963**	**1,0115**	**1,2929**

Turbine Bei der Turbine gehen wir ähnlich vor wie beim Verdichter. Die isentrope Temperatur im Zustand 4S folgt aus der isentropen Zustandsänderung 3 → 4S

$$T_{4S} = T_3 \cdot \left(\frac{1}{\Pi}\right)^{\frac{\kappa-1}{\kappa}} = 1.983\,K \cdot \left(\frac{1}{13{,}5}\right)^{\frac{1{,}293-1}{1{,}293}} = 1.100\,K$$

Diese Temperatur benötigen wir nur, um die tatsächliche Temperatur im Zustand 4‘ aufgrund der polytropen Kompression zu ermitteln, diese folgt aus

$$\eta_S = \frac{T_{4'} - T_3}{T_{4S} - T_3} \text{ zu } T_{4'} = T_3 + \eta_S \cdot (T_{4S} - T_3) = 1.170\ \text{K} = 897\ °\text{C}$$

Damit ist die innere spezifische Arbeit der realen Turbine

$$w_{p,34',I} = \overline{c_{p,Abgas}\Big|_{400\ °C}^{1700\ °C}} \cdot (T_{4'} - T_3) = 1{,}308 \frac{\text{kJ}}{\text{kg} \cdot \text{K}} \cdot (1.170\ \text{K} - 1.983\ \text{K})$$

$$= -1.063 \frac{\text{kJ}}{\text{kg}}$$

Bild 14.2 fasst die hier berechneten Zustandsänderungen im T-s Diagramm zusammen. Deutlich wird der Einfluss der verwendeten spezifischen Wärmekapazität auf den Verlauf der Isobaren im T-s Diagramm. Eingetragen sind die Zustände, so wie sie hier verwendet werden.

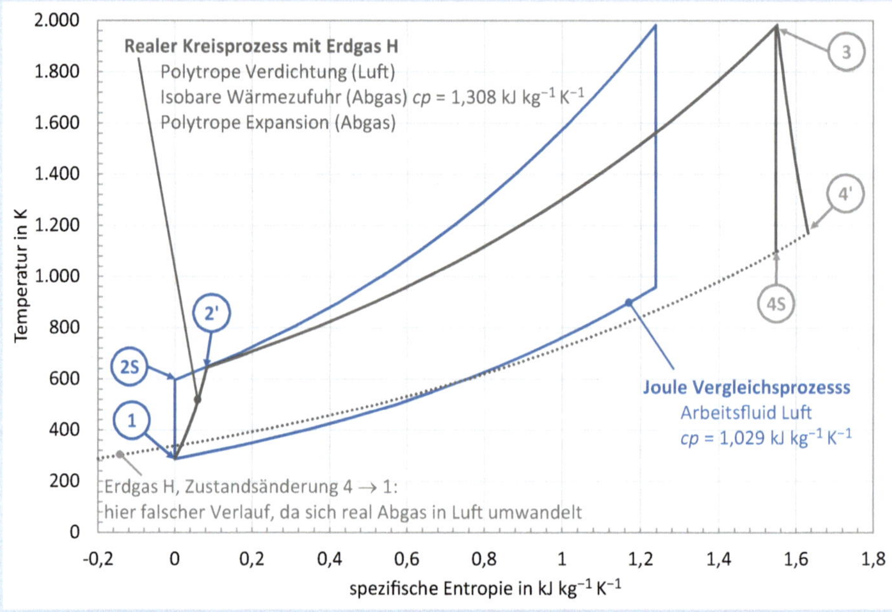

Bild 14.2 Verläufe des Joule-Vergleichsprozesses (Kapitel 11) und des hier berechneten Kreisprozesses der Gasturbine bei Verwendung von Erdgas H

Beschreiben Sie den Ist-Zustand – Teil 2 Leistung und Luftmassenstrom

Bild 14.2 macht deutlich, dass unser Kreisprozess deutlich vom Vergleichsprozess abweicht und wir daher etwas mehr über die Bedeutung der einzelnen Rechenschritte nachdenken müssen. Die mechanische Leistung, der Wirkungsgrad und der Massenstrom von Luft und Brennstoff sind eng miteinander verbunden, jedoch nicht leicht zugänglich. Daher gibt es unterschiedliche Wege zum Ziel.

Die benötigte mechanische Leistung der Gasturbine ist dabei

$$P_{mech} = \frac{P_{el}}{\eta_{gen}} = \frac{25\,\text{MW}}{0{,}93} = 26{,}88\,\text{MW}$$

Weg 1 – Über den Wirkungsgrad Der Wirkungsgrad der Gasturbine folgt mit

$$\eta = \frac{-P_{12'} - P_{34'}}{\dot{Q}_{2'3}} \underbrace{\cong}_{\dot{m}_{EG} \ll \dot{m}_{Luft}} \frac{-w_{p,12'} - w_{p,34'}}{q_{2'3}}$$

Wenn wir den Brennstoffmassenstrom vernachlässigen, dann können wir diesen Wirkungsgrad berechnen (machen aber einen Fehler, dazu unten mehr)

$$\eta_{mech} \underbrace{\cong}_{\dot{m}_{EG} \ll \dot{m}_{Luft}} \frac{-w_{p,12'} - w_{p,34'}}{q_{2'3}} = \frac{-368{,}1\frac{\text{kJ}}{\text{kg}} + 1.063\frac{\text{kJ}}{\text{kg}}}{1.749\frac{\text{kJ}}{\text{kg}}} = 0{,}3973$$

Daraus folgen als Abschätzung für die benötigte thermische Leistung

$$\dot{Q}_{zu} = \dot{Q}_{2'3} = \frac{P_{mech}}{\eta_{mech,1}} = \frac{26{,}88\,\text{MW}}{0{,}3973} = 67{,}66\,\text{MW}$$

den Brennstoffmassenstrom

$$\dot{m}_{EG} = \frac{\dot{Q}_{zu}}{H_{I,EG}} = \frac{\dot{Q}_{2'3}}{H_{I,EG}} = \frac{67{,}66\,\text{MW}}{50{,}50\frac{\text{MJ}}{\text{kg}}} = 1{,}340\frac{\text{kg}}{\text{s}}$$

sowie den Luftmassenstrom über

$$\dot{m}_{Luft} + \dot{m}_{Br} = \frac{\dot{Q}_{2'3}}{q_{2'3}} = \frac{67{,}66\,\text{MW}}{1.749\frac{\text{kJ}}{\text{kg}}} = 38{,}69\frac{\text{kg}}{\text{s}},$$

also

$$\dot{m}_{Luft} = \dot{m}_{Abgas} - \dot{m}_{EG} = 38{,}69\frac{\text{kg}}{\text{s}} - 1{,}340\frac{\text{kg}}{\text{s}} = 37{,}35\frac{\text{kg}}{\text{s}}$$

Damit beträgt der Brennstoffmassenstrom etwa 3,5 % des Luftmassenstromes. Dies ist damit auch ein Maß für unseren Fehler im Wirkungsgrad und allen weiteren Berechnungen hier.

Weg 2 – Über das Luftverhältnis Eine zweite Möglichkeit ist es, aus der Abgaszusammensetzung ein Verhältnis der beiden Massenströme von Luft und Brennstoff zu berechnen. Aus der ein wenig geordneten Reaktionsgleichung

$$CH_4 + \lambda \cdot 2 \cdot O_2 + \lambda \cdot 2 \cdot \frac{0{,}79}{0{,}21} \cdot N_2$$

$$= CO_2 + 2 \cdot H_2O + (\lambda - 1) \cdot 2 \cdot O_2 + \lambda \cdot 2 \cdot \frac{0{,}79}{0{,}21} \cdot N_2$$

können wir entnehmen, dass die Zahl der Moleküle auf beiden Seiten gleich ist: Hier ist λ die Luftzahl, und von den $\lambda \cdot 2$ Sauerstoff-Molekülen werden 2 für die chemische Reaktion benötigt; dadurch bleiben $(\lambda - 1) \cdot 2$ Sauerstoff-Moleküle im Abgas zurück. Daher können wir die Volumenanteile vom Methan und von der Luft in der Tabelle 14.1 ablesen: Der Volumenanteil von Methan ist gleich dem von Kohlendioxid, und Luft ist der Rest, oder $r_{Luft} = 0{,}9384$ und $r_{EG} = 0{,}0616$.

Über die Molmasse dieser Mischung (Erdgas und Luft)

$$M_{Vormisch} = r_{O_2} \cdot M_{O_2} + r_{N_2} \cdot M_{N_2} + r_{CH_4} \cdot M_{CH_4} = 28{,}06 \frac{\text{kg}}{\text{kmol}}$$

lassen sich dann die Massenanteile bestimmen

$$\mu_{CH_4} = r_{CH_4} \cdot \frac{M_{CH_4}}{M_{Vormisch}} = 0{,}06158 \cdot \frac{16{,}04 \frac{\text{kg}}{\text{kmol}}}{28{,}06 \frac{\text{kg}}{\text{kmol}}} = 0{,}03520$$

und $r_{Luft} = 1 - r_{EG} = 0{,}9648$ umwandeln. Auch hierbei nutzen wir implizit ideales Gas und setzen die Volumenanteile gleich den Stoffmengenanteilen.

Der Abgasmassenstrom folgt dann aus der mechanischen Leistung, denn diese ist

$$P_{mech} = P_V + P_T = \dot{m}_{Luft} \cdot w_{p,12'} + \left(\dot{m}_{Luft} + \dot{m}_{EG}\right) \cdot w_{p,34'}$$

Es gilt Massenerhalt, und damit ist der Massenstrom des Abgases gleich dem Massenstrom von Luft plus dem von Erdgas. Mit den Massenanteilen wird dies zu

$$P_{mech} = \dot{m}_{Luft} \cdot w_{p,12'} + \dot{m}_{Abgas} \cdot w_{p,34'} = \mu_{Luft} \cdot \dot{m}_{Abgas} \cdot w_{p,12'} + \dot{m}_{Abgas} \cdot w_{p,34'}$$

und aufgelöst nach dem Massenstrom des Abgases

$$\dot{m}_{Abgas} = \frac{P_{mech}}{\mu_{Luft} \cdot w_{p,12'} + \cdot w_{p,34'}} = \frac{-26{,}88\,\text{MW}}{0{,}9648 \cdot 368{,}1 \frac{\text{kJ}}{\text{kg}} - 1.063 \frac{\text{kJ}}{\text{kg}}} = 37{,}98 \frac{\text{kg}}{\text{s}}$$

Daraus folgen

$$\dot{m}_{Luft} = \mu_{Luft} \cdot \dot{m}_{Abgas} = 36{,}64 \frac{\text{kg}}{\text{s}} \text{ und } \dot{m}_{EG} = \mu_{EG} \cdot \dot{m}_{Abgas} = 1{,}337 \frac{\text{kg}}{\text{s}}$$

Mit diesen Daten lassen sich die innere Leistung von Verdichter

$$P_V = \dot{m}_{Luft} \cdot w_{p,12'} = 36{,}64 \frac{\text{kg}}{\text{s}} \cdot 368{,}1 \frac{\text{kJ}}{\text{kg}} = 13{,}48\,\text{MW}$$

der Turbine

$$P_T = \dot{m}_{Abgas} \cdot w_{p,34'} = 37{,}98 \frac{\text{kg}}{\text{s}} \cdot \left(-1.063 \frac{\text{kJ}}{\text{kg}}\right) = -40{,}37\,\text{MW}$$

sowie die zugeführte Wärme entweder aus

$$\dot{Q}_{zu} = \dot{Q}_{2'3} = \dot{m}_{Abgas} + q_{2'3} = 37{,}98\frac{\text{kg}}{\text{s}} \cdot 1.749\frac{\text{kJ}}{\text{kg}} = 66{,}42\,\text{MW}$$

oder aus

$$\dot{Q}_{zu} = \dot{m}_{Erdgas} \cdot H_{I,Erdgas} = 1{,}337\frac{\text{kg}}{\text{s}} \cdot 50{,}50\frac{\text{MJ}}{\text{kg}} = 67{,}52\,\text{MW}$$

berechnen. Diese Werte weichen nur unwesentlich von denen aus dem anderen Weg ab.

Der mechanische Wirkungsgrad ist abschließend

$$\eta_{mech} = \frac{P_{mech,N}}{\dot{Q}_{zu,N}} = \frac{26{,}88\,\text{MW}}{67{,}52\,\text{MW}} = 0{,}398$$

Wie verändern sich Leistung und Wirkungsgrad bei Umstellung auf Wasserstoff?

In der Kaffeepause nach dem Meeting haben Sie über Ihre Aufgabe mit Kollegen diskutiert, dabei kam heraus:

- Der Luftmassenstrom im Verdichter bleibt konstant, denn die Rotationsgeschwindigkeit des Verdichters soll sich nicht verändern: Der Verdichter muss nicht neu berechnet werden.
- Der Brennstoffmassenstrom vom Abgas bei Betrieb mit Wasserstoff wird geringer sein, da der Heizwert von Wasserstoff deutlich höher ist als der von Erdgas.
- Die Zustandsgrößen spezifische Wärmekapazität und Isentropenexponent verändern sich im Abgas, da kein Kohlendioxid mehr im Abgas enthalten ist.

Um die Zustandsänderungen, insbesondere den Brennstoffstrom, zu beschreiben, benötigen wir die Zustandsgrössen $c_{p,Abgas}$ und κ_{Abgas}. Diese können wir aber erst bestimmen, wenn wir die Abgaszusammensetzung kennen. Daher ist das Weitere eine Schätzung, die ggf. durch Iteration genauer werden könnte.

Was ist der Massenstrom des Wasserstoffs?

Der Luftmassenstrom bleibt konstant, und wir gehen als erste Schätzung davon aus, dass der mit der Verbrennung zugeführte Wärmestrom auch konstant ist. Dann wird

$$\dot{m}_{Br,H_2} = \frac{\dot{Q}_{zu}}{H_{I,H_2}} = \frac{67{,}52\,\text{MW}}{120\frac{\text{MJ}}{\text{kg}}} = 0{,}5627\frac{\text{kg}}{\text{s}}$$

Damit verringert sich der Massenstroms des Abgases insgesamt auf 37,91 kg s^{-1} oder um 4,8 %.

Wäre dies der einzige Effekt bei der Umstellung, dann würde sich also die Leistung der Turbine entsprechend verringern. Dies hätte eine deutlich höhere Reduktion der nutzbaren elektrischen Leistung zur Folge; bevor wir aber unruhig werden, rechnen wir lieber einfach weiter.

Was ist die Zusammensetzung des Abgases, sein c_p und κ?

Aus den beiden Massenströmen folgen die Normvolumenströme

$$V_{N,Luft} = \frac{\dot{m}_{Luft} \cdot R_{Luft} \cdot T_N}{p_N} = 28{,}96 \frac{\text{Nm}^3}{\text{s}} \text{ und } V_{N,\text{H}_2} = \frac{\dot{m}_{\text{H}_2} \cdot R_{\text{H}_2} \cdot T_N}{p_N} = 6{,}257 \frac{\text{Nm}^3}{\text{s}}$$

Aus diesen berechnen sich die Volumenanteile der drei Komponenten des Abgases:

- Wasserstoff reagiert vollständig mit Sauerstoff zu H_2O, aus jedem Wasserstoff-Molekül wird genau ein Wassermolekül. Daher ist der Normvolumenstrom des Wassers im Abgas identisch zu dem des Wasserstoffs als Brennstoff mit 6,257 $\text{Nm}^3\ \text{s}^{-1}$.
- Stickstoff nimmt nicht an der Reaktion teil, d. h. 79 % des zugeführten Luftvolumenstroms sind Stickstoff im Abgas oder 22,84 $\text{Nm}^3\ \text{s}^{-1}$.
- Von dem Sauerstoffvolumenstrom (21 % des Luftvolumenstromes, also 6,072 $\text{Nm}^3\ \text{s}^{-1}$) nehmen für jedes Wasserstoff-Molekül 0,5 Sauerstoff-Moleküle an der Reaktion teil – diese $0{,}5 \cdot 6{,}257\ \text{Nm}^3\ \text{s}^{-1} = 3{,}128\ \text{Nm}^3\ \text{s}^{-1}$ an Sauerstoff müssen wir daher abziehen und bekommen als Volumenstrom 2,944 $\text{Nm}^3\ \text{s}^{-1}$.
- Der gesamte Abgasvolumenstrom ist damit 32,04 $\text{Nm}^3\ \text{s}^{-1}$.

Aus diesen drei Volumenströmen erhalten wir die Volumenanteile mit

$$r_{\text{H}_2\text{O}} = \frac{\dot{V}_{\text{H}_2\text{O}}}{\dot{V}_{Abgas}},\ r_{\text{O}_2} = \frac{\dot{V}_{\text{O}_2}}{\dot{V}_{Abgas}} \text{ und } r_{\text{N}_2} = \frac{\dot{V}_{\text{N}_2}}{\dot{V}_{Abgas}}.$$

Die Zahlenwerte sind in Tabelle 14.2 zusammengefasst. Das weitere Vorgehen, mit dem die Werte in Tabelle 14.2 ermittelt werden, ist bereits oben für Erdgas analog beschrieben.

Tabelle 14.2 Abgaszusammensetzung und Eigenschaften der Gasturbine bei Nennleistung und Betrieb mit Brennstoff Wasserstoff

Molekül	r_i	M_i	μ_i	$c_{p,i}$	R_i	$c_{v,i}$	κ_i
	–	kg kmol^{-1}	–	kJ $\text{kg}^{-1}\ \text{K}^{-1}$	kJ $\text{kg}^{-1}\ \text{K}^{-1}$	kJ $\text{kg}^{-1}\ \text{K}^{-1}$	–
H_2O	0,195	18,02	0,133	2,4871	0,4615	2,0256	1,2278
O_2	0,092	32,00	0,111	1,1191	0,2598	0,8593	1,3023
N_2	0,713	28,01	0,756	1,2066	0,2968	0,9098	1,3262
Abgas:	**1**	**26,43**	**1**	**1,3674**	**0,3146**	**1,0528**	**1,2988**

Was sind die Leistungsdaten mit diesem Massenstrom an Wasserstoff?

Brennkammer Mit dem bisherigen Wärmestrom (wie bei Erdgas) ergibt sich zwangsläufig eine neue Temperatur

$$T_3 = T_{2'} + \frac{q_{2'3}}{c_{p,Abgas}} = 645{,}9\,\mathrm{K} + \frac{1.747\,\frac{\mathrm{kJ}}{\mathrm{kg}}}{1{,}3674\,\frac{\mathrm{kJ}}{\mathrm{kg\cdot K}}} = 1.925\,\mathrm{K} = 1.652\,^{\circ}\mathrm{C}$$

Dies folgt, da sich die mittlere spezifische Wärmekapazität des Abgases deutlich erhöht. Diese so bestimmte Temperatur ist die neue Eintrittstemperatur in die Turbine.

Turbine Zuerst berechnen wir die isentrope Temperatur für die ideale Turbine 3 → 4S mit dem neuen Isentropenexponenten und der eben bestimmten neuen T_3.

$$T_{4S} = T_3 \cdot \left(\frac{1}{\Pi}\right)^{\frac{\kappa-1}{\kappa}} = 1.925\,\mathrm{K} \cdot \left(\frac{1}{13{,}5}\right)^{\frac{1{,}299-1}{1{,}299}} = 1.059\,\mathrm{K}$$

Diese Temperatur benötigen wir nur, um die tatsächliche Temperatur im Zustand 4‘ aufgrund der polytropen Kompression zu ermitteln

$$T_{4'} = T_3 + \eta_S \cdot (T_{4S} - T_3) = 1.127\,\mathrm{K} = 854\,^{\circ}\mathrm{C}$$

Damit ist die innere spezifische Arbeit der realen Turbine mit Wasserstoff als Brennstoff in diesem Fall

$$\begin{aligned} w_{p,34',I} &= \overline{c_{p,Abgas}\Big|_{400\,^{\circ}\mathrm{C}}^{1700\,^{\circ}\mathrm{C}}} \cdot (T_{4'} - T_3) = 1{,}367\,\frac{\mathrm{kJ}}{\mathrm{kg\cdot K}} \cdot (1.127\,\mathrm{K} - 1.925\,\mathrm{K}) \\ &= -1.091\,\frac{\mathrm{kJ}}{\mathrm{kg}} \end{aligned}$$

Wirkungsgrad Die neue Leistung der Turbine errechnet sich zu

$$P_{T,\mathrm{H_2}} = \dot{m}_{Abgas} \cdot w_{p,34'} = 37{,}91\,\frac{\mathrm{kg}}{\mathrm{s}} \cdot \left(-1.091\,\frac{\mathrm{kJ}}{\mathrm{kg}}\right) = 41{,}36\,\mathrm{MW}$$

und der mechanische Wirkungsgrad beträgt

$$\eta_{mech,\mathrm{H_2}} = \frac{-P_V - P_{T,\mathrm{H_2}}}{\dot{Q}_{zu}} = \frac{-13{,}49\,\mathrm{MW} + 41{,}36\,\mathrm{MW}}{67{,}52\,\mathrm{MW}} = 0{,}413$$

Damit erhöht sich der mechanische Wirkungsgrad der Gasturbine um 1,3 Prozentpunkte, obwohl die Eintrittstemperatur der Turbine niedriger wird: Die Veränderung der spezifischen Wärmekapazität des Abgases in der Turbine gleicht den geringeren Abgasmassenstrom deutlich aus.

ICH HATTE DIESES ERGEBNIS NICHT ERWARTET, ABER JETZT IST NOCH SPIELRAUM FÜR MEHR LEISTUNG!

Was sind die Leistungsdaten mit Wasserstoff bei vorgegebener Temperatur T_3?

Brennkammer Mit der spezifischen Wärmekapazität des Abgases aus Tabelle 14.2 und wenn die ursprünglich gegebenen Temperaturgrenzen der Zustandsänderung 2' → 3 beibehalten werden, ist

$$q_{2'3} = c_{p,Abgas} \cdot (T_3 - T_{2'}) = 1{,}3674 \frac{\text{kJ}}{\text{kg} \cdot \text{K}} \cdot (1.983\,\text{K} - 645{,}9\,\text{K}) = 1.829 \frac{\text{kJ}}{\text{kg}}$$

Mit den Massenströmen an Luft und Wasserstoff wäre damit

$$\dot{Q}_{2'3} = \dot{m}_{Abgas} \cdot q_{2'3} = 37{,}91 \frac{\text{kg}}{\text{s}} \cdot 1.829 \frac{\text{kJ}}{\text{kg}} = 69{,}32\,\text{MW}$$

Um diesen Wärmestrom erzeugen zu können, müsste allerdings ein höherer Massenstrom an Wasserstoff von

$$\dot{m}_{\text{H}_2} = \frac{\dot{Q}_{2'3}}{H_{I,\text{H}_2}} = \frac{69{,}32\,\text{MW}}{120 \frac{\text{MJ}}{\text{kg}}} = 0{,}5776 \frac{\text{kg}}{\text{s}}$$

umgesetzt werden. Das sind etwa 0,015 kg s^{-1} oder 2,5 % mehr als oben geschätzt. Um den Aufwand begrenzt zu halten, ignorieren wir die daraus resultierenden leichten Veränderungen der Zustandswerte des Abgases gegenüber den Werten in Tabelle 14.2.

Turbine Zuerst berechnen wir wieder die isentrope Temperatur für die ideale Turbine 3 → 4S mit dem neuen Isentropenexponenten

$$T_{4S} = T_3 \cdot \left(\frac{1}{\Pi}\right)^{\frac{\kappa-1}{\kappa}} = 1.983\,\text{K} \cdot \left(\frac{1}{13{,}5}\right)^{\frac{1{,}299-1}{1{,}299}} = 1.090\,\text{K}$$

Diese Temperatur benötigen wir nur, um die tatsächliche Temperatur im Zustand 4' aufgrund der polytropen Kompression zu ermitteln

$$T_{4'} = T_3 + \eta_S \cdot (T_{4S} - T_3) = 1.161\,\text{K} = 888\,°\text{C}$$

und erhalten als spezifische innere Arbeit der realen Turbine mit Wasserstoff als Brennstoff

$$w_{p,34',I} = \overline{c_{p,Abgas}\Big|_{400\,°\text{C}}^{1700\,°\text{C}}} \cdot (T_{4'} - T_3) = 1{,}367 \frac{\text{kJ}}{\text{kg} \cdot \text{K}} \cdot (1.161\,\text{K} - 1.983\,\text{K})$$
$$= -1.124 \frac{\text{kJ}}{\text{kg}}$$

Wirkungsgrad Die neue Leistung der Turbine beträgt dann

$$P_{T,\text{H}_2,T_3} = \dot{m}_{Abgas} \cdot w_{p,34'} = 37{,}93 \frac{\text{kg}}{\text{s}} \cdot \left(-1.124 \frac{\text{kJ}}{\text{kg}}\right) = 42{,}63\,\text{MW}$$

und der mechanische Wirkungsgrad wird

$$\eta_{mech,\text{H}_2} = \frac{-P_V - P_{T,\text{H}_2,neu}}{\dot{Q}_{zu}} = \frac{-13{,}49\,\text{MW} + 42{,}63\,\text{MW}}{69{,}32\,\text{MW}} = 0{,}420$$

Durch das Beibehalten der Eintrittstemperatur in die Turbine steigern sich Turbinenleistung und Wirkungsgrad mit der Umstellung auf Wasserstoff.

Als elektrische Leistung stünde damit

$$P_{el,H_2} = \eta_{el} \cdot \left(-P_V - P_{T,H_2}\right) = 0{,}93 \cdot (-13{,}49\,\text{MW} + 42{,}63\,\text{MW}) = 27{,}1\,\text{MW}$$

zur Verfügung. Dies entspricht einer Leistungssteigerung um 8 %.

Zusammenfassung Bild 14.3 gibt einen Überblick über die drei Kreisprozesse im T-s Diagramm. Hier ist die vom Kreisprozess umschlossene Fläche ein Maß für die zugeführte Wärme.

Die Umstellung auf Wasserstoff wäre technisch machbar. Sie würde dem Betreiber Vorteile verschaffen, wenn Wasserstoff etwa zu gleichen Bedingungen bezogen werden könnte wie Erdgas H.

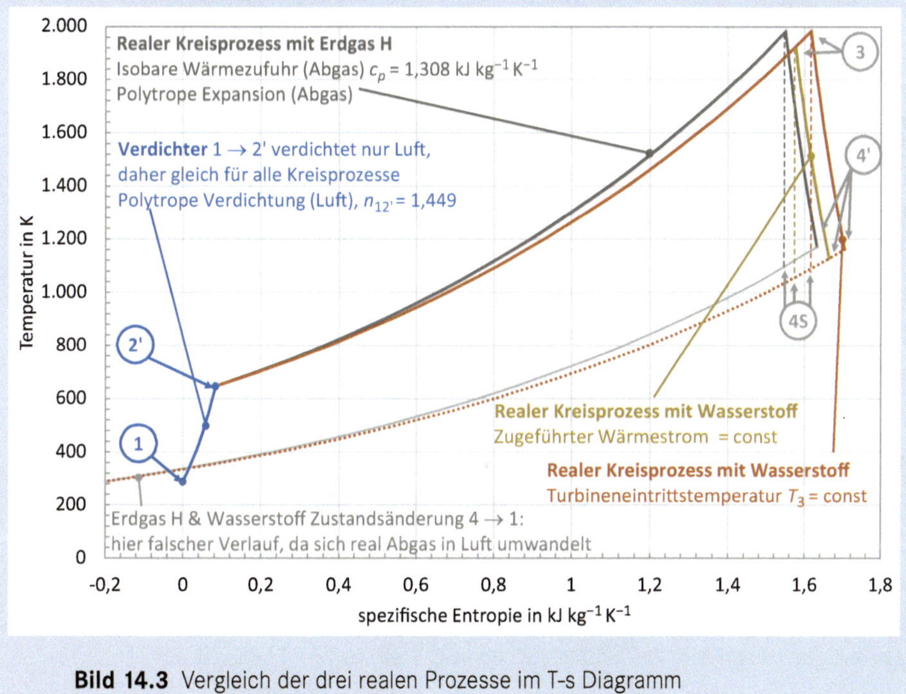

Bild 14.3 Vergleich der drei realen Prozesse im T-s Diagramm

14.2.5 Weitere Stoffe

Einige Brennstoffe lassen sich bereits sehr gut so beschreiben, für andere ist es notwendig, zumindest Schwefel und ggf. weitere mit zu berücksichtigen. Dabei reagiert der enthaltene Schwefel zu Schwefeldioxid

$$S + O_2 = SO_2$$

Der Stickstoff im Brennstoff reagiert im Wesentlichen zu molekularem Stickstoff, ist aber auch eine Quelle von Stickoxiden. Die Bildung von Stickoxiden wird hier zumeist vernachlässigt, sie spielt eine Rolle bei der Einhaltung von Emissionsgrenzwerten.

Für die Alkali-Metalle (Li, Na, K ...) gilt (beispielhaft)

$$4 \cdot \mathrm{Na} + 1 \cdot \mathrm{O_2} = 4 \cdot \mathrm{NaO}$$

Erdalkali-Metalle (Mg, Ca) verhalten sich wie Schwefel, wenn sie als Metall im Brennstoff vorliegen. Häufig liegen aber solche Stoffe bereits als Oxid vor (als Keramik oder als Glas), dann nehmen sie nicht an der Verbrennungsreaktion teil. Alle festen Bestandteile, die nicht an der Reaktion teilnehmen oder bei der Verbrennungsreaktion gebildet werden, aber den Brennraum nicht verlassen, nennen wir Asche.

Allgemein erweitern wir die Summenformel des Brennstoffs um diese Stoffe zu $\mathrm{C}_m\mathrm{H}_n\mathrm{O}_o\mathrm{S}_s\mathrm{Na}_a$ etc. und erhalten für Formel 14.10 beispielhaft

$$\mathrm{C}_m\mathrm{H}_n\mathrm{O}_o\mathrm{S}_s\mathrm{Na}_a + \left(m + \frac{n}{4} - \frac{o}{2} + s + \frac{a}{4}\right) \cdot \mathrm{O_2} = m \cdot \mathrm{CO_2} + \frac{n}{2} \cdot \mathrm{H_2O} + s \cdot \mathrm{SO_2} + a \cdot \mathrm{NaO} \tag{14.18}$$

Entsprechend erweitern sich die Formeln für den Sauerstoffbedarf und den Luftbedarf.

Wenn die zugeführte Verbrennungsluft feucht oder der Brennstoff nass ist, dann wird dieses Wasser einfach durch das Verbrennungssystem fließen, ohne an der Reaktion teilzunehmen. Wir können diesen Anteil ähnlich wie die Asche bewerten. Erst bei der energetischen Analyse werden nicht-reagierende Stoffe wichtig, da sie mit erwärmt werden und dadurch die Verbrennungstemperatur beeinflussen.

14.3 Komplexe Brennstoffe

Dieser Abschnitt entwickelt die Konzepte weiter, um letztendlich für nahezu beliebige Brennstoffe den Luftbedarf ermitteln zu können.

Die Phase, in der Brennstoffe vorliegen, hat eine Auswirkung darauf, wie wir sie beschreiben, und damit, wie der Luftbedarf berechnet werden kann:

Gase Typische gasförmige Brennstoffe sind Erd- und Biogas, Klär-, Deponie- und Grubengas sowie Gas aus der Eisen- und Stahlindustrie oder der Erdölverarbeitung.

Gase und Gasgemische lassen sich sehr gut durch ihre molekulare Zusammensetzung beschreiben. Da die Volumenanteile bei idealem Gas gleich den Stoffmengenanteilen sind, können die im vorherigen Abschnitt eingeführten Formeln direkt für alle Berechnungen verwendet werden, wenn die molekulare Zusammensetzung bekannt ist. Durch die übliche Verwendung von Normvolumen zur Angabe von Mengen oder Strömen ist der Bezug zur Stoffmenge direkt hergestellt, denn das Verhältnis

$$\frac{n_N}{V_N} = \frac{p_N}{R \cdot T_N} = \frac{101.325\,\mathrm{Pa}}{8.314\,\frac{\mathrm{J}}{\mathrm{kmol \cdot K}} \cdot 273{,}15\,\mathrm{K}} = 44{,}62\,\frac{\mathrm{mol}}{\mathrm{Nm^3}} \tag{14.19}$$

ist für ideale Gase eine Konstante.

Flüssigkeiten Neben den fossilen Erdölprodukten wie Benzin, Kerosin und Diesel und ihren möglichen synthetischen Alternativen werden viele weitere Flüssigkeiten als Brennstoff eingesetzt. Aktuell werden einige reine Flüssigkeiten wie Methanol, Ammoniak oder Dimethylether als synthetische flüssige Brennstoffe ausprobiert. Für Flüssigkeiten, die aus einem Stoff oder wenigen Stoffen mit bekannten Volumenanteilen zusammengesetzt sind, genügen die im vorherigen Abschnitt eingeführten Formeln für die Berechnung.

Die meisten fossil basierten flüssigen Brennstoffe sind jedoch Mischungen aus sehr vielen unterschiedlichen Molekülen. Gerade Benzin, Kerosin und einzelne Diesel-Sorten werden nicht durch ihre molekulare Zusammensetzung, sondern durch geeignete physikalische Eigenschaften beschrieben und normiert. Ihre Zusammensetzung ist dann durch eine Elementaranalyse beschrieben, die die Massen oder Stoffmengenanteile der Atome angibt (s. u.).

Feststoffe Relevante technische Brennstoffe sind Kohle, Holz und Biomasse sowie Koks, Abfall und weitere Reststoffe. Nur wenn der Brennstoff nahezu reiner Kohlenstoff ist, können noch die Formeln aus dem vorherigen Abschnitt sinnvoll eingesetzt werden. Feste Brennstoffe werden nahezu ausschließlich über eine Elementaranalyse in ihrer Zusammensetzung beschrieben.

Elementaranalyse Die Elementaranalyse ist eine etablierte Methode, bei der die Zusammensetzung einer Probe bestimmt wird. Gängige Geräte messen zumindest Kohlenstoff, Wasserstoff, Sauerstoff, Stickstoff. Bei Brennstoffen wird oft zusätzlich Schwefel bestimmt. Grundsätzlich könnten viele weitere Elemente quantifiziert werden; dies wird aber zumeist nur gemacht, wenn sie regelmäßig im Brennstoff erwartet werden. Das Ergebnis der Elementaranalyse kann als atomare Stoffmengenanteile oder atomare Massenanteile ausgegeben werden.

Spezifischer Luftbedarf Die technisch übliche Methode, feste und flüssige Brennstoffe zu beschreiben, ist die Nutzung von spezifischen, also auf die Masse des Brennstoffs bezogenen Größen. Teilweise wären molare Größen einfacher, in der Praxis werden aber Massenströme gemessen und kommuniziert.

Die Zusammensetzung des Brennstoffs wird über Massenbrüche μ_i angegeben, und der Sauerstoff- und der Luftbedarf beziehen sich auf die Masse des Brennstoffs m_B. Die Stoffmenge an Sauerstoff für eine vollständige Verbrennung eines Brennstoffes lässt sich aus den Stoffmengen der einzelnen Atome berechnen

$$n_{\mathrm{O}_2} = n_{\mathrm{C},B} + \frac{1}{4} \cdot n_{\mathrm{H},B} + n_{\mathrm{S},B} - \frac{1}{2} \cdot n_{\mathrm{O},B} \tag{14.20}$$

Die Stoffmengen der Atome lassen sich dabei durch die Massenanteile der Atome beschreiben, damit wird

$$n_{\mathrm{O}_2} = \frac{m_{\mathrm{C},B}}{M_\mathrm{C}} + \frac{1}{4} \cdot \frac{m_{\mathrm{H},B}}{M_\mathrm{H}} + \frac{m_{\mathrm{S},B}}{M_\mathrm{S}} - \frac{1}{2} \cdot \frac{m_{\mathrm{O},B}}{M_\mathrm{O}} = \frac{\mu_\mathrm{C} \cdot m_B}{M_\mathrm{C}} + \frac{1}{4} \cdot \frac{\mu_\mathrm{H} \cdot m_B}{M_\mathrm{H}} + \frac{\mu_\mathrm{S} \cdot m_B}{M_\mathrm{S}} - \frac{1}{2} \cdot \frac{\mu_\mathrm{O} \cdot m_B}{M_\mathrm{O}} \tag{14.21}$$

bzw. in der üblichen Näherung

$$\frac{n_{\mathrm{O}_2}}{m_B} = \frac{\mu_\mathrm{C}}{M_\mathrm{C}} + \frac{1}{4} \cdot \frac{\mu_\mathrm{H}}{M_\mathrm{H}} + \frac{\mu_\mathrm{S}}{M_\mathrm{S}} - \frac{1}{2} \cdot \frac{\mu_\mathrm{O}}{M_\mathrm{O}} = \frac{\mu_\mathrm{C}}{12 \frac{\mathrm{kmol}}{\mathrm{kg}}} + \frac{\mu_\mathrm{H}}{8 \frac{\mathrm{kmol}}{\mathrm{kg}}} + \frac{\mu_\mathrm{S}}{32 \frac{\mathrm{kmol}}{\mathrm{kg}}} - \frac{\mu_\mathrm{O}}{32 \frac{\mathrm{kmol}}{\mathrm{kg}}} \tag{14.22}$$

als Stoffmenge an Sauerstoff bezogen auf die Masse des Brennstoffs. Diese Größe ist der spezifische Sauerstoffbedarf des Brennstoffs. Daraus folgt auch ein spezifischer Luftbedarf des Brennstoffs

$$\frac{n_{Luft}}{m_B} = \frac{1}{0{,}21} \cdot \frac{n_{O_2}}{m_B} \tag{14.23}$$

Die Stoffmenge an Sauerstoff oder Luft kann leicht mit Formel 14.19 in einen Normvolumenstrom umgerechnet werden. Den spezifischen Luftmassenstrom bekommen wir mit

$$\frac{m_{Luft}}{m_B} = \frac{n_{Luft} \cdot M_{Luft}}{m_B} = 28{,}96 \frac{\text{kg}}{\text{kmol}} \cdot \frac{n_{Luft}}{m_B} = \frac{28{,}96 \frac{\text{kg}}{\text{kmol}}}{0{,}21} \cdot \frac{n_{O_2}}{m_B} = 137{,}9 \frac{\text{kg}}{\text{kmol}} \cdot \frac{n_{O_2}}{m_B} \tag{14.24}$$

Die Luftzahl behält ihre Definition.

Spezifisches Abgas Ausgehend von dieser Beschreibung lässt sich auch das spezifische Abgas des Brennstoffs beschreiben. Es sind

$$\frac{n_{CO_2}}{m_B} = \frac{\mu_C}{M_C}, \quad \frac{n_{H_2O}}{m_B} = \frac{\mu_H}{4 \cdot M_H}, \quad \frac{n_{SO_2}}{m_B} = \frac{\mu_S}{M_S} \quad \text{und} \quad \frac{n_{N_2}}{m_B} = \frac{0{,}79}{0{,}21} \cdot \frac{n_{O_2}}{m_B} \tag{14.25}$$

Ich benötige weitere Daten und Methoden

In der Spezialliteratur werden für die Verbrennungsrechnung z. T. eigene Symbole verwendet. Diese erschließen sich jedoch gut, da sie Verkürzungen der sonst verwendeten Symbole sind. Für gasförmige Brennstoffe sind die GWI-Arbeitsblätter eine umfangreiche Quelle an Daten. Das Lehrbuch von Lendt und Cerbe bietet einen guten Überblick speziell zu Gasen.

Zu Zündgrenzen ist das Bulletin 503 eine übliche Quelle.

Reifen als Brennstoff

LERNZIEL IST ES, DEN VIELEN STOFF AN EINEM UNGEWÖHNLICHEN BEISPIEL ANZUWENDEN.

Sie wollen in Ihrem Dampferzeuger zukünftig Reifen verbrennen - sie haben günstigen Zugang zu vielen Altreifen. Das Ziel ist es, den Dampferzeuger auszulegen. Der Dampferzeuger soll Heißdampf mit 200 °C bei 4 bar erzeugen und eine thermische Leistung von 45 MW haben.

Als Brennstoff werden Altreifen verwendet. Zu denen finden wir als Zusammensetzung die Angaben in Tabelle 14.3. Die Altreifen kommen in geschredderter Form in den Brennraum und werden dort in einem Wirbelbett über einem Rost verbrannt. Asche und Metalle werden unterhalb und seitlich abgezogen. Zusätzlich ist eine Rauchgasreinigung notwendig - diese ist nicht Teil der Aufgabe.

Ziel der Aufgabe ist es, den benötigten Luftstrom zu bestimmen, mit dem die Reifen verbrannt werden. Dabei wollen wir aber nicht mit der gesamten Liste aus der Tabelle arbeiten, sondern können diese in einem ersten Schritt schon vereinfachen - dies ist mit Begründungen in Tabelle 14.3 mit eingetragen.

Tabelle 14.3 Typische chemische Zusammensetzung von Altreifen

Element oder Verbindung	Gehalt (BUWAL)	Gehalt (VEST)	Anmerkung	Gehalt für dieses Beispiel
C/Kohlenstoff	70%	70%-75%	Wird bei guter Verbrennung vollständig umgesetzt	0,70
Fe/Eisen	16%	13%-15%	Soll mit der Asche entnommen und als Schrott verkauft werden	0
H/Wasserstoff	6%	6%-7%	Wird vollständig umgesetzt	0,07
ZnO/Zinkoxid	1%	1,2%-2,0%	Ist bereits ein Oxid, reagiert also nicht. Verbleibt in der Asche	0
S/Schwefel	1%	1,3%-1,7%	Wird vollständig umgesetzt	0,015
O/Sauerstoff	4%	3,5%-5%	Reagiert in der Verbrennung	0,03
N/Stickstoff	0,5%		Reagiert z. T. zu NO als Brennstoff-NO, z. T. zu N_2 Vernachlässigen wir	0
$C_{18}H_{36}O_2$/ Stearinsäure	0,3%		Müsste eigentlich dem C, dem H und dem O zugeschlagen werden. Vernachlässigen wir	0
F, Cl, Br, I/ Halogene	0,1%		Reagieren jeweils zu Oxiden, vernachlässigen wir	0
Cu/Kupfer	200 mg/kg			0
Cd/Cadmium	10 mg/kg			0
Cr/Chrom	90 mg/kg			0
Ni/Nickel	80 mg/kg			0
Pb/Blei	50 mg/kg			0

Quellen zur stoffliche Zusammensetzung von Altreifen sind

BUWAL: *Bundesamt für Umwelt, Wald und Landschaft (2203) Vollzugshilfe für die Lagerung, Behandlung und Verwertung von Altreifen (Alt-Pneus) - Entwurf*, Stand 10. 12. 2003. *https://www.umweltbundesamt.de/sites/default/files/medien/377/dokumente/stoffstrom_altreifen_tyr.pdf*

VEST: Vest, H () *Recycling of Used Car Tyres, Technical Information W13e*

Was sind das für Angaben in dieser Tabelle (Stoffmenge, Volumen, Masse ...)?

Da gibt es in der Tabelle selber Hinweise. Die letzten Einträge sind in mg/kg angegeben, das sind Massenanteile. Dies ist unsere Antwort.

Stoffmengenanteile wären erstaunlich, denn dann müssten Anwender diese erst in Massenanteile umrechnen.

Volumenanteile verbieten sich, da die Elemente in chemischen Verbindungen vorliegen, bei denen Volumenanteile nicht einfach in Massen- oder Stoffmengenanteile umzurechnen sind. Eigentlich ist ein Reifen ein Molekül, denn Gummi ist eine dreidimensionale Verknüpfung von Polymersträngen, sodass alle Atome miteinander verbunden werden.

Die Zusammensetzung macht deutlich, dass zumindest in Europa eine gute Abgasreinigung notwendig wird, die Staub, Schwefel und Halogene sicher entfernt.

Bestimmen Sie aus Tabelle 14.3 die Massenanteile und Stoffmengenanteile der Zusammensetzung der Altreifen

Im ersten Schritt müssen wir die Anteile aus Tabelle 14.3 neu normieren, denn die Massenanteile ergeben in Summe nicht 1. Dann ausgehend von unserer Festlegung (Massenbrüche) haben wir direkt den einen Teil der benötigten Zahlen und müssen diese in das andere umrechnen (Mischung).

Tabelle 14.4 fasst zusammen, was wir hier machen: Zuerst summieren wir die Anteile der Elemente, die an der chemischen Reaktion (Verbrennung) teilnehmen und die in der letzten Spalte der Tabelle 14.3 bereits herausgedeutet wurden. Dies sind

$$\mu_{Br} = \mu_{C,Reifen} + \mu_{H,Reifen} + \mu_{S,Reifen} + \mu_{O,Reifen} = 0{,}815$$

oder 81,5 % der Masse, die wir verbrennen wollen. Dann behalten wir einen Rest von

$$\mu_{Rest} = 1 - \mu_C + \mu_H + \mu_S + \mu_O = 0{,}185$$

oder 18,5 % als Asche und Reste. Diese Zahlen finden Sie in der zweiten Spalte von Tabelle 14.3. Dies benötigen wir späer noch.

Tabelle 14.4 Daten und Berechnungen

Element	Massenanteile gegeben	Massenanteile für Brennstoff	M_i in kg kmol^{-1}	Stoffmengenanteile für Brennstoff	H_i in MJ kg^{-1}
C	0,700	0,8589	12,00	0,4464	32,8
H	0,070	0,0859	1,00	0,5357	120,0
S	0,015	0,0184	32,06	0,0036	9,16
O	0,030	0,0368	16,00	0,0144	0
Summe	0,815	1		1	
Rest	0,185				

Jetzt wollen wir uns aber nur auf den Teil der Reifen beschränken, den wir verbrennen. Damit wir weiterrechnen können, benötigen wir die einzelnen atomaren Massenanteile an diesem Anteil. Diese bestimmen wir mit

$$\mu_{i,brennt} = \frac{\mu_{i,Reifen}}{\mu_{C,Reifen} + \mu_{H,Reifen} + \mu_{S,Reifen} + \mu_{O,Reifen}} = \frac{\mu_{i,Reifen}}{0{,}815}$$

Die Ergebnisse sind in der dritten Spalte von Tabelle 14.4 angegeben.

Im nächsten Schritt berechnen wir für diese Mischung des Brennstoffs die Stoffmengenanteile der Atome (dies ist quasi eine Elementaranalyse). Hierzu benötigen wir zuerst die atomare Molmasse der Mischung (Brennstoff), die wir aus den Massenanteilen berechnen müssen mit

$$\frac{1}{M_{Mi}} = \sum_i \frac{\mu_i}{M_i}$$

oder

$$M_{Mi} = \frac{1}{\sum_i \frac{\mu_i}{M_i}} = \frac{1}{\frac{0{,}8589}{12{,}00\frac{\text{kg}}{\text{kmol}}} + \frac{0{,}0859}{1{,}00\frac{\text{kg}}{\text{kmol}}} + \frac{0{,}0184}{32{,}06\frac{\text{kg}}{\text{kmol}}} + \frac{0{,}0368}{16{,}00\frac{\text{kg}}{\text{kmol}}}}$$
$$= 6{,}237\frac{\text{kg}}{\text{kmol}}$$

Damit bekommen wir die Stoffmengenanteile der vier Atomsorten

$$y_C = \frac{M_{Mi}}{M_C} \cdot \mu_i = \frac{6{,}237\frac{\text{kg}}{\text{kmol}}}{12{,}00\frac{\text{kg}}{\text{kmol}}} \cdot 0{,}8589 = 0{,}4464,$$

$$y_H = \frac{M_{Mi}}{M_C} \cdot \mu_i = \frac{6{,}237\frac{\text{kg}}{\text{kmol}}}{1{,}00\frac{\text{kg}}{\text{kmol}}} \cdot 0{,}0859 = 0{,}5357,$$

$$y_S = \frac{M_{Mi}}{M_S} \cdot \mu_i = \frac{6{,}237\frac{\text{kg}}{\text{kmol}}}{32{,}06\frac{\text{kg}}{\text{kmol}}} \cdot 0{,}0184 = 0{,}00358,$$

$$y_O = \frac{M_{Mi}}{M_O} \cdot \mu_i = \frac{6{,}237\frac{\text{kg}}{\text{kmol}}}{16{,}00\frac{\text{kg}}{\text{kmol}}} \cdot 0{,}0368 = 0{,}01435$$

Das (vielleicht) Überraschende an dem Ergebnis ist der hohe Stoffmengenanteil der H-Atome. Es kommen auf jedes Kohlenstoff-Atom etwa 1,2 Wasserstoff-Atome: Da ein erheblicher Anteil der Kohlenstoff-Atome im Reifen als Ruß vorliegen, sind in den Polymeren, die das Gummi ausmachen, die Verhältnisse noch deutlich höher.

Bestimmen Sie den (auf die Masse bezogenen) Heizwert

Wir berechnen den Heizwert der reagierenden Mischung als ersten Schritt mit

$$H_{I,Br} = \sum_i H_{I,i} \cdot \mu_i = H_{I,C} \cdot \mu_C + H_{I,H} \cdot \mu_H + H_{I,S} \cdot \mu_S + H_{I,O} \cdot \mu_O$$

Alle weiteren Atome nehmen nach unserer Festlegung oben nicht an der Verbrennung teil. Um dies zu berechnen, benötigen wir Heizwerte (die in Tabelle 14.4 schon zusammengetragen sind) und erhalten

$$\begin{aligned} H_{I,Br} &= 32{,}8\frac{\text{MJ}}{\text{kg}} \cdot 0{,}8589 + 120{,}0\frac{\text{MJ}}{\text{kg}} \cdot 0{,}0859 + 9{,}16\frac{\text{MJ}}{\text{kg}} \cdot 0{,}0184 + 0 \\ &= 38{,}65\frac{\text{MJ}}{\text{kg}} \end{aligned}$$

Das ist ein recht hoher Wert; zum Vergleich hat Steinkohle typisch 25 MJ kg^{-1}. Jetzt müssen wir noch berücksichtigen, dass diese brennbare Mischung ja nur ein Teil der Masse der Reifen darstellt. Wir hatten alles, was nicht brennt, ja schon ausgeschlossen. Dann ist der tatsächliche Heizwert

$$H_{I,Reifen} = H_{I,Br} \cdot \mu_{Br} = 38{,}65\frac{\text{MJ}}{\text{kg}} \cdot 0{,}815 = 31{,}5\frac{\text{MJ}}{\text{kg}}$$

Welchen Massenstrom an Altreifengranulat benötigt der Dampferzeuger bei Nennleistung?

Das folgt direkt mit

$$\dot{Q}_N = H_{I,Reifen} \cdot \dot{m}_{Reifen}$$

oder umgestellt und eingesetzt

$$\dot{m}_{Reifen} = \frac{\dot{Q}_N}{H_{I,Reifen}} = \frac{45\,\text{MW}}{31{,}5\frac{\text{MJ}}{\text{kg}}} = 1{,}429\frac{\text{kg}}{\text{s}} = 12.350\frac{\text{kg}}{\text{d}}$$

Also ganz grob am Tag einen Eisenbahnwaggon voll.

Welchen Luftmassenstrom benötigt der Ofen? Was ist das für ein Volumenstrom bei Normbedingung?

Das ist der böse Teil der Aufgabe: Jetzt benötigen wir den Luftbedarf für diese Mischung.

Ganz böse, es ist eben kein normaler Kohlenwasserstoff, und dazu ist da auch noch Schwefel mit drin. Wir müssen also klären, wie man das lösen kann.

Unser Bezug ist jetzt wieder die brennbare Mischung aus Tabelle 14.3, denn nur für diese Reaktion benötigen wir ja Verbrennungsluft.

Formel 14.18 gilt auch für *m*, *n*, *o*, die keine ganzen Zahlen sind. Und wir dürfen hier auch Stoffmengenanteile einsetzen. Dann ist für stöchiometrische Verbrennung

$$\text{C}_{y_C}\text{S}_{y_S}\text{H}_{y_H}\text{O}_{y_O} + \left(y_C + y_S + \frac{y_H}{4} - \frac{y_O}{2}\right) \cdot \text{O}_2 = y_C \cdot \text{CO}_2 + y_S \cdot \text{SO}_2 + \frac{y_H}{2} \cdot \text{H}_2\text{O}$$

Wir dürfen hier auch den Gummi als Verbindung schreiben, da letztendlich nach der Vulkanisierung der gesamte Reifen ein einziges Molekül ist, also als Reaktionsgleichung

$$C_{0,4464}S_{0,00358}H_{0,5357}O_{0,01435}+\left(0,4464+0,00358+\frac{0,5357}{4}-\frac{0,01435}{2}\right)\cdot O_2$$
$$=0,4464\cdot CO_2+0,00358\cdot SO_2+\frac{0,5357}{2}\cdot H_2O$$

oder durchgerechnet

$$\begin{aligned}&C_{0,4464}S_{0,00358}H_{0,5357}O_{0,01435}+0,5767\cdot O_2\\&=0,4464\cdot CO_2+0,00358\cdot SO_2+0,2679\cdot H_2O\end{aligned}\tag{14.26}$$

Aus ästhetischen Gründen könnte man dies natürlich erweitern, sodass zumindest einer der Molenbrüche eine ganze Zahl wird, also z. B.

$$C_1S_{0,00802}H_{1,200}O_{0,0321}+1,292\cdot O_2=CO_2+0,00802\cdot SO_2+0,60\cdot H_2O$$

In dieser Gleichung erkennen wir die relativen Beiträge bezogen auf ein Kohlenstoff-Atom im Gummi. Gleichzeitig ist dies ein - auf ein Kohlenstoff-Atom bezogener - Mindestsauerstoffbedarf von

$$l_{O_2,C,\min}=1,292\frac{\text{kmol}}{\text{kmol}}$$

Daraus folgt ein Mindestluftbedarf - weiter auf ein Kohlenstoff-Atom bezogen - von

$$l_{Luft,C,\min}=l_{O_2,C,\min}\cdot\frac{1,00}{0,21}=6,152\frac{\text{kmol}}{\text{kmol}}$$

Unser nächster Schritt ist, daraus einen Massenstrom an Luft zu berechnen. Was wir haben, sind (i) ein Mindestluftbedarf, der sich auf die in den Reifen vorhandenen Kohlenstoff-Atome bezieht, und (ii) den Massenstrom an Reifen, die wir im Ofen verheizen wollen. Zuerst bestimmen wir daraus den Stoffmengenstrom an Kohlenstoff-Atomen, also

$$\dot{n}_C=\frac{\dot{m}_C}{M_C}=\frac{\dot{m}_{Reifen}\cdot\mu_{C\ in\ Reifen}}{M_C}=\frac{1,429\frac{\text{kg}}{\text{s}}\cdot 0,70}{12,01\frac{\text{kg}}{\text{kmol}}}=0,08336\frac{\text{kmol}}{\text{s}}$$

Daraus folgt direkt der Mindeststrom an Luft für die Verbrennung

$$\dot{n}_{Luft,\min}=\dot{n}_C\cdot l_{Luft,C,\min}=0,08336\frac{\text{kmol}}{\text{s}}\cdot 6,152=0,5128\frac{\text{kmol}}{\text{s}}$$

Diesen Luftstrom rechnen wir in einen Massenstrom um

$$\dot{m}_{Luft,\min}=\dot{n}_{Luft,\min}\cdot M_{Luft}=0,5128\frac{\text{kmol}}{\text{s}}\cdot 28,96\frac{\text{kg}}{\text{kmol}}=14,85\frac{\text{kg}}{\text{s}}$$

Und daraus bekommen wir den Volumenstrom aus der Zustandsgleichung des idealen Gases und für Normbedingungen

$$\dot{V}_{Luft,\min} = \frac{\dot{m}_{Luft,\min} \cdot R_{Luft} \cdot T_N}{p_N} = \frac{14{,}85\frac{\text{kg}}{\text{s}} \cdot 287{,}2\frac{\text{J}}{\text{kg} \cdot K} \cdot 273{,}15\,\text{K}}{101.325\,\text{Pa}} = 11{,}50\frac{\text{m}^3}{\text{s}}$$

Tatsächlich wird für die Verbrennung deutlich mehr Luft benötigt: Die Reifen werden zu Granulat geschreddert und dann vermutlich in einer Wirbelbettfeuerung verbrannt. Diese Feuerung benötigt für vollständige Verbrennung einen deutlichen Luftüberschuss. Dazu wird ein gewisser Druckverlust benötigt, damit der Brennstoff schwebt und so immer gut durchmischt wird. Aber diese technischen Details überlassen wir dem Ofenlieferanten. ■

■ 14.4 Adiabate Verbrennungstemperatur

Die adiabate Verbrennungstemperatur ist die maximale Temperatur, die bei einer Verbrennungsreaktion erreicht werden kann. Sie stellt sich ein, wenn die gesamte, bei der chemischen Reaktion zur Verfügung stehende Enthalpie nur dazu verwendet wird, die Reaktionsprodukte zu erwärmen. Adiabat bedeutet, dass keine Wärme an die Umgebung abgegeben wird.

Wie Bild 14.1 illustriert, erfordert die Ermittlung der adiabaten Verbrennungstemperatur einige Informationen:

- die Temperatur T_{Ed} und der Druck p der Edukte
- die genaue Zusammensetzung der Edukte und die bei der vollständigen Verbrennung freiwerdende Enthalpie $\Delta_r H(p,T_{Ed})$
- die vollständige Kenntnis der Zusammensetzung der Abgase bei der erwarteten adiabaten Verbrennungstemperatur

Da hier die Enthalpie als Zustandsgröße des Systems verändert wird, ist die Berechnung nicht abhängig vom Pfad. Aus diesem Grund genügt die Annahme einer isobaren und isothermen Reaktion bei Standardbedingung und die daraus bestimmte Reaktionsenthalpie $\Delta_r H^0$. Die adiabate Verbrennungstemperatur T_{ad} folgt dann, da

$$Q_M + \underbrace{W_M\big|_{p=const}}_{=0} = -\Delta_r H^0 \tag{14.27}$$

Beide, die Wärme und die Enthalpie, sind molare Größen. Die Arbeit entfällt, da es eine isobare Zustandsänderung ist. Wenn die Produkte der Verbrennung alle gasförmig sind (keine Phasenübergänge), ist die adiabate Verbrennungstemperatur T_{ad} durch dieses Integral bestimmt

$$Q_M = -\Delta_r H^0 = \int_{T^0}^{T_{ad}} c_{p,M,Pro}(T) \cdot dT = \int_{T^0}^{T_{ad}} \sum_i y_i \cdot c_{p,M,i}(T) \cdot dT \tag{14.28}$$

Bei der Lösung dieses Integrals entstehen zwei Schwierigkeiten:

1. Die molare spezifische Wärmekapazität der Produkte verändert sich mit der Temperatur.
2. Die Zusammensetzung der Produkte ändert sich etwa ab 1800 K durch das Auftreten von reaktiven Radikalen - die Zusammensetzung der Produkte verändert sich merkbar, und dies benötigt Enthalpie (also latente Wärme).

Aus diesem Grund kann die adiabate Verbrennungstemperatur in ordentlicher Genauigkeit etwa bis 1800 K noch aus den mittleren spezifischen Wärmekapazitäten und der Zusammensetzung der Produkte berechnet werden

$$\Delta T_{ad} \cong \frac{-\Delta_r H^0}{\sum_i y_i \cdot c_{p,M,Pro}\Big|_{T^0}^{T_{ad}}} \tag{14.29}$$

Oberhalb von etwa 1800 K muss dann das chemische Gleichgewicht durch Minimieren der Gibbs'schen freien Enthalpie bestimmt werden - dies gelingt nicht mehr analytisch.

Die sich tatsächlich einstellende Temperatur muss noch den eingehenden Temperaturunterschied zwischen den Edukten und der Standardbedingung berücksichtigen.

Wenn die Edukte bereits bei hoher Temperatur zugeführt werden, dann stellt sich eine entsprechend höhere adiabate Temperatur der Produkte ein.

Wie gehe ich hier vor?

Für die praktische Arbeit genügen grundsätzlich Angaben aus der technischen Fachliteratur! Dieser Abschnitt gibt Ihnen einen groben Einblick in die Theorie: Was genau ist gemeint? Was passiert bei der Berechnung? Für die praktische Arbeit gibt es Tabellenwerke, die übliche Anwendungen beschreiben *(GWI-Arbeitsblätter)*, oder ggf. Software, die es erlaubt, eigene Probleme zu lösen.

Software ist z. B. Chemkin oder vergleichbare Tools.

■ 14.5 Thermische Apparate

Das Modell des thermischen Apparates beschreibt Vorrichtungen, die ein Gut erwärmen. Das Gut kann Wasser in einer Heizung sein, Lebensmittel, die gebacken werden, oder Stahl. Dabei wird die dem Gut zugeführte Wärme im Apparat chemisch durch Verbrennung oder elektrisch bereitgestellt. Das Konzept des thermischen Apparates erlaubt es, die Massenströme und die Energieströme in technischen Verbrennungssystemen geordnet zu beschreiben. Hier betrachten wir den einfachsten Fall eines stationären Fließsystems.

14.5.1 Thermischer Apparat ohne Luftvorwärmung

Bild 14.4 stellt einen stationären thermischen Apparat ohne Luftvorwärmung vor, seine Bilanzgrenze und die Ströme der Prozessgröße Wärme. Arbeit wird hier keine verrichtet.

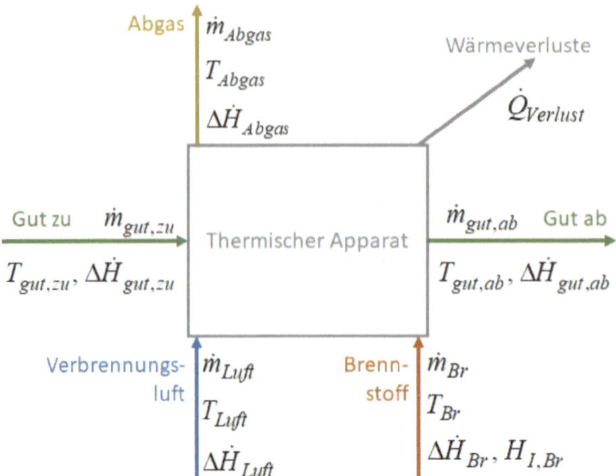

Bild 14.4 Massenströme und Enthalpieströme im allgemeinen thermischen Apparat

Massenströme Es gilt Massenerhalt, d. h. mit explizit hingeschriebenen Vorzeichen aller Massenströme in Bild 14.4 ist

$$\dot{m}_{Gut,zu} - \dot{m}_{Gut,ab} + \dot{m}_{Brennstoff} + \dot{m}_{Luft} - \dot{m}_{Rauchgas} = 0 \tag{14.30}$$

Werden zusätzlich weitere Prozessmedien zugegeben (wie z. B. Luft zum Trocknen), dann müssen diese zusätzlich mit in die Massenbilanz aufgenommen werden.

Falls sich der Massenstrom des Guts im Apparat nicht verändert

$$\Delta\dot{m}_{Gut} = \dot{m}_{Gut,zu} - \dot{m}_{gut,ab} = 0 \tag{14.31}$$

ist damit auch

$$\dot{m}_{Brennstoff} + \dot{m}_{Luft} - \dot{m}_{Rauchgas} = 0 \tag{14.32}$$

Bei einer Trocknung eines Gutes wie Lebensmittel nimmt die Masse des Guts deutlich ab, denn Feuchtigkeit geht in das Abgas über.

Enthalpie Unabhängig von den Massenströmen werden die Enthalpieströme aus Bild 14.4 bilanziert. Es gilt Energieerhaltung und mit explizit hingeschriebenen Vorzeichen ist

$$\Delta\dot{H}_{Gut,zu} - \Delta\dot{H}_{Gut,ab} + \dot{H}_{Brennstoff} + \Delta\dot{H}_{Luft} - \Delta\dot{H}_{Abgas} - \dot{Q}_{Verlust} = 0 \tag{14.33}$$

Alle rein an Masse gebundenen Enthalpieströme sind als ΔH benannt und beziehen sich auf gemeinsame Referenzbedingungen, üblich Standardbedingung bei 1 bar und 25 °C. Diese Zusammenhänge stellt die Skizze in Bild 14.5 für den Fall dar, dass Edukte und Produkte eine höhere Temperatur als 25 °C haben.

Für jede einzelne Komponente, also Luft, Brennstoff oder Bestandteile des Abgases, ist

$$\Delta \dot{H}_i(T) = \dot{m}_i \cdot \left(h(T) - h_i(T^0)\right) = \dot{m}_i \cdot \overline{c_{p,i}\Big|_{T^0}^{T}} \cdot \left(T - T^0\right) \tag{14.34}$$

Häufig werden Luft und Brennstoff etwa bei Standardbedingung zugeführt, dann können diese Beiträge vernachlässigt werden. Gerade bei größerer Temperaturveränderung muss mit mittleren spezifischen Wärmekapazitäten gerechnet werden.

Der Enthalpiestrom des Brennstoffs setzt sich aus zwei Beiträgen zusammen: zum einen die Differenz der Enthalpie der Edukte aufgrund der Temperaturdifferenz zur Referenztemperatur T^0 und zum zweiten die mit dem Brennstoff eingebrachte chemische Energie, also

$$\dot{H}_{Brennstoff} = \Delta \dot{H}_{Br}(T) + \dot{H}_{chem} = \Delta \dot{H}_{Br}(T) + \dot{m}_{Br} \cdot H_{I,Br}, \tag{14.35}$$

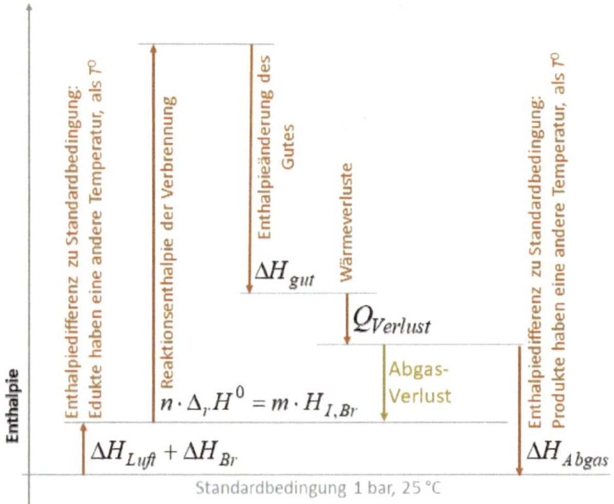

Bild 14.5 Die Beiträge zur Enthalpiebilanz in Formel 14.33

Wirkungsgrad Der Wirkungsgrad eines thermischen Apparates kann konform zur Norm ISO 13579-1 aus der fühlbaren Wärme des Gutes bestimmt werden (ISO 13579-1:2013): Damit ist der Nutzen der thermischen Apparatur der Anstieg der im Gut gebundenen Enthalpie, messbar durch die Temperaturerhöhung oder latente Wärme (z. B. bei Trocknung), also

$$\eta = \frac{\Delta \dot{H}_{Gut}}{\dot{H}_{Chem}} = \frac{\dot{H}_{Gut,ab} - \dot{H}_{gut,zu}}{\dot{H}_{Chem}} = \frac{\dot{H}_{Gut,ab} - \dot{H}_{gut,zu}}{\dot{m}_{Br} \cdot H_{I,Br}} \tag{14.36}$$

Bild 14.5 illustriert das Konzept: Der Aufwand ist die mit dem Brennstoff zugeführte Enthalpie. Von dieser gehen thermische Verluste $Q_{Verlust}$ aller Art und speziell die Abgasverluste (s. u.) ab.

Wärmeverlust der Anlage Der Wärmeverlust $Q_{Verlust}$ eines thermischen Apparates kann grundsätzlich über Wärmeleitung, Konvektion und Strahlung berechnet werden - siehe Teil V. Häufig sind solche Berechnungen mit großen Unsicherheiten versehen. Aus diesem

Grund folgt er praktisch aus der Bilanz in Formel 14.33, wenn alle anderen Beiträge bekannt sind.

Elektrische Prozesse Bei elektrischer Beheizung entfallen die Massenströme und die Enthalpieströme von Brennstoff, Verbrennungsluft und Abgas, dafür muss die aufgenommene elektrische Arbeit mit in die Bilanz aufgenommen werden.

14.5.2 Feuerungstechnischer Wirkungsgrad

Der feuerungstechnische Wirkungsgrad η_F gibt an, welcher Anteil der chemischen Energie, die im Brennstoff enthalten ist, nicht über das Abgas abgegeben wird: Formel 14.33 sagt aus, dass die zugeführte Enthalpie mit dem Gut (als Nutzen), mit dem Abgas oder als sonstiger Verlust den Bilanzraum verlässt.

Im Fall, dass die Enthalpieströme ΔH_{Luft} und $\Delta H_{Brennstoff}$ vernachlässigt werden, ist dieser Wirkungsgrad

$$\eta_F = \frac{\dot{H}_{chem} - \dot{H}_{Rauchgas}}{\dot{H}_{chem}} = 1 - \frac{\dot{H}_{Rauchgas}}{\dot{m}_{Br} \cdot H_{I,Br}} = \frac{\Delta\dot{H}_{Gut} + \dot{H}_{Verlust}}{\dot{m}_{Br} \cdot H_{I,Br}} \tag{14.37}$$

Der feuerungstechnische Wirkungsgrad kann für eine Reihe von Brennstoffen anhand der Siegert'schen Formel für den Abgasverlust bestimmt werden, dabei ist der Zusammenhang zwischen Abgasverlust und feuerungstechnischem Wirkungsgrad

$$q_A[\%] = (100 - \eta_F[\%]) \tag{14.38}$$

Die Siegert'sche Formel ist eine angepasste Größengleichung, in die Zahlen in den vorgegebenen Einheiten einzusetzen sind, um ein richtiges Ergebnis zu erhalten. Die Siegert'sche Formel bestimmt den Abgasverlust in %, der direkt mit dem feuerungstechnischen Wirkungsgrad verbunden ist

$$q_A[\%] = (\vartheta_{Rauchgas} - \vartheta_{Luft}) \cdot \left(\frac{A_2}{21 - O_2[\%]} + B \right) = (\vartheta_{Rauchgas} - \vartheta_{Luft}) \cdot \left(\frac{A_1}{CO_2[\%]} + B \right) \tag{14.39}$$

In dieser Gleichung ist $O_2[\%]$ der Sauerstoffgehalt des trockenen Abgases in % bzw. $CO_2[\%]$ der Kohlendioxidgehalt des trockenen Abgases in %. In Tabelle 14.5 sind Koeffizienten für wichtige Brennstoffe zusammengefasst. Die Verwendung der Siegert'schen Formel für die Abgasmessung in Hausbrandanlagen ist in der 1. BImSchV festgelegt.

Diese Formel ist eine Vereinfachung der tatsächlichen Verhältnisse, daher sollte sie nicht für zu große Temperaturdifferenzen zwischen Edukten und Abgas verwendet werden.

Tabelle 14.5 Koeffizienten der Siegert'schen Formel für relevante technische Brennstoffe

Brennstoff	A_1	A_2	B
Koksofengas	0,29	0,60	0,11
Stadtgas	0,35	0,63	0,011
Erdgas L	0,37	0,66	0,009
Erdgas H	0,37	0,66	0,009

Brennstoff	A_1	A_2	B
Propan	0,42	0,63	0,008
Flüssiggas	0,42	0,63	0,008
Heizöl	0,50	0,68	0,007

Gastherme

EIN GANZ EINFACHES BEISPIEL EINES THERMISCHEN APPARATES ZUM VERTIEFEN.

Haushaltsgasthermen gibt es in großer Stückzahl in Eigenheimen und Etagenwohnungen. Hier schauen wir uns eine Junkers Cerastar Plus ZR von ca. 1990 an (also kein modernes Brennwertgerät, um das Beispiel übersichtlich zu halten).

In der Gastherme wird Erdgas H verbrannt, um Wasser für eine Heizung zu erwärmen. Die Warmwasserbereitung nutzen wir nicht. Das Erdgas kommt aus dem Niederdrucknetz, die Verbrennungsluft wird aus der direkten Umgebung der Gastherme angesaugt, und die Abgase werden über einen Schornstein abgeführt. Diese Gastherme hat etwa eine Leistung von 20 kW, wobei die Gastherme über eine einfache Zweipunkt-Regelung geführt wird: Ist die Temperatur im Heizungskreis zu gering, springt die Therme an und heizt, bis die maximale Temperatur im Heizkreis erreicht wurde.

Wir haben einige Daten während eines stationären Betriebs zusammengetragen:

- Das Heizungswasser fließt mit 57,1 °C in die Gastherme (Rücklauf von den Heizungen). Es fließt mit 68,6 °C in den Heizkreis (Vorlauf) - diese Temperaturen zeigen deutlich, dass es sich um eine Altbauwohnung mit eher schlechter Isolierung handelt, denn moderne gut isolierte Wohnungen haben Fußbodenheizungen mit deutlich geringerer Vorlauftemperatur.
- Der Volumenstrom des Heizungswassers folgt aus einem eingebauten Wasserzähler mit 244 l in 20 min.
- Das Erdgas strömt mit einem Druck von 10,5 mbar und einer Temperatur von 22,5 °C zu.
- Der Volumenstrom des Erdgases wurde am Zähler abgelesen mit 0,385 m^3 in 10 min.
- Umgebungsbedingungen sind 1015 mbar (Hochdruckwetter) und 23,8 °C (Badezimmer).
- Wir haben das Abgas mit einem dieser Geräte gemessen, die Schornsteinfeger verwenden, um Heizungen zu überprüfen: Die Temperatur des Abgases betrug 162,9 °C und der Restsauerstoffgehalt im trockenen Abgas 0,27 %.
- Unser Erdgas H hat einen Heizwert von 36,18 MJ Nm^{-3} und besteht zu etwa 99 % Volumenanteil aus Methan.

Wir analysieren diese Gastherme als thermischen Apparat. Dabei vernachlässigen wir die Enthalpieströme der Luft und des Gases, da diese nahezu bei Standardbedingung (25 °C und 1 bar) zugeführt werden.

Was ist der Massenstrom und der Enthalpiestrom des Gutes?

Da das Wasser in einem geschlossenen Kreislauf fließt, können wir Wasser und Verbrennung einzeln bilanzieren. Der Massenstrom des Wassers folgt aus den Angaben mit

$$\dot{m}_W = \frac{\Delta V_W}{\Delta t} \cdot \rho_W(T) = \frac{0{,}244\ \mathrm{m}^3}{10\ \mathrm{min}} \cdot 998\frac{\mathrm{kg}}{\mathrm{m}^3} = 0{,}4058\frac{\mathrm{kg}}{\mathrm{s}}$$

Die Enthalpieströme des Wassers können wir entweder auf Standardbedingung (25 °C) oder auf die Referenzbedingung von Wasser (flüssiges Wasser am Tripelpunkt) beziehen. Hier interessiert uns jedoch nur der dem Wasser zugeführte Wärmestrom selber, d. h.

$$\dot{Q}_W = \dot{H}_{W,Vor} - \dot{H}_{W,Rück} = \dot{m}_W \cdot c_{p,W} \cdot \Delta T_W$$

also

$$\dot{Q}_W = 0{,}4058\frac{\mathrm{kg}}{\mathrm{s}} \cdot 4{,}180\frac{\mathrm{kJ}}{\mathrm{kg \cdot K}} \cdot (68{,}6\ ^\circ\mathrm{C} - 57{,}1\ ^\circ\mathrm{C}) = 19{,}51\ \mathrm{kW}$$

Was ist der mit dem Erdgas zugeführte Strom an chemischer Energie?

Zuerst benötigen wir für diese Frage den Normvolumenstrom. Das Erdgas H können wir als ideales Gas Methan betrachten. Der Druck des Erdgases in der Leitung setzt sich aus dem gemessenen Überdruck von 10,5 mbar und dem Umgebungsdruck von 1015 mbar zusammen. Damit ist

$$\dot{V}_{N,EG} = \dot{V}_{EG} \cdot \frac{T_N}{T} \cdot \frac{p}{p_N} = \frac{0{,}385\ \mathrm{m}^3}{10\ \mathrm{min}} \cdot \frac{273{,}15\ \mathrm{K}}{295{,}65\ \mathrm{K}} \cdot \frac{102.550\ \mathrm{Pa}}{101.325\ \mathrm{Pa}} = 600 \cdot 10^{-6}\frac{\mathrm{Nm}^3}{\mathrm{s}}$$

NORMBEDINGUNG IST UNGLEICH STANDARDBEDINGUNG!

Damit strömt an chemischer Energie in die Gastherme

$$\dot{H}_{chem,EG} = \dot{V}_{N,EG} \cdot H_{I,V,EG} = 600 \cdot 10^{-6}\frac{\mathrm{Nm}^3}{\mathrm{s}} \cdot 36{,}18\frac{\mathrm{MJ}}{\mathrm{Nm}^3} = 21{,}71\ \mathrm{kW}$$

Wie hoch sind der Wirkungsgrad der Gastherme und der Abgasverlust?

Hieraus können wir direkt den Wirkungsgrad der Gastherme bestimmen mit

$$\eta = \frac{\dot{Q}_W}{\dot{H}_{chem,EG}} = \frac{19{,}51\ \mathrm{kW}}{21{,}71\ \mathrm{kW}} = 0{,}899$$

Dieser Wirkungsgrad berücksichtigt nur das Warmwasser. Solche Gasthermen wurden gerne in der Küche oder im Badezimmer montiert, um auch die Wärmeverluste an die Umgebung zu nutzen.

Der Abgasverlust folgt mit

$$q_A[\%] = \left(\vartheta_{Rauchgas} - \vartheta_{Luft}\right) \cdot \left(\frac{A_2}{21 - 0_2[\%]} + B\right),$$

bzw. nach Einsetzen

$$q_A = (162{,}9\,°\mathrm{C} - 23{,}8\,°\mathrm{C}) \cdot \left(\frac{0{,}66}{21 - 0{,}27} + 0{,}009\right) = 5{,}68\,\%$$

Dies entspricht

$$\dot{H}_A = \dot{H}_{chem,eg} \cdot q_A = 21{,}71\,\mathrm{kW} \cdot 0{,}0568 = 1{,}23\,\mathrm{kW}$$

Damit folgt, dass der Wärmeverlust an die Umgebung

$$\dot{Q}_{Verlust} = \dot{H}_{chem,EG} - \dot{Q}_W - \dot{H}_{Abgas} = 21{,}71\,kW \cdot (1 - 0{,}899 - 0{,}0568)$$
$$= 0{,}959\,\mathrm{kW}$$

beträgt.

Welche Ströme an Erdgas, Luft und Komponenten des Abgases fließen durch die Gastherme?

Diese Frage verlangt eine gute Organisation der Vorgehensweise. Bild 14.6 illustriert qualitativ die einzelnen Stoffströme durch einen thermischen Apparat und ohne Stoffaustausch zwischen Gut und Brenngasen bei vollständiger Verbrennung und Luftüberschuss. Da die Masse insgesamt erhalten bleibt, ist diese Darstellung besonders anschaulich:

- Der Brennstoff reagiert vollständig zu Kohlendioxid und Wasser.
- Aus der zugeführten Luft nimmt der Stickstoff nicht an der Reaktion teil; die in der Luft enthaltene Feuchtigkeit nimmt nicht an der Reaktion teil. Der Überschuss an Sauerstoff (magere Verbrennung) nimmt nicht an der Verbrennung teil.
- Eventuelle nicht brennbare Feststoffe werden als Asche bezeichnet.
- Wir unterscheiden zwischen trockenem Abgas und feuchtem Abgas: Das feuchte Abgas enthält den gesamten Massenstrom ohne Asche. Das trockene Abgas enthält weder die Luftfeuchtigkeit noch das bei der Verbrennung erzeugte Wasser.

Mit dieser Zerlegung, dem bekannten Normvolumenstrom an Erdgas und dem Sauerstoffgehalt des trockenen Abgases, lässt sich diese Frage jetzt beantworten. Allerdings ist es wesentlich einfacher, hier mit Stoffmengenströmen zu rechnen und diese abschließend dann in Massenströme umzurechnen.

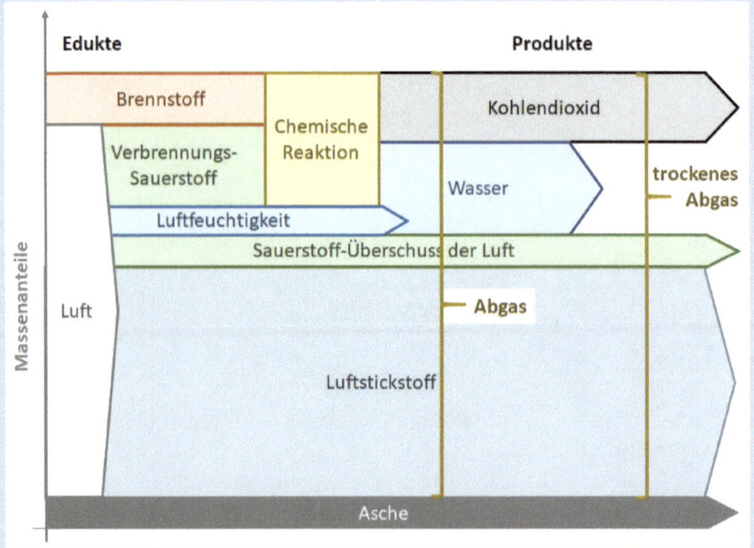

Bild 14.6 Massenanteile der einzelnen Stoffströme durch eine Verbrennungsreaktion

Die chemische Reaktion vereinfachen wir leicht zu

$$1 \cdot \mathrm{CH_4} + \left(1 + \frac{4}{4} - 1\right) \cdot \mathrm{O_2} = 1 \cdot \mathrm{CH_4} + 2 \cdot \mathrm{O_2} = 1 \cdot \mathrm{CO_2} + 2 \cdot \mathrm{H_2O}$$

Damit kennen wir bereits die Stoffmengenströme vom Methan

$$\dot{n}_{\mathrm{CH_4}} = \frac{\dot{V}_{N,EG} \cdot p_N}{R \cdot T_N} = \frac{600 \cdot 10^{-6} \frac{\mathrm{Nm^3}}{\mathrm{s}} \cdot 101.325\,\mathrm{Pa}}{8.314 \frac{\mathrm{J}}{\mathrm{kmol \cdot K}} \cdot 273{,}15\,\mathrm{K}} = 26{,}77 \cdot 10^{-6} \frac{\mathrm{kmol}}{\mathrm{s}}$$

von Kohlendioxid

$$\dot{n}_{\mathrm{CO_2}} = \dot{n}_{\mathrm{CH_4}} = 26{,}77 \cdot 10^{-6} \frac{\mathrm{kmol}}{\mathrm{s}} \tag{14.40}$$

und von Wasser, wenn wir die Luftfeuchtigkeit hier vernachlässigen

$$\dot{n}_{\mathrm{H_2O}} = 2 \cdot \dot{n}_{\mathrm{CH_4}} = 53{,}54 \cdot 10^{-6} \frac{\mathrm{kmol}}{\mathrm{s}}$$

Der nächste Schritt ist schwierig. Aus den Zusammenhängen zwischen den einzelnen Stoffmengenströmen sind passende Gleichungen zu entwickeln. Die zugeführte trockene Verbrennungsluft ist

$$\dot{n}_{Luft} = \dot{n}_{\mathrm{N_2}} + \dot{n}_{\mathrm{O_2}} = \dot{n}_{\mathrm{N_2}} + \dot{n}_{\mathrm{O_2},u} + \dot{n}_{\mathrm{O_2},v} = 0{,}79 \cdot \dot{n}_{Luft} + \dot{n}_{\mathrm{O_2},u} + \dot{n}_{\mathrm{O_2},v}$$

Hier teilen wir den Sauerstoff in den unverbrannten (Index u) und den verbrannten (Index v) Anteil auf. Zusätzlich können wir den Volumenanteil von Stickstoff an trockener Luft benutzen, um den Stoffmengenstrom des Stickstoffs in dieser Gleichung verschwinden zu lassen. Auch für das trockene Abgas kann man die einzelnen Anteile formulieren

$$\dot{n}_{A,tr} = \dot{n}_{N_2} + \dot{n}_{CO_2} + \dot{n}_{O_2,u} = \dot{n}_{N_2} + \dot{n}_{CO_2} + y_{O_2,u} \cdot \dot{n}_{A,tr} = \dot{n}_{Luft},$$

Hier machen wir uns zunutze, dass der Stoffmengenstrom an CO_2 im Abgas identisch ist zu dem des verbrannten Sauerstoffs. In dieser Formel steht ganz rechts nur noch eine Unbekannte, denn der Stoffmengenstrom des trockenen Abgases ist identisch zu dem der Verbrennungsluft, also

$$\dot{n}_{A,tr} = \dot{n}_{Luft} = 0{,}79 \cdot \dot{n}_{Luft} + \dot{n}_{CO_2} + y_{O_2,u} \cdot \dot{n}_{Luft}$$

Sortieren ergibt

$$\dot{n}_{CO_2} = \dot{n}_{Luft} - 0{,}79 \cdot \dot{n}_{Luft} - \frac{1}{y_{O_2,u}} \dot{n}_{Luft} = \dot{n}_{Luft} \cdot \left(1 - 0{,}79 - y_{O_2,u}\right)$$

und damit

$$\dot{n}_{Luft} = \frac{\dot{n}_{CO_2}}{1 - 0{,}79 - y_{O_2,u}} = \frac{26{,}77 \cdot 10^{-6} \frac{\text{kmol}}{\text{s}}}{1 - 0{,}79 - 0{,}0027} = \frac{26{,}77 \cdot 10^{-6} \frac{\text{kmol}}{\text{s}}}{0{,}2073} = 129{,}1 \frac{\text{kmol}}{\text{s}}$$

Dies entspricht einem Volumenstrom von

$$\dot{V}_{N,Luft} = \frac{\dot{n}_{Luft} \cdot R \cdot T_N}{p_N} = \frac{129{,}1 \cdot 10^{-6} \frac{\text{kmol}}{\text{s}} \cdot 8.314 \frac{\text{J}}{\text{kmol} \cdot \text{K}} \cdot 273{,}15\,\text{K}}{101.325\,\text{Pa}}$$

$$= 2{,}89 \cdot 10^{-3} \frac{\text{Nm}^3}{\text{s}}$$

So ein Beispiel lässt sich schnell auf größere Anlagen übertragen.

14.6 Brennstoffzellen

Brennstoffzellen nutzen die Reaktionsenthalpie eines Brennstoffes aus, um ohne den Umweg über Wärme direkt elektrische Arbeit zu erzeugen. Aus diesem Grund können Brennstoffzellen theoretisch auch bei niedriger Temperatur und isothermem Prozess hohe Wirkungsgrade erreichen. Technisch relevante Brennstoffzellen arbeiten mit Wasserstoff, Methan oder Methanol. Der Aufbau erfordert einfache und sehr reine Gase.

Grundsätzlicher Aufbau Bild 14.7 zeigt stark vereinfacht das Prinzip. Brennstoff und Sauerstoff werden in getrennten Kammern zugeführt. Diese beiden Kammern sind durch eine Membran getrennt, durch die nur spezielle Ionen hindurchdiffundieren können.

Auf der Brennstoffseite befindet sich eine katalytisch wirkende Anode. Hier wird Wasserstoff (oder ein anderer Brennstoff) katalytisch in positiv geladene Ionen und Elektronen zerlegt

$$H_2 = 2 \cdot H^+ + 2 \cdot e^- \tag{14.41}$$

Die Ionen können durch die Membran zur Kathode diffundieren. Die Elektronen müssen den Weg über das elektrische Netz nehmen, um zur Kathode zu gelangen.

Auf der Sauerstoffseite wird der Sauerstoff durch die katalytisch wirkende Kathode aufgespalten,

$$O_2 = 2 \cdot O\cdot \tag{14.42}$$

dann kann der Sauerstoff mit Wasserstoff-Ionen und den von außen zufließenden Elektronen zu Wasser reagieren

$$2 \cdot H^+ + 2 \cdot e^- + O\cdot = H_2O \tag{14.43}$$

Das so gebildete Wasser wird ständig abgeführt.

Im Leerlauf, wenn Anode und Kathode nicht elektrisch verbunden sind, stellt sich eine Spannung ein, die vom Brennstoff und vom Oxidator abhängt - bei Wasserstoff und Sauerstoff sind dies 1,27 V.

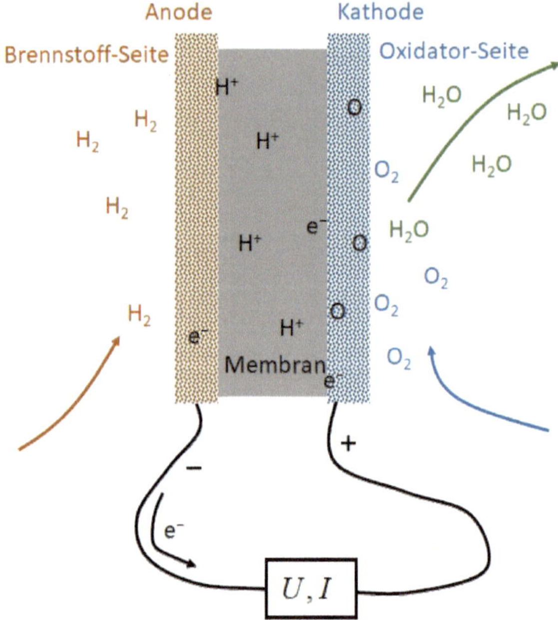

Bild 14.7 Prinzipieller Aufbau einer Brennstoffzelle (Erklärung im Text)

Elektrizität Der Nutzen entsteht durch die Elektroden, die letztendlich durch das elektrische Netz von der Anode zur Kathode fließen und auf dem Weg elektrische Arbeit verrichten.

Da die Spannung im Betrieb - wenn Anode und Kathode über einen Verbraucher miteinander verbunden werden - deutlich abfällt, müssen sehr viele Zellen in Reihe geschaltet werden: Sie werden gestapelt.

Der erzeugbare elektrische Strom hängt direkt von der Reaktionsgeschwindigkeit in der Zelle ab. Grundsätzlich ist der elektrische Strom

$$I = \dot{n}_{e^-} \cdot F = \dot{n}_{e^-} \cdot 96.485 \frac{\mathrm{A \cdot s}}{\mathrm{mol}} = 2 \cdot \dot{n}_{\mathrm{H_2}} \cdot F \quad (14.44)$$

Hier ist F die Faraday-Konstante, diese verbindet direkt die Menge der Elektronen mit der elektrischen Ladung bzw. hier den Stoffmengenstrom an Elektronen mit dem elektrischen Strom. Jedes Wasserstoff-Molekül stellt zwei Elektronen, daher lässt sich der Stoffmengenstrom an umgesetztem Wasserstoff direkt in einen Strom übersetzen.

Energiebilanz Grundsätzlich steht die gesamte Reaktionsenthalpie der chemischen Reaktion zur Verfügung, um elektrische Leistung zu erzeugen

$$P_{el} + Q = \dot{n}_{\mathrm{H_2}} \cdot \Delta_r H^0 \cong \dot{n}_{\mathrm{H_2}} \cdot H_{I,\mathrm{H_2}} \quad (14.45)$$

Allerdings wird in der Realität ein Teil der Reaktionsenthalpie als Wärme abgegeben. Diese Verlustwärme ist bei einem idealen reversiblen Prozess minimal, aber nicht null, da zugleich der zweite Hauptsatz weitere Randbedingungen erzwingt (Haseli 2018). Dadurch ist der maximale reversible Wirkungsgrad limitiert.

Wirkungsgrad Der Wirkungsgrad von Brennstoffzellen wird auf den Heizwert bezogen

$$\eta = \frac{W_{el}}{H_{I,Br}} \quad (14.46)$$

Reale Brennstoffzellen haben Wirkungsgrade, die vergleichbar oder besser sind als die von Gasturbinen oder Kolbenmotoren. Gleichzeitig haben sie weitere technische Vorteile, da keine bewegten Teile benötigt werden.

Literatur

Gas- und Wärme-Institut Essen e. V. [Hrsg.] (2013) *GWI-Arbeitsblätter. Verbrennungskennwerte | Gaseigenschaften | Berechnung.* Vulkan Verlag, Essen.

Lendt B, Cerbe G (2016) *Grundlagen der Gastechnik. Gasbeschaffung - Gasverteilung - Gasverwendung.* Hanser, München.

Coward HF, Jones GW (1952) *Limits of Flammability of Gases and Vapours.* Bureau of Mines, Bulletin 503.

ISA-TR12-13-01-1999 Flammability Characteristics of Combustible Gases and Vapors. ISBN: 1-55617-697-X

ISO 13579-1:2013, *Industrieöfen und zugehörige Prozesseinrichtungen - Methoden zur Messung der Energiebilanz und Berechnung der Effizienz - Teil 1: Allgemeine Methodologie*

Gas- und Wärme-Institut Essen e. V. [Hrsg.] (2013) *GWI-Arbeitsblätter. Verbrennungskennwerte | Gaseigenschaften | Berechnung.* Vulkan Verlag, Essen.

Haseli (2018) *Maximum conversion efficiency of hydrogen fuel cells.* Hydrogen Energy 43: 9015 - 9021.

Teil V – Wärmeübertragung

In diesem Teil geht es darum, Wärmeübertragung zu verstehen und zu berechnen. Bisher war unser Wissen, dass Wärme fließt, wenn eine Temperaturdifferenz zwischen zwei Systemen vorliegt und diese beiden Systeme im thermodynamischen Kontakt stehen. Diese Wärme fließt immer vom System höherer Temperatur zu dem System niedrigerer Temperatur. Hier wollen wir uns ansehen, was genau ein thermodynamischer Kontakt bedeutet und welcher Wärmestrom fließen kann. Wir unterscheiden dabei als Möglichkeiten, wie Wärme übertragen wird:

Wärmeleitung	Die Wärme wird in einem ruhenden Stoff transportiert, d. h. sie fließt durch den Stoff hindurch. ▪ In einem Festkörper ist die innere Energie auf einer mikroskopischen Ebene als Schwingungen der Atome um ihre fixe Position realisiert. Wärme fließt, wenn Schwingungen benachbarter Atome angeregt werden. ▪ In Fluiden ist die innere Energie als kinetische Energie der Teilchen und als interne Schwingungen oder Rotation der einzelnen Teilchen realisiert. Wärme fließt entweder dadurch, dass schnelle und damit energiereiche Teilchen sich ausbreiten, oder dass benachbarte Teilchen angeregt werden, mehr zu schwingen oder zu rotieren. Es ist ein Diffusionsprozess.
Konvektion	Die Wärme wird durch Strömung in einem Fluid transportiert. D. h. die Wärme ist als innere Energie in einem Teil des Fluides gebunden und breitet sich aufgrund von Strömungen im Fluid aus. Dabei spielt eigentlich immer auch Wärmeleitung im Fluid eine Rolle.
Strahlung	Die Wärme wird durch elektromagnetische Strahlung transportiert. Damit kann Strahlung auch Wärme im Vakuum transportieren.

Diese drei Varianten treten oft gleichzeitig auf, und Wärmetransport verändert die lokale Temperatur aller Teilsysteme. Beides macht eine Analyse ausgesprochen schwierig. Um einen klaren Einstieg in dieses spannende Thema zu ermöglichen, behandelt dieser Teil nur stationäre Wärmeübertragung, und es werden alle drei Varianten der Wärmeübertragung zuerst unabhängig voneinander eingeführt.

Stationäre Wärmeübertragung bedeutet, dass sich die Temperaturverteilung in Systemen und die Temperatur an Oberflächen zeitlich nicht verändern und der Wärmestrom im betrachteten Zeitraum konstant bleibt.

Keine der dargestellten Methoden gibt exakte Ergebnisse. Zwar sind die Methoden selber grundsätzlich exakt, aber die benötigten Vereinfachungen führen immer dazu, dass sich gewisse Fehler einschleichen. Trotzdem sind die Ergebnisse bei etwas Sorgfalt sehr belastbar und tragfähig, wie die Beispiele illustrieren sollen.

Wie lösen wir solche Probleme?

Hier gibt es eine ganz konkrete empfohlene Vorgehensweise: Diese grundsätzliche Vorgehensweise folgt dabei gutem ingenieur-technischem Vorgehen, d. h. erst durch die gute Vorbereitung entstehen belastbare Ergebnisse:

1. Zielbeschreibung: Welche Größe wird gesucht? Geht es um einen konkreten Fall oder um eine Parametervariation? Was soll das Ergebnis konkret aussagen oder wofür soll es verwendet werden?
2. Randbedingungen: Welche Vorgaben gibt es? Welche Informationen sind gegeben oder bekannt?
3. Visualisieren: Eine einfache Skizze der physikalischen Gegebenheiten einschließlich der Systemgrenzen, ihrer Eigenschaften (isotherm, adiabat ...) und der Wärmeströme.
4. Vereinfachen: Wie kann ich das System vereinfachen? Welche Annahmen lassen sich treffen?
5. Festlegen der Geometrie und des Rechenweges
6. Beschaffen aller benötigten Materialeigenschaften
7. Analyse, Herleitungen und konkrete Berechnungen
8. Diskussion der Ergebnisse - was bedeuten diese Zahlen ganz konkret?

Wie lernen wir diese Methoden?

Die in diesem Teil vorgestellten Methoden sehen teilweise einfach aus. Teilweise sind sie auch einfach in der Anwendung, wenn man sich an sie gewöhnt hat. Oft ist die eigentliche Schwierigkeit das Festlegen der Randbedingungen und Beschaffen der benötigten Stoffdaten. Auf der anderen Seite sind hier einige Hürden am Anfang zu überqueren. Konvektion und Strahlung sind neue Konzepte mit durchaus ungewöhnlichen Eigenschaften. Eigentlich kennen wir beides intensiv aus unserer ganz natürlichen Umgebung, aber die formalistische und abstrakte Beschreibung stellt oft ein Problem für den Zugang dar.

Ein wirklich guter Ansatz ist es, diese Methoden beherzt selber auszuprobieren. Dabei ist die Arbeit mit einem Tabellenkalkulationsprogramm oder mittels Computeralgebra (falls Sie damit gut umgehen können) dringend zu bevorzugen. Solche Werkzeuge erlauben einfache Parametervariation und können dadurch ein Gefühl dafür geben, welchen Einfluss diese Parameter auf die Ergebnisse haben. Auch diese Methoden erlernen wir am besten durch das Anwenden und durch das Nachdenken über die Ergebnisse.

15 Stationäre Wärmeleitung

Die Herangehensweise an die Beschreibung der Wärmeleitung folgt der grundsätzlichen Methode. Das allgemeine Problem wird möglichst stark vereinfacht. Hier sind die benötigten Vereinfachungen:

- Das Problem ist stationär, d. h. die Temperaturen verändern sich nicht, und damit bleibt auch der Wärmestrom konstant.
- Das einzelne System ist homogen. Wir zerlegen komplizierte Geometrien in einzelne Komponenten oder Bauteile, die nur aus einem Material bestehen.
- Das Material ist isotrop oder wir betrachten nur eine bevorzugte Richtung. Einige Stoffe leiten Wärme in alle Richtungen gleich gut (Metall, Flüssigkeiten und Gase, viele Kunststoffe), sie sind isotrop. Andere Stoffe haben unterschiedliche gute Wärmeleitung je nach Orientierung (Holz, Fasermatten). Bei diesen Stoffen müssen wir davon ausgehen, dass wir homogen eine bestimmte Orientierung und damit Wärmeleitung haben.
- Jedes System hat nur isotherme und adiabate Systemgrenzen. Die Wärme fließt immer zwischen isothermen Oberflächen mit unterschiedlicher Temperatur. Alle anderen Grenzflächen sind adiabat.

Damit gelingt es, viele Probleme sehr gut zu beschreiben.

15.1 Der eindimensionale Fall

Der einfachste Fall ist eine aus einem Material bestehende Schicht, die sich in zwei Raumrichtungen unendlich ausdehnt (oder die von adiabaten Grenzflächen begrenzt wird, über die keine Wärme fließen kann), wobei diese Schicht überall die gleiche Dicke Δd_{12} aufweist und zwischen deren beiden parallelen und isothermen Oberflächen eine Temperaturdifferenz ΔT besteht. Isotherm bedeutet, dass die Temperatur T_1 und T_2 der beiden Oberflächen sich auf der jeweiligen Fläche nicht verändert. Bild 15.1 illustriert diese Geometrie und die sich dann einstellende Temperatur in der Schicht.

Dann ist der Wärmestrom proportional zur Temperaturdifferenz – je größer diese Differenz, desto größer ist der Wärmestrom. Er ist umgekehrt proportional zur Dicke Δd_{12} der Schicht – je dünner die Schicht, desto mehr Wärme fließt. Außerdem ist der Wärmestrom direkt abhängig von der Fläche A der Schicht, durch die die Wärme fließt. Zusammengefasst gilt also

$$\dot{Q}_{12} \sim \Delta T_{12} \cdot \frac{1}{\Delta d_{12}} \cdot A \tag{15.1}$$

Die Temperatur in der Schicht ist damit abhängig von der Position senkrecht zur Oberfläche - die Temperatur ändert sich stetig.

Damit wir eine Gleichung bekommen, führen wir nun die Materialeigenschaft der Wärmeleitfähigkeit λ_{12} ein und bekommen

$$\dot{Q}_{12} = \lambda_{12}(T) \cdot \frac{A}{\Delta d_{12}} \cdot \Delta T_{12} \tag{15.2}$$

Der Index 12 bei der Wärmeleitfähigkeit λ_{12} bezeichnet das Material, das sich zwischen den beiden isothermen Flächen 1 und 2 befindet.

Vorzeichenregel Unsere Vorzeichenregel ist: Wenn die Temperatur in Wärmestromrichtung abfällt, ist der Wärmestrom positiv, - Wärme fließt von höherer Temperatur zu niedrigerer. Daher müsste eigentlich noch ein Minus in die Gleichung aufgenommen werden.

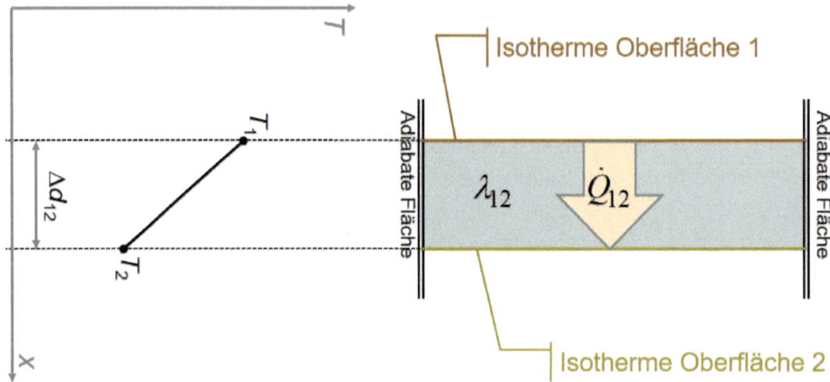

Bild 15.1 Geometrie der Wärmeleitung in einer ebenen Fläche konstanter Wärmeleitfähigkeit

15.1.1 Die Wärmeleitfähigkeit

Die Wärmeleitfähigkeit λ ist eine Materialeigenschaft, die von der Phase des Materials und von der Temperatur abhängt. Sie hat für Gase die niedrigsten Zahlenwerte und für elektrisch leitfähige Metalle die höchsten. Typische Werte bei Umgebungstemperatur sind:

Im Feststoff In homogenen Feststoffen reicht die Wärmeleitfähigkeit etwa von 1 W m^{-1} K^{-1} bis zu 450 W m^{-1} K^{-1} und spannt damit einen weiten Bereich auf. Gläser und Keramiken haben die niedrigsten Werte und werden daher eher für die Isolierung eingesetzt. Auch der Wert für gefrorenes Wasser (Eis) ist mit 2,2 W m^{-1} K^{-1} recht niedrig. Metalle haben, wie Bild 15.2 zeigt, typisch eher hohe Werte. Silber, Kupfer und Aluminium sind die Spitzenreiter und werden eingesetzt, wenn hohe Wärmeleitung benötigt wird. Eisen und seine typischen Legierungsbestandteile (Cr, Ni, Va, Mo) weisen eher niedrige Wärmeleitung auf. Bild 15.3 stellt die Wärmeleitfähigkeit von Keramiken (Aluminiumoxid), Glas (Quarzglas), Wasser (als normale Form als Eis Ih bei niedrigem Druck) sowie einem höher legierten

Stahl (AISI 304) dar; höher legierte Stähle haben eine deutlich niedrigere Wärmeleitung als schwach legierter Stahl.

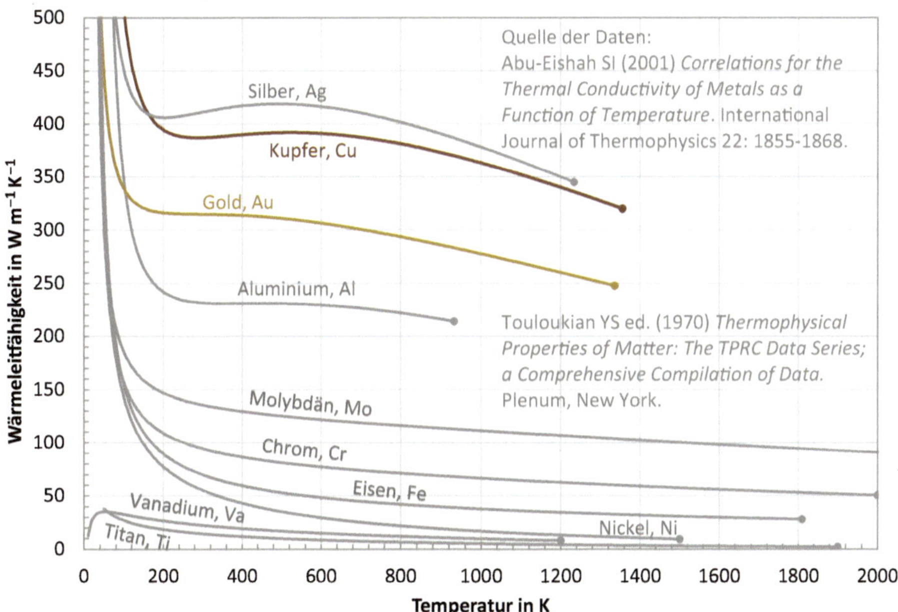

Bild 15.2 Wärmeleitung ausgewählter reiner Metalle

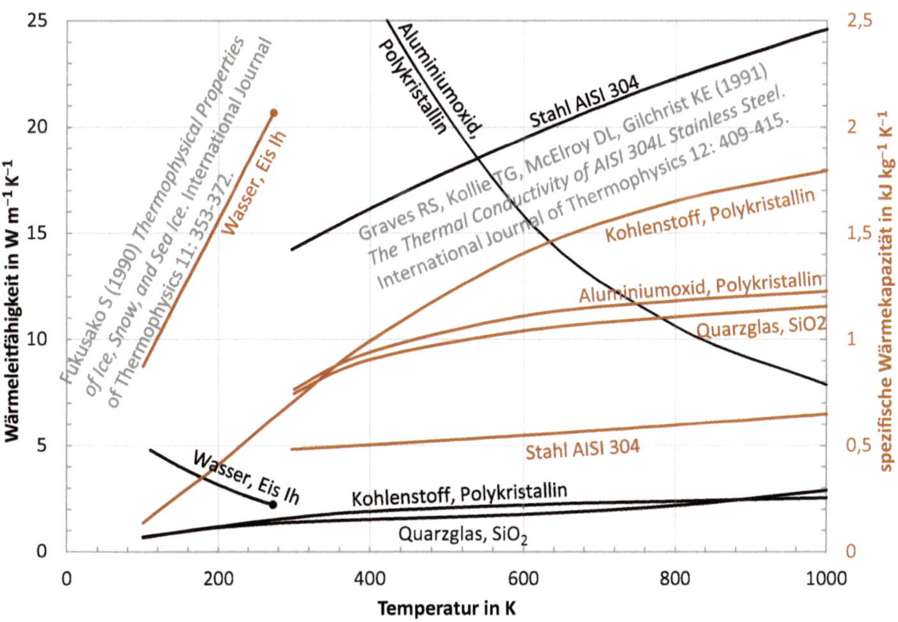

Bild 15.3 Wärmeleitung und spezifische Wärmekapazität von Feststoffen

Flüssigkeit In Flüssigkeiten ist die Spannweite der Wärmeleitfähigkeit mit Werten zwischen 0,1 W m^{-1} K^{-1} bis 0,9 W m^{-1} K^{-1} deutlich geringer als in Festkörpern. Bild 15.4 enthält typische Beispiele: Flüssiges Kohlendioxid bei hohem Druck und organische Lösemittel haben die niedrigsten Zahlenwerte, flüssiges Wasser (H_2O) und Ammoniak (NH_3) einen der höchsten Werte, wobei Wasser hier auch einen anormalen Verlauf zeigt. In Flüssigkeiten kann bei höherer Temperaturdifferenz Konvektion einsetzen.

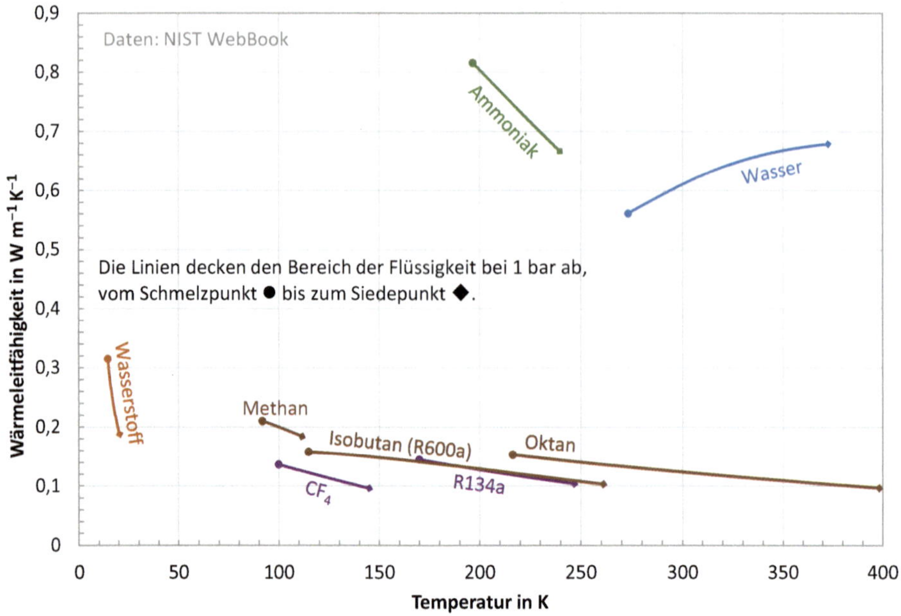

Bild 15.4 Wärmeleitfähigkeit λ typischer technischer Flüssigkeiten bei 1 bar

Gas Gase weisen die niedrigsten Wärmeleitfähigkeiten auf, wobei die Wärmeleitfähigkeit fast linear mit der Temperatur ansteigt. Sauerstoff hat die niedrigste, Wasserstoff die höchste Wärmeleitfähigkeit. Sie beträgt für Luft bei Normbedingungen λ_{Luft} = 0,0246 W m^{-1} K^{-1}.

In Gasen setzt schnell Konvektion ein - Dichteunterschiede führen sofort zu Auftrieb. Daher eignen sich Gase als Isolator, wenn diese Konvektion verhindert werden kann. Dies lässt sich durch Verbundmaterial aus Gas und Festkörper erreichen: Ein Festkörper als Schaum oder Fasermaterial umschließt ein Gas und hindert dabei das Gas an der Konvektion. Dann bestimmt das Gas im Zwischenraum die Wärmeleitfähigkeit.

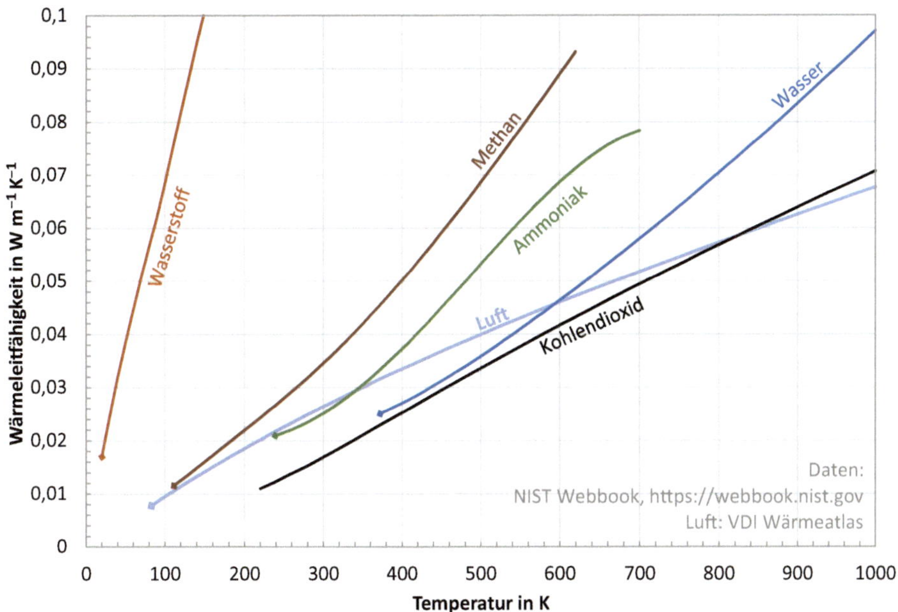

Bild 15.5 Wärmeleitfähigkeit λ für typische Gase bei 1 bar vom Siedepunkt und soweit die Datenquelle Werte bereitstellt. Kohlendioxid bei 1 bar sublimiert.

Temperaturabhängigkeit Die Wärmeleitfähigkeit ist temperaturabhängig, wie Bild 15.2 bis Bild 15.5 illustrieren. Bei den meisten Feststoffen und in technisch relevanten Regionen ist diese Abhängigkeit eher gering. Obwohl die Wärmeleitfähigkeit mit der Temperatur variiert, ist es nicht üblich und meist nicht notwendig zu integrieren. Vielmehr verwenden wir die Wärmeleitfähigkeit bei der mittleren Temperatur für Berechnungen ausreichender Genauigkeit mit

$$\lambda_{12} = \lambda_{12}(\bar{T}) = \lambda\left(\frac{T_1 + T_2}{2}\right) \tag{15.3}$$

Diese Temperatur ist unsere Bezugstemperatur für das Problem.

15.1.2 Wärmeleitwiderstand

Die Wärmeleitung lässt sich ganz in Analogie zum elektrischen Widerstand beschreiben. Dann ist die Temperaturdifferenz ΔT analog zur Spannung und der Wärmestrom analog zum elektrischen Strom zu verstehen. Alle weiteren Größen aus Formel 15.2 werden dann zum Wärmeleitwiderstand zusammengefasst. Der Wärmeleitwiderstand R_λ eines speziellen Bauteils ist gekennzeichnet durch seine Fläche, durch die der Wärmetransport stattfindet, seine Dicke und seine Wärmeleitfähigkeit

$$R_{\lambda,12} = \frac{\Delta T}{\dot{Q}} = \frac{\Delta d_{12}}{\lambda_{12} \cdot A} \tag{15.4}$$

Damit wird

$$\dot{Q}_{12} = \lambda_{12} \cdot \frac{A}{\Delta d_{12}} \cdot \Delta T_{12} = \frac{\Delta T_{12}}{R_{\lambda,12}} \text{ in Analogie zu } I_{el} = \frac{U_{el}}{R_{el}} \tag{15.5}$$

Dieser spezielle Wärmeleitwiderstand ist praktisch für die Lösung komplexer Probleme.

15.1.3 Mehrere Schichten unterschiedlicher Wärmeleitfähigkeit

In typischen Anwendungen wie Öfen oder Hauswänden liegen mehrere Schichten vor, durch die die Wärme fließt. Daher interessiert uns oft die Wärmeleitung durch Wände, die aus mehreren Schichten mit unterschiedlicher Wärmeleitfähigkeit bestehen. Den grundsätzlichen Aufbau stellt Bild 15.6 dar.

Bei stationärer Wärmeleitung durch mehrere Schichten gilt Energieerhaltung, d. h. der Wärmestrom ist durch alle Schichten gleich groß

$$\dot{Q} = \dot{Q}_{12} = \dot{Q}_{23} = \dot{Q}_{34} = \ldots \tag{15.6}$$

Wenn dies nicht der Fall wäre, würde an den Grenzschichten die Energiebilanz nicht stimmen.

Wenn zusätzlich die Flächen aller Schichten gleich sind – wie bei einer ebenen Geometrie –, erhalten wir

$$\dot{Q} = \lambda_{12} \cdot \frac{A}{\Delta d_{12}} \cdot \Delta T_{12} = \lambda_{23} \cdot \frac{A}{\Delta d_{23}} \cdot \Delta T_{23} = \lambda_{34} \cdot \frac{A}{\Delta d_{34}} \cdot \Delta T_{34} = \ldots \tag{15.7}$$

oder mit den eben eingeführten Wärmeleitwiderständen

$$\dot{Q} = \frac{\Delta T_{12}}{R_{\lambda,12}} = \frac{\Delta T_{23}}{R_{\lambda,23}} = \frac{\Delta T_{34}}{R_{\lambda,34}} = \ldots \tag{15.8}$$

Aus der Energieerhaltung gilt für jede Schicht einzeln

$$\Delta T_i = R_{\lambda,i} \cdot \dot{Q} \tag{15.9}$$

Nun muss die Summe aller Temperaturdifferenzen gleich der gesamten Temperaturdifferenz über alle Schichten sein

$$\Delta T_{ges} = \sum_i \Delta T_i = \sum_i R_{\lambda,i} \cdot \dot{Q} = \dot{Q} \cdot \sum_i R_{\lambda,i} \tag{15.10}$$

und damit wird

$$\dot{Q} = \frac{\Delta T_{ges}}{R_{\lambda,ges}} = \frac{\Delta T_{ges}}{\sum_i R_{\lambda,i}} \tag{15.11}$$

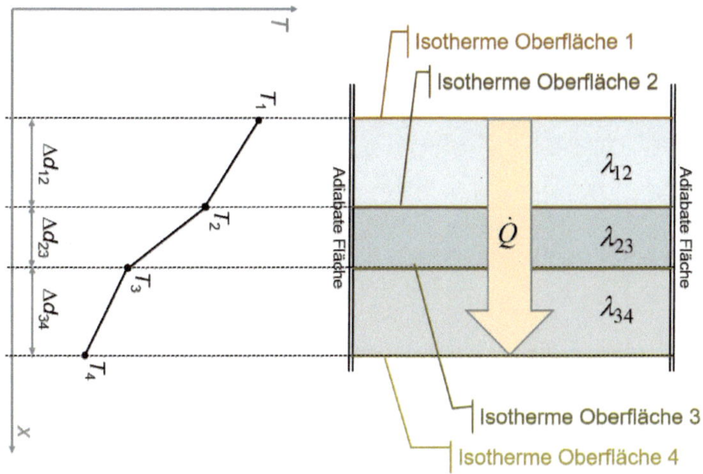

Bild 15.6 Geometrie der Wärmeleitung mit mehreren aneinandergrenzenden ebenen Flächen konstanter Wärmeleitfähigkeit

15.2 Andere Geometrien

Grundsätzlich lassen sich zwei Fälle unterscheiden:

1. Die einzelnen Schichten haben - wie im vorherigen Abschnitt - eine konstante Dicke. Der Wärmestrom fließt senkrecht zur Oberfläche durch eine gleichmäßig dicke Schicht. In diesem Fall genügt neben der schon dargestellten ebenen Geometrie für die Beschreibung der meisten Anwendungen zusätzlich die zylindrische und die kugelförmige Geometrie. Zwar ließen sich auch für komplexere Geometrien noch Formeln aufstellen, meist sind aber andere Einflussgrößen so stark, dass kein echter Gewinn an Genauigkeit erreicht wird.
2. Die wärmeleitende Schicht hat eine andere Geometrie - dies geht über den Fokus dieses Buches hinaus, hierzu gibt es geeignete Ansätze in der weiterführenden Literatur (s. u.).

Die Formeln in diesem Kapitel beschreiben direkt aneinandergrenzende Schichten ohne zusätzliche Kontaktwiderstände. Tatsächlich lässt sich in gut wärmeleitenden Schichten beobachten, dass zwischen zwei Schichten die Temperatur sprunghaft abnimmt - dann ist der Übergang zwischen diesen beiden Schichten als zusätzlicher Widerstand zu beschreiben. Typisch gilt dies für Metalle, die aneinandergrenzen.

Zylindrische Geometrie Die Konvention ist, die Schichten und damit die Radien von innen (klein) nach außen (groß) anzugeben. Die grundsätzliche Geometrie zeigt Bild 15.7. Für eine Zylinderschale der Länge l, dem inneren Radius r_1 und dem äußeren Radius r_2 erhalten wir

$$\dot{Q}_{12} = \lambda_{12} \cdot \frac{2 \cdot \pi \cdot l}{\ln \frac{r_2}{r_1}} \cdot \Delta T_{12} \qquad (15.12)$$

Der Wärmeleitwiderstand ist somit

$$R_{\lambda,12} = \frac{1}{2 \cdot \pi \cdot l \cdot \lambda_{12}} \cdot \ln \frac{r_2}{r_1} \tag{15.13}$$

Damit können wir auch für ineinander geschachtelte Zylinderschalen gleicher Länge l Formeln angeben

$$\dot{Q} = \frac{\Delta T_{ges}}{R_{\lambda,ges}} = \frac{\Delta T_{ges}}{\sum_i R_{\lambda,i}} = \frac{2 \cdot \pi \cdot l}{\sum_i \frac{1}{\lambda_i} \cdot \ln \frac{r_{i+1}}{r_i}} \cdot \Delta T_{ges} \tag{15.14}$$

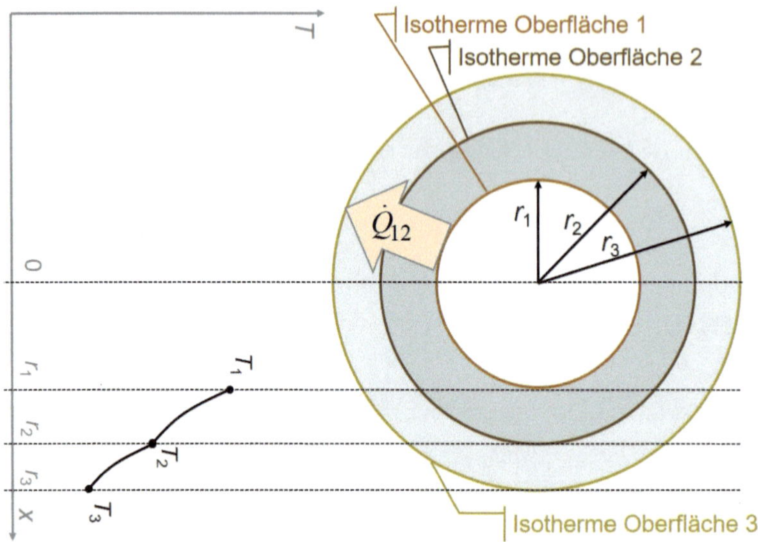

Bild 15.7 Querschnitt durch die Geometrie der Wärmeleitung zweier ineinander steckender Zylinder (oder Kugeln) konstanter Wärmeleitfähigkeit

Kugelförmige Geometrie Die Konvention ist, die Schichten und damit die Radien von innen nach außen anzugeben. Für eine Kugelschale mit dem inneren Radius r_1 und dem äußeren Radius r_2 erhalten wir

$$\dot{Q}_{12} = \lambda_{12} \cdot \frac{4 \cdot \pi}{\frac{1}{r_1} - \frac{1}{r_2}} \cdot \Delta T_{12} \tag{15.15}$$

Der Wärmeleitwiderstand einer einzelnen Kugelschale ist somit

$$R_{\lambda,12} = \frac{1}{4 \cdot \pi \cdot \lambda_{12}} \cdot \left(\frac{1}{r_1} - \frac{1}{r_2} \right) \tag{15.16}$$

Damit können wir auch für ineinander geschachtelte Kugelschalen eine Formel angeben

$$\dot{Q} = \frac{\Delta T_{ges}}{R_{\lambda,ges}} = \frac{\Delta T_{ges}}{\sum_i R_{\lambda,i}} = \frac{4 \cdot \pi}{\sum_i \frac{1}{\lambda_i} \cdot \left(\frac{1}{r_i} - \frac{1}{r_{i+1}} \right)} \cdot \Delta T_{ges} \tag{15.17}$$

15.3 Wärmequellen und Wärmeleitung

Bisher gelten alle Formeln für Probleme, bei denen die Wärmeleitung von der Wärmeerzeugung klar getrennt werden kann. Dies ist nicht immer der Fall: In elektrischen Leitungen, aber auch in chemischen Reaktoren oder Rohrleitungen mit sehr hohem Druckverlust wird Wärme freigesetzt. Ganz allgemein werden sich diese Wärmefreisetzung, Temperatur, Wärmeleitung gegeneinander beeinflussen, sodass eine numerische Lösung benötigt wird. Im Spezialfall, dass die Wärmefreisetzung konstant über ein homogenes Material erfolgt und die Wärmeleitfähigkeit λ als konstant angenommen werden kann, gibt es einfache geschlossene Lösungen. Dabei wird die Wärmefreisetzung als auf das Volumen der Schicht bezogener Wärmestrom angegeben.

$$\dot{q}=\frac{\dot{Q}}{V} \tag{15.18}$$

Ebene Schicht Für eine solche ebene Schicht ist die die Temperaturverteilung

$$T(x)=-\frac{\dot{q}}{2\cdot\lambda}\cdot x^2+C_1\cdot x+C_2 \tag{15.19}$$

Die beiden Konstanten lassen sich dann aus den Randbedingungen für eine Schicht der Dicke d berechnen, einmal bei $x = 0$

$$T(x=0)=\underbrace{-\frac{\dot{q}}{2\cdot\lambda}\cdot 0^2}_{=0}+\underbrace{C_1\cdot 0}_{=0}+C_2=C_2 \tag{15.20}$$

Bei $x = d$ ist

$$T(x=d)=-\frac{\dot{q}}{2\cdot\lambda}\cdot d^2+C_1\cdot d+T(x=0) \tag{15.21}$$

Und nach Auflösen

$$C_1=\frac{T(x=d)-T(x=0)}{d}+\frac{\dot{q}}{2\cdot\lambda}\cdot d \tag{15.22}$$

Zylinder Bei einem Vollzylinder oder einem Hohlzylinder ist

$$T(r)=-\frac{\dot{q}}{4\cdot\lambda}\cdot r^2+C_1\cdot\ln r+C_2 \tag{15.23}$$

Auch hier werden die Konstanten C_1 und C_2 mit den Randbedingungen festgelegt.

Bei einem Vollzylinder (also z. B. ein runder elektrischer Leiter) und symmetrischer Geometrie ist das Maximum der Temperatur bei $r_{innen} = 0$. Die Konstante muss in diesem Fall $C_1 = 0$ sein, da $\ln(r = 0) = -\infty$ ist. Für die Konstante C_2 gilt dann

$$C_2=T(r_{aussen})+\frac{\dot{q}}{4\cdot\lambda}\cdot r_{aussen}^2 \tag{15.24}$$

Damit ist C_2 die Temperatur im Mittelpunkt des Zylinders.

Beispiel

In einem Chemiewerk soll eine lange Transportleitung für einen Stoff ausgelegt werden. Der Stoff erstarrt bei 56 °C und tritt mit 82 °C in die Transportleitung ein. Das Transportrohr ist aus Edelstahl (AISI 304 mit λ_{304} = 14,9 W m^{-1} K^{-1}) und hat die Abmessungen d_{innen} = 100 mm, d_{aussen} = 120 mm. Aus Bestandsgründen kann die gesamte Rohrleitung mit Isolierung maximal 250 mm Durchmesser haben. Aus Sicherheitsgründen wurde die folgende Materialkombination festgelegt: Isolation aus PU-Schaum mit λ_{PU} = 0,026 W m^{-1} K^{-1} und einer Außenhülle aus 5 mm glasfaserverstärktem Kunststoff mit λ_{GFK} = 0,16 W m^{-1} K^{-1}. Die niedrigste Auslegungs-Umgebungstemperatur wird von der Versicherung für Darmstadt auf −20 °C festgelegt.

Warum ist eine Begleitheizung notwendig?

Die Begleitheizung ist unabhängig von der tatsächlichen Länge des Rohres notwendig, um im Falle eines Stillstandes ein Erstarren des Stoffes zu verhindern. Erstarrt so ein Stoff in einer Leitung, dann kann es unmöglich sein, die Leitung wieder nutzbar zu machen. Bei Wasser und wässrigen Lösungen besteht zusätzlich die Gefahr, dass die Leitungen beim Gefrieren bersten.

Wo wird die Begleitheizung montiert?

Die Begleitheizung wird zwischen Edelstahlrohr und Isolierung angebracht (siehe Normen der Serie DIN EN IEC 62395). Nur im Rohr wird die hohe Temperatur benötigt. Die Isolierung minimiert den Wärmeverlust aus dem Transportrohr und gleichzeitig für die Heizung (Energieeffizienz).

Welche spezifische thermische Leistung (Watt pro Meter) muss diese Begleitheizung aufweisen?

Es ist durchaus zulässig, die Begleitheizung hier nicht zu betrachten - solche Begleitheizungen können in sehr unterschiedlichen Formen ausgeführt sein, insbesondere sind sie nur selten zylindrische Schichten. Sie müssen vor allem im guten thermischen Kontakt mit der zu beheizenden Rohrleitung stehen. Damit ist die äußere Oberfläche des Stahlrohres unsere festgelegte Temperatur.

Die Geometrie kann nicht als dünne Wand angenähert werden, denn die Schichten sind von innen nach außen

- PU-Schaum mit $r_{innen,PU}$ = 60 mm und $r_{aussen,PU}$ = 120 mm.
- GFK mit $r_{innen,GFK}$ = 120 mm und $r_{aussen,GFK}$ = 125 mm

Damit erhalten wir je Meter Rohr (siehe Aufgabe) als Wärmeleitungswiderstand

$$R_{\lambda,PU} = \frac{\ln\frac{r_{a,PU}}{r_{i,PU}}}{2\cdot\pi\cdot l\cdot\lambda_{PU}} = \frac{\ln\frac{120\,\mathrm{mm}}{60\,\mathrm{mm}}}{2\cdot\pi\cdot 1\,\mathrm{m}\cdot 0{,}026\frac{\mathrm{W}}{\mathrm{m}\cdot\mathrm{K}}} = 4{,}243\frac{\mathrm{K}}{\mathrm{W}}$$

und

$$R_{\lambda,GFK} = \frac{\ln \frac{r_{a,GFK}}{r_{i,GFK}}}{2 \cdot \pi \cdot l \cdot \lambda_{GFK}} = \frac{\ln \frac{125\text{ mm}}{120\text{ mm}}}{2 \cdot \pi \cdot 1\text{ m} \cdot 0{,}16 \frac{\text{W}}{\text{m} \cdot \text{K}}} = 0{,}04061 \frac{\text{K}}{\text{W}}$$

Mit der Näherung einer ebenen Fläche für die GFK-Schicht bekämen wir

$$R_{\lambda,GFK,E} = \frac{\Delta d_{GFK}}{\lambda_{GFK} \cdot \pi \cdot d \cdot l} = \frac{0{,}005\text{ m}}{0{,}16 \frac{\text{W}}{\text{m} \cdot \text{K}} \cdot \pi \cdot 0{,}245\text{ m} \cdot 1\text{ m}} = 0{,}04060 \frac{\text{K}}{\text{W}}$$

Hier haben wir den Durchmesser der Mitte der GFK-Schicht verwendet.

Die Temperaturdifferenz wird bestimmt durch die minimal benötigte Temperatur im Rohr, diese wird auf 60 °C veranschlagt. Eigentlich darf 56 °C nicht unterschritten werden, aber ein kleiner Sicherheitszuschlag bietet sich an. Dann ist

$$\dot{Q}_{\max} = \frac{\vartheta_{i,PU} - \vartheta_{a,GFK}}{R_{PU} + R_{GFK}} = \frac{60\,°\text{C} - (-20\,°\text{C})}{4{,}243 \frac{\text{K}}{\text{W}} + 0{,}04061 \frac{\text{K}}{\text{W}}} = 18{,}68\text{ W}$$

Nach einer sehr kostengünstig ausgeführten Reparatur kann auf einer Länge von 20 m Wasser in die PU-Isolation eindringen. Ist das ein Problem?

Die Wärmeleitfähigkeit von durchnässter Isolation kann gut durch die von Wasser im passenden Aggregatzustand angenähert werden: Bei 0 °C hat flüssiges Wasser,

$$\lambda_{Wasser,liq} = 0{,}555 \frac{\text{W}}{\text{m} \cdot \text{K}}$$

Eis hat bei -20 °C eine Wärmeleitfähigkeit von etwa

$$\lambda_{Wasser,Eis} \cong 2{,}28 \frac{\text{W}}{\text{m} \cdot \text{K}}$$

Damit ergibt sich für den ungünstigeren Fall, also Eis bei -20 °C Umgebungsbedingung als Widerstand der PU-Schicht

$$R_{\lambda,PU=Eis} = \frac{\ln \frac{r_{a,PU}}{r_{i,PU}}}{2 \cdot \pi \cdot l \cdot \lambda_{PU}} = \frac{\ln \frac{120 mm}{60\text{ mm}}}{2 \cdot \pi \cdot 1\text{ m} \cdot 2{,}28 \frac{\text{W}}{\text{m} \cdot \text{K}}} = 0{,}04839 \frac{\text{K}}{\text{W}}$$

Und bei einer installierten Heizleistung von 20 W m^{-1} am Edelstahlrohr wird

$$\vartheta_{innen} = \vartheta_{aussen} + \dot{Q} \cdot (R_{Eis} + R_{GFK})$$

$$\vartheta_{innen} = -20\,°\text{C} + 20\text{ W} \cdot \left(0{,}04839 \frac{\text{K}}{\text{W}} + 0{,}04061 \frac{\text{K}}{\text{W}}\right) = -18{,}22\,°\text{C}$$

Die Reparaturfirma hat also ein Problem. ■

Mein Problem ist komplizierter

Auch wenn viele stationäre Probleme gut mit den hier vorgestellten Methoden angegangen werden können, genügen sie für viele etwas komplexere Anwendungen oder gar für zeitabhängige Probleme nicht. Ein wichtiges Ziel dieses Teils ist es, jeweils die Grundlagen zu legen, sodass Sie einen Zugang zu komplizierteren Methoden haben.

Die Lehrbücher von Marek & Nitsche oder Incropera et al. zusammen mit dem VDI-Wärmeatlas sind hier die bevorzugten Werkzeuge.

Inwieweit jedoch eine instationäre Wärmeleitung heute noch über Differentialgleichungen angegangen werden muss oder ob hier nicht besser mit Finite-Elemente-Methoden gerechnet wird, ist eine wichtige Frage, die Sie ggf. früh klären sollten. Gerade wenn geeignete Software zur Verfügung steht und Sie damit etwas umgehen können, kann dies erfolgversprechender sein. Auch die Anregung aus Kapitel 18 ggf. mit einem Tabellenkalkulationsprogramm und quasistationär zu rechnen, kann hier hilfreich sein.

Literatur

Bergman TL, Lavine AS, Incropera FP, DeWitt DP (2019) *Fundamentals of Heat and Mass Transfer.* Wiley.

IEC 62395-1:2013, *Electrical resistance trace heating systems for industrial and commercial applications - Part 1:* General and testing requirements

IEC 62395-2, *Electrical resistance trace heating systems for industrial and commercial applications - Part 2:* Application guide for system design, installation and maintenance

Marek T, Nitsche K (2019 *Praxis der Wärmeübertragung. Grundlagen - Anwendungen - Übungsaufgaben.* Hanser, München.

VDI [Hrsg.] *VDI-Wärmeatlas.* Springer.

16 Konvektion

Konvektion ist die Übertragung von Wärme mittels einer Strömung in einem Fluid. In diesem Kapitel geht es um den Spezialfall, dass diese Wärme zwischen der Oberfläche eines Festkörpers und einem Fluid ausgetauscht wird. Im Festkörper liegt dabei reine Wärmeleitung bis an seine Oberfläche vor (siehe Kapitel 15).

Dieses Kapitel stellt Methoden vor, mit denen die stationäre Wärmeübertragung zwischen einer isothermen Oberfläche und dem angrenzenden Fluid bestimmt werden kann. Wir unterscheiden dabei grundsätzlich zwischen erzwungener Konvektion und freier Konvektion:

- Bei der erzwungenen Konvektion wird die Strömung durch externe Ursachen erzeugt, die selber nicht Teil der Wärmeübertragung sind. Der Wärmetransport selber erzeugt oder beeinflusst die Strömung weit weg von der Oberfläche nicht.
- Bei der freien Konvektion erzeugt die übertragene Wärme durch Dichteänderung im Fluid aufgrund der mit der fließenden Wärme verbundenen Temperaturveränderung eine Strömung im Fluid. Ohne die Wärmeübertragung gäbe es keine Strömung im Fluid.

Dies sind oft ideale Grenzfälle, und viele reale Systeme enthalten Anteile von beidem. Allerdings basiert die Behandlung von Mischformen darauf, zuerst diese Grenzfälle zu beschreiben

Verglichen mit reiner Wärmeleitung - also Wärmetransport in ruhenden Fluiden - führt jede Konvektion zu einer Erhöhung des Wärmestromes: Das strömende Fluid transportiert mit dem Stoff auch Wärme.

16.1 Grenzschicht und Wärmeübergangszahl

An der Oberfläche jedes Festkörpers in einem strömenden Fluid bildet sich eine Grenzschicht aus. Dabei nehmen wir an, dass das Fluid direkt an der Oberfläche des Körpers nicht strömt, sondern dort steht (*no-slip*-Randbedingung). In großem Abstand von der Oberfläche befindet sich eine voll ausgebildete Strömung. Wir nennen den Übergangsbereich von der Wand bis zur ausgebildeten Strömung die Grenzschicht. Was dabei genau „großer Abstand“ ist, wie dick also die Grenzschicht ist, das ist Teil der Lösung unseres Problems. Dabei ist die Grenzschicht selber nicht homogen, sondern verändert sich auch entlang der Strömungsrichtung[1].

Der sich einstellende Wärmestrom des konkreten Problems hängt von der Geometrie und ihren speziellen Abmessungen, den physikalischen Eigenschaften des Fluides und den konkreten Randbedingungen ab. Es gibt jedoch für viele einfache geometrische Anordnungen Lösungen, die sich erschließen, wenn wir das Problem auf diese Lösung hin geeignet skalieren. Wir können viele technische Probleme geeignet vereinfachen und trotzdem ausreichend genau mit diesen Lösungen beschreiben.

Ausgangspunkt der Methode ist immer, den Wärmestrom durch die Oberfläche A, die an das Fluid grenzt und die eine konstante Temperatur T_0 hat, in Analogie zur Wärmeleitung zu beschreiben. Für jeden konvektiven Wärmeübergang setzen wir ganz allgemein

$$\dot{Q} = \alpha \cdot A \cdot \Delta T \text{ mit } \Delta T = T_{Oberfläche} - T_{fluid} \tag{16.1}$$

mit einer weiter zu bestimmenden Wärmeübergangszahl α.

Damit hängt der konvektiv übertragene Wärmestrom von der Oberfläche A ab; diese Oberfläche ist für eine Problembeschreibung klar definiert abgegrenzt - sie kann die Oberfläche eines Festkörpers oder einer Flüssigkeit sein. Der konvektiv übertragene Wärmestrom hängt weiter direkt von der Temperaturdifferenz zwischen der Oberfläche und dem Fluid weit weg von dieser Oberfläche ab. Insbesondere nehmen wir also an, dass die Oberfläche des Festkörpers eine homogene Temperatur aufweist (isotherme Oberfläche), nur dann gilt die Methode. Allerdings gibt es sehr selten wirklich isotherme größere Oberflächen - in der Realität müssen wir eine gewisse Variation der Temperatur zulassen (s. u.).

Grundsätzlich kann bei bekanntem Wärmestrom auch die Temperatur der Oberfläche ermittelt werden - durch eine geeignete Iteration, da alle Stoffgrößen temperaturabhängig sind und daher zuerst nur geschätzt werden können.

Wärmeübergangszahl Die Wärmeübergangszahl α hängt von den speziellen Umständen des Problems ab, z. B.

- der realen Geometrie der Grenzschicht,
- dem Aggregatzustand des Fluides,
- der Strömungsgeschwindigkeit und damit der Strömungsform (kriechend, laminar, turbulent),
- ob es freie oder erzwungene Konvektion ist,
- den physikalischen Eigenschaften des Fluides, wie Dichte, Viskosität usw., die wiederum von der Temperatur des Fluides abhängen,
- der Form der Wand und der allgemeinen Geometrie des Problems.

Damit enthält diese Wärmeübergangszahl alle Besonderheiten des ganz speziellen Problems - sie ist abhängig von allen diesen Besonderheiten. Die Wärmeübergangszahl α lässt sich bestimmen:

[1] Siehe Milton van Dyke (1982) *An Album of Fluid Motion.* In diesem wunderschönen Bilderbuch sind viele Beispiele, wie sich Grenzschichten entwickeln, und Sie finden es im Internet.

- Als individueller Erfahrungswert. Dann wird der Wert aus einem Versuch erhalten; Versuch umfasst dabei auch eine numerische Berechnung mittels Strömungssimulation (computational fluid dynamics, CFD). Dieser Ansatz ist entweder sehr aufwendig oder ungenau. Es existieren Tabellen, in denen einige solcher Erfahrungswerte zusammengefasst wurden.
- Durch die Anwendung der sogenannten Ähnlichkeitstheorie. Diese im Verhältnis sehr einfache Methode ist im Weiteren unser Werkzeug, wobei es hier nicht um die Herleitung geht, sondern um die sichere Anwendung. Wir können die Methode anwenden, ohne die dahinter verborgene Theorie selber verstehen zu müssen. Die Theorie findet sich in weitergehenden speziellen Lehrbüchern mit hohem theoretischem Anspruch.

Wie gehe ich hier methodisch vor?

Die Methode besteht allgemein aus wenigen Schritten, die alle mit gebotener Sorgfalt bearbeitet werden und wurde schon im vorherigen Kapitel eingeführt. Konkreter geht es jetzt um wenige Fragen, die an geeigneter Stelle (möglichst früh) beantwortet werden müssen:

1. Liegt freie oder erzwungene Konvektion vor?
2. Was ist die grundlegende Geometrie des Problems? Genügt eine isotherme Oberfläche oder muss das Problem in mehrere Oberflächen zerlegt werden?
3. Gibt es eine passende Beschreibung und passende Formeln in der Literatur?
4. Lassen sich die benötigten Stoffdaten beschaffen? Hierzu die Hinweise in Kapitel 7 und weiter unten.

Dies ist grundsätzlich keine absolut exakte Methode, sondern eine mehr oder weniger gute Näherung. Dabei hängt die Qualität der Berechnung davon ab, wie gut das reale Problem durch die vorhandenen Ansätze abgebildet werden kann und wie genau die Stoffwerte zur Verfügung stehen.

16.2 Die benötigten Größen

Die Probleme der konvektiven Wärmeübertragung werden mithilfe der speziellen physikalischen Stoffeigenschaften des Fluides, wenigen dimensionsbehafteten Größen des Problems und einigen dimensionslosen Kennzahlen beschrieben. Diese dimensionslosen Kennzahlen überführen das reale Problem in eine dimensionslose Betrachtung, in der grundsätzlich ähnliche Probleme auch ähnliche Lösungen haben, während die dimensionsbehafteten Größen die Verbindung zum realen Problem vermitteln.

16.2.1 Physikalische Eigenschaften des Fluides

Immer benötigen wir für die Berechnung die Stoffeigenschaften der beteiligten Fluide. Diese Daten sind oft tabelliert zu finden, manchmal finden sich auch gute Näherungsformeln. Falls keine Näherungsformeln bereitstehen, aber benötigt werden, kann auch aus vorhandenen tabellierten Daten mit der in vielen Tabellenkalkulationsprogrammen vorhandenen Funktion `Trendlinie hinzufügen` gut Funktionen erzeugt werden, die die Daten abbilden. Wesentlich für die Beschreibung des Fluides sind:

Wärmeleitfähigkeit Die Wärmeleitfähigkeit von Gasen steigt stark mit der Temperatur an, obwohl gleichzeitig die Dichte des Gases deutlich abnimmt. Im Gas wird Wärme durch die Diffusion der Teilchen übertragen, und diese nimmt mit der mittleren Geschwindigkeit der Gasteilchen deutlich mit der Temperatur zu. Zusätzlich beeinflusst der Druck die Wärmeleitfähigkeit im Gas. Mehr zur Wärmeleitfähigkeit findet sich in Kapitel 15.

Viskosität Die Viskosität ist ein Maß dafür, wie stark das Fluid zusammenhält, also Kräfte übertragen kann. Bild 16.1 stellt die dynamische Viskosität η als Funktion der Temperatur für wichtige Gase dar. Die dynamische Viskosität der Gase wird durch Diffusionsprozesse der Teilchen vermittelt. Wasserstoff weist eine deutlich geringere dynamische Viskosität als andere Gase auf. Bemerkenswert ist die Ähnlichkeit der drei Gase Wasser, Ammoniak und Methan – diese kann mit der ähnlichen Molmasse und dem Aufbau aus einem zentralen schweren Atom und leichten Wasserstoff-Atomen verbunden sein.

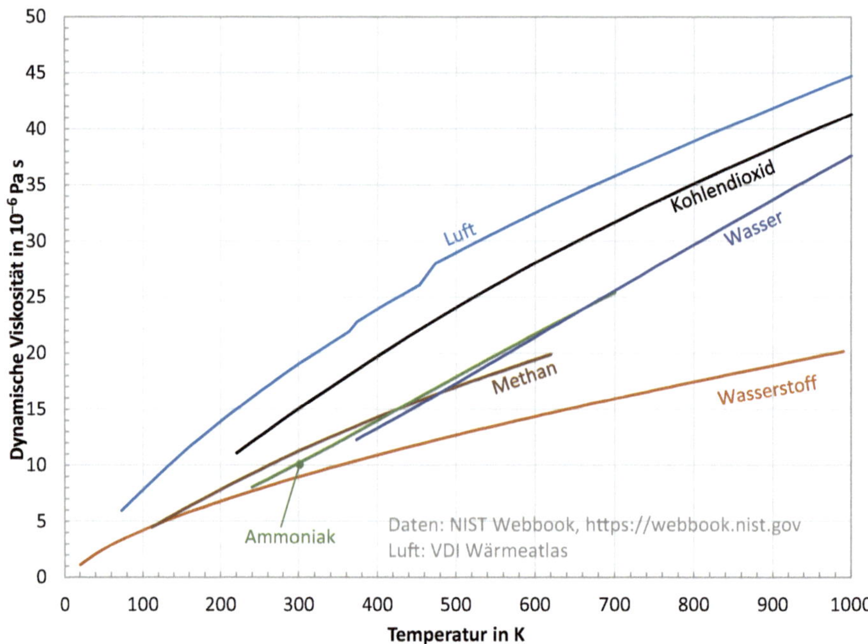

Bild 16.1 Dynamische Viskosität η wichtiger technischer Gase als Funktion der Temperatur

Für die Beschreibung der Konvektion verwenden wir die kinematische Viskosität

$$\nu = \frac{\eta}{\rho} \tag{16.2}$$

Unglücklicherweise hat die kinematische Viskosität ν dasselbe Symbol wie das spezifische Volumen v, d.h. hier müssen wir auf den Kontext achten. Um die Verwirrung minimal zu halten, taucht in diesem Kapitel das spezifische Volumen nicht auf.

Während die Bezugsgröße der dynamischen Viskosität eine Masse ist, bezieht sich die kinematische Viskosität auf ein Volumen - daher ist sie für den Umgang insbesondere mit kompressiblen Fluiden und Gasen besser geeignet. Bild 16.2 illustriert das Temperaturverhalten der kinematischen Viskosität einiger Gase. Wasser, Ammoniak und Methan verhalten sich wie auch bei der dynamischen Viskosität recht ähnlich zueinander, während Wasserstoff eine deutlich höhere Viskosität aufweist. In Bild 16.3 sind zum Vergleich die temperaturabhängige kinematische Viskosität technischer Flüssigkeiten und ihre Dichte bei 1 bar dargestellt.

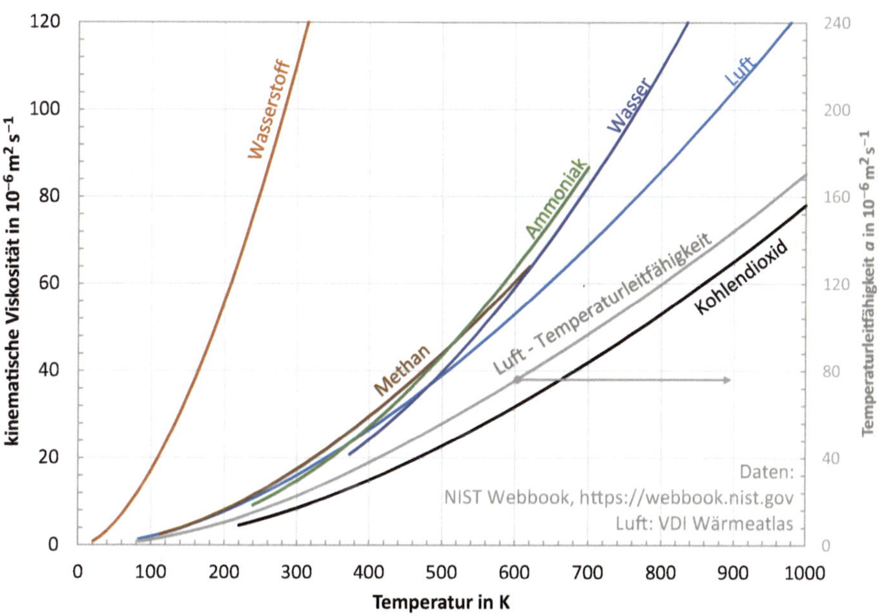

Bild 16.2 Kinematische Viskosität ν wichtiger technischer Gase und die Temperaturleitfähigkeit a von Luft

Temperaturleitfähigkeit Die Temperaturleitfähigkeit bzw. Wärmediffusivität ist definiert als

$$a = \frac{\lambda}{\rho \cdot c_p} \tag{16.3}$$

Diese Größe wird manchmal verwendet. Sie beschreibt das Vermögen eines ruhenden Stoffes, Wärme über Diffusion zu transportieren. Während die Wärmeleitfähigkeit λ implizit die Dichte des ruhenden Fluides berücksichtigt und auch die Wärme (die im Stoff bei dynamischen Prozessen übertragen wird), um die innere Energie u des ruhenden Fluides zu verändern, enthält die Temperaturleitfähigkeit diese beiden Effekte nicht mehr. Bei Gasen verhalten sich kinematische Viskosität und Temperaturleitfähigkeit sehr ähnlich, wie Bild 16.2 beispielhaft für Luft zeigt. Temperaturleitfähigkeit und kinematische Viskosität haben dieselbe Einheit und bei Gasen nahezu identische Zahlenwerte.

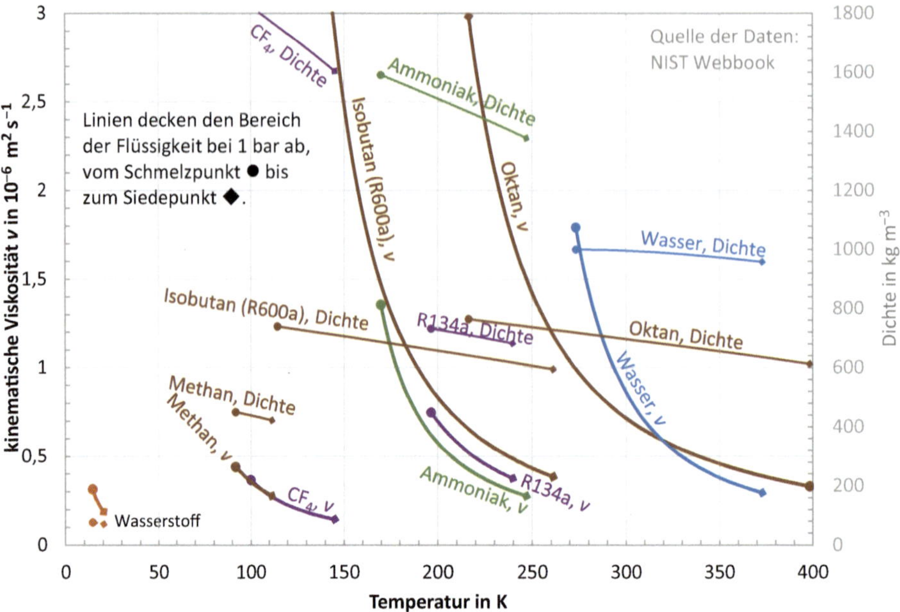

Bild 16.3 Kinematische Viskosität ν und Dichte wichtiger technischer Flüssigkeiten als Funktion der Temperatur

Prandtl-Zahl Die Prandtl-Zahl beschreibt das Verhältnis der Diffusion von Impuls zur Diffusion von Wärme im Fluid

$$\mathrm{Pr} = \frac{\nu}{a} = \frac{\dfrac{\eta}{\rho}}{\dfrac{\lambda}{\rho \cdot c_p}} = \frac{\eta \cdot c_p}{\lambda} = \frac{\nu \cdot \rho \cdot c_p}{\lambda} \tag{16.4}$$

mit der dynamischen Viskosität η, der kinematischen Viskosität ν und der Wärmeleitfähigkeit λ des Fluides. Die Prandtl-Zahl ist das Verhältnis von kinematischer Viskosität zur Temperaturleitfähigkeit.

Die Prandtl-Zahl von Luft und anderen Gasen verläuft etwa konstant und nimmt Zahlenwerte um etwa 0,7 ein, wie Bild 16.4 illustriert. Etwas größere Abweichungen von diesem Wert zeigen Wasserstoff und Wasser sowie Ammoniak.

Flüssigkeiten haben Zahlenwerte, die über einen weiten Bereich streuen und eine deutliche Temperaturabhängigkeit aufweisen, wie das Bild 16.5 zeigt. Während die Funktion für

Wasser zwischen 13 und 2 verläuft, haben Öle eher Zahlenwerte um 1000 und Quecksilber um 0,03.

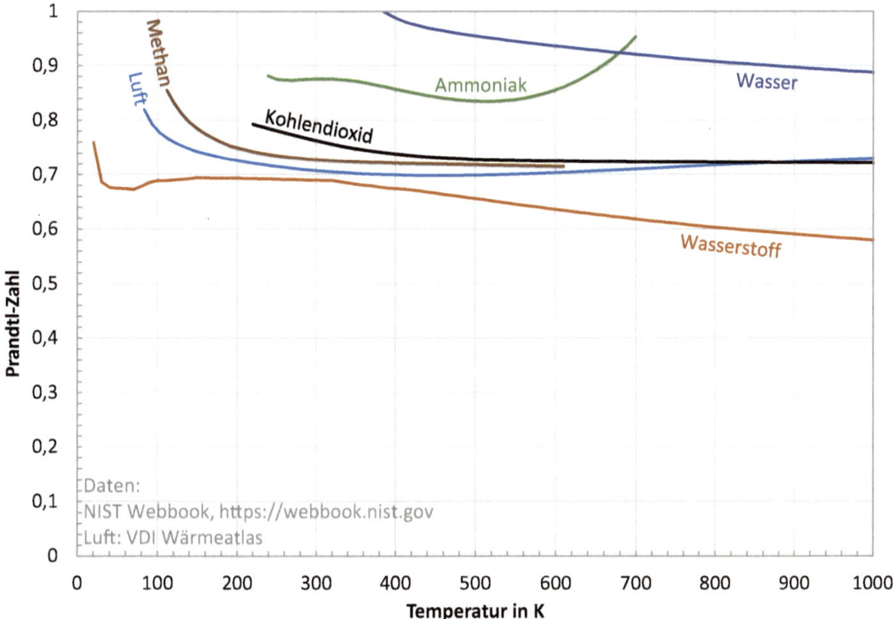

Bild 16.4 Prandtl-Zahl als Funktion der Temperatur für einige technische Gase

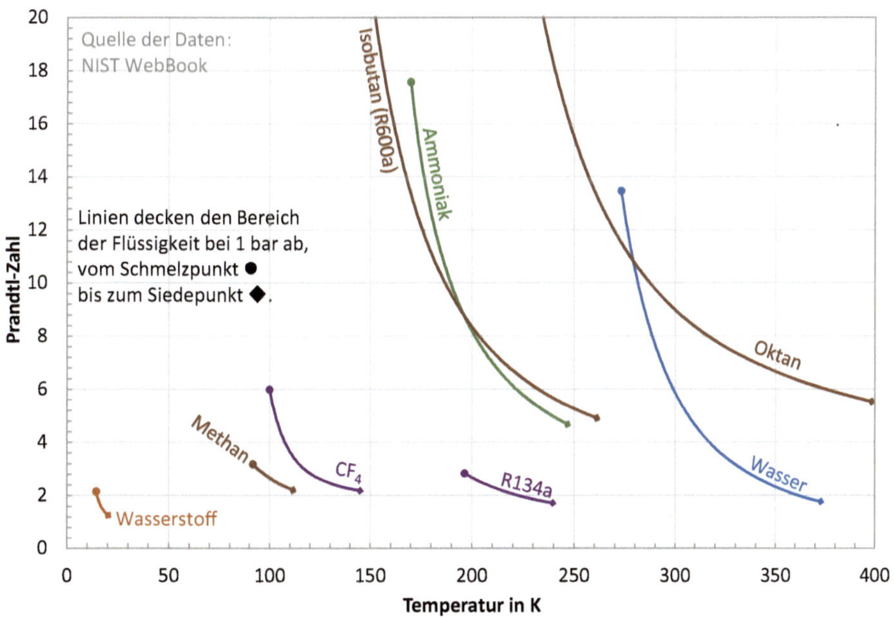

Bild 16.5 Prandtl-Zahl technischer Flüssigkeiten bei 1 bar und zwischen Schmelz- und Siedepunkt

Druck Die Druckabhängigkeit von Wärmeleitung λ und dynamischer Viskosität illustriert Bild 16.6 am Beispiel von Kohlendioxid. Erst bei höheren Drücken und letztendlich im überkritischen Bereich kommt es zu einem Einfluss des Druckes auf beide Größen.

Die für die Berechnung verwendete kinematische Viskosität ν wird maßgeblich durch die Dichte beeinflusst. Für eine Abschätzung der Druckabhängigkeit könnten wir daher die dynamische Viskosität bei 1 bar verwenden, die zumeist gut tabelliert ist, und diese ggf. über die Dichte skalieren.

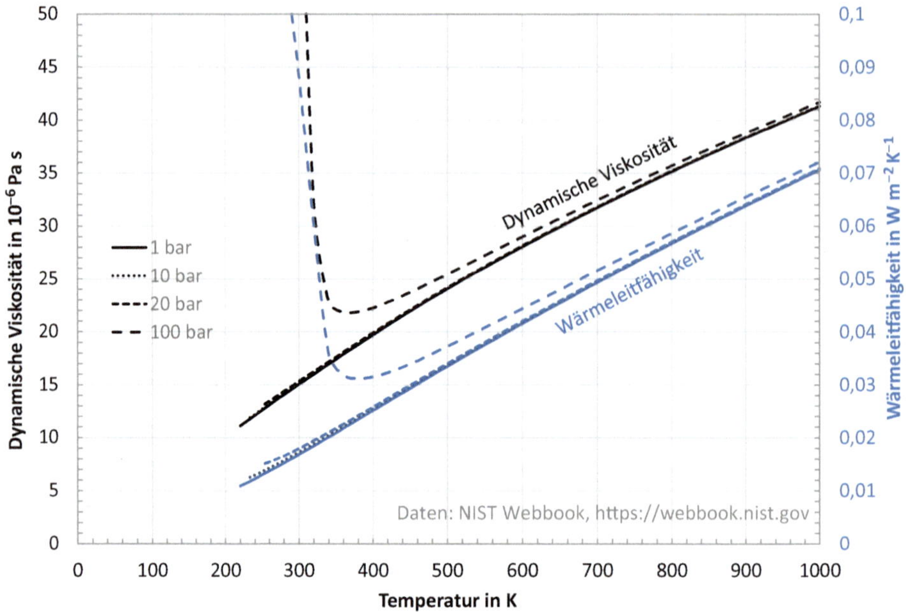

Bild 16.6 Temperaturabhängigkeit der dynamischen Viskosität und der Wärmeleitfähigkeit von gasförmigem Kohlendioxid

16.2.2 Dimensionsbehaftete Größen

Temperatur der Oberfläche Eine wesentliche Randbedingung ist, dass die Oberfläche, durch die der konvektive Wärmestrom fließt, eine homogene und konstante Temperatur T_0 hat, also isotherm ist.

Gewisse Abweichungen um einen Mittelwert sind oft unvermeidbar. Sind diese Abweichungen nicht zu groß (< 5 %) und einigermaßen zufällig über die Oberfläche verteilt, so hat dies kaum eine Auswirkung. Größere Abweichungen können mit einer gewissen Vorsicht in einem gewissen Rahmen akzeptiert werden, denn die im Weiteren vorgestellten Gleichungen sind hier recht gutmütig.

Variiert die Temperatur jedoch systematisch über die Oberfläche (sie fällt in eine Richtung oder zu den Rändern hin deutlich ab) oder sie variiert erheblich, dann muss die Oberfläche in Abschnitte homogener Temperatur zerlegt und damit für jeden einzelnen Abschnitt der

Wärmeübergang bestimmt werden. Dies gelingt gut, wenn die Variation quer zur Strömungsrichtung auftreten, da dann abschnittweise gerechnet werden kann. Andere Fälle finden sich z. T. in der Spezialliteratur.

Temperaturdifferenz Die Temperaturdifferenz ΔT in Formel 16.1 und in weiteren Formeln ist definiert als

$$\Delta T = T_0 - T_{fluid} \tag{16.5}$$

Dies ist die Differenz zwischen der Temperatur der Oberfläche, durch die der Wärmestrom fließt, und dem ungestörten Fluid. Die Temperatur des ungestörten Fluides ist dabei weit weg von der konvektiven Wärmeübertragung und - aus Sicht der Strömung - vor Kontakt mit der Oberfläche festgelegt.

Bei freier Konvektion ist der Antrieb für die Konvektion eine Änderung der Dichte im Fluid (leichteres Fluid steigt im Schwerefeld auf, schwereres sinkt ab). Diese Dichteänderung wird durch diese Temperaturdifferenz in Abhängigkeit von der speziellen Geometrie festgelegt.

Bei erzwungener Konvektion in geschlossenen, ansonsten adiabaten Kanälen führt die Wärmeübertragung auch zu einer Änderung der Temperatur des Fluides selber

$$\Delta T_Q = \frac{\dot{Q}}{\dot{m}_{Fluid} \cdot c_{p,Fluid}}; \tag{16.6}$$

allerdings stellt sich diese neue Temperatur des Fluides erst in einigem Abstand von der Wärmeübertragung ein, wenn sich die Wärme gleichmäßig im Fluid verteilt hat: Zuerst liegt die Wärme nur in der Grenzschicht vor und muss erst entweder durch Diffusion (laminare Strömung) oder turbulent in der gesamten Strömung verteilt werden.

Filmtemperatur Alle Zustandsgrößen, Stoffeigenschaften und die im Weiteren eingeführten Kennzahlen werden bei der Filmtemperatur bzw. mit Stoffwerten bei Filmtemperatur ermittelt. Die Filmtemperatur ist definiert als

$$T_f = \frac{T_{oberfläche} + T_{fluid}}{2} \tag{16.7}$$

Häufig sind alle Temperaturen in °C angegeben, dann gilt diese Formel auch. Diese Temperatur beschreibt damit die mittleren Verhältnisse in der Grenzschicht.

Charakteristische Länge Die typische oder charakteristische Länge L ist die relevante geometrische Abmessung des Problems. Mit dieser Länge wird das Problem skaliert. Die charakteristische Länge entspricht bei einigen Problemen dem Durchmesser, bei weiteren der überströmten Länge. Wir müssen für jede Beschreibung der Geometrie eines Problems immer speziell berücksichtigen, was genau die charakteristische Länge ist.

Wärmeübergangszahl Die Wärmeübergangszahl α lässt sich auf weitere Eigenschaften des Problems zurückführen, indem die Abmessung des Problems als charakteristische Länge L und die Wärmeleitung des ruhenden Fluids λ berücksichtigt werden. Dann ist

$$\alpha = \frac{\mathrm{Nu} \cdot \lambda_{fluid}(T_f)}{L} \tag{16.8}$$

Die Nußelt-Zahl Nu ist ein dimensionsloser Parameter, der das konkrete Problem und insbesondere die Stärke des konvektiven Wärmetransportes beschreibt (s. u.). Der Wärmestrom wird mit Formel 16.1 damit zu

$$\dot{Q} = \mathrm{Nu} \cdot \lambda_{fluid} \cdot \frac{A}{L} \cdot \Delta T \tag{16.9}$$

Diese Formel entspricht formal der Gleichung für Wärmeleitung: Die charakteristische Länge L hat hier die Rolle einer Schichtdicke, durch die hindurch der Wärmetransport stattfindet.

16.2.3 Dimensionslose Größen

Die dimensionslosen Größen beschreiben das Verhalten ähnlicher Probleme - Probleme sind ähnlich, wenn diese dimensionslosen Größen ähnliche Zahlenwerte einnehmen.

Reynolds-Zahl Die Reynolds-Zahl beschreibt das allgemeine Verhältnis von trägen Kräften zu viskosen Kräften, die in einem Fluid bei einer Strömung wirken mit

$$\mathrm{Re} = \frac{c \cdot L}{\nu\left(T_f\right)} \tag{16.10}$$

Hier ist c die mittlere Strömungsgeschwindigkeit, oft die Strömungsgeschwindigkeit weit vor oder weit nach dem Objekt in der Strömung, für das wir die Wärmeübertragung bestimmen - also die ungestörte Geschwindigkeit. Die charakteristische Länge L des Problems beschreibt die Dimension des Problems und wird für unterschiedliche Geometrien immer explizit festgelegt. Die kinematische Viskosität des Fluides v beschreibt, wie sich Kräfte in der Strömung ausbreiten.

Etwas greifbarer wird die Bedeutung der Reynolds-Zahl, wenn wir die dynamische Viskosität verwenden, da die trägen Kräfte dann (über die Dichte) eine Masse enthalten

$$\mathrm{Re} = \frac{c \cdot L \cdot \rho}{\nu \cdot \rho} = \frac{c \cdot L \cdot \rho}{\eta} \tag{16.11}$$

Der Zahlenwert der Reynolds-Zahl illustriert für erzwungene Strömungen, wie stark der Antrieb der Strömung gegenüber den viskosen, also vergleichsweise mäßigenden und letztendlich bremsenden Effekten ist - siehe auch Kapitel 4.

Grashof-Zahl Die Grashof-Zahl beschreibt das Verhältnis von Auftrieb zur Viskosität eines Fluides

$$\mathrm{Gr} = \frac{g \cdot \beta\left(T_f\right) \cdot L^3 \cdot \Delta T}{\nu^2\left(T_f\right)} \tag{16.12}$$

mit der Erdbeschleunigung g und dem isobaren Ausdehnungskoeffizienten

$$\beta = \frac{1}{v} \cdot \left.\frac{dv}{dT}\right|_{p=const} = \rho \cdot \left.\frac{dv}{dT}\right|_{p=const} ; \tag{16.13}$$

hier bezeichnet v das spezifische Volumen. Beim idealen Gas ist

$$\beta = \frac{1}{v} \cdot \frac{dv}{dT}\bigg|_{p=const} = \frac{1}{v} \cdot \frac{\frac{R_i \cdot dT}{p}}{dT} = \frac{R_i}{p \cdot v} = \frac{1}{T} \tag{16.14}$$

Diese Größe beschreibt, wie stark sich das spezifische Volumen eines Stoffes mit der Temperatur verändert. Gerade bei Gasen ist dieser Effekt sehr ausgeprägt.

Die Grashof-Zahl illustriert für freie Konvektion, wie stark der Antrieb der Strömung zum einen aufgrund von Dichteunterschieden zwischen dem konvektierenden Fluid in der Grenzschicht gegenüber der Dichte des Fluides weit weg und zum anderen von viskosen und damit vergleichsweise mäßigenden und bremsenden Effekten beeinflusst wird:

- Der Zähler beschreibt für das charakteristische Volumen des Problems (L^3) im Schwerefeld der Erde (g) die Abweichung der Dichte gegenüber dem Fluid in Ruhe und bei Umgebungstemperatur ($\beta \cdot \Delta T$).
- Der Nenner muss - um eine dimensionslose Kennzahl zu erhalten - das Quadrat der kinematischen Viskosität sein.

Da die Zahlenwerte der Grashof-Zahl sehr viele Größenordnungen überspannen können, ist hier besonders große Sorgfalt bei der Berechnung notwendig.

Rayleigh-Zahl Die Rayleigh-Zahl wird manchmal zusätzlich verwendet, sie ist das Produkt aus Grashof- und Prandtl-Zahl

$$\mathrm{Ra} = \mathrm{Gr} \cdot \mathrm{Pr} \tag{16.15}$$

Nußelt-Zahl Die Nußelt-Zahl beschreibt das Verhältnis von konvektivem Wärmetransport zur Wärmeleitung im ruhenden Fluid

$$\mathrm{Nu} = \frac{\alpha \cdot L}{\lambda(T_f)} \tag{16.16}$$

Ihr Zahlenwert gibt an, um wieviel stärker der Wärmetransport durch die Konvektion ist, als er bei reiner Wärmeleitung in ruhendem Fluid wäre.

Dann ist die die Nußelt-Zahl Nu ein dimensionsloser Faktor, der beschreibt, um wie viel die Konvektion den Wärmetransport gegenüber reiner Wärmeleitung erhöht:

- Bei Nu = 1 berechnet Formel 16.9 weiter reine Wärmeleitung. In diesem Fall bewegt sich das Fluid nicht, sondern steht still, und die Wärme wird ausschließlich durch Wärmeleitung im ruhenden Fluid transportiert.
- Ist Nu > 1, dann liegt echte Konvektion vor, die mehr Wärmetransport ermöglicht als reine Wärmeleitung.
- Die Nußelt-Zahl kann keine Werte kleiner als 1 annehmen. Wenn eine Formel einen Wert kleiner 1 ergibt, dann verwenden wir stattdessen 1 und wissen, dass wir ein ruhendes Fluid vorliegen haben.

Die Berechnung der Nußelt-Zahl ist der Kern der Methode.

Zahlenwerte sind zwischen 1 und etwa 1000 für freie Konvektion, sie können bei erzwungener Konvektion auch Werte deutlich über 1000 erreichen.

16.2.4 Welche Form von Konvektion liegt vor?

Eine zentrale Festlegung ist die Frage, ob freie oder erzwungene Konvektion vorliegt - hier müssen wir uns entscheiden.

Freie Konvektion Freie Konvektion liegt vor:

- in geschlossenen Räumen; also in wirklich geschlossenen Räumen, ohne offene Türen, Fenster usw. und wenn es keine andere Quelle von Strömungen in diesem Raum gibt.
- an freier Luft bei Windstille oder ruhigen Bedingungen.
- wenn das Fluid sich zwar auch bewegt, die freie Konvektion jedoch eine deutlich schnellere Strömung erzeugt als die sonst vorliegende Geschwindigkeit des Fluides.

Erzwungene Konvektion Für erzwungene Konvektion gilt umgekehrt, dass die von außen auf das Fluid aufgezwungene Geschwindigkeit deutlich höher sein muss als die, die sich bei freier Konvektion einstellt:

- also bei Wind oder Zugluft,
- in Rohrleitungen, Strömungsreaktoren, Boilern, Kesseln usw.,
- bei Fahrtwind - dann bewegt sich der Körper gegenüber der Umgebung.

Unklare Mischfälle Wenn es aber nicht eindeutig ist, ob freie oder erzwungene Konvektion vorliegt, da beides auftritt und wir nicht direkt beurteilen können, welche Form dominiert, wie entscheiden wir dann, welche Form tatsächlich vorliegt?

Dann müssen wir für beide Grenzfälle die Nußelt-Zahl berechnen: für die freie Konvektion und für die erzwungene Konvektion. Im Anschluss vergleichen wir die Zahlenwerte und verwenden bei deutlichen Unterschieden die größere der beiden.

Einen Hinweis gibt das Verhältnis von Grashof-Zahl zu Reynolds-Zahl. Erzwungene Konvektion dominiert, wenn das Verhältnis

$$\frac{\mathrm{Gr}}{\mathrm{Re}^2}=\frac{g\cdot\beta\cdot L^3\cdot\Delta T}{v^2}\cdot\frac{v^2}{c^2\cdot L^2}=\frac{g\cdot\beta\cdot L\cdot\Delta T}{c^2}\ll 1 \tag{16.17}$$

sehr klein ist. Umgekehrt dominiert freie Konvektion,

$$\frac{\mathrm{Gr}}{\mathrm{Re}^2}\gg 1, \tag{16.18}$$

also dieses Verhältnis deutlich größer ist als 1.

Im Mischbereich und wenn beide Ströme grundsätzlich in dieselbe Richtung fließen, berechnet sich eine gemeinsame Nußelt-Zahl (für 0,1 < Pr < 100) aus

$$\mathrm{Nu}_{misch}=\left(\mathrm{Nu}_{frei}^3+\mathrm{Nu}_{erzw}^3\right)^{1/3} \tag{16.19}$$

16.3 Erzwungene Konvektion

Bei der erzwungenen Konvektion definiert die Strömungsrichtung oder bei Fahrtwind die Bewegungsrichtung des Körpers die betrachtete Geometrie. Für die so festgelegte Geometrie beginnt die Berechnung mit der Bestimmung der Reynoldszahl. Aus dieser wird dann im nächsten Schritt die Nußelt-Zahl Nu und damit die Wärmeübergangszahl α des speziellen Problems berechnet.

Für alle hier angegebenen Geometrien und für $0{,}5 < \mathrm{Pr} < 2000$ ist in einer eher laminaren Strömung für $\mathrm{Re} < 100\,000$

$$\mathrm{Nu}_{lam} = 0{,}664 \cdot (\mathrm{Re})^{1/2} \cdot (\mathrm{Pr})^{1/3} \tag{16.20}$$

und in einer voll ausgebildeten turbulenten Strömung mit $100\,000 < \mathrm{Re} < 10\,000\,000$

$$\mathrm{Nu}_{turb} = \frac{0{,}037 \cdot \mathrm{Re}^{0{,}8} \cdot \mathrm{Pr}}{1 + 2{,}443 \cdot \mathrm{Re}^{-0{,}1} \cdot \left(\mathrm{Pr}^{2/3} - 1\right)} \tag{16.21}$$

Längs angeströmte ebene Fläche Bei erzwungener Konvektion stellt die Orientierung der Fläche im Schwerefeld keine eigene Bedingung dar. Dieser Fall beschreibt daher jede seitlich angeströmte ebene Fläche, bei der die Ebene der Fläche parallel zur Strömungsrichtung ausgerichtet ist. Bild 16.7 zeigt die Geometrie.

Hierbei ist die charakteristische Länge L das von der Strömung überströmte Maß der ebenen Fläche.

Für den Übergangsbereich von laminarer zu turbulenter Strömung hat es sich bewährt, die laminare und die turbulente Nußelt-Zahl auszurechnen und als Nußelt-Zahl weiter

$$\mathrm{Nu} = \sqrt{\mathrm{Nu}_{lam}^2 + \mathrm{Nu}_{turb}^2} \tag{16.22}$$

zu verwenden. Dabei wird dieser Übergangsbereich sehr weit ausgelegt, also ganz allgemein für den Bereich $10 < \mathrm{Re} < 10\,000\,000$. Damit wird deutlich, dass es oft keinen eindeutig identifizierbaren Übergang zwischen laminarer und turbulenter Strömung gibt, wie schon in Kapitel 4 diskutiert.

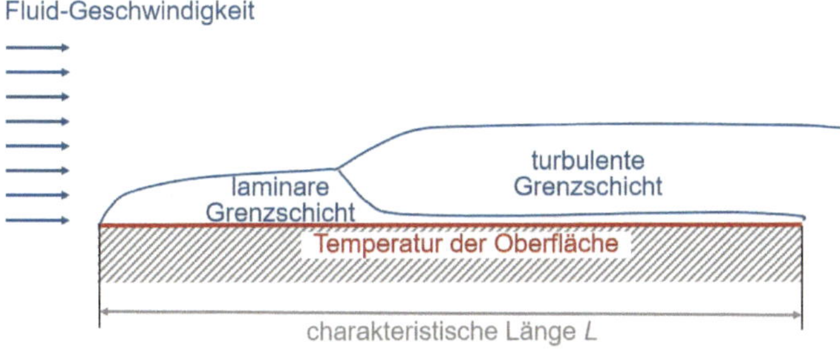

Bild 16.7 Geometrie und mögliche Anordnung der Grenzschicht bei der längs angeströmten ebenen Fläche

Quer angeströmtes Rohr, Draht oder Profil Bei diesen Geometrien ist die kritische Länge L der von der Strömung überströmte halbe Umfang des Zylinders oder des Profils, also die von der Strömung überströmte Strecke auf der Oberfläche des Profils ausgehend vom Staupunkt im Luv bis zum Ablösepunkt im Lee[2] - die Überströmlänge wie in Bild 16.8 dargestellt. Hier verwenden wir

$$\mathrm{Nu} = 0{,}3 + \sqrt{\mathrm{Nu}_{lam}^2 + \mathrm{Nu}_{turb}^2} \tag{16.23}$$

statt entweder den laminaren oder turbulenten Wert.

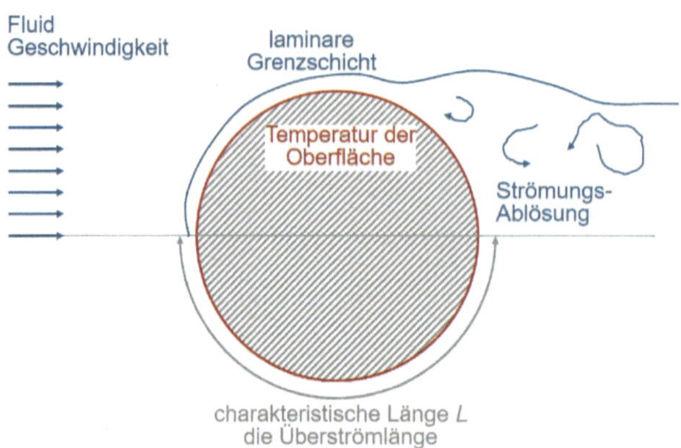

Bild 16.8 Geometrie und mögliche Anordnung der Grenzschicht bei einem quer angeströmten Zylinder

Angeströmte Kugel Bei dieser Geometrie ist die charakteristische Länge L der Durchmesser der Kugel.

Für $10 < \mathrm{Re} < 10\,000\,000$ werden beide Nußelt-Zahlen ausgerechnet und als Nußelt-Zahl weiter

$$\mathrm{Nu} = 2{,}0 + \sqrt{\mathrm{Nu}_{lam}^2 + \mathrm{Nu}_{turb}^2} \tag{16.24}$$

statt entweder den laminaren oder turbulenten Wert zu verwenden.

Temperatureinfluss Diese Formeln gelten ganz allgemein für geringe Temperaturunterschiede zwischen Oberfläche und Fluid, also wenn $\Delta T << T_f$. Soll der Effekt größerer Temperaturunterschiede mit berücksichtigt werden, so muss die Nußelt-Zahl um einen Temperaturfaktor K_T erweitert werden, wie er in Bild 16.9 dargestellt ist. Mit diesem Korrekturfaktor bestimmen wir dann damit die Wärmeübergangszahl als

$$\alpha = \frac{\lambda_{fluid}}{L} \cdot \mathrm{Nu} \cdot K_T = \frac{\lambda_{fluid}}{L} \cdot \mathrm{Nu}_K \tag{16.25}$$

[2] Das ist Seglerlatein: Luv ist da, wo einem der Wind ins Gesicht bläst, Lee genau auf der anderen Seite.

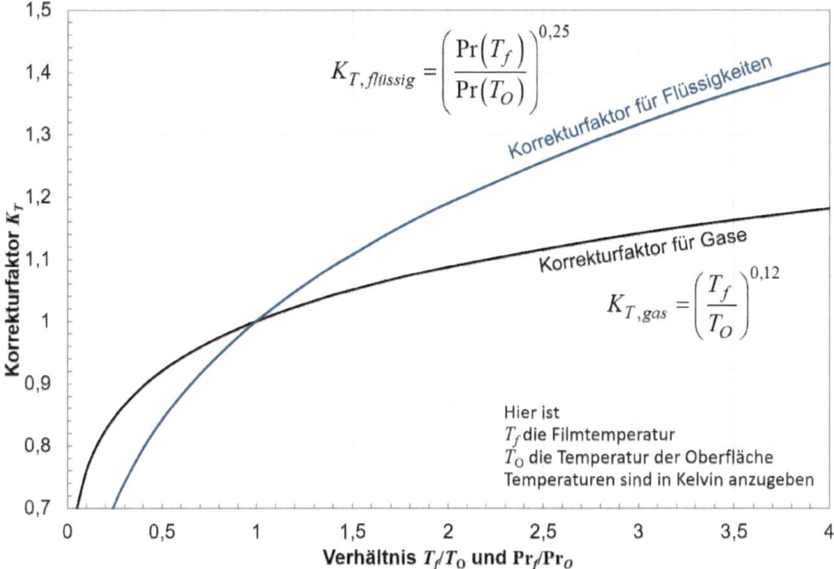

Bild 16.9 Korrekturfaktoren für erzwungene Konvektion (anzuwenden, wenn Film- und Oberflächentemperatur deutlich voneinander abweichen)

16.4 Freie Konvektion

Im Zentrum der freien Konvektion steht die Berechnung der Grashof-Zahl für die ausgewählte Geometrie. Dabei sind jeweils alle Hinweise zu beachten, insbesondere die zur charakteristischen Länge.

Anders als bei der erzwungenen Konvektion ist hier die Orientierung der Oberfläche im Schwerefeld von besonderer Bedeutung, denn die freie Konvektion bildet sich durch die Dichteunterschiede zwischen kaltem und warmem Fluid aus.

Vertikale ebene Fläche Die charakteristische Länge L ist die überströmte Strecke der Fläche, also der Abstand zwischen unterer und oberer Kante der Oberfläche. Die überströmte Fläche kann dabei quer zur Schwerkraft auch gebogen ausgeformt sein, solange (i) sie senkrecht steht und (ii) die Grenzschicht deutlich dünner ist als der Radius der Kurven.

Die folgende Formel gilt ganz allgemein für senkrecht angeordnete rechteckige Flächen

$$Nu = \left(0{,}825 + 0{,}387 \cdot \left(Gr \cdot Pr \cdot f_1(Pr)\right)^{1/6}\right)^2 \tag{16.26}$$

Diese Formel gilt für den Bereich $0{,}1 < Ra = Gr \cdot Pr < 10^{12}$. Die Funktion $f_1(Pr)$ ist in Bild 16.11 angegeben.

Horizontale ebene Fläche Die folgende Formel gilt für den Fall, dass die Fläche eine höhere Temperatur als das Fluid hat und sich das Fluid oberhalb der Fläche befindet. Weiter gilt sie für freie Flächen, die in einer sehr viel größeren Ebene liegen und über denen sich eine zentrale und symmetrische aufsteigende Strömung ausbildet, wie Bild 16.10 illustriert. Umgekehrt gilt sie insbesondere nicht für eingeschlossene Fluide. Die charakteristische Länge des Problems beträgt für ein Rechteck

$$L_{Rechteck} = \frac{a \cdot b}{2 \cdot a + 2 \cdot b}, \tag{16.27}$$

wobei a und b die beiden Seiten der Fläche sind. Für eine kreisförmige Fläche mit dem Durchmesser d wird als charakteristische Länge eingesetzt

$$L_{Kreis} = \frac{d}{4} \tag{16.28}$$

Für laminare Strömung gilt

$$\mathrm{Nu}_{lam} = 0{,}766 \cdot \left(\mathrm{Gr} \cdot \mathrm{Pr} \cdot f_2(\mathrm{Pr})\right)^{1/5} \tag{16.29}$$

und für turbulente Strömung

$$\mathrm{Nu}_{turb} = 0{,}150 \cdot \left(\mathrm{Gr} \cdot \mathrm{Pr} \cdot f_2(\mathrm{Pr})\right)^{1/3} \tag{16.30}$$

Die Funktion $f_2(\mathrm{Pr})$ ist in Bild 16.11 angegeben. Grundsätzlich ist die laminare und die turbulente Nußelt-Zahl zu berechnen und die größere der beiden zu verwenden, da wir meist nicht einfach absehen können, was für eine Strömung es denn wird.

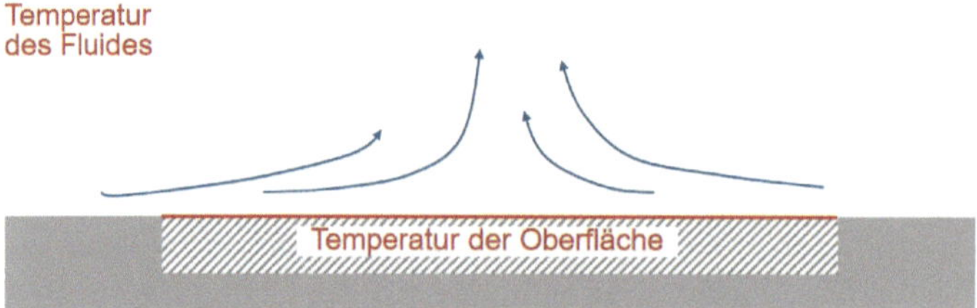

Bild 16.10 Geometrie der freien Konvektion einer waagerechten ebenen Fläche: Die Temperatur der Fläche ist höher als die der Umgebung.

Waagerechtes Rohr oder Zylinder Für ein frei im Raum befindliches Rohr (d. h. der Durchmesser des Rohres ist zumindest etwa 10 mal kleiner als der Abstand zur nächsten Wand) verwenden wir die überströmte Länge des Rohres, also den halben Umfang

$$L = \frac{\pi \cdot d}{2} \tag{16.31}$$

Dann ist für beliebige Prandtl-Zahlen

$$\mathrm{Nu} = \left(0{,}752 + 0{,}387 \cdot \left(\mathrm{Gr} \cdot \mathrm{Pr} \cdot f_3(\mathrm{Pr})\right)^{1/6}\right)^2 \tag{16.32}$$

Die Funktion $f_3(\mathrm{Pr})$ ist in Bild 16.11 angegeben.

Kugel Für eine frei im Raum befindliche Kugel verwenden wir als charakteristische Länge

$$L = \frac{\pi \cdot d}{2} \tag{16.33}$$

Dann ist für beliebige Prandtl-Zahlen

$$\mathrm{Nu} = 2{,}000 + 0{,}589 \cdot (\mathrm{Gr} \cdot \mathrm{Pr})^{1/4} \cdot f_4(\mathrm{Pr}) \tag{16.34}$$

Die Funktion $f_4(\mathrm{Pr})$ ist in Bild 16.11 angegeben.

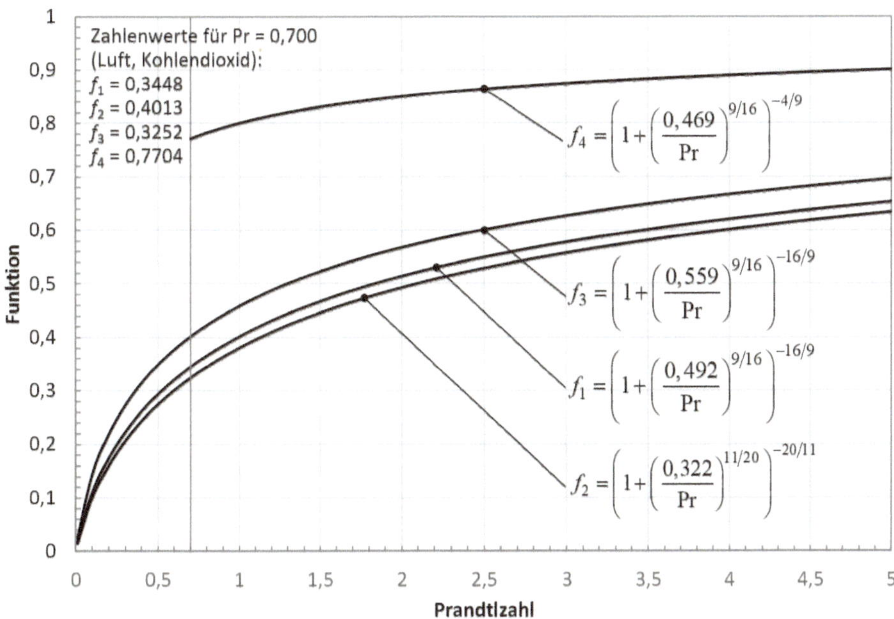

Bild 16.11 Funktionen der Prandtl-Zahl für die Bestimmung der Nußelt-Zahl freier Konvektion zusammen mit den Zahlenwerten für Luft

Zwischen zwei ebenen Flächen Zwischen zwei ebenen parallelen Flächen kommt es

- zu keiner Konvektion, wenn die Fläche niedrigerer Temperatur unten angeordnet ist – in diesem Fall ist eine einfache Dichteschichtung vorhanden, und es tritt nur Wärmeleitung auf;
- zu freier Konvektion, wenn die Fläche niedrigerer Temperatur oben angeordnet ist.

Wenn die Flächen deutlich größere Abmessungen haben als der Abstand zwischen ihnen, kommt es zur Konvektion (dies ist eine zellenförmige Konvektion, es bilden sich sogenannte Bénard-Zellen), wenn

$$\mathrm{Gr} \cdot \mathrm{Pr} = \mathrm{Ra}_{krit} > 1708 \tag{16.35}$$

Für geringere Werte findet nur Wärmeleitung statt, da dann die Viskosität dominiert.

Die charakteristische Länge $L = \Delta z$ ist hier der Abstand der beiden Flächen.

Für Gase mit $Pr \approx 0{,}7$ und $Gr \cdot Pr < 100\,000\,000$ ist dann

$$Nu = 1 + 1{,}44 \cdot \max\begin{pmatrix} 0 \\ 1 - \dfrac{1708}{Pr \cdot Gr} \end{pmatrix} + \max\begin{pmatrix} 0 \\ \dfrac{(Pr \cdot Gr)^{1/3}}{18} - 1 \end{pmatrix} \quad (16.36)$$

Diese Formel kann auch für Flüssigkeiten eingesetzt werden, wenn $1 < Pr < 10$ und $Gr \cdot Pr < 100\,000$.

Mein Problem ist komplizierter

Stationäre Konvektion Hier sind nur wenige grundlegende Geometrien vorgestellt - das Ziel ist, diese Methode anwenden zu können. Es finden sich jedoch in der Literatur noch Möglichkeiten, deutlich komplexere Prozesse gut zu beschreiben:

Weitere Geometrien, insbesondere freie Konvektion an schräg angeordneten Flächen, sind bei Marek und Nitsche (2019) detailliert erläutert. Ähnliche Inhalte bietet der VDI-Wärmeatlas.

Erzwungene Konvektion in Kanälen, Rohren, Rohrschichten und Rohrbündel, Haufenwerken und vielen weiteren technischen Systeme sind im VDI-Wärmeatlas beschrieben.

Sehr viele Geometrien und eine detaillierte Auseinandersetzung mit Grenzschichten bietet Incropera & DeWitt.

Wichtig für den tieferen Einstieg in diese Methode und für die weitergehende Analyse ist es, ein gutes Verständnis von Strömungen zu entwickeln. Hierbei geht es nicht vorrangig um das Kennen von komplizierten Gleichungen, sondern eher um einen Zugang zu und eine Anschauung von realen Phänomenen.

Instationäre Konvektion Aber es gibt Probleme, bei denen diese Herangehensweise mit Formeln nicht genügt. Insbesondere instationäre Prozesse, also zeitliche Veränderungen, sind so nur schwer zu beschreiben. Aber auch Geometrien, in denen nicht klar ist, wie sich die Strömung ausformt, entziehen sich dieser Beschreibung. Dann bleibt nur (i) ausprobieren oder (ii) numerische Simulation.

Ausprobieren, also Messen von realen Größen, kann ausgesprochen schwierig und aufwendig sein, wenn eine gute Beschreibung eines komplexen Systems benötigt wird.

Strömungssimulation (computational fluid dynamics, CFD) ist im besten Falle ein numerisches Experiment: Bitte unterschätzen Sie nicht das Maß an Wissen, Können und Erfahrung, das benötigt wird, um (i) ein gutes numerisches Modell zu erzeugen und (ii) um einzuschätzen, ob die numerische Berechnung etwas taugt! ■

Wärmeverlust von Dampflokomotiven

Warum sind Dampfloks nicht isoliert?

Die Lokomotive D53 075-8 in Bild 16.12 hat einen Stahlkessel für maximal 16 bar Dampfdruck. Im Kessel untergebracht sind Feuerkiste, Dampferzeuger, Überhitzer usw. Ihre indizierte Leistung beträgt 1195 kW - dies ist nicht die Nennleistung oder Zughakenleistung; die indizierte Leistung liegt am Kolben der Dampfmaschine an, von dieser müssen alle mechanische Verluste und Strömungsverluste der Lokomotive abgezogen werden, um die Zughakenleistung zu ermitteln (Zughakenleistung ist die eigentliche Nutzleistung der Lok als Zugkraft mal Geschwindigkeit).

Ziel der Aufgabe ist es, die Wärmeverluste aus dem Dampferzeuger zu bestimmen. Dies machen wir einmal für die stehende Lok und dann bei Nenngeschwindigkeit (80 km/h). Beides berechnen wir für 1 bar und 10 °C Umgebungsbedingung.

Für die Oberfläche des Dampferzeugers müssen wir etwas abschätzen: Die Rauchrohre im Dampferzeuger sind 5,2 m lang, dazu kommen etwa 2,5 m für die Feuerbüchse. Der Rost hat eine Fläche von 4 m^2, die Treibräder haben einen Durchmesser von 1,4 m, sodass ein Kesseldurchmesser von 2,0 m abgeschätzt wird. Der Dampferzeuger ist hinten durch den Führerstand und vorne durch den Rauchzug abgeschlossen.

Bereits Bild 16.12 zeigt, dass hier keine einfache Geometrie vorliegt. Daher hat dieses Beispiel zwei Lernziele: zuerst die Methode und das Vorgehen geordnet darstellen und dazu den Umgang mit komplexeren Beispielen diskutieren.

Bild 16.12 Güterzuglok DR Baureihe 53 im Eisenbahnmuseum Bochum-Dahlhausen

Die Dampfkessel werden aus einwandigem Stahl mit ca. 15 mm Wandstärke und ohne Isolierung ausgeführt. Die Temperatur außen am Kessel können wir nicht einfach berechnen. Der Wärmestrom durch die Kesselwand beträgt

$$\dot{Q}_{Leitung} = \lambda_{Stahl} \cdot \frac{O_{Kessel}}{d_{Kessel}} \cdot \Delta T_{Blech,i-a}$$

Wir kennen aber weder die Temperaturdifferenz im Stahlblech des Kessels noch den Wärmestrom durch diese Kesselwand. Denn dieser Wärmestrom hängt stark von der Konvektion außen ab (und schwach auch von der innen). Wir nehmen vereinfachend an, dass die Temperatur des Stahls innen gleich der des siedenden Wassers ist. Den Wärmestrom können wir dann aus dem konvektiven Verlust außen berechnen. Dazu nehmen wir in einem ersten Schritt an, dass sich die Temperatur im Stahlblech nicht stark ändert (sehr guter Wärmeleiter).

Welche Temperatur hat das Wasser im Dampferzeuger bei Nenndruck?

Die Dampftabelle (Drucktabelle) in Kapitel 21 gibt für 16 bar eine Temperatur des siedenden Wassers und des Dampfes von 201,4 °C. Dies ist die Temperatur, mit der das siedende Wasser im Kessel vorliegt. Grundsätzlich ist es sinnvoll, bei allen bekannten Daten mit guter Genauigkeit zu rechnen, um weitere Fehlerquellen gering zu halten. Hier rechnen wir weiter mit 200 °C, um den Aufwand gering zu halten.

Wie groß ist die Oberfläche des Dampferzeugers?

Diese Frage verlangt von uns eine Vereinfachung: Wenn wir die grundlegende Geometrie des Kessels - einen Zylinder - verwenden, sind wir fertig. Grundsätzlich ist es möglich, Details der Konstruktion zu berücksichtigen, um eine wesentlich genauere Beschreibung zu erhalten - dabei entstehen aber sehr schnell weitere Fragen, auf die wir hier nicht eingehen wollen (was ist mit den Dampfdomen obenauf? wie behandeln wir Rohrleitungen? wie genau verläuft der Übergang zum Aschebereich unterhalb der Feuerbüchse? wie bilden sich die Grenzschichten um diese Zusatzaggregate aus? ...).

Nehmen wir vereinfachend an, dass der Dampferzeuger ein Zylinder ist mit dem angegebenen Durchmesser und der Länge, die sich aus Rauchrohren und Feuerbüchse zusammensetzt, so bekommen wir

$$O_{DE} = \pi \cdot d_{Kessel} \cdot (l_{RR} + l_{FB}) = \pi \cdot 2\,\text{m} \cdot (5{,}2\,\text{m} + 2{,}5\,\text{m}) = 48{,}38\,\text{m}^2$$

Die Stirnflächen brauchen wir nicht zu berücksichtigen - die eine steckt im Führerstand, die andere ist eine innere Wand im Kessel, vor der sich noch der Rauchzug befindet (und im Rauchzug liegt nur noch Abwärme vor).

Wie groß ist der Wärmeverlust durch Konvektion im Stand?

Also wenn die Lokomotive steht und kein Wind weht. Dann liegt freie Konvektion vor, denn alle Bedingungen dafür sind erfüllt.

Bei den angegebenen Geometrien finden Sie den Fall des waagerechten Zylinders, wobei der Abstand zur nächsten Wand etwa 10-mal größer sein soll als der Durchmesser des Rohres. Diesen Fall haben wir hier nicht vorliegen. Entweder wir nehmen trotzdem diese Geometrie (und müssen dann überlegen, welchen Einfluss das auf das Ergebnis hat) oder wir suchen die Literatur ab, ob es dort noch etwas Besseres für unsere Geometrie gibt (Spoiler: ich habe nichts Einfaches gefunden. Wenn eine hohe Genauigkeit angestrebt wird, dann wäre es möglich, das Ganze in Teilflächen zu zerlegen, dann jeweils die Grenzschichtdicke berechnen usw. - wie das gehen kann, zeigen Incropera & DeWitt).

Wir nehmen einen liegenden Zylinder frei im Raum. Dann ist die charakteristische Länge L die Überströmlänge

$$L=\frac{\pi\cdot d_{Kessel}}{2}=\frac{\pi\cdot 2{,}0\ \text{m}}{2}=3{,}14\ \text{m}$$

Alle Stoffwerte müssen wir bei der Filmtemperatur ermitteln, diese ist

$$T_f=\frac{T_0+T_\infty}{2}=\frac{200\ °\text{C}+10\ °\text{C}}{2}=105\ °\text{C}$$

Das Fluid ist Luft, und wir bekommen mit den Angaben in Kapitel 21

$$\lambda_{Luft}(105\ °\text{C})=0{,}032\frac{\text{W}}{\text{m}\cdot\text{K}} \qquad \nu_{Luft}(105\ °\text{C})=24{,}0\cdot 10^{-6}\frac{\text{m}^2}{\text{s}}$$

$$\text{Pr}_{Luft}(105\ °\text{C})=0{,}700 \qquad \beta_{Luft}(105\ °\text{C})\simeq\frac{1}{T}=\frac{0{,}00264}{\text{K}}$$

Im nächsten Schritt können wir daraus die Grashof-Zahl berechnen

$$\text{Gr}=\frac{g\cdot\beta\cdot L^3\cdot\Delta T}{\nu^2}=\frac{9{,}81\frac{\text{m}}{\text{s}^2}\cdot\frac{0{,}00264}{\text{K}}\cdot(3{,}14\ \text{m})^3\cdot 190\ \text{K}}{\left(24\cdot 10^{-6}\frac{\text{W}}{\text{m}\cdot\text{K}}\right)^2}=265\cdot 10^9$$

Der Wert der Funktion f_3 ist mit Bild 16.11

$$f_3(\text{Pr})=\left(1+\left(\frac{0{,}559}{\text{Pr}}\right)^{9/16}\right)^{-16/9}=\left(1+\left(\frac{0{,}559}{0{,}700}\right)^{9/16}\right)^{-16/9}=0{,}3252$$

Dann bekommen wir als Nußelt-Zahl

$$\text{Nu}=\left(0{,}752+0{,}387\cdot(\text{Gr}\cdot\text{Pr}\cdot f_3(\text{Pr}))^{1/6}\right)^2=624$$

Dies ist eine große Nußelt-Zahl für freie Konvektion. Hier macht es daher Sinn, einmal alle vorherigen Schritte durchzugehen und zu überprüfen, ob wir uns nicht verrechnet haben (haben wir nicht). Damit wird

$$\alpha_{ruhe}=\frac{Nu\cdot\lambda_{Luft}}{L}=\frac{624\cdot 0{,}032\frac{\text{W}}{\text{m}\cdot\text{K}}}{3{,}14\ \text{m}}=6{,}36\frac{\text{W}}{\text{m}^2\cdot\text{K}}$$

und der konvektive Wärmestrom beträgt

$$\dot{Q}_{ruhe}=\alpha\cdot O_{Kessel}\cdot\Delta T=6{,}36\frac{\text{W}}{\text{m}^2\ \text{K}}\cdot 48{,}38\ \text{m}^2\cdot 190\ \text{K}=58{,}46\ \text{kW}$$

Dieser Wert ist grundsätzlich im Rahmen des Möglichen. Tatsächlich wird er deutlich geringer ausfallen, da all die Rohre, Trittflächen, Komponenten um den Kessel herum sich deutlich bremsend auf die freie Konvektion auswirken und insbesondere Trittbleche und Rahmen die Konvektion an der Unterseite des Kessels deutlich reduzieren.

Die grundlegende Schwierigkeit bei dieser Berechnung ist, die Geometrie festzulegen. Danach müssen wir eigentlich nur noch die Formeln Schritt für Schritt anwenden, jedoch darauf achten, dass sich dabei keine Fehler einschleichen. Insbesondere die Grashof-Zahl ist eine notorische Fehlerquelle, denn leicht verrechnen wir uns hier. Diese Fehler sind oft nur schwer zu erkennen, da uns ein klares Gefühl dafür fehlt, welchen Zahlenwert sie haben sollte.

Welchen Wert hat die Temperaturdifferenz im Stahlblech, wenn die Lok steht?

Jetzt können wir dies ermitteln, da der Wärmestrom im Stahlblech durch Wärmeleitung gleich dem Wärmeverlust durch Konvektion an der Außenseite des Kessels sein muss (Energieerhaltung).

Es fehlt eine Wärmeleitfähigkeit für den Stahl. Wir nehmen hier einen unlegierten warmfesten Stahl (z. B. St47, Stand der Technik im Jahr 1950) und bekommen dafür $\lambda = 54\ \text{W m}^{-1}\ \text{K}^{-1}$. Andere ähnliche Stahlsorten gäben leicht andere Zahlenwerte. Die Temperaturdifferenz aufgrund der Wärmeleitung beträgt (nachdem wir die Gleichung oben umgestellt haben)

$$\Delta T_{Blech,i-a} = \frac{\dot{Q}_{Leitung}}{\lambda_{Stahl}} \cdot \frac{d_{Kessel}}{O_{Kessel}} = \frac{58.460\ \text{W}}{54\,\frac{\text{W}}{\text{m} \cdot \text{K}}} \cdot \frac{0{,}015\ \text{m}}{48{,}38\ \text{m}^2} = 0{,}336\ \text{K}$$

Unsere Annahme, dass wir keine nennenswerte Temperaturdifferenz in der Kesselwand haben, war also ziemlich berechtigt.

Wie groß ist der Wärmeverlust der Lokomotive bei Nenngeschwindigkeit?

Also wenn die Lok sich mit 80 km/h durch ansonsten ruhende Luft bewegt. Dann liegt erzwungene Konvektion vor, denn alle Bedingungen dafür sind erfüllt und mit einer Strömungsgeschwindigkeit von

$$c_{fahrt} = 80\,\frac{\text{km}}{\text{h}} = 80 \cdot \frac{1.000\ \text{m}}{3.600\ \text{s}} = 22{,}2\,\frac{\text{m}}{\text{s}}$$

Als Geometrie müssen wir uns etwas Passendes suchen. In diesem Kapitel gibt es nur den quer angeströmten Zylinder, was definitiv nicht passt, oder die seitlich angeströmte ebene Fläche. In speziellen Lehrbüchern findet sich auch eine Beschreibung des längs überströmten Zylinders, dessen Durchmesser dann klein gegenüber der Grenzschichtdicke ist (dies beschreibt heiße Rohre oder Drähte). Wenn der Durchmesser des Zylinders deutlich größer ist als die Dicke der Grenzfläche, die sich um den Zylinder bildet, dann dürfen wir den Zylinder durch eine ebene Fläche annähern. Das verwenden wir hier. Dann ist die charakteristische Länge L die überströmte Länge

$$L = 7{,}7\ \text{m}$$

Das ist nicht ganz richtig, da sich vor dem überströmten Dampferzeuger noch die Rauchkammer befindet und bereits dort die Grenzschicht beginnt (für diese Geometrie gibt es in der Spezialliteratur weitere Hinweise). Auch die beiden Leitbleche haben einen Einfluss auf die Strömung wie auch der unterhalb des Kessels befindliche Rahmen mit den Rädern. Wir werden also nur eine Schätzung bekommen - der reale Wärmestrom wird deutlich geringer ausfallen.

Die benötigten Stoffwerte müssen wir bei der Filmtemperatur ermitteln, diese ist wie bei der freien Konvektion $T_f = 105\ °\text{C}$. Das Fluid ist weiter Luft, und wir nutzen die auch bereits für die freie Konvektion ermittelten Stoffwerte des Fluides weiter. Die Reynolds-Zahl beträgt damit

$$\text{Re} = \frac{c \cdot L}{\nu} = \frac{22{,}2\frac{\text{m}}{\text{s}} \cdot 7{,}7\ \text{m}}{24{,}0 \cdot 10^{-6}\frac{\text{m}^2}{\text{s}}} = 7.122.500$$

Dies ist also eine sehr turbulente Strömung. Wir erhalten damit für die Nußelt-Zahl

$$Nu_{turb} = \frac{0{,}037 \cdot \text{Re}^{0{,}8} \cdot \text{Pr}}{1 + 2{,}443 \cdot \text{Re}^{-0{,}1} \cdot \left(\text{Pr}^{2/3} - 1\right)} = \frac{0{,}037 \cdot 7.130.000^{0{,}8} \cdot 0{,}70}{1 + 2{,}443 \cdot 7.130.000^{-0{,}1} \cdot \left(0{,}70^{2/3} - 1\right)}$$
$$= 8.795$$

Diese ist wieder sehr groß. Zusätzlich benötigen wir hier den Korrekturfaktor für die Temperatur

$$K_T = \left(\frac{T_{fluid}}{T_{Kessel}}\right)^{0{,}12} = \left(\frac{283\ \text{K}}{473\ \text{K}}\right)^{0{,}12} = 0{,}940$$

Daraus folgt

$$\alpha_{fahrt} = \frac{Nu_{fahrt} \cdot K_T \cdot \lambda_{Luft}}{L} = \frac{8.806 \cdot 0{,}94 \cdot 0{,}032\frac{\text{W}}{\text{m} \cdot \text{K}}}{7{,}70\ \text{m}} = 34{,}4\frac{\text{W}}{\text{m}^2 \cdot \text{K}}$$

und als Wärmestrom, den der Kessel bei Nenngeschwindigkeit an die Umgebung abgibt

$$\dot{Q}_{fahrt} = \alpha_{fahrt} \cdot O_{Kessel} \cdot \Delta T = 34{,}4\frac{\text{W}}{\text{m}^2\ \text{K}} \cdot 48{,}38\ \text{m}^2 \cdot 190\ \text{K} = 316\ \text{kW}$$

Dieser Wert ist etwas sechs Mal größer als der der freien Konvektion. Auch hier haben wir die Konvektion durch unsere Vereinfachung überschätzt.

Für diesen Wärmestrom durch die Kesselwand beträgt die Temperaturdifferenz im Stahl

$$\Delta T = \frac{\dot{Q}_{Leitung}}{\lambda_{Stahl}} \cdot \frac{d_{Kessel}}{O_{Kessel}} = \frac{316.000\,\mathrm{W}}{54\dfrac{\mathrm{W}}{\mathrm{m \cdot K}}} \cdot \frac{0{,}015\,\mathrm{m}}{48{,}38\,\mathrm{m}^2} = 1{,}81\,\mathrm{K}$$

Der höhere Wärmestrom benötigt eine entsprechend höhere Temperaturdifferenz im Blech, damit er fließen kann. Unsere Annahme, dass wir keine nennenswerte Temperaturdifferenz in der Stahlhülle haben, war aber auch hier noch angemessen, und wir müssen das Ergebnis nicht nachkorrigieren.

Grundsätzlich könnte man auch den erzwungenen Wärmestrom für den ungünstigsten Fall bestimmen - dieser wäre etwa im Winter bei −20 °C Umgebungstemperatur und einem Gegenwind von 10 ms/s. Das Vorgehen wäre identisch, und als Ergebnis erhält man dann einen Wärmeverlust von 488 kW oder dann schon etwa 41 % der indizierten Leistung der Dampfmaschine.

Wie gut sind die berechneten Ergebnisse?

IN WELCHE RICHTUNG WEICHEN SIE VOM TATSÄCHLICHEN WERT AB?

Das sind jetzt die wirklich schwierigen Fragen. Dafür hilft es, sich das System genauer anzusehen, und eigentlich müssten wir jetzt auch etwas mehr in die Strömungen eintauchen, die sich da einstellen.

Festlegen der Temperatur Durch die festgelegte Temperatur der Oberfläche des Kessels wird die Berechnung der konvektiven Wärmeverluste erst einfach möglich. Wichtig ist dann der Schritt zu sehen, welche Temperaturdifferenz in der Stahlhülle bei dem so bestimmten Wärmestrom auftritt. Hätten wir hier eine große Temperaturdifferenz ermittelt, dann müssten wir ggf. durch Iteration das Ergebnis weiter einkreisen. Das ist aber hier nicht notwendig, da die Werte ausgesprochen klein sind. Eine zweite Berechnung mit den niedrigeren Werten ergäbe keine höhere Genauigkeit.

Dadurch, dass der Kessel mit siedendem Wasser gefüllt ist, liegt dort starke Konvektion vor - wir dürfen daher davon ausgehen, dass die Oberflächentemperatur des Kessels ausgesprochen homogen ist. Hier treten also keine Effekte auf, die einen relevanten Einfluss auf das Ergebnis haben.

Tatsächliche Form des Kessels Die Dampfdome vergrößern etwas die Oberfläche, erhöhen also den abgegebenen Wärmestrom. Alle am Kessel befindlichen Anbauten hingegen reduzieren die Strömungsgeschwindigkeit bzw. drängen freie Konvektion oder den Fahrtwind vom Kessel ab. Dies reduziert damit den Wärmestrom deutlich. Rahmen und Räder unterhalb des Kessels, Zylinder usw. verringern dort erheblich die Luftströmung im Stand und in der Fahrt, dies verringert den Wärmestrom deutlich (einige 10 %). Die vor dem Kessel liegende Rauchkammer verlängert den Kessel, sorgt aber für eine stärker ausgeprägte Grenzschicht im Nachlauf, reduziert also den Wärmestrom während der Fahrt. Die Windbleche verändern die Umströmung des Kessels, sie sollen eine höhere Sicht für den Lokführer ermöglichen. Ihr Effekt auf die Konvektion ist unklar.

Insgesamt werden wir also die konvektiven Verluste um einige 10 % überschätzt haben.

Wie verhalten sich die Wärmeströme zwischen diesen beiden Punkten?

Um ein besseres Verständnis für die Methoden und diversen Gleichungen zu bekommen, ist es immer eine gute Möglichkeit, für wesentliche Funktionen die Abhängigkeit von relevanten Randbedingungen grafisch darzustellen.

ALS ÜBUNG JETZT SELBER MACHEN?!

Wir diskutieren Bild 16.13 und Bild 16.14, in denen die Nußelt-Zahl als Funktion der Geschwindigkeit der erzwungenen Konvektion sowie die damit berechneten konvektiven Wärmeström vom Kessel an die Umgebung dargestellt sind. Schwarze Linien beziehen sich auf die hier beschriebene Geometrie, graue Linien gelten für eine stehende Lokomotive und Seitenwind (quer angeströmtes Rohr). Zur Verdeutlichung zeigt Bild 16.13 nur einen Ausschnitt bei niedriger Geschwindigkeit:

Verlauf Die Nußelt-Zahlen der reinen erzwungenen Konvektion sind bei sehr geringer Geschwindigkeit c sehr gering und steigen nach einem Übergangsbereich mit nur langsam abnehmender Steigung an. Dies zeigt deutlich, dass eventuelle Fehler bei der Geschwindigkeit oder auch anderen Parametern zu grundsätzlich vergleichbaren Fehlern im Ergebnis führen.

Übergang laminar zu turbulent Die Nußelt-Zahl der turbulenten erzwungenen Konvektion ist deutlich größer als die der laminaren. Da wir den Umschlagpunkt zwischen laminar und turbulent normalerweise nicht kennen und dieser oft sehr empfindlich von realen Bedingungen abhängt, verwenden wir ab Re = 10 Formel 16.22, um einen Mischwert zu erhalten. Diese gemeinsame Nußelt-Zahl

$$\mathrm{Nu} = \sqrt{\mathrm{Nu}_{lam}^2 + \mathrm{Nu}_{turb}^2}$$

bzw. bei der Seitenwindkonfiguration Formel 16.23

$$\mathrm{Nu} = 0{,}3 + \sqrt{\mathrm{Nu}_{lam}^2 + \mathrm{Nu}_{turb}^2}$$

ist grundsätzlich etwas größer als die der Einzelfälle. Der Fall Re < 10 kann hier nicht dargestellt werden.

Übergang frei zu erzwungen Bei einer Strömungsgeschwindigkeit von $c = 0$ liegt nur freie Konvektion vor. Diese kommt nicht plötzlich zum Erliegen, wenn ganz wenig erzwungene Konvektion einsetzt (z. B. wenn eine Person vorbeigeht und dadurch ein Lufthauch entsteht). Freie Konvektion wird auch weiter zumindest in einem Übergangsbereich eine gewisse Rolle spielen. Mit Formel 16.19 bilden wir diesen Übergangsbereich ab. Dadurch steigt die Nußelt-Zahl nicht von Null an, sondern von dem Wert der freien Konvektion. Freie Konvektion ist dadurch das Minimum des konvektiven Wärmeverlustes.

Vergleichbare Geometrie In Bild 16.14 gibt es einen offensichtlichen Widerspruch: Bei Seitenwind konvergiert der abgegebene Wärmestrom der erzwungenen Konvektion auf den Wert der freien Konvektion. Dies legt der Verlauf der Nußelt-Zahl nahe. Bei Fahrtwind hingegen konvergiert der Wärmestrom zu einem sehr deutlich abweichenden Zahlenwert. Dies ist jedoch kein Rechenfehler.

Der Unterschied illustriert einen anderen zentralen Punkt: Wir dürfen Formel 16.19 nur verwenden, wenn die Geometrie für freie und erzwungene Konvektion vergleichbar ist. Das ist sie für den Seitenwind, denn dann wird jeweils ein Zylinder quer umströmt, und die charakteristische Länge ist der halbe Umfang des Zylinders. Bei der Fahrtwindkonfiguration sind die Strömungen und Geometrien grundsätzlich unterschiedlich, auch die charakteristische Länge hat (s. o.) deutlich unterschiedliche Zahlenwerte. Dies erklärt dann die Abweichung. D. h. in Bild 16.13 und in Bild 16.14 hätten die gepunkteten Linien nicht berechnet und dargestellt werden dürfen, da die beiden Geometrien nicht ausreichend ähnlich sind.

Strömungsgeschwindigkeit freier Konvektion Die sich im Gleichgewicht einstellende Geschwindigkeit des Fluides bei freier Konvektion kann man messen (schwierig) oder anhand solcher Kurven abschätzen: Ist die Nußelt-Zahl der reinen erzwungenen Konvektion ähnlich wie die der freien Konvektion, dann sollte auch die Strömungsgeschwindigkeit ähnlich sein. Dies können wir verwenden, um in Bild 16.13 abzulesen, dass bei einem Seitenwind von etwa 1,8 m s^{-1} die Nußelt-Zahl der erzwungenen Konvektion vergleichbar der freien Konvektion ist. Wir erwarten also, dass die freie Konvektion eine Strömungsgeschwindigkeit in der Größenordnung von 1,8 m s^{-1} hervorruft, was schon eine ganze Menge ist.

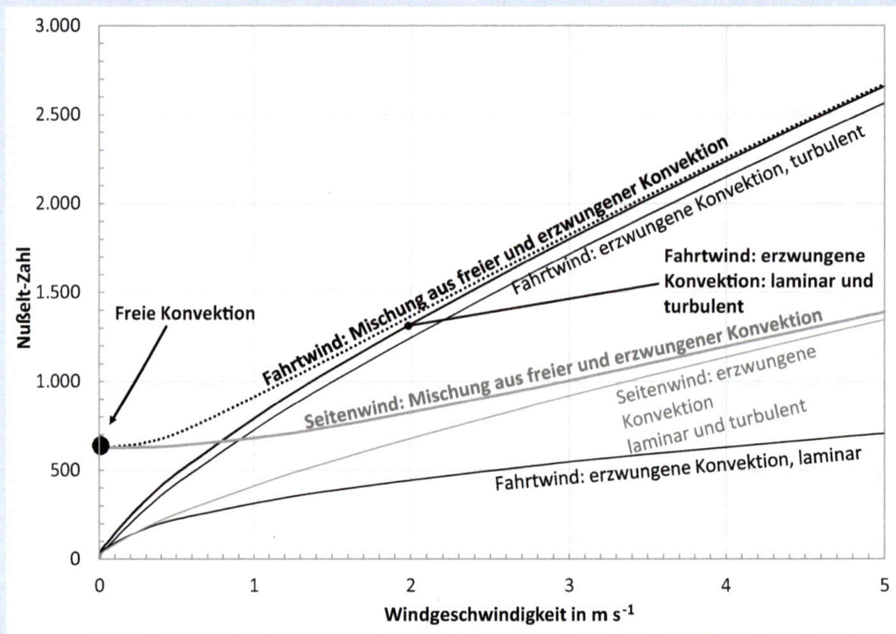

Bild 16.13 Berechnete Nußelt-Zahlen aus freier Konvektion und erzwungener Konvektion abhängig von der Strömungsgeschwindigkeit und für zwei Geometrien

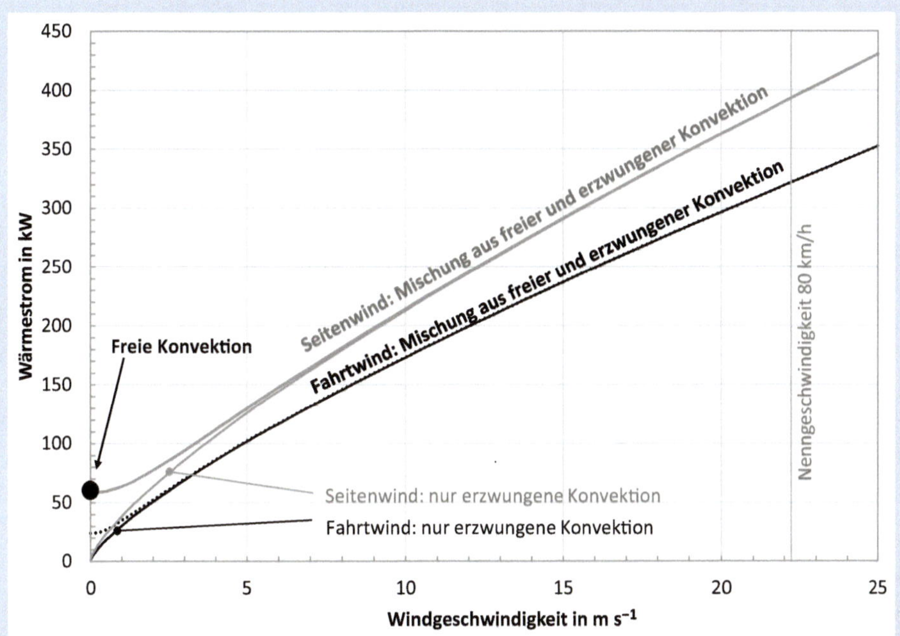

Bild 16.14 Berechneter Wärmestrom aus freier Konvektion und erzwungener Konvektion abhängig von der Strömungsgeschwindigkeit und für zwei Geometrien

Warum sind Dampfloks nicht isoliert?

Wie könnten wir die Lokomotive energetisch verbessern?

Erst einmal erscheint der konvektive Wärmeverlust als ein hoher Wert. Unabhängig davon, ob die Lokomotive gerade arbeitet oder nicht, verliert sie Wärme an die Umgebung und benötigt dafür zusätzlichen Brennstoff. Damit entsteht die Frage, warum Dampfloks nicht isoliert wurden.

Da der Gesamtwirkungsgrad der Dampfloks nur etwa 10 % bis 15 % beträgt - die Feuerungsleistung bei Nennleistung also durchaus 10 MW erreichen kann, ist dieser Verlust mit weniger als 5 % von der Feuerungsleistung im Verhältnis zu anderen Verlusten durchaus gering.

Eine wesentlich bessere Stellschraube für einen deutlich höheren Wirkungsgrad bieten ein hoher Dampfdruck und eine hoher Dampftemperatur. Beides war mit der Technologie des Dampflokomotiven-Zeitalters nicht einfach möglich. Heute und unter Nutzung moderner Materialien und Berechnungsmethoden wäre es vorstellbar, Dampflokomotiven völlig neu zu erfinden. Dann wäre eine Isolierung des Kessels auch wichtig.

Dieser Punkt verweist auf grundsätzliche Themen: Es besteht ein erhebliches Potenzial für Energieeinsparung in industriellen Prozessen, aber es ist oft ausgesprochen schwierig, dieses Potenzial wirklich umzusetzen. Dabei hängt diese Schwierigkeit oft an den Kosten und der Verfügbarkeit von (i) der dabei ungenutzt abgegebenen Energie, (ii) den Aufwänden, Kosten und Ressourcen für eine Veränderung, (iii) dem benötigten Arbeitsaufwand und gegebenen Prioritäten sowie (iv) dem Beharrungsvermögen von eingeschwungenen Organisationen.

https://de.wikipedia.org/wiki/DR-Baureihe_50

Literatur

Bergman TL, Lavine AS, Incropera FP, DeWitt DP (2019) *Fundamentals of Heat and Mass Transfer*. Wiley.

Marek R & Nitsche, Klaus (2019) *Praxis der Wärmeübertragung. Grundlagen – Anwendung – Übungsaufgaben*. Hanser.

VDI [Hrsg.] *VDI-Wärmeatlas*. Springer.

17 Strahlung

Jeder Stoff, der eine höhere Temperatur hat als 0 K, sendet Strahlung aus. Unsere Welt ist voller Strahlung, ohne dass wir dies wahrnehmen, denn wir sehen Effekte erst etwa ab einer Oberflächentemperatur von 600 °C als Licht, weil dann Rotglut auftritt[1]. Diese sogenannte thermische Strahlung ist eine Form von elektromagnetischer Strahlung.

Bild 17.1 zeigt die identische Ansicht einmal im sichtbaren, so wie wir es sehen (bewusst als s/w), und dann im tiefen Infrarot bei etwa 8,0 µm:

- Der Bahnhof hat große Oberlichter aus Glas, durch die sehr viel Licht hereinfällt. Gerade unter der Lokomotive lässt sich durch Beleuchtung von oben und die dadurch entstehenden Schatten wenig erkennen.
- Die Glasscheiben sind durchsichtig im sichtbaren und auch im nahen Infrarot etwa bis 2200 nm, sie sind undurchsichtig bei der Wellenlänge, mit der die Infrarotkamera detektiert.
- Im Infraroten sind die Oberlichter auf der der Sonne zugewendeten Seite hell, da sie dort eine deutlich höhere Temperatur aufweisen: Die infrarote Strahlung der Sonne wird dort außen absorbiert und gelangt durch Wärmeleitung nach innen.
- Besonders hell leuchten die Räder der Lokomotive, denn in diesen dissipiert die kinetische Energie der Lokomotive beim Bremsen: Dort ist die höchste Temperatur.
- Variationen der Außentemperatur der Lokomotive deuten auf dahinter liegende Aggregate, die Wärme freisetzen.

Dieses Bild zeigt, dass Oberflächen Strahlung abgeben in spektralen Bereichen, die wir nicht sehen können, aber dass wir diese Signale messen können.

Diese Strahlung überträgt Wärme - sie ist eine Form von Wärme. In diesem Kapitel geht es um die Wärmeübertragung mit dieser Wärmestrahlung. Allerdings werden zuerst relevante Grundlagen über Strahlung allgemein und thermische Strahlung im Besonderen eingeführt, bevor wir ganz konkret die Gleichungen für die Berechnung des Wärmestromes erreichen.

[1] Diese Einführung soll Sie nicht auf den Weg zum Aluhut bringen. Wir sind umgeben von einer Atmosphäre, die einiges an natürlicher Strahlung unterdrückt oder absorbiert, sodass die natürliche elektromagnetische Strahlung unserer Umwelt insbesondere im Radio und Mikrowellenbereich ausgesprochen gering ist. Erst moderne Technologie füllt hier unsere Welt. Siehe auch Bandara P & Carpenter DO (2018) *Planetary electromagnetic pollution: it is time to assess its impact*. The Lancet. *https://doi.org/10.1016/S2542-5196(18)30221-3*.

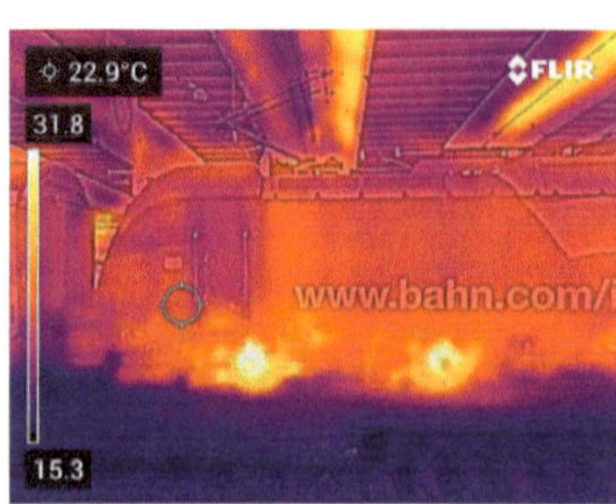

Intensität bei 8.000 nm als Temperatursignal

Licht fällt durch die Oberlichter

Intensität im sichtbaren von 380 nm bis 780 nm

Bild 17.1 Eine Lokomotive im Münchener Hauptbahnhof: Rechts die Intensität der Strahlung im sichtbaren Spektralbereich. Das sichtbare Licht fällt von außen durch die großen Oberlichter und beleuchtet das Innere. Links sind die Oberlichter undurchsichtig, die Thermokamera detektiert die von den Oberflächen ausgesendete Wärmestrahlung.

17.1 Elektromagnetische Strahlung

Jeder elektromagnetischen Strahlung wird als Eigenschaft eine Wellenlänge λ und eine Frequenz ν zugewiesen[2]. Das Produkt aus Wellenlänge und Frequenz ergibt die Geschwindigkeit, mit der sich diese Strahlung ausbreitet, also die Lichtgeschwindigkeit. Die Lichtgeschwindigkeit im Vakuum c_0 ist eine Naturkonstante, damit legt die Frequenz die Wellenlänge fest oder umgekehrt

$$\lambda \cdot \nu = c_0 = 299.792.000 \frac{\text{m}}{\text{s}} \tag{17.1}$$

In einem Medium verringern sich die Wellenlänge und damit die reale Lichtgeschwindigkeit gegenüber dem Wert im Vakuum.

Hat Strahlung nur eine bestimmte Wellenlänge, so ist dies monochromatische Strahlung (wie bei einem Laser); für die meisten Quellen ist die ausgesendete thermische Strahlung über einen weiten Bereich an Wellenlängen oder Frequenzen verteilt.

Die elektromagnetische Strahlung wird in Abhängigkeit von ihrer Wellenlänge oder der Frequenz unterteilt, hierbei haben unterschiedliche Bereiche auch unterschiedliche Wirkungen auf Materie:

Radiowellen Besonders langwellige Strahlung im Bereich bis minimal 1 mm Wellenlänge und damit weniger als 300 GHz zählen zu Radiowellen ($\infty > \lambda > 1$ mm, und $0 < \nu < 300$ GHz). Radiowellen durchdringen die meisten nichtleitenden Festkörper, werden von leitenden Medien aber gut absorbiert (Aluhut). Radiostrahlung kann von elektrischen Schaltkreisen direkt und mit hoher Leistung ausgestrahlt werden. Eine wichtige technische Anwendung

---

[2] Manche Disziplinen verwenden lieber die Wellenlänge λ, andere lieber die Frequenz ν. In der Optik wird ν und nicht f als Symbol für die Frequenz eingesetzt.

ist die induktive Erwärmung von Metallen mit Wechselfeldern im Bereich der Netzfrequenz sowie die dielektrische Erwärmung von schlecht leitenden Stoffen im Bereich von MHz.

Mikrowellen Der Bereich der Mikrowellen ist ein Untergebiet der Radiowellen; es ist der besonders kurzwellige Bereich mit 0,3 GHz $< \nu <$ 300 GHz. Mikrowellen werden schon lange in der Technik eingesetzt - klassisch für die Wärmeübertragung und heute stark für die Nachrichtenübertragung im Mobilfunk.

Infrarot Der infrarote Spektralbereich ist der langwellige Bereich der optischen Strahlung; er reicht vom Radiobereich bis zum sichtbaren Licht, also 1 mm $> \lambda >$ 780 nm. Dieser Spektralbereich wird aufgrund unterschiedlicher Wirkung auf den menschlichen Körper noch weiter unterteilt

- IR-A im Bereich von 780 nm bis 1400 nm - diese Strahlung gelangt bis auf die Netzhaut des Auges, auch wenn wir die Strahlung nicht sehen können.
- IR-B im Bereich von 1400 nm bis 3000 nm - diese Strahlung wird in den oberen Hautschichten absorbiert, sie dringt nicht mehr in das Auge ein.
- IR-C im Bereich von 3000 nm bis 1 mm - dies ist klassische Wärmestrahlung, die direkt auf der Körperoberfläche absorbiert wird.

Infrarote Strahlung wird für die meisten technischen Anwendungen durch heiße Oberflächen erzeugt, sie kann im kurzwelligen Bereich von Halbleiterelementen oder Lasern[3] ausgesendet werden. Die klassische Allgemeingebrauchsglühlampe ist z. B. eine sehr gute IR-Strahlungsquelle, denn es können bis zu 95 % der aufgenommenen elektrischen Leistung als infrarote Strahlung abgegeben werden[4].

Sichtbares Licht Strahlung, die vom menschlichen Auge wahrgenommen werden kann, ist sichtbares Licht im Bereich von 780 nm $> \lambda >$ 380 nm.

Sichtbares Licht kann für chemische oder elektrische Reaktionen genutzt werden (Photosynthese oder Photovoltaik).

Sichtbares Licht kann von heißen Oberflächen und Gasentladungen ausgesendet werden oder von Halbleiterbauteilen (LEDs).

Ultraviolett Ultraviolette Strahlung liegt bei kürzeren Wellenlängen als sichtbares Licht vor, im Bereich von 380 nm $> \lambda >$ 10 nm.

UV ist Strahlung, die chemische Bindungen zerstören kann, d. h. chemische Reaktionen auslöst. Dies spüren wir ganz konkret beim Sonnenbrand, wenn unsere Hautzellen beschädigt werden.

Unterhalb von etwa 180 nm ist Luft auch über kurze Strecken undurchsichtig, dort beginnt das Vakuum-UV.

---

3) Technisch besonders bedeutsam sind CO_2-Laser bei 10 000 nm, Nd:YAG Laser bei 1.064 nm für die Materialbearbeitung sowie Faserlaser und weitere Konzepte im IR-A. Weitere Halbleiterquellen mit Emission im Bereich des Absorptionsminimums von Quarzglas bei etwa 1550 nm haben eine hohe Bedeutung für die optische Telekommunikation mit Glasfasern.

4) Warum ein Produkt, das seit 1913 nahezu unverändert hergestellt wird und einen Wirkungsgrad von weniger als 5 % hat, das Symbol für Innovation sein soll, erschließt sich mir nicht. Dazu auch der technologische Rückblick in Howell JW (1927) *History of the incandescent lamp.* Maqua, Schenectady.

Der Bereich des VUV wurde um das Extreme UV (EUV) erweitert, da dieser Bereich inzwischen für die Herstellung von Halbleiterbauteilen verwendet wird. Noch kürzere Wellenlängen bzw. noch höhere Photonenenergie sind dann Röntgenstrahlung.

Bild 17.2 gibt einen Überblick über die Wellenlängenbereiche und Grenzen.

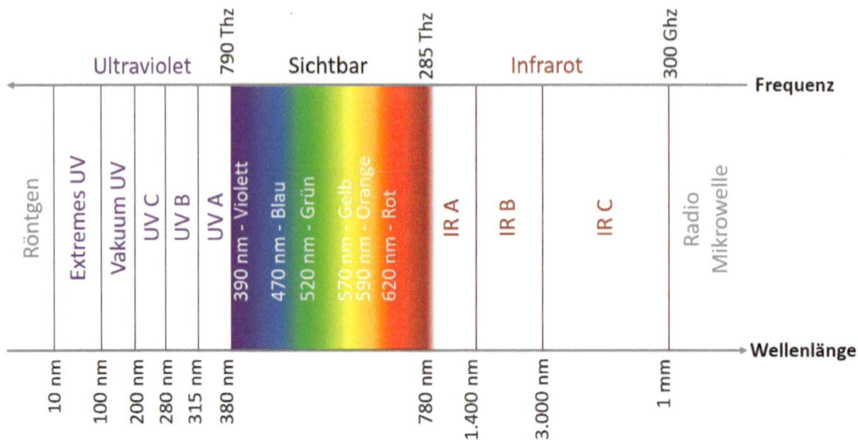

Bild 17.2 Spektrale Bereiche der Strahlung

Optische Strahlung Grundsätzlich kann der gesamte Bereich an Strahlung mit denselben Gesetzen beschrieben werden (den Maxwell'schen Gleichungen). Für die praktische Anwendung lassen sich jedoch andere, deutlich einfachere und oft angemessenere Herangehensweisen nutzen. Die Strahlung vom UV (200 nm) bis weit ins Infrarote hinein wird als optische Strahlung bezeichnet. Daher ist für den hier relevanten Bereich die Optik die passende Methode, um sie zu beschreiben.

Thermische Strahlung In der Übersicht der spektralen Bereiche wurde zwischen zwei Formen von Strahlung unterschieden:

- Monochromatische Strahlung, also Strahlung, die eine bestimmte Wellenlänge hat und die von speziellen technischen Geräten wie Lasern oder elektrischen Schwingkreisen erzeugt wird. Diese Formen von Strahlung werden hier nicht behandelt.
- Breitbandige Strahlung, deren Eigenschaften durch die Temperatur des aussendenden Materials wesentlich festgelegt werden. Diese thermische Strahlung kann von natürlichen und von technischen Quellen stammen, und um sie geht es hier.

Grundsätzlich ist Strahlung eine Form von Wärme – über Strahlung wird Wärme abgegeben oder aufgenommen. Daher transportiert Strahlung auch immer Entropie (s. u.).

Photonen Neben der oben eingeführten Beschreibung von Strahlung als Welle mit einer Wellenlänge und einer Frequenz ist oft auch die Beschreibung als Teilchen nützlich. Strahlung wird dann durch diese Teilchen, Photonen genannt, beschrieben: Photonen haben keine Masse, bewegen sich mit Lichtgeschwindigkeit, transportieren Energie mit

$$Q_{photon} = h \cdot \nu = \frac{h \cdot c_0}{\lambda} \tag{17.2}$$

und Impuls

$$p_{Photon} = \frac{h \cdot v}{c_0} = \frac{h}{\lambda} \tag{17.3}$$

Im Infraroten und im Radiobereich ist die Energie einzelner Photonen sehr gering. Daher ist die Wechselwirkung dieser Strahlung mit Materie auch eher indirekt, während einzelne Photonen im UV oder Röntgenbereich ausreichend Energie transportieren, um Moleküle zu zerlegen und so chemische Reaktionen zu starten. Thermische Strahlung besteht immer aus sehr vielen Photonen.

17.2 Thermische Strahlung

Thermische Strahlung wird von den Oberflächen von Festkörpern und Flüssigkeiten ausgesendet; sie wird von Gasen oder aus anderen durchsichtigen Medien wie Flüssigkeiten und Festkörpern aus dem Volumen heraus ausgesendet. Technisch relevant sind alle Varianten. Im Fokus dieses Kapitels steht die Strahlung von und zwischen undurchsichtigen (opaken) Oberflächen als einfachster Fall. Dann entscheidet alleine die Oberfläche, welche Strahlung tatsächlich ausgesendet (emittiert) wird. Hierbei sind die wichtigsten Eigenschaften, die bestimmen, welche konkrete Strahlung ausgesendet wird:

- die Temperatur der Oberfläche (s. u.),
- das Material der Oberfläche bzw. seine optischen Eigenschaften. Hierbei ist es nicht das Material des Körpers, sondern das Material an der Oberfläche selber. Diese optischen Eigenschaften hängen auch von der Temperatur ab.
- eventuelle Beschichtungen der Oberfläche, da diese erst die Oberfläche festlegen (Oxidschichten, Rost, Schutzschichten ...),
- alle Beimischungen zu dem Grundstoff wie Farbstoffe oder Verunreinigungen (dies ist besonders relevant bei Kunststoffen, zumeist legt nicht die Matrix, sondern die Farbstoffe, Zuschlagsstoffe, Füllstoffe usw. die optischen Eigenschaften fest),
- die Struktur der Oberfläche (glatt, rau, porös ...).

Bei transparenten Stoffen wären zusätzlich Einschlüsse, Blasen, Partikel sowie die Temperaturverteilung im Inneren relevant.

17.2.1 Spektrale Emission – Planck'sches Gesetz

Die Beschreibung der mit thermischer Strahlung verbundenen Wärmeübertragung beginnt mit einem idealen Strahler. Ideal ist dabei verstanden als ein Körper, der die maximal mögliche Energie abstrahlt – dies ist ein „schwarzer Strahler". Wir nennen einen schwarzen Körper jede Oberfläche, die bei festgelegter Temperatur die theoretisch maximal mögliche thermische Strahlung abstrahlt. Diese Oberfläche wird dann auch alle einfallende Strahlung absorbieren, und ihre optischen Eigenschaften sind unabhängig von der Richtung, aus der sie betrachtet wird.

Die spezifische Abstrahlung eines schwarzen Körpers, also die auf die Fläche bezogene abgestrahlte Energiemenge, ist für eine konkrete Wellenlänge

$$M_{Q,schwarz}(\lambda,T) = \frac{c_1}{\lambda^5} \cdot \frac{1}{\exp\left(\frac{c_2}{\lambda \cdot T}\right) - 1} \quad (17.4)$$

mit den Konstanten

$$c_1 = 2 \cdot \pi \cdot h \cdot c_0^2 = 3{,}7417749 \cdot 10^{-16}\,\mathrm{W \cdot m^2}$$

und

$$c_2 = \frac{h \cdot c_0}{k_B} = 0{,}01438769\,\mathrm{m \cdot K} \quad (17.5)$$

Hier sind h das Planck'sche Wirkungsquantum, c_0 die Vakuumlichtgeschwindigkeit und k_B die Boltzmann-Konstante. Dieses „Planck'sche Gesetz" kann nur quantenmechanisch hergeleitet werden. Daher nehmen wir es einfach als gegeben an und versuchen, die daraus entstehenden Besonderheiten zu verstehen. Bild 17.3 zeigt die sich aus dieser Funktion ergebenden Spektren thermischer Strahlung für technisch relevante Temperaturen: Mit zunehmender Temperatur wird die von der Kurve umschlossene Fläche, also die abgestrahlte Intensität, schnell größer. Zusätzlich verschiebt sich das Maximum der Funktion hin zu kürzerer Wellenlänge.

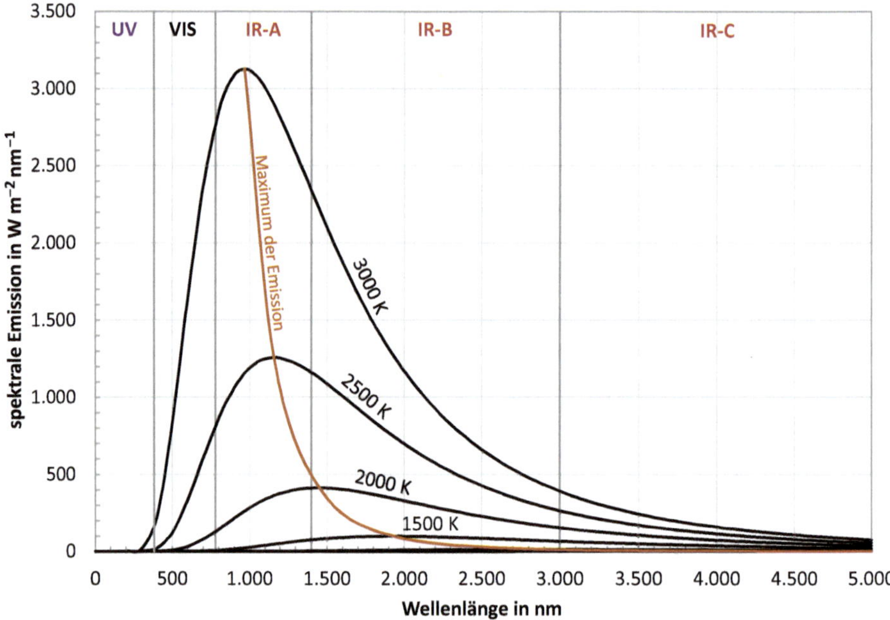

Bild 17.3 Spektrale Emission schwarzer Strahler abhängig von der Wellenlänge und für unterschiedliche Temperaturen

Jede reale Oberfläche emittiert bei nahezu allen Wellenlängen (und oft dabei noch abhängig von der Temperatur) weniger Strahlung als der ideale schwarze Körper. Dies beschreibt ganz allgemein die temperatur- und wellenlängenabhängige Materialeigenschaft der Emissivität $\varepsilon(\lambda,T)$, sodass folgt

$$M_Q(\lambda,T)=\frac{c_1}{\lambda^5}\cdot\frac{\varepsilon(\lambda,T)}{\exp\left(\frac{c_2}{\lambda\cdot T}\right)-1} \tag{17.6}$$

Die hier verwendete wellenlängen- und temperaturabhängige Emissivität $\varepsilon(\lambda,T)$ enthält alle spektralen Details der Abhängigkeit der Strahlung von der realen Oberfläche und deren Temperaturabhängigkeit und ist meist eine sehr komplexe und häufig schlecht dokumentierte Funktion mit Zahlenwerten zwischen 0 und 1.

17.2.2 Gesamte Emission – Stefan-Boltzmann-Gesetz

Wir möchten meist den Wärmestrom bestimmen, der von einer Oberfläche abgestrahlt wird. Dabei interessieren uns die spektralen Details der Strahlung (s. o.) nicht. Der Wärmestrom ist

$$\dot{Q}(T)=A\cdot M(T)=A\cdot\int_0^\infty M(\lambda,T)\cdot d\lambda=A\cdot\int_0^\infty\frac{c_1}{\lambda^5}\cdot\frac{\varepsilon(\lambda,T)}{\exp\left(\frac{c_2}{\lambda\cdot T}\right)-1}\cdot d\lambda \tag{17.7}$$

Dieses hässliche Integral lässt sich glücklicherweise zu einer handhabbaren Funktion vereinfachen, zu

$$\dot{Q}(T)=A\cdot\varepsilon(T)\cdot\sigma\cdot T^4 \tag{17.8}$$

mit der Stefan-Boltzmann-Konstante

$$\sigma=\frac{2\cdot\pi^5\cdot k_B^4}{15\cdot h^3\cdot c^2}=5{,}67\cdot10^{-8}\frac{\mathrm{W}}{\mathrm{m}^2\cdot\mathrm{K}^4}$$

Die Stefan-Boltzmann-Konstante darf nicht mit der Boltzmann-Konstante verwechselt werden: Die Stefan-Boltzmann-Konstante σ beschreibt konkret den Wärmestrom von Strahlung abhängig von der Temperatur des Emitters, während die Boltzmann-Konstante k_B auf einer mikroskopischen Ebene die Energie und die Temperatur miteinander verbindet. Die Emissivität $\varepsilon(T)$ ist eine meist nur schwach von der Temperatur abhängige Funktion mit Zahlenwerten zwischen 0 und 1. Werte für $\varepsilon(T)$ und eine Vielzahl von Oberflächen finden sich in der Literatur (z. B. VDI-Wärmeatlas). Häufig werden nur Zahlenwerte in der Literatur angegeben ohne Hinweise auf eine Temperaturabhängigkeit; grundsätzlich sind diese Werte aber abhängig von der Temperatur.

Formel 17.8 genügt, um die Abstrahlung eines Körpers zu berechnen. Tabelle 17.1 illustriert dies für eine Auswahl an typischen abstrahlenden Oberflächen und soll ein Gefühl für die Größenordnung geben.

17.2.3 Maximum und spektrale Verteilung – Wien'sches Verschiebungsgesetz

Die gesamte spektrale Information der Planck'schen Funktion ist für die meisten technischen Zwecke viel zu umfangreich. Auf der anderen Seite werden manchmal gewisse Informationen benötigt. Hierfür ist das Wien'sche Verschiebungsgesetz hilfreich. In der speziellen Form sagt es, wo das Maximum der Planck'schen Funktion für schwarze Strahler liegt, bei

$$\lambda_{\max} = \frac{c_W}{T} \tag{17.9}$$

mit der Konstanten

$$c_W = 2{,}89777 \cdot 10^{-3}\,\mathrm{m} \cdot \mathrm{K}$$

Dies gilt auch für sogenannte graue Strahler, bei denen $\varepsilon(\lambda,T)$ nicht von der Wellenlänge abhängt. Viele Keramiken sind im technisch relevanten Wellenlängenbereich, also im IR, gut als graue Strahler anzunehmen.

Bild 17.4 zeigt den verallgemeinerten Verlauf der Emission eines schwarzen Strahlers, die x-Achse ist das Produkt aus Wellenlänge und Temperatur $\lambda \cdot T$. Dadurch ist nicht die Planck'sche Funktion aus Formel 17.4 dargestellt, sondern

$$\frac{M(\lambda,T)}{T^5} = \frac{c_1}{(\lambda \cdot T)^5} \cdot \frac{1}{\exp\left(\frac{c_2}{\lambda \cdot T}\right) - 1} \tag{17.10}$$

Diese Funktion ist jetzt unabhängig von der Temperatur, da wir aus dem Wien'schen Verschiebungsgesetz wissen, dass das Produkt $T \cdot \lambda = const.$ Durch diese Darstellung wird deutlich, dass die Gestalt der thermischen Emission schwarzer (und grauer) Strahler unabhängig von der Oberflächentemperatur ist: Die Oberflächentemperatur legt konkret die emittierte Energie durch die Fläche unter der Funktion fest, und sie legt fest, in welchem Wellenlängenbereich sich die Emission befindet; Zweiteres wird direkt durch das Wien'sche Verschiebungsgesetz dargestellt.

Das mit der Stefan-Boltzmann-Formel 17.8 gewichtete Integral der Planck'schen Funktion

$$f_{0\to\lambda} = \frac{\int_0^\lambda M_{Q,schwarz}(\lambda,T) \cdot d\lambda}{\int_0^\infty M_{Q,schwarz}(\lambda,T) \cdot d\lambda} = \frac{\int_0^\lambda M_{Q,schwarz}(\lambda,T) \cdot d\lambda}{\sigma \cdot T^4} \tag{17.11}$$

kann weiter umgestellt werden zu

$$f_{0\to\lambda \cdot T} = \frac{\int_0^\lambda M_{Q,schwarz}(\lambda,T) \cdot d\lambda}{\sigma \cdot T^4} = \frac{1}{\sigma} \cdot \int_0^{\lambda \cdot T} \frac{c_1}{(\lambda \cdot T)^5} \cdot \frac{1}{\exp\left(\frac{c_2}{\lambda \cdot T}\right) - 1} \cdot d(\lambda \cdot T) \tag{17.12}$$

und strebt als Maximum den Wert 1 an. Diese Funktion beschreibt, welcher Anteil der emittierten Wärme bei einer kürzeren Wellenlänge als λ ausgesendet wird. Durch diese Umstellung können beide Funktionen gemeinsam in Bild 17.4 dargestellt werden, und es wird ihr Zusammenhang deutlich. Mit tabellierten Daten lässt sich leicht die Emission in einem bestimmten Wellenlängenbereich berechnen, diese ist dann

$$\dot{Q}\Big|_{\lambda_2}^{\lambda_1} = \int_{\lambda_1}^{\lambda_2} M(\lambda,T)\cdot d\lambda = \left(f_{0\to\lambda_2} - f_{0\to\lambda_1}\right)\cdot\sigma\cdot T^4 \tag{17.13}$$

In der allgemeinen Darstellung in Formel 17.12 befindet sich das Maximum der Emission an der Position der Konstante des Wien'schen Verschiebungsgesetzes aus Formel 17.9. An dieser Position hat das Integral den Wert 0,25, d. h. 25 % der thermischen Strahlung eines schwarzen Strahlers wird bei kürzerer Wellenlänge und 75 % bei längerer Wellenlänge emittiert[5]. Die zentralen 50 % der emittierten Wärme werden über einen spektralen Bereich emittiert, der sich zwischen λ_{max} und etwa $2{,}1\cdot\lambda_{max}$ befindet. Die Halbwertsbreite der Emission - der Bereich, in dem die spektrale Emission 50 % oder mehr des Maximums beträgt - ist ähnlich breit.

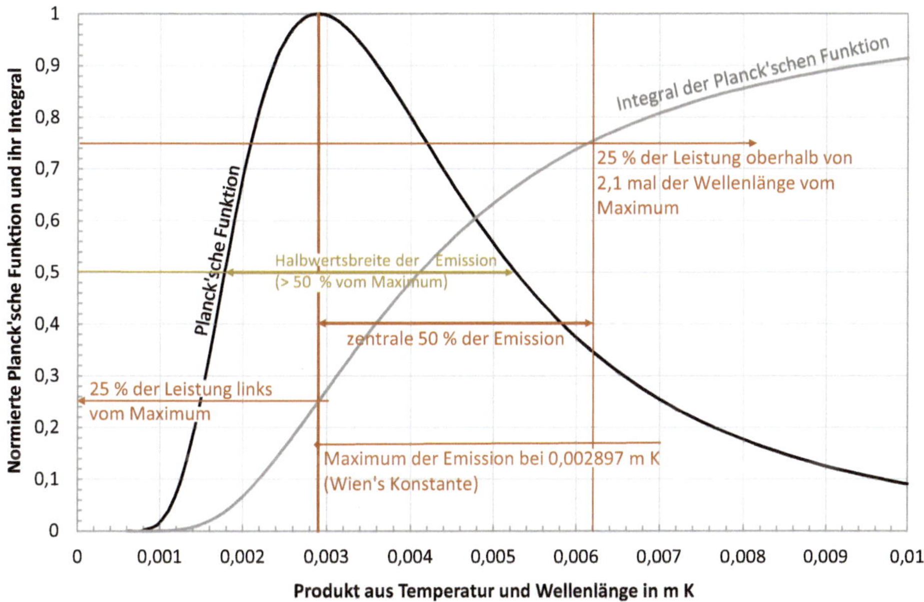

Bild 17.4 Verlauf der Planck'schen Funktion aus Formel 17.10 und ihres Integrals aus Formel 17.12. Die Planck'sche Funktion ist in dieser Darstellung selbstähnlich.

[5] Dieses Verhalten hilft zu erklären, warum Glühlampen so ineffizient sind - das nutzbare Licht ist dort immer der kleine Anteil an Strahlung bei kurzen Wellenlängen.

Tabelle 17.1 Beispiele für Strahlungsquellen

Oberfläche	T in K	Eigenschaften	Wärmestrom	λ_{max}
Hintergrundstrahlung des Weltalls	2,725 K	nahezu homogene Strahlung im All	$3{,}13 \cdot 10^{-6}$ W m^{-2}	1,063 mm (Grenze zur Mikrowelle)
Oberflächentemperatur des Saturnmondes Titan	94 K	Kohlenwasserstoffe als Wolken und Niederschlag	4,43 W m^{-2}	30 830 nm (IR-C)
Erdatmosphäre	255 K	Temperatur, mit der die Erdatmosphäre Wärme abstrahlt	240 W m^{-2}	11 363 nm (IR-C)
Mittlere Temperatur der Erdoberfläche	288 K	Im Infraroten ist der Emissionsgrad recht hoch	390 W m^{-2}	10 062 nm (IR-C)
T_{max} für berührbare Metalloberfläche (norm)	333 K	Metalle sind üblich beschichtet: Lacke haben hohe Emissivitätsgrade	700 W m^{-2} (ε = 1,0) bis 140 W m^{-2} (ε = 0,2)	8702 nm (IR-C)
Rotglut	870 K	rotglühende Oberfläche, z. B. Holz	32,5 kW m^{-2}	3330 nm (IR-C)
Stahl beim Schmieden oder Härten	1300 K	Emissivität hängt von Oxidation und Zusammensetzung ab	162 kW m^{-2} (ε = 1,0)	2223 nm (IR-B)
Flüssiger Stahl/ Glasschmelze	1800 K	Auf Stahl befindet sich eine Schlackeschicht mit $\varepsilon \cong 1{,}0$	595 kW m^{-2}	1610 nm (IR-B)
Wolframwendel einer Glühlampe	2750 K	Blankes Wolfram hat eine niedrige Emissivität, durch die Wendel wird dies aber deutlich erhöht ($\varepsilon \cong 0{,}4$)	1,297 MW m^{-2}	1054 nm (IR-A)
Oberfläche der Sonne	5776 K	Dies ist keine Oberfläche, sondern die Gasschicht, aus der Licht austreten kann	63 MW m^{-2}	502 nm (VIS, grün)

■ 17.3 Strahlung und Materie

Für die Ausbreitung von Strahlung gilt der erste Hauptsatz der Thermodynamik, also Energieerhaltung, denn Strahlung ist eine Form von Wärme, die schon von einem System abgegeben, aber noch nicht vom nächsten aufgenommen wurde. In diesem Abschnitt geht es um wenige zentrale Grundlagen zum Verhalten dieser Strahlung mit dem Fokus auf die so stattfindende Wärmeübertragung.

Trifft Strahlung auf Materie (dies kann ein Festkörper, eine Flüssigkeit, aber auch ein Gas sein), dann gibt es drei Möglichkeiten:

Absorption Die Strahlung, bzw. die in ihr enthaltene Energie wird vom Material absorbiert. Der Anteil der Strahlung bzw. der Intensität, der absorbiert wird, beträgt α. Dabei hängt diese Absorptionsrate α ab (i) von der Richtung, aus der das Licht auf die Oberfläche des Körpers auftrifft, (ii) von der Wellenlänge der Strahlung und (iii) von der Temperatur des Körpers sowie natürlich von der speziellen Zusammensetzung und Struktur der Oberfläche und ggf. des Inneren des Körpers, also seinen optischen Eigenschaften. Alle Körper, bei denen die Absorption vollständig an der Oberfläche stattfindet, nennen wir opak (undurchsichtig).

Reflektion Ein Teil der Strahlung wird an der Oberfläche des Materials reflektiert. Hierbei unterscheiden wir zwischen:

- diffuser Reflektion, bei der Licht in alle Raumrichtungen reflektiert wird. Dies sind Oberflächen, die auf der Mikroebene deutlich strukturiert sind (z. B. gesinterte Keramiken, Rost).
- spekularer oder gerichteter Reflektion, die an glatten Oberflächen stattfindet (z. B. Glas, Spiegel, poliertes Metall). Hier bestimmt der Einfallswinkel den Ausfallwinkel. Reflektion an glatten Oberflächen beschreibt der Brechungsindex des Materials (s. u.).

Der Anteil der Energie bzw. Intensität, der reflektiert wird, wird durch die Reflektivität ρ angegeben. Die Reflektivität hängt vom Winkel, der Wellenlänge der Strahlung, der Temperatur der Oberfläche sowie der Zusammensetzung des Körpers nahe der Oberfläche und der Struktur der Oberfläche ab. Grundsätzlich weist jede Grenzfläche, bei der sich die optischen Eigenschaften eines Körpers sprunghaft ändern, eine Reflektion auf.

Transmission Ein Teil der Strahlung bzw. Intensität kann durch die Materie hindurch gelangen und - falls der Körper ausreichend dünn ist - auf der anderen Seite wieder austreten. Damit wird ein Anteil τ der Strahlung durch den Körper transmittiert (hindurchgelassen). Die Transmission τ hängt vom Winkel, der Wellenlänge der Strahlung, der Temperatur des Körpers, seiner Zusammensetzung und Struktur ab. Viele Flüssigkeiten, Gläser, Kunststoffe sind transmittierend, wobei sie dabei auch immer etwas Strahlung im Volumen absorbieren, daher nennen wir sie semitransparent.

Energieerhaltung Aus dem ersten Hauptsatz der Thermodynamik folgt, dass die Summe an reflektierter, absorbierter und transmittierter Strahlung zusammen die einstrahlende Intensität ergibt. Dabei gilt dieses Kirchhoff'sche Gesetz streng jeweils nur für Strahlung, die unter einem gemeinsamen festgelegten Winkel γ auf die Materie trifft, und für eine spezifische Wellenlänge λ, also

$$\rho(\gamma,\lambda,T)+\alpha(\gamma,\lambda,T)+\tau(\gamma,\lambda,T)=1 \tag{17.14}$$

Zusätzlich gilt für die Materialeigenschaften der Emissivität und des Absorptionsvermögens

$$\alpha(\lambda,T)=\varepsilon(\lambda,T) \tag{17.15}$$

Achtung, diese Formel 17.15 besagt, dass wir die Absorptivität α aus der Emissivität ε (oder umgekehrt) immer dann berechnen können, wenn wir die gleiche Materialtemperatur und den gleichen Wellenlängenbereich der Strahlung betrachten. Wenn absorbierte Strahlung und emittierte Strahlung bei unterschiedlichen Wellenlängen ihr Maximum haben, dann sind diese beiden Werte sehr oft unterschiedlich. Nur im Falle von grauen diffusen Strahlern ist speziell

$$\alpha(T)\Big|_{\varepsilon(\lambda)=const} = \varepsilon(T) \tag{17.16}$$

(zumindest in den Bereichen, in denen Strahlung absorbiert und emittiert wird).

17.3.1 Opake Medien

Bild 17.5 zeigt die Reflektivität einer Reihe von Metallen. Hierbei handelt es sich jeweils um die Reflektivität an perfekten Oberflächen. Also insbesondere ohne Oxidschicht, d.h. diese Daten wurden im Vakuum oder unter Schutzatmosphäre gemessen, reale Metalloberflächen haben immer eine niedrigere Reflektivität. Die unterschiedlichen Verläufe im sichtbaren Spektralbereich von 380 nm bis 780 nm erklären die unterschiedlichen Farben der Metalle. Alle diese Metalle sind undurchsichtig (opak)[6], und daher ist immer

$$\tau = 0 \text{ und damit } \alpha(\lambda) = 1 - \rho(\lambda) \text{ und auch } \alpha(\lambda) = \varepsilon(\lambda) \tag{17.17}$$

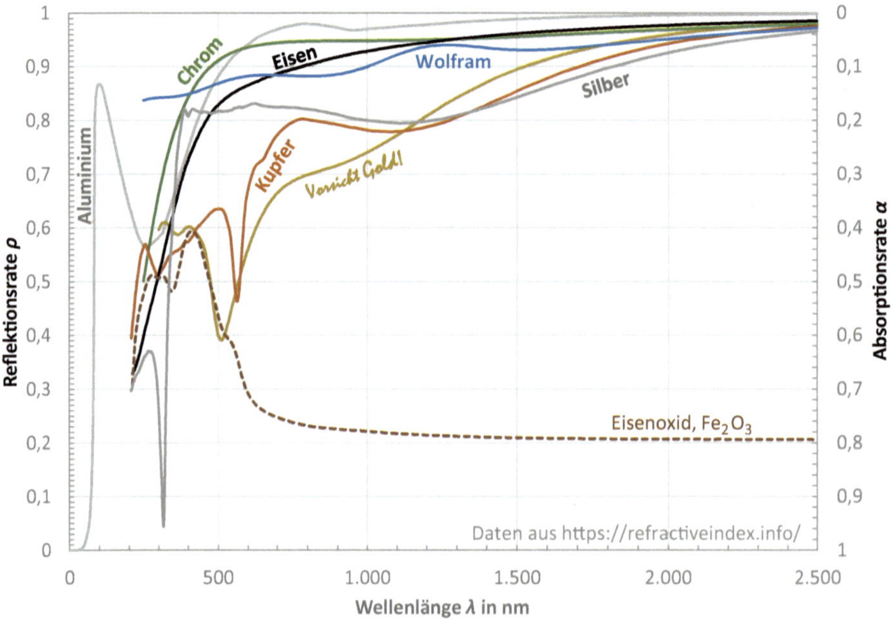

Bild 17.5 Reflektivität von reinen Metallen mit perfekten Oberflächen sowie von Eisenoxid (als dicke Rostschicht) bei etwa 300 K

[6] Ein Gegenbeispiel ist die Vergoldung auf Biergläsern: Diese erscheint im Durchlicht oft grünlich, d.h. die Vergoldung ist so dünn, dass grünes Licht hindurchgelangt.

Metalle weisen also insbesondere im Infraroten (dort, wo Wärmeübertragung spektral stattfindet) eine sehr geringe Emissivität auf. Dies wird technisch genutzt, wenn hochwertige Reflektoren für die Abschirmung von Wärmestrahlung eingesetzt werden.

Umgekehrt illustriert der Verlauf der Reflektivität für Rost (Eisenoxid, Fe_2O_3), dass oxydische Keramiken oft eine hohe Emissivität aufweisen, die nicht von der Wellenlänge abhängt - solche Keramiken sind daher gut als graue Strahler zu beschreiben.

17.3.2 Semitransparente Medien

Technische Bauteile aus Metall und sehr vielen Keramiken sind opak. Gläser, viele Kunststoffe und Flüssigkeiten sind durchsichtig, d.h. die Absorption findet tief im Material statt, und falls das Medium nicht zu dick ist, kann Strahlung hindurchgelangen (wie bei Fenstern). Solche semitransparenten Medien und ihre Eigenschaften lassen sich gut beschreiben, aber die Zusammenhänge und Formeln, die in diesem Kapitel ab Abschnitt 17.5 eingeführt werden, sind nur für opake - d.h. undurchsichtige - Medien gültig: Strahlung zwischen opaken Oberflächen ist der deutlich einfachere Fall, und dieser ist für viele technische Fragestellungen ausreichend.

In semitransparenten Medien erfolgen die Absorption und auch die Emission nicht an der Oberfläche, sondern im gesamten Volumen. Gleichzeitig sind die optischen Eigenschaften, die Absorption und Emission bestimmen, deutlich von der Wellenlänge abhängig. Dies macht ihre Berechnung so schwierig.

Das Verhalten von Strahlung in solchen semitransparenten Medien wird über den Brechungsindex beschrieben, dieser wird als komplexe Zahl geschrieben

$$\underline{n}(\lambda,T)=n(\lambda,T)+i\cdot k(\lambda,T), \tag{17.18}$$

wobei der reale Anteil als eigentlicher Brechungskoeffizient n die optischen Eigenschaften insbesondere der Lichtbrechung an Oberflächen des Mediums festlegt. Der imaginäre Teil ist der Extinktionskoeffizient k, der die Stärke der Absorption der Strahlung im Material beschreiben. Der Brechungsindex ist eine Materialeigenschaft und immer von der Wellenlänge λ und schwächer von der Temperatur T abhängig.

Reflektion Ganz allgemein ist die Reflektivität an einer Oberfläche bei senkrechtem Einfall des Lichts und wenn das Material an Vakuum oder an Luft grenzt (und damit der Brechungsindex $n_{Luft} \cong 1$)

$$\rho_{Vakuum \to Medium} = \frac{n^2 \cdot \left(1+k^2\right)+1-2\cdot n}{n^2 \cdot \left(1+k^2\right)+1+2\cdot n} \tag{17.19}$$

Diese Gleichung nimmt eine andere Form an, wenn beide Stoffe, die an der gemeinsamen Oberfläche zusammenkommen, einen realen Brechungsindex $n > 1$ haben und gleichzeitig die Absorption in den Medien klein ist, also $k \cong 0$. Dann ist für senkrechten Einfall

$$\rho_{1\to 2} = \left(\frac{n_1 - n_2}{n_1 + n_2}\right)^2 \tag{17.20}$$

Für Strahlung, die unter anderen Winkeln eintrifft, müssen weitere optische Eigenschaften berücksichtigt werden - da beginnt die Optik.

Absorption Der Extinktionskoeffizient k beschreibt die Absorption der Strahlung, die in das Medium gelangt ist. In semitransparenten Medien findet immer eine gewisse Absorption statt, und die Intensität im Medium verhält sich wie

$$I(z,\lambda) = I_0(\lambda) \cdot \exp\left(-\frac{4 \cdot \pi \cdot k(\lambda)}{\lambda} \cdot z\right) = I_0(\lambda) \cdot \exp(-\alpha(\lambda) \cdot z) \tag{17.21}$$

Dies ist das Lambert-Beer'sche Gesetz mit der Absorbanz α.

Emission Die Emission semitransparenter Medien erfolgt, wie auch die Absorption, im gesamten Volumen und nicht nur an der Oberfläche. Dadurch wird ein Teil der so emittierten Strahlung auch gleich wieder in diesem Körper absorbiert, und die Berechnung wird aufwendig. Das Verhalten semitransparenter Körper kann daher nicht mit den in Abschnitt 17.5 angegebenen Formeln beschrieben werden.

Alle Gläser und Kunststoffe sind im sichtbaren und nahen Infrarot semitransparent, aber im IR-C nahezu immer opak, sodass diese Oberflächen oft gut als opak angenommen werden können. Schwierig sind Gase, wie Wasserdampf, Kohlendioxid, Kältemittel usw. sowie sehr hohe Temperaturen, bei denen Emission im IR-A und Vis von Bedeutung ist - hierzu muss auf die Methoden der Spezialliteratur zurückgegriffen werden.

Gasstrahlung Bis hierher gelten alle Informationen für alle semitransparenten Medien. Trockene Luft, oder erweitert alle Edelgase und alle Moleküle, die aus zwei gleichen Atomen zusammengesetzt sind (N_2, O_2, ...), können sehr gut als transparente Medien quasi wie Vakuum behandelt werden.

Dies verhält sich grundlegend anders für Gase wie Wasserdampf, Kohlendioxid, Stickoxid; diese Gase sind semitransparent, wobei ihre Spektren sich aus einer beeindruckenden Vielzahl von Absorptionslinien zusammensetzen. Daher ist die Behandlung dieser Gase z. B. in Öfen oder Verbrennungsräumen ausgesprochen schwierig, und Methoden gehen weit über diesen Abschnitt hinaus.

Beispiel flüssiges Wasser

DIE OPTISCHEN EIGENSCHAFTEN VON FLÜSSIGEM WASSER SOLLEN DAS VERHALTEN SEMITRANSPARENTER MEDIEN ILLUSTRIEREN.

Bild 17.6 zeigt zuerst den Anteil der Strahlung, der an der Oberfläche nicht reflektiert wird. Auf dem Weg durch das Wasser wird diese Intensität dann absorbiert, wobei dies stark von der Wellenlänge abhängt. Sichtbares Licht dringt tief in Wasser ein; insbesondere grünes Licht ist auch in 100 m Tiefe noch vorhanden. Infrarote Strahlung hingegen wird bereits nahe der Oberfläche absorbiert. Ab etwa 1400 nm verhält sich Wasser opak.

Die wellenlängenabhängige Eindringtiefe der Strahlung, wie sie in Bild 17.6 für Wasser illustriert ist, folgt dabei aus dem Lambert-Beer'schen Gesetz aus Formel 17.21 und dem wellenlängenabhängigen Extinktionskoeffizienten für reines Wasser. Bild 17.7 zeigt die Intensitätsverläufe unter Berücksichtigung der Reflektivität an der Oberfläche für Wellenlängen des sichtbaren Lichts.

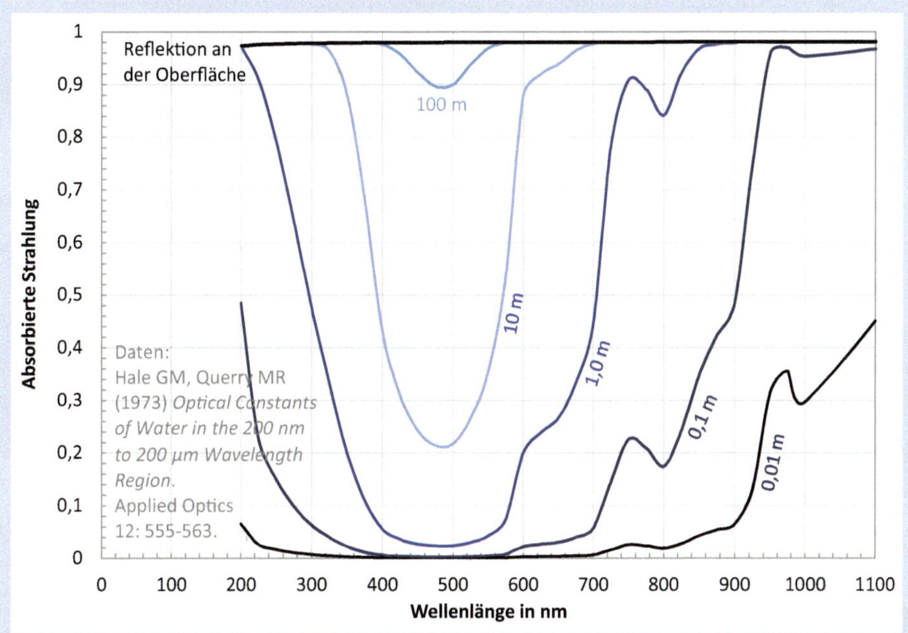

Bild 17.6 Optische Eigenschaften von flüssigem Wasser: Absorbierte Strahlung abhängig von der Schichtdicke

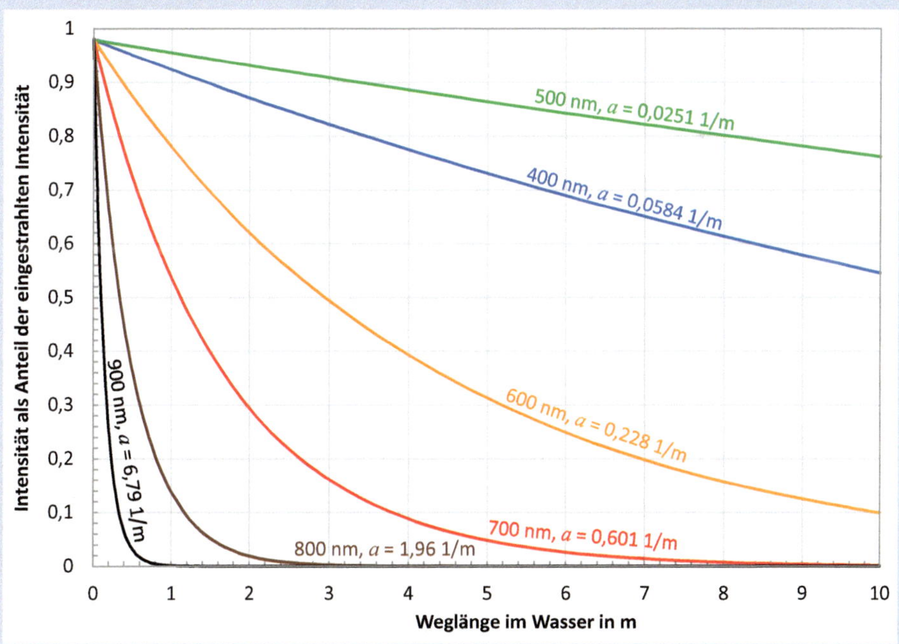

Bild 17.7 Abfallen der Intensität von Licht unterschiedlicher Wellenlänge in reinem Wasser mit der Weglänge illustriert das Lambert-Beer'sche Gesetz.

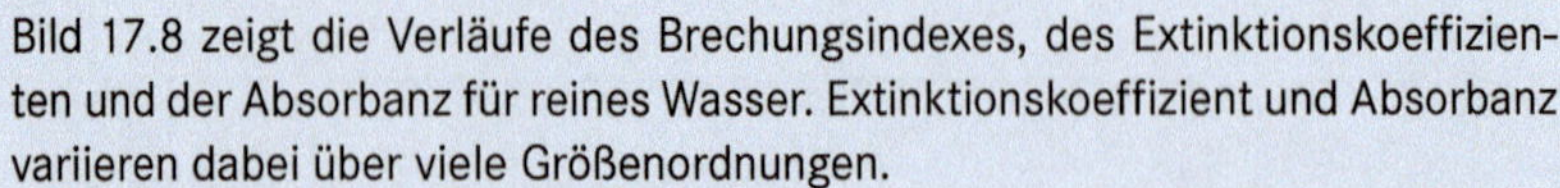

Bild 17.8 zeigt die Verläufe des Brechungsindexes, des Extinktionskoeffizienten und der Absorbanz für reines Wasser. Extinktionskoeffizient und Absorbanz variieren dabei über viele Größenordnungen.

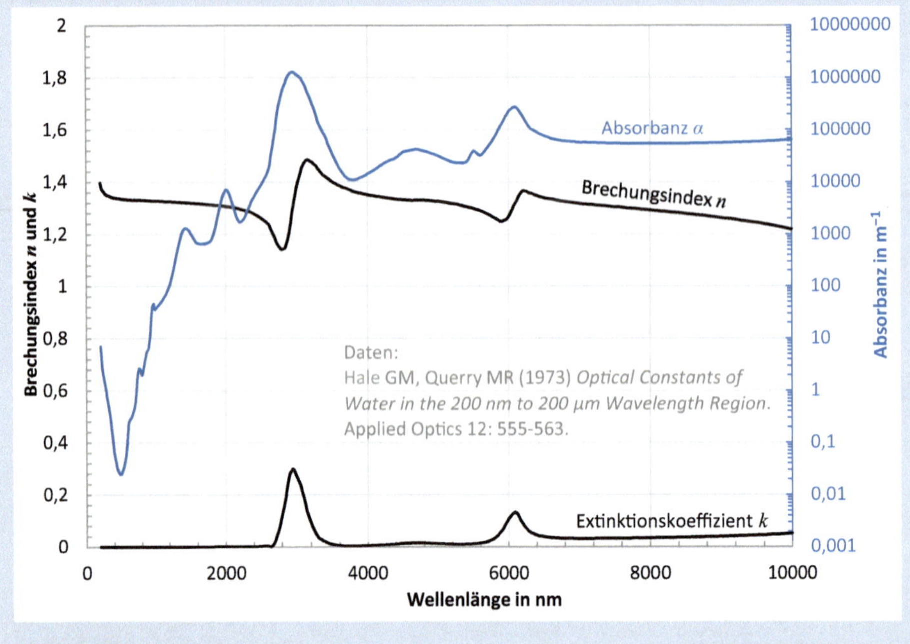

Bild 17.8 Verlauf des Brechungsindexes $n + i \cdot k$ und der Absorbanz für reines Wasser

17.4 Strahlung und Entropie

Wärmestrahlung überträgt Wärme, und damit transportiert sie auch Entropie. Dabei ist es sinnvoll, dies im Bild der Teilchen des Lichtes, der Photonen zu betrachten, denn das Bemerkenswerte ist, dass einem Photon auch Entropie zugeordnet werden kann, und dass diese Entropie dabei unabhängig von seiner Energie und damit unabhängig von der Wellenlänge der Strahlung ist. Aus der statistischen Physik heraus wäre zu erwarten, dass diese Entropie des einzelnen Photons etwa den Wert der Boltzmann-Konstante einnimmt, also $S_{Photon} \cong k_B = 1{,}38 \cdot 10^{-23}$ J K^{-1} (siehe Kirwan AD (2004) *Intrinsic photon entropy? The dark side of light.* International Journal of Engineering Science 42: 725 - 734).

In unserer makroskopischen Betrachtung blicken wir dann aber nicht auf einzelne Photonen, sondern wollen den Entropiestrom einer Oberfläche mit bekannter Temperatur und Oberflächeneigenschaften beschreiben.

Die „Planck"-Funktion der emittierten Entropie ist eine ausgesprochen komplexe Formel, deren Verlauf nur wenig von Formel 17.4 abweicht,

$$M_S(\lambda,T)=\frac{c_1}{\lambda^4}\left(\left(\left(1+\frac{1}{\exp\left(\frac{c_2}{\lambda\cdot T}\right)-1}\right)\cdot\log\left(1+\frac{1}{\exp\left(\frac{c_2}{\lambda\cdot T}\right)-1}\right)\right)-\frac{1}{\exp\left(\frac{c_2}{\lambda\cdot T}\right)-1}\cdot\log\frac{1}{\exp\left(\frac{c_2}{\lambda\cdot T}\right)-1}\right) \quad (17.22)$$

Die Konstanten c_1 und c_2 sind in Formel 17.5 definiert. Die gesamte Entropie, die eine Oberfläche mit gegebener Temperatur T abstrahlt, ist (als „Stefan-Boltzmann-Gesetz" der Entropie)

$$\dot{S}_{rad}(T)=\int_0^\infty M_S(\lambda,T)\cdot d\lambda = A\cdot\frac{4}{3}\cdot\sigma\cdot T^3=\frac{4}{3}\cdot\frac{\dot{Q}(T)}{T} \quad (17.23)$$

Das „Wien'sche Verschiebungsgesetz" der Entropie, also die Lage des Maximums des wellenlängenabhängigen Entropiestroms, den ein schwarzer Strahler ($\varepsilon = 1$) abgibt, ist

$$\lambda_{S=\max}=\frac{3{,}00292\cdot 10^{-3}\ \mathrm{m\,K}}{\mathrm{T}} \quad (17.24)$$

Der Zahlenwert der Konstanten weicht nur wenig von dem für das Maximum der Intensität aus Formel 17.4 (also Energie) ab, liegt aber bei etwas längeren Wellenlängen (Details siehe Delgado-Bonal (2017)).

Aus diesen Informationen folgt, dass die Strahlung von sehr heißen Oberflächen aus energiereichen Photonen besteht und Strahlung eher kühler Oberflächen aus energiearmen Photonen. Zugleich bleibt die Entropie jedes einzelnen Photons unabhängig von der Energie des Photons. Daraus folgt, dass die Strahlung einer heißen Oberfläche im Verhältnis zur transportierten Wärme weniger Entropie enthält als die Strahlung einer kühlen Oberfläche.

Grenzen des Wachstums?!

THERMODYNAMISCHE GRENZEN IM SYSTEM ERDE.

Die Erde hat einen Durchmesser von 12 736 km und ist nahezu kugelförmig. Die solare Einstrahlung an der Position der Erdumlaufbahn beträgt im Jahresmittel 1366 W m^{-2}.

Im Jahresmittel und gemittelt über die gesamte Erdoberfläche liegen die in Tabelle 17.2 angegeben Wärmeströme vor. Zusammenfassend erreichen 342 W m^{-2} die oberste Atmosphäre. Davon werden 100 W m^{-2} reflektiert, und 240 W m^{-2} werden im System Erde absorbiert. Von den 240 W m^{-2} werden 48 W m^{-2} in der Atmosphäre absorbiert, und 192 W m^{-2} erreichen den Erdboden. Die Sonne strahlt mit einer Oberflächentemperatur von 5776 K ab. Die mittlere Temperatur am Erdboden beträgt heute 288 K (Linow 2019).

Wir verwenden die astronomischen Symbole $\odot$ für die Sonne und $\oplus$ für die Erde.

Tabelle 17.2 Mittlere, auf die Erdoberfläche bezogene Strahlungsbilanz der Erde

Prozess	Wärmestrom	Anteil
Mittlere solare Einstrahlung	342 W m^{-2}	100 %
Strahlung der Sonne, die reflektiert wird (Wolken, Erdboden, Eis und Schnee)	70,5 ±3 W m^{-2}	21 %
Strahlung der Sonne, die in der Atmosphäre an Gas-Molekülen oder Staub reflektiert wird	27,2 ±5 W m^{-2}	8 %
Mittlere, im System Erde absorbierte Strahlung	240 W m^{-2}	70 %
Wärme, die in der Atmosphäre absorbiert wird	75 W m^{-2}	22 %
Wärme, die dem Erdboden zugeführt wird	165 W m^{-2}	48 %
fühlbare Wärme, die durch Konvektion vom Erdboden in die Atmosphäre gelangt	24 ±7 W m^{-2}	7 %
latente Wärme, die durch Verdunstung in die Atmosphäre gelangt	88 ±10 W m^{-2}	26 %
Netto-Wärme, die als Strahlung vom Erdboden emittiert und von der Atmosphäre wieder absorbiert wird	51,8 W m^{-2}	15 %
Wärme, die als Strahlung vom Erdboden emittiert wird und direkt das System Erde verlässt	20 ±4 W m^{-2}	6 %
Wärme, die als Strahlung der Atmosphäre (obere Schichten) das System Erde verlässt	240 W m^{-2}	70 %

Was sind die Oberfläche der Erde und die Projektionsfläche der Erde?

Die gesamte Oberfläche der Erde beträgt als Oberfläche einer Kugel

$$O_{\oplus} = \pi \cdot d_{\oplus}^2 = \pi \cdot (12.736\,\text{km})^2 = 509{,}5 \cdot 10^6\,\text{km}^2 = 509{,}5 \cdot 10^{12}\,\text{m}^2$$

Von dieser Fläche sind etwa 70 % Wasser (mit zunehmender Tendenz) und 30 % Land.

Die Projektionsfläche der Erde ist die Fläche des Erdschattens, wie Bild 17.9 versucht darzustellen, also eine Kreisfläche mit

$$A_{Pro,\oplus} = \frac{\pi}{4} \cdot d_{\oplus}^2 = \frac{\pi}{4} \cdot (12.736\,\text{km})^2 = 127{,}4 \cdot 10^{12}\,\text{m}^2$$

Diese Projektionsfläche ist exakt ¼ der Oberfläche. Dies erklärt, dass aus der solaren Einstrahlung von 1366 W m^{-2} auf der Erdumlaufbahn gerade 342 W m^{-2} mittlere Einstrahlung werden. Diese 342 W m^{-2} sind dabei der Mittelwert über alle geografischen Positionen, Tag/Nacht und Jahreszeiten und oberhalb der Atmosphäre.

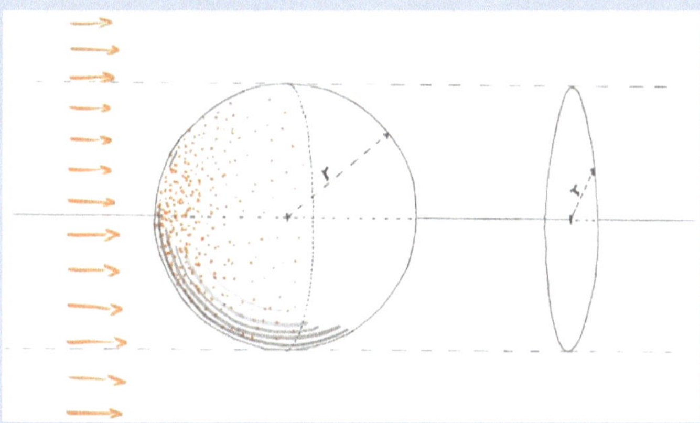

Bild 17.9 Oberfläche einer angestrahlten Kugel und ihre Projektionsfläche (Schatten)

Mit welcher Temperatur strahlt die Erde Wärme ab?

Da die Erde Wärme nur über Strahlung abgeben kann und sie zugleich von der Sonne (als einzige relevante Quelle) einen Wärmestrom von 240 W m^{-2} aufnimmt, ist dies zugleich der abgestrahlte Wärmestrom - zumindest bei ausgeglichener Energiebilanz. Dabei nehmen wir an, dass (i) geothermische Wärme hier vernachlässigt werden kann (was bei einem mittleren Wärmestrom von 0,087 W m^{-2} eine realistische Annahme ist) und dass Wärme aus menschlichen Aktivitäten auch vernachlässigt werden kann (s. u.). Dann ist

$$T_{\oplus} = \left(\frac{Q_{ab}}{O_{\oplus} \cdot \sigma}\right)^{\frac{1}{4}} = \left(\frac{240 \frac{\mathrm{W}}{\mathrm{m}^2}}{5{,}67 \cdot 10^{-8} \frac{\mathrm{W}}{\mathrm{m}^2 \cdot \mathrm{K}^4}}\right)^{\frac{1}{4}} = 255{,}1\,\mathrm{K}$$

Das Maximum der Strahlung der Sonne befindet sich bei

$$\lambda_{\max,\odot} = \frac{0{,}0028977\,\mathrm{m\,K}}{T_{\odot}} = \frac{0{,}0028977\,\mathrm{m\,K}}{5.776\,\mathrm{K}} = 501{,}7 \cdot 10^{-9}\,\mathrm{m} = 501{,}7\,\mathrm{nm}$$

im grünen Spektralbereich und das der Abstrahlung der Erde bei

$$\lambda_{\max,\oplus} = \frac{0{,}0028977\,\mathrm{m\,K}}{T_{\oplus}} = \frac{0{,}0028977\,\mathrm{m\,K}}{255\,\mathrm{K}} = 11{,}36 \cdot 10^{-6}\,\mathrm{m} = 11.360\,\mathrm{nm}$$

also weit im Infrarot. Die berechnete Temperatur ist die Temperatur der Stratosphäre, aus der heraus diese infrarote Strahlung in den Weltraum abgestrahlt wird. Der Temperaturunterschied zwischen mittlerer Oberflächentemperatur von 288 K und dieser Abstrahlungstemperatur ist auf den Treibhauseffekt der Erde zurückzuführen.

Bild 17.10 zeigt die Variation der solaren Einstrahlung oberhalb der Atmosphäre. Diese starke regionale und jahreszeitliche Variation ist dann die Ursache für Konvektion – also Wetter und Klima.

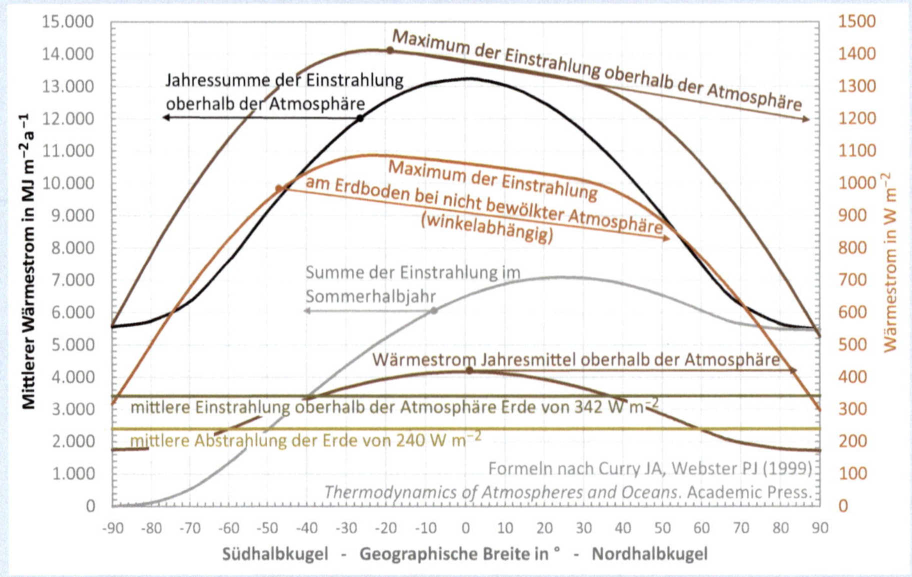

Bild 17.10 Variation der solaren Einstrahlung mit dem Breitengrad

Dürfen wir die Abwärme aus menschlicher Technik hier vernachlässigen?

Unser gesamter jährlicher Energiebedarf beträgt etwa 600 EJ im Jahr. Da diese Energie letztendlich vollständig dissipiert, können wir dies als (Ab-) Wärme ansetzen und bekommen damit

$$\frac{\dot{Q}_{hum}}{O_{\oplus}} = \frac{600\frac{\mathrm{EJ}}{\mathrm{a}}}{509{,}5\cdot 10^{12}\,\mathrm{m}^2} = \frac{\frac{600\cdot 10^{18}\,\mathrm{J}}{365\cdot 24\cdot 3600\,\mathrm{s}}}{509{,}5\cdot 10^{12}\,\mathrm{m}^2} = \frac{19{,}03\cdot 10^{12}\,\mathrm{W}}{509{,}5\cdot 10^{12}\,\mathrm{m}^2} = 0{,}03734\frac{\mathrm{W}}{\mathrm{m}^2}$$

Bei der aktuellen Wachstumsrate des Weltenergieverbrauchs von etwa 3 % pro Jahr erreicht dies in ca. 25 Jahren den Betrag der Geothermie und in 325 Jahren den der solaren Einstrahlung (die Folge exponentiellen Wachstums, siehe Linow 2019). D. h. heute können wir unseren Beitrag noch vernachlässigen.

Welche Entropieströme liegen damit vor?

Der mit der Wärmestrahlung der Sonne verbundene Entropiestrom beträgt bezogen auf die Erdoberfläche

$$\dot{S}_{\odot\to\oplus} = \frac{4}{3}\cdot\frac{\dot{Q}_{zu}}{T_{\odot}} = \frac{4}{3}\cdot\frac{342\frac{\mathrm{W}}{\mathrm{m}^2}}{5.776\,\mathrm{K}} = 0{,}07895\frac{\mathrm{W}}{\mathrm{K}\cdot\mathrm{m}^2}$$

Allerdings erreicht ein erheblicher Anteil dieser Strahlung nicht das System Erde, denn sie wird reflektiert. Im System Erde selber kommt nur die mit der absorbierten Wärme verbundene Entropie an, also

$$\dot{S}_{\oplus,zu} = \frac{4}{3} \cdot \frac{\dot{Q}_{abs}}{T_{\odot}} = \frac{4}{3} \cdot \frac{240 \frac{\mathrm{W}}{\mathrm{m}^2}}{5.776\,\mathrm{K}} = 0{,}05540 \frac{\mathrm{W}}{\mathrm{K} \cdot \mathrm{m}^2}$$

Dabei muss die Temperatur verwendet werden, mit der die Strahlung durch die Sonne erzeugt wurde.

Umgekehrt gibt die Erde mit der im Infraroten abgestrahlten Wärme auch Entropie ab,

$$\dot{S}_{\oplus,ab} = \frac{4}{3} \cdot \frac{\dot{Q}_{ab}}{T_{\oplus}} = \frac{4}{3} \cdot \frac{240 \frac{\mathrm{W}}{\mathrm{m}^2}}{255\,\mathrm{K}} = 1{,}255 \frac{\mathrm{W}}{\mathrm{K} \cdot \mathrm{m}^2}$$

Die Streuung von Strahlung erzeugt auch Entropie. Dies kann z. B. über die Etendué beschrieben werden, aber dies ist ein ganz schwieriges Konzept der Optik (Kleidon 2016).

Thermodynamische Grenzen des Wachstums

Bis hierher sind uns drei Grenzen begegnet:

Regenerative Energieversorgung Die eingestrahlte Wärme der Sonne ist nahezu der gesamte verfügbare Energiestrom im System Erde. Davon kann ein gewisser Anteil für regenerative Energiesysteme genutzt werden. Dieser Anteil hängt davon ab,

- welcher Anteil an Erdoberfläche genutzt werden kann, ohne andere lebenserhaltende Systeme zu zerstören,
- die für diesen Zweck letztendlich verfügbaren Rohstoffe und den energetischen Aufwand, diese bereitzustellen,
- sowie von weiteren gesellschaftlichen Abwägungen, also letztendlich ethischen Fragen.

Oberflächentemperatur Soll zusätzlich Energie aus extraterrestrischen Quellen im System Erde verwendet werden, so hat dies direkt Einfluss auf die benötigte Abstrahlung von Wärme durch die Erdatmosphäre. Jede weitere Zuführung von Wärme in das System Erde führt zu einer Erhöhung der Temperatur der Atmosphäre, denn die Erde kann nur auf diesem Wege einen eventuellen höheren Wärmestrom wieder abstrahlen. Ein relevanter Anstieg der Temperatur der Stratosphäre ist unter der Randbedingung der heutigen Zusammensetzung der Atmosphäre nur um einen wesentlich stärkeren Anstieg der Temperatur der Erdoberfläche zu haben. Inwieweit dies möglich ist, ohne die Erdoberfläche teilweise oder ganz zu sterilisieren (siehe Kapitel 12), wäre zu klären.

Technische Entropieströme Die Differenz

$$\Delta\dot{S}_{\oplus} = \dot{S}_{\oplus,ab} - \dot{S}_{\oplus,zu} = 1{,}255\frac{\mathrm{W}}{\mathrm{K}} - 0{,}055\frac{\mathrm{W}}{\mathrm{K}} = 1{,}200\frac{\mathrm{W}}{\mathrm{K}}$$

ist die Entropie, die im System Erde erzeugt wird; mehr Entropie kann das System Erde nicht abgeben. Da diese Entropie auch heute im System Erde erzeugt wird - um die natürlichen Prozesse im System Erde zu ermöglichen -, wird jede menschliche Entropieerzeugung den Anteil der natürlichen Möglichkeiten und Prozesse reduzieren und damit diese Prozesse verändern.

Wirkungsgrad von Photovoltaik

Das Licht der Sonne ist ein Wärmestrom, der in der Photovoltaikzelle in elektrische Arbeit umgewandelt wird. Daher gilt auch für diesen Prozess ein Carnot-Wirkungsgrad, wie wir ihn in Kapitel 5 eingeführt haben.

Der Wärmestrom, der in Leistung umgewandelt wird, stammt direkt von der Oberfläche der Sonne mit ihrer Temperatur von 5776 K. Dies ist nicht die reale Temperatur, sondern die Temperatur eines schwarzen Körpers, der das solare Spektrum, so wie es die Erde erreicht, am besten annähert.

Das Photovoltaiksystem gibt Abwärme an die Umgebung ab: Typisch durch Konvektion von den einzelnen Modulen, sodass 300 K als Umgebungstemperatur realistisch ist.

In diesem Falle ist

$$\eta_{PV} = \frac{P_{el,ab}}{\dot{Q}_{zu}} \leq 1 - \frac{T_{ab}}{T_{zu}} = 0{,}948$$

Diese Zahl berücksichtigt wichtige Effekte in der Atmosphäre nicht: Sie geht davon aus, dass nur die direkt von der Sonne eingestrahlte Strahlung genutzt wird. Tatsächlich kann auch diffuse Strahlung der Sonne verwendet werden - also alles Licht, das auf dem Weg von der Sonne zum PV-Modul in der Luft und an Wolken gestreut wurde. Dadurch ist der Wirkungsgrad niedriger und erreicht noch etwa 75 %, dafür ist die für PV tatsächlich nutzbare Strahlung deutlich größer.

Solche hohen Wirkungsgrade können einfache PV-Systeme grundsätzlich nicht erreichen, sie sind etwa auf 30 % limitiert. Für eine höhere Umwandlungseffizienz wären mehrschichtige Zellen notwendig; diese erreichen heute im Labor schon über 50 % Wirkungsgrad.

Aktuelle Daten: *https://www.nrel.gov/pv/module-efficiency.html.*

17.5 Netto-Wärmestrom

Bis hierhin haben wir Methoden kennengelernt, mit denen wir den Wärmestrom bestimmen können, den eine Oberfläche abstrahlt. In Formel 17.8 haben wir nur die Emission, also die Abstrahlung einer Oberfläche beschrieben. Reale Probleme sind fast immer dadurch gekennzeichnet, dass gleichzeitig auf diese Oberfläche auch nennenswerte Strahlung der Umgebung auftrifft und dort absorbiert wird. Damit ist der reale Wärmestrom der Oberfläche die Summe aus beiden Beiträgen

$$\dot{Q}_{Oberfläche} = -\dot{Q}_{ab} + \dot{Q}_{zu} \tag{17.25}$$

Wir müssen also für die Berechnung des Netto-Wärmestroms der Oberfläche beides berücksichtigen. Im allgemeinen Fall setzt sich die eingestrahlte Wärme aus vielen unterschiedlichen Anteilen von Oberflächen zusammen und entzieht sich damit einer einfachen Berechnung. Es gibt jedoch einfache Formeln, die viele wichtige technische Fälle gut beschreiben, diese sind hier zusammengestellt. Bevor diese vorgestellt werden, benötigen wir noch einen Hinweis:

Geometrie und Spektrum Strahlung, die von einer Quelle ausgesendet wird, verändert auf ihrem Weg durch den freien Raum ihre Intensität, also die auf eine senkrecht zur Ausbreitungsrichtung der Strahlung bezogene Fläche bezogene Energie, jedoch nicht ihre spektrale Verteilung. Dies können wir uns am besten vorstellen, indem wir das Photonenmodell der Strahlung verwenden: Ihre Dichte nimmt mit dem Abstand zur Quelle zumeist ab, da sie sich in unterschiedliche Raumrichtungen bewegen. Der Energiegehalt der einzelnen Photonen verändert sich nicht und damit auch nicht die energetische Verteilung über die Wellenlänge - das Spektrum bleibt unverändert, außer die Strahlung interagiert mit Materie.

Konvexe Flächen Alle weiteren Informationen gelten nur für konvexe Flächen, also solche Flächen, die sich nicht selbst zugewendet sind. Flächen, die sich selber zugewandt sind, nennen wir konkav; in diesem Fall bestrahlt sich die Oberfläche auch selber, dies müsste zusätzlich berücksichtigt werden.

Lambert'sche Strahler Streng gelten die weiteren Formeln für sogenannte Lambert'sche Strahler: Dies sind Oberflächen, die ideal diffus abstrahlen, also nicht spiegelnd sind. Letztendlich lassen sich so die Verhältnisse üblicher diffus strahlender matter oder rauer Oberflächen gut beschreiben.

17.5.1 Einfache Spezialfälle

Für opake Oberflächen (also Oberflächen, die nur Reflektion ρ und Absorption α aufweisen und die sich wie graue Strahler verhalten) gelten einfache Zusammenhänge, wenn zusätzlich keine Gasstrahlung vorliegt oder der Beitrag des Gases vernachlässigt werden kann (kühle Luft). Diese Formel und alle weiteren hier gelten nicht für semitransparente Oberflächen (Glas, transparenter Kunststoff o. Ä.).

Unendliche Ebene Der einfachste Fall sind zwei parallele, schwarze oder gleichartige graue ($\varepsilon_1 = \varepsilon_2$), gleich große, unendlich ausgedehnte Oberflächen $A_1 = A_2$. Dann gilt für den Netto-Wärmestrom von der Fläche 1 zur Fläche 2

$$\dot{Q}_{1\to2} = A \cdot \sigma \cdot \varepsilon \cdot \left(T_1^4 - T_2^4\right) \tag{17.26}$$

Sind die beiden Oberflächen graue Strahler mit unterschiedlichen Emissivitäten, dann müssen wir dies berücksichtigen und erhalten

$$\dot{Q}_{1\to2} = \frac{A \cdot \sigma \cdot \left(T_1^4 - T_2^4\right)}{\frac{1}{\varepsilon_1} + \frac{1}{\varepsilon_2} - 1} \tag{17.27}$$

Umschlossenes Rohr Ein weiterer Fall liegt mit zwei sich umschließenden langgestreckten Körpern vor. Speziell für ein Innenrohr und ein Mantelrohr ist

$$\dot{Q}_{1\to2} = \frac{A_1 \cdot \sigma \cdot \left(T_1^4 - T_2^4\right)}{\frac{1}{\varepsilon_1} + \frac{A_1}{A_2} \cdot \left(\frac{1-\varepsilon_2}{\varepsilon_2}\right)} = \frac{A_1 \cdot \sigma \cdot \left(T_1^4 - T_2^4\right)}{\frac{1}{\varepsilon_1} + \frac{r_1}{r_2} \cdot \left(\frac{1-\varepsilon_2}{\varepsilon_2}\right)} \tag{17.28}$$

Umschlossene Kugel Für den Wärmestrom von einer vollständig umschlossenen Kugel gilt

$$\dot{Q}_{1\to2} = \frac{A_1 \cdot \sigma \cdot \left(T_1^4 - T_2^4\right)}{\frac{1}{\varepsilon_1} + \frac{A_1}{A_2} \cdot \left(\frac{1-\varepsilon_2}{\varepsilon_2}\right)} = \frac{A_1 \cdot \sigma \cdot \left(T_1^4 - T_2^4\right)}{\frac{1}{\varepsilon_1} + \left(\frac{r_1}{r_2}\right)^2 \cdot \left(\frac{1-\varepsilon_2}{\varepsilon_2}\right)} \tag{17.29}$$

Die beiden Fälle lassen sich grundsätzlich verallgemeinern, also für andere ähnliche Geometrien anwenden. Solange die innere Oberfläche konvex ist, behalten sie ihre Gültigkeit. Sie können dann auch für Teilflächen angewendet werden.

Grenzfälle Ein Sonderfall liegt vor, wenn die innere Oberfläche 1 viel kleiner ist als die umhüllende, also

$$\lim_{\frac{A_1}{A_2}\to 0} \dot{Q}_{1\to2} = \lim_{\frac{A_1}{A_2}\to 0} \frac{A_1 \cdot \sigma \cdot \left(T_1^4 - T_2^4\right)}{\frac{1}{\varepsilon_1} + \frac{A_1}{A_2} \cdot \left(\frac{1-\varepsilon_2}{\varepsilon_2}\right)} = A_1 \cdot \varepsilon_1 \cdot \sigma \cdot \left(T_1^4 - T_2^4\right) \tag{17.30}$$

Dies ist der Fall, wenn das Verhältnis der beiden Oberflächen dem Fehler bei der Angabe der Emissivität der Oberflächen entspricht, oder etwa, wenn die Flächen der beiden Oberflächen mehr als zwei Größenordnungen voneinander abweichen.

Der zweite Sonderfall liegt vor, wenn beide Oberflächen nahezu gleich sind, s. o.

$$\lim_{\frac{A_1}{A_2}\to 1} \dot{Q}_{1\to2} = \lim_{\frac{A_1}{A_2}\to 1} \frac{A_1 \cdot \sigma \cdot \left(T_1^4 - T_2^4\right)}{\frac{1}{\varepsilon_1} + \frac{A_1}{A_2} \cdot \left(\frac{1-\varepsilon_2}{\varepsilon_2}\right)} = \frac{A_1 \cdot \sigma \cdot \left(T_1^4 - T_2^4\right)}{\frac{1}{\varepsilon_1} + \frac{1}{\varepsilon_2} - 1} \tag{17.31}$$

Dies ist der Fall zweier ebenen Oberflächen.

Grundsätzlich können diese Formeln auch angewendet werden, wenn die Oberfläche 2 nur den Sichtbereich der Oberfläche 1 vollständig umhüllt. Dies ist von Bedeutung, wenn die

Fläche 1 in einer Ebene liegt, denn dann sind Beiträge und damit Geometrie unterhalb dieser Ebene irrelevant. Allen diesen Fällen ist zu eigen, dass der gleich eingeführte Sichtfaktor den Wert 1 hat - die äußere Fläche umhüllt die innere so, dass von dieser aus nur die äußere Fläche zu sehen ist.

17.5.2 Verallgemeinerung zu Sichtfaktoren

Sichtfaktoren sind eine Möglichkeit, um die Wärmeübertragung zwischen zwei grauen Oberflächen genauer zu beschreiben, wobei weitere Details der Geometrie berücksichtigt werden.

Für schwarze Strahler gilt ganz allgemein

$$\dot{Q}_{1\to 2} = F_{12} \cdot A_1 \cdot \sigma \cdot \left(T_1^4 - T_2^4\right), \tag{17.32}$$

wobei der Sichtfaktor F_{12} alle Informationen zur Geometrie enthält.

Diese Formel ist nur für schwarze Strahler so einfach, da nur dann Reflektion zwischen den beiden Oberflächen vernachlässigt werden kann. Im Spezialfall zweier konvexer oder ebener grau strahlender Flächen gilt

$$\dot{Q}_{1\to 2} = \frac{A_1}{\frac{1-\varepsilon_1}{\varepsilon_1} + \frac{A_1}{A_2} \cdot \frac{1-\varepsilon_2}{\varepsilon_2} + \frac{1}{F_{12}}} \cdot \sigma \cdot \left(T_1^4 - T_2^4\right) \tag{17.33}$$

Dann gelten die folgenden Rechenregeln:

Reziprozität Umkehrbarkeit der Austauschzahl

$$A_1 \cdot F_{12} = A_2 \cdot F_{21} \tag{17.34}$$

Summenbeziehung Falls eine Fläche in einen vollständig geschlossenen Raum strahlt, ist

$$\sum_i F_{1i} = 1 \tag{17.35}$$

Dies ist eine Formulierung der Energieerhaltung.

Zerlegungsgesetz Für eine Fläche, die aus Teilflächen zusammengesetzt werden kann, also $A_1 = A_{1'} + A_{1''}$, gilt

$$A_1 \cdot F_{12} = A_{1'} \cdot F_{1'2} + A_{1''} \cdot F_{1''2} \tag{17.36}$$

Diese Sichtfaktoren erlauben es auch, Wärmeströme zwischen mehreren Oberflächen unterschiedlicher Temperaturen aufzusummieren.

Berechnen Die Gleichungen für die einzelnen Sichtfaktoren zu spezifischen Geometrien sind schnell umfangreich. Daher ist es sehr sinnvoll, diese in einem Tabellenkalkulationsprogramm abzubilden. So suche ich eventuelle Fehler nur einmal und kann die Gleichung danach sicher immer wieder verwenden. Insbesondere erlaubt dies Parametervariation und ggf. Optimierung.

Ich benötige mehr!

Methoden

Das Lehrbuch von Marek und Nitsche führt weitere Konzepte ein und vertieft damit die hier vorgestellten Möglichkeiten.

Deutlich tiefer, jedoch weiter klar auf einer Anwendungsebene ist die Darstellung im Lehrbuch von Incropera und DeWitt.

Vollständig auch im Hinblick auf die benötigte Optik ist die Darstellung in Siegel und Howell.

Spektral aufgelöste Emissivität

Es gibt gute Daten für eine Reihe von technisch relevanten Stoffen. Touloukian bietet eine Zusammenstellung einer Vielzahl von Messungen der Emissivität und der Reflektivität. Palik fokussiert eher auf die optischen Konstanten bzw. den Brechungsindex und enthält auch weitere praktische Informationen. Genügen diese Daten nicht, bleibt die mühsame Suche in der Spezialliteratur.

Kataloge für Sichtfaktoren

Sichtfaktoren sind sehr praktisch für die Berechnung spezieller Wärmeübertragungsprobleme. Die angegebenen Bücher enthalten jeweils eine kleine Auswahl. Es existieren jedoch umfangreiche Kataloge, insbesondere:

https://ecss.nl/standards/active-standards/, und dort ECSS-E-HB-31-01 Part 1 A

http://www.thermalradiation.net/indexCat.html.

Literatur

Bergman TL, Lavine AS, Incropera FP, DeWitt DP (2019) *Fundamentals of Heat and Mass Transfer.* Wiley.

Curry JA, Webster PJ (1999) *Thermodynamics of Atmospheres and Oceans.* Academic Press.

Delgado-Bonal (2017) *Entropy of radiation: the unseen side of light.* Scientific Reports 7:1642. *https://doi.org/10.1038/s41598-017-01622-6.*

Howell JR, Mengüc MP, Siegel R (2016) *Thermal Radiation Heat Transfer.* CRC Press, Boca Raton.

Kleidon A (2016) *Thermodynamic Foundations of the Earth System.* Cambridge University Press.

Linow S (2019) *Energie – Klima – Ressourcen. Quantitative Methoden zur Lösungsbewertung von Energiesystemen.* Hanser, München.

Marek R & Nitsche, Klaus (2019) *Praxis der Wärmeübertragung. Grundlagen – Anwendung – Übungsaufgaben.* Hanser.

Palik ED (1997) *Handbook of Optical Constants of Solids. 5 Bände.* Elsevier.

Quaschning V (2019) *Regenerative Energiesysteme. Technologie – Berechnung – Klimaschutz.* Hanser, München.

Stamnes K, Thomas GE, Stamnes JJ (2017) *Radiative Transfer in the Atmosphere and Ocean.* Cambridge University Press.

Touloukian YS (1970) *Thermophysical Properties of Matter: The TPRC Data Series; a Comprehensive Compilation of Data.* New York, Plenum. Bände 7 bis 9.

VDI [Hrsg.] *VDI-Wärmeatlas.* Springer.

18 Wärmeübertragung

In den drei vorherigen Kapiteln stand immer eine einzelne Form der Wärmeübertragung im Fokus. Höchstens in den Beispielen erfolgte ein Ausblick auf weitergehende Zusammenhänge. Dieses Kapitel blickt jetzt auf Themen, die mehrere Formen der Wärmeübertragung verbinden oder anderweitig über den bisherigen Fokus hinausgehen.

18.1 Wärmedurchgang

Als Wärmedurchgang von einem Fluid durch eine feste Wand in ein zweites Fluid bezeichnen wir den Wärmestrom, der sich durch die Kombination von konvektiver Wärmeübertragung vom ersten Fluid zur Wand, der Wärmeübertragung in der Wand und der konvektiven Wärmeübertragung von der Wand in das zweite Fluid einstellt. Grundsätzlich kann dieser Wärmedurchgang dabei zusätzlich Strahlung an den beiden Oberflächen sowie neben Wärmeleitung auch Konvektion oder Strahlung in komplex aufgebauten Wänden enthalten.

Einfacher Fall Der technisch relevanteste Fall ist zugleich der einfache, bei dem nur Konvektion und Wärmeleitung in der Wand vorliegen. Diesen betrachten wir hier.

Der Wärmestrom ist aufgrund der Energieerhaltung im ersten Fluid (Index 1), in der Wand und im zweiten Fluid (Index 2) jeweils identisch und damit

$$\dot{Q} = \alpha_1 \cdot A \cdot \left(T_{fluid,1} - T_{Wand,1}\right) = \lambda \cdot \frac{A}{d} \cdot \left(T_{Wand,2} - T_{Wand,1}\right) = \alpha_2 \cdot A \cdot \left(T_{Wand,2} - T_{fluid,2}\right) \tag{18.1}$$

Dies kann nun geschrieben werden als

$$\dot{Q} = k \cdot A \cdot \left(T_2 - T_1\right) \tag{18.2}$$

mit

$$\frac{1}{k \cdot A} = \frac{1}{\alpha_1 \cdot A_1} + \frac{d}{\lambda \cdot A} + \frac{1}{\alpha_2 \cdot A_2} = R_{\alpha,1} + R_{\lambda,12} + R_{\alpha,2} \tag{18.3}$$

Damit ist die Wärmedurchgangszahl

$$k \cdot A = \frac{1}{\dfrac{1}{\alpha_1 \cdot A_1} + \dfrac{d}{\lambda \cdot A} + \dfrac{1}{\alpha_2 \cdot A_2}} \tag{18.4}$$

definiert und kann so berechnet werden. Es wird oft $k \cdot A$ angegeben, da im allgemeinen Falle die Fläche und Geometrie der Wand direkten Einfluss auf k hat.

Wie in Formel 18.3 schon nahegelegt, können wir dies als einen Wärmedurchgangswiderstand interpretieren und erhalten so die beiden konvektiven Widerstände als

$$R_{\alpha,1} = \frac{1}{\alpha_1 \cdot A} \text{ und } R_{\alpha,2} = \frac{1}{\alpha_2 \cdot A} \tag{18.5}$$

Wie bei der Wärmeleitung, so können wir auch hier die Wandtemperaturen bestimmen mit

$$T_{Wand,1} = T_{fluid,1} - \frac{\dot{Q}}{\alpha_1 \cdot A_1} \text{ und } T_{Wand,2} = T_{fluid,2} + \frac{\dot{Q}}{\alpha_2 \cdot A_2} \tag{18.6}$$

Hier bezeichnen T_{fluid} jeweils die Temperatur im ungestörten Fluid. Die Berechnung konkreter Probleme gelingt einfach für geringe Temperaturunterschiede, da dann die Temperaturabhängigkeit der Stoffwerte keine große Rolle spielt. Bei großen Temperaturdifferenzen müssen Probleme ggf. iterativ berechnet werden.

Ebene Wand Diese Wärmedurchgangszahl ist im Spezialfall ebener und damit gleich großer Wände

$$k = \frac{1}{\frac{1}{\alpha_1} + \frac{d}{\lambda} + \frac{1}{\alpha_2}}, \tag{18.7}$$

Denn hier ist k unabhängig von der Fläche A.

U-Wert Diese Wärmedurchgangszahl wird oft k-Wert oder auch U-Wert genannt. Besondere Bedeutung hat sie bei Gebäuden, wo Mindestanforderungen heute in Gesetzen festgeschrieben sind, um neue Gebäude möglichst so zu bauen, dass sie wenig Heizenergie benötigen.

Wie wir in Kapitel 12 aus einer anderen Perspektive diskutiert haben, ist erst durch eine ausreichende Isolierung und durch großflächige Heizflächen (Fußbodenheizung) der Einsatz von Wärmepumpen als Teil einer Wärmewende für die Raumwärme gerechtfertigt bzw. möglich.

Zylindrische Geometrie Für einen hohlen Zylinder ist

$$k \cdot A = \frac{2 \cdot \pi \cdot l}{\frac{1}{\alpha_1 \cdot r_1} + \frac{1}{\lambda} \cdot \ln \frac{r_2}{r_1} + \frac{1}{\alpha_2 \cdot r_2}} \tag{18.8}$$

Kugel Für eine hohle Kugel ergibt sich entsprechend

$$k \cdot A = \frac{4 \cdot \pi}{\frac{1}{\alpha_1 \cdot r_1^2} + \frac{1}{\lambda} \cdot \left(\frac{1}{r_1} - \frac{1}{r_2}\right) + \frac{1}{\alpha_2 \cdot r_2^2}} \tag{18.9}$$

Komplexer Fall Diese Methode kann durch ihre Analogie zu Widerständen deutlich erweitert werden:

Bei einer mehrschichtigen Wand wird der Wärmeleitungsterm, wie in Kapitel 15 erklärt, in eine Summe über die einzelnen Beiträge der einzelnen Schichten erweitert.

Ich brauche mehr Informationen

Anwendung des U-Wertes im Gebäudebereich Die Verwendung von k- bzw. U-Werten im Gebäudebereich diskutieren Hörner & Casties (2016). Werte, Normen und Berechnungsgrundlagen finden sich in Albert (2020).

Komplexere Geometrien Die Verwendung der Widerstandsanalogie und den Umgang mit komplexeren Fällen diskutieren Marek & Nitsche (2019) und Incropera (2019).

18.2 Wärmetauscher

Bis hierher haben wir Wärmetauscher einfach als gegebene Zustandsänderung betrachtet. In diesem Abschnitt sollen wesentliche Konzepte dargestellt werden.

Wärmetauscher kommen in einer beeindruckenden Vielfalt von Formen und Größen vor. Sie lassen sich jedoch auf wenige Funktionsprinzipien zurückführen. In diesem Abschnitt geht es dabei um Wärmetauscher, die Wärme von einem Fluid auf ein anderes übertragen, wobei diese beiden Fluide sich nicht mischen. Bereits in Kapitel 9 wird auf Nasskühltürme als Beispiel von sich mischenden Stoffströmen eingegangen.

18.2.1 Regenerator

In einem Regenerator erfolgt die Wärmeübertragung zwischen zwei sich nicht mischenden Stoffströmen über eine zeitliche Trennung: Ein erstes Fluid oder sogar eine Verbrennungsreaktion führt einem Speichermedium Wärme zu. Wenn das Medium seine maximale Temperatur erreicht hat, kann dann ein zweites Fluid diese Wärme dem Speicher wieder entnehmen. So ein Regenerator wird also zyklisch be- und entladen. Wichtige technische Beispiele sind die Winderhitzer für den Betrieb von Hochöfen (Cowper) oder Luft- und Brenngasvorwärmer für Glasschmelzwannen, d.h. sie werden typisch für sehr hohe Temperaturen eingesetzt.

Wesentliche Eigenschaften eines Regenerators sind:

- die Wärme Q_{reg}, die im Nennbetrieb gespeichert werden kann,
- die Zeit für einen Beladevorgang Δt_{be} und die Zeit für einen Entladevorgang Δt_{ent} jeweils bei Nennmassenstrom der Wärmeträger,
- die Temperaturdifferenz zwischen niedrigster Entnahmetemperatur und maximaler Beladetemperatur: Die erste Temperatur ist durch den Prozess vorgegeben und die zweite durch die mechanische Beständigkeit des Speichermediums.

Solche Regeneratoren können zeitaufgelöst beschrieben werden, in dem Belade- und Entladevorgänge einzeln betrachtet werden. Wie dies mit einem Tabellenkalkulationsprogramm durchgeführt werden könnte, erläutert Abschnitt 18.3. Für die eigentliche Auslegung ist diese zeitabhängige Beschreibung notwendig. Eine andere Auslegungsmethode, bei der nur mittlere Werte verwendet werden, gibt der VDI-Wärmeatlas.

18.2.2 Rekuperator

Rekuperatoren sind Wärmetauscher, bei denen die beiden Fluide durch eine feste Wand voneinander getrennt sind und die als stationäre Fließsysteme funktionieren. Hierbei werden unterschieden:

Gleichstrom Im Gleichstromaufbau strömen beide Fluide, das Wärme abgebende und das aufnehmende parallel, getrennt durch eine wärmedurchlässige Wand, wie Bild 18.1 illustriert. Durch den Wärmetransport vom Fluid höherer Temperatur zu dem Fluid niedrigerer Temperatur nähern sich die beiden Temperaturen aneinander an und erreichen im ansonsten adiabaten Fall und für ausreichend lange Wärmetauscher gerade die Mischungstemperatur

$$T_{Mi} = \frac{\dot{m}_1 \cdot c_{p,1} \cdot T_{1,zu} + \dot{m}_2 \cdot c_{p,2} \cdot T_{2,zu}}{\dot{m}_1 \cdot c_{p,1} + \dot{m}_2 \cdot c_{p,2}} \tag{18.10}$$

Damit kann maximal als Wärme übertragen werden

$$-\dot{Q}_1 = -\dot{m}_1 \cdot c_{p,1} \cdot \left(T_{Mi} - T_1\right) = -\dot{m}_2 \cdot c_{p,2} \cdot \left(T_{Mi} - T_2\right) = \dot{Q}_2 \tag{18.11}$$

In der Realität wird die Mischungstemperatur nicht erreicht, und der übertragene Wärmestrom fällt entsprechend geringer aus.

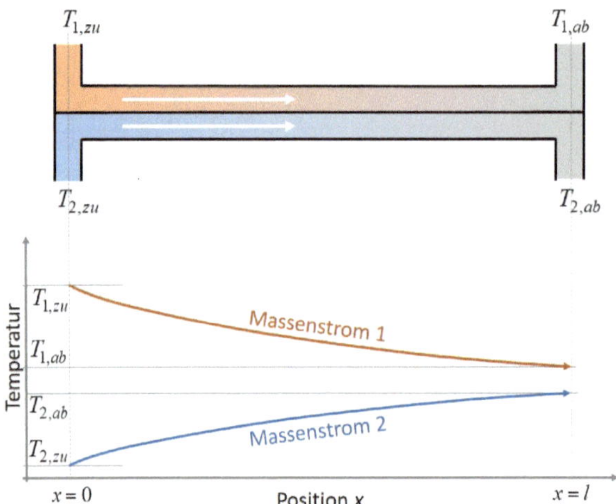

Bild 18.1 Prinzipieller Aufbau eines Gleichstromwärmetauschers und der Temperaturverläufe in den beiden Strömen

Gegenstrom Die durch die Wand getrennten Fluide strömen sich entgegen, siehe Bild 18.2. Die Temperatur des abgebenden Fluides fällt ab, die des aufnehmenden Fluides steigt an - bei guter Auslegung nahezu gleich und nur um die für den ausreichenden Wärmestrom benötigte Temperaturdifferenz ΔT_k unterschiedlich. Gegenstromwärmetauscher erlauben damit die größte Wärmeübertragung mit

$$-\dot{Q}_1 = -\dot{m}_1 \cdot c_{p,1} \cdot \left(T_{1,zu} - T_{1,ab}\right) = -\dot{m}_2 \cdot c_{p,2} \cdot \left(T_{2,zu} - T_{2,ab}\right) = \dot{Q}_2 \tag{18.12}$$

Dabei sind im günstigsten Fall die Massenströme so dimensioniert, dass die beiden Temperaturdifferenzen überall im Wärmetauscher gleich sind.

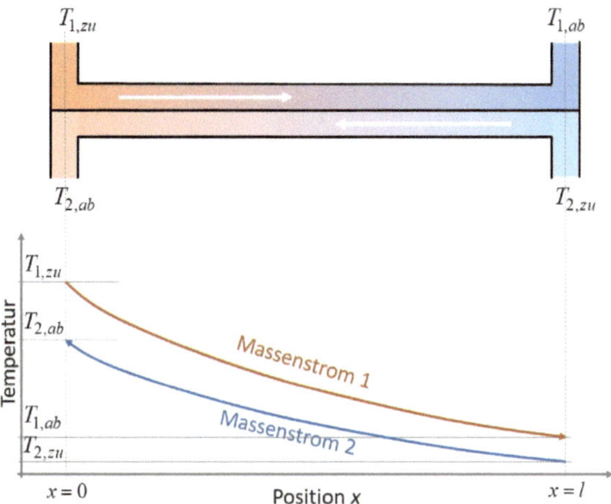

Bild 18.2 Prinzipieller Aufbau eines Gegenstromwärmetauschers und der Temperaturverläufe in den beiden Strömen

Berechnen Der Wärmestrom durch einen Wärmetauscher beträgt ganz allgemein

$$\dot{Q} = k \cdot A \cdot \Delta T_{WT} \,, \tag{18.13}$$

hier wurde die Wärmedurchgangszahl $k \cdot A$ in Abschnitt 18.1 eingeführt. Allgemein definiert man die logarithmische Temperaturdifferenz eines Wärmetauschers als

$$\Delta T_{WT} = \frac{\Delta T_{\max} - \Delta T_{\min}}{\ln \dfrac{\Delta T_{\max}}{\Delta T_{\min}}} \tag{18.14}$$

Diese Funktion ist für $\Delta T_{\max} = \Delta T_{\min}$ nicht definiert. Bild 18.3 stellt für drei konstante Werte von $\Delta T_{\max}$ die Verläufe der logarithmischen Temperaturdifferenz dar und zeigt, dass sie an dieser Position gerade den Wert $\Delta T_{\min}$ annimmt.

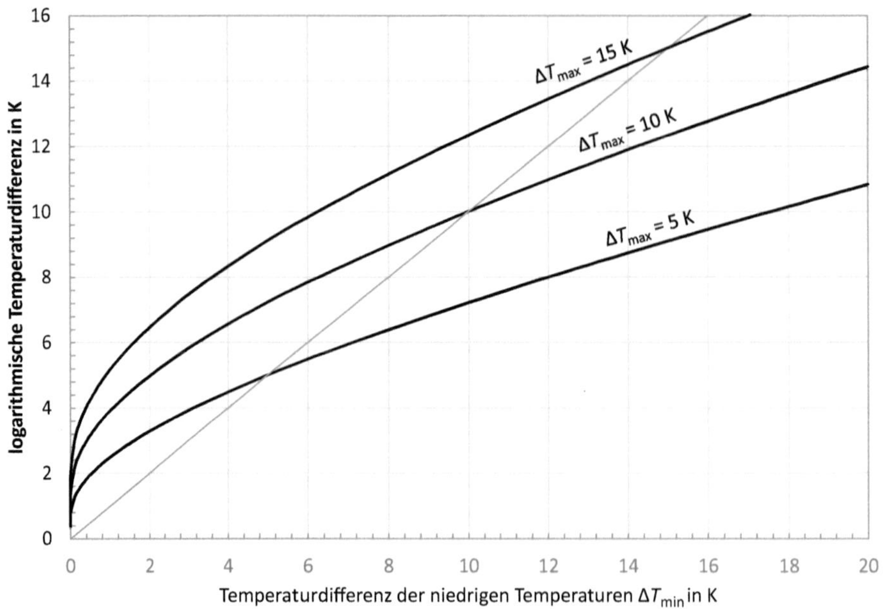

Bild 18.3 Verlauf der logarithmischen Temperaturdifferenz für Gegenstromwärmetauscher bei Variation der niedrigen Temperaturdifferenz

Diese allgemeine Definition lässt sich für Gleichstrom- und Gegenstrombedingungen detailliert ausformulieren. Für alle anderen Konfigurationen ist der Aufwand komplexer, siehe VDI-Wärmeatlas.

Die logarithmische Temperaturdifferenz ist für einen Gleichstromwärmetauscher definiert als

$$\Delta T_{WT,\Rightarrow} = \frac{\left(T_{1,zu} - T_{2,zu}\right) - \left(T_{1,ab} - T_{2,ab}\right)}{\ln \dfrac{T_{1,zu} - T_{2,zu}}{T_{1,ab} - T_{2,ab}}} \tag{18.15}$$

und für einen Gegenstromwärmetauscher als

$$\Delta T_{WT,\rightleftharpoons} = \frac{\left(T_{1,zu} - T_{2,ab}\right) - \left(T_{1,ab} - T_{2,zu}\right)}{\ln \dfrac{T_{1,zu} - T_{2,ab}}{T_{1,ab} - T_{2,zu}}} \tag{18.16}$$

Die Temperaturdifferenz zwischen den beiden Strömen lässt sich auch angeben. Für Gleichstromwärmetauscher ist die Temperaturdifferenz zwischen den beiden Strömen entlang der Trennwand

$$\Delta T_{12,\Rightarrow}\left(x\right) = \Delta T_{12,zu} \cdot \exp\left(-k \cdot A \cdot \left(\frac{1}{\dot{m}_1 \cdot c_{p,1}} + \frac{1}{\dot{m}_2 \cdot c_{p,2}}\right) \cdot \frac{x}{l}\right), \tag{18.17}$$

wobei x die Position und l die gesamte Länge der Trennung ist. Für den Fall des Gegenstromwärmetauschers ist

$$\Delta T_{12,\rightleftharpoons}(x)=\left(T_{1,zu}-T_{2,ab}\right)\cdot\exp\left(-k\cdot A\cdot\left(\frac{1}{\dot{m}_1\cdot c_{p,1}}-\frac{1}{\dot{m}_2\cdot c_{p,2}}\right)\cdot\frac{x}{l}\right) \tag{18.18}$$

Diese Temperaturdifferenz ist gerade konstant, wenn

$$\frac{1}{\dot{m}_1\cdot c_{p,1}}=\frac{1}{\dot{m}_2\cdot c_{p,2}},\text{ also }\dot{m}_1\cdot c_{p,1}=\dot{m}_2\cdot c_{p,2} \tag{18.19}$$

Kreuzstrom Die technisch häufigste Form des Wärmetauschers ist der Kreuzstrom, denn diese Bauformen sind verhältnismäßig einfach herzustellen, kompakt und druckbeständig, siehe Bild 18.4. Dabei fließen die beiden Fluide im Wesentlichen etwa rechtwinklig aneinander vorbei. Typisch wird das eine Fluid in einer Vielzahl von Rohren geführt, die das andere Fluid dann umströmt. Je nach Bauform lassen sich auch Mischformen hin zu Gegenstromanordnungen verwirklichen. Hierbei ist die Temperaturdifferenz zwischen den beiden Fluiden und damit der Wärmestrom überall im Wärmetauscher unterschiedlich.

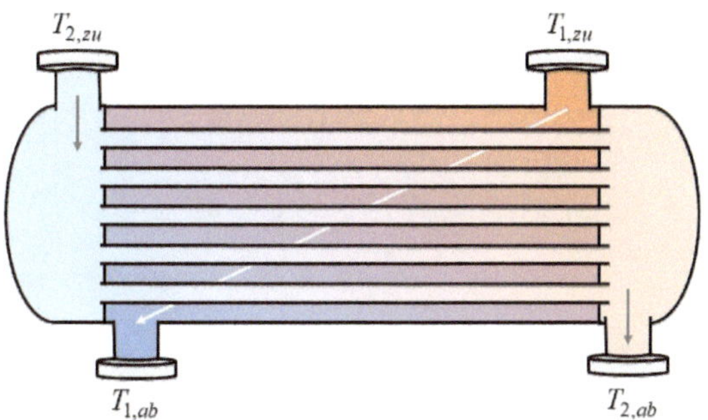

Bild 18.4
Wärmetauscher in Kreuzstromanordnung: Die Temperaturdifferenz zwischen beiden Massenströmen ist an jedem Ort anders.

Phasenwechsel Eine besondere Rolle nehmen Wärmetauscher ein, bei denen eines der beiden Fluide einen Phasenwechsel durchläuft. Dann bleibt die Temperatur dieses Fluides etwa konstant, da es latente Wärme abgibt oder aufnimmt. Das zweite Fluid nimmt typisch fühlbare Wärme auf oder gibt sie ab.

Verdampfer und Kondensator in Kältemaschinen und Wärmepumpen sind solche Vorrichtungen, siehe Kapitel 12. Der Dampferzeuger in einer Dampflokomotive hingegen eigentlich nicht, da Feuerbüchse und Rauchrohre vollständig vom siedenden Wasser umspült bleiben müssen.

Bild 18.5 illustriert den Temperaturverlauf mit und ohne Phasenwechsel für eine Gegenstromanordnung. Die Temperatur des Phasenwechsels entspricht z. B. der von Ammoniak bei 10 bar. Die logarithmische Temperaturdifferenz beider Prozesse beträgt $\Delta T_{WT,\rightleftharpoons}$ = 20 K. Die Temperatur des aufnehmenden Fluides wird immer eine niedrigere Temperatur aufweisen als das des abgebenden Fluides.

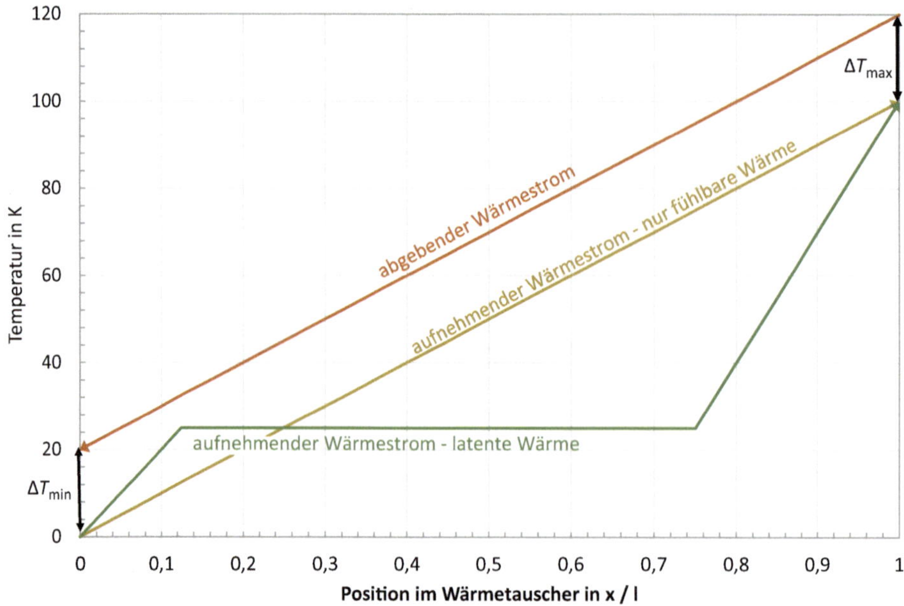

Bild 18.5 Temperaturverläufe im Gegenstromwärmetauscher ohne und mit Phasenwechsel des wärmeaufnehmenden Fluides

18.3 Ausblick auf instationäre Phänomene

Sehr viele technische Fragestellungen sind nicht stationär. Hier gibt es unterschiedliche Herangehensweisen:

- Im Bereich der Wärmeleitung existiert eine eigenständige Methode, die instationäre Wärmeleitung und das zeitabhängige Verhalten der Temperaturverteilung in Systemen beschreibt.
- Komplexe instationäre Wärmeleitung kann sehr gut mit numerischen Methoden (finite Elemente Methode, FEM) analysiert werden.
- Die Abbildung von instationärer Konvektion erfordert numerische Strömungssimulation (computational fluid dynamics, CFD).
- Die Einbeziehung von thermischer Strahlung in konvektive instationäre Probleme ist besonders rechenaufwendig.

Alle diese Ansätze erfordern zusätzliche Kompetenzen, eigene Software und erhebliche zusätzliche Ressourcen.

Das nächste Beispiel soll Sie anregen zu schauen, ob das grundsätzliche Verhalten des Systems ggf. auch durch eine eindimensionale quasistationäre Berechnung in einem Tabellenkalkulationsprogramm abgebildet werden kann: Das System wird in wenige Elemente zerlegt, und für jeden Zeitschritt wird stationär mit den hier dargestellten Methoden gerechnet.

Dabei werden die Wärmeströme genutzt, um die Veränderung der einzelnen Elemente zu bestimmen.

Diese Herangehensweise ist nicht exakt, aber sie ist schnell und ergibt ein einfaches Modell, mit dem relevante Effekte abgebildet werden können: Ausgehend von so einem einfachen Ansatz lässt sich dann entscheiden, ob sich der Aufwand für den Einsatz von genaueren Methoden lohnt.

Quasistationäre Abkühlung

WIE MAN STATIONÄR RECHNET UND TROTZDEM INSTATIONÄRE PROBLEME LÖST.

Aus einem Ofen tritt kontinuierlich Stahlband aus. Das Stahlband hat eine Breite von 1,2 m, eine Dicke von 3,0 mm und eine Geschwindigkeit von 0,12 m s^{-1}, es kommt mit 900 °C aus dem Ofen. Wie lang sollte die Abkühlstrecke auf 500 °C sein, wenn man Konvektion vernachlässigt?

Wie groß ist die abgestrahlte Leistung des Stahlbleches je Meter Länge?

Wir benötigen die Emissivität des Stahlbandes. Der VDI-Wärmeatlas gibt für ähnliche Bedingungen $\varepsilon(T)$ = 0,79. Die Umgebung nehmen wir als Werkhalle mit etwa 40 °C an. Das Band weist zwei Oberflächen auf, die beide abstrahlen, daher ist die spezifische Abstrahlung bezogen auf die Bandfläche beim Austritt aus dem Ofen

$$\dot{Q} = 2 \cdot b \cdot 1\,\mathrm{m} \cdot \sigma \cdot \left(T^4 - T_\infty^4\right)$$

Welche Abkühlgeschwindigkeit liegt vor?

Die Abkühlgeschwindigkeit kann aus der Definition des Wärmestromes ermittelt werden

$$\dot{Q} = \frac{\Delta Q}{\Delta t} = \frac{m \cdot c_p \cdot \Delta T}{\Delta t}$$

Hierbei ist zu beachten, dass sich natürlich mit abnehmender Temperatur die abgegebene Strahlungsleistung stark ändert, d. h. wir ermitteln die Abkühlgeschwindigkeit nur für die Temperatur direkt am Austritt aus dem Ofen, an der wir die Abstrahlung berechnet haben.

Die Masse (je Meter Bandlänge) berechnen wir aus Volumen und Dichte

$$\frac{m_{Band}}{l} = A \cdot d \cdot \rho = 27{,}72 \frac{\mathrm{kg}}{\mathrm{m}}$$

und damit

$$\frac{\Delta T}{\Delta t} = \frac{\dot{Q}}{m \cdot c_p}$$

Hier wurde die Temperaturabhängigkeit der spezifischen Wärmekapazität von Eisen vernachlässigt. Dies kann in einer genaueren Lösung dann berücksichtigt werden.

Wann erreicht das Band 500 °C?

Streng genommen ist dies instationär zu rechnen. Dafür müsste eigentlich eine Differentialgleichung aufgestellt und gelöst werden - dies ist sehr komplex. Stattdessen lösen wir das Problem numerisch mit einem Tabellenkalkulationsprogramm und greifen auf die eben durchgeführten Berechnungen zurück.

Tabelle 18.1 zeigt die benötigten Spalten für die Eingabe in ein Tabellenkalkulationsprogramm: Ausgehend von den Festlegungen in der Zeile 0 und der Schrittweite (die als freier Parameter auf das Problem angepasst werden sollte) füllen sich dann die weiteren Spalten automatisch.

Bild 18.6 illustriert den Einfluss der verwendeten Zeitschrittweite Δt auf das Ergebnis. Bei solchen Berechnungen ist es immer notwendig, die Zeitschrittweite so festzulegen, dass das Ergebnis unabhängig vom Wert der Zeitschrittweite wird: Die Schrittweite 20 s ist sicher zu groß, 1 s angemessen. Damit erreicht das Stahlblech etwa nach 70 s die Temperatur von 500 °C. Dies entspricht einer Strecke von 8,4 m.

Eine zweite Schrittweite, die ggf. anzupassen wäre, ist die Abmessung in Bandrichtung - hier ist sie implizit mit 1 m festgelegt.

Tabelle 18.1 berücksichtigt nur Strahlung; allerdings ist es leicht möglich, weitere Aspekte hinzuzufügen: Hier müsste im nächsten Schritt die Konvektion mit berücksichtigt werden.

Tabelle 18.1 Iteratives Lösungsschema der Abkühlung des Stahlbandes

Schritt	Zeit in s	Position in m	Temperatur in K	Wärmeverlust in kW	Temperatur-änderung in K
0	$t_0 = 0$	$x_0 = 0$	$T_0 = 1373\,\mathrm{K}$	$\dot{Q}_0 = A \cdot \sigma \cdot \left(T_0^4 - T_\infty^4\right)$	$\Delta T_0 = \frac{\dot{Q}_0}{m \cdot c_p} \cdot \Delta t$
1	$t_1 = \Delta t$	$z_1 = c \cdot t_1$	$T_1 = T_0 - \Delta T_0$	$\dot{Q}_1 = A \cdot \sigma \cdot \left(T_1^4 - T_\infty^4\right)$	$\Delta T_1 = \frac{\dot{Q}_1}{m \cdot c_p} \cdot \Delta t$
i	$t_i = i \cdot \Delta t$	$z_i = c \cdot t_i$	$T_i = T_{i-1} - \Delta T_{i-1}$	$\dot{Q}_i = A \cdot \sigma \cdot \left(T_i^4 - T_\infty^4\right)$	$\Delta T_i = \frac{\dot{Q}_i}{m \cdot c_p} \cdot \Delta t$

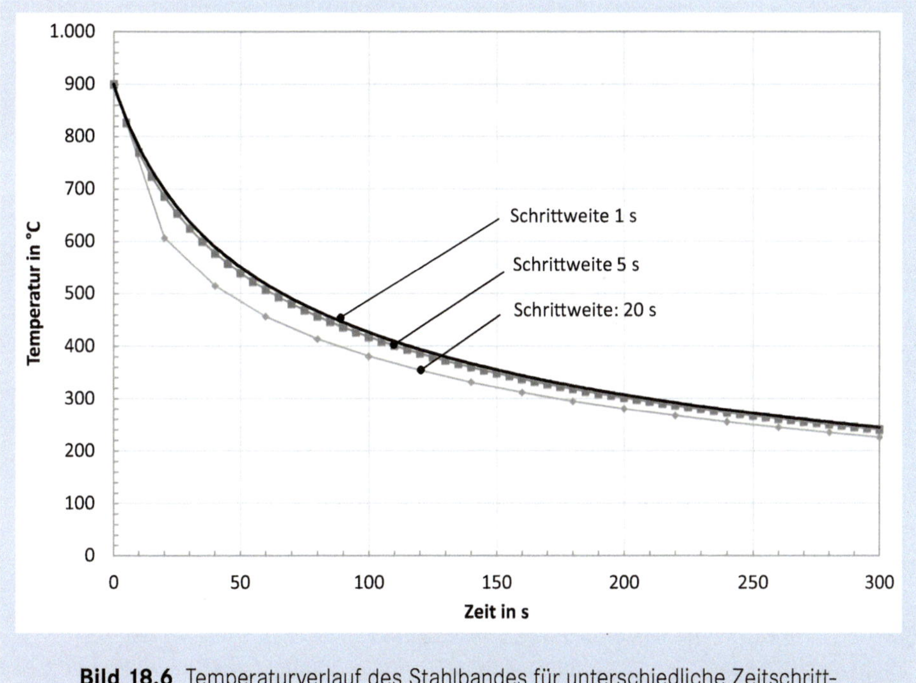

Bild 18.6 Temperaturverlauf des Stahlbandes für unterschiedliche Zeitschrittweiten

18.4 Kombination

Oft treten mehrere Formen von Wärmeübertragung gleichzeitig auf. Diese können in vielen Fällen als unabhängig voneinander betrachtet werden, wenn die Temperaturen der isothermen Oberflächen festgelegt sind.

Wärmeübertragung für Konzentrator-Solarthermie

In Ashalim, Israel, befindet sich eine der größten solarthermischen Projekte für die Erzeugung von Elektrizität. Das Funktionsprinzip basiert auf einem großen Feld von Spiegeln, die alle einzeln der Sonne nachgeführt werden (Heliostaten) und die alle gemeinsam das Licht der Sonne auf einen Absorber konzentrieren sollen, siehe Bild 18.7 für einen Überblick. Diese Technologie erlaubt im Absorber die Bereitstellung von Wärme bei sehr hoher Temperatur.

Die Anlage in Ashalim wird über eine Dampfturbine Elektrizität erzeugen. Uns interessiert hier konkret, wie viel Wärme im Absorber für die Dampfturbine bereitgestellt werden kann und welche Verluste auftreten.

Die Daten der Anlage sind z. T. aus dem Internet zusammengetragen und teilweise Schätzungen auf der Basis dieser Informationen:

- Die elektrische Nennleistung beträgt 110 MW; der projektierte elektrische Jahresertrag 320 GWh. Es fließen bei Nennleistung netto 260 MW von der Außenfläche des Wärmetauschers in das Salz.
- Die Fläche des Spiegelfeldes ist 3,15 km², auf diesem Feld befinden sich 55 000 einzelne Spiegel (Heliostate), wobei jeder Heliostat über zwei Spiegel à 2,3 m × 3,3 m Fläche verfügt.
- Der Turm hat eine Höhe von 240 m. Der Wärmetauscher an der Spitze des Turmes besteht aus einem Zylinder aus einer Vielzahl von nebeneinander angebrachten senkrechten Rohren. Die äußeren Abmessungen des Wärmetauschers sind 20 m Durchmesser und 30 m Höhe.
- Als Wärmeträger im Turm und als Zwischenspeicher der Wärme wird flüssiges Salz verwendet, das maximal bis 600 °C verwendet werden kann.
- Der Wärmetauscher besteht aus einem hoch warmfesten Stahl, vermutlich einer Nickel-Basis-Legierung wie Inconel 600. Nehmen wir an, dass der Wärmetaucher ähnlich aufgebaut ist wie in einem Kohlekraftwerk, also durch viele nebeneinander geschweißte Rohre, durch die der Wärmeträger fließt, dann könnten etwa 60 % der äußeren Oberfläche des Turmaufsatzes direkt von flüssigem Salz hinterströmt sein. Die Inconel-600-Rohre haben etwa eine Wandstärke von 5 mm und sind zusätzlich beschichtet, sodass ihre Emissivität 94 % beträgt.

Bei einem Hersteller von Inconel 600 können wir die benötigten Materialeigenschaften über dessen Webpage erhalten:

$$\lambda(600\,°\mathrm{C}) = 23{,}6\frac{\mathrm{W}}{\mathrm{m}\cdot\mathrm{K}} \qquad c_p(600\,°\mathrm{C}) = 0{,}578\frac{\mathrm{J}}{\mathrm{kg}\cdot\mathrm{K}} \qquad a(600\,°\mathrm{C}) = 15{,}3\cdot 10^{-6}\frac{\mathrm{m}}{\mathrm{K}}$$

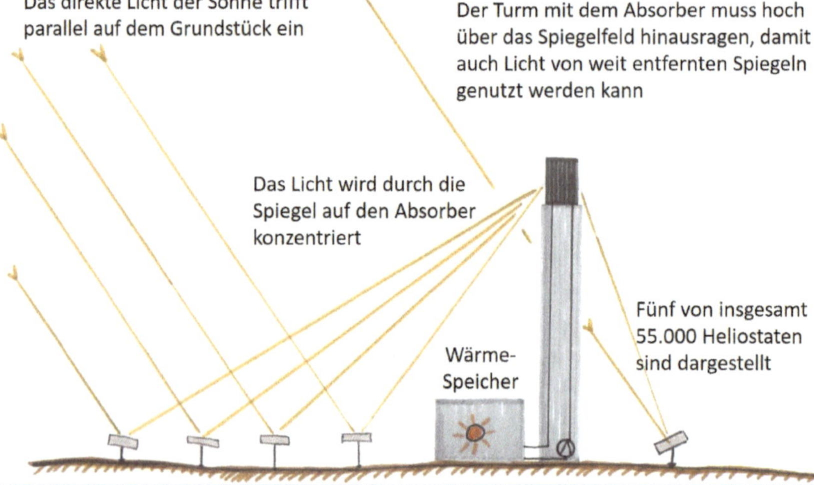

Bild 18.7 Prinzipieller Aufbau einer Solarthermieanlage mit Turm und Heliostaten

Bestimmen Sie die Temperaturdifferenz zwischen dem Salz, das in den Rohren des Wärmetauschers bei 600 °C strömt, und der Außenfläche des Wärmetauschers.

Dies ist eine Wärmeleitungsaufgabe. Wir benötigen die gesamte Oberfläche, durch die die Wärme strömt. Dies ist die Fläche des Absorbers, die vom Salz durchströmt wird

$$A = 0{,}6 \cdot \pi \cdot d \cdot h = 0{,}6 \cdot \pi \cdot 20\,\mathrm{m} \cdot 30\,\mathrm{m} = 1.131\,\mathrm{m}^2$$

Dann beträgt die Temperaturdifferenz im Inconel und für die Oberfläche, die über die Spiegel bestrahlt wird (nur die Seitenwände, denn nur die werden ja von der Sonne durch die Spiegel bestrahlt)

$$\Delta T = \frac{\dot{Q}}{\lambda_{Inconel600}} \cdot \frac{d_{rohr}}{A} = \frac{260\,\mathrm{MW}}{23{,}6\,\frac{\mathrm{W}}{\mathrm{m} \cdot \mathrm{K}}} \cdot \frac{0{,}005\,\mathrm{m}}{1.131\,\mathrm{m}^2} = 48{,}71\,\mathrm{K}$$

Wir rechnen diese Geometrie als ebenes Problem, da die Wand sehr viel dünner ist als der Radius des Absorbers. Diese Temperaturdifferenz von fast 50 K über eine Wandstärke von 5 mm stellt eine hohe mechanische Belastung dar. Ursache ist die eher geringe Wärmeleitfähigkeit von hochlegierten Stählen, aber auch der hohe Wärmestrom von 230 kW m^{-2}.

Welchen Wärmestrom strahlt der Wärmetauscher auf der Spitze des Turmes an die Umgebung bei Nennleistung ab?

Die Abstrahlung der äußeren Oberfläche des Wärmetauschers in die Umgebung ist durch eine einfache Geometrie beschrieben. Wir benötigen hier eine Annahme über die Temperatur der Infrarotstrahlung der Umgebung: Der Standort ist in der Küstenebene südlich von Gaza, sodass die Atmosphäre nicht sehr kalt angesetzt werden sollte. Etwa 20 °C wäre hier eine angemessene Annahme; diese Festlegung ist jedoch unkritisch, da die abstrahlende Oberfläche eine Temperatur von 650 °C hat. Es ist

$$\begin{aligned}\dot{Q}_\sigma &= A \cdot \sigma \cdot \varepsilon \cdot \left(T_O^4 - T_u^4\right) \\ &= 1.131\,\mathrm{m}^2 \cdot 5{,}67 \cdot 10^{-8}\,\frac{\mathrm{W}}{\mathrm{m}^2 \cdot \mathrm{K}^4} \cdot 0{,}94 \cdot \left((922\,\mathrm{K})^4 - (293\,\mathrm{K})^4\right) \\ &= 43{,}12\,\mathrm{MW}\end{aligned}$$

Dieser Wärmestrom muss von den Spiegeln am Absorber bereitgestellt werden, er kann jedoch nicht genutzt werden.

Welchen Wärmestrom verliert der Wärmetauscher auf der Spitze des Turmes an die Umgebung über Konvektion?

Die Berechnung erfolgt mit dem Modell freier Konvektion - damit bekommen wir den minimalen Verlust, bei Wind kann dieser Verlust noch größer werden. Die Lufttemperatur erreicht am Standort schnell 30 °C. Mit der Filmtemperatur von

$$\vartheta_f = \frac{\vartheta_O + \vartheta_u}{2} = \frac{648\,^\circ\mathrm{C} + 30\,^\circ\mathrm{C}}{2} = 339\,^\circ\mathrm{C}$$

bestimmen wir die benötigten Stoffwerte von Luft aus Kapitel 21

$$\beta(\vartheta_f)=\frac{1}{T_f}=\frac{0{,}001638}{\mathrm{K}} \qquad \nu(\vartheta_f)=56{,}5\cdot10^{-6}\,\frac{\mathrm{m}^2}{\mathrm{s}} \qquad \lambda_{Luft}(\vartheta_f)=0{,}04737\,\frac{\mathrm{W}}{\mathrm{m}\cdot\mathrm{K}}$$

$$\mathrm{Pr}(\vartheta_f)=0{,}7046 \qquad \Delta T=T_O-T_u=618\,\mathrm{K}$$

Als Geometrie verwenden wir die ebene senkrechte Fläche - die Krümmung bzw. der Durchmesser des Absorbers ist deutlich größer als die Grenzschichtdicke. Die charakteristische Länge ist die Höhe L = 30 m, und damit

$$\mathrm{Gr}=\frac{g\cdot\beta\cdot L^3\cdot\Delta T}{\nu^2}=\frac{9{,}81\frac{\mathrm{m}}{\mathrm{s}^2}\cdot\frac{0{,}001638}{\mathrm{K}}\cdot(30\,\mathrm{m})^3\cdot618\,\mathrm{K}}{\left(56{,}5\cdot10^{-6}\,\frac{\mathrm{m}^2}{\mathrm{s}}\right)^2}=84{,}00\cdot10^{12}$$

Mit

$$f_1(\mathrm{Pr})=\left(1+\left(\frac{0{,}492}{\mathrm{Pr}}\right)^{9/16}\right)^{-16/9}=0{,}3459$$

wird

$$\mathrm{Nu}=\left(0{,}825+0{,}387\cdot\left(\mathrm{Gr}\cdot\mathrm{Pr}\cdot f_1(\mathrm{Pr})\right)^{1/6}\right)^2=4.203$$

Damit bekommen wir als Wärmeübergangskoeffizienten

$$\alpha=\frac{\mathrm{Nu}\cdot\lambda_{Luft}}{L}=6{,}637$$

und somit

$$\dot{Q}_{konv}=\alpha\cdot A\cdot\Delta T=4{,}639\,\mathrm{MW}$$

Welcher Wärmestrom muss einstrahlen, damit die Nennleistung erreicht wird?

Am Wärmetauscher muss die benötigte thermische Leistung für das Kraftwerk zugeführt werden sowie alle bestimmten Verluste an die Umgebung, also insgesamt

$$\dot{Q}_{rad}=\dot{Q}_{nutz}+\dot{Q}_\sigma+\dot{Q}_{konv}=260\,\mathrm{MW}+44\,\mathrm{MW}+8\,\mathrm{MW}=312\,\mathrm{MW}$$

Was ist der Wirkungsgrad des Wärmetauschers?

Die Effizienz ist hier Nutzen (Wärmestrom im Salz)/Aufwand (gesamter Wärmestrom zugeführt)

$$\eta_{abs}=\frac{\dot{Q}_{nutz}}{\dot{Q}_{rad}}=\frac{260\,\mathrm{MW}}{312\,\mathrm{MW}}=0{,}833$$

Um die gesamte Anlage bzw. ihren Wirkungsgrad zu berechnen, müsste der gesamte, auf das Grundstück eingestrahlte Wärmestrom der Sonne als Aufwand und die abgegebene elektrische Leistung als Nutzen bestimmt werden - dieser ist dann absehbar geringer als der einer Photovoltaikanlage auf dieser Fläche.

Allerdings erlauben die Verwendung von flüssigem Salz als Wärmeträger und vorgesehene Zwischenspeicher hier die Erzeugung von Elektrizität durch die Nacht oder über kurze Zeiten von schlechtem Wetter (Staubstürme, Winterregen).

http://www.specialmetals.com/tech-center/alloys.html

Literatur

Albert A (2020) *Schneider Bautabellen für Ingenieure mit Berechnungshinweisen und Beispielen.* Bundesanzeiger Verlag, Köln.

Bergman TL, Lavine AS, Incropera FP, DeWitt DP (2019) *Fundamentals of Heat and Mass Transfer.* Wiley.

Hörner B, Casties M (2016) *Handbuch der Klimatechnik. Band 1: Grundlagen.* VDE Verlag, Offenbach.

Marek R & Nitsche, Klaus (2019) *Praxis der Wärmeübertragung. Grundlagen - Anwendung - Übungsaufgaben.* Hanser.

VDI [Hrsg.] *VDI-Wärmeatlas.* Springer.

19 Symbole und Konstanten

19.1 Konstanten

c_0	$= 299\,792\,458$ m s^{-1}	Lichtgeschwindigkeit im Vakuum
c_1	$= 3{,}142 \cdot 10^{-16}$ W m^2	Konstante der Planck'schen Funktion
c_2	$= 0{,}014\,387$ m K	Konstante der Planck'schen Funktion
c_W	$= 2{,}897\,77 \cdot 10^{-3}$ m K	Konstante des Wien'schen Verschiebungsgesetzes der Strahlung
c_S	$= 3{,}002\,92 \cdot 10^{-3}$ m K	Konstante des Wien'schen Verschiebungsgesetzes der Entropie
F	$= 96\,485{,}332$ A s mol^{-1}	Faraday-Konstante
g	$= 9{,}81$ m s^{-2}	Erdbeschleunigung an der Erdoberfläche
$G_{☼}$	$= 1366$ W m^{-2}	Solarkonstante der Erdumlaufbahn
h	$= 6{,}626\,0755 \cdot 10^{-34}$ J s	Planck'sches Wirkungsquantum
k_B	$= 1{,}380\,649 \cdot 10^{-23}$ J K^{-1}	Boltzmann-Konstante
N_A	$= 6{,}022\,140\,76 \cdot 10^{23}$ mol^{-1}	Avogadro-Konstante - Anzahl der Moleküle in einem mol
R	$= 8314{,}462\,62$ J $kmol^{-1}$ K^{-1}	allgemeine Gaskonstante
σ	$= 5{,}670\,37 \cdot 10^{-8}$ W m^{-2} K^{-4}	Stefan-Boltzmann-Konstante

19.2 Lateinische Symbole

a	m^2 s^{-1}	Temperaturleitfähigkeit
a		thermische Diffusität, Temperaturleitfähigkeit
a	m	Seite einer Fläche
A	m^2	Fläche
b	m	Seite einer Fläche
c	m s^{-1}	Geschwindigkeit
c	J kg^{-1} K^{-1}	spezifische Wärmekapazität

$c_{n,12}$	J kg^{-1} K^{-1}	spezifische Wärmekapazität der polytropen Zustandsänderung 1 → 2
c_p	J kg^{-1} K^{-1}	spezifische Wärmekapazität bei konstantem Druck
c_s	m s^{-1}	Schallgeschwindigkeit
c_v	J kg^{-1} K^{-1}	spezifische Wärmekapazität bei konstantem Volumen
d	m	Dicke, Durchmesser
d	mol m^{-3}	molare Dichte
E	J	Energie
f		allgemeine Funktion, spezielle Funktionen der Prantl-Zahl
f	s^{-1}	Frequenz
f	J kg^{-1}	spezifische freie Energie, spezifische Helmholtz-Energie
F	N	Kraft
F	J	freie Energie, Helmholtz-Energie
F	-	Sichtfaktor zwischen zwei Oberflächen
g	J kg^{-1}	spezifische freie Enthalpie, spezifische Gibbs'sche Energie
G	J	freie Enthalpie, Gibbs'sche Energie
Gr	-	Graßhoff-Zahl
h	J kg^{-1}	spezifische Enthalpie
h_D	J kg^{-1}	spezifische Enthalpie von Nassdampf
H	J	Enthalpie
H_D	J	Enthalpie von Nassdampf
H_I	J kg^{-1}	Heizwert oder unterer Heizwert
H_S	J kg^{-1}	Brennwert oder oberer Heizwert
ΔH_f	J	Bildungsenthalpie
I	-	Sauerstoffgehalt, Luftgehalt
I	A	elektrischer Strom
I	W m^{-2}	Intensität von optischer Strahlung
k	W m^{-2} K^{-1}	Wärmedurchgangszahl
k	-	Absorptionskoeffizient, Brechungsindex, imaginärer Teil
K	Pa	Kompressionsmodul
l	m	Länge
L	m	charakteristische Länge, Anström-Länge
m	kg	Masse
m	-	Zahl der Kohlenstoff-Atome in einem Kohlenwasserstoff-Molekül
M	kg kmol^{-1}	Molmasse
M	W m^{-2}	Strahlungsdichte
M_S	W K^{-1} m^{-1}	Entropiedichte optischer Strahlung
M_B	W m^{-2}	Strahlungsdichte des schwarzen Körpers
Ma	-	Machzahl
n	mol	Stoffmenge

n_{12}	-	Polytropenexponent der Zustandsänderung 1 → 2
n	-	Zahl der Wasserstoff-Atome in einem Kohlenwasserstoff-Molekül
n	-	Brechungsindex, realer Teil
N	-	Absolute Anzahl an Teilchen (Atome, Moleküle)
Nu	-	Nußelt-Zahl
o	-	Zahl der Sauerstoff-Atome in einem Kohlenwasserstoff-Molekül
O	m^2	Oberfläche eines Körpers
p	Pa	Druck
p_i	Pa	Partialdruck der Komponente i
p_S	Pa	Sättigungsdampfdruck
Pr	-	Prandtl-Zahl
q_A	%	Abgasverlust
q	$J\ kg^{-1}$	spezifische übertragene Wärme
Q	J	übertragene Wärme
r	m	Radius
r	$J\ kg^{-1}$	spezifische Verdampfungsenthalpie
r_i	-	Raumanteil oder Volumenanteil der Komponente i einer Mischung
R_{el}	Ω	elektrischer Widerstand
R_i	$J\ kg^{-1}\ K^{-1}$	spezielle Gaskonstante des Gases *i*
R_λ	$K\ W^{-1}$	Wärmeleitungswiderstand
Ra	-	Rayleigh-Zahl
Re	-	Reynolds-Zahl
s	$J\ kg^{-1}\ K^{-1}$	spezifische Entropie
s_D	$J\ kg^{-1}\ K^{-1}$	spezifische Entropie von Nassdampf
S	$J\ K^{-1}$	Entropie
S_D	$J\ K^{-1}$	Entropie von Nassdampf
t	s	Zeit
T	K	absolute Temperatur
T_f	K	Filmtemperatur
u	$J\ kg^{-1}$	spezifische innere Energie
U	J	innere Energie
U	V	elektrische Spannung
v	$m3\ kg^{-1}$	spezifisches Volumen
v	-	stöchiometrischer Koeffizient einer chemischen Reaktion
v‘	-	stöchiometrischer Koeffizient der Edukte
v“	-	stöchiometrischer Koeffizient der Produkte
V	m^3	Volumen
V_H	m^3	Hubraum von Kolbenmaschinen
w	$J\ kg^{-1}$	verrichtete spezifische Arbeit
w_p	$J\ kg^{-1}$	verrichtete spezifische Druckarbeit

w_t	J kg^{-1}	verrichtete spezifische technische Arbeit
w_v	J kg^{-1}	verrichtete spezifische Volumenarbeit
W	J	verrichtete Arbeit
W_p	J	verrichtete Druckarbeit
W_t	J	verrichtete technische Arbeit
W_v	J	verrichtete Volumenarbeit
W_{diss}	J	dissipierte Arbeit
x, y	m	Weg, Strecke, Länge
x	-	Wassergehalt, absoluter Dampfgehalt feuchter Luft
x_D	-	Dampfgehalt (Massenanteil) von Nassdampf
y_i	-	Stoffmengenanteil der Komponente *i* einer Mischung
z	m	Höhe
z		spezifische Zustandsgröße allgemein
Z	-	Realgasfaktor oder Idealität des Gases
Z		Zustandsgröße allgemein

19.3 Griechische Symbole

α	W m^{-2} K^{-1}	Wärmeübergangskoeffizient
α	-	Absorptivität einer Oberfläche
β	-	isobarer Ausdehnungskoeffizient
β	-	Kompressionskoeffizient
γ	rad	Winkel
Γ	K m^{-1}	Temperaturgradient
ε	-	Emissivität einer Oberfläche
ε	-	Verdichtervolumenverhältnis (für Kolbenmaschinen)
ε	-	Leistungsziffer von Kältemaschinen
η	-	Wirkungsgrad
η_S	-	Isentropenwirkungsgrad
η	Pa s	Dynamische Viskosität
ϑ	°C	Temperatur in °C
ϑ_f	°C	Film-Temperatur in °C
κ	-	Isentropenexponent
K	-	Temperaturkorrekturfaktor für erzwungene Konvektion
λ	W m^{-1} K^{-1}	Wärmeleitfähigkeit
λ	m	Wellenlänge elektromagnetischer Strahlung
μ	-	Massenanteil einer Komponente einer Mischung

ν	$m^2\,s^{-1}$	kinematische Viskosität
ν	Hz	Frequenz von elektromagnetischer Strahlung
ξ		Druckverlustbeiwert
Π	-	Druckverhältnis
ρ	$kg\,m^{-3}$	Dichte
ρ	-	Reflektivität einer Oberfläche
σ_{el}	$\Omega^{-1}\,m^{-1}$	elektrische Leitfähigkeit
φ	-	relative Feuchte, relativer Dampfgehalt
τ		Transmissionsvermögen eines Materials
φ	-	Einspritzverhältnis beim Diesel-Kreisprozess

19.4 Indizes

z'	Zustandsgröße auf der Siedelinie
z''	Zustandsgröße auf der Sättigungslinie
^{0}	Standardbedingung, ϑ^0 = 25 °C, p^0 = 1 bar
1	Eine Zahl bezeichnet einen Zustand
12	Zwei Zahlen stehen für eine Zustandsänderung 1 → 2
Br	Brennstoff
D	Dampf, hier Nassdampf
el	elektrische Größe
eis	feste, gefrorene Phase
fl	flüssiger Aggregatzustand
gas	gasförmiger Aggregatzustand
H	Hubraum einer Kolbenmaschine
i	Stoff, Spezies, Molekülsorte, Atomsorte
kin	kinetische Energieform
kon	kondensierte Aggregatzustände flüssig und fest
lam	laminar, bei laminarer Strömung
mech	mechanische Größe
M	molare Größe
Mi	Gemisch unterschiedlicher Stoffe
N	Normbedingung, p_N = 101.325 Pa, T_N = 273,15 K
pot	potenzielle Energieform im Schwerefeld
S	Isentrop
sat	Sättigung
turb	turbulent, bei turbulenter Strömung

T	Turbine
V	volumetrische Größe
V	Verdichter
$1{+}x$	auf die trockene Luftmasse bezogen

20 Einheiten

In diesem Buch werden durchgängig SI-Einheiten verwendet. Dies alleine sorgt jedoch noch nicht für Orientierung:

- In der Thermodynamik können Ergebnisse einen weiten Bereich an Größenordnungen überdecken; dann können Präfixe wie Mega oder nano verwendet werden.
- Energie und Leistung wird in unterschiedlichen Einheiten angegeben.
- Gerade die Umrechnung von Flächen oder Volumen bereitet große Mühe.

Daher hierzu einige weitere Informationen:

Ich vermeide hier bewusst viele Präfixe, denn diese müssen Sie dann zusätzlich auswendig lernen. Eine Zusammenstellung der gängigen Präfixe von Zeta (= 10^{21}) bis nano (= 10^{-9}) findet sich in Abschnitt 20.1. Stattdessen werden die entsprechenden Zehnerpotenzen in der typischen Ingenieursnotation angegeben, also als tausend (10^3), million (10^6) usw.

In den Formeln wird als Tausender-Trennzeichen der Punkt verwendet.

Angelsächsische Einheiten werden in Abschnitt 20.3 erklärt.

20.1 SI-Präfixe

Die SI-Präfixe sind die Buchstaben vor Einheiten, die eine Größenordnung angeben. Dabei sind die wichtigen Präfixe in Stufen mit einem Faktor 1000 angeordnet. Die Benennung von Größenangaben am Beispiel des Joule

nano	n	1 nJ = 0,00000000 J = 10^{-9} J
mikro	µ	1 µJ = 0,00000 J = 10^{-6} J
milli	m	1 mJ = 0,001 J = 10^{-3} J
		1 J
kilo	k	1 kJ = 1000 J = 10^{3} J
Mega	M	1 MJ = 1000000 J = 10^{6} J
Giga	G	1 GJ = 1000000000 J = 10^{9} J
Tera	T	1 TJ = 1000000000000 J = 10^{12} J

Peta	P	1 PJ = 1 000 000 000 000 000 J = 10^{15} J
Exa	E	1 EJ = 1 000 000 000 000 000 000 J = 10^{18} J
Zeta	Z	1 ZJ = 1 000 000 000 000 000 000 000 J = 10^{21} J

Alle diese Größenangaben haben ihre Berechtigung in der Thermodynamik.

■ 20.2 Einheiten der Energie

Energie, Arbeit und Wärme kann in unterschiedlichen Formen auftreten. Daher ergeben sich im SI-System einige Varianten, die beim Auflösen von Einheiten hilfreich sind.

Im Falle von Arbeit ist

- *Energie* = *Kraft* · *Weg* bzw. in Einheiten J = N · m = kg · m^2/s^2.
- *Energie* = *Druck* · *Fläche* · *Weg* bzw. in Einheiten J = Pa · m^2 · m = N/m^2 · m^3 = N · m.

Dabei ist

- *Druck* = *Kraft*/*Fläche* bzw. in Einheiten Pa = N/m^2.

Bei kinetischer Energie

- *Energie* = *Masse* · *Geschwindigkeit* · *Geschwindigkeit* bzw. in Einheiten J = kg · m^2/s^2.

Eine besondere Rolle nimmt die Einheit Watt · Stunde ein. Oft wird sie bewusst verwendet, um zwischen thermischer Energie (in Joule) und mechanischer oder elektrischer Energie (in Watt · Stunde, landläufig Kilowattstunde) zu unterscheiden. Es ist

- 1 kWh = 1000 W · 3600 s = 3,6 MJ.

Ganz konkret ist die Arbeit von 1 kWh die Arbeit, die verrichtet wird, wenn eine Leistung von 1 kW konstant über eine Stunde wirkt (z. B. um eine Last anzuheben).

■ 20.3 Imperial Units verstehen?!

Auch wenn die USA früh der Meterkonvention beigetreten sind, aus der unser heutiges SI-System der Einheiten erwachsen ist, so hat sich das SI-System dort nie durchsetzen können. Viele Ingenieure in den USA und viele Industriesektoren (Öl und Gas z. B.) benutzen stattdessen *„imperial units"*, also alte Maßsysteme. Und gerade möchte Großbritannien auch zurück zu seinen eigenen *„imperial units"*. Während es für uns keine große Anstrengung bedeutet, unsere SI-Einheiten in diese *„imperial units"* umzurechnen, stehen umgekehrt den Nutzern der *„imperial units"* manchmal weltanschauliche Hinderungsgründe im Wege, in SI-Einheiten zu rechnen. Daher ist es höflich und macht das Leben einfacher, wenn wir hier flexibel sind.

Die erste Herausforderung ist die unterschiedliche Nutzung von Komma und Punkt:

- Der Punkt trennt die Dezimalbrüche ab (statt unseres Kommas).
- Das Komma trennt tausender (statt unseres Punktes).

Die zweite ist die unklare Verwendung von billion (10^9 oder 10^{12}), trillion (10^{12} oder 10^{18}) usw.; nicht immer lässt sich von außerhalb erschließen, welche denn gerade gemeint sein könnte: Hier hilft oft nur, die Größenordnung anderweitig zu prüfen (nein, einfach fragen funktioniert leider auch oft nicht, denn dann sind wir offensichtlich einfach zu doof und bekommen keine Antwort).

Länge Die Längenmaße sind

- Inch (Zoll): 1" = 1 in. = 25,4 mm = 0,0254 m ↔ 1 m = 39,37".
- Foot (Fuß): 1' = 1 ft. = 12" = 0,3048 m ↔ 1 m = 3,281'
- Yard: 1 yd. = 3' = 36" = 0,9144 m ↔ 1 m = 1,094 yd.
- Mile (imperial mile): 1 mi. = 1760 yd.) 1609 m ↔ 1 km = 0,6214 mi.

Daraus folgen als gängige Flächenmaße

- Square inch: 1 sq.in. = 645,16 mm^2
- Square foot: 1 sq.ft. = 144 sq.in. = 0,09290 m^2

Und als gängige Volumenmaße

- Cubic inch: 1 cu.in. = 16 387 mm^3 = 16,387 cm^3.
- Cubic foot: 1 cu.ft. = 0,02832 m^3 ↔ 1 m^3 = 35,31 cu.ft.

  Erdgas und weitere Brenngase werden typisch in Kubikfuß bei Normbedingung angegeben (Normbedingung ist 0 °C, 101 325 Pa), die Einheit wird oft CF abgekürzt.

Dazu kommen die weiteren Volumenmaße

- 1 gallon (gal.) = 4 quart (qt.) = 3,785 l = $3{,}785 \cdot 10^{-3}$ m^3.
- 1 quart (qt.) = 2 pint (pt.) = 0,9463 l = $0{,}9463 \cdot 10^{-3}$ m^3.

Volumen, Barrel Das Barrel ist das übliche Volumenmaß für Erdöl. Allerdings gibt es unterschiedliche Volumina, die alle die Einheit barrel darstellen:

- Am bekanntesten und gebräuchlich für Erdölprodukte ist 1 bbl. = 0,158987 m^3. Hier entspricht bbl. = 42 liq.gal. (was wieder eine andere gal. ist als die schon eingeführte „imperiale").
- Als „imperial unit" ist 1 bbl. = 35 gal. = 0,159113 m^3.
- Weitere bl. oder bbl. existieren noch für Bier, für Wein, immer abhängig davon, in welchem der diversen „imperial units" gerade gerechnet wird usw.

Masse Die Masse wird ausgehend von Pfund angegeben (das Pfund ist wie die Elle eigentlich ein lokales Maß, hier hat sich aber eine gemeinsame Festlegung etablieren können):

- Pound (Pfund) : 1 lb. = 0,4536 kg.
- Stone (Stein) : 1 st. = 14 lb. = 6,350 kg
- Long ton (lange Tonne) : 1 long ton = 160 st. = 1016 kg

  Oft, aber nicht immer, werden in den USA long ton verwendet.

Temperatur Die Temperatur wird in Fahrenheit angegeben, diese lassen sich recht einfach in °C umrechnen

$$\vartheta(°\mathrm{C}) = \frac{9}{5} \cdot \vartheta(°\mathrm{F}) + 32$$

bzw. umgekehrt

$$\vartheta(°\mathrm{F}) = \frac{5}{9} \cdot \left(\vartheta(°\mathrm{C}) - 32\right)$$

Die absolute Temperatur kann auch in Rankine (R) ausgedrückt werden, wobei 1 K = 9/5 R.

Druck Der Druck wird in mehreren Varianten angegeben:

- Pound-force-per-square inch (üblich abgekürzt als Pound-per-square-inch): 1 psi = 6895 Pa.

  Pound-force ist die Kraft, die ein Pfund im Schwerefeld ausübt

  $$F = m \cdot g \quad \Rightarrow \quad 1\,\mathrm{lbf.} = 1\,\mathrm{lb.} \cdot 32{,}174 \frac{\mathrm{ft.}}{\mathrm{s}^2} = 4{,}448\,\mathrm{N}$$

- Torr oder mm Quecksilbersäule: 760 mm Quecksilbersäule entsprechen einem Druck von 101 325 Pa oder 1 mmHg = 133,3 Pa.
- Inch water-column (Zoll Wassersäule): 10,0 m Wassersäule entsprechen 1,0 bar, damit ist 1 in.wc. ≅ 1/400 bar.

Energie Die Energie kann aus einer Wärme- und einer Arbeitsperspektive dargestellt werden:

- British thermal unit: Die Wärme, die ein Pfund reines Wasser bei 63 °F aufnimmt, um auf 64 °F erwärmt zu werden: 1 btu. = 1055 J.

  Steigerungen sind manchmal kilo, Mega usw., manchmal aber auch als 1 therm. = 100 000 btu. und 1 quad. = 10^{15} btu. (und nicht 10^{24}, wie auch möglich wäre).

- Horse-Power (Pferdestärke) : Die Leistung, die 17,09 lb. um 1 ft./s im Schwerefeld der Erde anhebt

  $$P = m \cdot g \cdot \frac{\Delta z}{\Delta t} \quad \Rightarrow \quad 1\,\mathrm{hp.} = 550\,\mathrm{lbf.} \cdot \frac{1\,\mathrm{ft.}}{1\,\mathrm{s}} = 17{,}09\,\mathrm{lb.} \cdot 32{,}174 \frac{\mathrm{ft.}}{\mathrm{s}^2} \cdot \frac{1\,\mathrm{ft.}}{1\,\mathrm{s}} = 745{,}7\,\mathrm{W}$$

Hier kann sich schnell Verwirrung einstellen, daher lohnt es sich, immer die verwendeten Umrechnungsfaktoren alle zu dokumentieren.

21 Stoffdaten

In diesem Buch finden Sie viele Daten realer technisch relevanter Materialien in den Kapiteln: In vielen Diagrammen sind wichtige thermophysikalische Eigenschaften dargestellt. Diese Daten sind über den Index und die Stoffe zugänglich. Diese Diagramme enthalten zumeist ihre Datenquelle.

In den jeweiligen Kapiteln gibt es Hinweise auf weitere Datenquellen im Internet. Zusätzlich gibt es Verweise auf gute Software und Datenbanken sowie Hinweise auf weiterführende Datenquellen zu den entsprechenden Themen.

Hier finden Sie Daten, die häufig genutzt werden:

Erdatmosphäre	Zusammensetzung der trockenen Luft und Konzentration vieler Spurengase finden sich Tabelle 21.1. Mittlere Erdatmosphäre: Druck und Temperaturverlauf sind in Tabelle 21.2 dargestellt. Luft wird fast immer als ideales Gas angesehen, T-s und p-v Diagramme finden sich in Kapitel 6 und in Kapitel 11.
Technische Gase	Thermophysikalische Daten M_i, R_i, $c_{p,i}$ und κ_i bei Normbedingung in Tabelle 21.3. Die in Kapitel 6.6 definierten mittleren spezifischen Wärmekapazitäten für wichtige Gase in Tabelle 21.4.
Brennstoffe	Heizwerte und Brennwerte für eine Vielzahl von Brennstoffen versammelt Tabelle 21.5.
Wasser	Eine Siedetabelle mit der Temperatur als führender Größe ist Tabelle 21.6 und mit dem Druck als führender Größe Tabelle 21.7. Eine Sättigungstabelle von Wasser, so wie sie für die Beschreibung von feuchter Luft verwendet wird, ist Tabelle 21.8. Die p-T, T-s, h-s und log p-h Diagramme sind in Kapitel 6 dargestellt.
Ammoniak	Eine Siedetabelle für Ammoniak bietet Tabelle 21.9. Ein log p-h Diagramm ist in Kapitel 6 dargestellt.
Methan	Eine Siedetabelle für Methan bietet Tabelle 21.10.
Wasserstoff	Eine Siedetabelle für Wasserstoff bietet Tabelle 21.11. Ein T-s Diagramm findet sich zudem am Ende von Kapitel 14.
Kohlendioxid	Eine Siedetabelle und ein p-T Diagramm sind in Kapitel 6 enthalten.

Daten systematisch suchen

Falls Sie spezielle Daten benötigen, dann sind diese Hinweise vielleicht hilfreich:

1. Genau formulieren, was ich suche: Welche Substanz? Welcher Aggregatzustand? Welche thermophysikalische Größe? Die reine Substanz oder Gemische/Legierungen/nur die Oberfläche/Beschichtungen/usw.
2. Da die meisten Datenbanken und die Spezialliteratur die englische Sprache verwenden: Kann ich meine Frage auch auf Englisch formulieren?
3. Zuerst in bekannten Quellen nachschauen: VDI-Wärmeatlas, Touloukian, NIST JANAF-Tables, NIST WebBook, die Hinweise in diesem Buch ...
4. Kolleginnen und Kollegen fragen und ihre Handbibliotheken abklappern.
5. Wikipedia-Einträge zur Substanz oder zum Thema auf Deutsch, auf Englisch, in jeder anderen Sprache, die Sie gut sprechen. Dort gibt es oft sehr gute weiterführende Links.
6. Hinweisseiten besuchen wie *https://en.wikipedia.org/wiki/Thermodynamic_databases_for_pure_substances*.
7. Systematische Recherche der Spezialliteratur

Erfolg bei Internetrecherche lässt sich beeinflussen:

- Verwenden Sie bevorzugt eine Internet-Suchmaschine, die nur die wissenschaftliche Fachliteratur absucht (z. B. *https://scholar.google.de*). Dadurch werden die Suchergebnisse auf die Fachliteratur beschränkt.
- Seien Sie sorgfältig und exakt bei den Suchbegriffen. Falls die Ergebnisse nicht passen, variieren Sie die Reihenfolge und die Beschreibung.
- Nutzen Sie Einschränkungen und Spezifizierungen der Suchfunktion (z. B. kann in einigen Suchmaschinen durch das Setzen zwischen „Anführungszeichen“ nur nach exakt diesem Begriff gesucht werden).
- Schauen Sie sich auch die Suchergebnisse ab Treffer 11 und größer an!
- Nehmen Sie alle Hinweise auf - manchmal braucht es nur ein etwas anderes Wort. Löschen Sie die Chronik Ihres Browsers. Wechseln Sie die Suchmaschine. Suchen Sie nach Bildern ...

VDI [Hrsg] VDI-Wärmeatlas. Springer. Darauf haben Sie oft über Ihre Bibliothek einen Zugriff.

Touloukian YS (1970) *Thermophysical Properties of Matter: The TPRC Data Series; a Comprehensive Compilation of Data*. IFI/Plenum enthält die Bände: (1) Thermal Conductivity, Metallic Elements and Alloys, (2) Thermal Conductivity, Nonmetallic Solids, (3) Thermal Conductivity, Nonmetallic Liquids and Gases, (4) Specific Heat, Metallic Elements and Alloys, (5) Specific Heat, Nonmetallic Solids (6) Specific Heat, Nonmetallic Liquids and Gases, (7) Thermal Radiative Properties, Metallic Elements and Alloys, (8) Thermal Radiative Properties, Nonmetallic Solids, (9) Thermal Radiative Properties, Coatings, (10) Thermal Diffusivity, (11) Viscosity, (12) Thermal Expansion, Metallic Elements and Alloys, (13) Thermal Expansion, Nonmetallic Solids. Alle Bände finden sich im Internet.

Chase MW (1998) *NIST - JANAF Thermochemical Tables (Fourth ed.)*. Journal of Physical and Chemical Reference Data. *https://janaf.nist.gov/*.

Barin I (2004) *Thermochemical Data of Pure Substances*. Wiley-VCH. Vielleicht steht es in Ihrer Bibliothek?!

Das NIST WebBook ist online unter *https://webbook.nist.gov/chemistry/fluid/*.

Tabelle 21.1 Aktuelle Zusammensetzung der trockenen Luft der Erdatmosphäre

Gas	Formel	Volumenanteil r_i	Massenanteil μ_i	Masse m_i in kg	Tendenz
Stickstoff	N_2	78,084 %	75,518 %	$3{,}993 \cdot 10^{18}$	→
Sauerstoff	O_2	20,942 %	23,135 %	$1{,}223 \cdot 10^{18}$	
Argon	Ar	0,934 %	1,288 %	$68{,}10 \cdot 10^{15}$	→
Neon	Ne	18,180 ppm	12,67 ppm	$66{,}9 \cdot 10^{12}$	→
Helium	He	5,240 ppm	0,72 ppm	$3{,}76 \cdot 10^{12}$	→
Krypton	Kr	1,140 ppm	3,30 ppm	$2{,}18 \cdot 10^{12}$	→
Xenon	Xe	0,087 ppm	0,40 ppb	$2{,}09 \cdot 10^{9}$	→
Kohlendioxid	CO_2	0,0415 ppm	633 ppm	$3{,}31 \cdot 10^{15}$	↑
Methan	CH_4	1,760 ppm	0,97 ppm	$5{,}06 \cdot 10^{12}$	↑
Wasserstoff	H_2	~500 ppb	36 ppb	$0{,}187 \cdot 10^{12}$	→
Lachgas	N_2O	317 ppb	480 ppb	$2{,}50 \cdot 10^{12}$	↑
Kohlenmonoxid	CO	50 bis 200 ppb	50 bis 200 ppb		→
Dichlordifluor-methan (CFC-12)	CCl_2F_2	535 ppt	2200 ppt	$11{,}5 \cdot 10^{9}$	→
Trichlorfluor-methan (CFC-11)	CCl_3F	226 ppt	1100 ppt	$5{,}74 \cdot 10^{9}$	→
Chlordifluor-methan (HCFC-22)	$CHClF_2$	160 ppt	480 ppt	$2{,}50 \cdot 10^{9}$	→
Tetrachlor-kohlenstoff	CCl_4	96 ppt	510 ppt	$2{,}66 \cdot 10^{9}$	
Trichlortrifluor-ethan (CFC-113)	$C_2Cl_3F_3$	80 ppt	520 ppt	$2{,}71 \cdot 10^{9}$	
1,1,1-Trichlor-ethan	CH_3-CCl_3	25 ppt	115 ppt	$0{,}60 \cdot 10^{9}$	
1,1-Dichlor-1-fluorethan (HCFC-141b)	CCl_2F-CH_3	17 ppt	70 ppt	$0{,}37 \cdot 10^{9}$	
1-Chlor-1,1-difluorethan (HCFC-142b)	$CClF_2$-CH_3	14 ppt	50 ppt	$0{,}26 \cdot 10^{9}$	
Schwefelhexa-fluorid	SF_6	5,0 ppt	25 ppt	$0{,}13 \cdot 10^{9}$	↑
Bromchlordi-fluormethan	$CBrClF_2$	4,0 ppt	25 ppt	$0{,}13 \cdot 10^{9}$	↑
Bromtrifluor-methan	$CBrF_3$	2,5 ppt	13 ppt	$0{,}07 \cdot 10^{9}$	↑

Tabelle 21.2 Mittlere Erdatmosphäre

Höhe in m	T in °C	T in K	p in bar	ρ in kg m^{-3}	g in m s^{-2}	c_S in m s^{-1}
0	15,0	288,15	1,0133	1,225	9,8067	340,3
1000	8,5	281,65	0,8988	1,1117	9,8036	336,4
2000	2,0	275,15	0,795	1,0066	9,8005	332,5
3000	-4,5	268,66	0,7012	0,9093	9,7974	328,6
4000	-11,0	262,17	0,6166	0,8194	9,7943	324,6
5000	-17,5	255,68	0,5405	0,7364	9,7912	320,6
6000	-24,0	249,19	0,4722	0,6601	9,7882	316,5
7000	-30,5	242,7	0,4111	0,59	9,7851	312,3
8000	-36,9	236,22	0,3565	0,5258	9,782	308,1
9000	-43,4	229,73	0,308	0,4671	9,7789	303,9
10000	-49,9	223,25	0,265	0,4135	9,7759	299,5
11000	-56,4	216,77	0,227	0,3648	9,7728	295,2
12000	-56,5	216,65	0,194	0,3119	9,7697	295,1
13000	-56,5	216,65	0,1658	0,2667	9,7667	295,1
14000	-56,5	216,65	0,1417	0,2279	9,7636	295,1
15000	-56,5	216,65	0,1211	0,1948	9,7605	295,1
16000	-56,5	216,65	0,1035	0,1665	9,7575	295,1
17000	-56,5	216,65	0,0885	0,1423	9,7544	295,1
18000	-56,5	216,65	0,0756	0,1217	9,7513	295,1
19000	-56,5	216,65	0,0647	0,104	9,7483	295,1
20000	-56,5	216,65	0,0553	0,0889	9,7452	295,1
22000	-54,6	218,57	0,0405	0,0645	9,7391	296,4
24000	-52,6	220,56	0,0297	0,0469	9,733	297,7
26000	-50,6	222,54	0,0219	0,0343	9,7269	299,1
28000	-48,6	224,53	0,0162	0,0251	9,7208	300,4
30000	-46,6	226,51	0,012	0,0184	9,7147	301,7
40000	-22,8	250,35	0,00287	0,004	9,6844	317,2
50000	-2,5	270,65	0,0008	0,00103	9,6542	329,8

DIN ISO 2533:1979, *Normatmosphäre*

Tabelle 21.3 Daten relevanter idealer Gase im Normzustand mit p = 101 325 Pa, T = 273,15 K

Gas i		$c_{p,i}$	M_i	R_i	κ_i
Name (Kältemittel Nr.)	Formel	kJ kg^{-1} K^{-1}	kg kmol^{-1}	kJ kg^{-1} K^{-1}	-
Luft (R729)	-	1,004	28,96	0,2872	1,400
Stickstoff (R728)	N_2	1,039	28,01	0,2968	1,400
Sauerstoff (R732)	O_2	0,915	32,00	0,2598	1,400
Wasser (R718)	H_2O	1,858	18,02	0,4615	1,33
Wasserstoff	H_2	14,200	2,016	4,1250	1,41
Kohlenmonoxid	CO	1,040	28,01	0,2968	1,40
Kohlendioxid (R744)	CO_2	0,8169	44,01	0,1889	1,30
Ammoniak (R717)	NH_3	2,056	17,03	0,4882	1,31
Methan	CH_4	2,156	16,04	0,5183	1,32
Ethan (R170)	C_2H_6	1,729	30,07	0,2765	1,20
Propan (R290)	C_3H_8	1,667	44,10	0,1896	1,13
Helium	He	5,238	4,003	2,077	1,66
Argon (R740)	Ar	0,5203	39,95	0,2081	1,66
Krypton	Kr	0,248	83,80	0,0992	1,66
(R134a)	$C_2H_2F_4$		102,0	0,08148	

Tabelle 21.4 Mittlere spezifische Wärmekapazität relevanter Gase zwischen den Temperaturen 0 °C und ϑ in °C. Werte bei 1 bar und für in kJ kg^{-1} K^{-1}

ϑ in °C	N_2	O_2	H_2	Luft	H_2O	CO_2	CO	NH_3	CH_4	SO_2
0	1,0386	0,9144	14,1964	1,0045	1,8574	0,8162	1,0393	2,0546	2,1565	0,6074
100	1,0396	0,9228	14,3552	1,0069	1,8707	0,8673	1,0411	2,1356	2,3080	0,6355
200	1,0425	0,9350	14,4196	1,0121	1,8912	0,9118	1,0457	2,2390	2,4651	0,6623
300	1,0478	0,9497	14,4544	1,0197	1,9168	0,9505	1,0532	2,3511	2,6397	0,6867
400	1,0553	0,9647	14,4792	1,0290	1,9451	0,9845	1,0628	2,4651	2,8198	0,7079
500	1,0646	0,9788	14,5089	1,0394	1,9750	1,0148	1,0739	2,5860	3,0050	0,7264
600	1,0750	0,9922	14,5437	1,0504	2,0061	1,0418	1,0857	2,7064	3,1608	0,7423
700	1,0853	1,0044	14,5883	1,0611	2,0388	1,0659	1,0975	2,8191	3,3254	0,7560
800	1,0957	1,0153	14,6429	1,0718	2,0721	1,0875	1,1085	2,9272	3,4769	0,7680
900	1,1060	1,0256	14,7073	1,0819	2,1060	1,1070	1,1196	3,0258	3,6178	0,7786
1000	1,1157	1,0347	14,7768	1,0915	2,1398	1,1247	1,1300	3,1169	3,7562	0,7879
1100	1,1253	1,0431	14,8562	1,1005	2,1731	1,1409	1,1396	3,2002	3,8834	0,7963
1200	1,1342	1,0506	14,9405	1,1092	2,2064	1,1554	1,1485	3,2789	3,9981	0,8038
1300	1,1424	1,0578	15,0248	1,1174	2,2386	1,1688	1,1571	3,3506	-	0,8105
1400	1,1503	1,0647	15,1141	1,1250	2,2703	1,1811	1,1649	3,4140	-	0,8166

Tabelle 21.4 Mittlere spezifische Wärmekapazität relevanter Gase zwischen den Temperaturen 0 °C und ϑ in °C. Werte bei 1 bar und für in kJ kg^{-1} K^{-1}

ϑ in °C	N_2	O_2	H_2	Luft	H_2O	CO_2	CO	NH_3	CH_4	SO_2
1500	1,1578	1,0713	15,2034	1,1320	2,3013	1,1922	1,1724	3,4756	-	0,8222
1600	1,1646	1,0772	15,2976	1,1389	2,3307	1,2027	1,1792	3,5349	-	0,8273
1700	1,1710	1,0828	15,3869	1,1451	2,3596	1,2122	1,1856	3,5890	-	0,8322
1800	1,1771	1,0884	15,4812	1,1509	2,3879	1,2211	1,1917	3,6377	-	0,8366
1900	1,1824	1,0938	15,5704	1,1565	2,4145	1,2293	1,1974	3,6847	-	0,8406
2000	1,1881	1,0991	15,6647	1,1620	2,4401	1,2370	1,2028	3,7264	-	0,8444

Hinweise:
Methan zerfällt bei etwa 1.000 °C.
Die Zusammensetzung von Luft verändert sich oberhalb von 2500 °C durch die Bildung von O-Radikalen.

Tabelle 21.5 Eigenschaften von reinen Brennstoffen; Aggregatzustände bei Normbedingung

Brennstoff	Formel	Aggregatzustand	c_p	Brennwert H_S		Heizwert H_I	
			kJ kg^{-1} K^{-1}	MJ kg^{-1}	MJ Nm^{-3}	MJ kg^{-1}	MJ Nm^{-3}
Wasserstoff	H_2	gas	14,304	141,769	12,745	120,00	10,788
Kohlenmonoxid	CO	gas	1,040	10,103	12,634	10,103	12,634
Methan	CH_4	gas	2,2301	55,515	39,992	49,939	36,320
Acetylen	C_2H_2	gas	1,5127	50,187	59,388	48,385	57,404
Ethen	C_2H_4	gas	1,6119	50,328	63,224	47,187	59,455
Ethan	C_2H_6	gas	1,7291	51,919	69,923	47,523	64,061
Propan	$C3H_8$	gas	1,669	50,370	101,325	46,392	93,161
n-Butan	C_4H_{10}	gas	1,6945	49,532	133,563	45,764	123,095
iso-Butan	C_4H_{10}	gas	1,6628	49,449	132,728	45,638	122,260
Benzol	C_6H_6	flüssig	1,726	42,198	149,959	40,512	143,007
Methanol	CH_3OH	flüssig		22,27		19,93	
Ethanol	C_2H_5OH	flüssig		29,7		26,70	
Isopropanol	C_3H_7OH	flüssig		33,6		30,45	
Ammoniak	NH_3	gas		22,5		18,65	
Dimethylether	CH_3-O-CH_3	gas		37,6		28,40	
Erdgas H		gas		55,5		50,50	
Erdgas L		gas		45,1	35,2	40,70	31,7
Stadtgas		gas		38,9		34,50	
Mineralöl		flüssig				42 ±2	

Brennstoff	Formel	Aggregatzustand	c_p	Brennwert H_S		Heizwert H_I	
Schweröl		zähflüssig				ca. 40	
Bitumen		zähflüssig				ca. 40	
Benzin		flüssig		46,7		40,1 - 41,8	
Kerosin		flüssig		46,2		42,6 - 43,5	
Diesel		flüssig		44,8		43,2	
Anthrazit	C	fest		32,50		32,50	
Steinkohle		fest		25 ±5		25 ±5	
Braunkohle		fest				7 ±2	
Torf		fest		22		15	
Hartholz		fest		21 ±1		16 ±1	
Weichholz		fest				21 - 23	
Holzkohle		fest				28 - 30	
Erntereste						15 - 19	
Stroh, trocken		fest				17 - 18	
Dung, trocken		fest				8 - 14	
Paraffin, Wachs		fest		46		41,5	

Tabelle 21.6 Wasserdampftafel für Sättigung zwischen Tripelpunkt und kritischem Punkt abhängig von der Temperatur; ' ist die flüssige und " die Gasphase.

ϑ	p	v'	v''	u'	u''	h'	h''	s'	s''
°C	**bar**	**$m^3\ kg^{-1}$**	**$m^3\ kg^{-1}$**	**$kJ\ kg^{-1}$**	**$kJ\ kg^{-1}$**	**$kJ\ kg^{-1}$**	**$kJ\ kg^{-1}$**	**$kJ\ kg^{-1}\ kg^{-1}$**	**$kJ\ kg^{-1}\ kg^{-1}$**
0,01	0,00612	0,001000	206,0	0	2375	0	2501	0,000	9,156
5	0,00873	0,001000	147,0	21,02	2382	21,02	2510	0,076	9,025
10	0,01228	0,001000	106,3	42,02	2389	42,02	2519	0,151	8,900
15	0,01706	0,001001	77,88	62,98	2396	62,98	2528	0,224	8,780
20	0,02339	0,001002	57,76	83,91	2402	83,91	2537	0,296	8,666
25	0,03170	0,001003	43,34	104,8	2409	104,8	2547	0,367	8,557
30	0,04247	0,001004	32,88	125,7	2416	125,7	2556	0,437	8,452
35	0,05629	0,001006	25,21	146,6	2423	146,6	2565	0,505	8,352
40	0,07385	0,001008	19,52	167,5	2429	167,5	2574	0,572	8,256
45	0,09595	0,001010	15,25	188,4	2436	188,4	2582	0,639	8,163

Tabelle 21.6 Wasserdampftafel für Sättigung zwischen Tripelpunkt und kritischem Punkt abhängig von der Temperatur; ' ist die flüssige und " die Gasphase. *(Fortsetzung)*

ϑ	p	v'	v''	u'	u''	h'	h''	s'	s''
°C	bar	$m^3\,kg^{-1}$	$m^3\,kg^{-1}$	$kJ\,kg^{-1}$	$kJ\,kg^{-1}$	$kJ\,kg^{-1}$	$kJ\,kg^{-1}$	$kJ\,kg^{-1}\,kg^{-1}$	$kJ\,kg^{-1}\,kg^{-1}$
50	0,1235	0,001012	12,03	209,3	2443	209,3	2591	0,704	8,075
55	0,1576	0,001015	9,564	230,2	2449	230,3	2600	0,768	7,990
60	0,1995	0,001017	7,667	251,2	2456	251,2	2609	0,831	7,908
65	0,2504	0,001020	6,1935	272,1	2462	272,1	2618	0,894	7,830
70	0,3120	0,001023	5,040	293,0	2469	293,1	2626	0,955	7,754
75	0,3860	0,001026	4,129	314,0	2475	314,0	2635	1,016	7,681
80	0,4741	0,001029	3,405	335,0	2482	335,0	2643	1,076	7,611
85	0,57867	0,001032	2,826	356,0	2488	356,0	2651	1,135	7,543
90	0,70182	0,001036	2,359	377,0	2494	377,0	2660	1,193	7,478
95	0,8461	0,0010396	1,981	398,0	2500	398,1	2668	1,250	7,415
100	1,014	0,001044	1,672	419,2	2506	419,2	2676	1,307	7,354
110	1,434	0,001052	1,209	461,3	2518	461,4	2691	1,419	7,238
120	1,987	0,001060	0,8912	503,6	2529	503,8	2706	1,528	7,129
130	2,703	0,001070	0,6680	546,2	2540	546,4	2720	1,635	7,026
140	3,615	0,001080	0,5085	588,8	2550	589,2	2733	1,739	6,929
150	4,762	0,001091	0,3925	631,7	2559	632,2	2746	1,842	6,837
160	6,182	0,001102	0,3068	674,8	2568	675,5	2757	1,943	6,749
170	7,922	0,001114	0,2426	718,2	2576	719,1	2768	2,042	6,665
180	10,03	0,001127	0,1938	761,9	2583	763,1	2777	2,139	6,584
190	12,55	0,001142	0,1564	806,0	2589	807,4	2785	2,236	6,506
200	15,55	0,001157	0,1272	850,5	2594	852,3	2792	2,331	6,430
210	19,08	0,001173	0,1043	895,4	2598	897,6	2797	2,425	6,356
220	23,20	0,001190	0,08609	940,8	2601	943,6	2801	2,518	6,284
230	27,97	0,001209	0,07150	986,8	2603	990,2	2803	2,610	6,213
240	33,47	0,001230	0,05971	1033	2603	1038	2803	2,702	6,142
250	39,76	0,001252	0,05008	1081	2602	1086	2801	2,794	6,072
260	46,923	0,001276	0,04217	1129	2599	1135	2797	2,885	6,002
270	55,03	0,001303	0,03562	1178	2594	1185	2790	2,977	5,930
280	64,166	0,001333	0,03015	1228	2586	1237	2780	3,069	5,858
290	74,418	0,001366	0,02556	1280	2577	1290	2767	3,161	5,783
300	85,879	0,001404	0,02166	1333	2564	1345	2750	3,255	5,706
310	98,651	0,001448	0,01834	1387	2547	1402	2728	3,351	5,624
320	112,84	0,001499	0,01547	1445	2526	1462	2701	3,449	5,537
330	128,58	0,001561	0,01298	1505	2499	1525	2666	3,552	5,442

ϑ	p	v'	v''	u'	u''	h'	h''	s'	s''
°C	bar	m³ kg⁻¹	m³ kg⁻¹	kJ kg⁻¹	kJ kg⁻¹	kJ kg⁻¹	kJ kg⁻¹	kJ kg⁻¹ kg⁻¹	kJ kg⁻¹ kg⁻¹
340	146,01	0,001638	0,01078	1570	2464	1594	2622	3,660	5,336
350	165,29	0,001740	0,008802	1642	2418	1670	2564	3,778	5,211
360	186,66	0,001895	0,006949	1726	2352	1761	2482	3,917	5,054
370	210,44	0,002215	0,004954	1844	2230	1890	2335	4,111	4,801
373,95	220,64	0,003106	0,003106	2015	2016	2084	2084	4,407	4,407

Tabelle 21.7 Wasserdampftafel für Sättigung zwischen Tripelpunkt und kritischem Punkt abhängig vom Druck (Drucktafel); ' ist die flüssige und " die Gasphase.

p	ϑ	v''	h'	h''	r	s'	s''
bar	°C	m³ kg⁻¹	kJ kg⁻¹		kJ kg⁻¹	kJ kg⁻¹ K⁻¹	
0,00612	0,01	206,0	0	2501	2501	0	9,156
0,01	6,983	129,2	29,3	2514	2485	0,106	8,977
0,02	17,513	67,01	73,5	2534	2460	0,2607	8,725
0,04	28,98	34,80	121,4	2554	2433	0,4225	8,476
0,06	36,18	23,74	151,5	2568	2416	0,5209	8,331
0,08	41,53	18,10	173,9	2577	2403	0,5925	8,23
0,1	45,83	14,67	191,8	2585	2393	0,6493	8,151
0,2	60,09	7,650	251,5	2610	2358	0,8321	7,909
0,4	75,88	3,993	317,7	2637	2319	1,0261	7,671
0,6	85,96	2,732	359,9	2654	2294	1,145	7,533
0,8	93,51	2,087	391,7	2666	2274	1,233	7,435
1,0	99,63	1,694	417,5	2675	2258	1,303	7,360
1,2	104,81	1,428	439,4	2683	2244	1,361	7,298
1,4	109,32	1,236	458,4	2690	2232	1,411	7,247
1,6	113,3	1,091	475,4	2696	2221	1,455	7,202
1,8	116,9	0,9772	490,7	2702	2211	1,494	7,162
2,0	120,2	0,8854	504,7	2706	2202	1,530	7,127
2,4	126,1	0,7465	529,6	2715	2185	1,593	7,066
2,8	131,2	0,6460	551,4	2722	2170	1,647	7,014
3,2	135,8	0,5700	570,9	2728	2157	1,695	6,969
3,6	139,9	0,5103	588,5	2733	2144	1,738	6,93
4,0	143,6	0,4622	604,7	2738	2133	1,776	6,894
4,5	147,9	0,4138	623,2	2743	2120	1,820	6,855
5	151,8	0,3747	640,1	2748	2107	1,860	6,819
6	158,8	0,3155	670,4	2756	2085	1,931	6,759

Tabelle 21.7 Wasserdampftafel für Sättigung zwischen Tripelpunkt und kritischem Punkt abhängig vom Druck (Drucktafel); ' ist die flüssige und " die Gasphase. *(Fortsetzung)*

p	ϑ	v''	h'	h''	r	s'	s''
bar	**°C**	**m³ kg⁻¹**	**kJ kg⁻¹**		**kJ kg⁻¹**	**kJ kg⁻¹ K⁻¹**	
7	165,0	0,2727	697,1	2762	2065	1,992	6,705
8	170,4	0,2403	720,9	2768	2047	2,046	6,659
9	175,4	0,2148	742,6	2772	2030	2,094	6,620
10	179,9	0,1943	762,6	2776	2014	2,138	6,583
12	188,0	0,1632	798,4	2783	1984	2,216	6,519
14	195,0	0,1407	830,1	2788	1958	2,284	6,465
16	201,4	0,1237	858,6	2792	1933	2,344	6,418
18	207,1	0,1103	884,6	2795	1910	2,398	6,375
20	212,4	0,09954	908,6	2797	1889	2,447	6,337
24	221,8	0,08320	951,9	2800	1849	2,534	6,269
28	230,1	0,07139	990,5	2802	1812	2,611	6,210
32	237,5	0,06244	1025	2802	1777	2,679	6,159
36	244,2	0,05541	1058	2802	1744	2,740	6,112
40	250,3	0,04975	1087	2800	1713	2,797	6,069
44	256,1	0,04508	1115	2798	1683	2,849	6,029
50	263,9	0,03943	1155	2794	1640	2,921	5,974
55	269,9	0,03563	1185	2790	1605	2,976	5,931
60	275,6	0,03244	1214	2785	1571	3,027	5,891
70	285,8	0,02737	1267	2774	1506	3,122	5,816
80	295,0	0,02353	1317	2760	1443	3,208	5,747
90	303,3	0,02050	1364	2745	1381	3,287	5,682
100	311,0	0,01804	1408	2728	1320	3,361	5,620
110	318,1	0,01601	1451	2709	1259	3,430	5,560
120	324,7	0,01428	1492	2689	1197	3,497	5,500
130	330,8	0,01280	1532	2667	1135	3,562	5,441
140	336,6	0,01150	1572	2642	1070	3,624	5,380
150	342,1	0,01034	1611	2615	1004	3,686	5,318
160	347,3	0,009308	1651	2585	934,3	3,747	5,253
180	357,0	0,007498	1735	2514	779,1	3,877	5,113
200	365,7	0,005877	1827	2418	591,9	4,015	4,941
220	373,7	0,003728	2011	2196	184,5	4,295	4,580
221,2	374,2	0,00317	2107	2107	0	4,443	4,443

Tabelle 21.8 Thermophysikalische Daten feuchter Luft bei Sättigung. Das spezifische Volumen v bezieht sich auf die Masse der gesamten feuchten Luft; das Verhältnis zwischen dem spezifischen Volumen trockener Luft v_{Luft} und v ist ein Maß für den Auftrieb der feuchten Luft.

ϑ	p_{sat}	x	μ_{Wasser}	h_{1+x}	v	v_{Luft}/v
°C	bar	kg/kg Luft	kg/kg Gemisch	kJ/kg Luft	$m^3\ kg^{-1}$	-
-20	0,001029	0,0006408	0,0006404	-18,52	0,7178	0,9996
-18	0,001247	0,0007768	0,0007762	-16,17	0,7235	0,9995
-16	0,001504	0,0009371	0,0009362	-13,76	0,7293	0,9994
-14	0,001809	0,001128	0,001126	-11,28	0,7350	0,9993
-12	0,002169	0,001352	0,001351	-8,707	0,7408	0,9992
-10	0,002594	0,001618	0,001615	-6,032	0,7466	0,9990
-8	0,003094	0,001931	0,001927	-3,238	0,7524	0,9988
-6	0,003681	0,002299	0,002294	-0,3056	0,7583	0,9986
-4	0,004368	0,002729	0,002722	2,788	0,7642	0,9983
-2	0,005172	0,003234	0,003224	6,069	0,7701	0,9980
0	0,006108	0,003823	0,003808	9,564	0,7760	0,9977
2	0,007055	0,004420	0,004401	13,08	0,7820	0,9973
4	0,008129	0,005099	0,005073	16,81	0,7880	0,9969
6	0,009345	0,005869	0,005835	20,78	0,7940	0,9965
8	0,01072	0,006741	0,006696	25,00	0,8001	0,9959
10	0,01227	0,007728	0,007669	29,53	0,8063	0,9954
12	0,014014	0,008842	0,008765	34,38	0,8125	0,9947
14	0,015973	0,01010	0,009998	39,59	0,8189	0,9940
16	0,018168	0,01151	0,01138	45,22	0,8252	0,9931
18	0,02062	0,01310	0,01293	51,29	0,8317	0,9922
20	0,02337	0,01489	0,01467	57,89	0,8383	0,9912
22	0,02642	0,01688	0,01660	65,03	0,8450	0,9900
24	0,02982	0,01912	0,01876	72,81	0,8519	0,9887
26	0,0336	0,02163	0,02117	81,28	0,8588	0,9873
28	0,03778	0,02443	0,02385	90,51	0,8660	0,9857
30	0,04241	0,02755	0,02681	100,6	0,8733	0,9840
32	0,04753	0,03105	0,03011	111,6	0,8808	0,9820
34	0,05318	0,03494	0,03376	123,8	0,8885	0,9799
36	0,0594	0,03929	0,03780	137,1	0,8964	0,9775
38	0,06624	0,04413	0,04226	151,7	0,9046	0,9750
40	0,07375	0,04954	0,04720	167,8	0,9131	0,9721
42	0,08198	0,05556	0,05264	185,5	0,9218	0,9690
44	0,091	0,06228	0,05863	205,1	0,9310	0,9656

Tabelle 21.8 Thermophysikalische Daten feuchter Luft bei Sättigung. Das spezifische Volumen v bezieht sich auf die Masse der gesamten feuchten Luft; das Verhältnis zwischen dem spezifischen Volumen trockener Luft v_{Luft} und v ist ein Maß für den Auftrieb der feuchten Luft. *(Fortsetzung)*

ϑ	p_{sat}	x	μ_{Wasser}	h_{1+x}	v	v_{Luft}/v
°C	bar	kg/kg Luft	kg/kg Gemisch	kJ/kg Luft	$m^3\ kg^{-1}$	-
46	0,10086	0,06979	0,06524	226,8	0,9405	0,9619
48	0,11162	0,07817	0,07250	250,7	0,9504	0,9578
50	0,12335	0,08754	0,08049	277,3	0,9608	0,9534
52	0,13613	0,09804	0,08929	306,9	0,9716	0,9485
54	0,15002	0,1098	0,09894	339,9	0,9830	0,9433
56	0,16511	0,1230	0,1096	376,8	0,9951	0,9376
58	0,18147	0,1379	0,1212	418,1	1,0078	0,9314
60	0,1992	0,1548	0,1340	464,6	1,0212	0,9247
62	0,2184	0,1738	0,1481	517,1	1,0355	0,9174
64	0,2391	0,1955	0,1635	576,5	1,0506	0,9096
66	0,2615	0,2203	0,1805	644,3	1,0668	0,9011
68	0,2856	0,2487	0,1992	721,8	1,0840	0,8920
70	0,3116	0,2816	0,2197	811,3	1,1025	0,8822
72	0,3396	0,3199	0,2424	915,3	1,1224	0,8716
74	0,3696	0,3647	0,2672	1037	1,1438	0,8603
76	0,4019	0,4180	0,2948	1181	1,1669	0,8481
78	0,4365	0,4819	0,3252	1354	1,1920	0,8350
80	0,4736	0,5597	0,3589	1564	1,2193	0,8210
82	0,5133	0,6561	0,3962	1824	1,2490	0,8060
84	0,5557	0,7781	0,4376	2152	1,2815	0,7899
86	0,6011	0,9375	0,4839	2581	1,3173	0,7728
88	0,6495	1,153	0,5355	3160	1,3568	0,7545
90	0,7011	1,459	0,5934	3984	1,4005	0,7350
92	0,7561	1,929	0,6585	5246	1,4492	0,7142
94	0,8146	2,734	0,7322	7408	1,5037	0,6921
96	0,8769	4,432	0,8159	11971	1,5651	0,6685
98	0,9430	10,29	0,9114	27714	1,6347	0,6435
100	1,013	∞	1	n.a.	1,7004	0,6220

Tabelle 21.9 Siedetabelle für Ammoniak, NH_3

ϑ	p	v'	v''	h'	h''	r	s'	s''
°C	bar	$m^3\ kg^{-1}$	$m^3\ kg^{-1}$	$kJ\ kg^{-1}$	$kJ\ kg^{-1}$	$kJ\ kg^{-1}$	$kJ\ kg^{-1}\ K^{-1}$	$kJ\ kg^{-1}\ K^{-1}$
−77,655	0,06091	0,001364	15,60	0,0083	1484	1484	0	7,593
−70	0,1094	0,001380	9,008	32,34	1499	1466	0,1622	7,380
−60	0,21893	0,001401	4,706	75,09	1517	1442	0,3675	7,132
−50	0,4084	0,001424	2,628	118,4	1534	1416	0,5661	6,911
−40	0,7169	0,001449	1,553	162,3	1551	1389	0,7583	6,714
−30	1,194	0,001475	0,9640	206,8	1567	1360	0,9446	6,537
−20	1,901	0,001504	0,6237	251,7	1581	1329	1,125	6,376
−10	2,907	0,001534	0,4183	297,2	1594	1297	1,301	6,229
0	4,294	0,001566	0,2893	343,2	1605	1262	1,472	6,093
10	6,151	0,001601	0,2054	389,7	1615	1226	1,638	5,966
20	8,575	0,001639	0,1492	436,9	1623	1186	1,801	5,848
30	11,67	0,001680	0,1105	484,9	1629	1144	1,960	5,735
40	15,55	0,001726	0,08310	533,8	1633	1099	2,116	5,627
50	20,34	0,001777	0,06335	583,8	1634	1050	2,271	5,521
60	26,16	0,001834	0,04880	635,1	1632	997,3	2,424	5,417
70	33,16	0,001900	0,03787	688,2	1627	938,9	2,577	5,313
80	41,42	0,001978	0,02951	743,5	1618	874,0	2,731	5,206
90	51,17	0,002071	0,02300	801,8	1602	800,5	2,888	5,093
100	62,55	0,002190	0,01782	864,2	1580	715,6	3,051	4,969
110	75,78	0,002350	0,01360	932,8	1546	613,4	3,225	4,826
120	91,13	0,002594	0,009993	1013	1493	480,3	3,422	4,644
130	109,0	0,003202	0,006379	1135	1383	247,3	3,715	4,329
132,25	113,4	0,004444	0,004444	1262	1262	0	4,026	4,026

NIST Chemistry WebBook.

Tabelle 21.10 Siedetabelle für Methan, CH_4

T	p	v'	v''	h'	h''	r	s'	s''
K	bar	m^3 kg^{-1}	m^3 kg^{-1}	kJ kg^{-1}	kJ kg^{-1}	kJ kg^{-1}	kJ kg^{-1} K^{-1}	kJ kg^{-1} K^{-1}
90,694	0,11670	0,002215	3,988	−71,82	472,4	544,3	−0,7099	5,291
95	0,1982	0,002244	2,457	−57,27	480,8	538,1	−0,5534	5,110
100	0,3438	0,002279	1,482	−40,27	490,2	530,5	−0,3793	4,926
105	0,5638	0,002315	0,9422	−23,12	499,3	522,4	−0,2125	4,763
110	0,8813	0,002354	0,6257	−5,813	508,0	513,8	−0,05217	4,619
115	1,322	0,002396	0,4312	11,69	516,3	504,6	0,10248	4,490
120	1,914	0,002440	0,3066	29,41	524,0	494,6	0,2521	4,374
125	2,688	0,002487	0,2239	47,37	531,2	483,8	0,3972	4,268
130	3,673	0,002538	0,1672	65,63	537,7	472,0	0,5385	4,170
135	4,904	0,002593	0,1273	84,22	543,4	459,2	0,6764	4,078
140	6,412	0,002654	0,09851	103,2	548,3	445,1	0,8116	3,991
145	8,232	0,002720	0,07725	122,7	552,3	429,7	0,9446	3,908
150	10,40	0,002794	0,06125	142,6	555,2	412,6	1,076	3,827
155	12,95	0,002878	0,04897	163,3	556,9	393,6	1,207	3,746
160	15,92	0,002973	0,03940	184,8	557,1	372,3	1,338	3,665
165	19,35	0,003086	0,03180	207,3	555,5	348,1	1,470	3,580
170	23,28	0,003221	0,02566	231,2	551,5	320,3	1,605	3,490
175	27,77	0,003391	0,02059	257,1	544,5	287,4	1,747	3,389
180	32,85	0,003620	0,01629	285,9	532,8	246,9	1,899	3,271
185	38,62	0,003978	0,01243	320,5	512,5	192,0	2,077	3,114
190	45,19	0,004981	0,007989	378,3	459,0	80,76	2,369	2,794
190,56	45,99	0,006148	0,006148	415,6	415,6	0	2,5624	2,562

NIST Chemistry WebBook.

Tabelle 21.11 Siedetabelle für Wasserstoff

T	p	v'	v''	h'	h''	r	s'	s''
K	**bar**	**$m^3\ kg^{-1}$**	**$m^3\ kg^{-1}$**	**$kJ\ kg^{-1}$**	**$kJ\ kg^{-1}$**	**$kJ\ kg^{-1}$**	**$kJ\ kg^{-1}\ K^{-1}$**	**$kJ\ kg^{-1}\ K^{-1}$**
13,96	0,07358	0,01299	7,700	−53,92	399,8	453,7	−3,072	29,44
14	0,07541	0,01299	7,534	−53,62	400,2	453,8	−3,051	29,37
15	0,1290	0,01313	4,684	−46,39	409,3	455,6	−2,556	27,82
16	0,2076	0,01329	3,076	−38,77	417,9	456,7	−2,072	26,47
17	0,3176	0,01345	2,112	−30,73	426,0	456,8	−1,594	25,27
18	0,4660	0,01363	1,503	−22,22	433,6	455,8	−1,119	24,20
19	0,6601	0,01382	1,103	−13,21	440,5	453,7	−0,646	23,23
20	0,9072	0,01403	0,8292	−3,67	446,6	450,3	−0,174	22,34
21	1,215	0,01426	0,6369	6,47	452,0	445,5	0,299	21,51
22	1,591	0,01451	0,4977	17,24	456,4	439,2	0,775	20,74
23	2,044	0,01479	0,3947	28,72	459,9	431,1	1,256	20,00
24	2,581	0,01511	0,3168	41,00	462,2	421,2	1,744	19,29
25	3,210	0,01545	0,2568	54,16	463,3	409,2	2,242	18,61
26	3,940	0,01585	0,2098	68,34	463,1	394,7	2,753	17,93
27	4,779	0,01631	0,1722	83,72	461,2	377,4	3,282	17,26
28	5,736	0,01685	0,1419	100,55	457,3	356,7	3,836	16,58
29	6,821	0,01751	0,1168	119,19	450,9	331,7	4,425	15,86
30	8,043	0,01833	0,0957	140,29	441,2	300,9	5,066	15,09
31	9,417	0,01946	0,07746	165,07	426,4	261,3	5,793	14,22
32	10,96	0,02124	0,06062	196,72	402,3	205,6	6,698	13,12
33	12,69	0,02626	0,04059	255,68	343,4	87,7	8,384	11,04
33,15	12,97	0,03199	0,03199	298,14	298,1	0,0	9,644	9,644

NIST Chemistry WebBook.

Index

L

M

N

S

T

U

V

W